DICTIONNAIRE

DES

SCIENCES NATURELLES.

TOME XXXVI.

OKA — OSC.

DICTIONNAIRE

DES

SCIENCES NATURELLES,

DANS LEQUEL

ON TRAITE MÉTHODIQUEMENT DES DIFFÉRENS ÊTRES DE LA NATURE,
CONSIDÉRÉS SOIT EN EUX-MÊMES, D'APRÈS L'ÉTAT ACTUEL DE
NOS CONNOISSANCES, SOIT RELATIVEMENT A L'UTILITÉ QU'EN
PEUVENT RETIRER LA MÉDECINE, L'AGRICULTURE, LE COMMERCE
ET LES ARTS.

SUIVI D'UNE BIOGRAPHIE DES PLUS CÉLÈBRES NATURALISTES.

Ouvrage destiné aux médecins, aux agriculteurs, aux commerçans,
aux artistes, aux manufacturiers, et à tous ceux qui ont intérêt à
connoître les productions de la nature, leurs caractères génériques
et spécifiques, leur lieu natal, leurs propriétés et leurs usages.

PAR

Plusieurs Professeurs du Jardin du Roi, et des principales
Écoles de Paris.

TOME TRENTE-SIXIÈME.

F. G. LEVRAULT, Éditeur, à STRASBOURG,
et rue de la Harpe, N.º 81, à PARIS.
LE NORMANT, rue de Seine, N.º 8, à PARIS.

1825.

Liste des Auteurs par ordre de Matières.

Physique générale.

M. LACROIX, membre de l'Académie des Sciences et professeur au Collége de France. (L.)

Chimie.

M. CHEVREUL, professeur au Collége royal de Charlemagne. (Ch.)

Minéralogie et Géologie.

M. BRONGNIART, membre de l'Académie des Sciences, professeur à la Faculté des Sciences. (B.)

M. BROCHANT DE VILLIERS, membre de l'Académie des Sciences. (B. de V.)

M. DEFRANCE, membre de plusieurs Sociétés savantes. (D. F.)

Botanique.

M. DESFONTAINES, membre de l'Académie des Sciences. (Desf.)

M. DE JUSSIEU, membre de l'Académie des Sciences, prof. au Jardin du Roi. (J.)

M. MIRBEL, membre de l'Académie des Sciences, professeur à la Faculté des Sciences. (B. M.)

M. HENRI CASSINI, membre de la Société philomatique de Paris. (H. Cass.)

M. LEMAN, membre de la Société philomatique de Paris. (Lem.)

M. LOISELEUR DESLONGCHAMPS, Docteur en médecine, membre de plusieurs Sociétés savantes. (L. D.)

M. MASSEY. (Mass.)

M. POIRET, membre de plusieurs Sociétés savantes et littéraires, continuateur de l'Encyclopédie botanique. (Poir.)

M. DE TUSSAC, membre de plusieurs Sociétés savantes, auteur de la Flore des Antilles. (De T.)

Zoologie générale, Anatomie et Physiologie.

M. G. CUVIER, membre et secrétaire perpétuel de l'Académie des Sciences, prof. au Jardin du Roi, etc. (G. C. ou CV. ou C.)

M. FLOURENS. (F.)

Mammifères.

M. GEOFFROY SAINT-HILAIRE, membre de l'Académie des Sciences, prof. au Jardin du Roi. (G.)

Oiseaux.

M. DUMONT DE S.te CROIX, membre de plusieurs Sociétés savantes. (Ch. D.)

Reptiles et Poissons.

M. DE LACÉPÈDE, membre de l'Académie des Sciences, prof. au Jardin du Roi. (L. L.)

M. DUMERIL, membre de l'Académie des Sciences, professeur à l'École de médecine. (C. D.)

M. CLOQUET, Docteur en médecine. (H. C.)

Insectes.

M. DUMERIL, membre de l'Académie des Sciences, professeur à l'École de médecine. (C. D.)

Crustacés.

M. W. E. LEACH, membre de la Société roy. de Londres, Correspond. du Muséum d'histoire naturelle de France. (W. E. L.)

M. A. G. DESMAREST, membre titulaire de l'Académie royale de médecine, professeur à l'école royale vétérinaire d'Alfort, etc.

Mollusques, Vers et Zoophytes.

M. DE BLAINVILLE, professeur à la Faculté des Sciences. (De B.)

M. TURPIN, naturaliste, est chargé de l'exécution des dessins et de la direction de la gravure.

MM. DE HUMBOLDT et RAMOND donneront quelques articles sur les objets nouveaux qu'ils ont observés dans leurs voyages, ou sur les sujets dont ils se sont plus particulièrement occupés. M. DE CANDOLLE nous a fait la même promesse.

M. PRÉVOT a donné l'article *Océan*, et M. VALENCIENNES plusieurs articles d'Ornithologie.

M. F. CUVIER est chargé de la direction générale de l'ouvrage, et il coopérera aux articles généraux de zoologie et à l'histoire des mammifères. (F. C.)

DICTIONNAIRE

DES

SCIENCES NATURELLES.

OKE

OKAB. (*Bot.*) Voyez Taam. (J.)

OKAB. (*Ornith.*) Voyez O'qab. (Ch. D.)

OKAITSOK. (*Ornith.*) Ce nom groënlandois, qui paroît signifier *courte-langue*, est celui du cormoran, *pelecanus carbo*, Linn., lequel a, en effet, une langue très-petite, et non d'une poule de mer, comme on le dit dans l'Histoire générale des voyages, tom. 19, in-4.°, p. 45, et dans Buffon, etc. Voyez Othon Fabricius, *Fauna groenlandica*, p. 88, n.° 87, et Othon Fréd. Muller, *Zoologiæ danicæ Prodromus*, p. 18, n.° 146. (Ch. D.)

OKEESE HEEASK. (*Ornith.*) Tel est le nom que les naturels de l'Amérique septentrionale donnent à la mouette rieuse de ce pays, *larus atricilla*, Lath. (Ch. D.)

OKERA, SOSITS. (*Bot.*) Noms japonois de l'*atractylis lancea* de Thunberg. (J.)

OKERUM. (*Bot.*) Nom donné dans la colonie de Surinam, et cité dans le petit Recueil des voyages, d'une plante qui paroît être une ketmie. Il est dit que les Américains mangent son fruit, et l'on peut croire alors que c'est le gombaut, *hibiscus esculentus*. Voyez Okra. (J.)

OKESS-KIEU. (*Ornith.*) On voit au tom. 1.ᵉʳ, p. 264, des Voyages de Mackenzie, que les oiseaux ainsi nommés par les Knisteneaux, sont des faisans. (Ch. D.)

36.

OKINDIGER. (*Bot.*) C. Bauhin pense que c'est une espèce de haricot à graines blanches, marquées de stries noires, qui porte ce nom dans la Virginie. (J.)

OKIR. (*Bot.*) On nomme ainsi à Amboine, au rapport de Rumph, un arbre qui est son *tanarius major*, dont il ne fait point connoître la fleur et dont le fruit est petit, charnu, de la grosseur d'un pois, contenant un noyau dur; son écorce est employée pour teindre les filets : il ne paroit pas congénère du *tanarius minor* du même auteur, espèce de ricin. (J.)

OKNOS. (*Ornith.*) Nom grec du héron butor, *ardea stellaris*, Linn. (Ch. D.)

OKON. (*Ichthyol.*) Nom par lequel on désigne la *perche*, en Sibérie. (H. C.)

OKOR. (*Mamm.*) Nom hongrois du Bœuf. (Desm.)

OKOR-ZOM. (*Bot.*) Voyez Kachchi-jezicach. (J.)

OKRA. (*Bot.*) Linnæus et Burmann citent, d'après Kalm, ce nom indien pour le gombaut, *hibiscus esculentus*. (J.)

OLACINÉES. (*Bot.*) La famille des aurantiacées contenoit primitivement trois sections, qui étoient annoncées comme pouvant devenir autant de familles distinctes. Les vraies aurantiacées, formant la seconde, avoient été séparées par Corréa. M. Mirbel a insisté aussi sur le partage, en détachant la troisième, qu'il a même subdivisée en deux, et en observant que le périsperme contenu dans les graines de la première, ne permettoit pas de la confondre avec les aurantiacées, qui en sont dépourvues. On y trouve le *fissilia* et le *ximenia*, auquel sont ajoutés plus récemment d'autres genres, et surtout l'*Olax* de Linnæus, qui, comme plus ancien, plus connu, plus nombreux en espèces, donne son nom à cette nouvelle série, dont nous présentons ici les caractères.

Un calice d'une seule pièce en godet, à limbe entier ou divisé. Plusieurs pétales en nombre défini, insérés sous l'ovaire par un onglet élargi, très-rapprochés à la base, tantôt entièrement distincts, tantôt s'unissant quelques-uns ensemble par un de leurs côtés, tantôt réunis tous en une corolle monopétale. Plusieurs étamines insérées au support de l'ovaire ou plus souvent aux pétales, en nombre non correspondant

mais toujours défini; filets distincts, les uns portant une anthère arrondie, biloculaire; les autres stériles (nommés nectaires par quelques auteurs); un ovaire simple, libre, à trois
ou plus rarement quatre loges, dont chacune contient un seul
ovule; un style simple; trois ou plus rarement quatre stigmates. Le fruit est une noix, nue ou renfermée dans un
brou, recouverte en partie et sans adhérence par le calice
prolongé en forme de cupule, contenant, par suite d'avortement, une seule loge et une seule graine à hile supérieur,
attachée au sommet de la loge. Cette graine, couverte d'un
seul tégument, est remplie entièrement par un périsperme
charnu ou corné, sur la surface duquel on aperçoit d'un côté
un filet ou une simple ligne brunâtre, partant du hile et
prolongée jusqu'à la moitié ou à la base de ce périsperme.
On aperçoit à son sommet une petite fossette, dans laquelle
est niché un embryon très-petit, cylindrique, dicotylédone,
à lobes courts et à radicule ascendante.

Les plantes de cette famille sont des arbres ou arbrisseaux
à feuilles alternes, simples, sans stipules, à pédoncules axillaires, uni ou pauciflores.

Les olacinées, comme polypétales, conservent leur première affinité avec les vraies aurantiacées, dont elles diffèrent
par l'insertion plus constante des étamines aux pétales, et par
l'existence d'un périsperme, que la ligne brunâtre nous avoit
fait prendre primitivement pour l'embryon lui-même. Considérées comme monopétales, à corolle staminifère et hypogyne, elles ont plus d'affinité avec les ardisiacées; elles en auroient encore avec le *symplocos*, voisin des styracées, si leur
corolle étoit insérée au calice. De ces diverses affinités il
résulte que l'on peut être embarrassé pour classer les olacinées, et que, selon le caractère auquel on attribue plus ou
moins de valeur, elles seront associées au hypo-corollées ou
aux hypopétalées.

Les genres appartenant à cette famille sont : d'abord l'*Olax*
de Linnæus, de Gærtner et de M. R. Brown, le *Fissilia* de
Commerson, cité dans notre *Genera*, et le *Pseudaleia* de M.
du Petit-Thouars. M. R. Brown regarde les deux premiers
comme congénères, et M. du Petit-Thouars assimile le second au troisième; d'où il résulteroit que les trois genres

n'en font qu'un. Cependant les descriptions ne sont pas exactement conformes, et de plus l'*olax zeylanica*, seul connu de Linnæus, reproduit par Gærtner, diffère des *olax stricta* et *aphylla* de M. R. Brown. Gærtner admet un calice à trois dents (Linnæus le dit entier) ; une corolle monopétale, à trois divisions inégales, trois étamines fertiles et trois filets stériles (quatre dans Linnæus, qui n'a pas vu le fruit) ; une baie à trois loges polyspermes ; des graines à tégument simple ; un périsperme, qui, mis dans l'eau, se change en mucilage. Les *olax* de M. R. Brown, différens d'abord par le port, ont un calice entier ; cinq pétales, dont quatre réunis par paires ; huit ou neuf filets d'étamines, dont trois seulement sont fertiles ; un ovaire uniloculaire, contenant trois ovules ; un brou sec, rempli d'une coque, *putamen*, monosperme, à graine couverte d'un double tégument ; un périsperme charnu et ferme.

Ces différences semblent prouver, ou que Gærtner n'a pas connu l'*olax* de Linnæus, ou que l'*olax* de M. R. Brown est différent de celui de Linnæus par le caractère, comme il l'est par le port. Il en a bien plus avec le *fissilia*, avec lequel M. R. Brown a peut-être eu raison de le confondre. Le *fissilia* a de plus certainement beaucoup d'affinité avec le *pseudaleia*. Nous trouvons encore une ressemblance assez frappante entre le *pseudaleia* et l'*olax* de Linnæus, d'après des échantillons secs du premier, garnis de quelques boutons de fleurs, donnés par M. du Petit-Thouars, et du dernier, sans fleur ni fruit, envoyés de Leyde par Brugmans. Ces deux plantes diffèrent par le port de celles de M. R. Brown. Nous devons désirer que le véritable *olax* de Linnæus soit mieux examiné par ceux qui seront à même de le voir. Le vrai caractère de la famille, qui consiste dans une corolle staminifère partagée en plusieurs pièces, est très-marqué dans le *fissilia*, ainsi nommé à cause de ce partage, et pour cette raison le nom de fissiliées auroit mieux convenu à la famille.

On peut lui réunir encore, mais avec doute, le *spermaxyrum* de M. Labillardière, le *heisteria* de Jacquin, l'*icacina* de M. Florian de Jussieu, et le *ximenia americana* de Linnæus, dont le *gela* de Loureiro et l'*heymassoli* d'Aublet paroissent congénères. (J.)

OLAMARI. (*Ornith.*) L'oiseau ainsi nommé en langue malabare, et qu'on appelle en langue indostane *baya*, et en sanscrit *berbera*, est donné par le P. Paulin de Saint-Barthelémi, dans son Voyage aux Indes orientales, tome 1.er, page 424, comme un des plus singuliers de l'Inde. Il paroit appartenir à la famille des tisserins; mais il se nourrit d'insectes. Son nid, construit avec de longs filamens d'herbes sèches, a, dit-il, environ une demi-toise de longueur; il est attaché à l'extrémité d'une branche pour préserver les œufs et les petits de l'attaque des serpens et d'autres animaux. L'intérieur offre trois cellules, que le voyageur suppose destinées, l'une au mâle, la seconde à la femelle et la troisième aux petits. Sur les côtés de la première le mâle applique un peu d'argile tenace, et c'est là qu'il fait sentinelle pendant que la femelle couve les œufs, qui sont de couleur blanche. La tête et les pieds de cet oiseau sont jaunâtres; le corps a une nuance plus cendrée, et la poitrine est blanchâtre. Ces oiseaux se tiennent presque toujours sur les cocotiers et y font le plus souvent leur nid. (Ch. D.)

OLAS D'AGOA. (*Bot.*) Ce nom, signifiant palmier aquatique, est donné, suivant Rhéede, par les Portugais habitans de l'Inde, au *niti-panna* du Malabar, espèce de palmier, voisine du *codda-panna* ou *corypha umbraculifera* des botanistes. (J.)

OLAX. (*Bot.*) Voyez Fissilier. (Poir.)

OLAYA. (*Bot.*) Vandelli cite sous ce nom brésilien ou portugais le gainier ou arbre de Judée, *cercis*. (J.)

OLCA (*Min.*) Ce minéral de Pline paroit être encore une onyx qui se faisoit remarquer d'une manière agréable par la succession de trois couleurs, l'une noire, l'autre jaune foncé et la troisième blanche. On connoît des onyx qui présentent cette association de couleur. Ce nom, dit Pline, étoit donné par les peuples que les Romains appeloient barbares. (B.)

OLD-MAN. (*Ornith.*) Nom donné par les Anglois de la Jamaïque au coucou de ce pays, qui est, chez Brisson, la quatrième espèce du genre *Cuculus*. (Ch. D.)

OLDENLANDE, *Oldenlandia.* (*Bot.*) Genre de plantes dicotylédones, à fleurs complètes, monopétales, de la famille des *rubiacées*, de la *tétrandrie monogynie* de Linnæus, offrant pour caractère essentiel : Un calice à quatre divisions; une corolle à peine tubulée; le limbe à quatre divisions profondes; quatre étamines; un ovaire inférieur; un style; une capsule petite, couronnée, s'ouvrant entre les dents du calice.

Ce genre, très-voisin de *l'hedyotis*, en diffère par le tube de la corolle très-court, par les divisions du limbe plus profondes, par la capsule qui s'ouvre entre les dents du calice, et non transversalement au sommet, comme dans *l'hedyotis*, dont la corolle est infundibuliforme, à long tube.

Oldenlande a ombelles : *Oldenlandia umbellata*, Encycl., Roxb., *Corom.*, 1, pag. 2, tab. 3; *Lysimachiæ affinis*, etc., Pluken., *Almag.*, 236, tab. 119, fig. 4, vulgairement Chayaver, Lettres édif., édit. 1781, vol. 14, pag. 225, *Icon*. Espèce intéressante par ses propriétés économiques. Sa racine est épaisse, rougeâtre, longue de deux à quatre pieds, rameuse; elle produit plusieurs tiges grêles, étalées, garnies de feuilles opposées ou quaternées, étroites, linéaires, lancéolées, rétrécies à leurs deux extrémités; munies de stipules membraneuses, terminées par quelques filets sétacés; les pédoncules sont axillaires, simples, filiformes, presque de la longueur des feuilles, divisés, à leur sommet, presque en ombelles, rapprochés en tête; le calice est court, à quatre petites dents aiguës. Le fruit est une petite capsule lisse, arrondie, couronnée par les dents du calice. Cette plante croit dans les Indes et sur les côtes de Coromandel. Sa racine est employée par les Indiens comme la garance en Europe, pour donner à la couleur rouge plus de force et d'adhérence.

Oldenlande a feuilles étroites : *Oldenlandia tenuifolia*, Burm., *Fl. Ind.*, pag. 47, tab. 14, fig. 1; *Parpadagam*, Rhéed., *Hort. Malab.*, 10, pag. 69, tab. 35. Plante herbacée de l'île de Java, dont la racine est fort petite, composée de fibres capillaires; elle produit une tige tombante, peu ramifiée, garnie de feuilles sessiles, opposées, linéaires. très-étroites; les pédoncules une fois plus courts que les feuilles, axillaires, solitaires, uniflores, filiformes; les fleurs sont blanches.

Oldenlande verticillée : *Oldenlandia verticillata*, Linn., *Mant.*, 40; Rumph., *Amb.*, vol. 6, pag. 25, tab. 10. Sa racine est presque ligneuse, petite, fibreuse, de couleur brune, jaunâtre en dedans ; elle produit plusieurs tiges hautes d'un pied, simples, articulées, garnies de feuilles sessiles, rudes, étroites, lancéolées, aiguës, rétrécies à leur base ; les stipules sont membraneuses, terminées par des filets sétacés ; les fleurs sessiles, axillaires, verticillées, serrées les unes contre les autres ; les capsules arrondies, à deux loges polyspermes, couronnées par les dents aiguës du calice. Cette espèce croit à l'Isle-de-France.

OLDENLANDE BIFLORE : *Oldenlandia biflora*, Linn., *Fl. Zeyl.*; Burm., *Zeyl.*, 22, tab. 11. Espèce des Indes orientales, qui croit également à la Martinique : sa racine est petite et fibreuse ; sa tige coudée à sa base, puis redressée, divisée en un grand nombre de rameaux ; à feuilles lancéolées, presque linéaires, rétrécies en pétiole à leur base, rudes au toucher ; les stipules sont en forme de gaine membraneuse ; les pédoncules très-longs, axillaires, filiformes, divisés au sommet en deux pédicelles terminés par de petites fleurs purpurines. Le fruit est une capsule glabre, arrondie, comme tronquée au sommet, et couronnée par les quatre dents du calice.

OLDENLANDE A CORYMBES : *Oldenlandia corymbosa*, Linn., *Syst. pl.*; Plum., *Gen.*, 42, *Icon.*, 212, fig. 1 ; Ehrh., *Pict.*, tab. 2, fig. 1. Cette plante a des tiges d'abord couchées, puis redressées, divisées en longs rameaux foibles, droits, lisses, tétragones, garnis de feuilles étroites, lancéolées, sessiles, un peu blanchâtres en dessous, rudes à leurs bords, longues d'un pouce ; les stipules obtuses, formant une gaine à la base des feuilles, terminées par trois filets courts et soyeux ; les pédoncules filiformes, axillaires, de la longueur des feuilles, terminés par des pédicelles en forme d'une petite ombelle à quatre fleurs, quelquefois moins, petites et blanches. Cette plante croit dans l'Amérique méridionale.

OLDENLANDE A LONGUES FLEURS ; *Oldenlandia longiflora*, Encycl., Petit arbrisseau qui a l'écorce cendrée ; le bois un peu jaunâtre ; les rameaux opposés, presque anguleux, velus vers le sommet ; les feuilles sessiles, ovales, lancéolées, longues de plus d'un pouce, velues en dessus, blanches, lanugineuses en dessous ; les fleurs axillaires, portées sur des pédoncules très-velus, simples, uniflores ou à trois fleurs ; le calice hérissé de poils blancs, à quatre dents longues, subulées ; le tube de la corolle plus long que le calice, un peu velu; les capsules ovales, très-velues. Cette plante croît à la Martinique.

OLDENLANDE TRINERVE; *Oldenlandia trinervia*, Retz., *Obs.*, 4, pag. 15. Sa tige est tombante, anguleuse, comprimée; les rameaux opposés, garnis de feuilles larges, ovales, très-entières, un peu velues, pétiolées, à trois nervures; les fleurs axillaires, verticillées, médiocrement pédonculées; les capsules hérissées, à deux loges, couronnées par les dents du calice. Cette plante croît aux lieux humides, sablonneux et ombragés dans les Indes orientales. (POIR.)

OLEA. (*Bot.*) Nom latin du genre Olivier. (L. D.)

OLEAGNUS. (*Bot.*) On trouve ce nom pour celui d'*elæagnus*, qui désignoit anciennement l'olivier sauvage. Voyez aussi CHALEF. (LEM.)

OLEAGO et OLEASTELLUM des Latins. (*Bot.*) C'est la camelée, *cneorum tricoccum*, Linn. (LEM.)

OLEANDER. (*Bot.*) Lobel et d'autres désignent sous ce nom le laurose ou laurier-rose, *nerium*, qui est le *oleandro* des Espagnols. Daléchamps cite aussi sous le nom d'*oleander sylvestris* une thymélée, *daphne cneorum*. (J.)

OLEANDRA. (*Bot.*) Genre de la famille des fougères, établi par Cavanilles, et qui est le même que l'*aspidium*, Sw. Cavanilles y rapporte une seule espèce, l'*oleandra neriiformis*, qui est l'*aspidium pistillare*, Sw., et le *polypodium pistillare*, Poiret. (LEM.)

OLEARIA. (*Bot.*) Le genre de plantes composées, fait sous ce nom par Mœnch, a les fleurs radiées; les fleurons hermaphrodites; les demi-fleurons neutres, dont la languette est terminée par trois dents. Ses graines sont aigrettées; à aigrette plumeuse, sessile, tubulée à sa base. Le réceptacle ou clinanthe qui supporte les fleurs, est nu, creusé seulement de petites alvéoles. Le périanthe ou péricline, qui les entoure, est composé de plusieurs écailles imbriquées dont les extérieures sont lâches et écartées.

L'arbrisseau, seule espèce sur laquelle l'auteur a établi son genre, avoit été auparavant nommé *aster tomentosus* par Wendland dans les Mémoires d'Hanovre, vol. 4, p. 8, t. 24, et *aster dentatus* par M. Andrews, *Bot. repos.*, t. 61. Il est originaire de la Nouvelle-Hollande. Il diffère du genre *Aster* par ses demi-fleurons neutres. Ses tiges sont rameuses; ses feuilles simples et alternes; ses fleurs terminales et pédonculées. Il doit être placé dans la famille des corymbifères, section des réceptacles nus, des graines aigrettées et des fleurs radiées, et fera probablement partie de la tribu des astérées, dans la distribution de M. de Cassini. (J.)

OLEARIA. (*Conchyl.*) Ce nom, que l'on trouve dans les auteurs anciens, et entre autres dans Pline et dans Columelle, étoit employé pour désigner de grandes coquilles, en général assez minces, dont on se servoit pour puiser et conserver momentanément de l'huile. Rondelet a cru que c'étoit une espèce de turbo, appelée vulgairement le burgau, *turbo olearius*, de Linné; mais cela est fort douteux : car cette grande espèce de turbo et toutes celles qui s'en rapprochent plus ou moins par leur grande taille, viennent des mers orientales, et supposé même, ce qui n'est pas probable, que les anciens les eussent connues, elles n'étoient pas assez communes en Italie pour qu'on ait .pu s'en servir aux usages domestiques. Aussi me semble-t-il plus probable que c'est une grande espèce de tonne, *Buccinum olearium*, ou *Dolium*, connue dans la Méditerranée et l'Adriatique, dont les anciens se servoient pour puiser de l'huile.

Klein a employé aussi ce nom, d'après Bonanni, pour désigner une coupe générique, mal caractérisée comme à son ordinaire, et qui renferme principalement la coquille dont a parlé Rondelet. (De B.)

OLEASTELLUM. (*Bot.*) Voyez Oleago. (Lem.)

OLEASTER. (*Bot.*) Les Romains donnoient ce nom à l'olivier sauvage. Voyez Cotinos. (L. D.)

OLÉATES. (*Chim.*) Combinaisons salines de l'acide oléique avec les bases salifiables.

Cent parties d'acide oléique sec neutralisent une quantité d'oxide qui contient trois parties d'oxigène. Cette quantité d'oxigène est à celle de l'acide :: 1 : 2,5.

Tous les oléates délayés ou dissous dans l'eau sont décomposables par les acides très-solubles dans l'eau.

On prépare les oléates de baryte, de strontiane et de chaux, en mêlant l'acide oléique dans les eaux de baryte, de strontiane et de chaux bouillantes, lavant les oléates refroidis; 1.° avec l'eau; 2.° avec l'alcool chaud.

Les oléates de potasse et de soude se préparent en chauffant légèrement l'acide oléique avec des eaux de potasse et de soude concentrées ; si l'alcali est en excès, on obtient les oléates séparés d'une eau-mère alcaline. Dans le cas où il n'y a que la quantité d'alcali nécessaire pour neutraliser l'acide, on obtient une gelée sans eau-mère.

L'oléate d'ammoniaque peut se préparer avec l'ammoniaque liquide.

Enfin, en décomposant les oléates de potasse, de soude ou d'ammoniaque, dissous dans l'eau, par des solutions salines, dont les bases font avec l'acide oléique des combinaisons insolubles dans l'eau, on peut préparer tous les oléates que ce liquide ne dissout pas.

Oléate d'ammoniaque.

L'oléate d'ammoniaque gélatineux qu'on a préparé en unissant l'acide oléique avec une forte solution d'ammoniaque, est soluble en totalité dans l'eau à la température de 15^{d}.

Cette solution, en bouillant, perd de l'ammoniaque, et se trouble.

L'oléate d'ammoniaque me paroît susceptible d'être employé en médecine.

Oléate de baryte.

Il est formé de

    Acide oléique.. 77,03 ..100

    Baryte........ 22,97.. 29,8, qui contiennent 3 d'oxig.

Il est insoluble dans l'eau, et soluble en petite quantité dans l'alcool chaud.

Oléate de chaux.

Il est formé de

Acide oléique.. 91,2..100

Chaux .... 8,8.. 9,65, qui contiennent 2,71 d'oxig.

Propriétés analogues à celles du précédent.

Sous-oléate de plomb.

Ce sel, qu'on obtient en faisant bouillir l'acide oléique avec du sous-acétate de plomb, est formé de

    Acide oléique.. 100

    Oxide........ 82,4, qui contiennent 5,909 d'oxig.

Il est presque liquide à 100^d, transparent quand il est liquéfié ; il est mou à 20^d.

OLÉATE DE POTASSE.

Il est formé de

        Acide oléique.. 100
        Potasse .... 17,91 , qui contiennent 3,036 d'oxig.

Il est incolore, inodore ; il a une saveur amère et alcaline ; ce sel est très-soluble dans l'eau ; il ne se dissout pas d'une manière notable dans l'eau de potasse et l'eau saturée de chlorure de sodium.

Il est très-déliquescent.

100 parties d'alcool d'une densité de 0,821 peuvent dissoudre 100 parties d'oléate à la température de 50^d ; la solution se trouble à 40,5^d.

100 parties d'éther hydratique bouillant peuvent dissoudre au moins 3,43 parties d'oléate.

La solution d'oléate de potasse bouillante peut dissoudre de l'acide oléique.

L'oléate de potasse est décomposé par les eaux de baryte, de strontiane et de chaux, par toutes les solutions salines dont les bases font des oléates insolubles dans l'eau.

Tous les acides doués de quelque énergie le décomposent. Il est remarquable que l'acide oléique hydraté, à la température de l'eau bouillante, chasse l'acide du sous-carbonate de potasse, tandis que le gaz acide carbonique, qu'on fait passer à la température ordinaire dans une solution d'oléate de potasse, sépare tout l'acide oléique de la potasse.

SUR-OLÉATE DE POTASSE.

Le sur-oléate de potasse est insoluble dans l'eau froide.

OLÉATE DE SOUDE.

Il est formé de

        Acide oléique.... 100
        Soude........... 11,87.

Il est incolore, inodore ; il a une saveur amère et alcaline ; exposé à l'air il en attire l'humidité ; mais il ne s'y liquéfie pas, ainsi que cela arrive à l'oléate de potasse.

Une partie d'oléate de soude se dissout à 12^d dans dix parties d'eau.

A 32^d 100 parties d'alcool, d'une densité de 0,811, peuvent dissoudre 10 parties d'oléate.

100 parties d'éther hydratique bouillant ne peuvent dissoudre complétement 2 parties d'oléate de soude.

Oléate de strontiane.

Il est formé de

     Acide.... 84,075.. 100

     Strontiane 15,925.. 18,94, qui contiennent 2,93 d'oxig.

Il a des propriétés analogues à celles de l'oléate de baryte. (Ch.)

OLECK. (*Mamm.*) Nom du galéopithèque roux dans les îles Pelew. (F. C.)

OLÉINE. (*Chim.*) Nom que j'ai donné à l'élaïne, dans mon ouvrage sur les corps gras d'origine animale, afin d'établir entre le nom de cette substance et celui du produit principal de sa saponification la même relation qu'il y a entre les mots stéarine et acide stéarique, etc. (Ch.)

OLÉINÉES. (*Bot.*) C'est sous ce nom que M. R. Brown désigne une nouvelle famille, qui n'est qu'un détachement de celle des jasminées, et que nous avons conservée dans la même comme une simple section. Voyez Jasminées. (J.)

OLÉIQUE [Acide]. (*Chim.*) Acide organique.

Composition.

L'acide oléique hydraté, brûlé par l'oxide brun de cuivre, a donné

     Oxigène... 10,784

     Carbone... 77,866

     Hydrogène. 11,350.

Lorsqu'on le chauffe avec le massicot, on obtient de 0,500 d'acide 0,019 d'eau, conséquemment

1.° l'acide hydraté est formé de

     Acide sec 481..96,2..100

     Eau...... 19.. 3,8.. 3,95, qui contiennent 3,5 d'oxig.

2.° l'acide oléique sec est formé de

	Poids.	Volume.
Oxigène.....	7,699..	1,00
Carbone.....	80,942..	13,75
Hydrogène...	11,359..	23,69

100 parties d'acide sec neutralisent une quantité de base qui contient 3 d'oxigène, conséquemment dans les oléates neutres l'oxigène de l'acide est à celui de la base :: 2,5 : 1; d'après cela, et en admettant que l'acide est formé en volume de

Oxigène........ 1
Carbone........ 14
Hydrogène...... 23,4.

L'acide sera formé en poids de

Oxigène........ 7,59
Carbone........ 81,32
Hydrogène...... 11,09.

Propriétés physiques.

L'acide oléique hydraté a l'aspect d'une huile incolore. A 19^d sa densité est de 0,898; il se congèle à quelques degrés au-dessous de zéro, en une masse blanche formée d'aiguilles.

Il a une légère odeur de graisse rance; il se volatilise dans le vide sans altération.

Propriétés chimiques que l'on observe sans que l'acide soit altéré.

Il est insoluble dans l'eau.

Il est soluble en toutes proportions dans l'alcool d'une densité de 0,822.

Il s'unit aux bases salifiables, et forme de véritables sels.

Il rougit la teinture de tournesol en s'emparant de son alcali.

Il décompose à chaud les sous-carbonates dissous ou délayés dans l'eau.

Il s'unit aux acides margarique et stéarique; en traitant ces combinaisons, quand elles sont solides par l'alcool froid, on dissout proportionellement plus d'acide oléique que d'acides margarique et stéarique.

Propriétés chimiques qu'on observe dans des circonstances où l'acide est altéré.

Distillé dans une petite cornue où l'air pénètre, il donne une huile presque incolore; ensuite il bout, se colore, dégage une huile citrine, puis un peu d'huile brune et des gaz carbonique et hydrogène carburé; il ne reste que très-peu de charbon dans la cornue.

Les produits de cette distillation sont très-acides; ils contiennent un ou deux acides solubles dans l'eau, et de l'acide oléique non décomposé.

L'acide oléique, chauffé avec le contact de l'air, brûle à la manière des huiles.

L'acide sulfurique, concentré et chaud, l'acide nitrique le décomposent.

Siége.

Il existe dans tous les savons d'huiles et de graisses.

Préparation.

C'est ordinairement du savon qu'on le retire. (Voyez Savons.)

Des expériences faites sous mes yeux par M. Dupuis, en 1823, ont prouvé qu'il se manifeste de l'acide oléique, lorsqu'on distille les huiles et les graisses de manière à les altérer; il se manifeste en même temps des acides margarique et stéarique.

Histoire.

Je le fis connoître en 1813 sous le nom de *graisse fluide*; à cette époque je n'avois point encore caractérisé l'oléine comme *espèce*. (Ch.)

OLEN. (*Mamm.*) Nom russe du renne mâle. Dans cette langue la femelle du même animal porte celui de *olenitza*. (Desm.)

OLÉTÈRE. (*Entom.*) M. Walkenaër, dans son ouvrage publié sous le titre de Tableau des aranéides, décrit sous ce nom un genre d'Araignée de la tribu des théraphoses tueuses, auquel il rapporte l'araignée souterraine de Rœmer, sous le nom de *difforme*. M. Latreille l'a désigné sous le nom d'Atype. Voyez ce mot, tom. III de ce Dictionnaire, Suppl., pag. 123. (C. D.)

OLFA. (*Bot.*) Adanson donne ce nom au genre *Isopyrum*. Voyez Isopyre. (Lem.)

OLFERSIA. (*Bot.*) Genre de la famille des fougères, établi par Raddi et caractérisé ainsi : Pores ou groupes fructifères, linéaires, situés sur l'un et l'autre côté du bord de la fronde ; indusium ou involucre nul.

L'*Olfersia corcovadensis*, Raddi (*Opusc. scient. bot.*, vol. 3, p. 283, pl. XI, fig. *a*, *b*), est la seule espèce de ce genre ; ses frondes sont ailées, à frondules alternes, longues de trois à quatre pouces sur un pouce et demi de largeur dans le milieu ; les stériles ovales - lancéolées, acuminées, très - entières, presque sessiles, ayant l'extrémité arquée, les fertiles linéaires, à pétioles fort courts ; le stipe est canaliculé, glabre, si ce n'est à sa base, où il offre quelques écailles lancéolées-linéaires ; la fructification couvre, sans interruption, les bords des deux surfaces de la fronde. Cette fougère, haute de deux pieds environ, croît sur le *Corcovado*, montagne près de Rio - Janéiro ; elle a le port d'un grand *acrostichum*. (Lem.)

OLGOBUTZH. (*Mamm.*) Nom lapon du loup. (F. C.)

OLIBAN. (*Bot.*) La substance que Théophraste et Dioscoride nommoient ainsi, est produite, selon plusieurs auteurs, par une espèce de genévrier, *juniperus lycia*. Elle nous est apportée de l'Arabie et de quelques lieux méridionaux de l'Europe ; et nous l'employons sous le nom d'encens. C'est une gomme résine qui se forme sous l'écorce de l'arbre et suinte par ses fentes sous forme de grains de diverse grandeur, transparens, fragiles, de couleur citrine ou rousse, d'une odeur agréable, d'une saveur âcre et amère. Lorsqu'on les mâche, ils adhèrent aux dents et donnent à la salive une couleur laiteuse. Mis dans l'eau, ils s'y dissolvent, et lui font prendre la même couleur. On sait que son principal emploi est dans les églises. Il a été aussi recommandé comme médicament, mais seulement à l'extérieur en fumigation, indiqué comme résolutif et tonique. On doit éviter son usage intérieur, quoiqu'il ait été quelquefois indiqué en mélange avec d'autres substances, auxquelles on pouvoit plus justement attribuer les guérisons opérées ; et Murrai, dans son *Apparatus medicaminum*, dit positivement que Dioscoride et Avicenne l'accusoient de produire des maux de tête violens et d'affecter diversement cet organe. (J.)

OLIBAN. (*Bot.*) C'est un des noms de l'encens, espèce de résine qu'on sait aujourd'hui être produite par le *brosvallia dentata*, arbre de l'Inde, et non par le *juniperus lycia*, comme l'avoit cru Linnæus, ou par le *juniperus thurifera*, ainsi que l'avoient avancé d'autres auteurs. (L. D.)

OLIBAN. (*Chim.*) Gomme résine. Voyez tom. XIX, p. 181. (Cн.)

OLIDA, OLINDA. (*Bot.*) L'*abrus precatorius* est ainsi nommé à Ceilan, suivant Hermann. (J.)

OLIET. (*Bot.*) On lit dans quelques Dictionnaires que ce nom vulgaire est donné dans quelques cantons à la fausse luzerne ou luzerne lupuline, *medicago lupulina*. (J.)

OLIETTE. (*Bot.*) Nom tiré du mot italien *olietta*, petite huile, et donné à l'huile douce que l'on retire par expression des graines du pavot cultivé. Cette huile, nommée par corruption huile d'œillet, est très-employée dans une partie de l'Europe, soit pour la nourriture, soit pour d'autres usages économiques, parce qu'elle est moins chère que celle d'olive et ne participe nullement des propriétés narcotiques des autres parties du pavot, surtout de son suc, qui est le véritable opium. L'oliette, prise à l'intérieur, est seulement regardée comme calmante et émolliente, dans les cas où l'on emploie l'huile d'amandes douces. Il faut seulement que la graine qui la fournit soit très-mûre et déjà un peu sèche. (J.)

OLIGACTE, *Oligactis*. (*Bot.*) Ce genre de plantes, qui appartient à l'ordre des Synanthérées et à notre tribu naturelle des Vernoniées, présente les caractères suivans.

Calathide radiée : disque pauciflore, régulariflore, androgyniflore; couronne unisériée, pauciflore, liguliflore, féminiflore. Péricline subcylindracé, inférieur aux fleurs du disque; formé de squames régulièrement imbriquées, appliquées, ovales, oblongues ou lancéolées, coriaces-scarieuses. Clinanthe plan, plus ou moins profondément fovéolé ou alvéolé, à cloisons quelquefois laciniées. Ovaires oblongs, subcylindracés, pubescens ou glabriuscules; aigrette double : l'extérieure courte, composée de squamellules égales, unisériées, filiformes-laminées, linéaires-subulées; l'intérieure longue, composée de squamellules égales, unisériées, filiformes-capillaires, épaissies vers le sommet et barbellulées. Corolles de la couronne à

tube grêle, à languette oblongue, tridentée, quadrinervée.
Corolles du disque à cinq lanières linéaires. Styles de vernoniée.

OLIGACTE NUBIGÈNE : *Oligactis nubigena*, H. Cass.; *Andromachia nubigena*, Kunth, *Nov. gen. et sp. pl.*, tom. 4, p. 102
(édit. in-4.°). C'est un arbrisseau à rameaux glabres, striés,
anguleux, à feuilles opposées, pétiolées, lancéolées-oblon-
gues, obtuses à la base, aiguës au sommet, bordées de quelques petites dents, membraneuses, vertes et glabres en dessus,
tomenteuses et blanches en dessous, à l'exception de la nervure médiaire; les calathides sont pédicellées, et disposées en
corymbes terminaux, trifides, rameux, à ramifications tomenteuses; il y a six ou sept fleurs dans le disque et autant à
la couronne; les squames du péricline sont un peu laineuses
sur les bords; les cloisons du clinanthe sont laciniées. Cette
espèce a été trouvée par MM. de Humboldt et Bonpland,
sur le mont Chimborazo, à la hauteur de 1,800 toises.

OLIGACTE A CALATHIDES SESSILES : *Oligactis apodocephala*, H.
Cass.; *Andromachia sessiliflora*, Kunth, *loco suprà citato*, tab.
338. Cette seconde espèce diffère de la première, principalement par ses calathides disposées en panicules simples, axillaires et terminales, dont chaque rameau se termine par un
groupe de cinq à quinze calathides sessiles et agglomérées;
ajoutons que ses feuilles sont presque doubles en grandeur;
qu'il y a ordinairement cinq fleurs dans le disque et trois à
la couronne; que les squames du péricline sont sphacélées au
sommet.

OLIGACTE VOLUBILE : *Oligactis volubilis*, H. Cass.; *Andromachia volubilis*, Kunth, *loc. cit.*, pag. 103. La tige est volubile; les feuilles sont opposées, courtement pétiolées, lancéolées-linéaires, aiguës, subcoriaces, vertes et glabres en
dessus, tomenteuses et blanches en dessous; les calathides
sont solitaires, pédicellées, disposées en panicules simples
et terminales; il y a environ trois fleurs dans le disque et
autant à la couronne; le péricline est tomenteux ou pubescent.

M. Kunth a distribué les dix espèces d'*Andromachia* qu'il a
décrites en trois sections, dont la dernière, intitulée *Oligactis* et composée de trois espèces, est ainsi caractérisée par
lui : *Frutices ramis foliisque oppositis, subtus albo-tomentosis;*

36. 2

corymbi aut paniculæ terminalia aut axillaria; involucra pauciflora; radius 3-7-florus, albidus? En lisant les descriptions de ces trois plantes et en examinant les figures de l'une d'elles, il nous a paru évident que le sous-genre *Oligactis* pouvoit et devoit être élevé au rang d'un genre proprement dit, qui seroit immédiatement voisin du *Liabum*, mais qui s'en distingueroit bien suffisamment, non-seulement par le port, que M. Kunth a uniquement considéré, mais encore par des caractères vraiment génériques, qu'il a négligés. En effet, si l'on compare notre description générique du *Liabum* (tom. XXVI, pag. 203) avec celle que nous venons de proposer pour l'*Oligactis*, on trouvera plusieurs différences notables; et l'on remarquera surtout, entre les deux genres *Liabum* et *Oligactis*, une distinction essentielle fournie par la structure de l'aigrette; celle du *Liabum* étant simple et uniforme dans toutes ses parties, tandis que celle de l'*Oligactis* est double, composée de pièces dissemblables et dont les intérieures sont comme pénicillées. Il suffit de jeter les yeux sur les figures 2 et 3 de la planche 338 des *Nova genera*, pour reconnoître que la distinction générique par nous proposée doit être admise par tout botaniste exact. (H. Cass.)

OLIGANTHE, *Oliganthes*. (*Bot.*) Ce genre de plantes, que nous avons d'abord proposé dans le Bulletin des Sciences de Janvier 1817 (pag. 10), et que nous avons ensuite plus amplement décrit dans le Bulletin d'Avril 1818 (p. 58), appartient à l'ordre des Synanthérées et à notre tribu naturelle des Vernoniées, dans laquelle il est voisin du *Piptocoma*. Voici les caractères génériques de l'*Oliganthes* tels qu'ils résultent de nos propres observations.

Calathide longue, étroite, cylindracée, incouronnée, équaliflore, triflore, régulariflore, androgyniflore. Péricline très-inférieur aux fleurs, long, étroit, oblong ou ovoïde-cylindracé; formé de squames régulièrement imbriquées, appliquées, ovales-obtuses, arrondies, coriaces, calleuses au sommet. Clinanthe petit, nu. Ovaire court, épaissi de bas en haut, subtétragone; aigrette caduque, composée de squamellules bisériées, laminées, toutes linéaires, barbellulées sur les deux bords, parsemées de glandes; les squamellules extérieures courtes; les intérieures longues, surpassant le péricline, arquées au sommet. Corolle beaucoup plus longue que l'aigrette, parsemée de glandes, à limbe pas distinct du tube et divisé, par des incisions à peu près égales, en cinq lanières longues, linéaires. Style de vernoniée.

Nous ne connoissons qu'une seule espèce de ce genre.

OLIGANTHE A CALATHIDES TRIFLORES : *Oliganthes triflora*, H. Cass., Bull. des Sc., Avril 1818, pag. 58; *An? Pollalesta vernonioides*, Kunth, *Nov. gen. et sp. pl.*, tom. 4, pag. 47, tab. 321. Tige probablement ligneuse, striée, tomenteuse; feuilles alternes, pétiolées, ovales-lancéolées, entières, tomenteuses en dessous; calathides composées de trois fleurs purpurines, et disposées en grands corymbes terminaux. Nous avons observé les caractères génériques et spécifiques de cette plante, sur un échantillon recueilli à Madagascar par Commerson, et qui se trouve dans l'herbier de M. de Jussieu.

Le genre que M. Kunth a présenté comme nouveau, sous le nom de *Pollalesta*, dans le tome IV de ses *Nova genera et species plantarum* (p. 46), est très-évidemment le même que notre genre *Oliganthes*, publié trois ans auparavant; et l'arbre d'Amérique, sur lequel M. Kunth a fondé son *Pollalesta*, paroît être spécifiquement identique, ou presque identique, avec la plante ligneuse de Madagascar, qui avoit servi de type à notre *Oliganthes*. Évitons de pénétrer le motif pour lequel M. Kunth a reproduit, sous de nouveaux noms, des genres précédemment établis par nous, et s'est dispensé de citer, comme synonymes, les noms que nous leur avions donnés. Nous pouvons au moins nous permettre de dire que notre *Oliganthes* ayant été publié au commencement de 1817, trois ans avant le *Pollalesta* de M. Kunth, qui n'a été publié que vers le milieu de 1820, ce botaniste ne peut pas être légitimement considéré comme le véritable auteur de ce genre, et qu'ainsi le nom d'*Oliganthes* doit régulièrement prévaloir sur celui de *Pollalesta*.

Ce nom d'*Oliganthes*, composé de deux mots grecs qui signifient *fleurs peu nombreuses*, fait allusion au petit nombre de fleurs composant chaque calathide.

Notre tribu naturelle des Vernoniées comprend aujourd'hui quarante-deux genres, dont voici la liste alphabétique : *Achyrocoma*, H. Cass.; *Ascaricida*, H. Cass.; *Cacosmia*, Kunth;

Centrapalus , H. Cass. ; *Centratherum* , H. Cass.; *Corymbium* , Lin.; *Dialesta* , Kunth ; *Distephanus* , H. Cass.; *Distreptus* , H. Cass.; *Elephantopus* , Vaill.; *Epaltes?* , H. Cass.; *Ethulia* , Lin.; *Gundelia* , Tourn.; *Gymnanthemum* , H. Cass.; *Heterocoma* , Decand.; *Hololepis* , Decand.; *Isonema* , H. Cass.; *Lepidaplou* , H. Cass.; *Liabum* , Adans.; *Lychnophora* , Martius ; *Monarrhenus* , H. Cass.; *Munnozia?* , Ruiz et Pav.; *Noccæa* , Jacq. : *Odontoloma* , Kunth ; *Oligactis; Oliganthes* , H. Cass.; *Oligocarpha* , H. Cass.; *Pacourina* , Aubl.; *Pacourinopsis* , H. Cass.; *Piptocoma* , H. Cass.; *Pluchea* , H. Cass.; *Rolandra* , Rottb.; *Shawia?* , Forst.; *Sparganophorus* , Vaill.; *Spiracantha* , Kunth ; *Stokesia* , Lhér. ; *Struchium* , P. Br.; *Tarchonanthus* , Lin. ; *Tessaria* , Ruiz et Pav.; *Trichospira* , Kunth ; *Vernonia* , Schreb.; *Xanthocephalum?* , Willd. (H. Cass.)

OLIGANTHEMUM. (*Bot.*) Nom donné par Reneaulme au *leucoium vernum* , Linn. (Lem.)

OLIGARRENA. (*Bot.*) Rob. Brown , *Nov. Holl.* , 1 , pag. 549. Petit arbrisseau de la Nouvelle-Hollande , dont la tige est droite, très-rameuse, garnie de feuilles extrêmement petites, éparses, imbriquées. Les fleurs sont petites, blanchâtres, disposées en épis droits, terminaux. Le calice est à quatre divisions, accompagné de deux bractées ; la corolle persistante, à quatre découpures ; deux étamines non saillantes ; quatre petites écailles à la base du pistil ; un ovaire à deux loges. Le fruit, étant inconnu, ne permet pas de prononcer affirmativement sur la famille à laquelle ce genre appartient. La plante qui le constitue, se rapproche, par ses fleurs, des oliviers, mais il en diffère par son port, qui lui donne plus de rapports avec les épacridées. M. R. Brown lui attribue une capsule à deux loges. Il appartient à la *diandrie monogynie* de Linnæus. (Poir.)

OLIGANUS. (*Actinoz.*) Dénomination employée par M. Rafinesque, d'abord dans le 12.ᵉ et dernier numéro de son Journal encyclopédique de la Sicile, et ensuite dans le tome 89, pag. 155, du Journal de physique, pour désigner une coupe générique qu'il établit dans la famille des actinies ou des polypiaires, et qu'il caractérise ainsi : Corps fixé, globuleux ; bouche supérieure entourée d'un nombre déterminé de tentacules sur un seul rang et non rétractiles. Du reste

les espèces que l'auteur place dans ce genre et qu'il nomme
O. albus, hexapus, maculatus, ne sont ni décrites ni figurées.
Elles sont probablement des mers de la Sicile. (DE B.)

OLIGOCARPHE, *Oligocarpha*. (*Bot.*) Ce genre de plantes,
que nous avons d'abord proposé dans le Bulletin des sciences
de Septembre 1817 (pag. 151), et que nous avons ensuite
plus amplement décrit dans le Journal de physique de Juillet
1818 (pag. 26), appartient à l'ordre des Synanthérées et à
notre tribu naturelle des Vernoniées, dans laquelle il devra
être placé, soit auprès du *Gymnanthemum*, soit auprès du
Tarchonanthus. Voici les caractères que nous attribuons au
genre *Oligocarpha*, d'après nos propres observations faites sur
deux échantillons secs.

Dioïque. *Calathide femelle* équaliflore, pluriflore (neuf à
douze), ambiguïflore. Péricline inférieur aux fleurs, cylindracé; formé de squames imbriquées, un peu lâches, subfo-
liacées, striées, obtusiuscules; les extérieures subcordiformes,
les intérieures ovales. Clinanthe petit, muni d'une, deux,
trois ou quatre squamelles, tantôt rudimentaires, tantôt
égales aux fleurs, foliacées ou submembraneuses, oblongues-
lancéolées, linéaires-lancéolées ou subulées. Ovaire épaissi de
bas en haut, couvert de glandes et de poils entremêlés, et
muni d'un bourrelet basilaire; aigrette roussàtre, composée
de squamellules plurisériées, très-inégales, filiformes, épaisses,
irrégulièrement barbellulées. Corolle imitant parfaitement une
corolle masculine, régulière, à lanières longues, linéaires, à
incisions égales; et contenant des rudimens d'étamines libres,
subulés, aigus, sans appendices basilaires, à loges semi-
avortées. Style à deux stigmatophores courts, larges, à collecteurs nuls ou presque nuls. *Calathide mâle* équaliflore, sub-
duodécimflore, subrégulariflore ou palmatiflore. Péricline
très-inférieur aux fleurs, subhémisphérique; formé de squames
imbriquées, paucisériées, peu appliquées, subcordiformes,
coriaces, striées. Clinanthe petit, plan, presque toujours muni
de quelques squamelles ou rudimens de squamelles. Faux-
ovaire subcylindracé, hispide; aigrette irrégulière, composée
de squamellules inégales, filiformes, épaisses, barbellulées.
Corolle (jaune) arquée en dehors, à limbe non distinct
du tube, ordinairement palmé, toujours inégalement et pro-

fondément divisé en cinq lanières oblongues ou linéaires. Anthères munies d'appendices basilaires subulés. Style filiforme, presque simple, seulement divisé au sommet en deux branches courtes, et muni sur sa partie supérieure de collecteurs papilliformes, à peine apparens, presque nuls.

Nous ne connoissons qu'une seule espèce de ce genre.

OLIGOCARPHE A FEUILLES DE NÉRION : *Oligocarpha neriifolia*, H. Cass.; *Baccharis neriifolia*, Linn., *Sp. pl.*, édit. 3, p. 1204. C'est un arbrisseau du cap de Bonne-Espérance, à tige droite, rameuse, haute de six à neuf pieds; ses feuilles sont nombreuses, rapprochées, persistantes, étroites, lancéolées, pointues, glabres, dures, vertes en dessus, blanchâtres en dessous, un peu ferrugineuses dans leur jeunesse; leurs bords sont repliés en dessous, et ordinairement munis d'une ou deux petites dents vers le sommet de la feuille; les calathides sont disposées en petites panicules ou grappes, qui terminent les branches.

Le genre *Brachylæna*, proposé par M. R. Brown, dans le douzième volume des Transactions de la Société Linnéenne, imprimé à Londres en 1817, est absolument le même que notre *Oligocarpha*, publié aussi en 1817. Il ne nous appartient pas de décider lequel des deux noms génériques, publiés presque en même temps, doit prévaloir sur l'autre. Mais il convient de transcrire ici la description de M. Brown, afin qu'on puisse la comparer à la nôtre, avec laquelle elle ne s'accorde pas entièrement.

BRACHYLÆNA, R. Brown (*Trans. Linn. Soc.*, vol. 12, pag. 115; Journ. de Phys., Juillet 1818, pag. 21). Involucre imbriqué, à écailles coriaces. Réceptacle nu. Fleurons dioïques. Mâles à anthères exsertes, munies de deux soies à la base. Femelles plus étroits, à limbe quinquéfide, à filamens stériles, à stigmates linguiformes, imberbes. Aigrette pileuse et scabre dans les deux sexes. = Arbrisseaux de l'Afrique australe, subtomenteux. Feuilles alternes, très-entières ou dentées. Inflorescence terminale, presque en grappe. Involucres ovoïdes, courts, à écailles ovales, d'une contexture uniforme.

L'auteur, que nous venons de citer textuellement, ajoute que son genre *Brachylæna* ne comprend qu'une seule espèce publiée, qui est le *Baccharis neriifolia* de Linné. Il n'indique point les affinités naturelles de ce genre, et se borne à dire que son port est à peu près semblable à celui du *Baccharis*.

L'*Oligocarpha* ou *Brachylæna*, étant une Vernoniée, n'a point de rapport naturel avec le *Baccharis*, qui est de la tribu des Astérées : mais il a de l'affinité avec le *Gymnanthemum*, dont il s'éloigne cependant par ses calathides unisexuelles, et avec le *Tarchonanthus*, dont il se rapproche par ce même caractère.

Le nom d'*Oligocarpha* fait allusion aux squamelles qui se trouvent ordinairement sur le clinanthe, mais en très-petit nombre. Nous supposons que M. Brown a voulu exprimer, par le nom de *Brachylæna*, la brièveté du péricline. Ce dernier caractère existe aussi dans notre *Gymnanthemum*, comme l'indique son nom, qui signifie *fleurs nues* : car le péricline étant très-court, les fleurs de la calathide ne sont couvertes par lui qu'à leur base. (Voyez l'article GYMNANTHÈME, tom. XX, pag. 108.)

On pourroit croire que la présence de quelques squamelles sur le clinanthe de l'*Oligocarpha*, ne résulte que d'une sorte de monstruosité ou de variation accidentelle. Cependant, nous avons observé ce caractère dans presque toutes les calathides des deux échantillons que nous avons successivement analysés, et qui sans doute n'ont pas la même origine : car l'un, provenant d'un individu femelle, se trouve dans l'herbier de M. Desfontaines ; et l'autre, provenant d'un individu mâle, se trouve dans l'herbier de M. de Jussieu. (H. CASS.)

OLIGOCHLORON. (*Bot.*) Un des anciens noms grecs du CAPRIER. (LEM.)

OLIGOPODE, *Oligopodus*. (*Ichthyol.*) M. de Lacépède a donné ce nom à un genre de poissons osseux, holobranches, du sous-ordre des jugulaires, et de la famille des auchénop-tères, que Gronow déja avoit nommé *Pteraclis*, et que l'on reconnoît aux caractères suivans :

Catopes jugulaires et formés par un seul rayon; corps alongé, fort comprimé; trous des branchies et yeux latéraux; corps couvert d'écailles; une seule nageoire dorsale.

D'après cela il devient facile de distinguer sur-le-champ les OLIGOPODES des CHRYSOSTROMES et des KURTES, qui ont le corps ovalaire ; des CALLIONYMES, qui ont les trous des branchies sur la nuque ; des URANOSCOPES et des BATRACHOÏDES, qui ont les yeux verticaux ; des MURÉNOÏDES, dont le corps est alépidote ; des BLENNIES, des CALLIOMORES, des VIVES et des GADES, qui ont plus d'un rayon à chaque catope. (Voyez ces différens noms de genres et AUCHÉNOPTÈRES dans le Supplément au tome III de ce Dictionnaire.

Ce genre ne renferme encore qu'une seule espèce, c'est

L'OLIGOPODE VÉLIFÈRE : *Oligopodus veliferus*, Lacép.; *Coryphœna relifera*, Pallas, Linnæus, qui se fait remarquer entre tous les poissons par l'énorme hauteur de ses nageoires dorsale et anale, entre lesquelles le corps semble disparoître, d'autant mieux qu'elles s'étendent jusqu'à la queue ; la première depuis le front, et la seconde depuis les ouvertures des branchies, ce qui reporte l'anus en avant jusque sous la gorge.

Ces nageoires, qui ont la figure d'une losange irrégulière et curviligne, semblent former deux larges voiles, qui donnent à l'animal la faculté de fendre l'eau avec moins d'obstacle, mais auxquelles on ne sauroit attribuer le pouvoir de le soutenir dans l'air, à la manière des exocets, de certains pégases, des dactyloptères.

La mâchoire supérieure de l'oligopode vélifère est garnie de deux rangées de dents, tandis qu'on n'en observe qu'une à l'inférieure. Ses écailles sont grandes, minces, légèrement striées, et échancrées au bord, pour recevoir chacune une petite épine de l'écaille suivante.

Ce poisson, que quelques naturalistes ont appelé l'*éventail*, a les côtés du corps d'un gris argenté et les nageoires dorsale et anale brunes, et parsemées de taches d'un blanc pur.

Il vient de la mer des Indes. (H. C.)

OLIGOPODE NOIR. (*Ichthyol.*) Voyez LEPTOPODE. (H. C.)

OLIGOSPORE, *Oligosporus*. (*Bot.*) Ce genre de plantes, que nous avons proposé dans le Bulletin des sciences de Février 1817 (pag. 33), appartient à l'ordre des Synanthérées, à notre tribu naturelle des Anthémidées, à la section des Anthémidées-Chrysanthémées, et au groupe des Artémisiées, dans lequel nous l'avons placé auprès du genre *Artemisia*, dont il diffère en ce que les fleurs du disque sont mâles, au lieu d'être hermâphrodites. (Voyez notre tableau des Anthémidées, tom. XXIX, pag. 177.)

Le genre *Oligosporus* présente les caractères suivans.

Calathide ovoïde ou subglobuleuse, discoïde : disque pluriflore, régulariflore, masculiflore ; couronne unisériée, tubuliflore, féminiflore. Péricline ovoïde, presque égal aux
fleurs du disque ; formé de squames peu nombreuses, inégales, paucisériées, irrégulièrement imbriquées, appliquées,
orbiculaires, ovales ou oblongues, larges, arrondies, concaves, coriaces, pourvues d'une bordure membraneuse-scarieuse, diaphane. Clinanthe nu, convexe, hémisphérique
ou ovoïde. *Fleurs du disque :* Faux-ovaire nul ou presque
nul. Corolle à cinq divisions. Étamines ayant les anthères
libres ou foiblement cohérentes. Style ordinairement simple,
tronqué au sommet, qui est élargi et bordé de collecteurs
piliformes ; quelquefois divisé au sommet en deux stigmatophores très-courts, à bourrelets stigmatiques plus ou moins
oblitérés. *Fleurs de la couronne :* Ovaire obovoïde-oblong,
glabre, lisse, privé d'aigrette. Corolle courte, tubuleuse,
à base articulée sur l'ovaire, à partie inférieure enflée, à
sommet tronqué très-obliquement ou irrégulièrement tridenté. Style à deux stigmatophores.

Notre genre *Oligosporus* revendique probablement un assez
bon nombre des espèces attribuées par les botanistes au grand
genre *Artemisia.* Nous en avons observé nous-même sept ou
huit. Cependant nous n'en décrirons ici que deux, qui nous
semblent plus intéressantes que les autres, en ce que la première habite les environs de Paris, et que la seconde est
généralement cultivée pour l'usage auquel elle est propre.

Oligospore champêtre : *Oligosporus campestris,* H. Cass. ;
Artemisia campestris, Linn., *Sp. pl.,* édit. 3, pag. 1185. C'est
une plante herbacée, presque entièrement inodore, à racine
vivace, fusiforme ; ses tiges d'abord couchées, puis redressées,
sont longues d'environ deux pieds, droites, paniculées, anguleuses, glabres, rougeâtres, garnies de feuilles ; celles-ci
sont alternes, irrégulièrement bipinnatifides, linéaires, un
peu charnues, un peu poilues en dessous ; les radicales plus
longuement pétiolées, les caulinaires moins divisées ; les calathides sont petites, nombreuses, penchées, disposées en

grappes, et d'un vert brun extérieurement ; les corolles du disque sont jaunâtres, mais rouges au sommet. Cette plante, qui fleurit en Août, se trouve dans les lieux arides, et n'est pas rare aux environs de Paris.

OLIGOSPORE ESTRAGON : *Oligosporus condimentarius*, H. Cass.; *Artemisia dracunculus*, Linn., *loc. cit.*, p. 1189. Une racine vivace produit des tiges herbacées, dressées, un peu tortueuses, grêles, rameuses, hautes d'environ deux pieds, glabres et vertes comme toutes les autres parties extérieures de la plante ; les feuilles sont alternes, sessiles, étroites, lancéolées, très-simples, très-entières, ponctuées ; les calathides sont très-nombreuses, petites, paniculées, globuleuses. Cette espèce, originaire de la Sibérie ou de la Tartarie, est cultivée, sous le nom d'estragon, dans les jardins potagers, à cause de son odeur aromatique et de sa saveur piquante, qui la rendent propre à servir d'assaisonnement.

Le nom d'*Oligosporus*, composé de deux mots grecs, qui signifient *graines peu nombreuses*, nous a paru convenir très-bien à ce genre, auquel nous aurions pu consacrer le nom de *Dracunculus* ou celui d'*Abrotanum*.

Le genre *Artemisia* de Linné doit être, selon nous, divisé en trois genres, ou sous-genres, bien distincts : le premier, nommé *Oligosporus*, a pour type l'*Artemisia campestris*, Lin., et pour caractère essentiel ou différentiel, le disque masculiflore et le clinanthe nu ; le second, nommé *Artemisia*, a pour type l'*Artemisia vulgaris*, Lin., et pour caractère essentiel, le disque androgyniflore et le clinanthe nu ; le troisième, nommé *Absinthium*, a pour type l'*Artemisia absinthium*, Lin., et pour caractère essentiel, le disque androgyniflore et le clinanthe fimbrillé.

Nous avons observé une espèce à disque androgyniflore et à clinanthe nu, cultivée au Jardin du Roi, sous le nom d'*Artemisia violacea*, et qui nous a offert quelques fleurs femelles interposées entre les deux rangs de squames formant son péricline. Si ce caractère n'est point accidentel, et s'il existe dans plusieurs espèces, il devra servir de fondement à un quatrième genre ou sous-genre.

M. Gaudichaud nous a permis de mentionner ici une synanthérée très-remarquable, trouvée par lui dans les îles

Malouines, et qui nous a paru appartenir à la tribu des Anthémidées. Nous avions cru d'abord pouvoir rapporter cette
plante à notre genre *Oligosporus*, malgré quelques différences
dans les caractères génériques : mais elle s'en éloigne tellement par le port, qu'il nous semble convenable de profiter
de ces différences, pour en faire un genre distinct, qu'on
pourroit nommer *Abrotanella*, et qu'il faudroit placer au
commencement du groupe des Artémisiées, immédiatement
avant l'*Oligosporus*, dont ce nouveau genre ne diffère essentiellement que par le péricline non imbriqué, mais formé
de cinq squames égales, unisériées.

Abrotanella emarginata, H. Cass. Petite plante herbacée,
touffue, rameuse, très-glabre sur toutes ses parties ; tiges et
rameaux tout couverts de petites feuilles très-rapprochées,
comme imbriquées, alternes, sessiles, amplexicaules, simples, entières ; leur base forme un anneau complet autour
de la tige ; leur partie inférieure est embrassante, mince,
submembraneuse ; leur partie supérieure, plus courte et plus
étroite, est ovale, arrondie au sommet, épaisse, coriace-
charnue, luisante, pourvue d'une bordure membraneuse,
diaphane, qui est échancrée au sommet ; calathides terminales, solitaires, petites, composées chacune d'environ cinq
fleurs, dont deux intérieures mâles, et trois extérieures femelles ; péricline formé de cinq squames égales, subunisériées,
membraneuses sur les bords ; clinanthe nu ; chaque fleur mâle
offrant un faux-ovaire petit, inaigretté, une corolle régulière
à quatre ou cinq divisions, un style masculin indivis, des
anthères privées d'appendices basilaires ; chaque fleur femelle,
ayant l'ovaire inaigretté, la corolle articulée sur l'ovaire,
tubuleuse, à trois divisions inégales, le style pourvu de
deux stigmatophores courts, divergens. (H. Cass.)

OLIGOTRICHUM. (*Bot.*) Nom donné par M. De Candolle
au genre de mousses décrit dans ce Dictionnaire à l'article
Atrichie (voyez aussi Atrichium, Suppl.). Ce genre, qui a
pour type le *bryum undulatum*, Linn., a été réuni aux *polytrichum* par Hedwig et même par Bridel ; mais celui-ci l'a
rétabli ensuite, en lui conservant le nom de *catharinea*, que
lui a imposé Ehrhard lorsqu'il fonda, le premier, ce genre.
Bridel y rapporte maintenant six espèces, et Hooker (*Musc.*

exot.) deux autres : ce dernier botaniste ne les sépare pas des *polytrichum*. Trois de ces espèces se trouvent en Europe; les autres sont exotiques et se rencontrent en Palestine, aux États-Unis et à la terre de Magellan. Sans revenir sur les caractères de ce genre, donnés à l'article ATRICHIE, nous reviendrons sur les deux espèces qui y ont été superficiellement décrites.

L'OLIGOTRICHUM ONDULÉ: *Olig. undulatum*, Decand., Fl. fr., n.° 492; *Catharinea undulata*, Bridel; *Polytrichum undulatum*, Hedw., *Fung.*, 1, tab. 16, 17, fig. 6-11; *Bryum undulatum*, Linn., *Fl. Dan.*, tab. 477; *English Bot.*, tab. 1220; *Callibryum polytrichoides*, Wieb., *Fl. Werth.*; Vaillant, Bot., tab. 26, fig. 17; Dill., *Myc.*, 46, fig. 18. Tige longue d'un pouce et demi; feuilles rapprochées, oblongues, lancéolées, pointues, ondulées, dentées; pédicelle droit, long de plus d'un pouce; capsule cylindrique, d'abord droite, puis pendante; opercule terminé par une longue pointe. On trouve cette mousse communément dans les bois, les vergers et les lieux ombragés, partout en Europe, dans l'Amérique septentrionale, en Chine et en Cochinchine. Buxbaum l'a observée dans les bois ombragés, en Propontide. Ses fruits paroissent au printemps. Ses feuilles se crispent en se desséchant. Il y en a une variété beaucoup plus petite dans toutes ses parties (Hedw., *loc. cit.*, 1, tab. 17, fig. 14-18).

L'OLIGOTRICHUM DE LA FORÊT-NOIRE: *Olig. hercyninum*, Dec., Fl. fr., n.° 492; *Catharinea hercynica*, Bridel; *Polytrichum hercynicum*, Hedw., *loc. cit.*, tab. 15; *English Bot.*, 1219. Tige droite, presque toujours simple, longue de six à quatorze lignes; feuilles un peu charnues, d'un vert glauque, linéaires, pointues, concaves; feuilles des rosettes mâles larges, d'un jaune rougeâtre, terminées par une pointe; pédicelle droit, long d'un pouce environ; capsule droite, cylindrique ou en forme de godet; opercule obtus, conique. Cette mousse, observée pour la première fois au Rehberg dans la Forêt-noire, par Ehrhard, a été observée depuis dans le Tyrol, en Autriche, en France, en Angleterre, en Écosse, en Laponie, en Suède, etc. Elle se plaît dans les endroits tourbeux; ses capsules sont mûres en Juillet : ses feuilles se crispent également par la sécheresse.

Oligotrichum lisse : *Catharinea lævigata*, Brid.; *Polytrichum lævigatum*, Wahlenb., *Fl. Lap.*, tab. 22. Tige droite, simple; feuilles ovales, concaves, imbriquées; capsule presque ventrue, penchée; coiffe lisse, sans poils. Cette mousse, très-voisine de la précédente, a été recueillie par Wahlenberg sur les bords du fleuve Muonio, près Tornéo en Laponie, sur les rives sableuses et découvertes, où elle croissoit abondamment. (Lem.)

OLIGOTROPHE. (*Entom.*) M. Latreille avoit d'abord employé ce mot pour désigner le genre d'insectes Diptères, qui a reçu le nom plus généralement adopté de Cecidomyie. (Desm.)

OLILIUHQUI. (*Bot.*) La plante décrite et figurée sous ce nom mexicain par Hernandez, paroît être un liseron, *convolvulus corymbosus* de Linnæus. (J.)

OLI-MERLE. (*Ornith.*) Nom donné dans le Brabant au loriot, *oriolus galbula*, Linn. (Ch. D.)

OLINET. (*Bot.*) C'est le lyciet et le chalef. (L. D.)

OLING. (*Bot.*) Sous ce nom Camelli fait mention d'un grand arbre de l'île de Luçon, dont les feuilles sont opposées, simples, lisses, épaisses, et comparées par lui à celles du gui. De ses rameaux il suinte une résine semblable à la colophane, qui s'épaissit promptement au point de former des colonnes qui se prolongent jusqu'à la terre. Il n'a vu ni les fleurs ni les fruits.

Cet arbre, qu'il croit être un térébinthe, en est sûrement très-différent à cause de ses feuilles opposées et épaisses, et l'on peut présumer qu'il appartient plutôt à la famille des guttifères. (J.)

OLINIA. (*Bot.*) Genre de plantes de la famille des rhamnées, qui a un calice tubulé, évasé, terminé par cinq dents; lequel porte au-dessous de son limbe cinq pétales de forme linéaire, munis chacun à leur onglet d'une petite écaille intérieure. Cinq anthères globuleuses, biloculaires, presque sessiles, sont insérées au même point et opposées aux pétales. L'ovaire simple, non adhérent, est surmonté d'un style très-court, terminé par deux stigmates; il devient une capsule oblongue, marquée de cinq angles, entourée et recouverte du calice persistant, et contenant cinq graines. M. Thunberg, auteur de ce genre, l'a établi sur un arbrisseau du cap de Bonne-Espérance, sans épines, à feuilles opposées et simples, à fleurs petites, disposées en panicules plus ou moins alongées. Il l'avoit d'abord rapporté au genre *Sideroxylum*, sous le nom de *sideroxylum cymosum*; ensuite, ayant reconnu qu'il étoit polypétale et que les étamines étoient insérées au calice, il a cru pouvoir en former un genre, que nous avons rapporté aux rhamnées, d'après sa description, en désirant cependant plus de détails pour confirmer cette décision. L'auteur dit que quelquefois une sixième partie est ajoutée aux diverses parties de la fleur. Il ne fait aucune mention de l'intérieur de la graine, de la forme et de la situation de son embryon. (J.)

OLIVA. (*Ornith.*) Cette espèce de pie-grièche, dont on trouve la figure dans les planches 75 et 76 des Oiseaux d'Afrique de Levaillant, est le gonolek oliva, *laniarius olivaceus* de M. Vieillot. (Ch. D.)

OLIVARDA et OLIVARDILLA. (*Bot.*) On donne ces noms en Espagne à des vergerettes, *erigeron viscosum et graveolens*. (Lem.)

OLIVAREZ. (*Ornith.*) Cet oiseau, dont la figure se trouve pl. 30 des Oiseaux chanteurs de M. Vieillot, est son *fringilla magellanica* et le *fringilla spinus*, var. de Latham. C'est aussi le *gafaron* de d'Azara, le *gilguero* des habitans de Buenos-Ayres et le *parachi* des Guaranis. (Ch. D.)

OLIVASTRE. (*Bot.*) Dans quelques lieux de la France, du temps de Belon, ce nom étoit donné à l'olivier de Bohème, *elæagnus*, qui étoit aussi un *oleaster* pour quelques auteurs, un *ziziphus alba* pour d'autres. Aux environs d'Arras on le nomme *salengre*. (J.)

OLIVE. (*Bot.*) Voyez Bois d'olive. (J.)

OLIVE. (*Ornith.*) Buffon a ainsi nommé le bruant de Saint-Domingue, de Brisson, ou oiseau canne, *emberiza olivacea*, Linn., et passerine olive de M. Vieillot. Autrefois on donnoit aussi en France le nom d'olive à la petite outarde, *otis tetrax*, Linn. (Ch. D.)

OLIVE, *Oliva.* (*Malacoz.*) Genre de Mollusques conchylifères, indiqué par presque tous les auteurs anciens de conchyliologie, mais qui n'a été rigoureusement établi que par Bruguière et M. de Lamarck pour un assez grand nombre de coquilles, dont la forme rappelle assez bien celle d'une olive et dont Linné faisoit des volutes. Voici les caractères que j'ai assignés à ce genre : Animal ovale, involvé ; le manteau assez mince sur ses bords et prolongé aux deux angles de l'ouverture branchiale par une ligule tentaculaire, et en avant par un long tube branchial ; pied fort grand, ovale subauriculé et fendu transversalement en avant ; tête petite avec une trompe labiale ? tentacules rapprochés et élargis à la base, repliés dans leur tiers médian et subulés dans le reste de leur étendue ; yeux très-petits, externes, et sur le sommet du renflement ; branchie unique, pectiniforme ; anus sans tube terminal ; organe excitateur mâle fort gros et exserte. Coquille épaisse, solide, lisse, ovale, alongée, subcylindrique, involvée ; tours de la spire très-petits et séparés par une suture canaliculée ; ouverture longue, étroite, fortement échancrée en avant ; le bord columellaire renflé antérieurement en un bourrelet strié obliquement dans toute sa longueur. Point d'opercule.

Les caractères descriptifs que je viens de donner ont été pris sur un petit individu, qui certainement n'avoit pas d'opercule. M. de Lamarck n'en admet pas non plus. Cependant d'Argenville, dont la figure, Zoom., pl. 3, fig. G, n'en représente pas, dit positivement dans l'explication de sa planche qu'il y en a un.

La structure de la coquille des olives, au moins dans certaines espèces, et l'état luisant de la superficie, ne permettent pas de douter qu'elle ne se compose de deux lames : l'une qui forme la véritable coquille, et l'autre qui n'est qu'un dépôt plus ou moins épais, à peu près comme cela a lieu dans les porcelaines. Cependant l'observation de l'animal ne m'a pas offert les deux lobes qui se remarquent dans les porcelaines, en sorte qu'il est impossible de croire que ce dépôt, autrement coloré que la coquille, soit le produit du manteau : et en effet, on n'observe jamais sur celle-ci, comme le fait justement remarquer M. de Lamarck, la ligne dorsale indiquant le point de rencontre des deux lobes du manteau, comme dans beaucoup de porcelaines. Mais comme le pied est au contraire très-large et pourvu d'expansions latérales très-considérables et fort minces, il se pourroit que ces expansions, en enveloppant la coquille, produisissent le dépôt testacé qu'on y remarque. La figure donnée par d'Argenville, indique en effet quelque chose comme cela.

Les olives appartiennent presque toutes aux mers des pays chauds, à peine y en a-t-il une espèce dans la Méditerranée. Elles vivent à ce qu'il paroît à d'assez grandes profondeurs dans la mer, d'où on les retire en les pêchant à la ligne : c'est du moins ce qui a lieu sur les côtes de l'Isle-de-France, d'après ce que m'a rapporté M. le colonel Mathieu. Il paroît que ces mollusques sont éminemment carnassiers.

La distinction des espèces d'olives est extrêmement difficile, surtout quand on veut se servir, pour les caractériser, des couleurs dont elles peuvent être ornées. En effet ces couleurs et même leur disposition sont extrêmement variables, comme on peut en voir un exemple dans l'olive hispidule. Si l'on ajoute à cela que la forme et peut-être la proportion de la spire peuvent varier suivant le sexe, l'âge et les localités, comme cela a certainement lieu pour les espèces de cônes et de porcelaines, on conviendra que le genre Olive a encore ce point de rapprochement avec les cônes dont les espèces sont aussi fort loin d'être bien distinguées. M. de Lamarck s'en est occupé déjà dans les Annales du Muséum, tom. 17, p. 300—328, et dans le tome 7 de son Traité sur les animaux sans vertèbres. M. Duclos vient tout nouvellement de faire une Monographie des espèces de ce genre ; malheureusement son travail n'est pas encore publié.

L'ordre que je vais suivre dans la description des espèces d'olives est celui de l'accroissement de la spire.

L'O. ONDÉE ; *O. undata*, de Lam., Enc. méth., pl. 364, fig. 7, *a, b*. Coquille ovale, ventrue, à spire très-courte ; la columelle calleuse dans toute son étendue ; couleur blanchâtre variée de lignes brunes, longitudinales en zigzag, et quelquefois de larges taches d'un brun roussâtre. Des mers de Ceilan.

L'O. FOUDROYANTE ; *O. fulminans*, de Lam., Enc. méth., pl. 364, fig. 4, *a, b*. Coquille subcylindrique, à spire très-rétuse ; bord columellaire calleux dans une grande partie de son étendue ; couleur cendrée-verdâtre, ornée de lignes angulo-flexueuses, longitudinales, brunes ; ouverture blanche. Patrie inconnue.

L'O. sépulturale ; *O. sepulturalis*, de Lam., Enc. méth., pl. 365, fig. 1. Coquille subcylindrique, à spire très-courte et rétuse ; de couleur cendrée-verdâtre, traversée par deux bandes noires interrompues. Patrie inconnue.

L'O. élégante ; *O. elegans*, de Lam., Enc. méth., pl. 367, fig. 3, *a*, *b*. Coquille subcylindrique, à spire rétuse, mucronée, couleur blanche, variée de lignes angulo-flexueuses interrompues, subpónctiformes, jaunes, brunes et bleuâtres. Une variété (Enc. méth., pl. 362, fig. 3, *a*, *b*) a deux zones décurrentes brunes. Des mers de Ceilan.

L'O. enflée ; *O. inflata*, de Lam., Enc. méth., pl. 364, fig. 5, *a*, *b*. Coquille ovale, ventrue, à spire courte, aiguë, à bord columellaire très-calleux ; couleur blanche-jaunâtre, ponctuée de brun. Patrie inconnue.

L'O. a deux bandes ; *O. bicincta*, de Lam., Enc. méth., pl. 364, fig. 1, *a*, *b*. Coquille ovale, ventrue, à spire courte, mucronée ; le bord columellaire tuberculeux ; couleur blanche, parsemée de points d'un bleu pâle. Patrie inconnue.

L'O. obtusaire ; *O. obtusaria*, de Lam. Coquille assez grande (près de trois pouces), cylindracée, à spire courte, obtuse ; couleur de chair pâle, avec des taches irrégulières, nombreuses, et deux zones mal formées d'un brun châtain ; ouverture blanche. Patrie inconnue.

L'O. sanguinolente : *O. sanguinolenta*, de Lam. ; Martini, *Conch.* 2, tab. 48, fig. 512, 513. Coquille cylindracée, à spire très-courte, très-finement réticulée par des linéoles d'un brun roussâtre sur un fond blanc, avec deux bandes brunes ; le bord columellaire, d'un rouge orange. Océan des grandes Indes.

L'O. mustéline : *O. mustelina*, de Lam. ; Martini, *Conch.* 2, tab. 48, fig. 515, 516. Coquille cylindrique, à spire courte, d'un blanc grisâtre, avec des lignes d'un brun roussâtre, flexueuses, transverses ; ouverture violette. Océan américain ?

L'O. marquetée ; *O. tessellata*, de Lam., Enc. méth., pl. 368, fig. 1, *a*, *b*. Petite coquille cylindracée, à spire courte, calleuse, de couleur jaune, parsemée de petites taches rondes d'un brun violacé ; ouverture violette. Patrie inconnue.

L'O. carnéole : *O. carneola*, de Lam. ; *Vol. carneolus*, Linn., Gmel. ; Enc. méth., pl. 365, fig. 5, *a*, *b*. Petite coquille ovale , cylindracée , à sommet obtus, semi-calleux , d'un jaune orangé , souvent tachetée de violet, sans bande ou avec une ou deux zones blanches. Patrie inconnue.

L'O. MAURE; *O. maura*, de Lam., Enc. méth., pl. 365, fig. 2, *a*, *b*. Coquille subcylindrique, à spire très-courte, rétuse et mucronée; de couleur noire extérieurement; quelquefois (var. *a*) d'un jaune olivâtre avec plusieurs lignes décurrentes brunes; (var. *b*) d'un fauve marron, et deux zones décurrentes, formées par des taches noires, angulaires et carrées; et enfin (var. *c*) d'un fauve verdâtre, ondé ou moiré de taches rembrunies, anguleuses ou en zigzag. De l'océan des grandes Indes.

Cette espèce est appelée la MORESQUE dans le premier cas; la DATTE CERCLÉE dans le second; la VEUVE ÉTHIOPIENNE ou le MANTEAU DE DEUIL dans le troisième; et, enfin, la DATTE MOIRÉE dans le quatrième.

L'O. DU PÉROU; *O. peruviana*, de Lam., Enc. méth., pl. 367, fig. 4, *a*, *b*. Coquille ovale, subventrue, à spire courte, mucronée; couleur blanche, marquée de points bruns rougeâtres, rassemblés en lignes onduleuses. Des côtes du Pérou.

L'O. GLANDIFORME : *O. glandiformis*, de Lam.; le GIROL, Adanson, Sénég., pl. 4, fig. 6. Coquille ovale-cylindrique, un peu renflée en dessus, à spire rétuse, mucronée; couleur blanchâtre, marquetée de rouge-brun. Des mers du Sénégal et de l'Amérique méridionale.

L'O. AVELINE; *O. avellana*, de Lam. Coquille cylindrique, à spire rétuse; couleur générale d'un fauve rougeâtre, réticulée par des ondes menues et en zigzag. Patrie inconnue.

L'O. TIGRINE : *O. tigrina*, de Lam.; Martini, *Conch.* 2, tab. 45 , fig. 475. Coquille cylindracée , ventrue , à spire très-courte, mucronée, de couleur blanche, ornée de points livides et de lignes brunes angulo-flexueuses. Patrie inconnue.

L'O. FUNÉBRALE : *O. funebralis*, de Lam.; Martini, *Conch.* 2, t., 45, fig. 480, 481. Coquille cylindracée, à spire très-courte; couleur jaunâtre avec des taches brunes-olivâtres. Des grandes Indes.

L'O. DU SÉNÉGAL; *O. senegalensis*, de Lam., Enc. méth., pl. 364, fig. 3. Coquille ovale, bombée, à spire en cône court, pointu; de couleur blanchâtre, avec des lignes rouges, flexueuses, transverses. Du Sénégal.

L'O. DE CEILAN; *O. zeilanica*, de Lam. Coquille cylindracée, à spire subsaillante et aiguë; couleur d'un jaune presque orangé, variée par un grand nombre de lignes ridées transverses, d'un brun bleuâtre. Mers de Ceilan.

L'O. NÉBULEUSE : *O. nebulosa*, de Lam.; Martini, *Conch.* 2, tab. 49, fig. 539, 540. Coquille ovale-cylindrique, à spire assez saillante, aiguë, les tours convexes; couleur striée de cendré, de jaune et de bleu, avec une zone fauve, flammée de brun en avant. Des côtes de Ceilan.

L'O. DE DEUIL; *O. lugubris*, de Lam. Coquille cylindracée; la spire un peu saillante, aiguë, de couleur blanche, avec des taches brunes, striées de bleu, diversiformes; le bord droit violet à l'intérieur.

L'O. HÉPATIQUE; *O. hepatica*, de Lam. Coquille cylindracée alongée, à spire médiane pointue; ouverture striée sur ses deux bords; couleur d'un marron brunâtre, zonée obscurément. Patrie inconnue.

L'O. RÔTIE; *O. ustulata*, de Lam. Coquille cylindracée, à spire assez saillante, aiguë; des lignes blanchâtres décurrentes sur un fond rembruni. Patrie ignorée.

L'O. TRICOLORE; *O. tricolor*, de Lam., Enc. méth., pl. 365, fig. 4, *a*, *b*. Coquille cylindracée, à spire courte, ornée, sur un fond blanc à peu près caché, d'un grand nombre de taches vertes, jaunes, et de deux ou trois zones verdâtres. De l'océan des grandes Indes, très-commune dans les collections.

L'O. ÉCRITE; *O. scripta*, de Lam., Enc. méth., pl. 562, fig. 4, *a*, *b*. Coquille cylindracée, à spire courte, variée d'un grand nombre de taches d'un fauve brun, formant réseau, avec deux zones transverses peu marquées, composées de traits bruns en forme de lettres. La patrie de cette espèce, qui n'est pas rare dans les collections, est inconnue.

L'O. GRANITELLE; *O. granitella*, de Lam. Coquille assez grande (deux pouces cinq lignes), cylindracée, à spire très-courte, mucronée, parsemée, sur un fond fauve-châtain, de taches blanches, triangulaires, très-petites et très-nombreuses. Patrie inconnue.

L'O. VEINULÉE; *O. venuluta*, de Lam., Enc. méth., pl. 361.

fig. 5. Coquille de deux pouces de long environ, cylindracée, ventrue, à spire aiguë, offrant, sur un fond d'un
blanc jaunâtre, un très-grand nombre de traits en zigzag,
ponctués de brun. Patrie inconnue.

L'O. ANGULAIRE : *O. leucophœa*, de Lam.; *Voluta annulata*,
Gmel., Enc. méth., pl. 363, fig. 2. Coquille cylindracée,
ventrue, à spire médiocre, aiguë, cerclée dans le milieu de
son dernier tour par une sorte de carène mousse; couleur
toute blanche. Océan indien?

L'O. HISPIDULE : *O. hispidula*, de Lam.; *Voluta hispidula*,
Linn., Gmel. Coquille cylindracée, étroite, à spire un peu
élevée, pointue, très-variable en couleur en dessus, mais
constamment enfumée ou violacée à l'intérieur. De l'Océan
indien.

M. de Lamarck distingue quatre variétés principales dans
cette espèce, la première est blanche, piquetée de taches d'un
brun violacé, avec une bande bleuâtre au-dessous de la spire:
c'est celle qui est figurée dans l'Encyclopédie; la seconde
(Martini, *Conch.* 2, t. 49, fig. 530) est également blanche,
avec deux ou trois zones d'un brun violacé; la troisième
(Martini, *Conch.* 2, t. 49, fig. 522, 523) est d'un fauve jaunâtre, tachetée de violet; enfin, la quatrième est nuagée de
fauve bleuâtre avec des taches d'un brun violacé.

L'O. FLAMMULÉE; *O. flammulata*, de Lam., Enc. méth., pl.
367, fig. 5. Coquille cylindracée, un peu raccourcie, à spire
assez élevée, aiguë, d'un gris roussâtre, striée de linéoles
anguleuses, d'un roux brun et de taches blanches, triangulaires, aiguës, en forme de flammes. Patrie inconnue.

L'O. UTRICULE : *O. utriculus*, de Lam.; *Voluta utriculus*,
Linn., Gmel.; Enc. méth., pl. 365, fig. 6, *a*, *b*, *c*. Coquille
assez grande, ovale, un peu ventrue, à spire conique, aiguë;
le bord columellaire calleux; couleur cendrée bleuâtre en
dessus avec une zone oblique jaune, flammulée de brun ou
toute blanche. Patrie inconnue.

Cette espèce d'olive offre, sous sa couche extérieure, une
coloration marbrée de fauve et de blanc, et par conséquent
toute différente de celle qu'elle a dans son état d'intégrité.

L'O. AURICULAIRE; *O. auricularia*, de Lam. Coquille ventrue
dans son milieu, ayant la columelle très-applatie, calleuse;

couleur d'un blanc cendré avec une bande large, oblique en avant. Des côtes du Brésil.

L'O. du Brésil: *O. brasiliana*, de Lam.; Chemn., *Conch.* 10, t. 147, fig. 1367, 1368. Coquille turbinée, à spire large, déprimée, mucronée au centre et dont le canal ne se continue pas jusqu'au sommet; le bord columellaire calleux supérieurement; des linéoles brunes, capillaires, décurrentes, croisant des stries alternativement blanches et fauves pâles. Des côtes du Brésil.

L'O. féverolle; *O. fabagina*, de Lam., Enc. méth., pl. 363, fig. 5, *a, b*. Coquille ovale, raccourcie, ventrue, à spire aiguë, assez courte; couleur variée de blanc, de brun et de fauve. Patrie inconnue.

L'O. blanche; *O. candida*, de Lam., Enc. méth., pl. 368, fig. 4, *a, b*. Coquille ovale, cylindracée, à spire assez aiguë; les plis de la columelle un peu distans; couleur toute blanche. Patrie inconnue.

Une variété de cette espèce est d'un jaune citron pâle.

L'O. oriole; *O. oriola*, de Lam., Enc. méth., pl. 366, fig. 3, *a, b*. Coquille cylindracée, étroite, à spire assez courte, aiguë; couleur châtaine en dehors, blanche à l'ouverture. Patrie inconnue.

C'est une espèce voisine de l'hispidule.

L'O. fusiforme; *O. fusiformis*, de Lam., Enc. méth., pl. 367, fig. 1, *a, b*. Coquille ventrue, atténuée aux deux extrémités; spire assez élevée et pointue; couleur d'un blanc de lait, ornée de lignes rousses ondées en zigzag. Patrie inconnue.

L'O. maculée; *O. guttata*, de Lam., Enc. méth., 368, fig. 2, *a, b*. Coquille cylindracée, ventrue, à spire aiguë, de couleur blanche, agréablement maculée de taches rondes, inégales, d'un brun rougeâtre et violet. Des grandes Indes.

Une variété dont les taches sont beaucoup plus petites et plus nombreuses, vient de la Nouvelle-Hollande.

L'O. érythrostome; *O. erythrostoma*, de Lam., Enc. méth., pl. 301, fig. 3, *a, b*; vulgairement la Bouche aurore. Assez grande coquille (deux pouces et demi) ovale, alongée, à spire assez pointue, ornée en dessus de lignes flexueuses d'un brun jaunâtre, avec deux bandes brunâtres, décurrentes et d'un jaune aurore en dedans. Patrie inconnue.

Une variété a l'intérieur d'une couleur plus pâle: j'en possède une autre qui vient de l'Inde et dont l'intérieur est blanc.

L'O. TEXTILINE; *O. textilina*, de Lam., Enc. méth., pl. 362, fig. 5, *a*, *b*. Assez grande coquille cylindracée, avec une callosité assez marquée à la fin du canal de la spire; couleur d'un blanc cendré, variée d'un très-grand nombre de petites lignes ponctuées en zigzags, et de deux zones décurrentes plus foncées. De l'océan des Antilles.

L'O. PORPHYRE; *O. porphyria*, Linn., Gmel., Enc. méth., pl. 361, fig. 4, *a*, *b*; vulgairement l'OLIVE DE PANAMA. Grande coquille de près de quatre pouces de long, ovale-cylindracée, à spire assez courte, acuminée; ornée d'une grande quantité de lignes d'un rouge brun, deltoïdales, et de taches rousses plus grandes sur un fond couleur de chair. Des côtes du Brésil.

L'O. PIE; *O. pica*, de Lam. Assez grande coquille (trois pouces une ligne) brune ou d'un fauve très-rembruni, ornée de taches irrégulières d'un beau blanc de lait; l'ouverture d'une grande blancheur.

L'O. IRISANTE; *O. irisans*, de Lam. Coquille cylindrique, à spire acuminée, ornée de lignes en zigzags serrées, brunes, bordées d'un jaune orangé, et de deux zones rembrunies et réticulées. Patrie inconnue.

L'O. ÉPISCOPALE : *O. episcopalis*, de Lam.; Gualt., *Test.*, t. 23, fig. F. Coquille cylindracée, à spire convexe, pointue, de couleur blanche, mouchetée de points bruns, jaunâtres en dehors, d'un beau violet en dedans. Patrie inconnue.

L'O. ANGULEUSE; *O. angulata*, de Lam., Enc. méth., pl. 363, fig. 6, *a*, *b*. Coquille épaisse, solide, ovale, ventrue, subanguleuse sur le dernier tour de spire; couleur variée de petits points rouges, réunis en masses inégales, tranverses et irrégulières, sur un fond blanchâtre. Patrie inconnue.

L'O. ARANÉEUSE; *O. araneosa*, de Lam., Enc. méth., pl. 363, fig. 1, *a*, *b*. Coquille cylindracée, à spire assez saillante, aiguë, agréablement variée de linéoles très-fines, très-serrées, brunes ou noires, imitant un peu des fils d'araignées. Cette espèce, rare, est de l'Océan austral, à ce qu'on suppose.

L'O. HIATULE : *O. hiatula*, de Lam.; *Vol. hiatula*, Linn., Gmel.; Enc. méth., pl. 368, fig. 5, *a*, *b*. Coquille conico-ventrue; la spire saillante, aiguë; l'ouverture assez courte et très-élargie en avant; couleur blanche ou cendrée, bleuâtre, ondée de veines flexueuses brunes et quelquefois ponctuées de petites taches d'un brun pâle. Amérique méridionale et côtes du Sénégal.

L'O. TESTACÉE; *O. testacea*, de Lam. Coquille cylindracée, ventrue, à spire courte; ouverture évasée comme dans la précédente; de couleur brune ou testacée. Mers du Sud et côtes du Mexique.

L'O. HARPULAIRE : *O. harpularia*, de Lam.; Chemn., *Conch.* 10, t. 147, fig. 1576, 1377. Coquille cylindrique, à spire saillante, aiguë; d'un roux brun, marquée de très-petites taches blanches et trigones avec deux zones décurrentes; les stries d'accroissement sont cotelées. Patrie inconnue.

L'O. LUTÉOLE : *O. luteola*, de Lam.; Gualt., *Test.*, tab. 24, fig. *A*. Coquille cylindracée, à spire convexe, aiguë; bord columellaire calleux; couleur jaunâtre, ondée par des taches livides ou d'un brun pâle, avec une large zone oblique, d'un jaune un peu intense en avant. Patrie inconnue.

Une variété est un peu renflée après la spire.

L'O. ACUMINÉE; *O. acuminata*, de Lam., Enc. méth., pl. 368, fig. 3. Assez grande coquille alongée, cylindrique, à spire saillante, acuminée, marbrée de blanc et de cendré, avec deux bandes fauves distantes. Des côtes de Java.

L'O. LITTÉRÉE; *O. litterata*, de Lam., Enc. méth., pl. 362, fig. 1, *a*, *b*. Coquille cylindrique alongée, à spire élevée et pointue; couleur cendrée, violâtre, variée de lignes fauves, pâles et anguleuses, et de deux zones décurrentes, formées de lignes brunes imitant des caractères d'écriture. Océan des grandes Indes?

L'O. RÉTICULAIRE; *O. reticularia*, de Lam., Enc. méth., pl. 361, fig. 1, *a*, *b*. Coquille cylindracée, un peu raccourcie, à spire aiguë; l'ouverture bien moins longue que la coquille; couleur blanche comme réticulée par un grand nombre de lignes subponctuées, angulo-flexueuses, avec deux zones décurrentes, souvent peu marquées. Patrie inconnue.

L'O. subulée, *O. subulata*, de Lam., Enc. méth., pl. 368, fig. 6, *a*, *b*. Coquille subulo-cylindracée, à spire aiguë, alongée ; l'ouverture n'étant que des deux tiers de la longueur totale ; couleur d'un brun plombé, avec une bande large et oblique, brun roussâtre vers l'extrémité antérieure ; ouverture d'un blanc bleuâtre. Côtes de Java.

L'O. conoïdale : *O. conoidalis*, de Lam. ; *Vol. jaspoidea*, Linn., Gmel. ; Martini, *Conch.* 2, tab. 50, fig. 556. Petite coquille ovale-conique, buccinoïde, à spire élevée ; le canal fort étroit ; couleur générale blanchâtre, jaunâtre, ou couleur de chair, obscurément mouchetée ou veinée, avec une zone panachée, tachetée de blanc et de rouge-brun au bord supérieur des tours de spire. Océan des Antilles.

Une variété est finement ponctuée ; une autre est plus grêle et de couleur d'agathe.

L'O. volutelle ; *O. volutella*, de Lam. Coquille ovale-conique, à spire saillante, aiguë, dont les tours sont applatis ; ouverture égalant les deux tiers de la longueur totale ; couleur bleuâtre au milieu et d'un jaune-brun aux deux extrémités. Des côtes du Mexique.

L'O. ondatelle ; *O. undatella*, de Lam. Coquille ovale-conique, brunâtre, à spire assez élevée, de couleur brunâtre, avec une bande étroite, jaune, au bord supérieur des tours de spire, et une plus large, peinte de lignes brunes, en avant. Océan pacifique.

L'O. ivoire : *O. eburnea*, de Lam. ; *Vol. nivea*, Linn, Gmel. ; Martini, *Conch.* 2, t. 50, fig. 358. Petite coquille cylindracée-conique, à spire proéminente, blanche, avec deux bandes pourpres interrompues. Des mers d'Espagne.

L'O. naine ; *O. nana*, de Lam., Enc. méth., pl. 363, fig. 3, *a*, *b*. Très-petite coquille ovale, à spire gibbeuse, proéminente, à columelle calleuse, de couleur cendrée-livide, ondée de ligues brunes ou pourpres. Océan américain.

L'O. zonale ; *O. zonalis*, de Lam. Très-petite coquille ovale, à spire conique et ouverture assez courte ; zonée de bandes blanches et brunes. Mers du Mexique.

L'O. mutique, *O. mutica*, Say. Très-petite coquille (deux à trois lignes de long), à spire courte, à suture étroite, sans stries à la columelle ; couleur blanche ou blanche-jaunâtre, avec trois bandes décurrentes de taches d'un roux pâle, et quelquefois d'un brun-rougeâtre foncé.

Cette espèce qui paroit voisine de la précédente, est commune sur les côtes méridionales des États-Unis; mais il paroit que c'est la seule qui s'y trouve.

L'O. GRAIN-DE-RIZ : *O. oryza*, de Lam.; Martini, *Conch.* 2, t. 50, fig. 548. Coquille très-petite (trois lignes), ovale-conique, à spire conoïdale, toute blanche. Patrie inconnue. (DE B.)

OLIVE. (*Foss.*) Les coquilles de ce genre ne se sont présentées jusqu'à présent à l'état fossile que dans les couches plus nouvelles que la craie, et quoiqu'on en ait signalé plus de soixante espèces à l'état vivant, nous en connoissons à peine dix à l'état fossile. Cette différence dans le nombre pourroit venir de ce que beaucoup d'espèces vivantes ne se distinguent que par les couleurs, et que ce caractère nous manque pour celles qui sont fossiles. Il est à remarquer cependant que parmi les fossiles il ne s'en présente pas d'un aussi gros volume que dans celles qui vivent aujourd'hui dans les mers. Une seule paroit être de la Méditerranée, toutes les autres vivent dans les mers australes et équatoriales.

Voici celles que je connois à l'état fossile :

OLIVE A GOUTTIÈRE; *Oliva canalifera*, Lamck., Ann. du Mus. d'hist. nat., vol. 1.er, pag. 383. Coquille subfusiforme, cylindracée-conique, offrant à la base de sa columelle une callosité oblique, striée, avec un sillon particulier plus grand, qui ressemble à une gouttière. Longueur, quatorze à quinze lignes. On la trouve aux environs de Paris. Elle a les plus grands rapports avec l'*oliva hiatula* de Gmelin (de Lamarck).

OLIVE PLICAIRE : *Oliva plicaria*, Lamck., Anim. sans vert., tom. 7, pag. 439; Basterot, Description des coquilles fossiles du terrain de séd. sup. des env. de Bordeaux, pl. 3, fig. 9. Coquille alongée, conique, à spire pointue, à ouverture ample et lâche inférieurement, comme dans l'*oliva hiatula*; ses plis columellaires sont tellement obliques, qu'ils sont presque longitudinaux. Longueur, vingt lignes. On la trouve à Saucats près de Bordeaux.

OLIVE CHEVILLETTE; *Oliva clavula*, Lamck., Anim. sans

vert., tom. 7, pag. 440. Coquille cylindrique-subulée, à spire élevée et pointue, et à columelle multistriée transversalement et obliquement. Longueur, huit à neuf lignes. On la trouve dans les environs de Bordeaux.

OLIVE MITRÉOLE ; *Oliva mitreola*, Lamck., Ann. du Mus., tom. 6, pl. 44, fig. 4. Coquille fusiforme-subulée, luisante, à spire alongée et pointue, aussi longue que l'ouverture. Longueur, sept à huit lignes. On la trouve à Grignon, département de Seine-et-Oise ; à Orglandes, département de la Manche, et dans les couches du calcaire coquillier grossier des environs de Paris. On pourroit croire que c'est une variété de l'espèce qui précède immédiatement, modifiée par la localité où elle a vécu. C'est à cette espèce qu'on doit rapporter la *voluta hispidula* de Brocchi (*Conch. foss. subap.*, tab. 3, fig. 16, *a*, *b*), qu'on trouve dans le Piémont.

OLIVE DE LAUMONT ; *Oliva Laumontiana*, Lamck., *loc. cit.* Coquille ovale-subulée, luisante, d'une couleur violette. Elle est plus petite et moins effilée que la précédente, et sa columelle offre deux ou trois plis. Longueur, cinq lignes. On la trouve à Ésanville, près d'Écouen, dans le grès marin supérieur. Les ancillaires que l'on trouve dans cette couche ont en général, ainsi que les olives, une forme plus raccourcie que celles du calcaire grossier, et l'on peut soupçonner que cette légère différence provient des circonstances dans lesquelles les animaux qui les ont formées, ont vécu.

OLIVE VENTRUE ; *Oliva ventricosa*, Def. Cette espèce diffère de toutes les autres par sa forme globuleuse et raccourcie. Elle porte quelques gros plis à la base de sa columelle. Longueur, dix à onze lignes. On la trouve dans le département de l'Oise, aux environs de Beauvais ? ou Valmondois ?

Oliva picholina, Al. Brong. Terrains de sédim. sup. du Vicentin, pag. 63, pl. 3, fig. 4. Coquille ovale, à spire très-courte et mamelonnée. Elle a tout-à-fait la forme d'une olive. Longueur, sept à huit lignes. On la trouve dans la montagne de Turin. M. Borson a décrit sous le nom d'*oliva cylindracea*, une espèce très-commune, dit-il, dans le sable endurci des environs de Turin ; mais la figure et la description paroissoient établir entre cette espèce et l'*oliva picholina* des différences notables. On trouve à Thorigué et à

Sceaux, près d'Angers, une espèce d'olive un peu plus grande que l'*oliva picholina*; mais elle a tant de rapports avec elle, qu'on peut la regarder de la même espèce.

On trouve dans la Caroline du Nord une espèce de ce genre qui a environ quinze lignes de longueur et qui a encore les plus grands rapports avec cette dernière.

Plusieurs naturalistes ont jugé que l'*ancillaria canalifera*, Lamck., avoit les caractères du genre Olive plutôt que celui des ancillaires. Le canal qui sépare les tours de la spire, étant à peu près le seul qui distingue ces deux genres, nous trouvons que l'ancillaire à gouttière porte en effet une sorte de petit canal; mais il est moins régulier et moins marqué que celui des olives, en sorte que cette espèce se trouveroit intermédiaire. Mais il est peut-être une autre raison qui pourroit déterminer pour la placer dans le genre Olive, c'est que dans toutes les ancillaires les stries d'accroissement sont recouvertes, depuis le sommet jusqu'au quart environ du dernier tour, d'un vernis luisant qui laisse au milieu de la coquille une large bande où l'on aperçoit ces stries, ce qui n'a pas lieu dans les olives ni dans l'ancillaire à gouttière. Comme déjà une espèce d'olive porte le nom de *canalifera*, nous proposons de lui donner celui d'*oliva heteroclita*.

Au surplus il est fâcheux d'être obligé, pour savoir où devra être placée une coquille dans nos cabinets, de passer un temps qui est à peu près perdu pour des observations plus utiles. (D. F.)

OLIVENERZ. (*Min.*) C'est le nom allemand, quelquefois employé dans des ouvrages françois, d'une variété particulière de cuivre arseniaté. C'est Werner qui l'a désignée ainsi. Voyez Cuivre arseniaté. (B.)

OLIVENITE. (*Min.*) Nom donné par M. Jameson au cuivre arseniaté, concordant avec celui de *Oliven-Malachit*, par lequel M. Mohs désigne ce minérai. Voyez Cuivre arseniaté, tom. XII, pag. 176. (B.)

OLIVEN - MALACHITES. (*Min.*) M. Léonhard donne ce nom comme synonyme du Cuivre phosphaté. Voyez ce mot t. XII, p. 173. (B.)

OLIVERIA, *Olivière.* (*Bot.*) Genre de plantes dicotylédones, à fleurs complètes, polypétalées, de la famille des *ombellifères*, de la *pentandrie digynie* de Linnæus, offrant pour caractère essentiel : Un calice à cinq dents ; une corolle à cinq pétales bifides ; cinq étamines ; un ovaire inférieur ; deux styles ; le fruit hérissé, ovale, cylindrique, à cinq côtes ; l'involucre et les involucelles à plusieurs folioles.

OLIVERIA TOMBANT : *Oliveria decumbens*, Vent., *Hort. Cels.*, pag. et tab. 21 ; Poir., *Ill. gen.*, *Supp.*, tab. 935. Plante herbacée, dont la racine produit plusieurs tiges glabres, cylindriques, renversées, striées, d'un vert blanchâtre, rameuses, garnies de feuilles alternes, pétiolées, d'un vert foncé, répandant une odeur de thym, simplement ailées, composées de folioles sessiles, opposées, divisées en trois ou cinq découpures, qui se partagent chacune en trois lobes aigus, munis sur leurs bords de cils peu apparens ; les fleurs sont disposées en ombelles axillaires et terminales. L'ombelle universelle est composée de trois ou quatre rayons, soutenant des ombellules simples ; les involucres et involucelles sont à folioles droites, cunéiformes, ciliées, trifides ou à trois dents ; les fleurs velues, blanchâtres avec une teinte purpurine, toutes fertiles, régulières ; les lobes du calice courts, ovales, aigus ; le fruit est ovale, très-velu, un peu cylindrique, de couleur cendrée, divisé en deux semences relevées de cinq côtes, planes intérieurement et creusées d'un sillon. Cette plante a été découverte aux environs de Bagdad, par MM. Bruguière et Olivier. (POIR.)

OLIVERT. (*Ornith.*) Levaillant, Oiseaux d'Afrique, tom. 5, a décrit et figuré sous ce nom, p. 70 et pl. 125, n.ᵒˢ 1 et 2, une fauvette trouvée dans le pays d'Auténiquoy. Voyez le tom. XVI de ce Dictionnaire, p. 270. (CH. D.)

OLIVES PÉTRIFIÉES. (*Foss.*) Différens auteurs anciens ont décrit sous ce nom des pointes d'oursins fossiles, dont la forme a quelque rapport avec celle des olives. (D. F.)

OLIVET. (*Ornith.*) L'oiseau décrit par Buffon sous ce nom, est le tangara olivet ou *tanagra olivacea* de Linnæus et de Latham ; mais on trouvera sous ce mot, à la page 415 du tome 32 du Nouveau Dictionnaire d'histoire naturelle, des détails desquels il semble résulter, que l'oiseau figuré dans l'Histoire des tangaras de M. Desmarest, sous le nom de tangara olivet mâle, n'est pas le même qu'a décrit Buffon, et que c'est l'*ic-*

lérie dumicole de M. Vieillot, pl. 55 des Oiseaux de l'Amérique septentrionale. (Cн. D.)

OLIVETIER. (*Malacoz.*) C'est le nom de l'animal qui habite l'Olive; voyez ce mot. (Desm.)

OLIVETIER, *Elæodendrum.* (*Bot.*) Genre de plantes dicotylédones, à fleurs complètes, de la famille des *rhamnées*, de la *pentandrie monogynie* de Linnæus, offrant pour caractère essentiel : Un calice à cinq ou dix folioles, en forme d'écailles arrondies, concaves; une corolle à cinq divisions profondes, ovales, lancéolées, concaves; cinq appendices linéaires, subulés, pétaliformes; cinq étamines, un ovaire supérieur; un style; un drupe sec, contenant une noix à deux ou trois loges; revêtue d'une enveloppe dure, épaisse, à deux ou trois sillons.

J'ai présenté ici pour caractère de ce genre, celui qui se trouve conforme aux observations de Schousboe.

Olivetier argan : *Elæodendrum argan*, Willd., *Spec.*, 1, pag. 1148; Retz, *Obs.*, 6, pag. 26; Schousb., *Maroc.*, pag. 89; *Lycii similis frutex indicus*, Commel., *Hort.*, 1, pag. 161, tab. 83. Arbre toujours vert, d'une médiocre grandeur, dont l'écorce est grise; les rameaux sont glabres, très-souvent alternes, terminés par une forte épine, garnis de feuilles alternes, glabres, très-entières, lancéolées, rétrécies en pétiole; les fleurs latérales, souvent axillaires, sessiles, éparses. Leur calice est à dix folioles en forme d'écailles, disposées sur deux rangs; leur corolle d'un jaune verdâtre, à cinq divisions ovales, lancéolées, concaves, obtuses, un peu échancrées; leurs cinq appendices pétaliformes, linéaires-subulées, sont attachés au fond de la corolle, alternes avec ses divisions; l'ovaire est conique, hérissé; le style glabre; le stigmate simple; les drupes sont sessiles, verts, ponctués de blanc, de la grosseur d'une prune ordinaire; ils produisent un suc blanc, qui s'épaissit à l'air. Cette plante croît dans les forêts au royaume de Maroc. Son bois est dur, pesant, épais, employé pour la fabrication des meubles. Quelques animaux ruminans, tels que les chameaux et les chèvres, se nourrissent de ses fruits que rejettent les ânes et les mulets. Les Maures fabriquent avec ses noix une huile un peu âcre, dont cependant ils font usage dans l'apprêt de leurs alimens.

Olivetier d'Orient : *Elæodendrum orientale*, Jacq., *Ic. rar.,* tab. 48; Lamck., *Ill. gen.*, tab. 152; *Rubentia*, Commers.; Jussieu, *Gen. pl.*, pag. 378, 452; vulgairement Bois rouge, Bois d'olive. Arbre découvert par Commerson à l'île de Madagascar. Ses rameaux sont opposés et noueux; ses feuilles variées, très-étroites, distantes, linéaires sur les jeunes rameaux, longues de huit à dix pouces, larges de deux ou trois lignes; plus courtes, plus larges, lancéolées sur des rameaux plus avancés; enfin courtes, ovales, obtuses, épaisses, coriaces sur les vieux rameaux. Les fleurs sont axillaires; les pédoncules simples ou divisés en trois rayons uniflores, à la base desquels on remarque plusieurs petites folioles courtes, linéaires, aiguës, en forme de bractées; le calice a cinq folioles arrondies, concaves, persistantes; la corolle est blanche, à cinq divisions profondes; les cinq étamines sont insérées sur une glande, à la base de l'ovaire; le drupe, ovale, de la grosseur et de la forme d'une olive, renferme une noix dure, épaisse, à deux loges.

Olivetier austral; *Elæodendrum australe*, Vent., *Hort. Malm.*, vol. 2, pag. et tab. 117. Arbrisseau toujours vert, dont les tiges, d'un brun cendré, s'élèvent à la hauteur d'environ trois pieds, divisées en rameaux opposés, presque tétragones, garnis de feuilles opposées, pétiolées, coriaces, glabres, elliptiques, d'un vert foncé, longues de six à huit pouces, munies de dents distantes, glanduleuses à leur sommet, et de stipules caduques, ovales, aiguës; les pédoncules axillaires, di- ou trichotomes, ont des bractées lancéolées; le calice a quatre folioles ovales, obtuses; la corolle quatre pétales d'un blanc sale, petits, ovales, obtus, un peu ondulés; les quatre étamines alternent avec les pétales; l'ovaire enfoncé dans un disque charnu, a quatre loges; le style est très-court; le stigmate tronqué. Cette plante croît à la Nouvelle-Hollande. (Poir.)

OLIVETTE. (*Ornith.*) Le pinson de la Chine, ainsi nommé par Buffon, est le *fringilla sinica*, Linn. (Ch. D.)

OLIVIE, *Olivia*. (*Corallin.*) Dénomination générique proposée depuis assez long-temps par M. A. Bertolini, dans ses Décades des plantes du royaume d'Italie, pour distinguer le corps organisé de la famille des corallines dont MM. de Lamarck et Lamouroux ont fait leur genre Acétabule ou Acétabulaire. Voyez ce mot. (De B.)

OLIVIER, *Olea*, Linn. (*Bot.*) Genre de plantes dicotylédones monopétales, de la famille des *jasminées*, Juss., et de la *diandrie monogynie*, Linn., dont les principaux caractères sont d'avoir : Un calice monophylle, campanulé, à quatre dents ; une corolle monopétale, infundibuliforme, à limbe plan partagé en quatre découpures ; deux étamines, à filamens subulés, terminés par des anthères droites ; un ovaire arrondi, surmonté d'un style court, terminé par un stigmate en tête ; un drupe ovoïde, lisse, contenant un noyau raboteux, divisé en deux loges monospermes, dont une avorte très-souvent. Les oliviers sont des arbres ou de grands arbrisseaux à feuilles entières, toujours vertes, opposées ou très-rarement alternes ; leurs fleurs sont petites, disposées en grappe ou en panicule axillaire ou terminale. On en connoît aujourd'hui seize à dix-sept espèces toutes exotiques, mais dont une a été transportée depuis une époque reculée dans le Midi de l'Europe, que son origine se perd dans la nuit des temps, et elle y est d'ailleurs acclimatée depuis si longtemps, que les botanistes l'ont nommée *Olea europœa*. Plusieurs autres espèces sont cultivées dans les jardins ; nous en parlerons avant de traiter de l'olivier d'Europe, qui, à cause du grand intérêt qu'il présente, exigera que nous entrions à son sujet dans des détails particuliers.

OLIVIER DU CAP ; *Olea Capensis*, Linn., *Spec.* 11. Le tronc de cet arbre est revêtu d'une écorce un peu rude, et se divise en rameaux opposés. Ses feuilles sont de même opposées, rétrécies en pétiole à leur base, coriaces, glabres des deux côtés, ovales-obtuses ou ovales-lancéolées. Ses fleurs sont blanches, disposées en grappes paniculées au sommet des rameaux, ou disposées dans les aisselles des feuilles supérieures. Les fruits sont de petits drupes bleuâtres, de la grosseur d'un pois et terminés en pointe. Cette espèce croît dans les forêts du cap de Bonne-Espérance. On la cultive en caisse dans le climat de Paris, et on la rentre pendant l'hiver dans la serre tempérée.

OLIVIER ÉCHANCRÉ ; *Olea marginata*, Lam., *Illust. gen.*, n.° 81, t. 8, fig. 2. Cet arbre s'élève, dans son pays natal, à la hauteur de quarante à cinquante pieds ; son tronc est revêtu d'une écorce d'un gris cendré ; et ses rameaux sont opposés ainsi que ses feuilles. Celles-ci sont ovales, arrondies et un peu échancrées à leur sommet, rétrécies vers leur base, pétiolées, coriaces, luisantes et d'un vert gai. Ses fleurs sont disposées en une panicule terminale, peu garnie; leur corolle est grande, comparativement à celle des autres espèces de ce genre, presque en forme de grelot, divisée en quatre découpures ovales et un peu aiguës. Les filamens des étamines sont très-courts, terminés par des anthères glanduleuses. Le stigmate est triangulaire. Les fruits sont des drupes ovoïdes, un peu chagrinées, de la grosseur d'une petite noix et bons à manger. Cet olivier croît naturellement dans l'ile de Madagascar; on le cultive au Jardin du Roi, dans la serre chaude, depuis environ vingt-cinq ans. On le multiplie de marcottes. M. Aubert du Petit-Thouars en a fait un genre nouveau, qu'il nomme *Noronhia*.

Olivier d'Amérique : *Olea americana*, Linn., *Mant.* 24; Mich., *Arb. Amer.*, 3, pag. 50, tab. 6. Cet arbre s'élève quelquefois dans son pays natal à trente et jusqu'à trente-six pieds de hauteur; mais le plus souvent il ne forme qu'un grand arbrisseau de douze, quinze et vingt pieds de hauteur. Ses feuilles sont ovales-lancéolées, quelquefois plus étroites et tout-à-fait lancéolées, opposées, pétiolées, longues de quatre à six pouces, lisses, luisantes et d'un vert gai. Ses fleurs sont blanchâtres, petites, très-odorantes, disposées dans les aisselles des feuilles en grappes courtes, rameuses et peu garnies. Les fleurs mâles et les fleurs femelles sont le plus souvent portées sur des pieds différens. Les fruits sont des drupes de la grosseur d'une petite cerise, et d'un pourpre bleuâtre à l'époque de leur maturité; ils restent attachés aux branches une partie de l'hiver, et leur couleur contraste alors agréablement avec le beau vert des feuilles. Cette espèce croît naturellement dans les parties maritimes· de l'Amerique du Nord, depuis la Floride jusqu'en Caroline. Dans le climat de Paris, on la cultive en caisse ou en pot, et on la rentre dans l'orangerie pendant l'hiver. Dans le Midi de la France elle peut rester toute l'année en pleine terre.

Olivier élevé; *Olea excelsa*, Ait., *Hort. Kew.* 1, p. 14. Cette espèce pousse avec beaucoup de vigueur; elle paroît devoir former un arbre de vingt-cinq à trente pieds de hauteur, peut-être plus. Ses feuilles sont opposées, ovales ou ovales-oblongues, rétrécies a leur bàse en un court pétiole, luisantes et d'un beau vert. Les fleurs sont blanchâtres, disposées sur des grappes simples, axillaires, munies de bractées embrassantes, dont les inférieures sont persistantes, en forme de coupe, et les supérieures grandes, foliacées, caduques. Cet olivier est originaire de l'île de Madère. On le cultive dans les jardins de botanique et chez quelques curieux. Il a besoin, dans le climat de Paris, d'être mis à l'abri du froid pendant l'hiver. Il y a tout lieu de croire que dans le Midi on pourroit le planter en pleine terre.

OLIVIER ODORANT: *Olea fragrans*, Thunb., *Flor. Cap.*, 18, tab. 2; Duham., nouv. éd., 3, p. 68, tab. 24. Dans son pays natal, cette espèce devient un arbre assez fort; dans les jardins de Paris, où l'on est obligé de la tenir en caisse, elle ne forme qu'un arbrisseau de six à dix pieds de hauteur. Les jeunes rameaux sont lisses, verdâtres, garnis de feuilles opposées, rétrécies en pétiole à leur base, ovales ou ovales-lancéolées, longues de deux à quatre pouces, glabres, lisses, d'un vert un peu foncé en dessus, les unes entieres, les autres dentées en scie. Les fleurs sont pédonculées, disposées par six à douze en petits bouquets placés au sommet des rameaux ou dans les aisselles des feuilles supérieures. Le calice est très-petit, à peine sensible; la corolle se divise en quatre découpures profondes, ovales-oblongues, un peu charnues, de couleur blanche; les étamines sont très-courtes; le style est filiforme, terminé par deux stigmates aigus. L'olivier odorant croit naturellement à la Chine, au Japon et à la Cochinchine. Ses fleurs répandent une odeur délicieuse. Les Chinois les recueillent pour les mêler dans leur thé et lui donner plus de parfum. Il est probable que cet arbre pourroit s'acclimater dans nos provinces méridionales. Dans le Nord de la France, on le plante en caisse et on le tient dans l'orangerie pendant l'hiver. Il fleurit en Août et Septembre. On le multiplie de marcottes.

OLIVIER NOIR; *Olea nigra*, Lois., Herb. de l'amat. n.º et tab. 256. Cette espèce, telle que nous l'avons vue dans le jardin de M. Noisette, n'étoit qu'un arbrisseau de deux à trois pieds de hauteur; mais probablement que dans son pays natal elle s'élève beaucoup davantage. Sa tige se divise en rameaux opposés, d'un gris cendré dans l'âge adulte, d'un vert mêlé de violet dans la jeunesse, glabres, mais chargés de points verruqueux assez abondans qui les rendent rudes au toucher. Ses feuilles sont ovales-lancéolées, persistantes, coriaces, glabres et d'un vert foncé en dessus, pâles en dessous, opposées sur des pétioles cylindriques et ayant souvent une teinte violette. Ses fleurs sont petites, blanches, disposées en panicule au sommet des rameaux. Nous ignorons le pays natal de cet olivier, nous l'avons vu chez M. Noisette, qui l'a apporté d'Angleterre en 1817, et chez lequel il a fleuri depuis chaque année en Juillet et Août. Cet arbrisseau se plante en pot dans du terreau de bruyère, et on le rentre l'hiver dans l'orangerie. Il se multiplie de boutures et de marcottes.

OLIVIER D'EUROPE, ou vulgairement l'OLIVIER : *Olea Europœa;* Linn., *Spec.* 11; Duham., nouv. éd., v. 5, p. 69, tab. 25—32. La tige de cet arbre acquiert avec l'âge trois à six pieds de circonférence par le bas, quelquefois même davantage, et elle s'élève en Provence et en Languedoc à vingt et trente pieds de hauteur; mais dans les climats plus chauds, comme les parties méridionales de l'Espagne et de l'Italie, dans l'Orient, en Afrique, elle atteint jusqu'à quarante et cinquante pieds. Ordinairement la tige principale ne s'élève guère au-delà de six à dix pieds; plus haut elle se divise en plusieurs branches qui se subdivisent en un grand nombre de rameaux formant rarement une tête arrondie et régulière. Les feuilles sont opposées, coriaces, lancéolées, longues de quinze lignes à deux pouces et demi dans la plupart des variétés cultivées, ovales et seulement longues de quatre à huit lignes dans quelques variétés sauvages. Ces feuilles, dans toutes les variétés, sont très-entières, d'un vert plus ou moins foncé en dessus, traversées en dessous par une nervure longitudinale très-prononcée, et couvertes d'une poussière écailleuse, blanchâtre qui leur donne un aspect argenté. Les fleurs sont blanches, petites, pédonculées, disposées en grappes rameuses, axillaires et de la longueur des feuilles ou à peu près. Les fruits sont des drupes ovoïdes, plus ou moins alongés, à peine plus gros que des grains de groseille dans les

variétés sauvages, et ayant dans celles qui sont cultivées six
à dix lignes de diamètre, sur dix à quinze de hauteur. Dans
ces dernières, il ne reste ordinairement qu'un ou deux fruits
à chaque grappe, rarement trois, et les autres fleurs
avortent ; mais dans les oliviers sauvages la plupart des
grappes portent quatre à six fruits ou davantage. Ces fruits,
connus sous le nom d'olives sont couverts d'une peau lisse
et brillante, noirâtre dans le plus grand nombre des variétés,
sous laquelle est une pulpe verdâtre, molle, oléagineuse,
adhérente à un noyau très-dur, raboteux, ovale-oblong,
aigu à ses deux extrémités, ordinairement uniloculaire, par
l'avortement de la seconde loge, et contenant une amande
oléagineuse.

Ainsi que tous les arbres dont la culture est très-ancienne,
l'olivier d'Europe a été fortement altéré ou modifié par les
différentes influences des climats, du sol, des expositions et
des diverses manières dont il a été traité par les hommes qui
ont pris soin de le multiplier, et il a produit beaucoup de
variétés. Les anciens, au temps de Columelle et de Pline,
connoissoient déja plusieurs variétés d'olivier ; le premier en
porte le nombre à dix, qu'il désigne toutes par des noms,
mais dont il n'a pas établi les caractères d'une manière assez
exacte pour qu'on puisse essayer aujourd'hui de les rapporter
à quelques-unes des variétés que nous cultivons en France.
Depuis Columelle le nombre des variétés a augmenté. Olivier de Serres, qui écrivoit plus de quinze cents ans après,
donne la liste de dix-huit espèces d'Olivier connues de son
temps ; mais il n'en fait d'ailleurs aucune description. Magnol,
dans son *Hortus Monspeliensis*, où il cite onze espèces cultivées
dans les environs de Montpellier, et Tournefort, dans ses
Institutiones rei herbariæ, où on en trouve dix-huit, n'ont donné
que des phrases latines sur chaque espèce ou plutôt sur chaque
variété, phrases le plus souvent beaucoup trop courtes pour
caractériser suffisamment la forme du fruit ; car c'est principalement dans la forme, la grosseur et la couleur des olives
qu'on peut trouver des caractères pour différencier les variétés. Garidel, en empruntant, soit les phrases de Magnol, soit
celles de Tournefort, donne des détails un peu plus étendus sur
douze variétés, cultivées dans le territoire d'Aix. Duhamel

et Gouan ont aussi emprunté les mêmes phrases, mais sans particulariser autrement chaque variété. Gouan se borne à rapporter les onze espèces de Magnol, et Duhamel les dix-huit de Tournefort. M. Amoureux, dans un Mémoire qui a concouru pour le prix proposé, en 1782, par l'Académie de Marseille, sur la culture de l'olivier, et qui a obtenu le premier *accessit*, a aussi adopté les phrases déjà citées, mais en donnant plus de détails qu'on n'avoit fait avant lui sur dix-sept variétés qu'il mentionne. L'abbé Rozier, venu ensuite, paroit avoir beaucoup puisé dans le Mémoire d'Amoureux; il n'a, comme lui, décrit aucune nouvelle variété, et en borne le nombre à seize, non compris quelques sous-variétés. Enfin, M. Bernard, dans son Mémoire pour servir à l'histoire naturelle de l'olivier, couronné par l'Académie de Marseille, en 1782, et qu'il a fait réimprimer en 1788, a porté le nombre des variétés de l'olivier à vingt-un, et il a donné sur chacune d'elles, soit une bonne description, soit des détails sur la nature de l'huile que fournit leur fruit, soit, enfin, quelques considérations sur leur culture. Depuis M. Bernard, quelques auteurs ont encore indiqué de nouvelles variétés, ce qui fait qu'aujourd'hui on connoit une trentaine de variétés de l'olivier. Nous allons citer les plus remarquables.

Olivier sauvage; en Provence, Aulivier fer, Aulivastré; en Languedoc, Oulibié soubagié. En donnant le nom d'olivier sauvage à l'arbre qui croît aujourd'hui comme s'il étoit indigène dans la Provence, le Languedoc, l'Italie, l'Espagne et autres contrées méridionales de l'Europe, on doit observer que cet arbre est seulement naturalisé, mais non réellement spontané dans ces différens pays. C'est dans les forêts de l'Orient, qu'il faut rechercher l'espèce primitive, car tous les individus sauvages qu'on rencontre en Europe, ne peuvent être regardés comme le type de cette espèce première, puisqu'ils proviennent évidemment des fruits de l'arbre cultivé. Ces arbres, redevenus sauvages, sont nés de noyaux disséminés par les oiseaux, qui se nourrissent de la pulpe des olives cultivées, et c'est ce qui fait qu'on observe, parmi les divers individus venus naturellement, des différences très-sensibles, qui permettroient, jusqu'à un certain point, d'en distinguer plusieurs sous-variétés. Ils diffèrent les uns des autres par leur port, leur feuillage, leurs fruits. En général, plus leurs olives sont petites, plus on en trouve sur chaque grappe. Nous avons observé aux environs de Montpellier, dans les terrains arides, nommés *garigues*, une de ces sous-variétés de l'olivier sauvage, dont les feuilles étoient ovales-arrondies, n'ayant pas plus de quatre à huit lignes de longueur; l'arbre étoit petit, rabougri, et ne portoit pas de fruits. Nous pensons que c'est cette sous-variété que Aiton, dans son *Hortus kewensis*, a désignée sous le nom de *olea buxifolia, foliis oblongo-ovalibus, ramis patentibus divaricatis.*

OLIVIER BOUQUETIER; en Languedoc, OULIBIÉ BOUTEILLAÜ, ROUGET; en Provence, RAPUGAN, CAÏON A GRAPPE. Cet arbre devient très-gros; son bois est cassant; ses rameaux sont droits et longs; ses feuilles grandes et d'un vert sombre; ses fruits un peu alongés, presque toujours un peu irréguliers et quelquefois un peu aplatis. Il y a des grappes dont presque toutes les fleurs nouent, mais alors les olives restent presque aussi petites que des grains de poivre.

OLIVIER A PETIT FRUIT PANACHÉ; en Languedoc, OULIBIÉ PIGAOÜ ou PIGALE. L'arbre devient très-gros; ses rameaux sont droits, garnis de feuilles assez pressées; les fruits, un peu oblongs, deviennent d'un noir violet en mûrissant, et marqués de petits points rougeâtres. Ces olives sont tardives et donnent de l'huile excellente; elles sont, avant leur maturité, très-bonnes à confire.

OLIVIER D'ENTRECASTEAUX, Nouv. Duham., 5, pag. 73, tab. 27, fig. A et B. C'est un arbre moyen, dont les rameaux sont droits, garnis de feuilles d'un vert foncé, écartées les unes des autres. Il fleurit plus tôt que les autres oliviers, et ses olives mûrissent aussi plus tôt; elles se colorent comme les autres, lorsqu'elles sont en petite quantité; mais elles restent d'un blanc verdâtre quand les arbres en sont très-chargés.

OLIVIER A FRUIT BLANC. Les rameaux de cet arbre sont pendans, ses feuilles grandes, luisantes, d'un vert un peu foncé, et les fruits assez petits et ordinairement peu nombreux. Le nom d'olivier à fruit blanc n'est pas exact, car ses olives finissent par devenir noirâtres comme les autres; mais, comme elles sont tardives, elles ne commencent à se colorer qu'après toutes les autres.

Olivier a fruit odorant. Cette variété est peu répandue en Provence ; on la rencontre plus souvent en Languedoc. Ses fruits sont alongés, odorans, et ils se colorent fort tard ; ils sont de ceux qu'on confit à la manière de Picholini.

Olivier a petit fruit long, Olive Picholine. Les rameaux de cet arbre sont inclinés ; ses feuilles larges, d'un vert assez foncé, et ses olives alongées, d'un noir rougeâtre. On cultive plutôt cet olivier pour confire ses fruits que pour en retirer de l'huile. L'olive picholine se confit avant la maturité, pendant qu'elle est encore verte. Elle est ainsi appelée, parce qu'un nommé Picciolini, dont les Provençaux, pour se conformer à la prononciation italienne, ont changé le nom en celui de Picholini, est l'inventeur de cette manière de la préparer, ou, au moins, l'a apportée d'Italie.

Olivier pleureur ; Nouv. Duham., 5, pag. 75, tab. 29, fig. B ; Olivier de Grasse, Bernard, Mém., pag. 98 ; en Languedoc, Oulibié courniaoü. Les rameaux de cet arbre sont longs et pendans, comme ceux du saule pleureur. Ses olives sont noires, d'une grosseur moyenne, oblongues, plus larges à leur sommet qu'à leur base, et elles fournissent une huile excellente. Cet olivier est un de ceux dont la culture présente le plus d'avantage, ayant tout à la fois celui de fournir des récoltes abondantes et de très-bonne huile. Il demande à être taillé avec soin.

Olivier a bec ; en Provence, Aulivo becu. Arbre moyen, à rameaux droits ; à feuilles larges, arrondies à leur sommet, rapprochées les unes des autres ; à fruit d'une grosseur moyenne, ovale-arrondi, terminé par une pointe inclinée, formant une sorte de bec. Cet olivier donne d'abondantes récoltes. Ses fruits sont du petit nombre de ceux qu'on peut, lors de leur maturité parfaite, manger sans aucune préparation ; ils fournissent une huile très-fine.

Olivier caillet-blanc, Nouv. Duham., 5, pag. 76, tab. 30, fig. B. Arbre moyen, dont les rameaux sont redressés ; les feuilles grandes, rapprochées les unes des autres et d'un vert peu foncé. Ses fruits sont très-pulpeux, ordinairement peu colorés, à moins qu'ils ne soient en très-petit nombre ; mais, lorsque l'arbre en porte beaucoup, ils restent souvent blanchâtres ou ne prennent qu'une teinte très-foible de rouge.

La récolte de ces fruits est constante chaque année, et ils fournissent beaucoup d'huile.

OLIVIER ROYAL; en Provence, AULIVO TRIPARDO. Arbre moyen, dont les rameaux sont légèrement inclinés ; les feuilles petites, peu pressées et d'un vert foncé; les olives rondes, grosses, souvent inégales et comme raboteuses en leur surface. Cette variété produit des fruits tous les ans, mais en petite quantité; on les emploie souvent à confire.

OLIVIER A FRUIT ARRONDI; en Provence, AULIVO REDOUNO; en Languedoc, AMPOULAOÜ. Cet arbre s'élève peu ; ses feuilles sont grandes, pressées, d'un assez beau vert; ses grappes de fleurs courtes, situées vers l'extrémité des rameaux ; ses fruits, les plus gros de ce genre, arrondis, noirâtres et bons à confire. On en retire une huile de première qualité.

OLIVIER A FRUIT DOUX. On trouve à Piedemonte d'Alife, à dix lieues de Naples, selon M. Battiloro, des olives très-douces, assez grosses, qu'on mange sans aucune préparation sur l'arbre même. On n'a pas essayé d'en extraire l'huile parce qu'on les mange dans le mois d'Octobre, en les cueillant sur l'arbre, et que les oiseaux les dévorent avec une extrême avidité.

OLIVIER DE DEUX SAISONS. Cet arbre , selon M. Battiloro, produit deux sortes d'olives, et il fleurit deux fois successivement. Des premières fleurs sortent des olives grosses, longues, terminées en pointe ; leur couleur est d'un vert clair, et elle passe au rougeâtre obscur lors de la parfaite maturité. Les olives provenant des secondes fleurs, sont disposées en grappes très-petites et rondes, comme des baies de genévrier. Ces olives sont douces et ne sont, en quelque sorte, que de petites vessies pleines d'huile excellente ; mais les oiseaux les dévorent dès qu'elles commencent à mûrir. Cet olivier a été observé par M. Battiloro à Venasso , en Italie.

OLIVIER DE TOUS LES MOIS. C'est encore à M. Battiloro qu'on doit la connoissance de cette nouvelle variété, qui rapporte des fruits quatre ou cinq fois par an, suivant la température des saisons. L'arbre commence à fleurir au mois d'Avril, et continue jusqu'au mois de Septembre. Les olives sont petites, ovoïdes, d'une couleur noirâtre; l'huile en est délicieuse. Au reste, M. Bernard paroît douter que ces deux dernières variétés soient des variétés distinctes; mais il pense que cette faculté de donner des fleurs deux fois par an, et même d'en produire pendant plusieurs mois de suite, n'est qu'une singularité ou une espèce d'accident, qui, selon les années et la température, peut devenir commune à plusieurs variétés différentes.

L'olivier est un arbre célèbre chez les anciens : il figure au premier rang dans leur mythologie. Un végétal aussi précieux méritoit une origine toute miraculeuse. Les poëtes en ont fait honneur à la déesse de la sagesse. Voici comment on rapporte cette fable : Minerve et Neptune se disputoient la gloire de donner leur nom à la ville que l'égyptien Cécrops venoit de fonder dans l'Attique. Les dieux furent pris pour juges. Ils décidèrent que le droit de nommer la ville appartiendroit à celui qui produiroit la chose la plus utile. Neptune fit paroître un fougueux coursier ; Minerve frappa la terre de sa lance ; il en sortit un olivier chargé de fleurs et de fruits. Tous les suffrages des immortels se réunirent en sa faveur.

> *Percussamque sud stimulat de cuspide terram*
> *Edere cum baccis fœtum canentis olivæ,*
> *Mirarique Deos . . . .*
>
> OVID., *Metam.*, *lib. VI.*

> *. . . . . Oleæque Minerva*
> *Inventrix.*   VIRG., *Georg.*, 1.

Mais laissons ces fictions embellies par les poëtes du charme de leurs vers. Selon les historiens, ce fut le fondateur d'Athènes qui apporta l'olivier dans l'Attique. D'autres en attribuent l'honneur à Hercule. Ce héros, au retour de ses glorieux travaux, l'introduisit en Grèce. Il le planta sur le mont Olympe, et le destina à servir de récompense aux vainqueurs des jeux olympiques. Ce fut Aristée qui montra aux hommes l'usage important qu'ils pouvoient faire de ses fruits, en leur apprenant les moyens d'extraire l'huile qu'ils contiennent.

Une couronne d'olivier étoit le prix des généraux qui s'étoient signalés par des victoires. Après le combat naval de Salamine, cette bataille si célèbre, qui ruina les ambitieuses espérances de Xerxès, les Lacédémoniens couronnèrent d'olivier Eurybiade et Thémistocle.

Noble symbole de la gloire et des triomphes, l'olivier étoit aussi l'emblême de la paix et de l'humilité. Un rameau d'olivier, entouré de bandelettes de laine, faisoit respecter le suppliant qui le tenait à la main.

Supplicis arbor olivæ.
STACE, *Theb. XII.*

Après la victoire de Scipion sur Annibal, dix des principaux citoyens de Carthage allèrent demander la paix au général romain, portés sur un vaisseau couvert de rameaux d'olivier. Ce fut en tenant à la main ce signe de l'humilité qu'Asdrubal se jeta aux pieds du vainqueur de Carthage, pendant que les flammes dévoroient cette malheureuse cité.

C'est ainsi que Virgile nous représente Énée envoyant des députés au vieux roi Latinus, à son arrivée en Italie :

Centum oratores augusta ad mœnia regis
Ire jubet ramis velatos palladis omnes.
ÆNEID., *lib. VII.*

Dans le même poëme, lorsque les Latins, vaincus par Énée, lui envoient demander une suspension d'armes, afin de pouvoir rendre aux morts les derniers devoirs, leurs députés se présentent portant des branches d'olivier :

Jamque oratores aderant ex urbe latinâ
Velati ramis oleæ veniamque rogantes.
ÆNEID., *lib. XI.*

Les Grecs avoient pour l'olivier un respect religieux. Des inspecteurs, nommés par l'Aréopage, étoient chargés de parcourir les campagnes pour veiller à la conservation de cet arbre. Les propriétaires ne pouvoient, sans s'exposer à de fortes amendes, en arracher dans leurs terres plus de deux par an, à moins que ce ne fût pour quelques usages religieux. Les peines étoient encore plus sévères pour celui qui en auroit coupé un pied, même un tronc inutile dans un bois consacré à Minerve; il eût été puni de l'exil, et tous ses biens auroient été confisqués.

L'olivier n'étoit pas moins révéré chez les Romains que chez les Grecs. Pline rapporte, que non-seulement on ne pouvoit s'en servir pour des usages profanes, mais encore qu'il n'étoit pas même permis de l'employer pour le brûler sur les autels des dieux. Selon le même auteur, les guerriers auxquels on accordoit à Rome l'honneur du petit triomphe, appelé *ovation*, étoient couronnés de feuilles d'olivier.

C'est enfin l'olivier dont les fruits fournissent cette huile, qui fut long-temps la seule connue et que la plupart des peuples de l'antiquité employoient dans les cérémonies de la religion. C'étoit une des plus précieuses offrandes que les Hébreux fissent à Dieu dans leurs sacrifices. Elle imprimoit un saint caractère sur le front de leurs pontifes, de leurs prêtres et de leurs rois. Aaron fut le premier consacré grand-prêtre par l'onction que lui fit Moïse, et Saül devint le premier roi d'Israël par l'huile sainte que le prophète Samuël répandit sur sa tête. La même onction sert encore aujourd'hui, dans le monde chrétien, à consacrer les principaux ministres de la religion et les souverains.

Les anciens faisoient aussi usage de l'huile dans leurs cérémonies funèbres; ils en répandoient sur le bûcher. Nous voyons, dans l'Iliade, les compagnons d'Achille, verser l'huile sur le corps de l'infortuné Patrocle. Ils font de même pour le cadavre d'Hector avant de le rendre à son malheureux père. C'est encore l'huile que les anciens employoient pour donner à la crinière de leurs chevaux plus d'éclat et de souplesse. « Hélas, s'écrie Achille (Iliade, chap. XXIII), mes coursiers ont perdu le héros qui les guidoit dans les combats, versée par sa main, l'huile embellissoit leur flottante crinière. » Mais c'est surtout dans les exercices de gymnastique que l'huile étoit en usage. C'est en s'en frottant le corps que les athlètes se préparoient à la lutte. Celle dont ils se servoient particulièrement, se retiroit des olives encore vertes; elle étoit connue sous le nom d'*omphacine*. Les lutteurs, après s'en être frottés, se rouloient dans le sable sec, qui, mêlé à cette huile et à la sueur du corps pendant ces exercices fatigans, formoit les *strigmenta* qu'on recueilloit ensuite avec un soin religieux, en raclant le corps avec une sorte d'étrille (*strigilis*), dont Mercurial nous a donné la figure dans son Traité de la gymnastique. Les anciens attachoient un grand prix à ces dégoûtantes raclures, et Dioscoride a payé un tribut aux préjugés de son siècle, en recommandant ces ordures comme un remède précieux contre diverses maladies. Au reste, les directeurs des gymnases avoient mis à profit cette ridicule manie, puisque, au rapport de Pline, ils retiroient de la vente des *strigmenta* jusqu'à quatre-vingt mille sesterces, environ huit mille francs de notre monnoie.

Il y avoit encore un usage qui consommoit chez les anciens une grande quantité d'huile d'olive, c'étoit celui de s'en frotter le corps à la sortie du bain. Ils pensoient, et avec raison, que cette pratique avoit l'avantage d'entretenir la souplesse des muscles et des articulations, et de diminuer, en bouchant les pores cutanés, la transpiration trop considérable que pouvoit avoir excitée la chaleur du bain.

Interrogé sur le moyen de vivre long-temps en bonne santé, Démocrite répondit: *Si interna viscera melle, externa vero oleo irrigaveris.* Telle est à peu près la réponse que fit Romulus Pollion à l'empereur Auguste, qui lui demandoit par quel moyen, parvenu à l'âge de plus de cent ans, il avoit pu conserver la vigueur de corps et d'esprit qu'il faisoit paroître ; c'est, dit ce vieillard, en faisant habituellement usage de vin doux à l'intérieur et d'huile à l'extérieur ; *intus mulso, foris oleo.*

L'huile d'olive est presque blanche, sans odeur, très-douce. Ses usages dans l'économie domestique sont très-multipliés. Dans les pays où l'on cultive l'olivier, elle est employée presque exclusivement pour l'assaisonnement des alimens. En médecine, on l'emploie assez fréquemment à l'extérieur comme adoucissante et comme propre à relâcher les parties avec lesquelles on la met en contact, à en apaiser l'irritation. Prise à l'intérieur, elle est relâchante, émolliente et même purgative, si elle est prise à une haute dose. On l'emploie quelquefois à la place de celle d'amandes douces avec du sirop, sous forme de potion, dans les rhumes et dans les maladies inflammatoires du poumon, pour calmer la toux. On l'administre aussi en lavement pour remédier aux constipations, pour calmer les douleurs intestinales. Mais c'est surtout dans les cas d'empoisonnement par les substances minérales corrosives, par les plantes âcres ou par les cantharides, qu'on en fait usage avec succès à fortes doses. L'huile d'olive est également un très-bon vermifuge. Son emploi contre le tænia est souvent suivi de succès.

On a beaucoup vanté ses bienfaisantes propriétés contre la morsure des vipères, des serpens et autres animaux venimeux; mais tout cela est sensiblement exagéré, et des expériences précises ont démontré que l'application de l'huile dans ce cas n'avoit d'autre avantage que de diminuer la tension douloureuse et l'inflammation de la partie blessée. Les onctions huileuses ont aussi été préconisées contre la peste, mais les résultats obtenus jusqu'à présent n'offrent rien que de très-douteux. L'huile d'olive fait encore partie de plusieurs préparations pharmaceutiques. Elle est la base d'un grand nombre d'onguens, cérats, pommades, emplâtres, linimens, dont l'énumération seroit d'autant plus inutile que maintenant la plupart sont d'un usage très-borné.

L'huile est un des principaux ingrédiens du savon; aussi en fait-on une grande consommation dans les établissemens où on le fabrique. Dans les manufactures d'étoffes de laine et surtout dans celles de draps, elle sert à donner à la laine le moelleux nécessaire. Beaucoup de fabricans dans le Midi en ont fait une grande consommation tandis que l'huile de poisson, qu'on tire de l'étranger, étoit plus chère et moins abondante dans le commerce; mais ils ne se servoient généralement que des huiles d'olives les plus communes. Ce sont aussi celles-là qu'on emploie pour brûler dans les lampes. Dans le Midi le peuple ne connoît guère d'autre manière de s'éclairer pendant la nuit.

L'olivier est un des arbres les plus précieux que la nature ait donnés à l'homme. Aussi un auteur italien, qui a écrit sur l'économie politique, a dit que les oliviers étoient des mines sur la surface de la terre. Ils sont, en effet, la principale richesse des pays dans lesquels on les cultive. Ils sont la source d'un commerce étendu des peuples de l'Orient et du Midi avec ceux du Nord. Dans un temps où leur culture n'avoit pas encore été introduite en Espagne, les Phéniciens faisoient d'immenses bénéfices en portant de l'huile aux habitans de cette contrée. Aristote nous apprend que ces navigateurs recevoient des barres d'argent en échange de l'huile qu'ils livroient aux Espagnols.

Aujourd'hui encore ce commerce est l'unique moyen de subsistance des habitans d'un grand nombre de cantons du

Languedoc et de la Provence, de ceux du pays de Gênes presque en totalité, de plusieurs parties de l'Italie, et surtout du royaume de Naples, ainsi que d'une grande portion des côtes de l'Espagne et du Portugal.

Ce n'est qu'à environ huit degrés du thermomètre de Réaumur que l'huile d'olive, lorsqu'elle est bonne, se maintient liquide ; elle cesse de l'être si la température s'abaisse au-dessous de ce terme, alors elle devient solide, prend plus ou moins de consistance, selon le froid auquel elle est exposée, restant cependant toujours un peu molle et ne prenant jamais la dureté de la glace. C'est en hiver, dans le moment où l'huile est figée, qu'il convient de la faire voyager. Alors on n'a pas à craindre les pertes qui sont la suite du coulage trop fréquent de ce liquide dans les temps chauds. Autrement il est nécessaire, pour ne pas être exposé à des accidens, de mettre l'huile dans des bouteilles de verre qu'on a soin de boucher exactement.

L'olivier n'est pas le seul arbre dont les fruits fournissent de l'huile, mais c'est le seul des arbres indigènes dont les fruits aient une chair oléagineuse. L'amande est, en général, dans les autres, la seule partie qui contienne de l'huile.

La graine du hêtre, connue sous le nom de faine, en donne une qui est la meilleure après celle de l'olive et qui a l'avantage de se conserver plusieurs années sans rancir. La noix, la noisette, le pignon du pin et plusieurs conifères en fournissent également en grande quantité. Sans rapporter ici toutes les plantes herbacées, dont les graines sont oléagineuses, nous nous contenterons de citer celles qui fournissent les huiles les plus usitées, par exemple celle qu'on extrait des semences du pavot et qui est improprement appelée huile d'œillet, celles de lin, de chanvre, de navette, d'une espèce de chou nommé colza et de plusieurs autres plantes crucifères.

Outre l'usage qu'on fait des olives, en en retirant l'huile, dont nous avons rapporté les principales propriétés, ces olives fournissent encore au peuple, dans le Midi, un aliment assez agréable. Mais l'âpreté de ces fruits ne permet pas, excepté dans une ou deux variétés, de les manger dans l'état naturel ; ils ne peuvent servir à la nourriture que lorsqu'ils ont été préparés et assaisonnés de diverses manières. Alors ils paroissent sur les tables les plus opulentes, où ils contribuent à la variété des mets, et stimulent l'appétit. L'usage de conserver les olives étoit également connu des anciens, et leurs procédés étoient, à cela près de quelques modifications, les mêmes que nous employons aujourd'hui. C'est dans les ouvrages de Pline et de Caton que l'on trouve les différentes manières usitées pour préparer les olives. On prenoit ces fruits encore verts, un peu avant la maturité, et on les faisoit confire, soit en les mettant dans du vinaigre avec du fenouil, du lentisque ou autres plantes aromatiques, soit en les laissant simplement infuser dans de la saumure ou tremper dans de l'huile ou dans du vin cuit. L'eau bouillante, versée sur les olives, étoit aussi un des moyens employés.

Le moment favorable pour confire les olives est la fin de Septembre ou le commencement d'Octobre. On les prend avant leur maturité pendant qu'elles sont encore vertes, en ayant soin de choisir les plus grosses, les plus belles et les plus saines. Afin qu'elles ne perdent pas leur couleur verte, il faut éviter, le plus possible, de les laisser exposées au contact de l'air et les mettre dans l'eau aussitôt qu'on vient de les cueillir. Il existe plusieurs procédés pour les préparer. Le plus simple consiste à les écacher avec un maillet de bois ou entre deux cailloux; puis à les plonger dans de l'eau pure, que l'on change de temps en temps jusqu'à ce que les fruits aient perdu une partie de leur amertume. On les met alors dans un vase de terre vernissé qu'on remplit de nouvelle eau, dans laquelle on ajoute du sel marin et des plantes aromatiques. Ces olives ne tardent pas à être bonnes à manger. On en garde jusqu'en Mars et Avril. Mais on n'en prépare que pour le besoin des ménages et on n'en fait pas passer dans le commerce.

Il est encore un autre procédé, qui est de mettre dans des vases de terre vernissés un lit de plantes aromatiques, un lit d'olives fraîchement cueillies et fendues jusqu'au noyau, et, enfin, une couche de sel que l'on recouvre d'un lit de plantes aromatiques, puis d'un lit d'olives et ainsi de suite jusqu'à ce que le vase soit presque entièrement rempli; alors on verse de l'eau bouillante jusqu'à ce que les olives surnagent. Le lendemain on retire celles-ci et on les met dans de l'eau fraîche, que l'on renouvelle tous les deux à trois jours, jusqu'à ce que les olives soient suffisamment adoucies, et l'on finit par verser dessus une saumure chargée de quelques épices. Au bout de quelque temps elles sont bonnes à manger.

Enfin la préparation dite à la picholine, c'est-à-dire à la manière de Picholini, consiste à mettre les olives dans une lessive faite avec une livre de chaux vive et six livres de cendres de bois neuf, tamisées. On les retire au bout de quelques heures ; on les met dans de l'eau fraîche, où on les laisse pendant neuf jours en ayant soin de renouveler l'eau à chaque fois vingt-quatre heures. Au bout de ce temps on les met dans une saumure faite avec suffisante quantité de sel marin dissous dans de l'eau, et dans laquelle on fait infuser des plantes aromatiques.

Lorsque les olives ont été ainsi confites et qu'on veut y mettre de la recherche, on les ouvre avec un petit couteau pour en enlever le noyau, et l'on y substitue, soit une câpre, soit un petit morceau d'anchois ou de thon mariné, soit un morceau de truffe. On conserve ensuite ces fruits dans des bouteilles pleines d'excellente huile, et ils se gardent long-temps.

Dans tout le Levant, au rapport d'Olivier, et surtout dans plusieurs îles de l'Archipel, on sale une abondante quantité d'olives pour les envoyer à Constantinople, où les Grecs, les Arméniens et les Juifs en font, pendant toute l'année, une très-grande consommation. On prépare ces olives en les mettant dans du sel marin et en les remuant jusqu'à ce qu'elles en soient pénétrées. On les met ensuite, pendant quelques jours, dans des corbeilles, en les comprimant légèrement pour faciliter l'écoulement de la partie aqueuse, après quoi on les conserve dans des vases de terre.

Lorsque les olives tombent des arbres et restent quelque temps par terre, elles s'y flétrissent et perdent l'âcreté, qui leur est ordinaire lorsqu'elles sont fraîches. C'est dans cet état qu'on les mange à Toulon, sans aucune préparation. On les appelle *aulives fachouiles*. Les gens de la campagne vont se promener sous les oliviers, un morceau de pain à la main, ramassent les olives qui sont à terre, et les mangent ainsi dans l'état naturel. Quelquefois ils les assaisonnent avec un peu d'huile, de poivre, de sel et quelques feuilles de laurier. On peut faire des *fachouiles* artificiellement, en versant de l'eau bouillante sur des olives bien mûres, en les y laissant infuser pendant quelque temps et en les séchant ensuite.

Les différentes préparations que nous venons d'indiquer, sont nécessaires à la plupart des espèces d'olives pour leur faire perdre, au moins en partie, l'amertume désagréable qu'elles conservent même après leur maturité. Il n'en est qu'un petit nombre qui soient susceptibles d'être mangées aussitôt après avoir été cueillies, telle est l'olive douce. C'est, sans doute, à cette espèce qu'il faut rapporter les olives dont parle Pline, qui, étant desséchées, devenoient plus douces que des raisins secs. Elles ne se trouvoient qu'en Afrique et en Lusitanie, et ne sont guère moins rares aujourd'hui, car nous ne pouvons citer que celles d'un petit canton du royaume de Naples, et il est incertain qu'on les connoisse en Provence.

L'olivier croît lentement et vit très-longtemps. Pline affirme que de son temps on voyoit encore à Linterne, ville de la campagne de Rome, les oliviers que Scipion l'Africain y avoit plantés deux cent cinquante ans auparavant; ce qui n'offre rien de bien extraordinaire. Mais les autres exemples qu'il cite pour prouver la longévité de cet arbre, sont un peu plus difficiles à croire. Ainsi il assure qu'on conservoit encore à Athènes l'olivier que Minerve avoit produit en frappant la terre de sa lance, et qu'on voyoit aussi à Olympie l'olivier sauvage dont Hercule avoit été couronné le premier.

La longévité de l'olivier est très-bien constatée par les nombreux exemples cités par des auteurs dignes de foi. Des arbres de quatre-vingts ans n'ont guère que neuf pouces de diamètre, et cependant on a vu des troncs dont le diamètre étoit de trois, de quatre, de cinq et même de six pieds.

Voici à ce sujet ce que nous tenons de M. Audibert : « Il existe à deux lieues au nord de Tarascon un très-gros olivier, dont les rameaux s'étendent à neuf ou dix pas du tronc. Cet arbre, à ce qu'on assure, a, non-seulement résisté à l'hiver de 1709, mais encore à un autre plus antérieur, de manière qu'en y comprenant celui de 1788, il a vu périr trois fois tous les autres oliviers du canton qu'il habite. L'intérieur de son tronc est très-sain et ses branches sont extrêmement vigoureuses. Cet arbre est cependant au centre d'une petite plaine,

au sommet d'une colline où le froid se fait vivement sentir.
Il appartient à la variété dite *olivier pleureur*. Dans les environs de Maussane on trouve un olivier encore plus extraordinaire. L'on ignore son âge; mais on le regarde comme
le plus ancien du pays, et on lui a donné le nom de roi à cause
de sa vétusté et de sa taille gigantesque. Si l'on tàchoit de
multiplier de tels arbres, ajoute M. Audibert, ne pourroit-on
pas espérer d'avoir des individus plus robustes et dans le cas de
résister aux froids les plus rigoureux ? ne pourroit-on pas les
transplanter aussi par gradation dans des climats plus froids? »

On peut conclure de ces faits que la durée de la vie de
l'olivier est de cinq à six siècles ; mais qu'elle peut aller beaucoup au-delà. On ne peut assigner moins de neuf à dix siècles
à celui dont parle Bouche dans son Histoire de Provence.
« Dans le territoire de Ceireste, dit cet auteur, il y a un olivier encore en vie, qui a le tronc creusé et si prodigieusement gros, qu'une vingtaine de personnes pourroient s'y mettre
à l'abri des injures du temps. Le propriétaire de cet arbre y
établit tous les étés son petit ménage; il y couche avec toute sa
famille, et il a encore une petite place pour mettre un cheval. »

Le bois de l'olivier est jaunâtre, marqué de veines bien
nuancées ; sa fibre est dure et serrée ; sa pesanteur spécifique
assez considérable ; il est susceptible de recevoir un beau poli
et n'est point sujet à se fendre et à devenir vermoulu. Ces précieuses qualités l'avoient fait choisir par les anciens pour faire
les statues des dieux, lorsqu'ils n'employoient point à cet usage
le marbre et l'airain. Le bois de la racine surtout, par la variété de ses nuances, pourroit remplacer avec avantage les bois
étrangers dans la fabrication des meubles recherchés. Cependant, et même dans les pays où l'olivier est très-commun, il
est fort peu employé par les ébénistes ; on n'en fait guère
que de petits ouvrages, comme des tabatières, des boîtes, des
manches de couteaux. Sur la côte occidentale de Gênes on
en fait de gros meubles, des lits, des commodes, des tables.
L'espèce dont on se sert le plus communément, est celle qui
est connue dans le pays sous le nom de *columbara*. La raison en est que les arbres de Columbara sont plus sujets que
les autres oliviers à être rompus par les vents, et que, lorsqu'il
leur arrive d'être renversés, on scie les grosses branches et le

tronc pour faire des planches. Le bois d'olivier brûle fort bien parce qu'il contient une grande quantité de résine, et il donne beaucoup de chaleur.

L'olivier est le premier des arbres, a dit Columelle : *Olea prima omnium arborum est.* Certes, ce n'est point par l'élégance et la beauté de son feuillage, les couleurs éclatantes et l'agréable parfum de ses fleurs, que cet arbre a mérité l'honneur d'être placé au premier rang. Son port n'a rien de noble ; sa tige est basse ; son écorce est rude et sillonnée de gerçures profondes ; ses branches sont sans ordre, nues et tortueuses ; son feuillage est pâle et triste ; ses fleurs sont sans éclat et presque sans odeur ; ses fruits sont sans parfum, d'une amertume extrême lorsqu'ils sont verts, et sans goût lorsqu'ils sont mûrs. Mais, s'il n'est pas le premier des arbres par sa beauté, il est au moins un des plus utiles. Nul n'est doué d'une aussi grande fécondité dans toutes ses parties, soit qu'on considère l'immense quantité de ses fleurs et de ses fruits, la multitude de ses rameaux et l'abondance de ses rejetons.

L'olivier est originaire de l'Asie. C'est de cette contrée qu'il s'est répandu en Afrique et dans les parties méridionales de l'Europe, où il est aujourd'hui naturalisé. Au rapport de Pline, sous le règne de Tarquin le superbe, l'olivier n'étoit pas encore introduit en Espagne, ni en Italie. Dès que sa culture y fut connue, elle y fit de rapides progrès, puisque sous le troisième consulat de Pompée, l'Italie pouvoit fournir de l'huile à plusieurs provinces de la république. Pline dit aussi qu'il n'y avoit pas d'oliviers en Afrique, l'an 173 de la fondation de Rome ; mais cela est difficile à croire ; il est bien plus probable que la colonie phénicienne, qui fonda Carthage, transporta, des bords de la Syrie sur les rivages de l'Afrique, cet arbre si précieux pour une nation commerçante.

C'est vers l'an 600 avant Jésus-Christ que l'olivier fut introduit dans les Gaules par les Phéniciens qui vinrent fonder Marseille.

La situation maritime de la plupart des pays de l'Europe où l'olivier est cultivé, avoit fait croire aux anciens que cet arbre ne pouvoit pas venir à plus de trois cents stades (environ douze lieues) de la mer. Cette opinion est entièrement erronée. En Espagne on cultive les oliviers dans toutes les parties du royaume, et ceux qui croissent dans l'intérieur sont aussi beaux que ceux du centre. En Afrique, au rapport de M. Desfontaines, l'olivier vient naturellement dans les montagnes de l'Atlas à la distance de trente et quarante lieues de le mer. Olivier l'a observé dans l'ancienne Mésopotamie, à cent lieues de la Méditerranée, au bas des montagnes qui se trouvent aux environs de Merdin, que l'on regarde comme l'ancienne Mardé ou Miridé.

Un autre préjugé, également répandu chez les anciens, attribuoit au chêne et à l'olivier une telle antipathie l'un pour l'autre, que non-seulement ces deux arbres ne pouvoient vivre dans le voisinage l'un de l'autre, mais encore que le second périssoit lorsqu'on le plantoit dans un terrain où le premier avoit été arraché. Pline attribue cet effet à des vers qui prennent naissance dans la racine des chênes, et qui de là passent dans celles des oliviers, mais il étoit dans l'erreur. Des expériences positives ont prouvé que les oliviers viennent très-bien dans des endroits auparavant couverts de chênes, et il est constant qu'en Provence, en Italie et dans les autres contrées du Midi, il croit une grande quantité d'oliviers sauvages dans les bois où il existe en même temps beaucoup de chênes.

Trop de froid, de même qu'une chaleur trop considérable, sont nuisibles à l'olivier. Un climat tempéré lui est nécessaire. En Europe il n'a jamais pu être cultivé avec succès au-delà du quarante-cinquième degré de latitude, quoiqu'on ait pu le conserver en pleine terre beaucoup plus loin dans le Nord et même jusqu'en Angleterre, mais l'été est trop court et la chaleur trop foible pour lui faire rapporter du fruit ou du moins pour l'amener à l'état de maturité. C'est moins par leur intensité que les froids nuisent à l'olivier que par leur arrivée subite après des temps doux. On a vu cet arbre résister à une température de dix à douze degrés au-dessous de zéro et périr, par l'effet d'une gelée ordinaire, lorsqu'il étoit en séve.

L'olivier est moins difficile sur la nature du terrain : il peut venir dans le sol le plus ingrat ; il réussit également dans les terrains calcaires, dans ceux qui sont sablonneux, dans les terres fertiles, si toutefois elles ne sont pas marécageuses. C'est donc moins la nature du sol qu'il faut choisir qu'une exposition convenable. Dans les régions très-chaudes, où l'ardeur des rayons du soleil est extrême, l'olivier aime et préfère les penchans des montagnes et des collines inclinées au septentrion. Au milieu des montagnes élevées, dans les pays où les froids de l'hiver se font plus ou moins sentir, il n'a d'asile assuré que sur les revers opposés, et ce n'est qu'au midi qu'il peut être à l'abri des neiges et du souffle glacial des aquilons.

Pour qu'un olivier rapporte des fruits en abondance, il faut que ses racines soient libres de s'étendre au loin pour aller puiser les sucs nourriciers, et que ses rameaux ne soient point privés d'air et de lumière. Ces conditions sont indispensables; c'est d'elles que dépend la prospérité d'une plantation d'oliviers; aussi, lorsqu'on a dessein d'en faire une, il est essentiel de bien connoître la distance qu'on doit laisser entre chaque pied d'arbre. Cette distance dépend de la grosseur et de la hauteur auxquelles telle ou telle espèce peut atteindre, et surtout de la chaleur du climat, qui favorise plus ou moins leur végétation. Caton, en parlant des oliviers d'Italie, fixe vingt ou trente pieds comme l'intervalle qu'il faut laisser entre deux arbres. Cet espace peut être regardé comme un terme moyen, car dans les pays où la hauteur commune des oliviers n'est que de douze à dix-huit pieds, comme aux environs d'Aix, d'Avignon, de Montpellier, on ne laisse que de dix-huit à vingt pieds entre chaque arbre, tandis qu'on met trente-six à quarante pieds d'intervalle dans les pays tels que Nice, Grasse, Gênes, où les oliviers s'élèvent jusqu'à cinquante pieds.

Il existe plusieurs moyens de former une plantation d'oliviers; on peut employer pour la faire, soit des boutures, soit des sujets pris dans les pépinières, soits des rejetons venus au pied des vieux arbres, soit, enfin, des plants sauvages tirés des forêts.

La méthode des boutures est, en général, celle que l'on préfère aux autres. Si on n'obtient pas par ce moyen les arbres les plus beaux et les plus vigoureux, du moins il a cet avantage qu'il donne la facilité de se procurer avec certitude toutes les variétés qu'on peut désirer, sans qu'il soit besoin d'avoir recours à la greffe. Après avoir placé les boutures dans la terre, de manière qu'elles s'en trouvent couvertes dans presque toute leur longueur, et que le quart, tout au plus le tiers,

soit exposé à l'air libre, il faut les arroser à l'instant même et
continuer de le faire, s'il vient une sécheresse, jusqu'à ce que
la reprise soit assurée. Lorsque la plantation se fait dans un
terrain qui n'est pas susceptible d'être arrosé, il faut avoir soin
d'enfoncer les boutures encore plus profondément, de manière
à ne laisser qu'un œil hors de terre. C'est le moyen d'empêcher
que la partie qui sera exposée au contact de l'air, ne soit desséchée avant que la partie inférieure ait poussé des racines.

Ce que nous venons de dire pour la plantation par boutures
peut s'appliquer également aux autres procédés; seulement il
faut donner plus d'ouverture et de profondeur aux trous, si
les sujets que l'on emploie sont déjà un peu gros et ont beaucoup de racines.

Il ne nous reste plus qu'à indiquer l'époque de la plantation.
Quel que soit le moyen qu'on emploie, le moment le plus favorable est la fin de l'hiver, depuis les derniers jours de Février jusqu'au milieu de Mars. La séve, qui commence alors
à monter, ne laisse pas aux arbres le temps de dépérir; ce
qui arrive lorsqu'on fait la plantation avant l'hiver. Il est essentiel surtout que les boutures ne soient point faites avant le
mois de Mars.

La manière dont l'olivier se reproduit et renaît de lui-même
a quelque chose de surprenant. Lorsque par un accident quelconque sa tige et ses branches périssent, la force végétative,
qui animoit l'arbre, revit dans les racines, et bientôt le cultivateur voit d'un œil satisfait le sol se couvrir de nombreux
rejetons, qui ne tardent pas à former de nouveaux arbres,
brillans de la vigueur de la jeunesse. C'est ce que l'immortel
auteur des Géorgiques a exprimé dans ces vers :

> *Præsertim si tempestas a vertice sylvis*
> *Incubuit, glomeratque ferens incendia ventus.*
> *Hoc, ubi, non a stirpe valent, cœcæque reverti*
> *Possunt, atque imâ similes revirescere terra:*
> *Infelix superat foliis oleaster amaris.*
>
> GEORG., *lib. II.*

Cette fécondité étonnante des racines de l'olivier a été mise
à profit pour sa propagation. Arrachées de la terre dans un
temps convenable, coupées par tronçons et recouvertes ensuite

d'une terre bien meuble, ces racines produisent bientôt de nombreux rejetons. Il suffit même pour cela d'un morceau d'écorce adhérent à une petite couche de bois et séparé d'une branche et du tronc d'un arbre. Virgile n'a pas oublié dans son poëme cette manière merveilleuse de multiplier l'olivier, ainsi qu'on le voit par ces deux vers :

> *Quin et caudicibus sectis (mirabile dictu !)*
> *Truditur è sicco radix oleagina ligno.*

Cette expérience a été répétée avec succès dans les temps modernes. Un morceau d'écorce d'olivier, mis en terre, a produit au bout de quarante-deux jours des rejetons et des racines.

L'exécution facile et prompte de la multiplication par boutures ou par morceaux de racines, a fait adopter cette méthode par le plus grand nombre des cultivateurs. En découvrant les racines d'un ancien olivier, on peut, sans lui faire aucun tort, prendre de quoi faire une cinquantaine de plants. Une terre bien labourée est toute la préparation qu'exige la plantation de ces morceaux de racines. On peut les mettre d'abord à deux pouces de distance seulement, parce que, lorsqu'ils auront fourni des pousses, on arrachera les moins bien venus pour donner aux plus beaux sujets environ deux pieds d'intervalle de l'un à l'autre. Si l'on forme des pépinières de rejetons enlevés au pied des vieux arbres, il faudra tout de suite leur donner cette distance.

Ces moyens, nous l'avons déjà dit, ont l'avantage de la promptitude; mais, si l'on tient par-dessus tout à se procurer des arbres beaux et vigoureux, l'expérience a prouvé que les plants d'oliviers sauvages tirés des bois et les semis sont bien préférables.

Alors, pour se procurer l'espèce que l'on désire, il faut avoir recours à la greffe. Le moment favorable pour cette opération est le mois de Mai, parce qu'à cette époque les arbres sont dans le fort de la séve. L'olivier est susceptible de recevoir toute espèce de greffe. Mais celle en écusson est la seule qu'on doive mettre en usage sur les jeunes sujets venus de noyau et sur les sauvageons provenant de plant arraché dans les forêts. Il faut attendre pour ces derniers qu'ils aient bien repris dans

la pépinière. En outre, il est avantageux de les greffer rez-
terre parce qu'alors la séve est plus immédiatement portée
vers la greffe, et que dans le cas où la tige viendroit à périr
par un accident quelconque, on a plus d'espérance de voir
pousser des rejetons qui n'auront pas besoin d'être entés de
nouveau. La greffe en fente et celle en couronne, ne conviennent que pour les vieux arbres, dont on veut changer
la qualité du fruit. On peut, cependant, aussi les greffer en
écusson, en multipliant les écussons, selon qu'il y a de branches
principales, et en choisissant pour les placer sur celles-ci les
endroits où l'écorce est la plus unie. On pose ordinairement
sur chaque branche deux écussons opposés l'un à l'autre.

C'est ordinairement au bout de dix à douze ans que les jeunes
arbres, venus de noyau, commencent à rapporter des fruits;
mais il faut attendre vingt-cinq ou trente ans pour obtenir
des récoltes satisfaisantes. L'olivier croît lentement, a dit Virgile (*et prolem tardè crescentis olivæ*, Georg., 1, 11). Cependant Hésiode a outré la chose, en disant que jamais homme
n'avoit vu le fruit d'un olivier qu'il avoit planté. Il est vrai
que les bénéfices qu'on a à espérer d'une nouvelle plantation
d'oliviers, sont un peu tardifs, de quelque manière qu'elle
ait été faite; mais si on ne voit pas fructifier tout de suite les
arbres que l'on a plantés, du moins les produits du terrain
ne seront pas sensiblement diminués, et le cultivateur, en attendant les fruits de ses arbres, sera dédommagé par les récoltes ordinaires des grains qu'il sèmera chaque année.

Une fois que l'olivier a acquis une certaine vigueur, il
n'exige plus beaucoup de soins. Columelle a dit: *Omnis tamen
arboris cultus simplicior quam vinearum est, longèque ex omnibus
stirpibus minorem impensam desiderat olea, lib. V, cap. 7.* Virgile
émet la même opinion dans le second livre de ses Géorgiques.

> *Contra non ulla est oleis cultura; neque illæ*
> *Procurvam expectant falcem, rastrosque tenaces;*
> *Cum semel hæserunt arvis, aurasque tulerunt,*
> *Ipsa satis tellus, cum dente recluditur unco,*
> *Sufficit humorem, et gravidas cum vomere fruges.*
> *Hoc pinguem et placitam paci nutritor olivam.*

Dans l'île de Corse, en Afrique et dans plusieurs contrées

du Levant, dès que les oliviers sont plantés, on les laisse croître en liberté, sans jamais les tailler, ni les fumer, souvent même sans les labourer au pied. Mais on ne peut pas suivre cette méthode dans les pays moins chauds; les arbres y exigent plus de soin; il faut leur donner des labours deux fois chaque année, en automne et au printemps, les tailler, les fertiliser par des engrais. Le terrain où ils sont plantés est également propre à recevoir des légumes et des céréales; les uns et les autres y viendront, si on a soin de répandre des engrais en abondance et s'il y a assez d'intervalle entre chaque arbre pour permettre la circulation de l'air et de la lumière. On aura seulement la précaution de ne pas semer trop près du tronc des arbres.

Les engrais de toute espèce conviennent aux oliviers. Caton et Columelle conseillent de les fumer à la fin de l'automne, et c'est ce que l'on fait généralement. Cependant il paroît que dans les pays où les gelées sont assez fortes et assez fréquentes pendant l'hiver, il est préférable de chausser le pied des arbres avec de la terre, afin d'empêcher le froid de pénétrer jusqu'à la souche.

Les anciens tailloient rarement les oliviers. Columelle dit qu'il suffit de le faire tous les huit ans. En voyant les oliviers sauvages, dont la nature seule a pris soin, chargés de fruits en plus grand nombre que les arbres cultivés n'en portent ordinairement, on seroit tenté de croire qu'autant vaudroit les laisser croître en liberté; mais tous ceux, qui se sont occupés de la culture des oliviers, sont d'accord sur l'utilité d'une taille modérée et bien entendue. Elle ne doit consister, pour ainsi dire, qu'en un simple élaguement. Aucune des branches principales ne doit être supprimée, à moins qu'elles ne soient placées de manière à gêner la culture du terrain. On doit se borner à couper le bois mort, à retrancher les rameaux dont la végétation est languissante, ainsi que les branches gourmandes, et, enfin, à diminuer le nombre des rameaux trop pressés ou mal placés, qui, en rendant l'arbre trop touffu, empêcheroient la libre circulation de l'air et de la lumière. Malheureusement cette sage méthode n'est pas suivie partout. Dans quelques cantons du Midi de la France on est dans l'usage d'abandonner à ceux qui font la taille les émondes des oliviers. Cette pratique est très-préjudiciable, parce que les ouvriers, ne voyant que leur intérêt, taillent et coupent sur le gros bois le plus qu'ils peuvent, afin de multiplier leurs profits.

Le moment le plus favorable pour la taille est le mois de Février ou de Mars, selon le degré de chaleur du climat, parce qu'à cette époque la séve ne tarde pas à se mettre en mouvement, et que les plaies faites par la serpette sont bientôt cicatrisées, tandis que leurs bords sont exposés à se dessécher, sans pouvoir se fermer, lorsque la taille a été faite dans le commencement de l'hiver.

Dans la plupart des pays où l'olivier est cultivé, il donne alternativement une bonne et une mauvaise récolte. Les anciens ont cherché la cause de cette périodicité constante ; ils ont cru l'avoir trouvée dans le mauvais moyen employé pour la récolte des olives. Ils s'imaginoient qu'en gaulant les arbres pour abattre les fruits, on détruisoit les bourgeons destinés à reproduire de nouveaux fruits l'année suivante. Cette opinion seroit très-vraisemblable, si l'on ne savoit pas que dans plusieurs cantons du Midi de la France, où on cueille les olives à la main, une année d'abondance alterne toujours avec une mauvaise année. Plusieurs agronomes ont alors regardé la taille comme la cause des récoltes alternatives. Mais, dans un mémoire publié à ce sujet en 1792, M. Olivier a très-bien prouvé que ce n'étoit pas là qu'il falloit chercher la cause de l'espèce de stérilité dont la plupart des oliviers sont frappés tous les deux ans. En effet, comme l'observe cet auteur, outre que la taille n'est pas la même dans tous les lieux où les récoltes sont alternes, puisque cette taille se fait, ici en coupant peu de bois, là en n'enlevant que le bois rabougri ou à demi mort ; ailleurs en retranchant de gros rameaux ou même de grosses branches. On sait encore que la plupart des cultivateurs ne taillent pas leurs arbres dans le même temps et à la même époque ; les uns les taillent de deux ans en deux ans, d'autres de trois en trois, de quatre en quatre, ou même de six en six ans. Ils les taillent indifféremment au printemps, en automne, en hiver ; quelques-uns, enfin, ne les taillent pas du tout.

D'après ces considérations, l'auteur du mémoire pense que

l'on doit attribuer ce phénomène à l'épuisement qu'une récolte très-abondante fait éprouver aux arbres et surtout à ce qu'on les laisse trop long-temps chargés de leurs fruits. L'expérience vient à l'appui de cette opinion. En effet, dans le territoire d'Aix on fait la cueillette des olives dès le commencement de Novembre, et tous les ans les récoltes y sont, à peu de chose près, uniformes ; tandis qu'au contraire, dans les autres parties de la Provence, en Italie et dans le Levant, où l'on ne commence à cueillir les olives qu'en Décembre, où souvent il y en a encore sur les arbres en Mars et Avril, et où même, comme dans certains cantons de l'Italie, on attend que l'olive se détache toute seule, les récoltes sont toujours bisannuelles.

Il est donc très-probable qu'en faisant la cueillette des olives de bonne heure, les cultivateurs pourroient espérer tous les ans une bonne récolte ; en outre ils auroient de l'huile d'une qualité bien supérieure. Les huiles d'Aix, qui sont si renommées, ne doivent, sans doute, leur qualité qu'au soin que l'on a de cueillir les olives aussitôt qu'elles sont mûres. Chaque année on commence la cueillette à la fin d'Octobre ou dans les premiers jours de Novembre, et on porte aussitôt les olives au moulin. Dans plusieurs autres cantons du Midi de la France, en Italie, en Espagne, on ne se met à cueillir au plus tôt qu'en Décembre, et lorsqu'on a fini, on laisse les olives entassées dans des greniers ou même sous des arbres pendant des semaines, des mois. Qu'en arrive-t-il ? Que les olives fermentent, que l'on obtient en apparence une quantité d'huile plus considérable ; mais ce foible avantage, si toutefois il existe, ce qui est bien douteux, est bien compensé par le mauvais goût que cette fermentation prolongée communique à l'huile.

Le préjugé de laisser long-temps les olives sur les arbres, est d'autant plus étonnant qu'il étoit déjà connu des anciens que pour avoir de bonne huile, il falloit faire tout le contraire. Pline recommande de cueillir les olives quand elles commencent à noircir : *Optima autem ætas ad decerpendum, inter copiam bonitatemque, incipiente bacca nigrescere* (*lib. XV, cap.* 1). et Columelle remarque que plus l'olive est mûre, plus l'huile est grasse et moins son goût est agréable : *Quanto maturior bacca, tanto pinguior succus, minusque gratus.*

Les anciens nous apprennent encore que, pour avoir de
bonne huile, il faut l'exprimer des olives aussitôt qu'elles sont
cueillies. Caton dit positivement que l'on ne doit pas croire
que la quantité de l'huile augmente quand on laisse les olives
sur le plancher, que plus on se presse de l'extraire, plus on
gagne sur la quantité et sur la qualité, et que plus les olives
auront au contraire resté sur la terre ou sur le plancher, moins
on en retirera d'huile et moins elle sera bonne.

L'olivier fleurit en Mai ou Juin, selon la température du
climat; ce n'est que cinq ou six mois après, vers celui de Novembre, que ses fruits sont mûrs. On les récolte, soit en les
gaulant, soit en les cueillant à la main, ce qui vaut mieux.
On se sert à ce dernier effet d'échelles doubles; mais lorsque
les arbres sont trop élevés pour qu'on puisse recueillir les
olives placées sur les branches du sommet, on n'a d'autre res-
source que le gaulage.

Avant de les transporter au moulin, on a soin, à la fin de
chaque journée, d'en séparer les fruits gâtés, les feuilles et les
corps étrangers qui pourroient y être mêlés. Cette précaution
est nécessaire lorsqu'on veut avoir de l'huile fine; elle est indispensable lorsque les olives ont été gaulées, parce qu'alors
elles sont mélangées avec une grande quantité de feuilles et
de morceaux de·branches.

Lorsque les olives sont cueillies un peu avant leur maturité, elles donnent une huile excellente; mais alors elles n'en
fournissent que fort peu; aussi les cultivateurs, qui n'y trouvent aucun avantage, n'en préparent que rarement de cette
manière.

L'huile extraite par le pressurage simple, sans emploi d'eau
bouillante, est la meilleure et la plus pure; on lui donne le
nom d'*huile vierge* ou *native*. Pour l'obtenir aussi bonne que
possible, il faut séparer les noyaux des olives. Les gourmets
en distinguent encore une autre espèce, qui ne se trouve pas
dans le commerce. Pour se la procurer, on pratique des creux
dans la pâte formée par les olives bien broyées; ces trous se
remplissent d'huile, qui est d'autant plus excellente qu'elle
n'est pas le résultat de la pression. On la retire avec une cuiller.

Lorsqu'on a obtenu l'huile vierge, on retire la pâte de dessous le pressoir. On la broie alors avec les mains; on la re-

place ensuite sous la presse et on verse dessus une certaine quantité d'eau bouillante. Par une nouvelle pression on retire une seconde huile, inférieure à l'huile vierge, mais, cependant, encore assez bonne. On peut soumettre le résidu à un troisième pressurage, mais l'huile qu'on obtient a une saveur désagréable, ce qui fait qu'on ne l'emploie que pour les fabriques et pour les lampes. Les Provençaux la nomment huile d'*enfer*, d'*infer* ou d'*infect*.

Lorsque les olives sont trop mûres ou trop fermentées, l'huile n'a ni goût, ni parfum. Pour lui donner la saveur qui lui manque, on a imaginé de faire broyer avec les olives une certaine quantité de feuilles d'olivier, mais alors l'huile, au lieu d'être fade et insipide est amère et désagréable.

Du temps de Pline les huiles d'Italie étoient supériéures à toutes celles des autres contrées. Aujourd'hui elles ont perdu leur grande réputation ; sans doute parce que la fabrication ne s'exécute plus par un bon procédé. Les huiles d'Espagne et de Portugal ne sont pas non plus estimées, et cela par la même raison. C'est la France qui l'emporte maintenant sur tous les autres pays de l'Europe; et parmi les huiles que fournissent le Languedoc et la Provence, celle d'Aix et des territoires voisins mérite à juste titre la préférence. C'est celle qui se conserve le mieux. On peut la garder deux et même trois ans sans qu'elle s'altère. Au-delà de ce terme elle contracte un goût àcre, une odeur désagréable, et n'est plus propre à assaisonner les alimens. Pour lui conserver long-temps ses bonnes qualités, il faut la renfermer dans des vases fermés hermétiquement et la placer dans un endroit frais, où la température n'éprouve pas de variations trop sensibles, comme dans une cave ou dans un cellier.

On a indiqué beaucoup de moyens d'enlever aux huiles rances leur àcreté. Un des meilleurs consiste à les faire chauffer légèrement avec un peu d'alcool et à les laver ensuite avec une certaine quantité d'eau.

Il ne nous reste plus maintenant, pour terminer l'histoire de l'olivier, qu'à indiquer quels sont les accidens, les maladies qu'il a à craindre. Le froid, nous l'avons déjà dit, lui est très-contraire ; mais ses ennemis les plus redoutables sont les insectes. Nous citerons la chenille adonide, la chenille mineuse, la mouche de l'olivier parmi ceux qui font le plus de ravage.

La chenille adonide s'attache à la partie inférieure des feuilles et sur les pousses les plus tendres. Elle y cause une telle extravasion de la séve que, le matin, les arbres infestés par cet insecte sont couverts de gouttes d'eau, et que la surface du terrain qui répond à leur feuillage est humide. Cette transpiration excessive fatigue les oliviers et nuit beaucoup à leur rapport. Aussi est-il d'un grand intérêt pour les cultivateurs de détruire cet insecte, et le seul moyen d'y parvenir, c'est de retrancher toutes les branches attaquées et de les brûler.

La chenille mineuse se nourrit du parenchyme des feuilles. Elle s'attache aux bourgeons naissans, s'y introduit et détruit l'espoir des jeunes pousses en même temps que les bourgeons à fleur. Elle se nourrit aussi de la chair des olives, pénètre dans l'intérieur du noyau et mange l'amande. On la détruit par le moyen que nous avons indiqué pour l'adonide.

La mouche de l'olivier attaque l'olive peu avant la maturité. Elle pique le fruit, dépose un œuf dans l'ouverture qu'elle a faite, et cet œuf produit une larve qui se nourrit de la pulpe de l'olive. Cet insecte, ainsi que les deux autres que nous avons nommés, font éprouver aux cultivateurs des pertes très-considérables. (L. D.)

OLIVIER BATARD ou DES BARBADES. (*Bot.*) Deux noms du Daphnot. Voyez ce mot. (Lem.)

OLIVIER DE BOHÊME. (*Bot.*) Nom vulgaire du chalef à feuilles étroites. (L. D.)

OLIVIER DE MARAIS. (*Bot.*) C'est le *tupelo*, espèce du genre Nyssa. (Lem.)

OLIVIER DE MONTAGNE. (*Bot.*) A la Martinique on nomme ainsi le *simplocos martinicensis*, suivant M. Richard. On trouve, dans l'ouvrage de Nicolson sur l'Histoire naturelle de Saint-Domingue, l'indication vague d'un *olivier bâtard*, à feuilles opposées, entières, sans dentelures ni nervures apparentes, dont il n'a vu ni la fleur ni le fruit. (J.)

OLIVIER NAIN. (*Bot.*) C'est la camelée, *cneorum tricoceum*, Linn. (Lem.)

OLIVIER DES NÈGRES. (*Bot.*) C'est sous ce nom que j'ai reçu de la Martinique, en 1792, par M. Tenasson, alors directeur du génie dans cette île, l'échantillon en fruit d'un arbre qui paroit être le mirobolan chébule, semblable au fruit de ce mirobolan figuré par Gærtner, t. 97. On donne le même nom, suivant Surian, au caïmitier, *chrysophyllum*, qui est le MYNTI des Caraïbes. Voyez ce mot. (J.)

OLIVIER SAUVAGE. (*Bot.*) A la Martinique on donne ce nom au DAPHNOT. (LEM.)

OLIVIÈRE. (*Bot.*) Voyez OLIVERIA. (LEM.)

OLIVILE. (*Chim.*) Nom donné par M. J. Pelletier à un principe immédiat d'origine végétale, qu'il a retiré de la matière appelée improprement *gomme d'olivier*.

a) *Cas où l'olivile n'est pas altérée.*

L'olivile est en poudre brillante, analogue par son aspect à l'amidon; ou bien cristallisée en petites lames; dans cet état, elle est incolore; mais si on la chauffe, elle se fond à 70^d, et prend une légère couleur jaune: quand elle est figée, elle est électrique par frottement.

Elle est peu soluble dans l'eau froide; elle se dissout dans trente-deux fois son poids d'eau bouillante. La dissolution se trouble par le refroidissement, et prend l'apparence d'une émulsion; quand on fait concentrer la dissolution à chaud, l'olivile se sépare comme le feroit une matière huileuse.

La dissolution d'olivile est précipitée par les acétates de plomb; le précipité blanc qui se forme, est soluble dans l'acide acétique.

L'alcool chaud paroit dissoudre l'olivile en toutes proportions; la liqueur, si elle est suffisamment chargée, se trouble par le refroidissement.

Une solution alcoolique d'olivile, saturée à froid, est troublée par l'eau; le précipité disparoit dans un excès de ce liquide.

La solution alcoolique d'olivile, évaporée spontanément, laisse séparer cette substance sous forme de cristaux.

L'éther hydratique ne dissout pas l'olivile.

A froid les huiles volatiles et fixes n'ont pas d'action sur l'olivile; à chaud ils en dissolvent une petite quantité.

L'acide acétique dissout abondamment l'olivile.

L'acide sulfurique foible est sans action sur elle.

Les solutions alcalines qui ne sont pas concentrées, dissolvent l'olivile sans l'altérer.

L'olivile est sans odeur ; elle a une saveur particulière amère, sucrée et légèrement aromatique.

b) *Cas où l'olivile est altérée.*

Au feu elle se comporte comme une substance non azotée, formée d'oxigène de carbone et d'hydrogène. M. Pelletier la considère comme tenant le milieu entre les substances végétales où l'oxigène est à l'hydrogène dans le rapport des élémens de l'eau, et les substances végétales où l'hydrogène est prédominant sur l'oxigène ; aussi quand on la projette sur un charbon, elle se décompose en répandant beaucoup de fumée, mais elle ne s'enflamme que difficilement.

L'acide sulfurique concentré la noircit au moment où il la touche.

L'acide nitrique dissout l'olivile à froid ; il se colore en rouge foncé ; si l'on fait chauffer le mélange, la couleur passe au jaune, et par le refroidissement on obtient une quantité considérable d'acide oxalique et un peu de matière amère.

Préparation de l'olivile.

La gomme d'olivier est formée d'olivile d'une résine, et d'une petite proportion d'acide benzoïque. Voici comment M. J. Pelletier l'a analysée.

Il a fait dissoudre la gomme dans un léger excès d'alcool. Quand elle ne contient pas de corps étrangers, la dissolution est complète. Il a laissé la liqueur filtrée s'évaporer spontanément, l'olivile a cristallisé ; il a séparé les cristaux de leur eau-mère ; il les a dissous de nouveau dans l'alcool, a fait cristalliser cette nouvelle solution, a lavé avec de l'éther hydratique les cristaux qu'elle a donnés, et a ainsi obtenu l'olivile pure.

C'est en épuisant la première dissolution alcoolique de cristaux, que M. Pelletier a obtenu la résine ; quant à l'acide benzoïque, il l'a extrait de la gomme d'olivier, en la traitant par la chaux, suivant la méthode de Scheele.

Il est bien probable que la substance, que M. Pelletier a considérée comme de la résine pure, retenait une proportion notable d'olivile, à laquelle il faut rapporter plusieurs des propriétés que ce chimiste a attribuées à la résine. (Ch.)

OLIVILLA. (*Bot.*) La camelée, *cneorum tricoccum*, est ainsi nommée dans quelques cantons de l'Espagne, suivant Clusius. C'est la *garoupe* des environs de Narbonne. L'*olivilla blanca* est le *teucrium fruticans*.

Le même nom olivilla est donné dans quelques lieux du Pérou, suivant les auteurs de la Flore péruvienne, à leur genre Æxtoxicon. Voyez ce mot. (J.)

OLIVILLO. (*Bot.*) Nom du *phillyrea angustifolia*, en Espagne. Voyez Filaria. (Lem.)

OLIVINE. (*Min.*) Nom du péridot chez les minéralogistes de l'École allemande. Nous l'avons appliqué plus particulièrement à la variété de cette pierre qui se trouve en grains, d'aspect vitreux, dans les basaltes. Voyez Péridot. (B.)

OLIVO. (*Bot.*) Près de Cumana, en Amérique, on donne ce nom au *cappuris intermedia* de M. Kunth. (J.)

OLLETO. (*Bot.*) Nom donné dans quelques lieux de l'Amérique méridionale à un *lecythis*, dont le fruit ressemble à une petite marmite, *olla*. Lœfling, qui cite ce nom, a pour cette raison nommé l'espèce qu'il décrit, *lecythis ollaria* Le *lecythis minor* de Jacquin, vu par lui à Carthagène, y est nommé *ollita de mono*, c'est-à-dire, marmite de singe, parce que les singes mangent ses graines avec avidité. (J.)

OLLEYQ. (*Bot.*) Nom égyptien du liseron des champs, *convolvulus arvensis*, suivant M. Delile. Ce nom, donné à des plantes grimpantes, est également cité par cet auteur pour son *dolichos niloticus* ou *dolichos sinensis* de Forskal, qui nomme aussi *olleik* le *convolvulus hastatus*. (J.)

OLLINA-GUSA. (*Bot.*) Nom japonois de l'*anemone cernua* de Thunberg. (J.)

OLLINA-KOGI. (*Bot.*) Nom japonois du *laurus indica*, Linn. (Lem.)

OLMARINO. (*Bot.*) Voyez Touffe ormière. (Lem.)

OLMÉDIE, *Olmedia*. (*Bot.*) Genre de plantes dicotylédones, à fleurs incomplètes, dioïques, de la famille des *urticées*, de la *monoécie tétrandrie* de Linnæus, offrant pour caractère essentiel : Des fleurs dioïques; dans les fleurs mâles un réceptacle commun couvert d'écailles imbriquées, contenant plusieurs fleurs, dont le calice est à deux ou quatre découpures profondes; point de corolle; quatre étamines; les filamens plans, élastiques. Dans les *fleurs femelles*: des écailles conniventes; un calice ovale, à quatre dents; un drupe monosperme, formé par le calice charnu.

Ce genre a été établi par les auteurs de la Flore du Pérou pour des arbres d'où découle un suc laiteux. Ils en ont indiqué deux espèces sans autre description qu'une phrase spécifique; savoir : 1.º *Olmedia aspera*, Ruiz et Pav., *Syst. veg.*, *Fl. Per.*, pag. 25. Cet arbre croit dans les grandes forêts du Pérou. Ses feuilles sont oblongues, rudes, obliques, acuminées, dentées ou crénelées à leurs bords; 2.º *Olmedia lœvis*, Ruiz et Pav., *l. c.*, pag. 258. Arbre d'environ dix-huit pieds de haut, d'où découle un suc laiteux. Ses feuilles sont alongées, acuminées, lisses à leurs deux faces, très-entières. (Poir.)

OLOCHRYSOS. (*Bot.*) Voyez Notios. (J.)

OLONIER. (*Bot.*) Nom vulgaire de l'arbousier *unedo*. Voyez Arbousier. (L. D.)

OLOPONG. (*Erpét.*) Quelques voyageurs ont parlé sous ce nom d'une grande vipère des Philippines, qui ne sauroit être encore classée et que les naturalistes n'ont point examinée. (H. C.)

OLOR. (*Ornith.*) Nom spécifique du cygne à bec rouge, *anas olor*, Gmel. (Ch. D.)

OLOTOTOTL. (*Ornith.*) Fernandez, chap. 205, p. 53, dit que cet oiseau du Mexique, dont la taille est celle de l'étourneau, vit dans les montagnes, et que son plumage est presque entièrement bleu, excepté le cou et le ventre, qui sont variés de blanc et de rouge. (Ch. D.)

OLRUPPE. (*Ichthyol.*) D'après Kentmann, Gesner parle, sous cette dénomination, d'une espèce d'anguille que l'on prend dans l'Elbe. (H. C.)

OLSENICHIUM. (*Bot.*) Nom cité par Cordus du *thysselinum* de Pline ou persil laiteux : ainsi nommé parce qu'il a le port du persil et qu'il rend un suc laiteux. C'est le *selinum sylvestre* de Linnæus. (J.)

OLUS. (*Bot.*) Ce nom, qui paroît exprimer une plante potagère, a été employé avec une dénomination spécifique pour désigner certaines plantes économiques. L'épinard est l'*olus hispanicus* de Tragus; la corète, *corchorus*, est l'*olus judaicum* d'Avicenne. Rumph nomme *olus calappoides* le *cycas*; *olus scrophicum*, le *conyza cinerea*; *olus vagum*, le *convolvulus reptans*: son *olus crepitans*, nommé Corroo (voyez ce mot) chez les Malais, est une plante apocinée, dont les feuilles, que l'on mange, produisent dans la mastication une espèce de craquement. (J.)

OLUSATRUM. (*Bot.*) Cordus et Gesner nommoient ainsi l'*hipposelinum* de' Théophraste ou *smyrnium* de Dioscoride, *smyrnium olusatrum* de Linnæus, espèce de maceron. (J.)

OLYNTHOLITHE. (*Min.*) M. Fischer a désigné par ce nom univoque un minéral que les minéralogistes français ont rapporté au grenat, mais que les minéralogistes allemands en ont distingué sous le nom de grossulaire. On ne peut pas décider encore laquelle des deux opinions doit être adoptée. Mais, dans le cas où ce minéral devroit former une espèce, il conviendrait de lui laisser le nom de grossulaire, quoiqu'il soit moins conforme aux règles d'une bonne nomenclature, mais parce qu'il a sur celui d'olyntholithe le droit de priorité. Voyez Grenat. (B.)

OLYRA. (*Bot.*) La plante que Dioscoride nommoit ainsi est le seigle, selon Cordus, cité par C. Bauhin. Dodoëns et Daléchamps la rapportent à une petite espèce d'épeautre, *spelta*, congénère du blé. Linnæus emploie ce nom pour une autre graminée. (J.)

OLYRE. *Olyra.* (*Bot.*) Genre de plantes monocotylédones, à fleurs glumacées, monoïques, de la famille des *graminées*, de la *monoécie triandrie* de Linnæus, offrant pour caractère essentiel: Des fleurs monoïques; les épillets uniflores; des fleurs mâles et femelles sur la même panicule; deux valves calicinales; point de corolle; trois étamines; les épillets femelles terminaux; deux valves calicinales membraneuses; l'inférieure aristée; deux valves corollaires coriaces; un *style* simple; deux stigmates plumeux; une semence oblongue, enveloppée par la balle florale durcie, épaissie et brillante.

Olyre a larges feuilles; *Olyra latifolia*, Linn., Lamck., *Ill. gen.*, tab. 751, fig. 1; Sloan, *Hist.*, 4, pag. 107, tab. 64, fig. 2. Belle espèce, distinguée par: la largeur et la forme de ses feuilles lancéolées , très-aiguës , arrondies à leur base, glabres, striées, longues d'environ un pied sur quatre pouces de large ; la gaine velue , rétrécie à son extrémité en un pétiole court, écarté de la tige : celle - ci haute de quatre ou cinq pieds, géniculée, rameuse à sa base ; les fleurs disposées en une panicule étalée, dont le rachis est rude, anguleux ; les fleurs mâles nombreuses, pédicellées ; les femelles solitaires, terminales ; les semences ovales, de la grosseur d'un grain de froment, blanches, luisantes, très-caduques. Cette plante croît à la Jamaïque et à Cayenne.

Olyre roseau ; *Olyra arundinacea*, Kunth *in* Humb. et Bonpl.; *Nov. gen.*, vol. 1 , pag. 197. Cette plante a des tiges glabres , des feuilles planes, oblongues, lancéolées, arrondies à leur base, rudes à leurs deux faces, denticulées, longues d'un demi-pied , larges d'un pouce ; les gaines glabres , ciliées à leur sommet ; une panicule simple, resserrée, longue de trois à quatre pouces ; le rachis pileux ; les rameaux pubescens ; les fleurs mâles pédicellées ; les valves calicinales rudes, lancéolées, acuminées, égales, à trois nervures ; une arête rude , de la longueur des valves ; l'épillet femelle solitaire à l'extrémité de chaque rameau ; les valves calicinales oblongues, subulées , à cinq ou sept nervures pubescentes ; la valve inférieure un peu plus longue et aristée ; celles de la corolle blanches, arrondies, obtuses, une fois plus longues que le calice. Cette plante croît sur le bord des Andes de Quindiù , dans la Nouvelle-Grenade.

Olyre a longues feuilles ; *Olyra longifolia,* Kunth, *l. c.* Ses tiges sont rameuses, glabres, cylindriques ; les feuilles oblongues, lancéolées, striées, rudes en dessus, denticulées à leurs bords, longues d'un pied , larges de deux pouces ; la panicule est simple, resserrée ; le rachis et les rameaux pubescens ; dans les épillets mâles les valves calicinales sont lancéolées, subulées, inégales ; les épillets femelles quatre fois plus grands ; les valves du calice ovales, subulées, glabres, égales ; celles de la corolle deux fois plus longues, un peu obtuses : l'inférieure pubescente. Cette plante croît aux lieux humides de la Guiane et dans les forêts des bords de l'Orénoque.

Olyre a feuilles en cœur ; *Olyra cordifolia,* Kunth, *l. c.*

Ses tiges sont pileuses, striées, hautes de trois pieds; ses feuilles planes, ovales, oblongues, nerveuses, en cœur, un peu coriaces, rudes sur leurs bords, longues de six pouces, larges de deux et plus; les gaines pileuses, surtout à leur base; la panicule est rameuse, longue de six pouces, à rameaux verticillés, rudes, anguleux; le rachis pileux; les épillets sont pédicellés; la plupart de ceux du sommet des rameaux sont femelles, les autres mâles; dans les épillets femelles les valves du calice ovales, concaves, subulées, brunes, presque glabres, à sept nervures; et à arête une fois plus longue que les valves; celles de la corolle ovales; obtuses, coriaces, luisantes, plus courtes que, le calice. Cette plante croît dans la vallée de Bogota en Amérique.

OLYRE A PETITES FLEURS; *Olyra micrantha*, Kunth, *l. c.* Plante découverte sur les rives de l'Orénoque, aux lieux ombragés et humides. Ses feuilles sont planes, glabres, ovales-oblongues, arrondies à leur base, longues de sept à huit pouces, larges de deux ou trois; les gaines presque glabres, sans languette; la panicule est rameuse et touffue, à rameaux et rachis rudes; quelques épillets femelles au sommet des rameaux; les autres mâles à deux valves lancéolées, subulées, à trois nervures et l'arête plus courte que les valves; dans les femelles les valves du calice sont rudes, concaves, ovales, pileuses, verdâtres; les valves de la corolle oblongues, blanchâtres, un peu aiguës, plus courtes que le calice. (POIR.)

OMAID. (*Bot.*) Nom turc de l'*arum triphyllum*, dont Adanson s'est servi comme nom du genre qu'il fait sur cette plante, qui se distingue des autres espèces d'*arum* par sa spathe entière et ses étamines au nombre de trente. (LEM.)

OMAL. (*Ichthyol.*) Voyez OMUL. (H. C.)

OMALE, *Omalus.* (*Entom.*) M. Jurine a figuré et décrit sous ce nom un petit genre d'insectes hyménoptères, établi d'après les particularités des cellules des ailes. M. Latreille avoit désigné ces insectes sous le nom de BÉTHYLES. Voyez ce mot, Suppl. du tome IV de ce Dictionnaire, pag. 82 et l'article TIFHIE. (C. D.)

OMALIE, *Omalium.* (*Entom.*) Nom donné par Gravenhorst à un genre d'insectes coléoptères brachélytres, voisin des staphylins; tels sont en particulier ceux qui ont été désignés par

Fabricius et Olivier sous le nom de *rugosus* et de *rivularis*, et beaucoup d'autres petites espèces qu'on rencontre, le plus souvent, sur les fleurs. Leur caractère a été tiré des parties de la bouche; mais cette bouche n'a pas en tout un quart de ligne d'étendue. Voyez STAPHYLIN. (C. D.)

OMALISE, *Omalisus*. (*Entom.*) Geoffroy a décrit sous ce nom, dans l'Histoire des insectes des environs de Paris, un très-bon genre de l'ordre des coléoptères, que nous rapportons à la famille des mollipennes ou apalytres et au sous-ordre des pentamérés.

Le nom de ce genre est évidemment tiré du mot grec Ὁμαλίζῶ, *j'aplatis*. Il indique, en effet, l'un des caractères les plus apparens de ces insectes, dont le corps est fortement aplati ou déprimé.

On peut caractériser ainsi les omalises : Antennes en fil, rapprochées à leur base; corselet carré, déprimé, présentant deux pointes en arrière.

En effet, les seuls coléoptères de la famille des épispastiques, tels que les cantharides, les dasytes, les lagries, auroient du rapport par la forme des antennes et par la mollesse des élytres avec les apalytres; mais, dans tous ces genres, le nombre des articles aux tarses est différent aux pattes de derrière : ce sont des hétéromérés.

Parmi les pentamérés à élytres mous, les lampyres ayant le corselet demi-circulaire, se distinguent par cela même des omalises; tous les autres genres de la même famille ont le corselet carré; mais le genre qui fait le sujet de cet article, est le seul dans lequel ce corselet se termine en arrière par deux pointes, comme dans les taupins. Les lyques, les driles sont les deux genres les plus voisins, et tout porte à croire que les mœurs sont à peu près les mêmes.

L'espèce, décrite par Geoffroy, tom. I, pag. 179, et figurée par lui, pl. 2, fig. 9, est celle que nous avons fait représenter dans l'atlas de ce Dictionnaire, pl. 9, n.° 3. Dans l'état de repos, l'insecte porte, comme l'indique Geoffroy, les antennes parallèles et dirigées en avant; sous ce rapport le peintre, ignorant cette particularité, les a mal représentées, puisqu'elles sont portées en dehors.

C'est l'OMALISE A SUTURE; *O. suturalis*, Fabricius.

Car. Noir, à l'exception du bord extérieur et de l'extrémité des élytres, qui sont d'un rouge safrané. Ces élytres ont chacun neuf stries longitudinales.

Nous avons trouvé fréquemment cet insecte dans les bois, au mois d'Août, principalement dans la forêt de Saint-Germain, sous les hautes futaies, près des Loges; mais on ne le prend guère qu'en fauchant les graminées avec un échiquier de toile. Lorsqu'il se sent saisi, il simule la mort par une paralysie absolue, en contractant tous ses membres.

On ne connoît pas les mœurs de l'omalise; peut-être sont-elles les mêmes que celles du drile, dont les larves se développent dans les coquilles des escargots.

On a décrit nouvellement deux espèces de ce genre. (C. D.)

OMALOÏDES ou PLANIFORMES. (*Entom.*) Nous avons désigné sous ce nom une famille d'insectes coléoptères à quatre articles à tous les tarses, dont les antennes, en masse, ne sont pas portées sur un prolongement du front et dont le corps est notablement aplati. C'est de cette particularité que nous avons même cru devoir emprunter ce nom, qui est composé de deux mots grecs, ομαλος, *plate*, et de ιδεα, *forme*, *figure*, expression que nous avons essayé de rendre en françois par le mot de *planiforme;* tels sont les ips, les mycétophages et autres genres que nous allons bientôt indiquer et que nous avons fait figurer sur la planche 7 de l'atlas de ce Dictionnaire.

La famille des omaloïdes se distingue d'avec celles qui réunissent tous les autres coléoptères tétramérés par les notes suivantes : Les rhinocères, tels que les charansons, ont leurs antennes portées sur un bec ou prolongement du front; caractère spécial qui les fait différer de tous les autres coléoptères. Les xylophages, tels que les capricornes, et les phytophages, comme les chrysomèles, n'ont point les antennes terminées par une masse ou globule, mais en forme de soie ou de fil; tels sont encore les *spondyles* et les *cucujes*, deux genres anomaux. Enfin les cylindroïdes. comme les bostriches, les clairons, ont le corps arrondi ou d'épaisseur à peu près semblable de droite à gauche ou de haut en bas, tandis que les planiformes ont, ainsi que leur nom l'indique, le corps plat, déprimé ou beaucoup plus large qu'il n'est élevé. M.

Latreille avait désigné depuis nous ces insectes sous le nom de platysomes, puis il les a rangés parmi les xylophages.

Les mœurs de ces insectes ont quelques ressemblances, au moins sous l'état parfait, car leurs larves ne sont pas encore toutes connues. Les uns se nourrissent de matières végétales en putréfaction, dans les lieux humides, tels sont les mycétophages et les hétérocères, d'autres vivent dans le vieux bois qu'ils perforent, tels sont les lyctes, les ips, les colydies. Enfin, les trogossites, comme leur nom l'indique, se nourrissent de vieille farine.

Voici un tableau indicatif des principales notes caractéristiques de ces six genres de coléoptères omaloïdes.

```
              ┌ linéaire : antennes à globule........ ┌ solide....  5. LYCTE.
              │                                       └ perfolié. .  2. COLYDIE.
Corps ┤       │           ┌ aplati .. ┌ de la longueur des antennes  3. TROGOSSITE.
              │           │           └ beaucoup plus court .....  4. CUCUJE.
              └ ovale :   │ convexe: ┌ épineuses..........  7. HÉTÉROCÈRE.
                à corselet│ jambes   │ simples: masse ┌ courte.  1. IPS.
                          └ antérieures │ des antennes └ longue.  6. MYCÉTOPHAGE.
```

(C. D.)

OMALON. (*Entom.*) Genre d'insectes hyménoptères de la famille des systrogastres ou chrysides, dont ils ne diffèrent que par l'alongement de l'abdomen, qui est à peu près d'égale largeur partout. Nous avons fait figurer dans l'atlas de ce Dictionnaire une espèce de ce genre sous le n.° 6 de la planche 31. Voyez CHRYSIDE. (C. D.)

OMALOPODES, *Omalopoda*. (*Entom.*) Nous avons désigné sous ce nom la famille des blattes de l'ordre des insectes orthoptères, pour indiquer l'une des particularités les plus remarquables de leur conformation, qui est l'aplatissement extraordinaire de leurs pattes et surtout de leurs cuisses ; c'est ce qu'indique même le nom qui les caractérise ; les mots Ομαλος signifiant *aplati*, et Πῶς, Πcδx, *pattes*. Comme il n'y a qu'un genre compris encore dans cette famille, nous l'avons décrit au mot BLATTE, tom. III, pag. 455 de ce Dictionnaire, et nous ne devons pas nous répéter inutilement.

Nous avons fait figurer une petite espèce de ce genre ou de cette famille pl. 23, fig. 4. (C. D.)

OMALOPTÈRES. (*Entom.*) M. Leach a donné ce nom, qui

signifie ailes plates, aux insectes diptères, qui correspondent aux hippobosques, dont il a fait un ordre particulier. (C. D.)

OMALORAMPHES. (*Ornith.*) Ce nom, qui correspond à *planirostres*, est donné par M. Duméril, dans sa Zoologie analytique, à la famille de passereaux que M. Cuvier appelle *fissirostres*, et qui embrasse les genres Hirondelle, Martinet, Engoulevent, Podarge. Les caractères assignés par M. Duméril aux omaloramphes, sont d'avoir le bec court, foible, non échancré, large et plat à sa base. (Ch. D.)

OMALYCUS. (*Bot.*) Ce genre de champignon, établi par Rafinesque (*Medical reposit.*, New-York, 5, pag. 350), est le même que celui qu'il a décrit ensuite sous le nom de Mycastrum (voyez ce mot), *in* Desv., Journ. bot., 1813, pag. 236. Il y avoit d'abord rapporté le *lycoperdon complanatum*, Desf., que depuis il a placé dans son genre Piemycus. Voyez ce mot. (Lem.)

O-MANTS. (*Bot.*) Un des noms japonois du pin ordinaire, *pinus sylvestris*. (J.)

OMARE. (*Ichthyol.*) Nom vulgaire d'une Sciène. Voyez ce mot. (H. C.)

OMARIA. (*Conchyl.*) Nom spécifique latin du cône perlé. Voyez Cône. (De B.)

OMBAK. (*Bot.*) Voyez Hombac et Sodada. (Lem.)

OMBELLE. (*Bot.*) Assemblage de fleurs dont les pédoncules, d'une longueur à peu près égale, naissent d'un même point, comme les rayons qui soutiennent un parasol.

Lorsque les pédoncules portent immédiatement les fleurs, l'ombelle est simple ; exemples, *butomus umbellatus*, *geranium zonale*.

Lorsque les pédoncules portent à leur sommet de plus petits pédoncules, disposés également en rayons, l'ombelle est composée ; exemples, la carotte, le panais et la plupart des ombellifères.

Dans l'ombelle composée on distingue, sous le nom d'ombelle générale, l'ensemble des pédoncules primaires, et sous celui d'ombelles partielles ou d'ombellules, les petites ombelles qui surmontent ces pédoncules.

On distingue encore dans une ombelle la portion centrale

ou le disque, et la circonférence ou le rayon. Les fleurs du rayon sont assez souvent irrégulières; exemples, la coriandre, le *tordilium officinale*, etc.

Ordinairement l'ombelle est involucrée, c'est-à-dire ceinte d'une collerette : exemples, *astrantia*, *daucus carota*; quelquefois elle est nue, c'est-à-dire dépourvue de collerette; exemples, *pimpinella magna*, *anethum graveolens*. (Mass.)

OMBELLE DE LA CAROLINE. (*Bot.*) C'est le *magnolia tripetala*. (Lem.)

OMBELLIFÈRES. (*Bot.*) Famille de plantes regardée comme l'une des plus naturelles, remarquable par la disposition de ses fleurs en parasol, *umbella*, d'où lui vient son nom : elle est encore facile à reconnoître par l'uniformité assez générale de ses autres caractères.

On y retrouve un calice monosépale, adhérent entièrement à l'ovaire, qu'il ne déborde que par un bourrelet à peine apparent, ou plus rarement par cinq très-petites dents. Cet ovaire, couronné par un disque glanduleux et surmonté de deux styles et de deux stigmates, porte cinq pétales égaux ou inégaux, insérés autour du disque; cinq étamines, alternes avec les pétales, partant du même point; leurs filets sont libres; leurs anthères arrondies et biloculaires; l'ovaire devient en mûrissant un fruit composé de deux graines (autrement dites *akenes*, c'est-à-dire capsules monospermes indéhiscentes); lesquelles, revêtues chacune d'un double tégument membraneux, sont appliquées l'une contre l'autre dans leur longueur par leur surface intérieure, ordinairement plane, nommée *commissure*. Leur surface extérieure, plus ou moins convexe, présente des stries ou des côtes relevées en nombre déterminé. Le réceptacle qui porte ces graines, est composé de deux filets droits et fermes, lesquels, s'élevant de la base entre les commissures, vont s'insérer au sommet des graines, qui, de cette manière, en se séparant, restent pendantes chacune à un des filets. Dans quelques fruits ces filets paroissent ne pas exister, parce qu'ils restent appliqués contre les commissures et confondus avec elles. L'intérieur de chaque graine est rempli par un périsperme charnu ou corné, dans le centre duquel est un petit embryon dicotylédone, cylindrique, plus ou moins long, dont la radicule est dirigée supérieurement et plus longue que les cotylédons.

Les tiges sont herbacées dans la plupart des plantes de cette famille, ligneuses et formant des arbrisseaux ou sous-arbrisseaux dans un petit nombre. Les feuilles alternes, portées sur des pétioles élargis et engainant les tiges, sont simples ou plus souvent diversement composées. Les fleurs sont portées sur des pédicules particuliers, uniflores, qui se réunissent plusieurs ensemble en un même point pour former une ombellule ; plusieurs pédoncules, portant chacun une de ces ombellules, se réunissent aussi en un point commun et forment une ombelle générale. Cette ombelle, subdivisée en plusieurs ombellules, peut être nommée ombelle double ou composée. Dans quelques genres c'est une ombelle simple, qui ne se partage pas en plusieurs. Dans un plus petit nombre les ombellules, portant des fleurs sessiles sur un réceptacle commun, présentent la forme d'une tête serrée : c'est ce qu'on nommera ombelle capitée ou en tête. On remarque souvent au bas de chaque ombelle ou ombellule quelques folioles ou bractées, qui portent le nom d'involucre dans les premières, d'involucelle dans les secondes. Les involucres et les involucelles, tantôt existent ensemble, tantôt il n'y a que les involucelles, tantôt on ne trouve ni les unes ni les autres.

C'est dans la classe des épipétalées ou dicotylédones polypétales à étamines insérées sur l'ovaire, que l'on rapporte cette famille, qui partage ce caractère classique avec les Araliacées (voyez ce mot). Ces dernières, confondues par quelques auteurs avec les précédentes dans une section distincte, n'en diffèrent que par un ovaire surmonté de plusieurs styles, lequel devient un fruit sec ou un peu charnu, divisé intérieurement en autant de loges, dont chacune contient une seule graine. Tous ses autres caractères sont communs aux deux familles qui composent seule la classe des épipétalées.

L'organisation uniforme des ombellifères prouve combien cette famille est naturelle ; tous les auteurs systématiques l'ont conservée dans son intégrité. Cette uniformité est telle qu'on pourroit croire que la famille n'est qu'un grand genre dont les espèces sont très-nombreuses ; et la même observation a lieu pour les autres groupes très-naturels. Ce nombre

a donc forcé de recourir à des distinctions minutieuses pour
établir des genres, et c'est en ce point que le choix est devenu arbitraire. Morison, Tournefort, Linnæus, Adanson,
Crantz, se sont occupés successivement de ce travail, en mettant à contribution les fleurs et surtout la forme du fruit.
Cusson avoit commencé sur ce dernier un grand travail, que
la mort interrompit. Il n'avoit alors rédigé complétement
qu'un mémoire non imprimé, qui fut envoyé, en 1783, au
secrétaire de la Société royale de médecine de Paris, dont il
étoit associé régnicole, pour que le plan de ce travail fût au
moins présenté dans son éloge académique. L'extrait de ce
mémoire, que je fus chargé de faire pour l'insérer dans nos
Mémoires, est le seul monument de ce travail, dont j'ai
donné l'aperçu dans le *Genera plantarum*, en 1789.

Il considère dans les graines leurs deux surfaces : l'une, intérieure, pleine ou concave, nommée commissure ; l'autre,
extérieure, plane ou plus souvent convexe, marquée de cinq
stries ou de cinq côtes plus ou moins relevées, nues ou garnies d'ailes, ou hérissées de poils ou de piquans : deux de ces
côtes sont marginales, deux latérales et une dorsale. Elles
sont séparées par quatre sillons plus ou moins profonds, nommés vallécules, du milieu desquels s'élèvent quelquefois quatre
nouvelles côtes, dites secondaires. C'est la combinaison de
ces divers caractères qu'il propose pour former des genres,
dont il présente quelques exemples. Plusieurs auteurs en
ont fait d'autres, en suivant ce modèle, et nous citerons avec
éloge MM. Sprengel et Hoffmann.

Comme le nombre de ces genres a été très-multiplié, il a
été encore nécessaire de les répartir dans plusieurs sections
diversement caractérisées par les auteurs. Crantz, qui a fait,
en 1767, un travail spécial sur les ombellifères, passe en revue dans sa préface les plans de distribution de ceux qui
avoient écrit avant lui. Ces distributions étoient fondées pour
la plupart sur la forme du fruit et sur sa surface lisse ou
chargée de membranes, de poils ou d'aspérités. Il citoit aussi
Artédi, qui proposoit l'absence ou la présence des involucres
autour des ombelles et des ombellules pour caractériser trois
sections ; mais il rejetoit cette décision, qui, quoique adoptée
par Linnæus, lui paroissoit portée sur des signes trop varia-

bles, propres à être employés seulement comme secondaires et accessoires. Quelques-uns ont ajouté aux caractères du fruit, ceux que donnent la forme régulière ou irrégulière des pétales et leur couleur, tantôt blanche, rouge ou jaunâtre, tantôt constamment jaune.

Crantz, dans le travail qui lui est propre, établit d'abord deux grandes sections. Dans la première, qu'il désigne sous le nom de *habitus absoluti*, il range tous les genres dont les fleurs sont pédicellées, disposées en ombelles et ombellules, composées de cinq pétales et d'un fruit formé de deux graines accolées l'une contre l'autre ; il le subdivise ensuite d'après la forme du fruit et des membranes ou autres parties qui le recouvrent. Sa seconde division. qu'il nomme *habitus deliquescentes*, est désignée un peu vaguement par une différence, soit dans l'ombelle. soit dans le fruit. Il y réunit les genres dont les ombelles sont simples, ceux dont les ombellules à fleurs sessiles présentent la forme de têtes, et ceux dont les graines sont enfermées dans un péricarpe à plusieurs loges monospermes. Ces derniers ont un caractère assez tranché pour nous avoir déterminé à en former la famille des araliacées. laquelle a été adoptée.

Au moyen de ce retranchement le caractère général, tracé à la tête de cet article, convient aux autres ombellifères, privées toutes d'un péricarpe. L'on peut maintenir les deux sections principales de Crantz, qui paroissent naturelles, et que Linnæus semble avoir adoptées tacitement avant lui, puisque, sans indiquer de divisions dans la série de ses genres, il n'a point entremêlé ceux de la seconde avec ceux de la première. Nous avons conservé ces deux sections principales dans le *Genera* sous les dénominations d'ombellifères vraies et ombellifères anomales, en conservant dans la première, plus nombreuse, tous les genres ombellés et ombellulés, à ombellules composées de fleurs pédicellées, et rapportant à la seconde, soit les genres ombellés et ombellulés dont les ombellules sont en tête serrée, soit ceux à ombelles simples ou presque simples, qui forment un petit groupe distinct et très-naturel : il conviendra peut-être de le laisser séparé, en rapportant à la fin de la première section, dont quelques derniers genres ont des fleurs en tête plus ou moins serrées, ceux de la seconde qui ont la même conformation dans leurs ombellules.

M. Sprengel a publié, en 1813, un Prodrome sur les ombellifères, parmi lesquelles il ne comprend pas les araliacées, et il les distribue uniquement d'après la considération du fruit, qu'il examine à la manière de Cusson. Il passe en revue, dans six sections, les fruits comprimés et plans, les fruits solides (c'est-a-dire non aplatis), ailés sur les bords ; les solides utriculés, les solides couverts d'une écorce, les solides couverts de tubercules, ou de poils, ou de piquans ; les solides nus, de forme alongée ou ovale, ou munis de côtes. Cette distribution présente plusieurs rapprochemens, qui paroissent naturels, et on peut espérer que dans le grand travail dont celui-ci est l'annonce, ils seront plus nombreux ; que les genres à ombelle simple, confondus avec ceux à ombelle composée, en seront séparés, et que les genres *Eryngium* et *Arctopus*, qui n'ont pas été mentionnés dans cette distribution, y seront rétablis.

Un dernier ouvrage sur les ombellifères est celui que M. Hoffmann a entrepris en 1814, et dans lequel il a déjà passé en revue beaucoup de genres anciens, et détaché de plusieurs quelques espèces pour en former des genres nouveaux. Cette innovation est encore une preuve de la diversité d'opinions sur la fixation des genres de cette famille. Nous devons donc désirer que ce travail soit terminé, ainsi que celui de M. Sprengel ; que l'un et l'autre aient obtenu des genres non susceptibles de réforme et distribués en sections très-naturelles.

En attendant cette distribution définitive, pour éviter de nouvelles variations, nous croyons devoir laisser subsister pour le moment les divisions adoptées par Artédi et Linnæus, et par suite maintenues dans le *Genera*, malgré les défauts reprochés aux caractères tirés des involucres.

Ainsi, dans la première section très-naturelle des ombellifères vraies, caractérisées par une ombelle composée, c'est-à-dire, une ombelle générale et des ombellules partielles à fleurs généralement pédicellées, nous conserverons les trois subdivisions fondées sur les involucres, en énumérant dans chacune les genres anciens et nouveaux, soit que ceux-ci aient été adoptés, soit qu'on ne les ait pas encore accueillis.

La première subdivision, dont les ombelles et les ombellules n'ont point d'involucres, renferme les genres suivans : *Ægopodium*, reporté par M. Sprengel au *Seseli*, quoique non involucré ; *Pimpinella*, dont plusieurs espèces à fruit velu forment le *Tragium* Spreng., et une à fleurs dioïques est le *Trinia* de M. Hoffmann ou *Apinella* de Mœnch ; *Carum* ; *Ottoa* de M. Kunth ; *Apium*, dont le *Petroselinum* Hoffm. fait partie ; *Anethum*, supprimé par M. Sprengel et reporté au *Meum* ; *Smyrnium*, dont une espèce, nommée *Thapsium* par M. Nuttal, est un *Sison* Spreng. Hoffm. ; *Pastinaca*, *Thapsia*, dont une espèce est, selon Cusson, congénère de son *Cnidium* cité plus bas.

On laisse dans la seconde subdivision, caractérisée par les ombellules munies d'involucres dont les ombelles sont privées, les genres suivans : *Seseli*, dont deux espèces sont l'*hippomalathria* Fl. Wet. et le *Marathrum* de M. Rafinesque, et d'autres sont reportées à l'*Angelica* et au *Bubon* par M. Sprengel ; *Imperatoria*, auquel il réunit un *Selinum* et deux *Angelica* ; *Chærophyllum* ; *Myrrhis*, dont une espèce est le *Lindera* d'Adanson et une autre l'*urospermum* Nutt. ; *Anthriscus* de M. Persoon, ou *Centriscus* Spreng., détaché du suivant ; *Scandix*, dont la plupart des espèces sont éparses dans d'autres genres ; *Wylia* Hoffm., une de ces espèces ; *Coriandrum*, qui comprend le *Bifora* Hoff. ; *Æthusa* ; *Meum* ; formé de deux espèces du précédent, auxquelles M. Sprengel veut joindre l'*Anethum*, cité plus haut ; *Cicuta* de Linnæus ou *Cicutaria* de M. de Lamarck ; *Phellandrium*, qui est un *Œnanthe* Lam. Spreng., un *Ligusticum* de Crantz.

La troisième subdivision, plus nombreuse que les précédentes, dont les ombelles sont involucrées ainsi que les ombellules, présente la série suivante : *Œnanthe* ; *Huanaca* de Cavanilles, congénère du précédent, suivant M. Sprengel ; *Cuminum* ; *Bubon*, dont une espèce est le *Galbanophora* de Necker ou l'*Agasillis* Spreng. ; *Sison*, reporté au *Sium* ci-après par MM. de Lamarck et De Candolle, conservé et même enrichi de plusieurs espèces par d'autres, et dont on a seulement extrait le *Deringa* d'Adanson ou *Alacospermum* Neck., l'*Erigenia* Nutt. et le *Schulzia* Spreng. ; *Sium*, dont trois espèces sont le *Drepanophyllum* Hoffm., le *Crithmus* Hoffm., et le *Kund-*

mannia de Scopoli ou *Campderia* de M. Lagasca ; *Angelica*, qui comprend aussi l'*Archangelica* Hoff., en perdant deux espèces, reportées plus haut à l'*Imperatoria* dans la seconde subdivision, à cause de l'absence de l'involucre général ; *Ligusticum*, dont quelques espèces ont été changées en genres par MM. Sprengel, Hoffmann et De Candolle sous les noms de *Walbomia*, *Pleurospermum* et *Danaa* (qui est le *Physospermum* Spreng. ou *Hamselera* Lag.) ; *Laserpitium*, dans lequel Necker trouve ses genres *Bradleia* et *Arpitium*, non admis ; *Siler* de Gærtner, extrait du précédent ; *Heracleum*, dont quelques espèces forment les genres *Sphondylium*, *Wendia*, *Malabaila* et *Zozima* de M. Hoffmann ; *Ferula*, enrichi par M. Sprengel de plusieurs *Selinum*, de deux *peucedanum* et d'un *anethum* ; *Peucedanum*, dont le même a détaché aussi le *Silaus* ; *Cachrys*, qui fournit à M. Hoffmann ses genres *Rumia* et *Krubera*, et auquel d'une autre part sont réunis par M. Sprengel plusieurs espèces des genres éloignés ou voisins, au nombre desquelles est le *Crithmum*, qui le suit immédiatement ; *Athamantha*, que Gærtner a subdivisé en créant ou rétablissant les genres *Libanotis* et *Cervaria* ; *Selinum*, dont quelques espèces sont le *Thysselinum*, le *Melanoselinum*, l'*Oreoselinum*, le *Calisene* et le *Conioselinum* Hoffm. ; *Cnidium* de Cusson, également détaché du *Selinum* ; *Cicuta* de Tournefort ou *Conium* de Linnæus, dont Gærtner a extrait son *Capnophyllum* et M. Hoffmann son *Krokera*, qui est l'*Ulospermum* de M. Link ; *Bunium*, dont M. Sprengel disperse cinq espèces dans trois autres genres anciens, en ramenant à celui-ci un *Ammi* et un *Conium* ; *Ammi*, dont Gærtner sépare le *Visnaga* ; *Daucus*, dont une espèce est le *Platispermum* Hoffm. ; *Caucalis*, dont sont tirés l'*Orlaya* et le *Turgenia* Hoffm. ; *Torilis*, extrait du même par Gærtner ; *Exoacantha* de M. Labillardière ; *Tordylium*, qui donne plusieurs de ses espèces à d'autres genres ; *Hasselquistia* ; *Artedia* ; *Buplevrum* dont M. Hoffmann a détaché ses genres *Diophyllum* et *Isophyllum*, et M. Sprengel ses autres genres *Odontites* et *Tenoria*, en les plaçant dans des sections différentes, mais avec lesquels son affinité est telle, que toute méthode qui les séparera, pourra, par ce seul fait, être jugée contraire à l'ordre naturel ; *Hermas*, dont une espèce est un des *Buprestis* Spreng. ; *Oliveria* de Ventenat ; *Astrantia*, dont dérive l'*Hacquetia* Neck. ou *Dondia* Spreng.

La seconde section, désignée sous le nom d'ombellifères anomales, peut être subdivisée, 1.° en celles qui, comme les précédentes, ont des ombelles composées, mais dont les ombellules ont les fleurs sessiles, rapprochées en tête serrée; 2.° en celles qui ont des ombelles simples, non réunies en ombelle générale.

Dans la première, qui sert de transition des ombelles simples aux ombelles composées, on peut placer les genres *Sanicula*; *Alepidea* de Laroche, et *Pozoa* Lag., peut-être congénères; *Actinotus* Bill. ou *Eriocalia* de M. Smith; *Eryngium*; *Echionophera* et *Arctopus*.

A la seconde se rattachent les genres *Bowlesia* Fl. Peruv., dont le *Drusa* Decand. est congénère; *Trisanthus* de Loureiro; *Spananthe* de Jacquin; *Hydrocotyle*, auquel il faut peut-être rapporter le précédent, ainsi qu'un *Erigenia* Nutt.; *Azorella* Lam., avec lequel on devra comparer le *Chamitis* de Gærtner, le *Bolax* de Commerson, le *Pectophytum* de M. Kunth, le *Fischera* Spreng., le *Trasimene* de M. Rudge, le *Fragosa* R. P., le *Mullimum* de M. Persoon, qui sont, ou congénères, ou très-voisins. En faisant cette comparaison, il conviendra de voir si les plantes groupées ici autour de l'*Hydrocotyle*, ont toutes l'ombelle simple, ou si quelquefois elle est subdivisée en ombellules très-petites, dont les fleurs, sessiles et en très-petit nombre, ressembleroient plutôt à des petites têtes, comme dans la subdivision précédente. Ces plantes ont en général un port particulier, qui les distingue bien des ombellifères vraies; et de nouvelles observations feront peut-être trouver des caractères qui fortifieront cette distinction. La série est terminée par le genre *Lagoecia*, qui a des ombelles simples et serrées en forme de tête, comme dans le *Sanicula* et l'*Alepidea*; mais il diffère de toutes les ombellifères, parce que son fruit, surmonté d'un seul style, est composé d'une seule graine : ses autres caractères sont tellement identiques, qu'on ne peut pas le séparer de la famille.

L'exposé qui précède, prouve suffisamment la divergence d'opinions entre les auteurs par l'établissement des genres et la réunion de leurs espèces. On reconnoitra dès-lors encore mieux la nécessité d'attendre le résultat de nouvelles recherches et de s'en tenir pour ce moment à des distributions anciennes, quoique défectueuses en plusieurs points, jusqu'à ce qu'on ait obtenu des genres solides, composés d'espéces non sujettes à de nouvelles transpositions, et qu'on ait pu disposer ces genres en groupes très-naturels. (J.)

OMBELLULAIRE, *Ombellularia.* (*Zoophyt.*) Genre de zoophytes établi par M. G. Cuvier, dans son Tableau élémentaire du règne animal, p. 675, sous le nom d'ombellule, adopté d'abord par M. de Lamarck sous la dénomination d'ombellulaire, et ensuite par tous les zoologistes, pour une espèce de grande pennatule de la mer du Nord, décrite et figurée par Ellis, *Corallin.*, pl. XXXVII, qui-avoit fort bien senti qu'elle devoit former un genre distinct de tout ce qu'on connoissoit alors. Les caractères de ce genre peuvent être exprimés ainsi : Polypes très-grands, pourvus de huit tentacules dentelés sur les bords, au milieu desquels est une bouche bilabiée, et réunis par l'extrémité de leur corps alongé en une masse arrondie en forme de bouquet ou d'ombelle à l'extrémité d'une longue tige subcylindrique, vésiculeuse à son origine et soutenue dans le reste de son étendue par une pièce calcaire fort longue, styliforme, tétragone. Ce genre ne renferme qu'une espèce, que M. de Lamarck nomme l'O. du Groënland, *O. groenlandica*, et qui n'a encore été observée que par Ellis, qui en a donné une description détaillée dans l'ouvrage que nous avons cité plus haut et dans les Transactions philosophiques. Elle lui avoit été remise par un capitaine anglois, employé à la pêche de la baleine, qui l'avoit trouvée attachée à sa sonde à 236 brasses de profondeur, vers le 79° de latitude nord, à 80 milles des côtes du Groënland. La partie supérieure consistoit en vingt-trois polypes attachés par leur extrémité à une base commune, de manière, dit Ellis, à former un seul animal, et disposés sur trois rangs, le plus externe de dix, le second de neuf, et le plus interne de quatre. Chaque polype composant, d'une belle couleur jaune dans l'état vivant, avoit huit tentacules garnis chacun des deux côtés de digitations, et la bouche, placée au centre, étoit pourvue de deux lèvres droites et dentelées. En disséquant un de ces polypes, Ellis trouva dans les cavités celluleuses d'un muscle fort et ridé, qui constituoit le corps proprement dit du polype, des par-

36. 7

ticules rondes et aplaties, qu'il regarde avec juste raison comme des corps reproducteurs. De la base musculeuse et dentelée, qui sert d'union aux polypes, sortoit une membrane creuse en forme de vessie, de la longueur de deux à trois pouces, et tenue dans un état de tension par le sommet délié, courbé et entortillé de la pièce calcaire qui est insérée dans le milieu de cette base musculaire. En descendant, cette membrane vésiculeuse, qu'Ellis regarde sans doute avec raison comme faisant l'usage d'une sorte de vessie natatoire, se continuoit en s'attachant à la pièce calcaire, et en s'amincissant au point de sembler une simple pellicule autour d'elle, et enfin se terminoit en cartilage. La tige calcaire, blanche comme de l'ivoire, fort dure et de forme carrée, étoit elle-même couverte d'un cartilage jaune, tirant sur le brun: mince à son origine, elle alloit en grossissant jusqu'à un quart de pouce carré de côté, sur plus de six pieds de long; mais à la distance de quatre à cinq pouces de l'extrémité postérieure, elle commençoit à diminuer de diamètre et se terminoit ensuite en pointe. Une partie de cette pièce osseuse, mise dans du vinaigre, s'y dissolvit et ne laissa que des pellicules membraneuses.

Le marin qui avoit remis ce singulier animal à Ellis, lui dit qu'il en avoit pris un second qui avoit trente polypes, et que, lorsque les polypes étoient vivans, ils étoient étendus et ressembloient à un bouquet fait de fleurs brillantes, jaunes et en forme d'étoiles.

Gmelin avoit très-bien senti les rapports de ce polype et en faisoit une espèce de pennatule sous le nom de *pennatula encrinus.* Voyez PENNATULE. (DE B.)

OMBELLULE. (*Bot.*) C'est une division de l'ombelle composée. Voyez OMBELLE. (LEM.)

OMBILIC [CICATRICULE, HILE]. (*Bot.*) Cicatrice qui paroît sur la graine après que le cordon ombilical ou funicule est détaché. Voyez HILE. (MASS.)

OMBILIC. (*Anat. et Phys.*) L'ombilic ou *nombril* est le point de l'abdomen par où sort, dans le fœtus, le CORDON OMBILICAL (voyez ce mot), et qui, après la section de ce cordon, n'offre plus qu'une espèce de creux ou *trou borgne* au milieu de l'abdomen. (F.)

OMBILIC, *Umbilicus*. (*Conchyl.*) Terme de conchyliologie employé pour désigner le vide laissé par la columelle dans l'enroulement du cône spiral des coquilles univalves. Voyez l'article CONCHYLIOLOGIE, pour la manière dont on conçoit que l'ombilic se forme et pour les caractères conchyliologiques qu'il fournit. (DE B.)

OMBILIC MARIN. (*Conchyl.*) On trouve quelquefois dans les auteurs anciens ce nom pour désigner certaines espèces d'opercules et spécialement celui des TURBOS. Voyez ce mot et *Opercule* à l'article MOLLUSQUES. (DE B.)

OMBILICAIRE. (*Bot.*) Voyez UMBILICARIA. (LEM.)

OMBILICAL [CORDON]. (*Anat. et Phys.*) Espèce de lien ou *cordon vasculaire*, formé par les artères et la veine ombilicales que réunit entre elles un tissu cellulaire dense. C'est par ce cordon ou ces vaisseaux réunis que le fœtus tient au PLACENTA (voyez ce mot), et par le placenta qu'il tient à la mère ; et c'est par ces deux parties que l'échange mutuel du sang du fœtus et du sang de la mère a lieu. (F.)

OMBLE. (*Ichthyol.*) Nom d'une truite, *salmo salvelinus*, Linn. Voyez SAUMON, TRUITE et UMBLE. (H. C.)

OMBRE, (*Ichthyol.*) Voyez CORÉGONE. (H. C.)

OMBRE BLEU. (*Ichthyol.*) On a quelquefois donné ce nom au corégone de Wartmann. Voyez CORÉGONE. (H. C.)

OMBRE CHEVALIER. (*Ichthyol.*) On donne vulgairement ce nom au *salmo umbla* de Linnæus. Voyez SAUMON, TRUITE et UMBLE. (H. C.)

OMBRE COMMUN ou THYMALLE. (*Ichthyol.*) Voyez CORÉGONE. (H. C.)

OMBRE DE MER. (*Ichthyol.*) On a donné ce nom au *corbeau de mer, sciœna umbra*. Voyez SCIÈNE. (H. C.)

OMBRE DE RIVIÈRE. (*Ichthyol.*) Voyez OMBRE COMMUN. (H. C.)

OMBRELLE, *Umbrella*. (*Malacoz.*) M. de Lamarck avoit établi sous ce nom un genre particulier de coquilles pour la singulière espèce de patelle que Gmelin a nommée *patella umbellata*, lorsque M. de Blainville lui communiqua les observations qu'il avoit eu l'occasion de faire en Angleterre sur l'animal auquel elle appartient et sur ses rapports avec les aplysiens, ce qui lui permit de donner les véritables caractères de ce genre. Il le plaça cependant, il est vrai, avec les pleurobranches, dans une petite famille qu'il nomme semiphyllidiens, entre les patelles et les phyllidies, et n'admit pas la singulière conjoncture à laquelle M. de Blainville avoit été conduit en disséquant ce mollusque encore attaché à sa coquille, que celle-ci pourroit bien être appliquée sous le pied. Il est vrai que cela paroit contraire à tout ce que l'on connoît jusqu'ici. Quant à ce qu'ajoute M. de Lamarck que M. de Blainville a pu être induit en erreur par quelque adhérence latérale que le lambeau qui sera résulté de l'avulsion des chairs qui fixoient la coquille, aura conservé avec le pied, je puis assurer que cela n'a pu avoir lieu, car la coquille, comme je l'ai rapporté à l'article GASTROPLACE, où j'ai décrit ce singulier mollusque, étoit véritablement adhérente par toute la partie colorée de sa face concave à une étendue correspondante du pied, en sorte que pour l'en détacher en partie, j'ai été obligé de le faire fibre à fibre. Il n'y avoit donc pas de lambeau, comme le suppose M. de Lamarck; c'est ce que je puis assurer positivement; et il n'y en avoit que tout autour du rebord du manteau, à la partie dorsale de l'animal qui du reste étoit dans un excellent état de conservation. Je n'ai maintenant rien à ajouter à ce que j'ai dit de ce genre de mollusques aux articles GASTROPLACE et MOLLUSQUES. Voyez ces mots. (DE B.)

OMBRETTE, *Scopus*, Briss., Linn. (*Ornith.*) Cet échassier, dont on ne connoît qu'une espèce, a été trouvé par Adanson pendant son séjour au Sénégal. Envoyé par ce naturaliste à Réaumur, c'est Brisson, conservateur de son cabinet, qui a établi le genre au tom. 5, p. 503, de son Ornithologie, sous le nom de *scopus*, lequel, comme celui d'ombrette, est tiré de sa couleur de terre d'ombre. Ce nom a été adopté par les divers ornithologistes.

Cet oiseau a pour caractères : Un bec épais à sa base, plus long que la tête, comprimé latéralement, caréné en dessus et en dessous, dont la mandibule supérieure se recourbe à sa pointe et recouvre l'inférieure, qui est plus étroite et un peu tronquée; des narines linéaires, qui se prolongent en un sillon courant parallèlement à l'arête jusqu'au bout; la partie inférieure des jambes dénuée de plumes; les trois doigts de

devant réunis par une membrane jusqu'à la première phalange, et le postérieur portant à terre sur toute sa longueur;
les deux premières rémiges les plus courtes.

Ombrette du Sénégal ; *Scopus umbretta*, Gmel., pl. enl.
de Buffon, n.° 796. Cet oiseau, de la grosseur d'une cor-
neille, a environ vingt pouces de longueur ; sa queue a six
pouces six lignes ; la partie nue des jambes a deux pouces trois
lignes ; ses ailes, qui ont trois pieds six pouces d'envergure,
s'étendent jusqu'à l'extrémité de la queue ; les ongles sont fort
petits ; les parties supérieures du corps sont d'un brun plus
foncé que les parties inférieures ; les plumes anales, d'un brun
clair, ont des raies transversales d'une teinte plus prononcée.
On voit sur l'occiput du mâle une touffe de plumes étroites
et molles, qui forment une sorte d'aigrette et retombent sur
le dos dans quelques individus. (Ch. **D.**)

OMBRIAS. (*Foss.*) C'est le nom que Rumphius a donné
aux oursins fossiles qu'il avoit dit être tombés du ciel, ainsi
que les bélemnites. (D. F.)

OMBRINE, *Umbrina*. (*Ichthyol.*) C'est le nom d'un genre
de poissons de la famille des acanthopomes, que M. Cuvier
a récemment séparé des persèques et des sciènes, et dont
les caractères peuvent être ainsi exposés :

*Opercules à piquans et à dentelures; deux nageoires dorsales,
dont la seconde est bien plus longue que la première; museau peu
saillant; dents en velours; des pores enfoncés sous la mâchoire
inférieure.*

A l'aide de ces notes et du tableau synoptique que nous
avons donné à l'article Acanthopomes dans le Supplément au
tome Ier de ce Dictionnaire, on distinguera aisément les
Ombrines des poissons des genres voisins du leur.

Les espèces en sont peu multipliées; elles vivent dans les
eaux de la mer. Parmi elles nous citerons :

L'Ombrine barbue: *Umbrina barbata*, N.; *Sciæna cirrhosa,*
Linnæus; *Perca umbra*, Lacép.; Bloch., 300. Un gros et court
barbillon au bout de la mâchoire inférieure sous le menton ;
dents très-petites, et semblables à celles d'une lime ; deux
orifices à chaque narine ; un aiguillon à la dernière pièce de
chaque opercule ; dos et ventre arrondis ; corps et queue
comprimés ; écailles larges, rhomboïdales et un peu dentelées.

Ce poisson peut acquérir des dimensions assez considérables pour arriver au poids de trente à trente-deux livres. Son corps, d'une teinte générale jaune, est traversé obliquement sur chaque côté par des raies bleues vers le haut, et argentines vers le bas. On voit une tache noire à l'extrémité de chacune de ses opercules. Ses nageoires pectorales et caudale et ses catopes sont noirâtres; sa nageoire anale est rougeâtre; les deux dorsales sont brunes, et la seconde est traversée longitudinalement par deux raies blanches. Il a dix cœcums et une grande vessie aérostatique munie de quelques sinus latéraux arrondis.

L'ombrine barbue, qui est l'*umbra* des anciens auteurs, et l'*ombrino* des habitans de nos provinces méridionales, vit dans la mer Méditerranée, où, suivant Aristote, qui l'y a observée, elle portoit anciennement sur les côtes de la Grèce le nom de σκίαινα. Elle fréquente aussi la mer des Antilles, où Plumier en a fait un dessin, copié par Bloch, et les rivages de l'Égypte, où Hasselquist l'a vue atteindre la taille de quinze à dix-huit pouces environ. Souvent elle ne fraie qu'en automne, et elle aime à déposer ses œufs sur les éponges qui croissent près des côtes. Elle se nourrit d'algues, de vers, et probablement aussi de petits poissons. Sa chair est ferme et facile à digérer, et il paroît que les anciens Romains faisoient en particulier grand cas de sa tête.

M. Cuvier soupçonne que ce poisson est le même que le *chéilodiptère cyanoptère* de M. de Lacépède. (Voyez Chéilodiptère.)

L'Ombrine dorée, *Umbrina aurata*, N.; *Pogonathus auratus*, Lacépède. Un barbillon à la mâchoire inférieure au milieu de quatre pores très-marqués. Teinte générale de l'or; catopes et nageoire anale d'un jaune blanchâtre; les autres nageoires brunes.

Ce poisson, qui devient assez grand, a été observé par Commerson dans le fleuve de la Plata. Sa chair est mollasse et d'une saveur fade.

M. Cuvier rapporte encore au genre Ombrine le *Johnius saxatilis* de M. Schneider, ainsi que le *Qualar-Katchelée* et le *Sarikulla*, que Russel a figuré parmi les poissons de Coromandel. (H. C.)

OMBRINO. (*Ichthyol.*) Sur plusieurs des côtes septentrionales de la mer Méditerranée, à Nice spécialement, on appelle ainsi l'ombrine barbue. Voyez OMBRINE. (H. C.)

OMBU. (*Bot.*) Le Recueil des voyages fait mention d'un
arbre de ce nom dans le Brésil, dont le fruit, rond et jaunâtre, semblable à une prune, agace les dents des sauvages,
qui en mangent beaucoup. Ils se nourrissent aussi des racines,
qui sont douces, comme les cannes à sucre, et rafraîchissantes au point que les médecins du lieu les ordonnent dans
les apozèmes pour calmer les fièvres ardentes. C'est probablement le même arbre qui est cité par Marcgrave sous le
nom de *umbu*, dont il dit aussi le fruit semblable à une prune
et contenant une noix monosperme, dont la graine peut être
mangée comme une amande. Il parle encore d'un autre *umbu*,
dont les racines donnent une eau bonne à boire. (J.)

OMÉGA. (*Entom.*) Nom donné vulgairement à une phalène.
(C. D.)

OMÉGA DOUBLE. (*Entom.*) C'est le bombyce tête bleue,
B. cœruleocephala de Linnæus, décrit et figuré par Réaumur,
tome 1.ᵉʳ, pl. 18, fig. 6 — 9. (C. D.)

OMELETTE. (*Conchyl.*) Nom marchand du cône bullé,
conus bullatus, Linn. (DE B.)

OMENAPO-YEIMA. (*Bot.*) Espèce de liseron du Brésil,
mentionnée par Marcgrave, dont la racine ronde sert de
nourriture comme la patate. (J.)

OMICRON GÉOGRAPHIQUE, NÉBULEUX. (*Entom.*) Noms
donnés par Geoffroy à deux noctuelles, qu'il a décrites sous
les n.ᵒˢ 93 et 74, qui sont celle de l'érable, *N. aceris*, et celle
de la persicaire. (C. D.)

O MI-MIE. (*Ornith.*) Nom que donnent les Knisteneaux aux
colombes, que les Algonquins appellent *O mi-miss*. (CH. D.)

OMINAMISI, SIJRO-BANNA. (*Bot.*) Noms japonois, cités
par Kæmpfer, de la valériane officinale. (J.)

OMISKA-SHEEP. (*Ornith.*) Nom donné, à la baie d'Hudson,
au harle couronné, *mergus cucullatus*, Lath. (CH. D.)

OMISSEW-ATHINETOU. (*Ornith.*) L'oiseau ainsi nommé
par les naturels de la baie d'Hudson, est la chouette bario-
lée, *strix cinerea*, Gmel. (CH. D.)

OMMAILOUROS. (*Min.*) La Méthérie, qui a probablement cru faire quelque chose d'utile en donnant des noms univoques et analogues aux noms spécifiques, à une multitude de minéraux qui ne sont que des variétés, a désigné par ce mot grec le minéral pierreux, désigné très-improprement par le nom d'*œil-de-chat*, et qu'on rapporte à l'espèce du quarz sous celui de Quarz chatoyant. Voyez ce mot. (B.)

OMM-EL-SAHAR. (*Ornith.*) Ce nom arabe, qui signifie mère de la veillée, est donné, à Rosette et à Ramanyeh, à la petite chouette ou chevêche, *noctua minor*, Briss.; *strix passerina*, Linn.; *noctua glaux*, Savig., laquelle, en d'autres contrées d'Égypte, est appelée *omm qouyq* et *qouyqah*. (Ch. D.)

OMMOS. (*Bot.*) Voyez Cotane, Homos. (J.)

OMNICOLOR. (*Ornith.*) L'oiseau que Séba désigne sous la dénomination d'*omnicolor ceylonica*, est le souimanga de toutes couleurs, *certhia omnicolor*, Linn. (Ch. D.)

OMNIVORES. (*Zool.*) On emploie ce mot en zoologie pour désigner les animaux qui se nourrissent à peu près indifféremment de substances végétales et animales : l'homme, les ratons, les ours, sont dans ce cas. (F. C.)

OMNIVORES. (*Ornith.*) Cette dénomination, donnée aux oiseaux qui se nourrissent de toute sorte de substances, est la traduction des mots latins *quisquiliis victitans*, appliqués spécialement aux corbeaux. (Ch. D.)

OMODAKA, SIKO. (*Bot.*) Kæmpfer cite ces noms japonois de la fléchière ou flèche d'eau. (J.)

OMOKOLOTSCH. (*Mamm.*) Nom générique des chauve-souris chez les Tatares Tongous. (F. C.)

OMOLOCARPUS. (*Bot.*) Necker nommoit ainsi le *nyctanthes arbor tristis*, pour le distinguer des autres *nyctanthes* de Linnæus, qui sont maintenant des *mogorium*. (J.)

OMON-COLOMBÉ. (*Bot.*) Dans un herbier de Pondichéry on trouve sous ce nom une espèce de commeline. (J.)

OMOPHRON. (*Entom.*) Genre d'insectes coléoptères pentamérés, de la famille des créophages ou carnassiers, caractérisés surtout par la forme hémisphérique du corps ; particularité unique parmi tous ces insectes, qui ont le corps alongé. D'ailleurs leur tête est engagée dans le corselet, qui est aussi large que les élytres.

Fabricius, séparant des carabes les espèces qui nous occupent, les avoit réunies sous le nom générique de *scolytus;* mais cette dénomination, employée depuis long-temps par Geoffroy, donnoit lieu à une confusion, que nous avions voulu éviter en désignant dans nos cours ces insectes sous le nom d'Hydrocarabes (voyez ce mot). M. Latreille, ayant employé depuis le nom d'*omophron*, nous avons dû l'adopter, quoiqu'il n'indique aucune particularité, puisque le mot grec Ὅμόφρῶν, signifie de même opinion, *ejusdem animi et sententiæ.* Si le nom est emprunté du mot ὦμόφρῶς, tiré de Sophocle, et exprimant, celui qui a des pensées cruelles, il devroit, dans ce cas, prendre une autre terminaison, celle d'omophre ou d'*omophrus.* Nous ne laissons pas échapper ces occasions de parler de la nomenclature, parce qu'en général les ouvrages des naturalistes de nos jours ne donnent aucun détail sur les noms, et que nous désirons que ce travail, qui a exigé de nous beaucoup de recherches, ne soit pas entièrement perdu.

Les caractères que nous avons indiqués plus haut, suffisent pour distinguer les omophrons, d'abord des cicindèles et de tous les genres à corselet plus étroit que la tête, ensuite des carabes, des anthies, des brachyns, des calosomes, etc., qui tous ont la tête dégagée du corselet, enfin des notiophiles, des scarites et des clivines, qui ont le corps alongé et non hémisphérique.

Les omophrons habitent le bord des rivières; ils y courent sur le sable et s'y enfoncent. Ils sont très-agiles, ainsi que leurs larves, qui se trouvent dans les mêmes lieux. L'une des espèces se rencontroit autrefois sur les bords de la Seine à l'extrémité du Champ de Mars avant qu'on y fît un quai. Nous avons observé une autre espèce alors non décrite, sur les bords du Mançanares, à Madrid.

Nous avons fait figurer, sous le n.° 2 de la pl. 2, l'espèce suivante, qui est

1.° L'omophron a limbes, *O. limbatum.*

Car. D'un jaune de rouille pâle, avec une tache sur le corselet et des bandes ondulées d'un vert bronzé sur les élytres.

C'est l'espèce des environs de Paris.

2.° Omophron varié, *O. variegatum.*

Car. D'une teinte jaune de soufre avec des taches sur la tête, sur le corselet, et les élytres de couleur verte pâle.

C'est l'espéce observée à Madrid.

Il y a deux autres espèces étrangères, l'une des Indes et l'autre d'Amérique. Fabricius les a décrites sous les noms de *flexueux* et de *labié.* (C. D.)

OMOPLATE. (*Anat. et Phys.*) Os de l'épaule, dont la conformation varie singulièrement dans les diverses classes des animaux vertébrés, mais qui, chez tous, offre un point d'insertion tout à la fois solide et mobile aux divers muscles qui servent à mouvoir les membres antérieurs sur le tronc. (F.)

OMOPTÈRES. (*Entom.*) Ce nom, qui signifie ailes semblables, a été employé par M. Leach pour désigner un ordre d'insectes qui correspond aux hémiptères, qui comprend les collirostres, comme les cigales et les plantisuges, ainsi que les pucerons, division que nous avions indiquée dans le 163.° tableau de la Zoologie analytique, publiée en 1805. (C. D.)

OMOTTO, KIRO, RIRJO. (*Bot.*) Nom japonois de l'*orontium japonicum* de Thunberg. (J.)

OMOULE et OMOULI. (*Ichthyol.*) Voyez Omul. (H. C.)

OMPHACITE. (*Min.*) Nom donné par Werner et par ses disciples à un minéral qu'on ne peut ni regarder comme une espèce distincte et rigoureusement déterminée, ni rapporter avec sûreté à aucune espèce connue ; ce minéral n'offrant aucun caractère certain de composition, de forme, ni même de clivage.

Il a la texture cristalline et grenue, la couleur d'un vert sombre ; il est translucide, a l'éclat vitreux, tirant quelquefois sur le résineux.

Les minéralogistes qui ne trouvent pas dans ces caractéres extérieurs si communs et si peu tranchés, des renseignemens suffisans pour établir une espèce, rapportent l'omphacite de Werner tantôt à l'amphibole actinote, tantôt à la diallage smaragdite en masse.

Les échantillons de cette pierre viennent : 1.° du Saualpe en Tyrol, où elle est associée avec du disthéne et des grenats, qui, par leur opposition de couleur, en font une fort belle roche à fond vert presque transparent, à taches violàtres ; 2.° des

montagnes de micaschiste de Fattigau et de Silberbach, près
de Hoff dans le Fichtelgebirge, pays de Bayreuth : ce mineral
s'y trouve encore associé avec des grenats et du mica ; 3.° de
Kavicaet en Groënland, avec de l'amphibole jaunâtre. (B.)

OMPHACOCARPOS, PHILANTHROPOS. (*Bot.*) Noms grecs
anciens, cités par Pline, du gratteron, *aparine*, qui s'attache
aux passans par ses tiges et surtout par ses fruits chargés d'aspérités, ce qui l'avoit fait aussi nommer par quelques-uns
asprella. (J.)

OMPHALANDRIA. (*Bot.*) Ce nom d'un genre d'Euphorbiacées, établi par P. Browne, a été abrégé par Linnæus,
qui le nomme *omphalea*. (J.)

OMPHALIA. (*Bot.*) C'est le nom de la huitième division
du genre *Agaricus* dans Persoon (voyez Fonge) : cette division contient quantité d'espèces dont le chapeau est ombiliqué, c'est-à-dire creux dans le milieu de sa partie supérieure, et offrant le plus souvent un petit mamelon central.
Chez Fries, cette division, modifiée dans ses espèces et ses
caractères, forme la neuvième tribu de son genre *Agaricus* ;
il la partage en trois sections : 1.° le *Mycenaria*, qui renferme
les espèces à chapeau membraneux muni de feuillets décurrens ; 2.° le *Collybaria*, contenant les champignons à chapeau membrano-charnu et feuillets adnés ; 3.° l'*Antiscyphi*,
qui offre des espèces à chapeau charnu-coriace et à feuillets décurrens. On compte en tout quarante espèces ; celles
d'entre elles qui ont été connues de Battara, forment ses
genres *Omphalomyces*, *Omphalopolymyces* et *Bullæ*.

Le nom d'*omphalia* a été employé depuis Persoon comme
nom de division dans divers sous-genres de champignons,
comme par exemple dans le genre *Hydnum*, par Nées. Voyez
Hydnum. (Lem.)

OMPHALIER, *Omphalea*. (*Bot.*) Genre de plantes dicotylédones, à fleurs incomplètes, de la famille des *euphorbiacées*,
de la *monoécie monadelphie* de Linnæus, offrant pour caractère essentiel : Des fleurs monoïques ; dans les mâles, un calice à quatre folioles ; point de corolle ; deux ou trois anthères
sessiles, enfoncées dans un réceptacle charnu, qu'on soupçonne formé par la réunion des filets épaissis ; dans les
fleurs femelles, un calice à quatre ou cinq folioles ; l'ovaire

supérieur ; le style court ; le stigmate trifide ; une capsule charnue, à trois valves, à trois loges. Chaque loge renferme un noyau arrondi, ovale.

OMPHALIER GRIMPANT : *Omphalea diandra*, Linn., *Spec.*; Lamck., *Ill. gen.*, tab. 753, fig. 1 ; Aubl., *Guian.*, pag. 844, tab. 328 ; *Omphalea cordata*, Swartz, *Obs. bot.*, pag. 350. Arbrisseau de la Guiane, dont les rameaux grimpans s'accrochent aux arbres voisins et s'élèvent jusqu'au sommet, puis se courbent et tombent presque jusqu'à terre. Les feuilles sont alternes, pétiolées, glabres, en cœur, aiguës, entières, un peu pubescentes en dessous ; deux petites stipules lancéolées, caduques, sont à la base du pétiole, et deux glandes vers le sommet. Les fleurs sont axillaires, petites, verdâtres, pédonculées, disposées en grappes sur un rameau terminal avec des bractées glabres, lancéolées, obtuses ; les fleurs mâles occupent la partie supérieure de chaque grappe. Leur calice est composé de quatre folioles arrondies, concaves, charnues, dont deux plus grandes et opposées recouvrent chacune une anthère, couleur de rose, placée sur un corps charnu, de couleur violette ; dans les fleurs femelles, l'ovaire est arrondi, à trois côtes, à trois sillons ; il lui succède une capsule en forme d'une grosse baie jaunâtre, charnue, succulente, partagée en trois loges, renfermant chacune un noyau enveloppé d'une substance molle et filandreuse ; la coque est brune, dure, cassante, revêtue à l'intérieur d'un duvet blanc, ainsi que l'amande.

Cet arbrisseau croît à Cayenne, sur les bords de la mer. Ses fruits sont nommés par les Créoles *graines de l'anse*, parce qu'ils croissent dans les enfoncemens formés par la mer, connues sous le nom d'*anses*. Cet arbrisseau se nomme encore *liane papaye*, parce que son fruit ressemble de loin à une papaye. Quand on coupe les branches de cet arbrisseau, il en découle aussitôt une séve abondante, claire, limpide, insipide au goût. Répandue sur le linge, elle y forme une tache. On se sert de ses feuilles en décoction pour déterger les plaies et les vieux ulcères. La substance qui forme l'amande, est blanche, ferme, cassante, huileuse et bonne à manger. Lorsqu'on la destine à cet usage, on a soin d'en séparer la radicule et les cotylédons, pour éviter leur faculté purgative qu'éprouvent tous ceux qui ne prennent point cette précaution. Cette substance est d'une saveur aussi agréable que nos amandes fraîches.

Omphalier noisetier ; *Omphalea triandra*, Linn., *Spec.*; Lamck., *Ill. gen.*, tab. 753, fig. 3 ; *Omphalea nucifera*, Swartz, *Obs. bot.*, 351 ; Nicols., S. Dom., pag. 276, tab. 2. Cette plante diffère essentiellement de la précédente par son port, l'une n'étant qu'un simple arbrisseau grimpant, tandis que celle-ci est un grand arbre, qui s'élève à plus de quarante pieds. Ses feuilles sont éparses, alternes, très-glabres, oblongues, en cœur, très-entières, longues de huit à dix pouces, sur six de largeur, d'un vert pâle ; les fleurs disposées sur une grappe longue de deux pieds, dressée, puis pendante ; ces fleurs sont verdâtres, composées, dans les mâles, d'un calice à cinq folioles, dont trois plus grandes, colorées et membraneuses à leurs bords ; le réceptacle est garni d'un anneau charnu , d'un rouge de sang ; les trois anthères sont purpurines ; l'ovaire est oblong, surmonté d'un stigmate presque sessile, trifide. Le fruit est une capsule en baie grosse, pendante, arrondie, à trois loges ; les amandes blanches, revêtues d'une membrane jaunâtre. On mange ces fruits, qui sont aussi bons, étant frais, que les meilleures noisettes de France ; mais ils rancissent en vieillissant. (Poir.)

OMPHALOBIUM. (*Bot.*) Cette plante, dont Gærtner à fait figurer le fruit (tab. 46, fig. 3) sous le nom d'*omphalobium indicum*, paroît être la même que le Connarus africanus. Voyez ce mot. (Poir.)

OMPHALOCARPE, *Omphalocarpum.* (*Bot.*) Genre de plantes dicotylédones, à fleurs complètes, monopétalées, de la famille des *sapotées*, de la *polyandrie monogynie* de Linnæus, offrant pour caractère essentiel : Un calice à plusieurs écailles imbriquées ; une corolle monopétale, à six ou sept divisions ; autant d'écailles à l'orifice du tube ; des étamines nombreuses ; un ovaire supérieur ; un style ; un fruit ligneux, indéhiscent, à plusieurs loges monospermes.

Omphalocarpe géant ; *Omphalocarpum procerum*, Pal. Beauv., Flor. d'Ovare et de Benin, vol. 1, pag. 6, tab. 5. Arbre d'un beau port, qui s'élève à une hauteur considérable et se divise à son sommet en branches étalées, en rameaux alternes, diffus, garnis de feuilles alternes, presque sessiles, glabres, luisantes, entières, lancéolées. Les fleurs naissent sur le tronc, à la hauteur de huit à dix pieds. Outre cette singularité, l'enveloppe du fruit en offre une autre très-remarquable; elle est composée intérieurement d'un amas de petits corps durs, arrondis et irréguliers, formant une concrétion ligneuse, semblable à celle dont est composée la pierre communément appelée *poudding* ; chaque partie de cette concrétion est à pans ou à facettes inégales, blanchâtres en dedans et susceptibles de se détacher sans déchirement. Le calice est composé d'écailles concaves, obtuses, velues en dehors; les divisions de la corolle égales, ovales, aiguës; les étamines disposées par séries inégales sous chaque lobe; les anthères dressées, alongées, subulées. Le fruit est arrondi, déprimé, fortement ombiliqué autour du style, à plusieurs loges monospermes; les semences osseuses, luisantes, munies d'un hile latéral, et renfermées dans une pulpe succulente; l'embryon aplati, entouré d'un périsperme charnu. Cette plante croît dans l'intérieur de l'Afrique vers les confins du royaume d'Oware. (Poir.)

OMPHALOCARPON. (*Bot.*) Un des noms du gratteron, *galium aparine*, chez les anciens Grecs. (Lem.)

OMPHALODE. (*Bot.*) Nom donné par M. Turpin au point protubérant situé ordinairement sur une graine au milieu du hile. (Mass.)

OMPHALODES. (*Bot.*) Ce genre de Tournefort a été réuni par Linnæus au *Cynoglossum*. Voyez Cynoglosse. (J.)

OMPHALOMYCES. (*Bot.*) Battara désigne ainsi les agarics qui croissent solitairement et qui ont le chapeau creusé au milieu en manière d'ombilic. Les plus connus sont les *agaricus deliciosus, theiogalus, emeticus, Orcella, laccatus*, etc. Voyez Omphalia. (Lem.)

OMPHALOPOLYMYCES. (*Bot.*) Battara, dans son *Historia fungorum agri ariminensis*, groupe, sous ce nom, des agarics ombiliqués qui croissent en touffe : c'est ce qu'il a voulu exprimer par le nom d'omphalopolymyces, composé de trois mots grecs, qui signifient *ombilic, plusieurs*, et *champignons*. (Lem.)

OMPHALOSIA (*Bot.*), Necker. Voyez Umbilicaria. (Lem.)

OMPHAX. (*Min.*) Nom grec qui désigne un raisin qui n'est pas mûr : ce que nous appelons du verjus, et que les anciens, Théophraste particulièrement, ont appliqué à une pierre précieuse d'un vert foncé, mêlé de jaune. Hill pense que c'est le *beryllus oleaginus* de Pline.

Il y a tant de pierres qui peuvent présenter cette couleur vert-jaunâtre de l'huile nouvellement exprimée, qu'on ne sauroit quelle raison donner pour motiver la préférence qu'on attribueroit, par exemple, au péridot sur les béryls miellés, etc. (B.)

OMPHEMIS. (*Conchyl.*) M. Rafinesque, Journ. de phys., t. 88, p. 424, a proposé sous ce nom un genre de mollusques conchylifères qu'il caractérise ainsi : Animal à opercule membraneux, à deux tentacules latéraux aplatis, ayant les yeux à leur base extérieure ; coquille à spire un peu oblique ; l'ouverture arrondie, les lèvres détachées, la columelle séparée de la lèvre intérieure par un petit ombilic oblong. Ce genre, qui très-probablement diffère fort peu de celui des paludines, ne contient que deux espèces, l'O. *lacustris* et l'O. *phaioxis*, toutes deux d'eau douce, et que ne décrit pas M. Rafinesque. (De B.)

OMPHISCOLE, *Omphiscole.* (*Conchyl.*) Genre de coquilles proposé par M. Rafinesque, Journ. de phys., t. 88, p. 423, pour quelques espèces de limnées qu'il ne désigne pas, et chez lesquelles la lèvre gauche, ou mieux un dépôt calcaire qui la forme, est détachée de la columelle et laisse un ombilic entre elles. (De B.)

OMPOK, *Ompok.* (*Ichthyol.*) M. de Lacépède, d'après un nom de pays, a désigné par ce mot un genre de poissons qui a pour caractères d'avoir des dents et des barbillons aux mâchoires, de manquer de nageoire dorsale, et d'avoir une très-longue nageoire de l'anus.

La seule espèce contenue dans ce genre, est l'OMPOK SILUROÏDE, *Ompok siluroides*, dont la mâchoire supérieure, moins avancée que l'inférieure, est garnie de deux barbillons aussi longs que la tête. D'après une inspection de l'individu desséché, M. Cuvier pense que ce poisson pourroit bien être un silure qui auroit perdu sa dorsale. (H. C.)

O-MUGGI. (*Bot.*) Nom japonois de l'orge ordinaire, suivant Kæmpfer. (J.)

OMUL et OMULE. (*Ichthyol.*) Les Russes nomment ainsi le corégone automnal, poisson que nous avons décrit dans ce Dictionnaire, tom. X, pag. 565, et qui, au rapport de Gmelin, est si abondant en été, autour de la ville d'Udinsk, en Sibérie, qu'on en fait, dans cette saison, des provisions pour toute l'année. (H. C.)

ONA. (*Mamm.*) Nom de la femelle de l'antilope tzeïran chez les Mongols. (F. C.)

ONA. (*Bot.*) Un des noms brames du *mail-ombi* du Malabar, *antidesma sylvestris.* (J.)

ONABOUBOUÉ. (*Bot.*) Nom caraïbe, cité par Surian, qui signifie bois à enivrer, et qui étoit donné dans les Antilles aux végétaux dont on jetoit dans l'eau quelques parties pour enivrer les poissons, particulièrement au *galega cinerea*, et à un autre genre de plantes légumineuses, nommé pour cette raison *piscidia.* (J.)

ONAGRA. (*Bot.*) Ce nom avoit été primitivement donné par Dioscoride à un *chamænerium* ou *epilobium* de Gesner, *epilobium angustifolium* de Linnæus, qui étoit l'*œnothera* de Pline. Tournefort avoit adopté, ainsi que Plumier, le nom de Dioscoride pour un genre appelé maintenant en françois l'onagre, qui diffère de l'*epilobium* seulement par ses graines non aigrettées. Linnæus a préféré pour le même le nom de Pline, qui a été adopté. Ce genre est devenu le type de la famille actuelle des onagraires. (J.)

ONAGRAIRES. (*Bot.*) On a donné à cette famille de plantes le nom de l'onagre, *œnothera*, un de ses principaux genres. Elle appartient à la classe des péripétalées ou dicotylédones polypétales à étamines insérées au calice. A ces caractères principaux elle joint les suivans, dont l'ensemble forme le caractère général :

Un calice monosépale, adhérent à l'ovaire et divisé au-dessus en plusieurs lobes. Plusieurs pétales insérés à son sommet, alternes avec ses lobes et en nombre égal : ils manquent quelquefois. Le nombre des étamines, insérées au même point, est égal à celui des pétales, ou double, ou plus rarement réduit à la moitié; leurs filets sont libres; leurs anthères ovales biloculaires, s'ouvrant dans leur longueur. L'ovaire adhérent au calice, est simple, à plusieurs loges remplies de quelques ovules attachés à un axe central, dont souvent quelques-uns avortent; il est surmonté d'un style terminé par un stigmate simple ou divisé, et il devient une capsule ou une baie, dont chacune des loges qui n'avortent pas, contient une ou plus souvent plusieurs graines. La capsule polysperme s'ouvre dans sa longueur en plusieurs valves; du milieu de chacune d'elles sort une cloison, qui va s'appliquer contre un des angles de l'axe central. L'embryon contenu dans chaque graine est dénué de périsperme, et sa radicule est droite, dirigée vers le point d'attache. Les tiges sont herbacées ou ligneuses; les feuilles simples, alternes ou opposées; les fleurs axillaires ou terminales.

On divise naturellement cette famille en trois sections. La première contient les genres à étamines égales en nombre aux pétales et à fruit capsulaire; savoir: le *Montinia*, le *Serpicula*, le *Lopezia* de Cavanilles, le *Circœa*, le *Trapa* auparavant placé avec doute parmi les monocotylédones, l'*Isnardia*, le *Ludwigia*.

Dans la seconde sont réunis ceux à étamines en nombre double de celui des pétales et à fruit capsulaire, tels que le *Jussiœa*, l'*Enothera*, le *Clarckia* de M. Pursh, l'*Epilobium* et le *Gaura*.

On rapporte dans une troisième les genres qui ont également le nombre d'étamines double de celui des pétales, mais dont le fruit est en baie, comme dans le *Fuchsia*, le *Muriria* d'Aublet ou *Petaloma* de Swartz, l'*Ophira*, le *Bœckea* de Loureiro et le *Memecylon*. Cette dernière, servant de transition à la famille des myrtées, en diffère presque uniquement par le nombre défini d'étamines, et plusieurs de ses genres pourront dans la suite y être transportés.

La famille des onagraires est ici plus circonscrite qu'elle ne l'étoit dans sa première formation; elle avoit alors cinq sections au lieu de trois. La première, qui réunissoit le *Cercodea* et quelques autres genres à style multiple, en a été seulement séparée sous le nom de famille des cercodiennes. Le *mentzelia* et le *loasa*, qui étoient réunis dans la cinquième section, forment maintenant la famille des loasées, plus voisine des nopalées dans la même classe. Le *santalum* et le *sirium*, auparavant dans la quatrième section, mieux examinés, sont reconnus congénères, dépourvus de corolle, et

36.   8

rentrent dans une famille nouvelle, détachée des éléagnées, dans la classe des péri-staminées, à laquelle son auteur M. R. Brown a donné le nom de santalacées. On a retiré de la même section l'*escallonia*, reporté aux éricinées, près du *vaccinium*, et le *jambolifera*, dont le caractère, bien décrit par Vahl, le rapproche des rutacées ou diosmées. Nous avions placé dans la troisième section le *cacoucia*, le *combretum* et le *guiera*, différens par le fruit uniloculaire et monosperme ; M. R. Brown en a fait le type de sa nouvelle famille des combretacées, qui reste voisine des onagraires, mais à laquelle il réunit celle que nous avions établie sous le nom de Mirobolanées (voyez ce mot) dans les péri-staminées, comme étant dépourvue de pétales. (J.)

ONAGRE. (*Mamm.*) Nom de l'âne sauvage chez les anciens. (F. C.)

ONAGRE, *Œnothera*, Linn. (*Bot.*) Genre de plantes dicotylédones, polypétales, qui a donné son nom à la famille des *onagraires*, Juss., et qui, dans le système sexuel, appartient à l'*octandrie monogynie*. Ses principaux caractères sont les suivans : Calice monophylle, cylindrique, caduc, partagé à son orifice en quatre découpures ; corolle de quatre pétales égaux, insérés entre les divisions calicinales ; huit étamines à filamens subulés, plus courts que la corolle, terminés par des anthères oblongues, tombantes ; un ovaire infère, cylindrique, surmonté d'un style filiforme, terminé par un stigmate épais, à quatre divisions ; une capsule alongée, cylindroïde ou tétragone, à quatre valves et à quatre loges, renfermant des graines nombreuses, attachées le long d'un réceptacle à quatre côtés.

Les onagres sont des plantes herbacées, à feuilles alternes, et à fleurs axillaires, souvent d'un aspect agréable. On en connoît aujourd'hui quarante et quelques espèces, toutes exotiques à l'Europe, excepté une, qui encore n'y est que naturalisée. Quelques-unes de ces plantes sont cultivées pour l'ornement des jardins ; ce sera principalement de celles-là dont nous ferons mention.

* *Capsules cylindriques.*

ONAGRE BISANNUELLE, vulgairement HERBE-AUX-ANES : *Œno-*

thera biennis, Linn., *Spec.*, 492; *Flor. Dan.*, tab. 446. Sa tige est haute de deux à trois pieds, cylindrique, un peu velue, garnie de feuilles alternes, lancéolées, légèrement dentées en leurs bords. Ses fleurs sont jaunes, assez grandes, sessiles, solitaires dans les aisselles des feuilles supérieures et rapprochées en une sorte d'épi terminal. Cette plante est originaire de l'Amérique septentrionale, où elle croît depuis la Virginie jusque dans le Canada; transportée dans les jardins en Europe, vers 1614, elle s'y est si bien naturalisée qu'elle s'est ensuite répandue dans les campagnes, où elle est assez commune dans plusieurs cantons sur les bords des champs et des bois.

Cette onagre est une belle plante, très-propre à orner les grands parterres. Ses fleurs sont éphémères et ne durent même que quelques heures; mais elles se succèdent les unes aux autres pendant une grande partie de l'été. Elle n'est pas difficile sur la nature du terrain; cependant elle pousse plus vigoureusement dans les fonds gras, humides, et elle y devient souvent vivace en poussant du collet de ses racines des bourgeons qui la conservent. En coupant ses tiges aussitôt après que les fleurs sont passées, on parvient aussi à la conserver pour les années suivantes. Venue de graine, elle ne pousse la première année qu'une rosette de feuilles radicales, et ce n'est que la seconde année qu'elle produit des fleurs. Ses racines ont un goût qui n'est pas désagréable, et on les mange crues ou cuites dans quelques parties de l'Allemagne. Les cochons les aiment aussi beaucoup, et M. Bosc croît qu'il pourroit être utile de cultiver cette plante pour la donner comme aliment à ces animaux. Il faudroit donner ces racines aux cochons pendant l'hiver de la première année, parce qu'elles deviennent trop dures et presque ligneuses lorsque la plante est montée en tige. Nous ignorons si les bestiaux mangent les feuilles; celles-ci ont une saveur douce, qui ne doit pas leur déplaire. Les tiges sèches peuvent servir à chauffer les fours, et l'on peut retirer de la potasse de leur cendre. M. Braconnot a reconnu que cette plante contenoit beaucoup de tannin et qu'on pourroit, par conséquent, l'employer pour le tannage des cuirs et la substituer à la noix de galle dans la teinture et la fabrication de l'encre.

ONAGRE ODORANTE; *Œnothera suaveolens*, Pers., *Synops.*, 1, pag. 408. Ses tiges sont cylindriques, pubescentes, souvent rameuses dans leur partie supérieure, hautes de trois à quatre pieds. Ses feuilles sont ovales-lancéolées, entières ou munies de quelques dents à peine sensibles. Les fleurs sont d'un jaune clair, larges de deux pouces et demi à trois pouces, douées d'une odeur agréable, solitaires dans les aisselles des feuilles supérieures, mais assez rapprochées pour former une sorte d'épi terminal. Cette espèce est originaire de l'Amérique septentrionale. On la cultive pour l'ornement des jardins, et on la préfère généralement aujourd'hui à la précédente, parce que ses fleurs sont plus grandes, plus belles et qu'elles répandent, surtout le soir, un parfum très-agréable, analogue à celui de la fleur d'oranger. Ces fleurs sont éphémères; mais il s'en épanouit tous les jours de nouvelles, depuis le mois de Juillet jusqu'en Septembre. Cette plante se multiplie de graines qu'on peut semer aussitôt qu'elles sont mûres ou au printemps, dans des pots ou en place. Elle se sème souvent d'elle-même. Il lui faut une terre franche, légère, un peu fraîche et l'exposition au soleil.

ONAGRE A LONGUES FLEURS; *Œnothera longiflora*, Jacq., *Hort.*, tab. 172. Ses tiges sont simples, droites, velues, hautes de deux à trois pieds, garnies de feuilles lancéolées, bordées de dents écartées. Ses fleurs sont grandes, jaunes, teintes de pourpre, remarquables par le tube de leur calice, qui est au moins trois fois plus long que les ovaires, sessiles et solitaires dans les aisselles des feuilles supérieures. Cette espèce est originaire de Buénos-Aires.

** *Capsules anguleuses.*

ONAGRE POURPRE; *Œnothera purpurea*, Lam., Dict. enc., 4, pag. 554. Ses tiges sont droites, légèrement cotonneuses, hautes de quinze à vingt pouces, divisées en quelques rameaux. Les feuilles radicales et les inférieures sont ovales, rétrécies en un long pétiole, sinuées en leurs bords; les supérieures sont ovales-lancéolées, simplement dentées. Les fleurs sont d'un rouge pourpre, assez petites, axillaires, légèrement pédonculées et presque terminales. La capsule est courte, ovale, longuement pédonculée et à quatre angles saillans. Cette plante est vivace. Ses graines ont été rapportées par Dombey, du Pérou, au Jardin du Roi.

ONAGRE TÉTRAPTÈRE; *Œnothera tetraptera*, Cavan., *Icon. rar.*, 3, pag. 40, tab. 279. Ses tiges sont droites, rameuses, un peu velues, garnies de feuilles brièvement pétiolées, profondément sinuées, comme roncinées. Ses fleurs sont blanches avec une teinte purpurine, axillaires, pédonculées et assez grandes. Les capsules sont ovales, hérissées de poils, à quatre angles saillans. Cette plante est vivace, originaire de la Nouvelle-Espagne. On la cultive en pot et on la rentre dans la serre chaude pendant l'hiver. Elle fleurit en Juillet et Août. (L. D.)

ONAGRE. (*Ichthyol.*) Un des noms par lesquels on a désigné le *chétodon zèbre*, poisson que nous avons décrit dans ce Dictionnaire, tom. VIII, pag. 444. (H. C.)

ONAIBOUBOU. (*Bot.*) Dans l'Herbier des Antilles de Surian on trouve sous ce nom caraïbe le *bocconia frutescens*, genre de la famille des papavéracées. (J.)

ONAIRILA. (*Bot.*) Dans un catalogue des plantes de Coromandel on trouve sous ce nom le *viola enneasperma* de Linnæus, cité par Cossigny. (J.)

ONAMAKI. (*Bot.*) Nom japonois de l'ancolie ordinaire, suivant Thunberg. (J.)

ONANICAR. (*Ichthyol.*) Un des noms de pays du gymnonote électrique. Voyez GYMNONOTE. (H. C.)

ONAPU. (*Bot.*) Nom malabare d'une balsamine, *impatiens fasciculata* de M. Lamarck; le *valli-onapu* est l'*impatiens latifolia* de Linnæus. (J.)

ONBAVE. (*Bot.*) Nom d'un arbre de Madagascar qui donne une gomme semblable à la gomme arabique, cité par Rochon, sans autre indication. (J.)

ONÇA. (*Mamm.*) Nom portugais d'une espèce de grand chat tacheté, non déterminé rigoureusement. (F. C.)

ONCE. (*Mamm.*) C'est le même nom que onça. Buffon l'a appliqué à une espèce qu'il a mal caractérisée et qu'on n'a pas reconnue. D'autres l'ont donné au couguar, au guépard, etc. (F. C.)

ONCHIDIE, *Onchidium*. (*Malacoz.*) Genre de mollusques subcéphalés-monoïques de la famille des limacinés, établi par Buchanan, dans les Transactions de la société linnéenne

de Londres, tom. 5, p. 132, pour une espèce de limace
des bords du Gange, qui paroît fort commune sur les plantes
qui y croissent, et que nous caractérisons ainsi : Corps alongé,
très-étroit et très-extensible; le manteau débordant le pied
de toutes parts et formant une sorte de capuchon au-dessus
du col et de la tête; quatre tentacules seulement, contractiles;
les plus courts, antérieurs et inférieurs, aplatis et comme
bifurqués à l'extrémité; les postérieurs ou supérieurs, plus
longs et oculifères au sommet; bouche très-grande, armée
supérieurement d'une grande dent demi-circulaire; anus
caché et s'ouvrant dans un long canal de la cavité respiratrice, dont l'orifice arrondi est au côté droit et tout-à-fait
postérieur du corps; terminaisons des organes de la génération à droite et fort distantes l'une de l'autre; celle de l'oviducte vers le milieu du rebord inférieur du manteau, et
celle de l'appareil mâle à la racine du tentacule droit.

Les caractères que Buchanan a donnés à son genre Onchidie
sont beaucoup moins détaillés que cela, puisqu'il se borne
à cette phrase : *Brachia ad latus capitis; tentacula duo; os
anticum; anus posticus, infra;* et ceux que j'ai donnés sont
tirés d'un animal que j'ai nommé véronicelle, et qui paroît
provenir de l'Amérique méridionale, en sorte que je ne
voudrois pas assurer qu'il doive certainement appartenir au
même genre. Aussi ne vais-je parler que de l'espèce à laquelle
Buchanan a donné le nom d'O. du typha, *O. typhæ.* Voici la
traduction de ce qu'il en dit: Son corps, convexe en dessus,
est oblong; sa longueur est d'un pouce trois quarts quand il
est en repos; lorsqu'il marche, il devient linéaire, obtus
aux deux bouts, et sa longueur va à deux pouces environ
sur six à neuf lignes de largeur; alors la tête est visible.
Le dessous du corps est plat et lisse, tandis que le dessus
est convexe, verdâtre et couvert de tubercules réguliers
en grosseur et en position. Le pied, qui est linéaire et de
trois lignes de large, obtus aux deux extrémités, est d'un
jaune foncé. Il est formé par un grand nombre de rides
transverses, à l'aide desquelles l'animal marche, et adhère à
peu près comme un ver de terre. La tête est jaunâtre, petite,
placée entre la partie antérieure du manteau qui déborde, et
celle du pied : elle change considérablement de forme quand

l'animal marche. Lorsqu'elle est complétement étendue, elle est plate et ovale. L'orifice de la bouche varie de la forme circulaire à la forme linéaire ; de chaque côté de la tête est un bras (tentacule) semblable à celui des scyllées et qui varie de forme à tout moment ; il est solide, comprimé et comme palmé, quand il est tout-à-fait étendu : de la partie supérieure de la tête sortent deux tentacules entièrement semblables à ceux des limaçons, et ayant l'apparence d'yeux à l'extrémité.

Ce mollusque, ajoute Buchanan, n'est pas hermaphrodite, comme beaucoup d'autres vers ; mais les sexes sont portés sur des individus différens. On n'apercevoit cependant entre eux aucune dissemblance quand les sexes n'étoient pas accouplés ; l'anus et les organes sexuels sont placés dans un cloaque commun à la partie postérieure de la queue, immédiatement au-dessous d'elle ; mais, pendant l'accouplement, la distinction des sexes est évidente ; le pénis est même fort long comparativement avec l'animal.

Il vit sur les feuilles du typha éléphantine, commun sur les bords du Gange.

Voilà tout ce que Buchanan dit de l'animal sur lequel il a établi le genre Onchidie. La figure qu'il y joint est bien loin de pouvoir suppléer à l'état incomplet de cette description : on y voit seulement à la partie postérieure, au-dessous du rebord du manteau, un assez grand orifice qui paroît médian.

Au retour de l'expédition du capitaine Baudin, M. Cuvier eut l'occasion d'observer un mollusque marin d'une assez grande taille, que Péron avoit trouvé aux attérages de l'Isle-de-France, et comme il lui parut offrir un grand nombre de caractères communs à l'animal de Buchanan, il le plaça dans le même genre sous le nom d'onchidie de Péron. Par conséquent M. Cuvier ne tint aucun compte de l'observation du naturaliste anglois, que les sexes sont séparés sur l'onchidie du typha, car ils ne le sont certainement pas sur l'onchidie de Péron. Je ne parle pas de la différence de séjour de ces animaux, l'un terrestre et l'autre aquatique, parce que l'on pourroit citer deux espéces du même genre qui offriroient cette anomalie de séjour.

Dans un voyage que je fis en Angleterre en 1814, j'eus l'occasion d'observer, dans la Collection du Muséum britannique, un joli mollusque nu, assez semblable à une limace, qui me parut devoir former un genre nouveau que je nommai véronicelle. En l'étudiant avec soin, je vis aisément que c'étoit un animal pulmoné et dont l'orifice de la cavité respiratrice étoit tout-à-fait en arrière sous le rebord du manteau, mais cependant à droite de la ligne médiane, tandis que l'ouverture de l'ovaire étoit au milieu de ce même côté.

Assez peu de temps après M. de Férussac eut la complaisance de me donner un ou deux individus d'une espéce de limace fort analogue à celle qui avoit servi à l'établissement de mon genre Véronicelle, et qu'il crut devoir former un nouveau genre qu'il nomma Vaginule. J'en ai publié l'anatomie dans son ouvrage sur les mollusques terrestres et fluviatiles, il y a déjà quelques années. Par l'examen que je. fis de ce mollusque, qui est commun dans l'Amérique méridionale, et surtout au Brésil, je trouvai que l'orifice de la cavité respiratrice étoit à l'extrémité d'un long tube, dans lequel l'anus s'ouvroit profondément, et je reconnus en outre que les orifices des deux parties de l'appareil générateur, quoique fort éloignés, ne communiquoient cependant pas entre eux par un sillon, comme dans l'onchidie de Péron.

A cette même époque j'eus aussi l'occasion d'examiner un mollusque nu, envoyé de Pondichéry par M. Leschenault, et qui m'offrit tous les caractères de ma véronicelle, en sorte que je fus ainsi confirmé dans l'idée que j'avois depuis long-temps que les mollusques marins, que M. Cuvier avoit rangés dans le genre Onchidie, ne lui appartiennent pas, et en effet ils n'offrent certainement dans la position et la forme de l'appareil respiratoire, dans la situation de son ouverture, dans celle de l'anus, et dans la disposition des organes de la génération, rien de semblable à ce qui existe dans les onchidies marines; dès-lors je crus devoir former un nouveau genre de celles-ci, auquel j'ai donné le nom de Péronie, et dans lequel je connois déjà quatre espéces, tout aussi marines que les doris dont je les rapproche.

Quant à la réunion de ma véronicelle et des vaginules de M. de Férussac dans le même genre que l'onchidie du typha, quoique la découverte de l'espèce de Pondichéry semble fortement faire croire à la justesse de cette réunion, cependant on pourra la suspendre jusqu'à ce qu'on ait observé de nouveau le mollusque incomplétement décrit et figuré par Buchanan, qui ne me paroît pas du reste mériter une confiance sans bornes. Au moins doit-il être distingué comme espèce de la véronicelle de Pondichéry, qui étoit bien certainement toute lisse.

Ainsi, pour ne pas réunir des animaux qui ne doivent pas l'être, je rangerai, dans le genre Onchidie, l'animal vu par Buchanan ; je décrirai les onchidies marines à l'article Péronie, et je parlerai des onchidies lisses aux articles Véronicelle et Vaginule. Voyez ces différens mots et le *Genera* à l'article Mollusques. (De B.)

ONCHIDORE, *Onchidoris*. (*Malacoz.*) Genre de mollusques subcéphalés monoïques, de l'ordre des cyclobranches, établi par M. de Blainville, dans le Bulletin des sciences par la société philomatique, pour un animal qu'il a observé, conservé dans l'alcool, dans la Collection du Muséum britannique de Londres, et dont on ignoroit la patrie. Les caractères qu'il lui a assignés sont les suivans : Corps ovalaire, bombé en dessus ; pied ovale, épais, dépassé dans toute sa circonférence par les bords du manteau ; quatre tentacules comme dans les doris, c'est-à-dire, deux supérieurs et deux inférieurs, outre deux appendices labiaux ; organes de la respiration formés par des arbuscules très-petits, disposés circulairement, et contenus dans une cavité située à la partie postérieure et médiane du dos ; anus également médian à la partie inférieure et postérieure du rebord du manteau ; les orifices des organes de la génération très-distans et réunis entre eux par un sillon extérieur occupant toute la longueur du côté droit. D'après cela il est évident que ce genre offre une combinaison de caractères, les uns des doris, comme la forme des tentacules et la place de l'orifice respiratoire, et les autres des péronies, comme la position de l'anus et le sillon de communication des orifices des deux parties de l'appareil générateur.

Ce genre ne renferme encore qu'une espèce dont on ignore la patrie. L'Onchidore de Leach , *O. Leachii*. Dans l'état de conservation où M. de Blainville l'a observée, elle avoit environ deux pouces de longueur sur quinze lignes de large : sa couleur étoit d'un gris blanchâtre ; son dos parsemé de tubercules nombreux et de différentes grosseurs, et son pied d'espèces d'élévations ou de boursouflures, comme on en voit souvent dans la péronié de l'Isle-de-France. Elle est figurée dans les planches de l'atlas du Dictionnaire. (De B.)

ONCIDIE, *Oncidium*. (*Bot.*) Genre de plantes monocotylédones, à fleurs incomplètes, irrégulières, de la famille des *orchidées*, de la *gynandrie digynie* de Linnæus, offrant pour caractère essentiel : Une corolle à cinq pétales étalés ; les deux intérieurs plus grands; la lèvre ou le sixième pétale très-grand, point éperonné, libre, plan, tuberculé et comme en crête à sa base; la colonne des organes sexuels ailée à son sommet; une anthère terminale, operculée ; le pollen divisé en deux paquets sur un pédicelle commun.

ONCIDIE DE CARTHAGÈNE : *Oncidium carthaginense*, Swartz, *Fl. ind. occid.*, 3, pag. 1479; *Epidendrum crispum*, Encycl., *var. β.* Cette espèce, ainsi que toutes celles de ce genre, est parasite. Elle croît sur les troncs et les racines des arbres. Sa racine est brune, épaisse, filiforme ; ses feuilles sont toutes radicales, planes, elliptiques, longues d'un pied, quelquefois tachetées de noir : de leur centre s'élève une hampe un peu brune, rameuse vers son sommet, à rameaux chargés de grandes fleurs alternes, accompagnées de bractées acuminées ; les cinq pétales supérieurs sont ovales, obtus, panachés de blanc, de pourpre et de brun ; le pétale inférieur est divisé en trois lobes inégaux ; l'anthère fort grande ; la capsule grande, pédicellée, à trois valves hérissées en dedans de poils crêpus. Cette plante croît à la Jamaïque.

ONCIDIE ÉLEVÉE : *Oncidium altissimum*, Swartz, *Flor. ind. occid.*, vol. 3, pag. 1481; *Epidendrum altissimum*, Jacq., *Amer.*, pag. 229, tab. 141. Plante d'un très-bel aspect, qui croît sur les arbres et dans les bois à la Martinique. Ses racines sont nombreuses, grisâtres, fibreuses, accompagnées d'une grosse bulbe ovale, qui produit à son sommet une longue feuille pointue, ensiforme, lisse, un peu épaisse, avec deux ou trois autres radicales. De l'aisselle d'une de ces dernières s'élève, à la hauteur de quatre pieds, une hampe nue, de couleur ferrugineuse, ramifiée vers son sommet, portant des fleurs jaunes, marquées de taches brunes, très-nombreuses, et ayant les cinq pétales oblongs, un peu étroits, ondulés, presque égaux; le sixième large, d'une forme presque carrée, de couleur jaune, sans tache.   ·

ONCIDIE PANACHÉE; *Oncidium variegatum*, Swartz, *Flor. ind. occid.*, 3, pag. 1383; Sloan, *Jam.*, 120, *Hist.* 1, pag. 251, tab. 148, fig. 2. Ses racines sont longues, rampantes; ses tiges roides, filiformes, parsemées de quelques écailles, un peu ramifiées en panicule vers leur sommet. Les fleurs sont très-belles, presque sessiles, de grandeur médiocre, composées de cinq pétales, desquels quatre ouverts en croix, dont deux plus petits, rouges et concaves, deux autres plus grands, spatulés, ondulés, le cinquième beaucoup plus grand, à trois lobes inégaux, le lobe du milieu très-large, blanc, tacheté de rouge à sa base; les deux latéraux plus courts, oblongs, courbés en faucille. La capsule est cannelée, torse à sa base. Cette plante croît à la Nouvelle-Espagne.

ONCIDIE PEINTE; *Oncidium pictum*, Kunth *in* Humb., *Nov. gen.*, 1, pag. 346, tab. 81; Poir., *Ill. gen.*, tab. 992. Cette espèce est très-voisine de *l'oncidie élevée*. Ses racines sont blanchâtres, épaisses, munies d'une bulbe ovale; les feuilles planes, linéaires, aiguës, longues d'un pied; la hampe est ramifiée en panicule à son sommet, à rameaux un peu flexueux; la corolle est jaune, tachetée de rouge, à trois pétales extérieurs lancéolés, presque égaux, deux intérieurs latéraux, oblongs, obtus, rétrécis à leur base; le sixième plan, en forme de violon, relevé en crête à sa base par sept ou huit tubercules charnus; la colonne des organes sexuels est un peu ascendante, ailée à ses bords, terminée en un bec court, subulé, un peu courbé, à deux ailes linéaires, aiguës; le pollen distribué en deux paquets presque globuleux, portés sur un pédoncule commun, court, linéaire. Cette plante croît au pied des Andes de Saint-Jean dans l'Amérique méridionale.

ONCIDIE BEC-D'OISEAU; *Oncidium ornithorynchum*, Kunth, *loc. cit.*, page 345, tab. 80. Plante du Mexique, à racines simples et blanchâtres; la bulbe est oblongue, verdâtre; les feuilles sont planes, lancéolées, longues de quatre à cinq pouces, la hampe est longue d'un pied, divisée à son sommet en rameaux étalés, flexueux ; la corolle ouverte, avec les trois pétales extérieurs spatulés, presque égaux, arrondis au sommet ; les deux intérieurs latéraux oblongs, obtus, plus courts que les extérieurs ; le sixième plan, en forme de violon, échancré au sommet, à lobes arrondis, divergens ; la colonne courte, surmontée d'ailes en coin et crénelées au sommet, prolongée en un bec droit, subulé, imitant la tête d'un oiseau ; une anthère terminale, à deux loges ; le pollen est distribué en deux paquets.

ONCIDIE HÉRISSÉE ; *Oncidium echinatum*, Kunth, *l. c.*, pag. 345, tab. 79. Ses racines sont blanchâtres, filiformes et rameuses ; sa bulbe est brune, recouverte par la gaine des feuilles ; celles-ci sont disposées sur deux rangs, planes, coriaces, lancéolées, longues d'environ deux pouces ; la hampe est droite, brune, longue d'un pied, paniculée à son sommet ; les pédicelles sont glanduleux ; la corolle est jaunâtre, composée de cinq pétales lancéolés, acuminés, presque égaux ; le sixième très-grand, trifide, à division du milieu plus grande que les autres, accompagnée de deux ailes en crête, obtuses, divergentes ; les deux divisions latérales arrondies ; l'ovaire est hérissé de glandes nombreuses et en massue ; la colonne très-courte, munie à son sommet de deux ailes obtuses, prolongée en un bec très-long, subulé ; une anthère terminale à deux loges ; les paquets de pollen sont globuleux, placés sur un long pédicelle tubulé, crochu à sa base. La capsule, longue de cinq lignes, est très-hérissée. Cette plante croit le long des côtes du Mexique, proche Acapulco. (POIR.)

ONCIDIUM. (*Bot.*) Genre de la famille des champignons et de l'ordre ou tribu des Mucédinées, caractérisé par ses filamens rameux, opaques, rassemblés en une touffe épaisse dont les extrémités sont libres et crochues ; par ses sporidies presque globuleuses et demi-transparentes, qui forment plusieurs amas globuleux.

Ce genre, très-voisin du *campostrichum* d'Ehrenberg, en diffère par la forme singulière des filamens et la disposition des sporidies ; il seroit à peine distinct du *Racodium*, Link, si celui-ci n'étoit caractérisé par l'absence des sporidies : il a été établi par Théodore Nées sous ce nom d'*oncidium*, et par Kunze sous celui de *myxotrichum*, qui est à préférer; un autre genre *Oncidium* de Swartz, plus ancien, ayant été adopté par les botanistes.

L'ONCIDIUM DU PAPIER A ÉCRIRE (*Oncidium chartarum*, Th. Nées, *in* Kunze, *Mycol.*, 2, pag. 65) est la seule espèce de ce genre,: elle a été observée sur des vieux papiers écrits qu'on avoit laissés dans des lieux humides ou qui avoient servi d'emballage. Elle formoit de petites taches ou touffes byssoïdes de diverses grandeurs et d'une couleur olivâtre sale dans la jeunesse. Examinées au microscope, ces touffes offrent des flocons noirs, opaques, à rameaux courts, nombreux, divergens, droits, entrelacés, épais, dont les extrémités, plus robustes et crochues, sortent de toute part. Au milieu de ses flocons on observe des grains qui paroissent d'abord être formés par des rameaux très-petits et fortement tressés; mais, si on les place sur de l'eau, bientôt ils se dilatent et se changent en un grand nombre de sporidies presque globuleuses, imperceptibles, demi-transparentes. Cette plante devient noire avec l'âge et finit par ne présenter qu'une masse de sporidies ou séminules, parmi lesquelles on n'aperçoit que quelques filamens : en cet état elle ressemble tellement au *stilbospora chartarum*, Ehrenb., que Nées est porté à croire que c'est la même plante, sous un aspect différent. (LEM.)

ONCINE, *Oncinus*. (*Bot.*) Genre de plantes dicotylédones, à fleurs complètes, monopétalées, de la *pentandrie monogynie*, offrant pour caractère essentiel : Un calice tubulé, à cinq crénelures; une corolle en entonnoir, à cinq découpures courbées en crochets; un appendice à cinq divisions, placé à l'orifice du tube; cinq étamines; un ovaire supérieur; un style; une baie globuleuse, uniloculaire; plusieurs semences éparses.

ONCINE DE LA COCHINCHINE; *Oncinus cochinchinensis*, Lour., *Fl. coch.*, 1, pag. 152. Arbrisseau grimpant, long d'environ vingt pieds, garni de feuilles glabres, luisantes, opposées, ovales, lancéolées, très-entières; les fleurs blanches, disposées en plusieurs grappes terminales, alongées, formant, par leur ensemble, une sorte de corymbe. Le calice est court; la corolle charnue, infundibuliforme; le limbe à cinq découpures, toutes tournées du même côté, échancrées au sommet; un appendice droit, à cinq lobes; les filamens courts, attachés vers le milieu du tube; les anthéres simples; l'ovaire arrondi; le style plus court que la corolle; le stigmate aigu. Le fruit est une baie globuleuse d'un rouge luisant, de la grosseur du poing, couverte d'une écorce dure et fragile; la pulpe est rouge, bonne à manger, d'une saveur douce, un peu acide, légèrement astringente. Cette plante croît dans les forêts à la Cochinchine. (POIR.)

ONCOBA. (*Bot.*) Genre de plantes dicotylédones, à fleurs complètes, polypétalées, de la famille des *tiliacées*, de la *polyandrie monogynie* de Linnæus, offrant pour caractère essentiel : Un calice persistant, à quatre divisions profondes; une corolle à onze ou douze pétales inégaux; des étamines nombreuses, insérées sur le réceptacle; un ovaire supérieur; un style; un stigmate; une baie à plusieurs loges; des semences nombreuses, enfoncées dans une pulpe.

ONCOBA ÉPINEUX : *Oncoba spinosa*, Forsk., *Ægypt.*, pag. 103; Lamck., *Ill. gen.*, tab. 471, vulgairement DIM ou RIMBOT. Grand arbre, divisé en rameaux alternes, verruqueux, épineux. Les épines sont, ou solitaires, ou deux à deux dans l'aisselle des rameaux ou terminales. Les feuilles sont alternes, médiocrement pétiolées, glabres, ovales, acuminées, dentées en scie, longues d'environ deux pouces. Les fleurs sont grandes, solitaires, terminales; elles ont le calice glabre, à divisions arrondies, concaves, réfléchies, blanchâtres en dedans; la corolle grande, blanche, ouverte, composée de onze à douze pétales un peu denticulés, en ovale renversé, six extérieurs plus longs que le calice, six intérieurs plus petits et inégaux entre eux; les filamens d'un jaune pâle; les anthéres linéaires, aiguës; l'ovaire globuleux, sillonné dans sa longueur; le style épais, charnu; le stigmate orbiculaire, concave, divisé à ses bords en six ou douze lobes, souvent munis à leur extrémité d'une glande verdâtre. Le fruit est une baie arrondie, couverte d'une enveloppe charnue; la noix osseuse qu'elle renferme, est divisée en dix ou douze loges remplies d'une pulpe, qui enveloppe des semences oblongues, comprimées, et dont les enfans se nourrissent. Cet arbre croît dans l'Égypte et au Sénégal. (POIR.)

ONCOPHORUS. (*Bot.*) Sous-genre établi par Bridel dans

le genre *Dicranum*, de la famille des mousses; il comprend
les espèces dont la capsule est munie d'une apophyse. Ce
sous-genre comprend treize espèces, parmi lesquelles nous
citerons pour exemples les *Dicranum cerviculatum*, Hedw., et
strumiferum, Ehr. (Lem.)

ONCOTION. (*Ichthyol.*) Klein a donné ce nom au genre
Cycloptère. (H. C.)

ONCUS. (*Bot.*) Genre de plantes monocotylédones, à fleurs
incomplètes, de la famille des *asparaginées*, de l'*hexandrie
monogynie* de Linnæus, offrant pour caractère essentiel : Une
corolle campanulée, à six divisions; deux bractées en forme
de calice; six étamines insérées à la base des divisions de la
corolle; un ovaire supérieur; un style court, à trois divisions;
trois stigmates bifides à leur sommet; une baie à trois loges,
recouverte par la corolle ; les semences nombreuses.

Oncus comestible; *Oncus esculentus*, Lour., *Flor. cochin.*, 1,
pag. 240. Arbrisseau des forêts de la Cochinchine, dont les tiges
sont grimpantes, cylindriques, très-rameuses, et dont la racine est munie d'un gros tubercule ovale, farineux, bon à
manger. Les feuilles sont alternes, arrondies, échancrées en
cœur, acuminées à leur sommet; les fleurs d'un blanc pâle,
disposées en épis grêles, lâches, alongés, terminaux; il n'y
a point de calice ; deux petites bractées droites, opposées,
aiguës, le remplacent et embrassent la corolle par leur base ;
la corolle est monopétale, pileuse, presque campanulée; le
tube alongé, hexagone, dilaté à son orifice en un limbe court,
réfléchi en dehors, à six divisions subulées; les filamens très-
courts; les anthères fort petites, arrondies; l'ovaire alongé,
à six cannelures, enveloppé, jusque vers le milieu, par le
tube de la corolle; le style court; trois stigmates alongés,
recourbés, divisés en deux au sommet; une baie alongée, à
six pans, à trois loges polyspermes; les semences arrondies.
(Poir.)

ONDATRA, ONDATHRA. (*Mamm.*) Noms que les Hurons
donnent à une espèce de Campagnol. Voyez ce mot. (F. C.)

ONDÉCIMAL. (*Ichthyol.*) Nom d'un poisson que l'on a
rangé parmi les silures. Voyez Silure. (H. C.)

ONDES. (*Phys.*) Mouvemens oscillatoires qui ont lieu dans
les fluides. Voyez l'article Mouvement, t. XXXIII, p. 268;

voyez aussi l'article Son, et pour la théorie mathématique des ondes, un mémoire de M. Poisson dans ceux de l'Académie des sciences pour l'année 1816. (L. C.)

ONDETTOUTAQUE. (*Ornith.*) Suivant le P. Théodat, ce nom étoit donné, par les sauvages du Canada, au dindon, *meleagris gallo-pavo*, Linn. (Ch. D.)

ONDULÉ (*Bot.*) : Dont le bord est élevé et abaissé alternativement en plis arrondis ; exemples, les pétales du *lagerstromia*, du *geranium phœum*, les feuilles du *polygonum hydropiper*, de l'*inula pulicaria*, etc. (Mass.)

ONDULÉ. (*Ornith.*) L'oiseau désigné par ce seul terme, l'*ondulé*, au 4.ᵉ volume de l'Ornithologie d'Afrique de Levaillant, p. 18, et figuré pl. 156, est un gobe-mouches, qui paroît à M. Vieillot appartenir à l'espèce de celui de l'Isle-de-France. (Ch. D.)

ONEGANSI. (*Erpét.*) Un des noms de pays du *boïquira*. Voyez Crotale. (H. C.)

ONEGI, ONINGI, ONING. (*Bot.*) Nom japonois d'un ail, *allium fistulosum*, suivant Thunberg. (J.)

ONÉGITE. (*Min.*) M. Léonhard rapporte ce nom, mais avec doute, soit au Sphène soit au Titane ferrifère. Voyez ces mots. (B.)

ONEILLIA. (*Bot.*) Nom donné par Agardh au genre *Claudea* de Lamouroux. Voyez Claudea. (Lem.)

ONENIO. (*Ornith.*) Nom du coq à la Nouvelle-Calédonie. (Ch. D.)

ONGLE AROMATIQUE [Odorant]. (*Conchyl.*) Les pharmacologues et plusieurs naturalistes anciens désignent par cette dénomination la plupart des opercules cornés des mollusques des genres *Murex* et *Buccinum* de Linné, mais surtout ceux des espèces de strombes et de ptérocères, à cause de l'odeur plus ou moins forte qu'ils exhalent quand on les brûle. L'ancienne thérapeutique leur attribuoit des propriétés particulières qui les faisoient rechercher. Aujourd'hui, et même depuis assez long-temps, ils ne sont plus employés. (De B.)

ONGLE MARIN. (*Conchyl.*) Les marchands d'histoire naturelle et quelques auteurs anciens emploient ce nom pour désigner soit des opercules cornés en forme d'ongle, comme ceux des rochers et des strombes, soit une espèce du genre Solen, d'après ce qu'en dit M. Bosc dans le Nouveau Dictionnaire d'histoire naturelle. (DE B.)

ONGLES. (*Anat. et Phys.*) Voyez SYSTÈME ÉPIDERMOÏDE OU ÉPIDERMIQUE. (F.)

ONGLES. (*Chim.*) La composition des ongles est généralement regardée comme étant identique avec celle des cornes de bœuf. Suivant M. Hatchett la matière qui constitue la corne, est de l'albumine; suivant M. Vauquelin c'est du mucus uni à de l'huile. Voy. CORNE (*Chim.*), tom. X, p. 459. (CH.)

ONGLES. (*Ornith.*) Cette partie dure qui recouvre l'extrémité des doigts, est employée à beaucoup d'usages par les oiseaux. Les rapaces s'en servent pour déchirer leur proie; les pics s'en servent pour grimper autour des arbres; les hirondelles, pour s'accrocher aux murs et à leurs nids; les échelettes, pour grimper le long des murailles; les perroquets, non-seulement pour grimper aux arbres, mais pour saisir leur nourriture; les gallinacés, pour gratter la terre, etc.

Les ongles sont tantôt droits, tantôt crochus ou simplement courbés, aplatis horizontalement, comprimés par les côtés, concaves ou cannelés, aigus, obtus; tantôt épais, tantôt grêles; à rebord latéral uni ou pectiné, etc. Ils sont crochus chez les oiseaux de proie; courbés en arc dans la sittelle et les grimpereaux; droits et ronds chez les jacanas; larges et plats chez les grèbes; courts et convexes par-dessous dans l'outarde; petits et pointus chez les plongeons; creusés en gouttière dans le kamichi, les tinamous; dentelés sur le bord interne du doigt intermédiaire chez les hérons, le cormoran, la frégate, et sur le bord externe du même doigt dans quelques espèces d'engoulevent, etc. : si on les considère relativement à leur longueur, on remarque qu'ils sont longs chez les alouettes, très-longs chez les jacanas, courts chez les canards, plus courts chez les grèbes. On les dit *courts*, lorsqu'ils n'ont pas la longueur de la phalange; *alongés*, quand ils l'excèdent, et *médiocres*, s'ils ont la même étendue : relativement à la couleur, ils sont noirs dans un très-grand nombre d'oiseaux; noirs en dehors et blancs en dedans dans le casoar; gris dans la gelinotte; blanchâtres dans l'aracari à bec noir; brunâtres dans la caille, la farlouse, etc. (CH. D.)

36.   9

ONGLET. (*Bot.*) On nomme tube, la base d'une corolle monopétale; on nomme onglet, la base d'un pétale. L'onglet est ordinairement fort court, quelquefois il est fort long (œillet), quelquefois glanduleux (*berberis*), quelquefois appendiculé (*kœlreuteria*), etc. (Mass.)

ONGLET. (*Ornith.*) Buffon a donné ce nom à une espèce de tangara, dont chaque ongle a sur sa face latérale une petite rainure concentrique au contour des bords de cette face. C'est le *tanagra striata*, Gmel. (Ch. D.)

ONGO. (*Ichthyol.*) Nom spécifique d'un Holocentre que nous avons décrit dans ce Dictionnaire, tom. XXI, pag. 299. Voyez aussi Serran. (H. C.)

ONGUENT-PLAN. (*Bot.*) Voyez Copaia. (J.)

ONGUICULÉ. (*Ornith.*) M. Temminck a donné, dans son Système d'ornithologie, tom. 1.ᵉʳ, p. lxxxi, le nom d'onguiculé, *orthonyx*, à un nouveau genre, placé entre le torchepot et le picucule, et dont il a ainsi établi les caractères : Bec très-court, comprimé, presque droit, à pointe échancrée; narines latérales au milieu du bec, ouvertes, percées de part en part, surmontées de soies; tarse plus long que le doigt du milieu, qui est de la même longueur que l'extérieur; ongles plus longs que les doigts, forts, peu arqués, cannelés latéralement; ailes très-courtes; les cinq premières rémiges étagées, la sixième la plus longue; queue large, longue, pennes fortes, à pointe aiguë, très-longue.

L'unique espèce de ce genre, qui est de l'Océanique, a le dessus du corps d'un brun sombre, avec des taches noires; la gorge du mâle est comme encadrée de noir, et celle de la femelle est blanche. (Ch. D.)

ONGUICULÉ [Pétale] (*Bot.*) : Ayant l'onglet rétréci en forme de pédicelle; tels sont les pétales de l'œillet, de la giroflée, etc. Par opposition, lorsque les pétales ont l'onglet peu apparent, on les dit sessiles; exemples, *vitis*, *gypsophila*, etc. (Mass.)

ONGUICULÉS. (*Mamm.*) Nom commun à tous les mammifères qui ont l'extrémité supérieure de la dernière phalange de leurs doigts armée d'un ongle. C'est Ray qui a introduit ce mot dans la science, où il s'emploie encore quelquefois. (F. C.)

ONGULÉS. (*Mamm.*) Nom commun à tous les mammifères

dont la dernière phalange est entièrement revêtue d'un ongle. Tels sont les chevaux, les ruminans, les éléphans. (F. C.)

ONGULINE, *Ungulina*. (*Conchyl.*) Genre de coquilles bivalves, établi par Daudin dans l'Histoire naturelle des vers de M. Bosc, tom. 3, p. 76, faisant suite au Buffon in-18 de Déterville, et qui peut être ainsi caractérisé : Animal inconnu ; coquille verticale ou sublongitudinale, un peu irrégulière, non bâillante, équivalve, subéquilatérale, à sommets un peu marqués et écorchés ; charnière dorsale formée par une dent cardinale courte et subbifide, au-devant d'une fossette oblongue, marginale, divisée en deux par un étranglement, dans laquelle s'insère un ligament subintérieur : deux impressions musculaires, alongées : impression palléale inconnue.

M. de Lamarck place ce genre 'après les érycines, dans sa famille des mactracées. MM. Daudin et de Roissy le rapprochent des bucardes. M. de Blainville ne le connoît pas assez pour en déterminer les rapports. Il ne renferme que deux espèces dont on ignore la patrie.

L'Onguline alongée, U. *oblonga*, de Lam.; Onguline laque, Daudin, Bosc, 3, p. 76, pl. 20, fig. 1 et 2. Coquille de vingt-un millimètres de longueur, plus haute que longue, convexe, enflée, arrondie à son extrémité inférieure, à stries d'accroissement rugueuses, de couleur uniforme d'un brun fauve.

L'Onguline transverse, U. *transversa*, de Lam. Coquille plus alongée, longitudinalement arrondie, rugueuse, de la même couleur que la précédente, dont elle n'est très-probablement qu'une variété. (De B.)

ONGULOGRADES. (*Mamm.*) M. de Blainville réunit sous ce nom tous les mammifères qui marchent sur leurs ongles et qui consistent à peu près dans les ongulés de Ray. (F. C.)

ONGUS. (*Ichthyol.*) Voyez Ongo. (H. C.)

ONI. (*Bot.*) Nom japonois, cité par Thunberg, signifiant le diable, mais souvent en prénom devant d'autres. Ainsi le *carduus acaulis* est nommé *oni-asami* ou chardon du diable ; le *bidens pilosa* est l'*oni-fari* ou aiguille du diable, et le même nom est donné au *chærophyllum scabrum*. (J.)

ONICHIA. (*Bot.*) Donati distingue sous ce nom, parmi les plantes marines de l'Adriatique, un genre qu'il caractérise ainsi : Fruits en baies oblongues réunies, un peu cannelées latéralement, monospermes et placées sur la partie antérieure de la plante ; graine en forme d'œuf. Ce peu de mots ne suffit pas pour déterminer de quels végétaux cet auteur a voulu parler. (LEM.)

ONING. (*Bot.*) Voyez ONEGI. (J.)

ONISCIDES. (*Crust.*) M. Latreille a formé sous ce nom, et sous celui de cloportides, une petite famil'e de crustacés isopodes dont le cloporte ordinaire, *oniscus asellus*, Linn., est le type. (DESM.)

ONISCUS. (*Entom.*) Nom latin tiré du grec ονισκος, sous lequel les Romains et les Grecs désignoient les cloportes. (C. D.)

ONITE. (*Ichthyol.*) Nom spécifique d'un LABRE que nous avons décrit dans ce Dictionnaire, tom. XXV, pag. 28. (H. C.)

ONITE, *Onitis*. (*Entom.*) Nom donné par Fabricius à un genre d'insectes coléoptères pentamérés, de la famille des lamellicornes ou pétalocères, et confondu long-temps avec les scarabées, dont il comprend aujourd'hui l'une des espèces les plus remarquables, qui est le scarabée sacré d'Égypte, dont nous avons donné la figure pl. 4, n.º 4, de l'atlas de ce Dictionnaire.

Cette dénomination a été prise au hazard par Fabricius, car les Grecs, comme on voit dans Dioscoride, livre 3, chap. 33, et ensuite dans Pline, livre 20, chap. 17, désignoient sous le nom d'*onitis* l'une des espèces d'origan, plante que les ânes broutoient de préférence, tandis que celle nommée tragoriganon, étoit recherchée d'avantage par les chèvres.

Quoique le genre Onite ne diffère pas beaucoup de celui des bousiers (*copris*), ni pour les habitudes, ni pour les formes, on peut ainsi le caractériser : Chaperon arrondi, dentelé ; tête et corselet sans cornes ; point d'écusson entre les élytres.

Il existe une sorte d'embrouillement dans les auteurs depuis Fabricius, pour la nomenclature du genre qui nous occupe, car il est tel ici que cet auteur l'avoit indiqué d'abord ; mais ensuite, d'après Weber, il adopta le nom d'*ateuchus* du grec, ατευχης, qui signifie *non armé*. Voyez l'article BOUSIER, tom. III, pag. 280, §. 11. Nous y avons décrit la plupart des espèces des genres *Copris*, *Ateuchus* et *Onitis*. (C. D.)

ONITES et ONITIS. (*Bot.*) Noms d'une des espèces d'origan, mentionnées par Dioscoride, et qui les devoit au plaisir avec lequel les ânes en mangeoient. On présume qu'il s'agit de l'*origanum onitis*, Linn. (Lem.)

ONITOULELE. (*Bot.*) Nom caraïbe du *phytolacca decandra*, suivant Surian. (J.)

ONIX ou ONYX. (*Min.*) Les onyx sont des agates composées de deux ou plusieurs couches diversement colorées, parallèles et d'une épaisseur variable. Tels sont les vrais onyx, les agates onyx par excellence; mais on a étendu cette dénomination aux agates qui sont composées d'une infinité de bandes colorées, très-minces, ondulées, mais toujours parallèles entre elles; enfin, une troisième sous-variété est celle qui présente des cercles colorés concentriques, qui rappellent assez bien ceux de la prunelle d'un œil : aussi ces onyx sont-ils connus dans le commerce sous le nom d'*agates œillées*. Il ne faut voir dans cette dernière variété que le produit de la section d'une stalactite ou d'un mamelon de calcédoine et de sardoine faite perpendiculairement à leur axe; en Sicile on les regarde très mal à propos comme des yeux de serpent pétrifiés.

L'agate onyx proprement dite peut être considérée comme une réunion de calcédoine, de sardoine et de cornaline, disposée en couche, d'une épaisseur sensible, parallèles entre elles. Et en effet ces trois variétés d'agates ne diffèrent que par leur couleur ou même leur intensité. On peut définir certains onyx à trois et quatre couches de la manière suivante :

Agate composée d'une couche de sardoine sur une couche de calcédoine; d'une couche de cornaline sur une couche de calcédoine; d'une couche de sardoine entre deux couches de calcédoine; d'une couche de cornaline, d'une de calcédoine et d'une troisième de sardoine, etc. On conçoit combien ces combinaisons sont variées et susceptibles de se prêter au travail de l'artiste, dont l'intelligence sait tirer le plus grand parti du plus petit accident contenu dans ces pierres.

Les principales qualités qui caractérisent un bel onyx sont la finesse et l'homogénéité de la pâte, la vivacité de ses couleurs, leur bel assortiment, le nombre, la netteté et l'épaisseur de ses bandes colorées, et, enfin, son volume qui, dépassant tant soit peu les dimensions ordinaires, donne à la pierre une valeur souvent très-considérable.

Il faut trois couches pour constituer un bel onyx, ceux qui n'en présentent que deux sont communs et beaucoup moins estimés que ceux qui en ont quatre ou au moins trois, puisque les sujets que l'on doit graver n'ont qu'une seule nuance dans les onyx à deux bandes, et deux ou trois dans les onyx à trois ou à quatre bandes, dont une seule sert de fond, et pour lequel on réserve toujours la plus foncée et nécessairement la dernière.

Les onyx sont spécialement réservés pour les camées ou gravures en relief, et rarement pour les entailles ou gravures en creux ; cela se voit cependant, mais en général sur les onyx à deux bandes seulement, que nous nommons vulgairement *nicolos*, et que les Italiens désignent ordinairement sous la dénomination de *nicolo col velo turchino*. Ce sont de petits onyx à deux couches, dont l'une est bleue ou brune, et l'autre qui la recouvre est translucide et semble un simple voile bleuâtre.

Les agates onyx ont toujours été employées par les graveurs, car nous possédons des camées fort anciens pour lesquels on a fait choix de tout ce que nous connoissons de plus beau et de plus rare en ce genre. Parmi les nombreux camées qui composent la collection des antiques de la bibliothèque royale de Paris, nous citerons les suivans comme de beaux exemples :

1. L'Apothéose d'Auguste. C'est le plus grand camée connu ; il est gravé sur un onyx à quatre couches, dont deux brunes et deux blanches. Il est ovale et a 30 centimètres de large sur 24,5 de hauteur.

2. Cérès et Triptolème. Sujet représenté sur un vase de 18 centimètres de haut, connu sous le nom de vase de Brunswick.

3. Les Mystères de Cérès et Bacchus. Sujet gravé sur une très-belle coupe de 12 centimètres de diamètre, et 11 centimètres de hauteur.

Il est probable que de tels vases étoient classés parmi les vases murrhins, qui, selon toute apparence, n'étoient point tous exécutés avec la même substance. On est à peu près certain, par exemple, qu'il y en avoit de faits avec de la chaux fluatée. M. Gillet-Laumont possède un vase antique de cette matière. (Voyez le Mémoire de M. de Rosière à ce sujet.)

4. L'Apothéose de Germanicus. Onyx à quatre couches de la plus grande beauté. Germanicus y est représenté s'élevant dans les airs sur les ailes d'un aigle.

5. Germanicus et Agrippine dans un char traîné par deux dragons. Bel onyx à trois couches bleues et brunes.

6. Agrippine et ses enfans. Onyx à trois couches.

7. Tibère. Onyx à trois couches.

8. Jupiter armé de la foudre, l'aigle a ses pieds. Grand et bel onyx à trois couches.

9. Jupiter-Agiocus. Onyx à deux couches, l'une blanche et l'autre noire. Cette pièce capitale est remarquable par la grandeur de la pierre et par la beauté et la délicatesse de la gravure.

10. Marc-Aurèle et Faustine. Onyx à quatre couches, dont deux blanches et deux couleur de lilas. On présume que cette couleur a été donnée après coup au moyen d'une dissolution d'or.

Je pourrois citer beaucoup d'autres camées précieux conservés dans cette collection ou dans d'autres cabinets particuliers, mais ceux-ci sont connus de tous les amis des arts et sont de beaux exemples de l'emploi des agates onyx. Pour donner une idée de la grande valeur de ces chef-d'œuvres, nous dirons qu'une sardoine-onyx à cinq couches, de 36 millimètres de hauteur seulement, sur laquelle un artiste habile avoit gravé le buste de Faustine, épouse d'Antonin le pieux, a été acheté à la vente du musée minéralogique de M. de Drée, 7171 francs. Il est vrai que M. Visconti, dont l'opinion est une autorité, considéroit ce camée antique comme l'un des plus précieux qui nous soient parvenus. Cette belle pierre est gravée dans le Catalogue du cabinet de M. de Drée.

On ignore encore quelles sont les contrées qui fournissoient aux anciens graveurs des onyx d'un si grand volume et d'une si belle pâte. Pline, d'après les auteurs qui l'ont précédé, cite les Indes et l'Arabie; mais elles y étoient probablement très-rares, puisque les anciens y attachoient beaucoup de prix, et qu'aujourd'hui où l'Inde et l'Arabie sont si bien connues, à peine nous en arrive-t-il quelques onyx susceptibles d'être gravés avec succès.

Pline, en parlant des onyx, semble souvent vouloir désigner ceux qui présentent des cercles concentriques et que nous nommons aujourd'hui agate œillée, à moins qu'il n'ait décrit des onyx taillés ou roulés, et qui auroient offert en effet, et comme il le dit dans plusieurs passages, des cercles de différentes couleurs qui sembloient les entourer. [1]

Les agates qui offroient une couche de calcédoine blanche ou laiteuse sur une autre bande de *sarda* ou de cornaline, étoient les onyx par excellence, et c'étoient effectivement ceux qui convenoient le mieux au nom même que l'on donnoit à ces pierres, puisque le mot onyx faisoit allusion à la ressemblance de ces agates avec les zones blanches et rosées de nos ongles. Ces agates portoient aussi le nom de *sardonyx*. Nous avons vu combien on a donné d'extension au mot onyx et combien on est loin de le restreindre aux sardonyx des anciens.

De nos jours les onyx nous viennent du pays des Tartares Kirguis; mais, quoiqu'assez volumineux, ils ne sont point comparables pour la finesse de leur pâte à ceux sur lesquels les anciens ont gravé.

L'Écosse et l'Allemagne nous en fournissent aussi quelques-uns, mais qui s'éloignent encore davantage pour la pureté et le volume de ceux de l'Inde et des autres parties de l'Asie que nous avons déjà citées; car nous ne parlons point ici des agates rubanées, faussement nommées onyx, que l'on trouve communément en Europe. On travaille à Rome une agathe grossière, à couches grises et blanches, que l'on trouve à Monte-Nero, à soixante milles de la ville. Enfin, on trouva, il y a une vingtaine d'années, à Champigny, près Paris, d'assez beaux onyx à trois couches brunes et blanches, dont la pâte n'étoit pas très-fine, mais qui, cependant, furent gravés avec succès par M. Jeuffroy, auquel M. Gillet-Laumont les avoit fait connoître : ces onyx sont devenus excessivement rares. (BRARD.)

ONKOB. (*Bot.*) Nom arabe de l'ONCOBA de Forskal (voyez

---

[1] Pline, *Hist. nat*, cap. 37, *lib.* 5.

ce mot), dont le fruit est mangé par les enfans, et qui, selon cet auteur, est mal à propos nommé *korkor* dans la partie de l'Arabie appelée Surdad. (J.)

ONNAB. (*Bot.*) Nom arabe du jujubier ordinaire, *ziziphus*, suivant Forskal et M. Delile. Voyez ENNEB. (J.)

ONNEB. (*Bot.*) Nom donné dans quelques lieux de l'Arabie au cornouiller sanguin, suivant Forskal, qui dit que ses baies fournissent une espèce de glu. On le nomme aussi *gharaf* et *schœli*. (J.)

ONOBLETON. (*Bot.*) Suivant Anguillara et C. Bauhin, Hippocrate donnoit ce nom au *cotyledon serrata*. (J.)

ONOBROMA. (*Bot.*) Genre de composées, établi par Gærtner, lequel, de son aveu, est le même que le *carduncellus* d'Adanson, très-antérieur et conséquemment adopté. Quelques *carthamus* avoient aussi été rapportés à l'*onobroma*. (J.)

ONOBRYCHIS. (*Bot.*) Ce nom a été donné à diverses plantes légumineuses, au *galega officinalis* par Fracastor, à quelques astragales par Clusius et C. Bauhin, et surtout par divers auteurs à plusieurs *hedysarum* de Linnæus, et spécialement aux espèces de ce genre dont la gousse n'a qu'une seule articulation, affectant presque la forme d'une crête de coq. Ces derniers forment le vrai genre *Onobrychis*, en françois le sainfoin, adopté par Tournefort, réuni à l'*hedysarum* par Linnæus, et rétabli plus récemment par plusieurs modernes. Daléchamps et Dodoëns donnoient encore ce nom au *thesium linophyllum* et à la doucette ou miroir de Vénus, *campanula speculum*, que C. Bauhin distinguoit des *onobrychis* légumineux sous le nom d'*onobrychis arvensis*. Voy. SAINFOIN. (J.)

ONOCARDION. (*Bot.*) Un des anciens noms de la cardère, *dipsacus fullonum*, Linn., chez les Grecs. (LEM.)

ONOCENTAURE. (*Mamm.*) Animal fabuleux des anciens, dont les parties antérieures du corps ressembleroient à celles de l'homme, et les postérieures à celles de l'âne. (F. C.)

ONOCHILES. (*Bot.*) Nom ancien d'une buglosse, cité par Ruellius. Une autre espèce est nommée *onoclia* et *onophyllum*. Il est plus spécialement mentionné par Clusius pour la buglosse que les botanistes nomment *anchusa tinctoria*. (J.)

ONOCLEA. (*Bot.*) Genre de la famille des fougères, caractérisé par sa fructification dense, placée sur le dos de la fronde, et par ses involucres ou indusium en forme d'écailles closes, rapprochées de manière à imiter une baie.

Ce genre de Linnæus, établi bien avant lui, par Mitchel et Adanson, sous le nom d'*angiopteris*, ne contient qu'une espèce, l'*onoclea sensibilis*, que Bernhardi avoit ôté du genre à l'époque où on lui rapportoit beaucoup d'autres fougères, mieux placées ailleurs. Il en avoit fait son *calypterium*; ensuite M. Mirbel, examinant ces plantes dans les mêmes circonstances que Bernhardi, en a séparé également l'espèce en question, dont il fit son *Riedlea*. Les fougères introduites par Thunberg, Swartz, Bory, Labillardière et Poiret dans l'*onoclea*, sont maintenant : le *lomaria* de Willdenow ; le *struthiopteris* du même auteur, que R. Brown persiste à vouloir réunir à l'*onoclea*. Hoffmann y avoit inscrit le *pteris crispa*, et l'*osmunda spicans*, Linn., que Robert Brown est porté à loger dans le genre *Stegania;* Michaux y place aussi une fougère, qui maintenant est le *woodwardia onocleoides*, et Swartz, l'*acrostichum sorbifolium*. L'*onoclea nuda* de Labillardière est une espèce du genre *Stegania*.

L'Onoclea sensible : *Onoclea sensibilis*, Linn.; Lam., *Encycl. illust. icon.; Filix*, Breyn. *cent.* 58, tab. 46, fig. *B*; Pluk., *Munt.*, 404, fig. 2; Mentz, pag. 6, tab. 10; *Polypodium*, Moris., *Hist.*, 3, pag. 563, sect. 14, pl. 2, fig. 10. Frondes stériles, ailées, à frondules incisées, les supérieures réunies à la base; frondes fructifères deux fois ailées, les divisions recourbées et en forme de globe. Cette belle fougère croît dans l'Amérique septentrionale, en Virginie, en Caroline, dans le Maryland, etc., dans les bois, à l'ombre; on la cultive dans nos serres. Les frondes naissent en touffes; elles ont un pied ou un peu plus de longueur : elles sont lancéolées, larges de cinq pouces environ, leurs divisions inférieures distinctes, lancéolées, linéaires, larges, inégalement découpées ou festonnées sur les bords; les supérieures ne forment que des frondes profondément divisées. Ces frondes sont membraneuses, si minces et si délicates, que le moindre attouchement les meurtrit ou les froisse. Les frondes fertiles sont ailées, composées d'épis situés sur deux rangs opposés, qui doivent leur naissance à des frondules, dont les bords, garnis de capsules, se sont recourbés en se resserrant. (Lem.)

ONOCLEIA. (*Bot.*) Ce nom, qui étoit un de ceux de la buglosse chez les Grecs, est devenu, après avoir été latinisé, celui d'un genre de la famille des fougères. Voyez ONOCLEA. (LEM.)

ONOCOCHENINI. (*Bot.*) Nom du *gomphia aquatica* de M. Kunth, sur les bords de l'Orénoque près de Javita. (J.)

ONOCORDON. (*Bot.*) Nom du vulpin des prés, *alopecurus pratensis*, Linn., dans J. Bauhin. (LEM.)

ONOCROTALUS. (*Ornith.*) C'est en latin, formé du grec, le pélican. Barrère donne au savacou le nom d'*onocrotale d'Amérique*. (CH. D.)

ONOGIROS. (*Bot.*) Nicander donnoit ce nom à l'*acanthium* de Matthiole, qui est l'onoporde ordinaire ou chardon aux ânes, *onopordon acanthium* de Linnæus. (J.)

ONO-KAKI, SIBA-KAKI. (*Bot.*) Variétés du KARI au Japon. Voyez ce mot. (J.)

ONONIS. (*Bot.*) Le genre de la Bugrane, ainsi nommé par Cordus, Gesner et Daléchamps, étoit nommé *anonis* par Matthiole, Clusius, Gérard et C. Bauhin. Tournefort avoit adopté ce dernier, Linnæus a préféré le premier et l'a fait prévaloir. Voyez BUGRANE. (J.)

ONOPHYLLON. (*Bot.*) Un des anciens noms grecs de la buglosse. (LEM.)

ONOPIX. (*Bot.*) Genre de la famille des synanthérées, établi par M. Rafinesque, et caractérisé ainsi par lui : calice commun, ventru, imbriqué de petites écailles carénées, épineuses à leur sommet; fleurons à cinq divisions linéaires; fleurons intérieurs à divisions plus longues; aigrette velue. Ce genre, très-voisin des chardons, contient deux espèces, qui croissent à la Louisiane. (LEM.)

ONOPORDE, *Onopordum*. (*Bot.*) Ce genre de plantes appartient à la classe des épicorollées ou dicotylédones, monopétales, à corolle insérée sur le pistil et portant elle-même les étamines, dont les anthères sont réunies en gaine. Cette classe comprend uniquement la grande série des plantes composées, dont la famille des cinarocéphales fait partie. Celles-ci sont caractérisées par des fleurs toutes à fleurons; une espèce de nodosité entre le style et le stigmate, imitant une

articulation ; des graines généralement aigrettées, un réceptacle ou clinanthe charnu et couvert de paillettes, un périanthe ou péricline, composé de beaucoup d'écailles disposées sur plusieurs rangs. On a distingué les cinarocéphales en
vraies et en anomales, et les premières, d'après les fleurons,
ou tous hermaphrodites (dont l'ombilic des graines est basilaire) ou hermaphrodites dans le centre et neutres à la circonférence, qui ont l'ombilic de la graine un peu latéral.
C'est à la section des fleurons, tous hermaphrodites, qu'appartient l'onoporde.

Il se distingue par les écailles de son péricline très-épineuses
à leur pointe ; le clinanthe assez gros, charnu et creusé de
beaucoup d'alvéoles ; les graines nombreuses et anguleuses,
et très-serrées, au point d'étouffer les paillettes qui n'existent
plus ; l'aigrette des graines formant une couronne de poils
réunis par le bas. Les tiges sont herbacées ; les feuilles alternes,
très-grandes, ordinairement tomenteuses et sinuées ou pinnatifides, imitant celle de l'acanthe ; les fleurs terminales au
sommet des rameaux, ordinairement rouges, quelquefois
blanches.

Ce genre renferme neuf à dix espèces, dont trois, *onopordum uniflorum*, *acaulon*, *rotundifolium*, ont les feuilles toutes
radicales, du milieu desquelles s'élève à peine une fleur unique. Les autres ont une tige plus élevée, plus ou moins rameuse, à rameaux terminés par de grandes fleurs. La seule
existante aux environs de Paris, est l'*onopordum acanthium*,
nommée vulgairement chardon aux ânes, qui s'élève à deux
ou trois pieds. On la trouve ordinairement très-tomenteuse,
quelquefois absolument verte. La tige des *onopordum græcum*
et *arabicum* est plus haute, surtout celle du dernier, qui est
moins rameuse et s'élève à six ou huit pieds.

Ces plantes ne sont point usitées comme alimens. On avoit
cru que le réceptacle charnu et assez gros de quelques espèces, pourroit être mangé comme celui de l'artichaut ; mais
il faudroit une culture pour augmenter son volume, et on a
plus d'avantage à s'en tenir à celle de l'artichaut. Suivant
Murray on tireroit plus d'avantage des graines de l'onoporde
ordinaire, qui sont très-nombreuses et dont on pourroit extraire une huile par expression, bonne pour les lampes et

qui ne se fige pas. Un seul pied peut, selon lui, fournir douze livres de graines et trois livres d'huile.

Quant aux propriétés médicales de l'onoporde, elles sont très-bornées. On avoit anciennement recommandé l'application de charpie imprégnée de son suc ou de la plante broyée sur les cancers, et on prétendoit que les malades étoient soulagés, mais on ne peut citer aucun exemple avéré. On lit dans Haller que l'onoporde ordinaire à été employé contre les écrouelles et que sa décoction dans le vin fait couler les urines. (J.)

ONOPTERIS. (*Bot.*) L'*asplenium adiantum nigrum*, espèce de fougère, est appelé *onopteris nigra* par Dodonæus, et *onopteris major*, par Tabernæmontanus. Gérard distingue cette fougère par *onopteris mas*; quant à son *onopteris fæmina*, il n'est point déterminabl e. (LEM.)

ONOPYXOS, *Onopyxus.* (*Bot.*) Ce nom, donné par Théophraste à un chardon, a été appliqué par Daléchamps à l'*onopordon illyricum*, par Dodoëns au *carduus nutans.* Voyez ONO-GIROS. (J.)

ONORÉ. (*Ornith.*) Cette espèce de héron est l'*ardea tigrina*, Gmel. (CH. D.)

ONOS. (*Entom.*) Ce nom grec se trouve dans Aristote pour désigner l'âne et le cloporte, qu'on a traduit en latin par les mots d'*oniscus* et d'*asellus*, Plin., *lib.* 9, *caput ultimum.* (C. D.)

ONOSERIS. (*Bot.*) Genre de plantes dicotylédones, à fleurs composées, de la famille des *cinarocéphalées*, de la *syngénésie polygamie superflue* de Linné, offrant pour caractère essentiel : Un calice commun, presque hémisphérique, à plusieurs folioles imbriquées, linéaires-lancéolées, subulées au sommet; des fleurons hermaphrodites dans le disque, leur limbe à cinq divisions; ceux de la circonférence à deux lèvres, femelles; les anthères stériles, deux soies à leur base; le réceptacle nu; les semences cylindriques, striées, surmontées d'une aigrette sessile et pileuse.

ONOSERIS DU MEXIQUE: *Onoseris mexicana*, Willd., *Atractylis mexicana*, Linn., *Suppl.;* Smith, *Icon.*, 3, tab. 66 ; Kunth·*in* Humb. et Bonpl., *Nov. gen.*, vol. 4, pag. 10. Plante presque ligneuse, dont les jeunes rameaux sont lanugineux et blanchâtres; les feuilles alternes, médiocrement pétiolées, lancéolées, rétrécies, acuminées, vertes, glabres et luisantes en dessus, blanches et tomenteuses en dessous, longues de quatre à cinq pouces, larges d'un pouce ; les fleurs solitaires à l'extrémité des rameaux ; le calice commun couvert de poils lanugineux, en toile d'araignée ; les fleurons du disque nombreux, à peine plus longs que l'involucre, vingt environ à la circonférence ; le stigmate un peu pileux, non saillant ; l'aigrette de la longueur du tube de la corolle. Cette plante croît au Mexique et dans la Nouvelle-Grenade, proche Turbaco.

Onoseris a feuilles d'hysope ; *Onoseris hyssopifolia*, Kunth *in* Humb. et Bonpl., *l. c.*, tab. 306. Ses tiges sont presque ligneuses, tombantes ou quelquefois dressées, garnies de feuilles éparses, presque sessiles, linéaires, aiguës, rétrécies en pétiole à leur base, entières, vertes, glabres et luisantes en dessus, blanches et tomenteuses en dessous, longues de vingt à vingt-deux lignes, larges de dix ou douze. Les pédoncules sont très-longs, solitaires, légèrement pubescens ; les fleurs, de la grandeur de celles du *calendula pluvialis*, ont leur calice hémisphérique, composé de folioles planes, linéaires, lancéolées, aiguës, scarieuses, ciliées à leurs bords, d'un brun pourpre au sommet ; le réceptacle nu ; les semences surmontées d'une aigrette pileuse. Cette plante croît dans le royaume de Quito, aux lieux arides proche la ville d'Ybarre.

Onoseris a feuilles de saule ; *Onoseris salicifolia*, Kunth, *l. c.* Arbrisseau bas, couché, dont les rameaux sont épars, couverts d'un duvet blanc, lanugineux, garnis de feuilles alternes, pétiolées, entières, lancéolées, aiguës, quelquefois un peu dentées, vertes, glabres en dessus, blanches et tomenteuses en dessous, longues d'environ deux pouces et demi, larges de quatre à cinq lignes ; les pédoncules solitaires, uniflores, lanugineux, longs de six pouces, munis de quelques bractées. Les fleurs sont de la grandeur de celles du pissenlit ; les semences couronnées d'une aigrette pileuse, roussâtre. Cette plante croît aux lieux arides du royaume de Quito.

Onoseris a feuilles d'érable ; *Onoseris acerifolia*, Kunth, *l. c.* Plante herbacée, qui s'élève à la hauteur de deux ou trois pieds, droite, chargée de rameaux hérissés, lanugineux. Les feuilles sont alternes, à longs pétioles, arrondies, presque

en cœur, sinuées et lobées, vertes, un peu lanugineuses en
dessus, blanches et cotonneuses en dessous, larges de deux
pouces et demi; les pédoncules solitaires, uniflores, épais
vers le sommet, couverts de poils glutineux; les fleurs, de la
grandeur d'une petite astère de Chine, ont l'involucre à demi
globuleux; le réceptacle hérissé; la corolle jaune; l'aigrette
des semences blanchâtre. Cette espèce croît dans les contrées
froides de la province de Bracamore de l'Amérique méridionale.

Onoseris pourpré : *Onoseris purpurata*, Willd., *Spec.*, 5,
pag. 1700; *Atractylis purpurata*, Linn., *Suppl.*, 349; Smith,
Icon. ined., tab. 65. Ses tiges sont très-basses; ses feuilles découpées en lyre, presque pinnatifides, un peu velues en
dessus, blanches et tomenteuses en dessous, longues de trois
à quatre pouces, avec le lobe terminal très-grand, à grosses
dentelures; les pédoncules à trois fleurs, qui ont les folioles
du calice linéaires, lancéolées, mucronées au sommet; la
corolle purpurine, radiée; les demi-fleurons de la circonférence mâles, à trois dents; les fleurons du centre hermaphrodites; les semences alongées, surmontées d'une aigrette pileuse, de la longueur du calice; le réceptacle nu. Cette plante
croît à la Nouvelle-Grenade.

Onoseris a feuilles d'épervière; *Onoseris hieracioides*, Kunth,
l. c., tab. 304. Cette plante a des racines fusiformes; point
de tige; des feuilles radicales, pétiolées, lancéolées, légèrement sinuées, aiguës, courantes sur le pétiole, rongées à
leur base, glabres et vertes en dessus, pâles et pubescentes
en dessous, longues d'environ cinq pouces sur quinze lignes
de large. Les hampes sont droites, radicales, très-simples,
uniflores, longues de huit à dix pouces, munies de quelques
bractées lancéolées, subulées; les fleurs grandes et radiées,
avec le calice à demi globuleux, composé de folioles planes,
lancéolées, linéaires, aiguës, purpurines, un peu lanugineuses; les demi-fleurons de la circonférence de couleur
rose; les fleurons blancs. Cette plante croît sur les collines
arides, à la Nouvelle-Grenade.

Onoseris élégant; *Onoseris speciosa*, Kunth, *l. c.*, tab. 305.
Plante herbacée, très-élégante, dépourvue de tige, à racine
fusiforme; ses feuilles sont en forme de lyre, pinnatifides,

longues de quatre à cinq pouces, blanches et tomenteuses en dessous avec le lobe terminal très-grand ; les hampes droites, bifides, à deux fleurs ; les fleurs grandes et jaunes ; les anthères munies à leur base de deux arêtes, terminées par de très-longs appendices. L'aigrette est pileuse et sessile. Cette plante croît aux mêmes lieux que la précédente. (Poir.)

ONOSMA. (*Bot.*) Voyez Orcanette. (L. D.)

ONOSMODE, *Onosmodium.* (*Bot.*) Genre de plantes dicotylédones, à fleurs complètes, monopétalées, de la famille des *borraginées*, de la *pentandrie monogynie* de Linnæus, offrant pour caractère essentiel : Un calice à cinq divisions profondes ; une corolle tubulée, nue à son orifice ; le limbe ventru ; ses divisions conniventes ; cinq étamines presque sessiles, non saillantes ; les anthères libres, sagittées ; un ovaire supérieur ; le style une fois plus long que la corolle ; quatre noix luisantes, uniloculaires, attachées au fond du calice, perforées à leur base.

Ce genre diffère des *onosma* par sa corolle beaucoup plus courte ; par les divisions du limbe, plus profondes, conniventes ; par les anthères presque sessiles. Il a été établi par Michaux. Lehmann y a substitué le nom de *purshia.*

Onosmode hispide : *Onosmodium hispidum*, Mich., *Flor. bor. amer.*, 1, pag. 133 ; Pursh, *Amer.*, 1, pag. 132 ; *Lithospermum virginianum*, Linn. ; *Purshia hispida*, Lehm., *Borrag.*, 2, p. 382. Plante de la Virginie, dont la tige est haute d'un pied et plus, velue, hispide, ramifiée à son sommet, garnie de feuilles alternes, sessiles, oblongues, aiguës, chargées à leurs deux faces de points épars, calleux, longues d'un pouce et demi. Les fleurs, disposées en grappes terminales, feuillées, d'abord inclinées, puis redressées, sont pédicellées, axillaires, avec les calices rudes, ainsi que les pédicelles ; ses divisions linéaires ; la corolle jaune, une fois plus longue que le calice ; les divisions du limbe pileuses, hispides, subulées, très-aiguës ; le style persistant, beaucoup plus long que la corolle ; quatre noix renflées, blanches, luisantes.

Onosmode molle : *Onosmodium molle*, Mich., *l. c.* ; Pursh, *l. c.* ; *Lithospermum carolinianum*, Lamck., *Encycl.* ; *Purshia mollis*, Lehm., *Borrag.*, 2, pag. 384. Ses tiges sont droites, médiocrement ramifiées au sommet ; les feuilles alternes, ses-

siles, oblongues, lancéolées, un peu obtuses, à trois nervures, couvertes à leurs deux faces de poils rares et blanchâtres, velues et ciliées à leurs bords; les feuilles florales
ou les bractées ovales, lancéolées; les divisions du calice lancéolées; la corolle est tubulée, glabre, blanchâtre, une fois
plus longue que le calice, à divisions du limbe ovales,
conniventes; le style beaucoup plus long que la corolle. Le
fruit est formé par quatre noix lisses et luisantes. Cette
plante croît aux lieux pierreux, dans la Caroline et la Pensylvanie. (Poir.)

ONOSURIS. (*Bot.*) Genre de plantes dicotylédones, à fleurs
complétes, polypétalées, régulières, de la famille des *onagraires*, de l'*octandrie monogynie* de Linnæus, très-voisin des
œnothera, auxquels il doit être réuni, dont il diffère par son
calice bifide, offrant pour caractère essentiel : Un calice tubulé, adhérent, divisé à son limbe en deux découpures, réfléchies et caduques; une corolle à quatre pétales planes;
huit étamines dressées; les filamens épais; les anthères alongées, un ovaire inférieur; un style; quatre stigmates; une
capsule à quatre loges polyspermes.

Onosuris acuminé : *Onosuris acuminata*, Rafin. *in* Rob.,
Flor. ludov., pag. 96; *Œnothera*, 3, Rob., *Itin.*, pag. 490. Sa
tige est épaisse, haute d'environ sept pieds, hérissée; les
feuilles entassées, sessiles, lancéolées, acuminées, légèrement
dentées; les dents distantes et obtuses; les fleurs placées dans
l'aisselle des feuilles; le calice anguleux; la corolle jaune;
les pétales en cœur renversé. Cette plante croît dans la Louisiane. (Poir.)

ONOTAURUS. (*Mamm.*) Animal fabuleux tenant de l'âne
et du bœuf. Ce nom pourroit convenir aux jumars s'il en
existoit. (Desm.)

ONOTHO. (*Bot.*) Nom du rocou, *bixa*, dans la province
de Caracas en Amérique. (J.)

ONOTROPHE, *Onotrophe*. (*Bot.*) Nous avons démontré
(tome XXVII, pag. 186) que le *Cirsium arvense* de Tournefort
est dioïque, ainsi qu'une autre espèce décrite par nous (même
tome, pag. 190) sous le nom de *Cirsium dioicum*, mais qui sera
mieux nommée *Cirsium præaltum*, comme nous l'avons proposé dans l'article Notobase. La dioïcité de ces deux espèces

36.   10

nous paroît être un caractère suffisant pour les distinguer génériquement des autres *Cirsium* qui ont les calathides androgyniflores. Cependant, le nom de *Cirsium*, dérivé d'un mot grec qui signifie *varices*, doit rester appliqué au *Cirsium arvense* vulgairement nommé *herbe aux varices*, et pour lequel vraisemblablement ce nom de *Cirsium* a été fabriqué. Nous pensons donc qu'il convient de n'admettre que les deux espèces *arvense* et *prœaltum*, dans le vrai genre *Cirsium*, désormais caractérisé par les calathides unisexuelles et dioïques. Cela nous oblige à créer un nouveau nom générique pour les autres espèces; et celui d'*Onotrophe*, qui signifie *nourriture d'âne*, semble pouvoir être accueilli.

Notre genre *Onotrophe*, caractérisé par les calathides androgyniflores, et par le péricline inerme ou non piquant (*periclinium innocuum*), comprend la plupart des espèces attribuées par les botanistes au *Cirsium*; et il se divise en deux sections : l'une, intitulée *Apalocentron*, se compose des espèces ayant, comme le *Cirsium oleraceum*, Decand., l'appendice des squames intermédiaires du péricline long, foliacé, plan, non roide, et terminé par une épine longue, molle, flexible, non piquante; l'autre, intitulée *Microcentron*, se compose des espèces ayant, comme les *Cirsium palustre*, *acaule*, etc., l'appendice extrêmement petit, ou presque nul, ordinairement réduit à une petite épine molle.

Ce genre *Onotrophe*, déjà indiqué, avec plusieurs autres, dans notre article NOTOBASE, appartient à l'ordre des Synanthérées, et à notre tribu naturelle des Carduinées, dans laquelle il s'interpose entre le vrai *Cirsium*, dont il diffère par ses calathides androgyniflores, et l'*Eriolepis*, dont il diffère par son péricline inerme.

Le genre *Eriolepis*, indiqué aussi dans l'article NOTOBASE, est composé des *Cirsium eriophorum* et *lanceolatum* : ses calathides sont androgyniflores, comme celles de l'*Onotrophe*; mais l'appendice des squames intermédiaires du péricline est très-étalé, long, étroit, épais, roide, linéaire, subcylindracé, terminé par une épine longue et forte, et plus ou moins pourvu de poils très longs, très-fins, aranéeux.

La distinction que nous admettons entre l'*Eriolepis* et l'*Onotrophe*, est principalement fondée sur le péricline piquant ou inerme, comme celle que Tournefort avoit admise entre le *Carduus* et le *Cirsium*, et celle que les botanistes modernes admettent entre le *Carduus* et le *Serratula*.

La description complète des caractères du genre *Onotrophe* peut être présentée ainsi :

Calathide incouronnée, subéqualiflore, multiflore, obringentiflore, androgyniflore. Péricline ovoïde, inférieur aux fleurs; formé de squames régulièrement imbriquées, appliquées, coriaces: les intermédiaires oblongues-lancéolées, portant sur la partie supérieure du dos une glande nerviforme plus ou moins apparente, et terminées au sommet par un appendice inappliqué ou étalé, plus ou moins distinct de la squame, tantôt extrêmement petit, presque nul, comme scarieux, ou réduit à une petite épine molle, tantôt long, subulé ou demi-lancéolé, foliacé, plan, non roide, terminé par une épine longue, molle, flexible, non piquante. Clinanthe épais, charnu, plus ou moins convexe, garni de fimbrilles nombreuses, inégales, filiformes-laminées, libres ou entregreffées à la base. Fruits oblongs, comprimés bilatéralement, glabres, lisses, pourvus d'un bourrelet apicilaire ; péricape coriace, flexible; aréole apicilaire couverte d'un plateau charnu, entouré d'un anneau corné, qui porte l'aigrette et se détache spontanément; aigrette longue, brune, roussâtre ou grisâtre, en sa partie moyenne, composée de squamellules nombreuses, plurisériées, inégales, filiformes-laminées, barbées. Corolles obringentes.

Dans quelques espèces, les fleurs extérieures nous ont paru avoir l'ovaire stérile et les étamines imparfaites, en sorte qu'elles seroient neutres. Dans quelques autres, les fleurs extérieures sont femelles, ayant l'ovaire ovulé, les étamines demi-avortées; et l'aigrette de ces fleurs extérieures femelles n'est point barbée, mais seulement barbellulée.

La glande qui existe sur les squames du péricline, varie selon les espèces : ainsi, dans l'*Onotrophe palustris* (*Carduus palustris*, Lin.), cette glande est fort remarquable, oblongue, épaisse, exsudant une matière visqueuse, qui s'attache aux doigts quand on touche le péricline; dans l'*Onotrophe oleracea* (*Cnicus oleraceus*, Lin.), et dans la plupart des autres Onotrophes, la même glande, beaucoup moins saillante, ressemble à une nervure; enfin, elle est à peine sensible dans l'*Onotrophe acaulis* (*Carduus acaulis*, Lin.).

Nous ne décrirons ici aucune des nombreuses espèces d'Onotrophes, parce que les trois que nous venons de citer, et qui peuvent être considérées comme les principaux types de ce genre, ont déjà été décrites dans ce Dictionnaire (tom. IX, pag. 270), sous les noms de *Cirsium palustre*, *oleraceum*, *acaule*. (H. Cass.)

ONSI. (*Bot.*) Voyez Fime-Fagi. (J.)

ONTANUM. (*Bot.*) Nom vulgaire de l'aune, *alnus*, dans quelques lieux d'Italie, suivant Césalpin. (J.)

ONTHOPHAGE, *Onthophagus*. (*Entom.*) Ce nom, qui signifie mangeur de fumier ou qui vit dans le fumier, a été donné par M. Latreille à quelques espèces de bousiers, dont les palpes présentent quelques particularités dans la forme des articles; telles sont celles que nous avons décrites, article Bousier, n.º²⁸ 5, 6, 7, 8, 10, 21, 22. (C. D.)

ONTHOPHILE, *Onthophilus*. (*Entom.*) Ce mot, qui signifie amateur du fumier, a été employé par M. le docteur Leach pour indiquer une division des escarbots, dont il a fait un genre; mais ses caractères ne nous paroissent pas assez évidens. Ils consistent dans la forme globuleuse du corps, l'étroitesse des jambes antérieures et le peu de développement des tarses. (C. D.)

ONTO et PERRECHIENA. (*Bot.*) Noms basques de l'agaric comestible (*ag. edulis*, Bull.). (Lem.)

ONTSI. (*Bot.*) Voyez Fontsi. (J.)

ONYCHITE. (*Conchyl.*) Quelques oryctographes anciens paroissent avoir désigné sous cette dénomination quelques espèces de térébratules, dont le sommet recourbé offroit un peu de ressemblance avec un ongle recourbé. (De B.)

ONYCHITE ou MARBRE ONYCHITE. (*Min.*) C'est une espèce d'albatre calcaire. Voyez Onyx. (B.)

ONYGENA. (*Bot.*) Genre de la famille des champignons très-voisin du *tulostoma* et des *lycoperdon*, suivant Persoon. Les champignons de ce genre se font remarquer par leur forme arrondie, terminée ou plutôt amincie en un stipe court et ressemblant ainsi au *tulostoma*. Leur péridium, d'un tissu sec, un peu vésiculeux, peu altérable, contient un amas compact de sporidies pulvériformes (entremêlées de filamens dans quelques espèces), qui ne sortent que lorsque le péridium se déchire ou se crève et tombe en fragmens par l'effet de la vétusté.

Ce genre renferme plusieurs espèces, remarquables par leur petitesse, qui croissent, les unes, soit sur le corps ou sur diverses parties d'animaux morts; les autres sur le bois. M. Persoon n'a pu observer aucune différence générique entre les espèces, qui vivent dans des situations si différentes.

1. L'ONYGENA DU CHEVAL (*Onyg. equina*, Pers., Obs. mycol., 2, tab. 6, fig. 3; *Synops. fung.*, pag. 205, et *in* Desv., Journ. bot., 2, pag. 29; *Lycoperdon omnium*, Mich., Gen., pag. 218, n.° 12, tab. 97, fig. 7; *Coralloides*, Dill., Musc., pl. 14, fig. 5; *Lycoperdon equinum*, Linn., Willd., Berol., fig. 20) croît en touffe de plusieurs individus, d'un blanc grisâtre ou de paille; péridium orbiculaire, glabre, rugueux, comme farineux à sa surface. Cette jolie petite espèce n'a guère que trois à quatre lignes de hauteur; on la trouve sur les cornes des bœufs, des moutons et principalement sur les sabots des chevaux morts. C'est de cette manière de croître que ce genre a tiré son nom grec d'onygena, *créé sur les ongles.* L'*onygena equina* a excité l'attention d'Hedwig. Son stipe est court, un peu fibreux; son péridium ne s'ouvre point; sa poussière intérieure ressemble à une matière onctueuse, formée de sporidies ovales. Suivant Dillen, qui place ce champignon parmi les lichens, il seroit roussâtre.

2. ONYGENA DES CORBEAUX (*Onyg. corvina*, Alb. et Schw., *Consp. fung.*, pag. 113, pl. 9, fig. 2; *Onyg. hypsipus*, Dittm.). Stipe assez long, aminci vers le haut, un peu arqué; poussière intérieure entremêlée de quelques filamens. Cette espèce a été découverte par Albertini et Schweinitz, en Lusace, sur les débris d'un cadavre de corbeau; elle fait le passage de ce genre à celui des Lycoperdons.

3. ONYGENA SANS ÉCORCE (*Onyg. decorticata*, Pers., Obs. mycol., 2, 71, tab. 6, fig. 9; *ejusd. in* Desv., Journ. bot., *loc. cit.; Cibraria onygena*, Schum.). Péridium arrondi et farineux. Il croît aux États-Unis, sur les vieux troncs d'arbres.

4. ONYGENA EN TOUFFE (*Onyg. cæspitosa*, Pers., *in* Desv.,

Journ. bot., 2 , pag. 3o, pl. 2 , fig. 5). Péridium glabre, d'un blanc sale , comprimé dans la jeunesse ; stipes également comprimés dans le jeune âge , réunis plusieurs par la base. On trouve cette espèce sur les vieux troncs d'arbres , suivant Persoon. (Lem.)

ONYX. (*Bot.*) Un des noms anciens de l'astragale, cité par Ruellius et Mentzel. (J.)

ONYX. (*Min.*) L'albâtre oriental , qui est notre chaux carbonatée concrétionnée , fut nommé par les Grecs *Onyx*, et par les Latins *Marmor onychita*, parce qu'on l'employoit à faire des boîtes, qu'on appelloit onyx ou albâtres , pour la conservation des onguens précieux. Il ne faut donc pas confondre cet onyx en grandes masses avec celui qui servoit à faire des camées. (Brard.)

ONYX. (*Conchyl.*) Bruguière dit que ce nom étoit donné de son temps à une espèce de cône, le C. vierge, *C. virgo*. (De B.)

OO. (*Ornith.*) Aux îles de la Société c'est le nom d'une hirondelle noire, à tête blanche, selon le Vocabulaire qui se trouve au tom. 6 du second Voyage de Cook. (Ch. D.)

OOBAR. (*Bot.*) Marsden, dans son Voyage à Sumatra, parle d'un arbre de ce nom , dont le bois rouge, ayant quelque ressemblance avec le bois de campêche, est employé pour teindre les filets des pêcheurs ; il n'en donne pas d'autres indications. (J.)

OODES. (*Entom.*) M. Bonelli désigne ainsi une division des carabes, dont il a fait un genre (C. D.)

OOKEBETE. (*Bot.*) Barrère cite sous ce nom un titimale de la Guiane , à feuilles de buplèvre, sans aucune autre indication. (J.)

OOLITHE. (*Min.*) On donne ce nom à des petites concrétions ordinairement calcaires, quelquefois ferrugineuses, qui sont sphéroïdes et de la grosseur des œufs de poissons. Elles sont multipliées comme eux et souvent aggrégées en masse assez solide, dans lesquelles la texture oolithique est plus ou moins distincte et qui constitue alors la variété de calcaire qu'on nomme oolithique , variété remarquable par sa texture , sa grande abondance dans les terrains calcaires de l'Europe et surtout par une position géologique qui est si générale, qui laisse si peu d'exception, qu'on désigne souvent le calcaire jurassique indifféremment par ce nom ou par celui de calcaire oolithique.

Il est assez difficile de se rendre compte des causes qui ont ainsi concrétionné et comme granulé la pâte calcaire, et qui ont produit cet effet sur une étendue de terrains très-considérable et sous une très-grande épaisseur. (Voyez, à la CHAUX CARBONATÉE, la 12.ᵉ variété, CALCAIRE OOLITHE, tom. VIII, pag. 289.)

Ce nom a été généralement appliqué à toutes les pierres composées de petits grains sphériques, semblables à des œufs de poissons. Tous les oolithes ne sont donc pas calcaires. Il y a des oolithes en minérais de fer plus ou moins purs, en calcaires sableux et ferrugineux; tels sont ceux du pied du Harz du côté de Wernigerode, d'Eisleben, etc.; enfin, il y en a d'entièrement siliceux. Ces derniers sont très-rares. (B.)

OOLITHE. (*Foss.*) Quelques anciens auteurs ont annoncé que les oolithes étoient des œufs de poissons pétrifiés, mais on n'a pas encore d'exemple que des corps mous, tels que des œufs aient été trouvés à l'état de pétrification. Voyez au mot PÉTRIFICATION. (D. F.)

OOMAMAOPOOA HOU. (*Ornith.*) Nom otahitien d'un moucherolle jaune. (CH. D.)

OO OOPA. (*Ornith.*) L'oiseau des îles de la Société, qui porte ce nom, est un petit pigeon vert et blanc. (CH. D.)

OO OOWY DEROO. (*Ornith.*) Nom donné aux îles de la Société à un petit pigeon noir et blanc, dont les ailes sont pourprées. (CH. D.)

OORAN OUTAN. (*Mamm.*) Voyez ORANG-OUTANG. (F. C.)

OOSTERDYKIA. (*Bot.*) Ce nom, donné par Burmann à un de ses genres, a été changé par Linnæus en celui de *cunonia*, qui a prévalu. (J.)

OOTAN. (*Bot.*) Voyez CHOOPADA. (J.)

OOTOQUE. (*Bot.*) Selon Donati c'est un genre de plantes marines chez lequel le fruit est ovalaire, attaché à la tige par un de ses côtés, et dont la graine est cachée dans la partie charnue du fruit. Il est possible que ce genre représente l'un des genres de la famille des algues, établi dans ces derniers temps; mais il seroit difficile de nommer exactement lequel. (Lem.)

OOTS, SENDAN. (*Bot.*) Noms japonois, suivant Kæmpfer, de l'azédarach, *melia*. (J.)

OOYET-KITSJIL. (*Bot.*) A Java on nomme ainsi un liseron, *convolvulus obscurus* de Burmann. (J.)

OPA. (*Bot.*) Genre de plantes dicotylédones, à fleurs complètes, polypétalées, régulières, de la famille des *myrtées*, de l'*icosandrie monogynie* de Linnæus, offrant pour caractère essentiel : Un calice à cinq divisions; cinq pétales connivens, insérés à l'orifice du calice; un grand nombre d'étamines attachées sur le calice; un ovaire inférieur; un style; un stigmate aigu; une baie inférieure, monosperme, percée à son sommet. Ce genre doit être réuni aux Myrtes.

Opa odorante; *Opa odorata*, Lour., *Flor. cochin.*, vol. 1, pag. 377. Arbrisseau qui s'élève à la hauteur de plus de cinq pieds, divisé en rameaux étalés, garnis de feuilles odorantes, opposées, luisantes, lancéolées, glabres à leurs deux faces, très-entières. Les fleurs sont blanches, disposées en grappes terminales, formant un corymbe par leur ensemble. Le calice est tubuleux, campanulé; son limbe court, à cinq lobes arrondis; les pétales concaves, très-caducs, un peu plus longs que le limbe du calice; les étamines sont nombreuses, une fois plus longues que la corolle; les anthéres ovales, inclinées, à deux loges; l'ovaire est arrondi; le style subulé. Le fruit est une baie arrondie, tronquée et percée à son sommet, renfermant une seule semence ronde. Cette plante croît parmi les buissons, à la Cochinchine.

Opa faux-métrosidéros : *Opa metrosideros*, Lour., *Fl. cochin.*, 1, pag. 378; *Metrosideros vera?* Rumph., *Herb. Amb.*, lib. 4, tab. 7. Grand arbre, dont les rameaux sont étalés, garnis de feuilles opposées ou éparses, planes, fermes, luisantes, ovales, aiguës, inégalement dentées en scie. Les fleurs, blanches, disposées en grappes alongées, presque terminales, ont le calice campanulé, étalé, à cinq découpures aiguës, caduques; la corolle composée de cinq pétales ovales, velus en dedans, un peu plus longs que le calice; une vingtaine de filamens subulés, plus longs que la corolle; les anthéres en cœur, pendantes; l'ovaire turbiné; le style velu, bifide, de la longueur des étamines; les stigmates simples. Le fruit est une petite baie sèche, ombiliquée, arrondie, monosperme. Cette plante croît dans les forêts à la Cochinchine. Son bois est d'un brun rougeâtre, très-dur, pesant, durable, bon pour les édifices. (Poir.)

OPAH ou POISSON-LUNE. (*Ichthyol.*) Voyez Chrysotose. (H. C.)

OPALAT. (*Bot.*) Voyez Apalatou. (Poir.)

OPALE. (*Min.*) La pierre, que les gens du monde connoissent sous le nom d'opale, est le quarz ou silex résinite opalin des minéralogistes. C'est donc seulement sous le rapport de l'art et du commerce que nous allons parler ici de cette pierre rare et précieuse, renvoyant tout ce qui a trait à son gisement au mot Silex opale.

L'Opale, abstraction faite de ses reflets, n'est qu'une calcédoine presque transparente ou un quarz légèrement laiteux et bleuâtre, qui rappelle l'aspect de l'empois. On pourroit donc placer l'opale entre l'un et l'autre, comme faisant le passage naturel du quarz cristal au quarz agate.

Les reflets magnifiques et incomparables de l'opale, qui la distinguent si nettement des autres pierres précieuses, ne sont point dus, comme les couleurs de celles-ci, à des molécules colorantes, interposées dans sa propre substance. Ils sont produits par des fissures excessivement ténues, dont l'opale est pénétrée dans tous les sens et dans toute son épaisseur. On pense, par analogie, que ces reflets sont dus à des lames d'air, interposées dans ces gerçures, qui ont la faculté de réfléchir les rayons lumineux sous les couleurs de l'arc-en-ciel ou du spectre solaire. Aussi, quand on vient à chauffer l'opale, ses riches couleurs disparoissent parce que le calorique dilate les fissures, augmente l'épaisseur des lames d'air et leur enlève ainsi la faculté de réfléchir les nuances magnifiques, qui font tout le prix de cette pierre.

Les lapidaires, les bijoutiers, les joailliers, les amateurs, reconnoissent six variétés principales d'opales.

1.° L'opale noble ou orientale, connue aussi sous le nom d'Opale a flammes, offre des reflets vivement colorés, flamboyans et d'une grande beauté.

2.° L'opale arlequine ou a paillettes, dont les reflets sont très-variés de couleur et disposés par taches ou paillettes diversement colorées.

3.° L'OPALE GIRASOL, qui est presque tout-à-fait transparente, mais qui offrec ependant un reflet bleuâtre, partant de l'intérieur.

4.° L'OPALE SOMBRE OU NOIRATRE, qui brille de l'éclat d'un charbon ardent qui commence à s'éteindre.

5.° L'OPALE VINEUSE. Elle doit son nom à la couleur dominante de ses reflets; elle étoit, dit-on, fort estimée des anciens, quoique bien moins brillante que les précédentes.

6.° Enfin la PRIME ou MATRICE D'OPALE, qui n'est autre chose que des grains d'opale noble, disséminée en grand nombre dans la roche terne et opaque qui lui sert ordinairement de gangue.

Le prix des opales varie suivant la beauté, la grandeur et la perfection de ces pierres; mais il souffre, moins que le diamant, les variations du commerce, quoique les opales soient cependant d'une valeur représentative moins sûre.

Suivant M. Léman, deux opales arlequines ovales, de 10 millimètres sur 7 millimètres, ayant toutes les perfections que l'on recherche ordinairement dans ces pierres, ont été vendues environ deux mille quatre cents francs à Paris; une opale à flammes, de 12 millimètres de diamètre, vaut aussi deux mille quatre cents francs, si elle n'a point de défaut. Quant aux primes ou matrices d'opale, elles sont infiniment moins chères, puisque l'on en trouve facilement chez les bijoutiers de la grandeur de l'ongle pour quinze à vingt francs et même moins. Aussi en fait-on des tabatières, des plaques d'ornement, etc. Les pierres d'opale noires, que l'on trouve quelquefois dans le commerce, doivent cette couleur extraordinaire à une préparation, qui consiste à faire baigner la pierre dans de l'huile et à l'exposer ensuite à une chaleur modérée.

L'on voit au Garde-meuble de Paris une très-belle opale à flammes de 28 millimètres environ de hauteur, mais elle n'est pas, à beaucoup près, de la valeur de celle que l'on admire dans le cabinet impérial de Vienne. Elle a 13,5 centimètres de long sur 7 centimètres de largeur.

L'opale se taille en cabochon ou en amande, très-rarement

à degrés, parce que la forme convexe se prête parfaitement au jeu brillant et varié de ses reflets. C'est sur la roue de plomb que l'on taille l'opale; sur la roue de bois que l'on commence à la polir, et le dernier lustre lui est donné avec des lisières enduites de rouge d'Angleterre. On parvient à dissimuler les fentes ou les glaces qui nuisent à leur valeur, en les laissant séjourner dans de l'huile d'olive bien pure.

Les anciens ont connu l'opale : ils la tiroient de l'Inde, de l'Égypte et d'Arabie; aujourd'hui c'est la Hongrie et surtout les environs de Czernizka, qui nous fournissent la plupart de celles qui circulent dans le commerce; mais celles qui sont plus particulièrement connues sous les noms d'opale de feu ou à flammes, ont été découvertes par Delrio dans les filons de Zimapan et de Gracios-de-Dios au Mexique. On trouve aussi quelques opales en Saxe, aux îles Féroë, ainsi qu'en Islande. Tous les auteurs ont parlé de l'opale du sénateur Nonius, et Pline, en particulier, assure, que malgré qu'elle ne fût grosse que comme une noisette, on l'estimoit de son temps à une valeur prodigieuse. On a peu gravé sur cette pierre; je ne sais même si les anciens se sont jamais permis cette sorte de magnificence. Il en existe une dans la collection des pierres gravées de la bibliothèque royale; mais elle est moderne, puisqu'elle représente le portrait de Louis XIII, enfant.

L'opale, si agréable à la vue, a besoin d'être examinée de près, car elle ne brille point à une certaine distance, non plus qu'à la lumière; aussi est-on dans l'usage de l'entourer de diamans ou de pierres de couleur. (Brard.)

OPANO. (*Ornith.*) L'oiseau ainsi appelé par les naturels de la Guiane françoise, est le canard sifleur à bec noir, *anas arborea*, Linn. (Ch. D.)

OPARE. (*Mamm.*) Nom suédois qui paroît être celui de l'orque. (F. C.)

OPATRE, *Opatrum.* (*Entom.*) Nom d'un genre d'insectes coléoptères, établi par Fabricius pour réunir certaines espèces de ténébrions de Linnæus. Ce genre doit entrer, à cause du nombre des articles aux tarses, qui n'est pas le même aux pattes de devant qu'à celles de derrière, dans le second sous-ordre, celui des hétéromérés; et, comme toutes ses espèces ont les élytres durs et les antennes grenues en masse alongée, nous l'avons rangé dans la famille des ténébricoles ou lygophiles, parce qu'en effet il renferme des insectes qui recherchent l'obscurité ou qui fuient la lumière.

Le genre Opatre peut être en outre caractérisé comme il suit :

Antennes à articles grenus, légèrement poilus, grossissant insensiblement vers l'extrémité libre ; corps ovale, déprimé en dessous ; corselet élargi, échancré en devant, rebordé en dessus.

A l'aide de ces caractères il est facile de distinguer les opatres des autres genres de la même famille, d'abord des upides, qui ont le corselet cylindrique, plus étroit que les élytres ; puis des ténébrions, qui ont le corselet carré ou aussi large que long ; des pédines, dont le corselet est rebordé en dessous, et, enfin, des sarrotries, dont le corselet est plat et de la largeur des élytres.

Nous ignorons l'étymologie du mot opatre. Le seul mot grec, dont il paroisse dériver, seroit le nom οπάτρος, par syncope, d'ομοπάτρος, *fils d'un même père ;* mais Fabricius n'a, le plus souvent, attaché aucun sens aux noms qu'il employoit.

On ne connoît pas complétement l'histoire des opatres, parce qu'on n'a pas observé leurs larves et qu'on ignore comment s'opère leur métamorphose. Les deux espèces que nous allons faire connoître, s'observent souvent dans les lieux arides, couverts de sable terreux, d'argile ou de poussière. Leur corps est garanti des atteintes extérieures par des élytres durs, qui, en se repliant sous l'abdomen, l'embrassent et le défendent. Leur corselet est échancré en devant pour recevoir la tête, et il offre la plus grande solidité. Cette conformation, cette sorte de bouclier, de cuirasse protectrice, paroîtroit devoir suffire à l'insecte comme moyen de défense. Cependant il y joint la ruse, et rien ne pourroit alors déceler sa présence que ses mouvemens ; mais il sait les suspendre et les faire cesser brusquement au moindre bruit, au moindre ébranlement de la terre, au moindre danger. On ignore de quel procédé il fait usage pour coller et faire adhérer à ses élytres les particules les plus déliées du sol qu'il habite ; mais, couverte ainsi d'une poussière dont la teinte varie suivant les localités, la masse de son corps se confond et se perd à la vue par l'uniformité de la coloration; c'est une sorte de déguisement sous lequel il vit en sûreté.

Les principales espèces sont :

1.° L'OPATRE DES SABLES; *Opatrum sabulosum.*

C'est le ténébrion à stries dentelées de Geoffroy. Le *silpha sabulosa* de Linnæus.

Car. Noir; à élytres marqués de cinq lignes élevées, dont trois sont plus saillantes et à tubercules élevés entre ces lignes.

2.° L'OPATRE GRIS; *O. griseum.*

C'est celui que nous avons fait figurer sous le n.° 4 de la planche 15 de l'atlas de ce Dictionnaire.

Car. Il est gris; les élytres sont marqués de trois lignes élevées, flexueuses; il n'a pas d'ailes membraneuses.

M. Latreille l'a rangé dans le genre *Aside*, et Olivier dans celui des Platynotes.

3.° OPATRE BOSSU; *O. gibbum.*

Car. Noir; élytres à un grand nombre de stries élevées, irrégulières, presque effacées; à jambes de devant élargies, triangulaires.

4.° OPATRE TIBIAL; *O. tibiale.*

Car. Noir; élytres ponctués; jambes antérieures élargies, triangulaires.

M. Latreille l'a placé parmi les pédines.

Ces quatre espèces se rencontrent dans les environs de Paris, dans les terrains secs et sablonneux. (C. D.)

OPÉGRAPHA. (*Bot.*) Genre de plantes cryptogames de la famille des lichens, selon Acharius, et de la famille des hypoxylées de De Candolle. Ses caractères génériques sont: Expansion lichénoïde, crustacée, extrêmement fine, étendue, adhérente par tous les points; lirelles ou conceptacles et *apothecium*, sessiles, oblongs ou linéaires, semblables à de petites lignes simples ou rameuses, creusées dans le milieu d'un sillon simple ou rameux, et recouvertes d'une membrane, qui manque dans le genre *Graphis;* parenchyme un peu solide, homogène et n'offrant point un noyau intérieur comme dans le *Graphis.*

Les opégrapha forment sur les écorces d'arbres, sur les rochers et les pierres, des plaques grises ou brunes, remarquables par le nombre, la forme et la disposition des lirelles, qui imitent souvent des caractères, d'où vient leur nom d'*opegrapha*.

Ce genre, établi par Persoon, a été adopté et modifié par Acharius; celui-ci en a porté le nombre des espèces à trente-une dans son *Synopsis*; mais ses genres *Arthonia* et *Graphis* contiennent des espèces qui faisoient partie autrefois de son *Opegrapha*, le même que celui de Persoon, et notamment le *Lichen rugosus* et le *Lichen scriptus*, Linn., ou *Graphis scripta*, Ach. Les genres d'Acharius ont été adoptés par la plupart des botanistes; mais ils ont subi les modifications que nous allons exposer en peu de mots. M. Léon Dufour a donné, dans le Journal de physique pour 1819, une excellente monographie du genre *Opegrapha*, auquel il joint, peut-être avec raison, le *Graphis* d'Acharius. Il a fait connoître plusieurs nouvelles espèces, et a démontré, que des variétés ont été considérées à tort comme des espèces par Acharius lui-même. M. Chevallier, dans le travail général qu'il publie maintenant sur les hypoxylons, augmente considérablement le nombre des espèces du genre *Opegrapha*, et a proposé d'établir à ses dépens plusieurs genres nouveaux comme l'*Allographa* et le *Polymorphum*, qui sont les mêmes que plusieurs des genres établis et décrits par M. Fée. Ce dernier botaniste, observateur scrupuleux, dans son important et utile ouvrage intitulé, *Essai sur les cryptogames des écorces exotiques*, a considérablement modifié le genre *Opegrapha*. Il laisse dans ce genre les espèces dont les lirelles sont oblongues, alongées, impressionnées, simples, sessiles, à disque entouré d'un rebord très-étroit, et dont la substance est homogène; il le place dans la division des faux hypoxylons ou graphidées. Voici les genres qu'il associe à l'*Opegrapha*:

1.° *Arthonia*, Ach.

2.° *Heterographa*, Fée. (Voyez Polymorphum, Ch.)

5.° *Enterographa*, Fée, qui est fondé sur une espèce qu'on trouve sur les écorces du *quassia excelsa*, et qui diffère des genres de cette division: 1.° par ses lirelles très-étroites, très-lisses, presque ponctiformes, profondément immergées, homogènes, sans bordure; 2.° par son thallus épais, crustacé, lisse, jaunâtre ou verdâtre à l'extérieur, d'un blanc de lait à l'intérieur.

4.° *Opegrapha*, Ach.

5.° *Graphis*, Ach.

6.° Sarcographa, Fée. (Voyez ce mot.)

7.° *Fissurina*, Fée, ayant de fausses lirelles, situées inférieurement, déterminant une fissure dans le thallus qui fait
bordure; celui-ci est cartilagineux et uniforme. Ce genre
contient deux espèces exotiques; il se rapproche du *Myrio-
trema*, autre genre établi par M. Fée, dans une autre division
de la famille des lichens; mais il en diffère par la forme des
lirelles ou *apothecium*, l'irrégularité des fissures, qui sont
déterminées par le développement des *thalamium*, et par
l'union constante de ces derniers avec le thallus.

M. Fée décrit vingt-trois espèces nouvelles d'*opegrapha*,
qu'il a découvertes sur les écorces exotiques officinales qu'on
rencontre dans le commerce. Il en a observé deux sur des
feuilles vivantes, circonstance rare; l'une sur les feuilles d'un
theobroma, qui croît à Saint - Domingue; l'autre sur une
fougère du genre *Diplazium*, qui croît dans la même île.

Il résulte des travaux de ces botanistes qu'on peut porter
le nombre des espèces de ce genre à plus de soixante-dix.
Voici la description de quelques-unes de ces espèces, suffisante pour donner une idée de l'ensemble de ce genre. On
doit remarquer cependant, que les espèces d'Europe ont été
seules connues pendant long-temps, et que tout annonce
que les espèces exotiques sont infiniment nombreuses.

§. 1.er *Conceptacles ou lirelles ayant les bords renflés et rapprochés de manière à cacher presque
entièrement le sillon qui les traverse dans leur
longueur.* (Hysterina, Ach.)

1. Opégrapha en forme de verrucaria; *Op. verrucarioides*,
Ach., *Syn.*, pag. 70. Expansion crustacée, un peu raboteuse,
presque pulvérulente et blanchâtre; conceptacles entassés,
presque globuleux, très-petits, à disque comme un point,
quelquefois ovale avec un sillon sur le milieu. On le trouve
sur les pierres et sur les écorces des arbres morts Une variété, l'*Opeg. verr. hypolepta*, Ach., offre une croûte lisse,
grisâtre ou olivâtre, et les conceptacles enfoncés en forme

d'hémisphère un peu conique. Une seconde variété , l'*Opeg. verr. marmorata*, Ach. , a la croûte mince, contiguë, d'un blanc glaucescent, et les conceptacles très-petits, épars ou confluens, à disque ferme. Cette variété a été trouvée en Suisse, sur l'écorce du noyer.

2. OPÉGRAPHA DE PERSOON : *Op. Persoonii*, Ach., *Syn.*, pag. 71 ; *Op. rupestris*, Pers., *in* Ust. *Ann. bot.*, 11 , pag. 20. Croûte blanchâtre , inégale, un peu lissée ; conceptacles enfoncés , d'abord oblongs, à disque sillonné ; puis rugueux, flexueux, plissés, difformes, presque contigus , à disque entr'ouvert irrégulier. Cette espèce croît sur les rochers. Acharius en décrit deux variétés : l'une, l'*Op. Pers. aporea*, a la croûte lépreuse et pulvérulente, et les conceptacles, tortueux, s'ouvrant irrégulièrement ; dans la seconde, l'*Op. Pers. strepsodina*, la croûte est presque nulle , grisâtre, et les conceptacles, rugueux et marginés , sont entassés. Celle-ci a été observée sur l'ardoise, en Angleterre.

Il se pourroit que ce fût l'*Op. saxatilis*, Decand., Fl. fr., n.° 848 ; et le *Lichen simplex*, Davies, *Act. soc.*, *Linn. Lond.*, 2 , tab. 28, fig. 2.

3. OPÉGRAPHA CÉRÉBRALE ; *Op. cerebrina*, Decand., Fl. fr., n.° 849. Croûte d'un blanc de lait, pulvérulente, peu épaisse, à contours irréguliers ; conceptacles oblongs ou ovales, protubérans, marqués d'un sillon profond, d'abord simple, puis fourchu à l'une de ses extrémités ou bien a toutes les deux. Il a été trouvé sur les rochers calcaires, dans les Pyrénées, par M. Ramond.

4. OPÉGRAPHA DES CAILLOUX ; *Op. lithyrga*, Ach., *Syn.*, pag. 372. Croûte d'un blanc de lait ou grisâtre, très-mince, un peu pulvérulente ; conceptacles sessiles, petits, oblongs, un peu renflés, subcylindriques, droits ou courbés, rapprochés, se touchant ; disque marqué d'un sillon. Il croît sur les rochers les plus durs dans les Alpes helvétiennes.

5. OPÉGRAPHA DU CHÊNE : *Op. quercina*, Pers. ; Decand., Fl. fr., n.° 830 ; *Op. macularis* , Ach. , *Syn.* , pag. 72. Croûte presque nulle , inégale , d'un brun noirâtre ; conceptacles petits , très-rapprochés, d'un noir mat, arrondis, ovales ou elliptiques, devenant rudes et irréguliers ; disque marqué d'un sillon. Cette espèce est commune sur l'écorce des jeunes

chênes; elle est reconnoissable à ses conceptacles fort rapprochés et formant par leur ensemble de petites taches irrégulières, un peu interrompues. On le trouve sur l'écorce du chêne. Une variété croît sur le hêtre; c'est l'*Op. faginea*, Pers. et Decand.

6. OPÉGRAPHA DISPERSÉ: *Op. dispersa*, Schrad.; *Op. epipasta*, Ach., *Syn.*, pag. 74. Croûte blanchâtre, très-lisse, tellement mince qu'elle est facile à confondre avec l'épiderme des arbres sur lesquels elle croît; conceptacles très-petits, fort écartés les uns des autres, plans, d'abord ovales ou oblongs, puis sinueux, rameux; un peu proéminens dans la vieillesse. On le rencontre sur les écorces lisses des érables et du marronnier d'Inde. Dans une variété (l'*Op. microscopica*, *Engl. Bot.*, tab. 1911) les conceptacles, d'abord simples, presque parallèles, deviennent rameux, presque en forme d'étoile, anguleux et un peu bordés.

§. 2. *Bords des conceptacles écartés, distincts, laissant voir un disque concave, canaliculé ou plan.* (ALYXORIA, Ach.)

7. OPÉGRAPHA BATARDE: *Op. notha*, Ach.; *Op. lichenoides*, Pers.; *in* Ust. *Ann. bot.*, 7, tab. 2, fig. 4, *A, B; Fl. Dan.*, tab. 1242, fig. 1. Croûte cartilagineuse, un peu lépreuse, blanchâtre; conceptacles sessiles, épars, arrondis ou ovales, difformes, à disque plan d'abord, puis convexe ou hémisphérique, un peu tuberculeux; bords des conceptacles disparoissant entièrement. Cette espèce est fort commune sur les écorces des vieux ormes, des chênes, du figuier et de beaucoup d'autres arbres. Dans une variété les conceptacles sont si rapprochés qu'on voit à peine la croûte; celle-ci est quelquefois d'un blanc cendré et un peu creuse.

Acharius rapporte actuellement à cette espèce et comme variétés, les *Opegrapha gregaria, cæsia, signata* et *diaphora*, var. A; *Lichen. univ.*

8. OPÉGRAPHA ROUGEATRE: *Op. rufescens*, Pers., *in* Ust. *Ann. bot.*, 7, tab. 2, fig. 3, *A, a; Op. syderella*, Ach., *Syn.*, p. 79. Croûte cartilagino-membraneuse, d'une couleur rousse pâle ou verdâtre; conceptacles enfoncés, flexueux, simples,

linéaires ou rameux et un peu en forme d'étoile; disque canaliculé, légèrement aplani. Cette espèce est très-commune
sur les arbres, quelquefois elle couvre une très-grande
étendue de leur écorce, surtout lorsqu'elle est unie.

Nous bornerons nos indications à ce petit nombre d'espèces : il en est beaucoup d'autres qui, étant vulgaires,
mériteroient d'être citées; mais ce n'est pas le lieu ici.
(Lem.)

OPÉLIE, *Opelia*. (*Bot.*) Plante qui croît sur les montagnes
du Coromandel, dont Roxburg a formé un genre particulier,
qu'il caractérise par un calice à cinq dents; une corolle à cinq
pétales; cinq étamines; autant d'appendices alternes avec les
étamines; un ovaire surmonté d'un seul style. Le fruit est
une baie monosperme. D'après ces caractères ce genre paroît
appartenir à la famille des *rhamnées*, à la *pentandrie monogynie* de Linnæus. Roxburg n'en cite qu'une seule espèce,
l'*opelia amentacea* (Corom., tab. 158). Cette plante a des tiges
garnies de feuilles ovales, alternes; ses fleurs disposées en
grappes axillaires. (Poir.)

OPENAUK. (*Bot.*) Voyez Opinawk. (Lem.)

OPERCULAIRE, *Opercularia*. (*Bot.*) Genre de plantes dicotylédones, à fleurs agrégées, qui paroît se rapprocher de
la famille des *rubiacées*, de la *tétrandrie monogynie* de Linnæus, offrant pour caractère essentiel : Des fleurs agrégées;
un calice divisé à son limbe; une corolle supérieure à trois
ou cinq divisions; une à cinq étamines; un style bifide; une
semence recouverte par le calice, qui se partage en deux
valves, quelquefois en six, réunies en un réceptacle central,
en cône renversé, chargé des corolles à ses bords, formant
une cavité par l'adhérence des valves extérieures des calices
partiels; un calice commun, d'une seule pièce, denté à
son bord.

Ce genre, très-remarquable par ses caractères, avoit paru
d'abord devoir appartenir à la famille des *valérianées*, dont
il se rapproche en effet par son port, par l'unité de sa graine
et le défaut de correspondance entre le nombre des étamines
et celui des divisions de la corolle; mais l'existence des stipules à la base des feuilles, surtout celle d'un périsperme
charnu, entourant un embryon à radicule inférieure, dimi-

nuent cette affinité, et rapprochent ce genre de la famille des *rubiacées*, d'après les observations de M. de Jussieu. On pourroit aussi lui trouver, surtout dans sa graine, des rapports avec la famille des *nyctaginées*. Ce genre est composé d'espèces toutes récemment découvertes à la Nouvelle-Hollande, et dont les principales sont :

Operculaire a ombelles : *Opercularia umbellata*, Gærtn., *De fruct.*, tab. 24, fig. 4; Lamck., *Ill. gen.*, tab. 58, fig. 1; Juss., Ann. Mus. Paris, 4, pag. 426. Cette plante, originaire de la Nouvelle-Hollande, découverte par Solander, a des tiges pileuses, grêles, cylindriques, hautes d'un demi-pied. Les feuilles sont opposées, pileuses, fort petites, ovales, lancéolées; les fleurs réunies en ombelle; elles ont le calice commun, divisé en six ou neuf dents, renfermant deux ou quatre fleurs; les corolles à trois divisions; une seule étamine. Après la chute des fleurs le réceptacle est plan, tronqué au sommet, pourvu en dessous de deux ou quatre semences granulées, marquées d'un sillon.

Operculaire rude : *Opercularia aspera*, Gærtn., *De fruct.*, tab. 24; Juss., *l. c.*, pag. 427, tab. 70, fig. 1. Ses tiges sont étalées, longues d'un pied, presque tétragones, hérissées; les feuilles petites, pétiolées, ovales, un peu pileuses; les fleurs réunies en petites têtes, de la grosseur d'un pois, situées dans la bifurcation des rameaux, à l'extrémité d'un pédoncule incliné; huit à dix calices sont placés sur la même tête, hérissés par leurs dents aiguës, chacun à trois ou cinq fleurs, ayant une corolle à cinq divisions; une ou deux étamines; les semences marquées de deux sillons. Cette plante croît à la Nouvelle-Zélande.

Operculaire a gaines; *Opercularia vaginata*, Labill., *Nov. Holl.*, 1, page 34, tab. 46. Plante herbacée, ayant la tige glabre, rameuse, longue d'un pied; les feuilles opposées, un peu charnues, linéaires, très-étroites, longues d'un pouce, formant à leur base une gaine courte, amplexicaule; des stipules bifides; les fleurs réunies en têtes terminales; chaque tête composée de cinq à neuf calices communs, divisé, chacuns en leurs bords, en huit ou dix découpures lancéolées, presque égales, contenant trois à cinq fleurs; les corolles sont tubulées, à quatre lobes étalés; quatre étamines; les anthères oblongues, versatiles, bifides à leur base; les semences ovales, un peu noirâtres, parsemées de poils courts, blanchâtres et soyeux dans leur jeunesse, attachées au fond du calice, puis à demi recouvertes longitudinalement par le réceptacle central. Cette plante croît sur les côtes de la Nouvelle-Hollande.

OPERCULAIRE A SOMMITÉ FLEURIE; *Opercularia apiciflora*, Labill., *Nov. Holl.*, 1, pag. 35, tab. 48. Ses tiges sont glabres, diffuses, en gazon, très-grêles, hautes d'un pied; les feuilles planes, étroites, linéaires, pileuses en dessus; les têtes de fleurs terminales, situées quelquefois dans la bifurcation des rameaux, rarement solitaires; les calices communs réunis deux à cinq dans la même tête, entourés de folioles semblables aux feuilles; les corolles à tube court et le limbe à quatre ou cinq divisions ovales; une ou deux étamines insérées à la base de chaque corolle; le style est profondément bifide; les semences sont rudes, ovales, à trois stries; le réceptacle central est couronné par quatre à douze folioles rudes, pileuses, inégales. Cette plante croît à la terre Van-Leuwin, sur les côtes de la Nouvelle-Hollande.

OPERCULAIRE A FLEURS SESSILES; *Opercularia sessiliflora*, Juss., Ann. Mus. Paris, 4, pag. 427, tab. 70, fig. 2. Cette espèce, originaire de la Nouvelle-Hollande, est remarquable par ses têtes de fleurs sessiles. Ses tiges sont glabres, diffuses, très-grêles, rameuses, longues d'un pied; ses feuilles opposées, étroites, presque sessiles, glabres, linéaires, entières, aiguës, longues d'un pouce, réunies à leur base par une gaine courte; les têtes de fleurs hémisphériques, sessiles dans la bifurcation des rameaux, offrant quatre ou cinq calices dans chaque groupe; deux à quatre fleurs dans chaque calice; les corolles à cinq divisions; une ou deux étamines; deux stigmates; les semences cannelées.

OPERCULAIRE A FEUILLES D'HYSOPE; *Opercularia hyssopifolia*, Juss., *l. c.*, tab. 71, fig. 1. Cette espèce, très-voisine de la précédente, en diffère par ses têtes de fleurs pédonculées. Les tiges sont droites, rameuses, un peu anguleuses et velues; les feuilles étroites, lancéolées, aiguës, un peu ciliées, longues au plus d'un pouce; les têtes de fleurs sphériques, à peine de la grosseur d'un pois, situées dans la bifurcation des rameaux, offrant cinq calices pour chaque groupe; deux à quatre fleurs dans chaque calice. Cette plante croît sur les côtes de la Nouvelle-Hollande.

OPERCULAIRE A FEUILLES DE TROÈNE; *Opercularia ligustrifolia*, Juss., *l. c.*, tab. 71, fig. 2. Cette plante est cultivée au Jardin du Roi; elle est originaire de la Nouvelle-Hollande, et se rapproche beaucoup de la précédente, dont elle est distinguée par la grandeur de ses feuilles. Ses tiges sont droites, rameuses, garnies de feuilles opposées, glabres, élargies, lancéolées, assez semblables à celles du troène, longues d'un pouce et demi; les supérieures plus étroites : deux petites folioles très-courtes, obtuses, opposées entre les feuilles; les fleurs réunies en petites têtes globuleuses, pédonculées, situées dans la bifurcation des rameaux; les semences marquées de deux sillons.

OPERCULAIRE A FEUILLES DE BASILIC; *Opercularia ocymifolia*, Juss., *l. c.*, tab. 7, fig. 3. Autre espèce de la Nouvelle-Hollande, dont les tiges sont diffuses, hautes d'un pied, glabres, cannelées, quadrangulaires; les feuilles opposées, pétiolées, très-glabres, ovales, alongées, entières, longues d'un pouce et plus; les stipules courtes, simples et obtuses; les têtes de fleurs sphériques, un peu plus grosses qu'un pois, un peu pédonculées, pendantes, situées dans la bifurcation des rameaux, contenant sept à neuf calices dans la même tête et quatre à six fleurs dans chaque calice; la corolle a trois ou quatre découpures; deux ou trois étamines; les semences ont deux sillons.

OPERCULAIRE A FEUILLES DE GARANCE; *Opercularia rubioides*, Juss., *l. c.* Cette plante a le port de la précédente, mais ses feuilles sont sessiles, plus épaisses ; les têtes de fleurs une fois plus grosses; les tiges hautes d'un pied et demi; les stipules quelquefois bifides; les corolles partagées en quatre ou cinq découpures, contenant trois ou quatre étamines. Cette plante croît sur les côtes de la Nouvelle-Hollande. (POIR.)

OPERCULE. (*Bot.*) Dans l'asperge, le dattier, le *canna*, etc., Gærtner nomme embryotège, et M. Mirbel opercule, un renflement en forme de calotte qui se trouve sur la graine à une distance quelconque du hile; cette calotte correspond à la radicule : pendant la germination elle se détache et ouvre une issue par laquelle l'embyron s'échappe.

Dans les mousses on donne le nom d'opercule au petit couvercle qui couvre l'urne.

Dans la jusquiame, le plantain, le *lecythis*, l'*anagallis*, etc., on donne encore le nom d'opercule au couvercle qui couvre l'amphore du fruit (pyxide). Dans ce dernier fruit, comme dans celui des mousses, l'opercule se détache au moment de la dissémination. (MASS.)

OPERCULE. (*Anat. et Phys.*) Voyez RESPIRATION. (F.)

OPERCULE. (*Ichthyol.*) Les ichthyologistes ont nommé ainsi un appareil osseux, composé de quatre pièces, et qui, supporté de chaque côté par l'os hyoïde, articulé en arrière sur l'arcade palatine, se joint à la membrane branchiale pour former la grande ouverture des ouïes dans les poissons.

Plusieurs chondroptérygiens sont privés d'opercules. Voyez POISSONS. (H. C.)

OPERCULE, *Operculum*. (*Malacoz.*) Ce nom est employé en conchyliologie pour désigner trois choses.

Le plus ordinairement, c'est la pièce calcaire ou cornée qui sert à fermer plus ou moins complétement l'ouverture d'une coquille univalve, d'où la dénomination de coquilles operculées sous laquelle on les désigne. Il a été parlé des différences que cette partie de l'enveloppe des mollusques présente à l'article où l'on traite de leur organisation.

D'autres fois on donne ce nom à la valve supérieure de certaines coquilles bivalves, qui, beaucoup plus petite et plus plate que l'inférieure, semble la fermer comme un couvercle, c'est ce qui se voit dans les huîtres, les gryphées, et même dans quelques espèces de peignes.

Enfin, on appelle aussi opercule l'assemblage des deux ou quatre petites pièces calcaires, qui servent à fermer l'orifice supérieure de la partie coronaire des balanes et genres voisins. (DE B.)

OPERCULES. (*Foss.*) On trouve à l'état fossile des opercules calcaires, mais jamais de ceux qui, par analogie, pourroient faire croire qu'ils auroient été cornés. (D. F.)

OPERCULITES. (*Foss.*) On a donné ce nom aux opercules fossiles et quelquefois aux numismales. (D. F.)

OPÉTIOLE, *Opetiola*. (*Bot.*) Genre de plantes monocotylédones, à fleurs dioïques, de la famille des *aroïdes*, offrant pour caractère essentiel : Des fleurs dioïques; les fleurs mâles inconnues; les femelles privées de calice et de corolle; un chaton simple, pédonculé, parsemé de fossettes qui renferment des semences fort petites, globuleuses, marquées d'une cicatrice au sommet.

Opétiole des Indes; *Opetiola myosuroides*, Gærtn., *De fruct.*, 1, pag. 14, tab. 2. Plante des Indes orientales, jusqu'à présent imparfaitement connue, dépourvue de tige ou qui n'en a qu'une très-courte. Ses feuilles sont entassées, roides, glabres, à trois nervures, longues d'environ quatre pouces, larges de trois lignes à leur base; les intérieures un peu plus courtes; les fleurs dioïques; les femelles, seules connues, sont disposées en épis axillaires dont celui du centre très-court, presque sessile; les autres pédonculés, presque de moitié plus courts que les feuilles; les pédoncules sont triangulaires d'un côté, plans de l'autre, marqués d'une strie longitudinale, de couleur de rouille à leur base. Les axes sont un peu plus épais que les pédoncules, engainés à leur base par une ou deux folioles en forme d'enveloppe. Le chaton est très-simple, cylindrique, aigu, percé de fossettes oblongues, où sont placées des semences nombreuses, très-petites, d'un blanc pâle. (Poir.)

OPETYORYNCHOS. (*Ornith.*) Voyez Ophie. (Ch. D.)

OPHASSUM. (*Mamm.*) Ce mot, qu'on trouve dans l'ouvrage de Jean de Laët, est synonyme d'*opossum*. (Desm.)

OPHÈLE, *Ophelus*. (*Bot.*) Genre de plantes dicotylédones, à fleurs complètes, polypétalées, de la famille des *malvacées*, de la *monadelphie polyandrie* de Linnæus, très-voisin de l'*adansonia*, offrant pour caractère essentiel : Un calice simple, campanulé, à cinq découpures; cinq pétales; un grand nombre de filamens réunis en tube à leur base, étalés à leur sommet; plusieurs stigmates subulés; une grosse baie à douze loges polyspermes, revêtue d'une écorce ligneuse.

Ophèle a gros fruits; *Ophelus sicularius*, Lour., *Flor. cochin.*, 2, pag. 501. Arbre très-fort, mais peu élevé, des côtes orientales de l'Afrique. Son tronc est court, épais, soutenant une cime étalée, divisée en rameaux recourbés, garnis de feuilles pétiolées, éparses ou rapprochées, glabres, alongées, aiguës, très-entières; les fleurs sont blanches, terminales, solitaires, très-étalées, ayant un calice fort ample, campanulé, à tube court, et divisions du limbe étalées, aiguës, réfléchies à leur sommet; la corolle est blanche, large de trois pouces; les pétales sont ovales, épais, plus longs que le calice, réfléchis en dehors; les filamens des étamines réunis à leur base en un large tube, libres à leur partie supérieure, formant une tête sphérique, plus courte que la corolle; les anthères petites, arrondies; l'ovaire est supérieur, ovale; le style épais, plus long que les étamines; des stigmates nombreux. Le fruit est une très-grosse baie brune, longue d'un pied et plus, oblongue, revêtue d'une écorce ligneuse un peu mince et très-lisse, contenant plusieurs semences anguleuses. L'écorce de ce fruit est d'un grand usage parmi les indigènes; ils en forment des vases pour conserver les liqueurs, les légumes, etc., des seaux pour puiser de l'eau. (Poir.)

OPHÉLIE, *Ophelia*. (*Chétopodes.*) Genre de néréidées établi par M. Savigny dans son Prodrome de la classification méthodique des annelides de M. de Lamarck, page 58, pour une espèce de la section des néréides proboscidées ou non dentées, qui a deux paires de tentacules courts, sans tentacules latéraux; deux paires d'yeux; des appendices locomoteurs biramés, et une trompe courte avec des plis longitudinaux, dont le supérieur plus marqué est comprimé en crête dentelée vers son orifice. Voyez NÉRÉIDES, tom. XXXIV, pag. 445. (DE B.)

OPHELUS. (*Bot.*) Ce genre, de la Flore de la Cochinchine, de Loureiro, a été réuni par Willdenow au BAOBAB, *adansonia*, dont il ne diffère que par son fruit en douze loges, au lieu de dix, et par ses feuilles simples. Voyez OPHÈLE. (J.)

OPHIBASE. (*Min.*) De Saussure a proposé de donner ce nom au minéral qui forme la pâte homogène de la roche nommée porphyre vert, ou mieux OPHITE. Voyez ce mot. (B.)

OPHICALCE. (*Min.*) Les roches mélangées, à base calcaire, sont nombreuses, et présentent entre elles des différences assez importantes, et surtout assez constantes, pour qu'on les divise en plusieurs sortes. Je les ai autrefois[1] divisées en trois

---

[1] En 1813. Essai d'une classification des roches mélangées. (Journ. des mines, Juillet, n.° 199.)

sortes ou espèces, le cipolin, l'ophicalce et le calciphire. La première et la dernière ont été traitées dans ce Dictionnaire. La description de cette troisième sorte complétera à peu près leur histoire et fera connoître les caractères différentiels de ces trois roches; elle fera voir en même temps que ces différences ne sont pas seulement minéralogiques, mais qu'elles sont souvent en rapport avec les circonstances de gisement, si nous avions à traiter du gisement des roches dans ces articles, uniquement consacrés à leur description minéralogique.

L'Ophicalce est une roche formée par cristallisation, dans laquelle un des principes est dominant. C'est une roche à base, et le calcaire étant généralement la partie dominante, peut être considéré comme base.

Cette *base* calcaire est mêlée avec de la serpentine, du talc, de la chlorite, et enveloppe même souvent ces minéraux. La *structure* est donc empâtée.

C'est une roche d'une composition assez constante. Il s'y introduit très-peu de *parties accessoires*. Ce sont quelquefois des fragmens de phyllade, de schiste argileux, des filamens d'asbeste, de petits amas de fer oxidé ou oxidulé, etc.

La *texture* du calcaire qui forme la base de l'ophicalce est ordinairement lamellaire, quelquefois grenue, quelquefois presque compacte, mais avec un degré de translucidité qui indique un calcaire cristallisé confusément et non formé par voie de sédiment.

La *structure* ou disposition des parties de la roche entre elles est tantôt brouillée, les veines ou lames de talc ou de serpentine traversent la roche dans tous les sens et y forment des réseaux irréguliers, tantôt amygdaline, c'est-à-dire que le calcaire est en petites masses ovoïdes, enveloppées de toute part de serpentine, comme le seroient des amandes dans une pâte peu abondante.

Les parties sont généralement de *formation* simultanée; leur entrelacement l'indique. Il paroît cependant que dans quelques cas la formation ou cristallisation du calcaire est un peu antérieure à celle de la serpentine, la forme angulaire des morceaux semble l'indiquer; mais la liaison de ces morceaux avec la pâte, prouve qu'il y a une liaison chimique entre ces parties.

Relativement à la *cohésion* des parties, elle est souvent assez grande pour que la roche résiste avec une certaine force au choc ou à la pression.

La *cassure* est droite, unie, rarement raboteuse.

L'ophicalce a pour maximum de *dureté* celle du calcaire saccaroïde; mais le talc ou la serpentine ayant une dureté inférieure et une texture très-différente de celle du calcaire, cette roche ne reçoit jamais qu'un poli inégal.

Les *couleurs* dominantes de l'ophicalce sont : le mélange de rouge ou rose sale, avec le vert souvent foncé; quelquefois assez pur et quelquefois pâle ou même grisâtre; les parties calcaires sont dans certains cas ou blanches ou grises.

Les couleurs y sont disposées par veines ou veinules formant des réseaux irréguliers, soit à mailles angulaires, soit à mailles arrondies.

Les ophicalces sont attaquées par les *acides*, qui dissolvent le calcaire avec effervescence et laissent la serpentine en lignes saillantes sur le morceau exposé à cette action.

Ces roches sont souvent *très-altérables* par les météores atmosphériques, mais pas dans leur entier. Le calcaire résiste à ce genre d'altération, mais les parties serpentineuses sont facilement désagrégées et forment sur les surfaces polies ou seulement unies, des réseaux enfoncés qui détruisent le poli, et permettent à la roche de se diviser assez facilement.

Les ophicalces *passent* au calceschiste, au cipolin, au calcaire saccaroïde et au calcaire compacte.

Ces roches sont *employées* comme marbre, mais plutôt dans l'intérieur des appartemens qu'à l'extérieur; leur facile altération par les météores atmosphériques leur faisant perdre assez promptement d'abord leur poli, ensuite leur cohésion.

Le nom d'*ophicalce* indique les minéraux simples, la serpentine et le calcaire qui, par leur mélange, constituent essentiellement cette roche.

Variétés.

1. Ophicalce réticulée. Des noyaux ovoïdes de calcaire compacte fin, serrés les uns contre les autres, et liés par un réseau de serpentine talqueuse.

Exemples. C'est une roche très-répandue dans les Pyrénées, dans les Alpes, dans le Harz, etc. : elle se présente partout avec les caractères qu'on vient de lui assigner, ne renferme aucun débris de corps organisés.

Le marbre de Campan, dans la vallée de ce nom, sur le versant françois des Pyrénées moyennes. Le calcaire de Furstenberg, dans le Harz. Dans la montagne de la Musels, au val S. Christophe, département de l'Isère, les amandes calcaires sont grises ou rougeâtres avec la texture saccaroïde.

2. OPHICALCE VEINÉE. Des taches irrégulières de calcaire blanc, gris, rougeâtre, liées, séparées et traversées par des veines vertes de talc et de serpentine, et par des veinules blanches de calcaire spathique.

Exemples. Les marbres dits *vert antique* et *vert de mer;* la roche nommée *polzevere,* du nom de la *polzevera,* petite rivière de la côte de Gênes.

Le marbre dit *vert de Suze.* Il renferme un peu d'asbeste.

Cette variété passe à l'ophiolite calcaire.

3. OPHICALCE GRENUE. Talc ou serpentine disséminée dans un calcaire saccaroïde ou même lamellaire. Il n'y est point en lits. La roche a une structure massive et non une structure schistoïde; c'est ce qui la distingue du cipolin.

Exemple. Du mont Saint-Philippe, près Sainte-Marie-aux-Mines.

Elle renferme éventuellement du mica. (B.)

OPHICARDELOS. (*Min.*) Cette pierre, désignée par Pline comme montrant deux lignes blanches seulement entourant une partie noire, étoit probablement une agathe onyx à deux seules couches blanches. Voyez ONYX. (B.)

OPHICÉPHALE, *Ophicephalus.* (*Ichthyol.*) D'après les mots grecs οφις, *serpent,* et κεφαλη, *tête,* Bloch a formé le nom d'ophicéphale pour désigner un genre de poissons osseux holobranches, qui appartient à la famille des léiopomes, dans le sous-ordre des thoraciques, et que l'on reconnoît aux caractères suivans :

Catopes sous les nageoires pectorales; corps épais, comprimé légèrement, et entièrement couvert, comme la tête, qui est déprimée, obtuse et courte de l'avant, par de grandes écailles polygonales, irrégulières sur le vertex et rappelant un peu la forme de celles de

*la tête des serpens; gueule fendue; dents en râpe et en rang simple;
nageoire dorsale unique et fort longue; opercules lisses.*

A l'aide de ces caractères on distinguera, au premier abord, les Ophicéphales des Spares, des Diptérodons, des Mulets, qui ont deux rangs de dents, des Hologymnoses, dont les écailles sont peu distinctes, des Chéilines et des Labres, qui ont le museau comprimé; des Chéilions, dont la tête n'est point couverte de plaques; des Gomphoses, dont le museau est prolongé en pointe. (Voyez ces différens noms de genres et Léiopomes.)

Le genre Ophicéphale ne renferme encore que deux espèces.

Le Karruwey: *Ophicephalus karruwey*, Lacép.; *Ophicephalus punctatus*, Bloch, 358. Mâchoires égales; dents petites et pointues; ventre court; ligne latérale droite; nageoire caudale arrondie; teinte générale d'un blanc sale avec une multitude de points noirs et l'extrémité des nageoires noire aussi.

Ce poisson, dont la taille s'étend de sept à onze pouces, fréquente les rivières de la partie orientale de la presqu'île de l'Inde et particulièrement du Kaiveri. Il fraie dans les lacs vers la fin du printemps ou au milieu de l'été, quand les eaux, qui descendent des montagnes de Gote, viennent à inonder les campagnes.

On le recherche parce que sa chair est saine et d'une saveur agréable.

Le Wrahl, *Ophicephalus striatus*, Bloch, 359. Dos d'un vert noirâtre; ventre d'un jaune blanchâtre avec des bandes transversales étroites, jaunes et brunes.

Cet ophicéphale atteint quelquefois la taille de quatre pieds. Il vit dans les eaux des rivières et des lacs de la côte de Coromandel et spécialement du Tranquebar. Quoiqu'il s'y tienne caché dans la vase et enfoncé dans le limon, sa chair est estimée des gourmets.

Le karruwey et le wrahl présentent une disposition anatomique qui leur est commune avec les muges et les osphronèmes. A leurs os pharyngiens tient un appareil compliqué et propre à arrêter la circulation du limon que l'eau, nécessaire à leur respiration, pourroit entraîner avec elle dans la cavité branchiale. (H. C.)

, OPHICHTHES. (*Ichthyol.*) M. le professeur Duméril a donné ce nom au huitième et dernier ordre des poissons osseux, lequel renferme ceux de ces animaux qui n'ont ni opercules, ni membranes des branchies, et qui sont privés de catopes.

Le corps des ophichthes est alongé, arrondi et semblable à celui des serpens. Ils ont été, pour la plupart, rangés autrefois dans le grand genre des Murènes, et leur organisation les en rapproche en effet beaucoup. Presque tous aussi habitent les climats chauds.

Le tableau suivant donnera une idée des divers genres qui composent cet ordre et qui, en général, ont été établis par M. le comte de Lacépède.

Ordre des Ophichthes.

Ouvertures des branchies	latérales; nageoires impaires	existant et	très-apparentes.	MURÉNOPHIS.
			peu apparentes.	GYMNOMURÈNE.
		n'existant pas.........		MURÉNOBLENNE.
	placées sous la gorge avec un orifice	unique..		UNIBRANCHAPERTURE.
		double...		SPHAGEBRANCHE.

Voyez ces différens noms de genres. (H. C.)

OPHICHTHYCHTHES. (*Ichthyol.*) Voyez OPHICHTHES. (H.C.)

OPHIDIE. (*Ichthyol.*) Voyez DONZELLE et FIERASFER. (H. C.)

OPHIDIENS. (*Erpétol.*) M. Alexandre Brongniart, le premier, a donné ce nom à un ordre des reptiles, qui comprend les animaux désignés par Linnæus sous l'appellation collective d'*amphibia serpentes*, et qui, dans la classe des vertébrés, sont, sans contredit, ceux qu'il est le plus facile de distinguer par des caractères non équivoques et par des signes communs tirés de leur conformation et de leurs habitudes.

Le mot *ophidiens* est d'origine grecque. Il dérive de ὄφις, nom par lequel Aristote, avec tous ses compatriotes, désignoit un serpent, et de εἶδος, qui signifie *forme, figure.*

L'ordre des ophidiens, qu'ont adopté MM. Cuvier et Duméril, ainsi que la plupart des erpétologistes modernes, est très-naturel. Ses caractères généraux sont les suivans :

Corps alongé, étroit, sans pattes, ni nageoires; point de paupières mobiles, ni de tympans distincts; des dents aux mâchoires; tégumens formés par des écailles ou par une peau annelée, coriace ou granuleuse.

En ne considérant que leurs caractères extérieurs, les animaux de l'ordre des ophidiens ont été, d'une manière commode pour l'étude, groupés en deux familles divisées chacune, d'ailleurs, en plusieurs genres.

Les uns ont la peau nue ou bien également écailleuse en dessous, et les mâchoires soudées : ce sont les Homodermes.

Les autres ont la peau couverte en dessus de petites écailles et en dessous de larges plaques cornées ; leur mâchoire supérieure est constamment composée de deux branches, qui peuvent s'écarter, ainsi que dans l'inférieure ; on les appelle Hétérodermes.

Les premiers sont innocens, et, en général, de petite taille. Ils ne se nourrissent que d'insectes ou de très-petits animaux.

Parmi les seconds se trouvent beaucoup d'espèces venimeuses et d'autres qui atteignent de très-grandes dimensions. Tous peuvent avaler des animaux plus gros que leur propre corps. (Voyez nos articles Erpétologie, Hétérodermes, Homodermes et Serpent.)

Un examen superficiel suffit habituellement pour distinguer immédiatement un ophidien de tout autre reptile. Cependant il en est quelques-uns auxquels, sans une certaine attention, on pourroit trouver des rapports avec des espèces appartenant à des genres plus ou moins éloignés. S'ils se distinguent des chéloniens par l'absence des membres et par la présence de deux pénis ; des batraciens, par le défaut de métamorphoses ; des sauriens, par le défaut de paupières ; des poissons, par celui des branchies ; ils s'en rapprochent néanmoins dans beaucoup de points. C'est ainsi que l'*emys longicollis* de Shaw les lie aux premiers ; la *cécilie*, aux seconds ; l'*orvet*, aux troisièmes ; les *hydrophis* et les *pélamides*, aux derniers.

Il est donc indispensable à toute personne qui veut approfondir l'histoire de ces animaux, d'étudier avec soin leur organisation intérieure et d'établir, à l'aide de celle-ci les points de comparaison propres à éclairer la théorie de leur classification.

1.º *Organes de la Locomotion dans les Ophidiens.* La progression, chez ces animaux, s'opère à l'aide de sinuosités et de sauts exécutés dans l'eau et sur la terre, par une véritable *reptation*, ainsi que par la faculté dont plusieurs jouissent, de s'entortiller et de grimper, en conséquence, autour des branches.

La reptation des ophidiens consiste dans une impulsion du corps en avant ou en arrière par un mouvement alternatif d'une ou de plusieurs de ses parties inférieures contre le sol, soit que ce mouvement ait lieu par ondes verticales, comme dans la couleuvre d'Esculape, soit qu'il s'exécute par des ondes horizontales, comme dans la couleuvre à collier, soit que la partie postérieure seule du corps y contribue, tandis que sa région antérieure est redressée verticalement, comme dans le naja, ou qu'il s'opère en glissant par une série de petites ondulations dues au rapprochement et à l'écartement alternatifs des plaques transversales de l'abdomen et de la queue, comme dans la couleuvre fil, ou à une action analogue des anneaux du corps, comme dans les amphisbènes.

Quand ils se reposent sur la terre, ils forment avec leur corps plusieurs ronds, placés les uns au-dessus ou autour des autres et surmontés par la tête. C'est par le déploiement subit de tous ces ronds, ou d'une partie d'entre eux seulement, que, quoique privés de pieds, ils viennent à bout de sauter et de s'élancer.

Les espèces qui, comme la couleuvre à collier et les pélamides, se soutiennent dans l'eau, nagent à la surface de ce fluide, en respirant au dehors et par des ondulations verticales.

Les muscles des ophidiens sont doués d'une force de contraction vraiment prodigieuse. Le boa devin, en se roulant autour d'eux, étouffe de fort gros quadrupèdes entre ses replis, qu'on peut comparer à des nœuds serrés ; ce que fait aussi pour les gros écureuils de l'Amérique septentrionale, la couleuvre lien, qui, d'ailleurs, selon Catesby, court avec une agilité inconcevable sur les toits des maisons en Caroline. Cette puissance musculaire nous explique en partie pourquoi les Anciens, dans leurs traditions mythologiques, si souvent fondées sur des observations exactes, ont fait de la force l'attribut du serpent, pourquoi ils ont supposé qu'Achélaüs, pour combattre Hercule, avoit revêtu la forme de ce reptile. C'est aussi, sans doute, son agilité et la promptitude de ses mouvemens qui l'ont fait choisir dès l'origine de la civilisation des Égyptiens et des Grecs, pour le symbole de la vitesse du Temps et de la rapidité avec laquelle les années roulent à la suite les unes des autres; pour l'emblême de Saturne, pour celui de l'Éternité, qui n'a ni commencement, ni fin, comme le cercle parfait que formeroit cet animal en se mordant la queue.

Les pièces principales du squelette des ophidiens, d'ailleurs, présentent des modifications que l'on ne retrouve point dans les autres animaux vertébrés. Ils manquent de sternum et d'os du bassin, par exemple, sans parler de ceux des membres. Leur rachis est composé de vertèbres, qui ont, à peu près, la même forme depuis la tête jusqu'à la queue.

Parmi ces vertèbres, dont le nombre est considérable, les unes portent des côtes, et l'on en compte, chez certaines espèces, comme la couleuvre à collier et le boa, plus de deux cents, tandis que les autres, dont la quantité peut s'élever à cent douze, ainsi que dans le premier des ophidiens que nous venons de citer, appartiennent à la queue et n'ont aucune connexion avec le reste du squelette, c'est-à-dire avec les côtes.

On peut néanmoins distinguer à chacun de ces os, dont l'ensemble constitue presqu'à lui seul le squelette, un *corps* et des *apophyses épineuses, articulaires* et *transverses*.

Les premières de ces apophyses, qui règnent tout le long du dos, sont séparées les unes des autres dans les boas, tandis que dans les crotales elles sont si larges qu'elles semblent se toucher par leurs bords voisins. Sur les vertèbres de la queue, elles sont remplacées par des tubercules, chez tous les ophidiens en général.

Les apophyses articulaires sont imbriquées et se recouvrent à la manière des tuiles.

La face supérieure du corps porte donc une épine très-aiguë, dirigée vers la queue et qui borne le mouvement seulement alors qu'il pourroit produire une luxation, sans le gêner d'ailleurs. Mais sa face antérieure présente un tubercule hémisphérique, qui est reçu dans une cavité correspondante de la vertèbre qui précède, en sorte que chaque vertèbre est articulée par énarthroses en genou avec celle qui la suit et avec celle qui la précède. Un pareil mode d'articulation explique très-bien la nature des mouvemens exécutés par les ophidiens.

Quoique articulée par un condyle saillant et à trois facettes disposées en trèfle, la tête, chez les ophidiens, n'est pas plus mobile sur l'atlas que les autres vertèbres ne le sont entre elles.

2.° *Organes de la Sensibilité chez les Ophidiens.* Comme celle de tous les reptiles, la sensibilité de ces animaux est obtuse, et cet attribut remarquable de la puissance vitale peut, chez eux, paroître en apparence détruit durant un temps souvent fort long, comme pendant l'hiver, où ils tombent dans un engourdissement absolu. Mais, par contre, leur irritabilité est vraiment étonnante. Leur cœur palpite encore long-temps après avoir été arraché de sa place, et ils ouvrent et referment la gueule lors même que leur tête est déjà séparée du tronc depuis plusieurs heures. Redi et Boyle ont vu des serpens donner encore quelques signes de la conservation de cette faculté après un séjour de vingt-quatre heures environ dans le vide. Le serpent à sonnettes, qu'Edwards Tyson eut occasion de disséquer jadis, paroissoit vivre encore plusieurs jours après que sa peau eût été déchirée et qu'on lui eût enlevé la plupart de ses viscères.

Ces faits semblent propres à faire croire que c'est moins du cerveau que des nerfs que les ophidiens empruntent leur sensibilité.

Leur tête, quoique très-volumineuse dans beaucoup d'espèces, n'est formée qu'en petite partie par le crâne, qui embrasse étroitement l'encéphale. Elle loge, d'ailleurs, les organes des sens et donne attache aux muscles destinés à mouvoir les mâchoires et elle-même sur le rachis.

Leur crâne s'avance entre les orbites, comme dans les grenouilles. Il offre deux frontaux presque carrés et un seul pariétal. L'occipital présente une apophyse dirigée en arrière et portant un os particulier, mobile et articulé avec la mâchoire inférieure et avec les arcades qui forment la supérieure. La fosse sus-sphénoïdale est un peu enfoncée, mais elle n'est point limitée par des apophyses clinoïdes.

Leur cerveau ne pèse guère que la sept centième ou la huit centième partie du reste du corps. Toutes ses régions sont lisses et sans circonvolutions. Ses deux hémisphères forment ensemble une masse plus large que longue. Les couches optiques, creusées chacune par un ventricule, sont presque globuleuses et placées en arrière de ceux-ci, qui ne les recouvrent point et ont deux fois plus de volume qu'elles.

Leur cervelet, très-petit et aplati, a la figure d'un segment de cercle.

Leur nerf olfactif n'offre point de bulbe sensible et provient de l'extrémité antérieure de l'hémisphère.

L'origine de leurs autres nerfs n'offre aucune particularité. Mais tous ceux de ces organes qui dépendent du système cérébro-spinal, sont, comme dans les chéloniens et les batraciens, très-gros, relativement au cerveau. Du reste, ils ne présentent rien autre chose de véritablement notable.

Tous les ophidiens ont deux yeux placés latéralement à droite et à gauche de la tête.

Ces yeux sont dépourvus en apparence de paupières. Un léger rebord, formé par la peau, semble les protéger seulement. Le fait a été remarqué de tout temps; car, dans ses immortels écrits, Aristote signale positivement cette prétendue absence des voiles mobiles et protecteurs de l'organe de la vision chez les serpens, et son opinion a été partagée à diverses époques par les anatomistes et les zoologistes, même par M. Cuvier. Néanmoins, des recherches récentes, entreprises par mon frère et vérifiées par ce dernier savant et par M. Duméril, ont démontré que l'œil des ophidiens est recouvert par une paupière unique, fort grande, immobile, qui paroît comme enchâssée dans un cadre saillant que forme, autour de l'orbite, un nombre variable d'écailles, mais le plus ordinairement de sept à huit.

Il existe un cul-de-sac circulaire peu profond entre ce cadre et la paupière, qui est elle-même composée de trois feuillets membraneux, superposés.

Le premier de ces feuillets est une lame épidermique, élastique, plus épaisse au centre qu'à la circonférence, qui se continue insensiblement avec la cuticule du rebord écailleux de l'orbite. Lui seul se détache et tombe avec le reste de l'épiderme, à l'époque de la mue.

Le second est très-fin, mou, parfaitement transparent au centre.

Le troisième est formé par la conjonctive, qui représente

un grand sac sans ouverture extérieure, comme chez ces individus de l'espèce humaine où l'on observe la particularité
de structure décrite par les pathologistes sous la dénomination d'*ankyloblépharon*.

Cette membrane conjonctive revêt les deux tiers antérieurs
du globe de l'œil, auquel elle adhère intimement, et une partie
des muscles moteurs de l'organe, ainsi que la glande lacrymale,
dont les conduits semblent la traverser en arrière. En avant et
en bas, elle est percée d'un trou ou pore arrondi, d'un *point
lacrymal unique*, qui se continue avec un conduit membraneux, très-mince, transparent. Celui-ci s'engage dans une ouverture infundibuliforme que lui présente l'os unguis, passe
dans la paroi externe des fosses nasales et va s'ouvrir à la partie
antérieure d'une grande poche anfractueuse, qui reçoit les
larmes et les transmet dans la bouche.

Quant à la glande lacrymale, dont l'existence chez les
ophidiens a été niée généralement jusque dans ces derniers
temps, elle est volumineuse dans beaucoup d'espèces et logée
dans l'orbite derrière le globe de l'œil. Sa forme est triangulaire; sa face externe est recouverte par la peau, qui lui adhère
peu; l'antérieure envoie à la conjonctive des filamens déliés
et transparens, qui paroissent être les conduits excréteurs de
l'organe. Elle est enveloppée par une membrane cellulaire très-
mince et composée d'une multitude de granulations arrondies, blanchâtres, assez volumineuses, réunies entre elles au
moyen de vaisseaux et de nerfs qui la pénètrent par sa face
interne.

Dans la plupart des serpens dont les mâchoires sont armées
de crochets venimeux, les voies lacrymales présentent une
modification notable, en cela que le canal lacrymal verse immédiatement les larmes dans les fosses nasales, sans les déposer
dans le sac ou réservoir intermaxillaire que nous avons décrit.

Chez tous, en général, malgré l'existence du fluide sécrété
par l'appareil dont il s'agit, l'œil, constamment fixe d'ailleurs,
est toujours sec à sa surface.

Ainsi que les autres reptiles, les ophidiens ont un organe
d'audition composé d'un sac vestibulaire, d'un vestige de li-
maçon et de trois canaux demi-circulaires; mais aucun d'eux
ne présente d'ouverture extérieure, ni de pavillon pour

l'oreille. La caisse du tympan elle-même semble manquer, ainsi que la membrane qui la ferme; l'osselet unique que l'on y observe, touche, par son extrémité extérieure, à l'os qui supporte la mâchoire inférieure, est entouré par les chairs et va s'appliquer à la fenêtre par une platine concave, dont les bords sont irréguliers.

L'appareil destiné à la perception des sons est donc peu parfait chez ces animaux; aussi ne paroissent-ils pas avoir l'ouie très-fine.

Il en est de même du sens de l'odorat, dont, en eux, les organes semblent encore plus incomplets.

Leurs narines sont courtes, peu développées, simples ordinairement et situées à l'extrémité ou sur les côtés du museau. Chez quelques espèces, comme l'ammodyte et la couleuvre nasique, elles se prolongent de manière à représenter une sorte de nez. Leurs fosses nasales n'offrent rien que l'on puisse comparer aux sinus qui sont creusés, comme des annexes, dans les os de la tête chez les mammifères et les oiseaux. Les lames saillantes qui divisent l'intérieur de ces cavités, n'ont point été décrites d'une manière satisfaisante. Quant à la membrane pituitaire, elle est garnie d'un rets de vaisseaux noirâtres.

Les crotales et quelques autres serpens venimeux ónt, au-dessous et en arrière de chaque narine, un trou borgne, assez profond, et dont l'usage est inconnu.

Le sens du goût est, dans les animaux dont nous faisons l'histoire générale, très-foible, et peut-être moins développé encore que celui de l'olfaction.

La langue des ophidiens est, en effet, singulièrement extensible et se termine par deux longues pointes qui, quoique très-mobiles, sont demi-cartilagineuses et cornées. Sa surface est lisse, quoique molle et humide. Cet organe paroit ici plutôt destiné à saisir les alimens qu'à faire percevoir les saveurs. Il sert plus à la déglutition qu'à la gustation, et cela devoit être ainsi, puisque chez ces animaux il n'y a point de mastication. Dans l'état de repos, il est le plus souvent renfermé dans un fourreau membraneux.

Chez eux, du reste, le toucher existe dans toutes les parties du corps qui peuvent embrasser les objets; mais il est émoussé par les écailles et par l'épiderme de corne qui les enveloppent de toutes parts. Cet épiderme s'enléve au moins une fois tous les ans, en entrainant même avec lui le feuillet membraneux le plus superficiel de la paupière, et l'animal s'en débarasse en une seule pièce sous la forme d'une espèce de fourreau ou de gant retourné, qui offre en dehors le côté qui étoit en dedans alors que le corps en étoit recouvert.

Le corps muqueux, qui existe sous les écailles, a des couleurs très-vives et très-variées chez les ophidiens, dont les tégumens n'offrent, d'ailleurs, aucune apparence du tissu papillaire qui fait partie de la peau de l'homme et de tant d'autres animaux vertébrés, mais qui ont pour base un derme très-fort et très-épais, placé au-dessous des écailles, c'est-à-dire, de certains compartimens de la peau entre lesquels s'enfonce et se moule l'épiderme, et dont la figure et la disposition varient beaucoup suivant les espéces.

Une espèce de cécilie a deux petits barbillons auprès des narines. L'erpéton de Lacépède offre deux tentacules sur le museau. L'ammodyte a sur le nez une petite éminence charnue ; le céraste a une corne mobile au-dessus de chaque œil. Peut-on considérer tous ces appendices comme des organes de taction ?

3.° *Organes de la Nutrition dans les Ophidiens*. Ces reptiles, qui se nourrissent de chair vivante et d'insectes, de vers, de mollusques, qui ne boivent point et qui ne sauroient sucer, digèrent lentement et mangent rarement, surtout dans la saison froide. Un repas leur suffit souvent pour quelques semaines, et l'on a, dit-on, gardé des couleuvres et des vipères pendant plus de six mois sans leur donner aucun aliment et sans leur rien voir perdre de leur activité. Cependant, quand ils en trouvent l'occasion, ils engloutissent à la fois une masse énorme de nourriture. Tous les jours nous pouvons voir sur les bords herbus des mares de nos bois, la couleuvre à collier avaler des crapauds et des grenouilles, dont le corps est d'un plus grand diamètre que le sien propre, ou s'emparer dans nos vergers, dans nos jardins, des souris, des rats et des mulots.

Dans les colonies des Hollandois aux Indes orientales, André Cleyer a acheté des chasseurs du pays un énorme serpent, dans le corps duquel il a trouvé un cerf de moyen âge, encore tout entier avec sa peau et ses membres, tandis qu'un autre individu de la même espèce, également examiné par lui, renfermoit un bouc sauvage aves ses cornes, et qu'un troisième avoit évidemment avalé un porc-épic avec tous ses piquans. Il ajoute qu'une femme enceinte étoit également devenue la proie d'un reptile du même genre dans l'île d'Amboine, et que ce sort est parfois réservé aux buffles dans le royaume d'Aracan, sur les frontières du Bengale ; ce qui ne doit pas étonner, puisque le prince Maurice de Nassau-Siegen, l'un des gouverneurs du Brésil pendant le 17.ᵉ siècle, assuroit que des cerfs, d'autres mammifères non moins volumineux, et même une femme hollandoise, furent, sous ses yeux, dévorés de cette manière dans la région de l'Amérique méridionale où il commandoit. Le P. Gumilla, dans son Histoire de l'Orénoque, raconte des faits analogues d'un ophidien qu'il appelle *bujo*, et on peut lire le récit d'une foule d'autres dans les voyageurs et les naturalistes, dont les livres nous apprennent encore qu'on a vu des serpens employer plusieurs jours à avaler une grande proie, en sorte que la partie, qui étoit arrivée dans l'estomac, étoit déjà digérée avant que le reste fût entamé.

Nous trouverons bientôt des raisons propres à expliquer des particularités aussi étonnantes dans l'examen des organes de la déglutition chez les ophidiens.

Dans quelques serpens homodermes, comme l'acrochorde, le typhlops et l'amphisbène, les deux branches de la mâchoire inférieure sont soudées, et, par conséquent, ne peuvent se porter ni en avant ni en dehors. Elles sont courtes et articulées avec le condyle par leur point le plus postérieur. Ces reptiles ne vivent que de proies d'un petit volume.

Mais dans tous les serpens hétérodermes, les branches de la mâchoire inférieure sont simplement unies l'une à l'autre par un appareil ligamenteux, qui les rend mobiles et susceptibles de s'approcher ou de s'écarter à la volonté de l'animal, et l'articulation de cette mâchoire s'opère à peu près de la même manière que dans les oiseaux, c'est-à-dire qu'il n'existe point de condyle maxillaire, et qu'à l'extrémité postérieure de l'os est creusée une facette articulaire pour recevoir une éminence qui a beaucoup d'analogie avec l'os carré, et dont elle ne diffère que parce qu'elle n'est ni aussi mobile ni aussi libre.

Il résulte de cette disposition que la mâchoire inférieure de chaque côté peut non-seulement s'élever et s'abaisser, ouvrir et fermer la bouche, mais encore se porter en dehors.

Or, il auroit été difficile que les branches de la mâchoire inférieure se fussent écartées sans qu'en même temps il n'eût été permis à la supérieure de s'élargir. C'est, en effet, ce qui a lieu dans la plupart des cas, où l'on voit que la mâchoire supérieure est comme suspendue, distincte du crâne et sub-ordonnée aux mouvemens de la mâchoire inférieure, qui, par l'écartement de ses extrémités postérieures, oblige les arcades ptérygoïdiennes à s'écarter; mouvement qui, par le rappro-chement de leurs extrémités antérieures, entraîne simultané-ment en dehors les extrémités postérieures des arcades palatines et maxillaires, tandis que si, au contraire, les extrémités ar-ticulaires de cette mâchoire tendent à se rapprocher, les ex-trémités antérieures des mêmes arcades se portent en dehors et s'éloignent l'une de l'autre.

Dans les hétérodermes non venimeux, comme les boas et les couleuvres, tous les os de la mâchoire supérieure sont, à cet effet, mobiles sur le crâne.

Les os maxillaires supérieurs représentent deux longues branches osseuses, dans lesquelles les dents sont implantées. Ils font le bord extérieur de la fosse du palais. Ils sont, à la manière d'un levier du premier genre, articulés, vers leur partie moyenne, sur un petit os analogue au jugal, et qui forme le bord antérieur de l'orbite. A peu près vers ce même point, mais en dedans, ils portent une apophyse qui s'ap-puie et qui glisse sur l'arcade palatine. Cette double arthro-die leur donne la faculté d'exécuter un mouvement de bas-cule, et cela d'autant mieux que leur extrémité antérieure est libre et que la postérieure reçoit l'extrémité d'un os par-ticulier, qui sert à l'unir aux arcades palatines.

Celles-ci sont deux branches osseuses, intérieures, formées de deux parties : une *antérieure*, libre en devant et articulée en arrière avec une tige osseuse qui se porte vers l'articu-lation de la mâchoire inférieure, en dehors avec l'os particu-lier qui l'unit à l'arcade maxillaire, en dessus sur la base du crâne, au-devant des orbites ; et une autre *postérieure*, analogue à la lame ptérygoïdienne et unie en devant avec l'extrémité postérieure de la première portion, en arrière avec la mâchoire inférieure du côté interne, en dehors avec l'os qui la joint à l'arcade maxillaire.

Les os incisifs ne portent point toujours des dents, et quelquefois même, ainsi que cela a lieu chez les boas, ils ne réunissent pas les os maxillaires supérieurs.

Enfin, un dernier os palato-maxillaire encore, à peu près cylindrique dans son milieu, aplati à ses extrémités, est articulé en dehors avec l'extrémité postérieure de l'arcade maxillaire, en dedans avec la partie moyenne et externe de la région ptérygoïdienne de l'arcade palatine.

Les hétérodermes à crochets venimeux offrent une nouvelle modification, parce que chez eux non-seulement les mâchoires peuvent s'écarter, mais encore parce que leurs os maxillaires supérieurs sont susceptibles de se porter en avant. Les arcades palatines sont très-courtes, entièrement dirigées en avant, et ne supportent que les dents venimeuses. Un os intermédiaire, en se portant au-dessus du maxillaire supérieur, qui est articulé lui-même au-devant de l'orbite sur l'os de pommette, court et mobile, les unit aux arcades ptérygoïdiennes, de sorte que, par le mouvement de la mâchoire inférieure en avant, l'arcade palatine, entraînée dans cette direction, chasse devant elle l'os qui l'unit à la maxillaire; laquelle, extrêmement mobile, se redresse aussitôt et se porte en avant, en jouant sur l'os de la pommette.

C'est évidemment à la conformation que nous venons de décrire que le plus grand nombre des ophidiens doivent la faculté singulière de dilater leur gueule au point d'avaler des corps plus gros qu'eux, comme nous l'avons dit ci-dessus.

Les muscles qui opèrent cette dilatation, méritent d'être connus et offrent de nombreuses particularités.

Tous ceux de la mâchoire inférieure sont cachés dans l'épaisseur des lèvres, et font, de chaque côté, le tour de la bouche. L'un d'eux, qui paroit remplacer le masséter, plus fort et constituant le bord antérieur de la commissure des lèvres, vient, dans une grande étendue, se terminer au bord supérieur de la branche sous-maxillaire, après avoir pris naissance par une forte aponévrose sur la bourse tendineuse qui renferme la vésicule à venin. On trouve immédiatement derrière lui l'analogue du temporal, lequel n'est qu'une bandelette charnue, qui se confond en bas avec le précédent et descend d'une échancrure pratiquée derrière l'orbite. Plus en arrière encore, sur toute la partie inférieure de l'os carré, existe un muscle particulier, accessoire du temporal et du masséter, tandis que l'analogue du digastrique occupe toute la longueur de la partie postérieure du même os carré, et vient se terminer à l'apophyse la plus postérieure de la branche de la mâchoire, au-delà de son articulation.

Il est facile de concevoir que les deux premiers des muscles qui viennent d'être indiqués tendent à rapprocher les deux mâchoires l'une de l'autre et à fermer la gueule.

Quant à ceux qui agissent sur la mâchoire supérieure, ils sont en plus grand'nombre. L'un d'eux, très-charnu, naît de la capsule qui entoure l'articulation de la mâchoire avec l'os carré, et vient s'épanouir sur la bourse des dents venimeuses et sur l'apophyse postérieure de l'os maxillaire, de manière qu'en se contractant, il doit porter en bas les crochets lorsqu'ils ont été redressés. Deux autres, dirigés en sens inverse, sont situés entre la ligne moyenne de la base du crâne et les arcades palatines. Le premier, sous-cutané, produit la protraction de l'os maxillaire ou le redressement des crochets et le rétrécissement de la bouche par le rapprochement des deux arcades intérieures. Le second, plus mince et situé au-dessus de lui, est destiné à ramener en arrière toute la masse de la mâchoire supérieure, en produisant en même temps le rapprochement des deux branches qui la forment. C'est ainsi qu'en mordant les corps, les serpens peuvent tordre la bouche, en même temps qu'ils la dilatent outre mesure.

Tous les ophidiens, au reste, ont la gueule garnie de dents; mais ces dents ne leur servent jamais à mâcher; elles ne sont propres qu'à retenir la proie. Les muscles, consacrés à mouvoir la charpente osseuse qui les soutient, ne peuvent plus opérer de broiement; ils ont seulement la faculté d'élever, d'abaisser, d'écarter, de rapprocher, de porter en avant ou en arrière.

Quoi qu'il en soit, le tissu de ces dents n'offre rien de spécial. La portion osseuse en est dure et compacte; l'émail en est peu épais; jamais on observe de cément dans leur composition.

Dans les espèces non venimeuses ces ostéides sont coniques, crochus, très-pointus, dirigés en arrière, implantés tout le long de chacune des arcades maxillaires, palatines et mandibulaires, sur quatre rangs, par conséquent à la mâchoire supérieure et sur deux seulement à l'inférieure.

Leur nombre, toujours assez considérable, varie beaucoup.

Mais dans les espèces venimeuses la branche maxillaire porte seulement à son extrémité antérieure une dent creuse, ou plutôt un véritable crochet très-long et traversé par un canal pour l'écoulement d'un liquide empoisonné, dont nous ferons plus tard l'histoire; plus en arrière, elle renferme un assez grand nombre de germes de crochets analogues, cachés dans une large bourse, qui constitue la gencive, et destinés à remplacer successivement la dent visible lorsqu'elle est tombée. On ne trouve donc plus, dans la plus grande partie de la bouche, que les deux rangées de dents palatines et les deux rangées de la mâchoire inférieure, et le crochet lui-même, quand le serpent ne veut point s'en servir, reste caché dans un repli de la gencive.

Par suite du défaut de mastication, les glandes salivaires devoient constituer un appareil moins important dans l'organisation des ophidiens que dans celle des mammifères. Elles ne manquent, cependant, point toutes. On observe même que dans quelques genres, comme celui des couleuvres et des boas, il existe au-dessous de la peau, le long de la face externe des branches de la mâchoire inférieure, deux glandes alongées, granuleuses, dont l'humeur est versée au côté externe des dents correspondantes, et qui, dans les amphisbènes, sont logées immédiatement sous la langue, entre les muscles génio-glosses et génio-hyoïdiens.

Quant aux glandes qui sécrètent le venin dans beaucoup de serpens hétérodermes, on les trouve sur les côtés de chaque branche de la mâchoire supérieure, en arrière de l'orbite et presque au-dessous de la peau. Leur tissu est granuleux, comme celui des glandes salivaires, et deux muscles, destinés à redresser les crochets, les traversent d'avant en arrière, l'un en dehors, l'autre en bas, de sorte qu'ils ne peuvent agir sans comprimer la glande et chasser le venin dans son canal

excréteur, qui conduit celui-ci à la base des crochets, où il
pénètre par une fente dans un canal qui règne dans toute
leur étendue et s'ouvre vers la pointe obliquement en bec
de plume.

Lors donc que l'animal irrité mord sa victime, ses crochets
se redressent, pénètrent dans la chair et y déposent le poison
fatal, véritable germe de mort et de destruction; mais ils ne
méritent point, à proprement parler, le nom de *crochets mobiles*, par lequel certains naturalistes les ont désignés; ce ne
sont point eux qui se redressent, c'est, comme nous l'avons
vu, l'os maxillaire qui se meut.

Les ophidiens n'ont point d'épiglotte, et leur pharynx, seulement un peu plus large que l'œsophage, n'a aucun muscle
destiné à le mouvoir ou à lui faire changer de forme. La membrane muqueuse qui le tapisse, offre une foule de plis longitudinaux.

Leur œsophage, très-dilatable, conserve à peu près le même
diamètre dans toute son étendue, et ne se distingue pas bien
nettement de l'estomac, en sorte qu'il devient assez difficile
d'indiquer d'une manière précise la situation du cardia. La
membrane charnue de ce conduit est aussi très-peu marquée.

Leur estomac a simplement la forme d'un boyau un peu
plus large que le reste et sans courbure. Quand ses parois sont
contractées, sa membrane interne constitue des plis longitudinaux. Le pylore n'est marqué que par un léger rétrécissement et par une plus grande épaisseur des parois.

Par suite du genre d'alimens dont ils se nourrissent, le
canal intestinal de ces reptiles est fort court, et dans la couleuvre à collier, par exemple, il est à la longueur totale du
corps dans le rapport d'un à un et demi. Il est long et grêle
dans la première partie de son trajet, à laquelle succède un
intestin gros et court, dans l'intérieur duquel son extrémité
se prolonge en manière de rebord circulaire ou de valvule,
mais sans qu'aucun appendice marque le lieu de leur division.

Les parois du gros intestin sont presque toujours plus fortes
et plus épaisses que celles du petit. Il va en serpentant jusqu'au
rectum, mais, sans se détourner, et conserve à peu près le
même diamètre dans toute son étendue.

La tunique muqueuse forme, dans l'intestin grêle, de larges feuillets longitudinaux, plissés comme des manchettes. Elle est hérissée de rugosités et constitne des plis épais et irréguliers dans le rectum, dont l'extrémité se dilate en un cloaque arrondi.

Dans la plupart des espèces l'anus n'est qu'une fente transversale, placée sous l'origine de la queue et qui conduit dans le cloaque, sorte de réservoir commun des fluides ou des produits de la génération, de l'urine et des excrémens solides. Cet orifice a deux lèvres, dont l'une se meut contre l'autre et ferme l'ouverture à la manière d'un couvercle à charnière.

Le foie, long et cylindrique, n'a qu'un seul lobe. Sa teinte tire en général sur le jaune. Dans beaucoup d'espèces le tronc commun des canaux hépatiques est ordinairement séparé du cystique et ne s'insère pas avec ce dernier dans le canal intestinal.

La vésicule du fiel est absolument séparée du foie. Elle est située à côté de l'estomac, dans le voisinage du pylore et un peu en arrière de lui. Sa figure est, en général, celle d'un ovoïde. Le fiel qu'elle contient, est d'ordinaire très-vert, très-âcre et très-amer.

Le pancréas est fort irrégulier et situé à droite de l'origine du canal intestinal.

La rate est adhérente au commencement de ce même canal. Elle est alongée.

Le péritoine paroît confondu avec la plèvre, en vertu même de la réunion des cavités du thorax et de l'abdomen, par suite du défaut de diaphragme.

Le mésentère forme un pli très-étroit, qui ne vient pas immédiatement de la colonne vertébrale, et entre les lames duquel les vaisseaux sanguins rampent sans se diviser.

Il n'existe pas d'épiploons proprement dits chez les ophidiens. Beaucoup d'entre eux, cependant, présentent au-dessous du canal intestinal des appendices chargés de graisse.

On a reconnu aussi, dans ces animaux, des vaisseaux lymphatiques. On n'y a point encore découvert les ganglions qui appartiennent au système de ces vaisseaux.

Les reins sont extrêmement alongés et formés d'un grand

nombre de lobes séparés et comme enchaînés l'un devant l'autre. Chacun de ces lobes verse l'urine, par un rameau spécial, dans un conduit commun qui suit le bord interne de l'organe et constitue l'uretère, lequel, parvenu au-dessus du cloaque, se dilate lui-même en une petite vésicule ovale, avant de s'y terminer par un orifice séparé.

La vessie urinaire manque en conséquence de cette dernière disposition.

Il existe dans les replis du péritoine qui joignent les ovaires aux oviductes, de petits corps que plusieurs anatomistes ont pris pour les analogues des capsules surrénales.

L'accroissement des ophidiens est assez lent, parce que ces animaux vivent long-temps et que l'engourdissement, auquel ils sont sujets durant l'hiver, semble suspendre leur vie. Certaines espèces, avec le temps, atteignent la taille prodigieuse de trente et quarante pieds; tel seroit, en particulier, le serpent géant, observé par Adanson au Sénégal; tel et pis encore étoit celui contre lequel Régulus fut obligé de faire marcher des machines de guerre sur les rives du Bégrada, entre Utique et Carthage, et qui, au rapport de Valère-Maxime, n'avoit pas moins de cent vingt pieds.

4.º *Organes de la Circulation dans les Ophidiens.* Dans ces reptiles, la circulation, qui s'opère toujours lentement, est cependant subordonnée à l'acte de la respiration, à la température de l'atmosphère et au développement des passions. Le cœur n'a qu'un ventricule et deux oreillettes, dont la droite, qui reçoit le sang du corps, est la plus vaste. Les parois de ces deux cavités sont minces et semblent transparentes dans les intervalles des faisceaux charnus qui les affermissent et dont l'entrecroisement est irrégulier. Une cloison membraneuse les isole l'une de l'autre. Elles s'ouvrent, à côté l'une de l'autre et par une embouchure recouverte d'une valvule membraneuse demi-circulaire, dans le ventricule, qui a la figure d'un cône alongé, peu régulier, surmonté d'un appendice au côté gauche de sa base, et divisé intérieurement en deux loges, une supérieure et une inférieure, qui ne séparent qu'en partie une cloison incomplète, horizontale et composée de faisceaux charnus, entre lesquels le sang peut passer. L'intérieur de ces loges est traversé en tous sens par une foule de colonnes musculaires, qui en affermissent les parois et concourent à opérer un mélange plus intime du sang qui vient du poumon avec celui qui arrive du reste du corps.

L'orifice de l'artère pulmonaire répond à la loge inférieure. L'aorte gauche naît de la même loge, immédiatement au-dessous de la droite, qui commence dans la loge supérieure et qui reçoit ainsi une partie du sang des poumons et du corps avant son passage dans la loge inférieure, d'où il est chassé dans l'aorte gauche et dans l'artère pulmonaire.

5.° *Organes de la Respiration.* Vu l'absence du sternum et celle du diaphragme, le mécanisme de cette fonction est tout différent ici de ce qu'il est dans les mammifères et même dans les oiseaux. Il n'existe d'ailleurs, dans les animaux qui nous occupent, qu'un seul poumon, qui se prolonge au-dessus de l'œsophage, de l'estomac et du foie, bien au-delà de ces derniers. La trachée-artère, conséquemment, ne se partage point en bronches, et, arrivée au poumon unique, elle se termine brusquement dans la cavité de ce viscère. Ses parois sont très-membraneuses, car on ne trouve de portions fibro-cartilagineuses que dans le tiers inférieur de la circonférence à peu près. Celles du poumon, ou plutôt de l'espèce de sac ou de vessie qu'il représente, sont tapissées par des cellules polygonales, bordées elles-mêmes par un réseau fin, blanc, opaque, formé de cordons de nature tendineuse, qui divisent l'intérieur de ces cellules en aréoles plus petites, en un réseau à mailles lâches et très-fines.

Il n'y a point d'épiglotte chez les ophidiens. Nous l'avons déjà dit, ces reptiles manquent également de voile du palais. Leur larynx n'est formé que d'une plaque inférieure et de deux pièces latérales, rétrécissant un peu les bords de la glotte; aussi n'ont-ils d'autre voix qu'une sorte de sifflement ou plutôt de *soufflement.* [1]

6.° *Organes de la Génération dans les Ophidiens.* Tous ces animaux ont un accouplement à l'aide d'organes doubles, et dans lequel le mâle et la femelle s'entortillent l'un autour de l'autre, se joignent étroitement par plusieurs contours, et restent ainsi accolés pendant une ou deux heures environ.

---

1 *Sibila lambebant linguis vibrantibus ora.*

Dans les individus mâles, les testicules sont placés en avant des reins, dans l'abdomen, et de chaque côté de la colonne vertébrale.

L'épididyme, qui est d'un assez petit volume, se change bientôt en un canal déférent, très-flexueux et qui s'ouvre dans le cloaque, au milieu d'une papille, qui a été décrite improprement comme une verge par quelques auteurs.

Il n'y a ni vésicules séminales, ni vésicules accessoires.

Dans la plupart des espèces il y a deux verges courtes, cylindriques, hérissées ordinairement d'épines, qui se retirent sous la peau de la queue dans l'état de repos et qui se déroulent au-dehors lors de l'érection et au moment de la copulation.

Chez les femelles on observe deux ovaires, où les œufs semblent rangés en chapelets et non agglomérés en masse comme dans les batraciens. Les oviductes sont plissés, très-longs et terminés au cloaque.

Les œufs, agglutinés en séries moniliformes par une matière muqueuse, sont arrondis, ovoïdes, enveloppés par une membrane molle, non poreuse, légèrement encroûtée d'une substance calcaire. Le jaune en est orangé et huileux ; l'albumen verdâtre et difficilement coagulable, comme dans les chéloniens.

Il n'y a point d'incubation, mais quelquefois les œufs éclosent dans l'intérieur du corps, et les petits naissent vivans ; tel est le cas de la vipère qui doit même son nom à cette particularité.

Les femelles prennent souvent soin de leurs petits dans le premier âge. On en a vu, au moment du péril, qui recevoient leur famille dans leur œsophage pour ne la rendre à la lumière qu'après la disparition du danger. Voyez ERPÉTOLOGIE, REPTILES, SERPENT. (H. C.)

OPHIDIUM. (*Ichthyol.*) Voyez OPHIDIE. (H. C.)

OPHIE. (*Ornith.*) M. Temminck établit, au tome 1.er, p. LXXXIII, de la 2.e édition de son *Manuel d'ornithologie*, ce genre, appartenant à l'ordre des *anisodactyles*, qu'il nomme en grec *opetyorynchos*, et auquel il assigne pour caractères : Un bec plus long que la tête, grêle, très-effilé, en alène, droit ou peu fléchi, déprimé à la base, comprimé à la pointe, qui

est subulée ; une langue courte, cartilagineúse ; des narines
latérales, un peu éloignées de la base, ovoïdes, à moitié
fermées par une membrane nue ; des pieds longs ; le tarse deux
fois aussi long que le doigt du milieu ; le doigt extérieur soudé
à la base, et les doigts latéraux égaux ; les ailes courtes ; les
trois premières rémiges étagées ; les troisième et quatrième
les plus longues ; la queue courte, légèrement étagée, sans
piquans.

L'auteur place ce genre, qui paroît formé sur le *merops
rufus*, mais qui comprend plusieurs espèces nouvelles, entre
l'ancien genre Grimpereau, *Certhia*, et le Grimpart, *Anabates*,
Temm. ; nouveau genre, qu'on n'a pu mentionner au tome
XIX de ce Dictionnaire, et dont on va indiquer ici les caractères : Bec droit, plus court que la tête ou de sa longueur,
comprimé à la base, plus haut que large, un peu fléchi à la
pointe, sans échancrure ; narines basales, latérales, ovoïdes,
en partie fermées par une membrane couverte de plumes ;
tarse plus long que le doigt du milieu ; le doigt extérieur
réuni au suivant jusqu'à la seconde articulation ; l'intérieur
soudé à la base ; les latéraux toujours égaux ; ailes courtes ;
queue à baguettes foibles, sans pointes aiguës.

M. Temminck ne cite pour espèces que le *motacilla guia-
nensis* ; mais il en annonce plusieurs nouvelles, toutes de
l'Amérique méridionale, à plumage généralement roussâtre,
et dont la queue n'a point de piquans, ce qui, avec l'égalité
des doigts latéraux, les fait aisément distinguer des picucules.
(Ch. D.)

OPHIODONTES. (*Foss.*) On a autrefois donné ce nom aux
dents de poissons fossiles. (D. F.)

OPHIOGLOSSE, *Ophioglossum*. (*Bot.*) Genre de la famille
des fougères, caractérisé par ses capsules nues, uniloculaires,
bivalves, s'ouvrant transversalement, et disposées sur deux
rangs opposés en un épi articulé, qui ne se roule point en
crosse à sa naissance.

Les ophioglosses sont des fougères simples, formées d'une
tige portant une fronde ovale, lancéolée ou linéaire, accompagnant presque toujours l'épi fructifère ; celui-ci, rarement
radical, est comprimé, oblong, lancéolé ou linéaire. Ces
fougères croissent dans les prairies humides et les marécages.

On en compte une quinzaine d'espéces, la plupart d'Europe
et de l'Amérique septentrionale ; on en connoît aussi au cap
de Bonne-Espérance, aux îles Bourbon, au Malabar, dans
l'Amérique méridionale et à la Nouvelle-Hollande. Ce genre,
fondé par Tournefort, a été adopté par Adanson et par Linnæus ; mais l'illustre naturaliste suédois lui avoit réuni des
fougéres très-différentes par leur port et par leurs caractères
génériques ; il a été imité depuis par plusieurs botanistes. L'on
ne sentit que dans ces derniers temps la nécessité d'en séparer quelques espèces, et c'est ainsi que l'on doit les genres
Ugena, Cav. ; *Lygodium*, Sw. ; *Cteisium*, Mich. ; *Odontopteris*,
Bernh., qui ne font qu'un seul et même genre, adopté sous
le nom d'*Hydroglossum*, donné par Willdenow. C'est encore
le *Ramondia*, Mirb., fondé sur l'*Ophioglossum palmatum*, Linn.,
qu'on ne peut laisser dans le genre *Ophioglossum*, comme le
prétend Willdenow. Le genre *Botrychium* a été rapporté à
l'*Ophioglossum* par M. de Lamarck ; mais cette réunion n'a pas
été adoptée.

1.° Ophioglosse vulgaire : *Ophioglossum vulgatum*, Linn. ;
T. B., Tournef., *Inst.*, tab. 32 ; Plum. fil., 36, tab. *B*, fig. 5 ;
Moris., *Hist.* 3, sect. 15, tab. 5, fig. 1 ; Willd., *Fl. dan.*, tab.
147 ; Blackw., tab. 416 ; Bolt. fil., tab. 3 ; Lam., *Illust.*,
tab. 864 ; vulgairement Langue-de-serpent. Stipe grêle, simple, haute de quatre pouces, portant vers son milieu une
fronde amplexicaule, ovale, obtuse, très-entière, glabre
et sans nervure ; épi distique, pointu, long de deux pouces environ, dépassant la fronde. Cette plante se rencontre dans les prairies humides et les marais. On lui a
donné le nom de *langue-de-serpent*, à cause de la forme de
son épi, et, 1.° celui d'*herbe sans couture*, à cause de sa
fronde privée de nervure ; 2.° de *lance-de-Christ*, à cause
de la forme lancéolée de sa fronde ; c'est la *luciola* des Italiens. Elle croit partout en Europe et dans l'Amérique septentrionale ; elle s'élève à six ou sept pouces de haut au plus.
Sa racine est fibreuse, elle passe pour vulnéraire. Suivant
Adanson et quelques auteurs beaucoup plus anciens, elle
seroit L'*ophioglossum* de Dioscoride. On la considère aussi
comme le *cœratia* de Pline. On en connoit une variété beaucoup plus petite dans toutes ses parties. C. Bauhin en cite

36. 13

une à fronde sinuée, et Camerarius en figure plusieurs à deux et trois épis. C. Bauhin distingue comme espèce une variété à fronde anguleuse, une autre à feuille ronde. Enfin, Olaus Borichius en cite une variété à épi fourchu, imitant une langue de serpent.

Hedwig a observé sur les jeunes épis de l'*ophioglossum vulgatum* des verrues jaunes, puis brunes, fugaces et éparses. Il croit qu'on peut les regarder comme des fleurs mâles. Il croit également considérer comme les stigmates, des bourrelets transversaux qu'on voit aussi sur ces épis.

2.º OPHIOGLOSSE DE PORTUGAL : *Ophioglossum lusitanicum*, Linn.; Lam., *Illust.*, tab. 864, fig. 3; *Ophioglossum*, Barr., lieu cité, pl. 252, fig. 2. Fronde lancéolée, rétrécie à la base, longue d'un pouce au plus, large de deux à trois lignes; épi long de quatre à cinq lignes. Cette espèce, qui ressemble à la précédente par son port, est remarquable par sa petitesse. On l'a d'abord trouvée en Portugal, puis en Bretagne et en Gascogne, en Corse et en Calabre. Ce n'est point l'*Oph. lusitanicum*, Thunb.; celui-ci, qui est l'*Oph. nudicaule*, Linn., *Suppl.*, en diffère par son épi radical, par sa fronde ovale, et par son lieu natal, le cap de Bonne-Espérance.

3.º OPHIOGLOSSE RÉTICULÉ : *Ophioglossum reticulatum*, Linn.; Lam., *Illust.*, tab. 864, fig. 2; *Ophiogl.*, Plum. fil., tab. 164; Petiv. fil., tab. 10, fig. 4. Il diffère des précédens par sa fronde en forme de cœur pointu et réticulée. L'épi est aussi caulinaire. Cette espèce a été observée à Saint-Domingue, à la Jamaïque, à la Guiane, aux îles Maurice et Bourbon.

4.º OPHIOGLOSSE PENDANT : *Ophioglossum pendulum*, Linn.; Willd., *Spec. pl.*, 5, p. 60; *Scolopendrium*, Rumph., *Amb.* 6, tab. 37, fig. 3. Il est remarquable par son épi pédonculé, long de deux pouces, inséré sur la fronde même vers sa base; celle-ci est linéaire, acuminée, ondulée, entière, quelquefois fourchue à son extrémité, très-longue et pendante. Cette plante croît sur les arbres à Amboine et dans l'île Maurice. Il est probable que, mieux examinée, on reconnoîtra qu'elle appartient à un autre genre.

5.º OPHIOGLOSSE BULBEUX : *Ophioglossum bulbosum*, Mich., *Amer.*, 2, p. 276. Sa racine bulbeuse pousse un stipe long, qui porte une fronde ovale, obtuse, un peu en cœur, et un épi court ou oblong et mucroné. Cette espèce, très-petite, assez semblable à l'*ophioglossum lusitanicum*, suivant Michaux, et qui, suivant M. Bosc, se rapproche beaucoup de l'*ophioglossum vulgatum*, croit dans les lieux découverts et sablonneux de la Caroline. Ce dernier botaniste nous apprend que les bulbes ou tubérosités de cette plante sont bons à manger, cuits ou crus : ils sont gros comme des pois, (Lem.)

OPHIOGLOSSUM PETRÆUM. (*Foss.*) Ce nom a été donné par les anciens oryctographes aux glossopètres. (D. F.)

OPHIOÏDE, *Ophioida.* (*Conchyl.*) Donati (Mer adriat., p. 40) a proposé de donner ce nom de genre aux polypiers dont les cellules sont cachées dans la substance même qui les constitue. Tel est le *porus anguinus* d'Impérati, dont Pallas et Gmelin ont fait leur *eschara fungites*, *cellepora spongites* de Lamarck. Voyez Cellepore. (De B.)

OPHIOÏDE ou OPHIOMORPHITE. (*Foss.*) Aldrovande a donné ces noms aux ammonites à cause de leur forme analogue à celle d'un serpent roulé sur lui-même. (D. F.)

OPHIOLITE. (*Min.*) La plupart des serpentines communes et des pierres ollaires sont plutôt des roches, des roches même quelquefois très-composées, et d'une manière fort visible, que des minéraux homogènes. Le talc, la serpentine noble, la stéatite homogène, la chlorite, sont seuls des minéraux simples, lors même qu'ils renferment dans leur masse quelques minéraux étrangers disséminés ; mais il ne faut pas confondre ces minéraux, répandus çà et là dans une espèce minérale cristallisée confusément en masse, avec ceux qui ont cristallisé en même temps que la pâte qui les enveloppe, qui y étoient en quantité considérable, et qui se sont trouvés, lors de la cristallisation générale et confuse de toute la dissolution, à peu près également répandus dans la masse hétérogène qui est résultée de cette cristallisation confuse.

Telle est la différence essentielle des ophiolites et des serpentines, et cette différence n'est pas purement minéralogique, elle se présente aussi dans les diverses manières d'être des ophiolites et des serpentines. S'il y a des couches ou des masses considérables de serpentine noble, de talc, etc., elles sont rares, souvent d'une époque et dans une position différente des ophiolites.

Presque toutes les montagnes et les terrains de serpentines sont composés d'ophiolites. La serpentine noble se trouve en amas, en veines et en filons dans des roches souvent d'une origine plus ancienne que celle des ophiolites.

L'Ophiolite est une roche composée, à base de talc ou de serpentine et de diallage, enveloppant du fer oxidulé.

Sa *structure* est compacte, et néanmoins elle est formée par voie de cristallisation confuse. Elle ne présente même aucun indice de formation sédimenteuse.

Les *parties accessoires* à celles que nous avons regardées comme parties essentielles sont le talc, le mica, qui y est assez rare, le felspath, le pétrosilex, les grenats pyropes.

Les *parties accidentelles* disséminées en nodules ou répandues dans les masses et veinules sont le silex calcédoine, le quarz, le calcaire lamellaire, l'asbeste, la magnésite.

La *structure* en‑grand de l'ophiolite est généralement massive; la texture est quelquefois compacte, mais plus souvent cristalline. Les parties qu'elle renferme, sont empâtées, entrelacées, embrouillées et de formation simultanée, à l'exception de la calcédoine qui paroît de formation postérieure.

Cette roche, quoique tendre, a une *cohésion* assez puissante; elle est difficile à casser: la cassure est tantôt droite, tantôt raboteuse.

La *dureté* de ses diverses parties étant souvent très-différente, elle prend rarement un beau poli ou un poli égal; cependant toutes les variétés d'ophiolite n'ont pas ce défaut.

Les *couleurs* sont le vert et le rouge-brun foncé; tantôt chacune de ces couleurs est dominante et simplement nuancée de parties plus foncées, tantôt elles sont mêlées et représentent assez bien la disposition des couleurs de certains serpens. C'est, dit-on, ce qui a fait donner à cette pierre le nom de serpentine, dont nous avons déduit celui d'ophiolite.

Les *caractères chimiques* des ophiolites ne peuvent avoir aucune importance et résultent des minéraux associés au talc ou à la serpentine.

L'ophiolite est, comme l'ophicalce, susceptible de *s'altérer* par les météores atmosphériques, et doit cette défectuosité aux mêmes causes.

Elle *passe* au stéaschiste lorsque le talc est dominant et qu'elle a la structure schisteuse ; au cipolin, lorsqu'elle abonde en calcaire saccaroïde, et à l'ophicalce, lorsqu'elle renferme des noyaux ou parties de calcaire compacte fin.

On *l'emploie* dans la construction des fourneaux domestiques et même des fourneaux métallurgiques ; elle est aussi employée comme pierre d'ornement dans les édifices et pour les meubles.

Variétés.

1. OPHIOLITE CHRÔMIFÈRE. Des grains ou parties de fer chrômé, disséminées dans une ophiolite presque compacte.

Exemples. Labastide de Carrade, dans le département du Var. Les environs de Baltimore, États-Unis d'Amérique ; les caractères d'une roche hétérogène sont très-bien marqués dans cette pierre, qui est agréablement tachetée de jaune et de parties noir-verdâtres lamellaires.

2. OPHIOLITE DIALLAGIQUE. Pâte compacte de serpentine brune ; des lamelles nombreuses de diallage chatoyante.

Exemples. De Baste, au Harz. Du Prato, au Nord de Florence. Du mont Ramazzo, au nord de Gênes, etc.

3. OPHIOLITE GRENATIQUE. Des pyropes disséminés dans une ophiolite verdâtre.

Exemple. De Zœblitzen, en Bohême.

4. OPHIOLITE TALQUEUSE. Le talc dominant, structure un peu schistoïde.

Elle passe au stéaschiste.

Exemple. Plusieurs pierres ollaires des environs du lac de Côme.

5. OPHIOLITE GRAMMATITEUSE. Des aiguilles d'amphibole grammatite disséminées dans une ophiolite compacte brunâtre.

Exemple. Environs de Nantes.

6. OPHIOLITE MARBRÉE. Des parties de calcaire compact fin et rougeâtre dans une ophiolite diallagique noirâtre, mêlée de pétrosilex blanchâtre.

Exemple. La Rochetta, au N. N. E. de la Spezzia, décrite par M. Viviani, et ensuite par moi[1] : elle passe à l'euphotide.

---

[1] Sur le gisement des ophiolites, etc., dans les Apennins. (Ann. des mines, 1821.)

7. OPHIOLITE QUARZEUSE. Des noyaux de quarz blanc, disséminés dans une ophiolite à pâte brune et enveloppée de serpentine verte.

Exemple. La montagne de Cravignola près Rochetta, au N. N. E. de la Spezzia. (Décrite par M. Viviani.)

8. OPHIOLITE PÉTROSILICEUSE. Verte, compacte, renfermant du pétrosilex? blanchâtre, disposé en taches irrégulières qui se fondent en veinules dans la pâte.

Exemple. De Cravignola, près Rochetta, au N. N. E. de la Spezzia. Elle renferme du fer chrômé et quelques pyrites. (B.)

OPHIOMACHUS. (*Ornith.*) Gesner cite, au livre 3, p. 609, ce nom comme étant celui d'un oiseau qui fait la guerre aux serpens; mais il ne donne pas d'autres détails pour le faire reconnoître. (Cʜ. D.)

OPHIOMAQUE. (*Erpét.*) Voyez Soa-ajer. (H. C.)

OPHIOMORPHITES. (*Foss.*) Quelques ammonites ont été ainsi nommées par Aldrovande. (Desm.)

OPHION, *Ophion.* (*Entom.*) Dénomination choisie par Fabricius pour désigner un genre d'insectes hyménoptères de la famille des entomotilles ou insectirodes, que Linnæus et la plupart des auteurs d'entomologie avoient rangés avec les ichneumons.

Le caractère principal, tiré des parties de la bouche, n'est réellement établi que d'après la disposition de l'abdomen et le port singulier, qui dénote les insectes de ce genre au premier aperçu. Le ventre est, comme on le dit, en faucille. Il est comprimé, courbé, tranchant dans sa concavité, à pédicule mince, étroit et terminé en masse, aplati de droite à gauche vers son extrémité libre.

Le nom est évidemment d'origine grecque; mais la connoissance de cette étymologie est inutile, car le mot Ὀφίονευς signifie *qui tient du serpent*, et l'insecte qui le porte n'a aucun rapport avec les serpens.

Les mœurs des ophions sont absolument les mêmes que celles des autres Ichneumons. (Voyez ce mot et celui d'Entomotilles.)

Fabricius divise en trois groupes les espèces de ce genre, d'après la couleur des antennes, qui sont jaunes ou noires, annelées de blanc ou non.

Tels sont

1.º L'ophion jaune ; *Ophion luteus.*

C'est l'espèce que nous avons fait figurer dans l'atlas de ce Dictionnaire, pl. 32, fig. 4.

C'est aussi l'ichneumon jaune, à ventre en faucille, de Geoffroy, tom. 2, pag. 330, n.º 21.

Car. D'un jaune roux ; ailes jaunâtres avec un point plus foncé sur le bord.

2.º Ophion ramidule ; *O. ramidulus.*

C'est l'espèce que Geoffroy a décrite sous le n.º 23, en la caractérisant ainsi :

Jaune ; à corselet noir en dessous et à extrémité du ventre noire.

3.º Ophion ferrugineux ; *O. ferrugineus.*

Car. Fauve ; anneaux de l'abdomen marqués chacun latéralement d'un point jaune.

4.º Ophion circonflexe ; *O. circumflexus.*

Car. Noir ; à antennes fauves ; pattes postérieures à genoux noirs ; écusson jaune.

5.º Ophion masseur ; *O. clavator.*

Car. Noir ; à pattes rousses ; les postérieures blanches à la pointe ; antennes annelées de blanc.

6.º Ophion pugillateur ; *O. pugillator.*

Geoffroy l'a décrit sous le n.º 24 ; noir ; à pattes et milieu du ventre d'un jaune citron. (C. D.)

OPHION. (*Mamm.*) Tout porte à croire que ce nom étoit celui du mouflon chez les anciens Grecs. (F. C.)

OPHIOPHAGES. (*Ornith.*) M. Vieillot, qui avoit employé, dans l'analyse de son Ornithologie, ce terme, dont la signification est *mangeurs de serpens,* pour désigner sa vingt-huitième famille, composée du seul genre Hoazin, *Orthocorys,* a, depuis, substitué le nom *dysodes* (*fœtidus*), tiré de la mauvaise odeur que rend l'oiseau, pour désigner la famille, et celui de *sasa* à hoazin, comme genre unique de cette famille, l'hoazin ayant été reconnu pour une espèce du genre Hocco, *crax,* c'est-à-dire le hocco brun du Mexique, *phasianus cristatus,* Gmel. et Lath. Voyez Opisthocomus. (Ch. D.)

OPHIOPOGON. (*Bot.*) Le *convallaria japonica* de Linnæus fils, qui méritoit de former un genre distinct, avoit été nommé *ophiopogon* par M. Kerr, mais le nom plus ancien *lateria*, donné par M. Desvaux, a prévalu. (J.)

OPHIORIZE, *Ophiorrhiza*. (*Bot.*) Genre de plantes dicotylédones, à fleurs complètes, monopétalées, de la famille des *gentianées*, de la *pentandrie monogynie* de Linnæus, offrant pour caractère essentiel : Un calice persistant , urcéolé, à cinq dents ; une corolle infundibuliforme ; le tube plus long que le calice ; le limbe à cinq divisions étalées ; cinq étamines attachées sur le tube de la corolle ; les filamens très-courts ; un ovaire supérieur ; le style bifide ; deux stigmates ; une capsule à deux lobes divergens à leur sommet, à deux loges , s'ouvrant par leur côté intérieur ; des semences nombreuses, anguleuses.

OPHIORIZE EN MITRE : *Ophiorrhiza mitreola*, Linn., *Spec.*, Lamck., *Ill. gen.*, tab. 107, fig. 1 ; Swartz, *Observ. bot.*, pag. 59, tab. 3, fig. 2. Les racines de cette plante sont longues, blanches, filiformes, fasciculées. Elle a une tige simple, herbacée , droite, haute d'un pied ; les feuilles opposées, un peu pétiolées, glabres, ovales, lancéolées, aiguës, très-entières ; les fleurs terminales, disposées en épis grêles, lâches, unilatéraux ; chaque fleur blanche, petite, sessile ; une fleur solitaire dans la bifurcation des pédoncules ; le calice petit ; ses découpures droites ; la corolle un peu plus longue que le calice ; les divisions du limbe droites, ovales, aiguës ; l'orifice velu ; l'ovaire alongé , divisé en deux jusqu'à sa base, présentant la forme d'une mitre ; le style bifide ; les stigmates pubescens ; une capsule partagée en deux, à deux valves s'ouvrant dans leur longueur. Cette plante croît aux lieux humides, sur le bord des fleuves, à la Jamaïque. On lui a donné le nom d'*ophiorrhiza*, composé de deux mots grecs qui signifient *racine de serpent*, parce que les Indiens l'emploient contre la morsure des serpens.

OPHIORIZE DE L'INDE : *Ophiorrhiza Mungos*, Linn., *Flor. Zeyl.* ; Lamck., *Ill. gen.*, tab. 107, fig. 2 ; Gærtn., *De fruct.*, tab. 55. Sa tige est garnie de feuilles très-médiocrement pétiolées, glabres , ovales, lancéolées, très-entières ; les fleurs sont terminales, axillaires, disposées en épis simples, unilatéraux, très-flexueux, quelquefois bifides. Chaque fleur est sessile ; les divisions de la corolle sont obtuses, ouvertes, barbues à l'intérieur; les étamines aussi longues que la corolle; la capsule est comprimée, divisée en deux lobes très-divergens, arrondis; comprimée au sommet en une membrane anguleuse, renflée à sa base, s'ouvrant en longueur à leur bord interne. Le placenta est oblong, rétréci vers le bas en pédicelle, attaché dans le milieu de la cloison, qui est très-étroite et opposée aux valves; les semences petites, très-nombreuses, couleur de rouille, anguleuses, aiguës. Cette plante croit dans l'Inde, à l'île de Ceylan. (Poir.)

OPHIOSCORODON. (*Bot.*) Ce nom est cité par Lonicer pour un ail, *allium ursinum*, et par Lobel, pour l'*allium Victorialis*, tous deux mentionnés dans diverses matières médicales. (J,)

OPHIOSE, *Ophioxylum*. (*Bot.*) Genre de plantes dicotylédones, à fleurs complètes, monopétalées, quelquefois polygames, de la famille des *apocinées*, de la *pentandrie monogynie* de Linnæus, offrant pour caractère essentiel : Un calice à cinq petites dents; une corolle tubulée, filiforme, le limbe à cinq lobes; cinq étamines; un ovaire supérieur; un style; le stigmate en tête; une baie à deux lobes, à deux loges; une ou deux semences petites et arrondies dans chaque loge. Quelquefois on trouve des fleurs mâles par avortement, dont le calice est bifide; la corolle à cinq divisions, munie à son orifice d'un appendice entier, cylindrique; deux étamines; point d'ovaire.

Ophiose serpentaire : *Ophioxylum serpentinum*, Linn., *Spec.*, Lamck., *Ill. gen.*, tab. 842; Gærtn., *De fruct.*, tab. 109; Burm., *Zeyl.*, tab. 64; *Radix mustelæ*, Rumph., *Amb. auct.*, 7, tab. 16; *Sjouanna*, Rhéed., *Malab.*, 6, tab. 47, vulgairement Racine de serpent. Arbrisseau dont la tige est droite, peu rameuse; les feuilles sont disposées en verticilles, au nombre de trois ou quatre à chaque nœud, glabres, ovales-lancéolées, aiguës, médiocrement pétiolées; les fleurs petites, terminales, agglomérées, quelques-unes mâles, mêlées avec les hermaphrodites; la corolle est munie d'un long tube filiforme, un peu renflé dans son milieu; les étamines sont attachées au milieu du tube; les filamens très-courts; les anthères aiguës; l'ovaire est arrondi; le style de la longueur des étamines; la baie à deux loges. Cette plante croît dans les Indes et à l'île de

Ceilan. Sa racine passe pour un puissant spécifique contre les morsures des serpens. On assure encore que c'est le meilleur antidote contre les flèches empoisonnées des Indiens. On attribue aussi une vertu purgative à son bois et à sa racine, qui est très-amère, propre à guérir les fièvres intermittentes. On en fait de petites écuelles que l'on emplit d'eau quand on veut se purger. Ce bois porte avec plusieurs autres le nom de *lignum colubrinum*, d'où il résulte de l'incertitude sur les propriétés énoncées, qu'on pourroit bien confondre avec celles de quelques autres espèces désignées sous le même nom.

Ophiose ochrosie : *Ophioxylum ochrosia*, Pers., *Synops.*, 1, pag. 266 ; *Ochrosia*, Juss., *Gen.*, vulgairement Bois jaune de l'Isle-de-France. Joli arbrisseau, dont le bois est de couleur jaune ; les rameaux sont opposés, quelquefois quaternés ; les feuilles verticillées, trois ou quatre à chaque verticille, ovales-oblongues, un peu acuminées, vertes, luisantes en dessus, d'un vert jaunâtre en dessous, agréablement striées à leur face inférieure ; les pétioles longs d'un pouce et plus. Les fleurs sont disposées en corymbes axillaires et terminaux, dichotomes, formant, par leur réunion, de gros bouquets ; elles ont la corolle d'un blanc jaunâtre, tubulée, à cinq découpures ouvertes ; le stigmate épais. Le fruit est un drupe ovale, au moins de la grosseur d'une olive, à deux loges, à deux, quelquefois trois semences planes, un peu membraneuses à leur sommet. Cette plante a été découverte à l'Isle-de-France par Commerson. (Poir.)

OPHIOSPERMES. (*Bot.*) Ventenat, voulant détacher de la famille des sapotées quelques genres placés séparément à la suite, en forme sa famille nouvelle des ophiospermes, ainsi nommée parce que l'embryon, placé en travers dans un périsperme, présente la forme alongée d'un petit serpent. Comme ce caractère n'est pas exclusif, puisqu'il se retrouve dans quelques autres plantes, on a adopté, d'après le principe général, le nom du genre *Ardisia*, le plus caractérisé de la famille, le plus connu et le plus nombreux en espèces, et on a donné à cette série le nom d'Ardisiacées. Voyez ce mot au Supplément du tome second. (J.)

OPHIOSTACHYS. (*Bot.*) Un auteur récent a fait sous ce

nom un genre du *veratrum luteum*, qui paroît ne différer que
par ses fleurs non polygames assez souvent dioïques suivant
cet auteur. (J.)

OPHIOSTAPHYLON. (*Bot.*) Voyez MÉLOTHRON. (J.)

OPHIOSTOME, *Ophiostoma.* (*Entoz.*) Genre de vers intestinaux établi par M. Rudolphi pour quelques espèces qui
avoient été précédemment placées dans plusieurs autres
genres, mais surtout dans celui des ascarides, à la famille
desquels il appartient. M. Bosc l'avoit avant cela désigné sous
le nom de *fissula*, et Bruguière en faisoit des espèces de son
genre *Proboscidea.* On peut le caractériser ainsi : Corps arrondi, filiforme, atténué en avant comme en arrière; bouche
bivalve, c'est-à-dire, formée par deux lèvres, une supérieure
et une inférieure; l'anus auprès de la pointe de la queue,
l'orifice de l'oviducte au tiers antérieur du corps; l'organe
excitateur du mâle filiforme.

Les espèces de ce genre ont été trouvées dans le canal
intestinal d'animaux mammifères et de poissons. M. Rudolphi,
dans son *Synopsis*, en caractérise cinq espèces, en en retranchant le *cystidicola* de Fischer, qu'il range maintenant parmi
les spiroptères.

L'O. DES CHAUVE-SOURIS, *O. mucronatum*, Rudolphi, Entoz.,
2, p. 117, tab. 3, fig. 13 et 14. Corps (d'un pouce environ
de long) très-fin, blanc, obtus en avant; les deux lèvres
égales; la queue de la femelle mucronée. Dans les intestins
de la chauve-souris oreillard.

Dans plusieurs des individus observés par M. Rudolphi,
au mois de Décembre, les oviductes qui entouroient l'intestin
étoient remplis de fœtus vivans.

L'O. DU PHOQUE, *O. dispar*, Rudolphi; *Asc. bifida*, Mull.,
Zool. Dan., vol. 2, p. 47, tab. 74, fig. 5; *Proboscidea bifida*,
Enc. méth., tab. 52, fig. 8. Corps quelquefois de deux à trois
pouces de long, cylindrique, filiforme, la tête obtuse, la
lèvre supérieure plus longue que l'inférieure; la queue de
la femelle obtuse, celle du mâle mucronée : dans les intestins de plusieurs espèces de phoque. Othon Fabricius cite
le fait du cœur d'un phoque fétide, blessé par un harpon,
et qui, quoique vivant, étoit presque consumé par plusieurs
vers de cette espèce.

L'O. LEPTURE, *O. lepturus*, Rudolphi, tab. VII, fig. 1 et 2. Corps de trois pouces de longueur, la tête atténuée, la queue extrêmement fine ; des deux lèvres l'inférieure plus longue que la supérieure. Cette espèce, que M. Rudolphi ne connoît que d'après une figure de Tilesius, a été trouvée dans les intestins du coryphène dorade.

M. Rudolphi ajoute encore à ce genre l'O. *cristatum*, que je ne connois pas, et l'O. *sphærocephalum*, dont M. Nau vient de faire un genre particulier sous le nom de *pleurorhynchus*, dans les Mémoires des amis des sciences naturelles de Berlin, vol. 7, pag. 471. (DE B.)

OPHIOTHÈRES. (*Ornith.*) Ce nom, qui, comme celui d'*ophiophages*, signifie *mangeurs de serpens*, a été appliqué par M. Vieillot au genre Secrétaire ou Messager, *Serpentarius*, Cuv., et *Gypogeranus*, Illig. (CH. D.)

OPHIOXYLON. (*Bot.*) Nous avons dit, dans un autre Dictionnaire, que « Plukenet (Alm., tab. 210, fig. 1) figure le *budleia occidentalis* sous le nom de ophioxylon américain, pour le distinguer des bois de serpens indiens. L'un de ceux-ci est le type du genre Ophioxylon, Linn., auquel Adanson rapporte le *caju-ular* de Rumphius ; regardé par Linnæus comme le *strychnos colubrina*, mais à tort, selon M. de Jussieu. » Voyez OPHIOSE et VOMIQUIER. (LEM.)

OPHIRE, *Ophira*. (*Bot.*) Genre de plantes dicotylédones, à fleurs polypétalées, de la famille des *onagraires*, de l'*octandrie monogynie* de Linnæus, offrant pour caractère essentiel : Un involucre à deux valves renfermant trois fleurs ; la corolle composée de quatre pétales connivens, renfermant huit étamines avec des anthères ovales ; un ovaire inférieur ; un style surmonté d'un stigmate échancré. Le fruit est une baie uniloculaire, à deux semences.

OPHIRE D'AFRIQUE ; *Ophira stricta*, Linn. ; Lamck., *Ill. gen.*, tab. 293. Petit arbrisseau, dont les tiges sont quadrangulaires, de couleur cendrée, garnies de feuilles opposées, linéaires, lancéolées, roides, coriaces, un peu aiguës, chagrinées en dessus, blanchâtres et presque argentées en dessous, longues d'environ un pouce sur deux lignes de large ; les pétioles courts, comprimés, presque connivens à leur base, se prolongeant dans la feuille par une grosse nervure, d'où résulte un sillon sur la face supérieure des feuilles. Les fleurs sont petites, sessiles, axillaires, opposées, réunies au nombre de trois dans un involucre à deux valves réniformes, échancrées et persistantes. Les pétales sont oblongs et connivens; les étamines de la longueur de la corolle; l'ovaire est hispide, turbiné; le style plus court que les étamines. Cette plante croît en Afrique, où elle a été découverte par Burmann. (Poir.)

OPHISAURE, *Ophisaurus*. (Erpétol.) D'après les mots grecs ὄφις, serpent et σαυρὸς, *lézard*, Daudin, le premier, a ainsi nommé un genre de reptiles sauriens, qui appartient à la famille des urobènes de M. Duméril, que M. G. Cuvier range dans sa première famille des ophidiens, et que l'on peut reconnoître aux caractères suivans :

Queue conique, arrondie, non distincte du reste du corps; pas de membres; oreilles marquées à l'extérieur par un tympan; écailles imbriquées, carrées, disposées par rangées longitudinales; tête couverte de plaques lisses; œil muni de trois paupières; langue extensible, échancrée en croissant à l'extrémité; un pli longitudinal de chaque côté du ventre; anus simple, demi-circulaire et transversal; de petites dents aiguës à chaque mâchoire; point de crochets à venin; deux groupes de dents au fond du palais.

D'après ces diverses notes, on distinguera sans peine les Ophisaures des Caméléons, des Stellions, des Lézards, des Iguanes, des Dragons, des Agames, des Geckos, des Anolis, des Scinques et des Chalcides, qui ont quatre membres; des Chirotes et des Hystéropes, qui en ont deux; des Tachydromes, qui ont les écailles verticillées; des Orvets, qui n'ont point de tympan, etc. (Voyez ees divers noms de genres, Erpétologie, Sauriens et Urobènes.)

On ne connoît encore qu'une seule espèce dans ce genre; c'est

L'Ophisaure ventral : *Ophisaurus ventralis*; Daudin; *Anguis ventralis*, Linnæus; *Chamœsaurus ventralis*, Schneider; *Cœcilia maculata*, Catesby. Corps entièrement cylindrique, un peu plus gros en devant; queue plus longue que le corps; teinte générale d'un vert jaunâtre; dos d'un brun ou d'un noir bleuâtre; côtés de la tête et du cou variés et pointillés de noir; deux points d'un vert clair sur chacune des écailles de la face supérieure du corps et de la queue; taille de deux à trois pieds.

Cet animal, que les Anglo-Américains appellent *glass-snake* et nos colons françois *serpent de verre*, en raison de l'excessive fragilité de sa queue, est commun dans le sud des États-Unis, où il recherche spécialement les lieux humides et sablonneux et l'intérieur des grands bois. Il se nourrit d'insectes, de vers et d'autres petits animaux , et n'est nullement dangereux.

Comme son cœur n'a qu'un seul ventricule, il ne sauroit faire partie de l'ordre des ophidiens, qui en ont deux, mais dont il se rapproche pourtant par la forme générale du corps et par le défaut de membres. (H. C.)

OPHISPERMUM. (*Bot.*) Ce genre de Loureiro paroît congénère de l'*aquilaria* dans la famille nouvelle des samydées, dont il diffère par son calice à six divisions au lieu de cinq, son stigmate bifide et ses graines prolongées de côtes en une aile ayant la forme d'un serpent; d'où lui vient son nom. (J.)

OPHISURE, *Ophisurus*. (*Ichthyol.*) En prenant pour type un animal dont le philosophe de Stagire, Aristote, a parlé sous la dénomination d'ὄφις θαλάτιος, et que l'illustre naturaliste d'Upsal avoit rangé parmi les murènes, M. le comte de Lacépède a ainsi appelé un genre de poissons qui appartient à la famille des péroptères de M. Duméril, et à celle des malacoptérygiens apodes anguilliformes de M. Cuvier.

Il présente les caractères suivans:

Squelette osseux; branchies garnies d'une opercule et d'une membrane; pas de catopes, ni de nageoire caudale; corps long, grêle et cylindrique; peau épaisse; écailles peu apparentes, presque insensibles; nageoires pectorales implantées au-dessus de l'ouverture des ouïes; queue terminée en poinçon; tête petite; narines tubulées.

Les poissons du genre OPHISURE sont donc faciles à séparer des ANGUILLES, des CONGRES, des OPHIDIES, des ANARRHIQUES, des AMMODYTES, des STROMATÉES, des RHOMBES, des MACROGNATHES, des COMÉPHORES, des MONOPTÈRES, des APTÉRONOTES, des RÉGALECS, qui ont une nageoire caudale; des APTÉRICHTHES, qui sont absolument dépourvus de nageoires; des NOTOPTÈRES, qui ont le corps comprimé; des GYMNONOTES, qui sont privés de la nageoire dorsale; des LEPTOCÉPHALES et des MURÆNOPHIDES, qui manquent de pectorales; des TRICHIURES,

qui n'ont point d'anale. (Voyez ces différens mots, ainsi que
Pantoptères et Péroptères.)

Parmi les espèces contenues dans ce genre, nous citerons :

Le Serpent de mer taché : *Ophisurus ophis*, Lacépède; *Muræna ophis*, Linnæus. Museau grêle et pointu; dents aiguës;
tranchantes et recourbées; dos brun; ventre argenté; corps
couvert de grandes taches rondes ou ovales.

Ce poisson, qui atteint la taille de trois ou quatre pieds,
qui a beaucoup de ressemblance avec les reptiles ophidiens,
par la forme svelte de son corps, par ses couleurs gracieuses,
par la nature de ses mouvemens sinueux, vifs et rapides, habite les mers d'Europe, au milieu des plantes marines, où
il se tient à l'affût des vers et des petits poissons. Forskal,
qui l'a vu à Smyrne, à Constantinople et dans la mer Rouge,
nous apprend que les Arabes de Lohiea le nomment *far*, et
ceux de Dsjidda, *uus*.

Le Serpent de mer unicolore : *Ophisurus serpens*, Lacépède;
Muræna serpens, Linnæus; ὄφις θαλάτιος, Aristote; *Serpens
marinus*, Salviani. Dents aiguës et tranchantes; dos brun; nageoires dorsale et anale bordées de noir; ventre argenté;
point de taches; taille de cinq à six pieds et plus; grosseur
du bras.

Ce poisson habite la mer Méditerranée, dans les eaux de
la campagne de Rome en particulier. Il ressemble beaucoup
au précédent par la nature de ses habitudes et de ses mouvemens.

L'Ophisure fascié, *Ophisurus fasciatus*, Lacépède. Museau
un peu pointu; mâchoire supérieure avancée; nageoires pectorales arrondies et très-petites; corps un peu comprimé et
très-délié; vingt-cinq bandes transversales, séparées l'une de
l'autre par des intervalles moindres que leur largeur.

Ce poisson a été décrit par M. de Lacépède d'après un individu conservé dans la collection donnée naguère à la
France par les États de Hollande.

L'Ophisure colubrin : *Ophisurus colubrinus*, N.; *Murænophis
colubrina*, Lacépède; *Muræna colubrina*, Linnæus. Nageoires
pectorales fort peu apparentes; dents obtuses; museau pointu;
yeux très-petits; mâchoires égales; nageoire dorsale très-basse
et commençant à la nuque; corps entouré de trente zones,

qui sont alternativement d'un brun noirâtre et d'un brun
mêlé de blanc; dessus de la tête d'un vert jaunâtre; iris des
yeux doré; anus plus près de la tête que de la nageoire de la
queue.

Ce poisson, dont la grandeur peut être comparée à celle de
l'anguille, a été rencontré par Commerson au milieu des rochers détachés du rivage, qui environnent la Nouvelle-Bre-
tagne et les îles voisines.

On le trouve aussi près des côtes d'Amboine.

Sa morsure est dangereuse, mais sa chair est un aliment
délicat. (H. C.)

OPHITE. (*Min.*) Ce nom n'est pas entièrement scientifique;
il est aussi employé dans les arts pour désigner la roche à
laquelle nous l'appliquons exclusivement. Cette roche a été
aussi nommée *serpentin*, qui veut dire en latin la même
chose qu'ophite en grec; on l'a aussi appelée porphyre vert,
et c'est sous le nom de *Grünporphir* qu'elle est désignée par
quelques minéralogistes de l'École allemande. D'autres, tel
que M. Léonhard [1], ne distinguent pas cette espèce du porphyre rouge et des autres roches nommées porphyres, et
regardent l'ophite comme une simple variété de couleur de
cette roche. De Saussure, MM. d'Aubuisson et Cordier n'ont
point partagé cette opinion; ils pensent au contraire que la
base de l'ophite est une pierre d'une nature particulière.

L'Ophite est une roche empâtée, mais formée par voie de
dissolution et de cristallisation confuse, dont la pâte est d'une
couleur verte plus ou moins foncée, à texture fine, offrant
les caractères du pétrosilex et ceux de l'amphibole ou du
pyroxène, réunis, et enveloppant des cristaux déterminables
de felspath ordinairement compacte.

Les *parties constituantes accessoires* de cette roche sont: l'amphibole distinct, le quarz, mais rarement en petits grains
transparens.

Les *parties éventuelles* sont: la calcédoine en nodules grisâtres, à écorce verdâtre, quelquefois des grenats?

La *pâte* est compacte, homogène. M. Cordier la regarde
comme une wake à grains fins, endurcie par de la calcé-

---

1 *Charakteristik der Felsarten. Heidelberg,* 1823, *Seite* 210.

doine. L'amphibole n'y est pas reconnoissable, mais on y découvre quelquefois de très-petits cristaux de pyroxène translucide et d'un beau vert. Les cristaux de felspath, qui y sont très-également disséminés, et qui lui donnent une *structure* porphyroïde, sont plus ou moins gros, à texture presque toujours compacte; ils sont intimement liés à la pâte, et quelquefois même ils ne s'en distinguent qu'avec peine, ce qui prouve que la pâte et les cristaux sont de formation contemporaine.

La *cohésion* des parties est grande, la roche est donc très-solide; elle n'est cependant pas toujours difficile à casser.

La *cassure* est égale, unie, c'est-à-dire, qu'elle traverse également la pâte et les cristaux : elle est quelquefois écailleuse.

L'ophite est *très-dur*, d'une dureté à peu près égale dans toutes ses parties, ce qui, réuni à la finesse de la pâte, donne à certaines variétés la faculté de recevoir un poli assez beau et très-égal.

La *couleur* de l'ophite est essentiellement verte ou verdâtre; c'est un vert sale, ou brunâtre, ou grisâtre. Les cristaux de felspath ont souvent la même couleur que la pâte, mais avec un ton plus pâle : ils sont quelquefois grisâtres et rougeâtres.

L'ophite est plus ou moins *fusible*, à la manière du felspath, en émail grisâtre.

Il est peu susceptible *d'altération.*

Il *passe* au porphyre proprement dit, lorsque sa couleur, d'un vert sombre indéterminé, passe au rouge sombre, mais surtout à l'eurite porphyroïde, et il arrive souvent qu'on ne peut dire précisément à laquelle de ces deux sortes de roche composée on doit rapporter certaines roches.

L'ophite, moins répandu, moins connu des anciens, ou peut-être moins bien indiqué que le porphyre, a été employé aux mêmes usages d'ornemens que cette roche. On le trouve dans les anciens monumens. On en ornoit les palais; on en faisoit des vases, des coupes, etc.

On ne sait pas de quelle carrière, ni même de quel pays, les anciens retiroient la roche que les Italiens nomment *porfido verde antico*, qui est notre ophite.

Pline, plaçant cette roche parmi les marbres, c'est-à-dire,

parmi les pierres polissables, dit que la différence qu'il y a entre l'ophite et les autres marbres, c'est qu'il est marqué de taches à la manière des serpens, d'où lui est venu son nom. Il en distingue deux sortes, l'un mou et blanc, l'autre noirâtre et dur. Il paroîtroit que la première sorte se rapporteroit à la serpentine ou plutôt aux ophiolites, et la seconde à la roche que nous décrivons ici sous le nom d'ophite. Cela paroît d'autant plus vraisemblable que Pline ne parle nulle part des porphyres verts, roche qui devoit être connue des Romains, à en juger par la quantité de débris qu'on en trouve dans différentes parties de l'Italie.

Variétés.

OPHITE ANTIQUE. Pâte verte, compacte, homogène, opaque; cristaux de felspath verdâtres.

La pâte a la cassure écailleuse.

C'est cette variété que les anciens ont employée comme pierre d'ornement; on en trouve des débris dans toutes les ruines des villes antiques, et notamment aux environs de la ville d'Ostie, dans les États romains. On ne connoit plus, comme on vient de le dire, les carrières d'où les Romains extrayoient cette roche. On suppose que c'étoit des montagnes qui bordent la mer Rouge du côté de l'Égypte. Il paroît que ces carrières pouvoient fournir des pièces d'une très-grande dimension, puisqu'on cite deux colonnes de cette matière dans le palais des conservateurs au capitole de Rome, qui ont près de quatre mètres de hauteur.

OPHITE VARIÉ. Pâte d'un vert brun, grenue, amphibolique, avec des cristaux de felspath blancs, gris ou verdâtres.

C'est celui-ci qui contient du quarz, de l'amphibole, du mica, des grenats, etc.

Exemple. Dans les Pyrénées au Tourmalet, vallée de Barrège, au-dessus du lac d'Oncet.

Il a une pâte verte, grenue, avec quelques pyrites et des cristaux de felspath blancs. On en trouve encore dans d'autres lieux de cette chaîne de montagnes.

A Saulieu dans le Morvan, en France.

A Rubeland, et en morceaux roulés dans la Bode, au Harz. Pâte verte foncée et cristaux de felspath blanc.

A Planitz, en Saxe. Il renferme du quarz et des nodules de calcédoine.

De Niolo, en Corse. A pâte verte, grenue, amphibolique, et cristaux verts. Du même lieu. Pàte verte, compacte ; gros cristaux de felspath blanc, et gros grains de quarz.

Dans les Vosges, à la Chevelny, sur la hauteur de Frole, en Comté. A pâte d'un vert obscur et cristaux de felspath vert-pâle. Il passe à la diabase verdàtre granitoïde, et on l'appelle alors *granite vert*.

Du Mont-Viso, en Piémont. Il est d'un vert poireau, taché de blanc et de points rouges, qui sont dus à des grenats disséminés. (Brard, Pierres d'ornemens.) (B.)

OPHITINE. (*Min.*) C'est le nom que de la Métherie donnoit à la base de l'ophite ou porphyre vert. (B.)

OPHIURE (*Bot.*); *Ophiurus*, Gærtn. fils, *Carpol.*, 3 , pag. 3 ; R. Brown, *Nov. Holl.*, pag. 206 ; Pal. Beauv., *Agrost.*, pag. 116. Quoique ce genre ait le port et la plupart des caractères des *rottboellia*, qui paroît former un genre assez naturel, cependant Gærtner fils en a retranché plusieurs espèces pour en former son genre *Ophiurus*, qui a été adopté par R. Brown et Beauvois. Il diffère des *rottboellia* en ce qu'il n'existe qu'un seul épillet au lieu de deux dans chacune des cavités du rachis. Cet épillet renferme deux fleurs, une extérieure mâle ou stérile; une intérieure hermaphrodite. Gærtner n'en cite qu'une seule espèce, qui est le *rottboellia corymbosa* de Linnæus. Beauvois y ajoute le *rottboellia pannonica, incurvata, cylindrica* du même auteur. Voyez Rottbolie. (Poir.)

OPHIURE, *Ophiurus.* (*Actinoz.*) Genre de stellérides établi par M. de Lamarck pour un certain nombre d'espèces d'étoiles de mer, qui diffèrent un peu des autres par la forme alongée serpentiforme des rayons qui bordent le corps, et que l'on peut caractériser ainsi : Corps arrondi, déprimé, quinqué-partite, couvert d'une peau coriace et pourvu dans sa circonférence de rayons, presque constamment au nombre de cinq, très-longs, très-grêles, articulés, sans sillon inférieur. Bouche au milieu de cinq fentes fort courtes, ne dépassant pas le diamètre du corps, et pourvues sur les bords de ventouses papilliformes peu nombreuses.

D'après cette définition les ophiures appartiennent à cette

section des stellérides dont le corps est distinct des appendices qui servent à la locomotion, et où ces appendices sont dépourvus de sillons garnis de ventouses papilliformes à leur partie inférieure ; mais elles diffèrent des deux autres genres que M. de Lamarck y établit, c'est-à-dire, des comatules, parce que les rayons sont indivis, et des euryales, parce qu'il n'y en a pas un second rang plus petit au-dessus du rang principal. Au reste, ces rayons toujours fort longs, souvent assez comparables à des queues de serpens, sont couverts d'écailles ou de tubercules ; ils peuvent être pourvus dans leur longueur, et de chaque côté, d'une série de papilles peu apparentes ou d'épines plus ou moins longues qui les rendent comme pectinées.

Les ophiures paroissent avoir des habitudes un peu différentes de celles des comatules et même des euryales ; elles se servent de leurs rayons pour marcher, en en accrochant un ou deux à l'endroit vers lequel elles veulent arriver, et en se tirant ensuite avec eux ; mais elles ne les emploient pas pour saisir la nourriture et pour la porter à leur bouche.

On trouve des espèces de ce genre dans toutes les mers. Elles ne sont jamais d'une bien grande taille. M. de Lamarck, qui en caractérise douze espèces, les divise en deux sections, d'après l'état convexe ou aplati des rayons en dessus.

* *Rayons arrondis ou convexes sur le dos.*

L'O. NATTÉE ; *O. texturata*, de Lamk., Enc. méth., pl. 123, fig. 2 et 3. Ophiure à rayons subulés, arrondis, lisses, pourvus inférieurement d'écailles disposées sur trois rangs et de papilles latérales déprimées fort petites. Des mers d'Europe.

L'O. LÉZARDELLE ; *O. lacertata*, de Lamk., Enc. méth., pl. 122, fig. 4, et pl. 123, fig. 3. Assez grande espèce, à rayons alongés, subulo-cylindriques, presque lisses, couverts d'écailles imbriquées et pourvus latéralement de papilles extrêmement courtes, souvent déprimées. Cette espèce est quelquefois d'une seule couleur roussâtre et d'autres fois panachée d'orange et de brun. Elle vient aussi des mers d'Europe.

L'O. ÉPAISSIE ; *O. incrassata*, de Lamarck. Assez grande ophiure dont le corps est large, subpentagone, pourvu de cinq plaques rhomboïdales autour de la bouche, et de rayons épais, alongés, subulés, garnis sur les côtés d'épines de la largeur du rayon. Couleur jaunâtre. Du voyage de Péron et Lesueur.

L'O. ANNULAIRE ; *O. annulosa*, de Lamk. Ophiure de couleur brune avec des rayons alongés, subulés, arrondis, pourvus de chaque côté d'épines comme articulées par les anneaux colorés dont elles sont bigarrées. Du voyage de Péron et Lesueur.

L'O. MARBRÉE ; *O. marmorata*, de Lamk. Ophiure dont le disque est radié par dix lignes, la couleur variée de blanc et de brun, et dont les rayons sont pourvus d'épines latérales plus courtes que leur largeur. Du voyage de Péron et Lesueur.

** *Rayons aplatis sur le dos.*

L'O. HÉRISSÉE ; *O. echinata*, de Lamk., Enc. méth., pl. 124, fig. 2 et 3. Ophiure noirâtre, granuleuse sur le disque ; les rayons pourvus d'épines épaisses, ouvertes, sur quatre rangs, et un peu plus longues que la largeur du rayon. De l'Océan des Antilles et de l'Atlantique.

M. de Lamarck rapporte encore à cette espèce une variété qui a le dos lisse et les épines plus grêles, ainsi que l'*Asterias nigra* de Muller, *Zool. Dan.*, 3, p. 20, tab. 93, dont les rayons sont plus atténués vers l'extrémité.

L'O. SCOLOPENDRINE ; *O. scolopendrina*, de Lamk. Grande ophiure, à disque orbiculaire, scabre par les points proéminens de son dos ; les rayons longs, très-hérissés d'épines ouvertes, tachetés et bigarrés. Des mers de l'Isle-de-France.

L'O. LONGIPÈDE ; *O. longipeda*, de Lamk. Disque petit, orbiculaire, marqué de dix facettes cunéiformes et pourvus de rayons extrêmement longs, avec des épines blanches et ouvertes. Des mers de l'Isle-de-France.

L'O. NÉRÉIDINE ; *O. nereidina*, de Lamk. Disque très-petit ; pentagone, quinque-silloné sur le dos ; rayons très-longs, à articles très-étroits et ciliés par des épines. Couleur bleuâtre. Des mers australes.

L'O. CILIAIRE : *O. ciliaris*, Linn. ; Link, *Stell. mar.*, tab. 34, fig. 56. Assez petite espèce dont les rayons sont pourvus d'épines menues comme des poils, assez longues, ouvertes, qui les font paroître comme plumeux. Des mers d'Europe et de l'Océan austral.

L'O. ÉCAILLEUSE : *O, squamata*, de Lamk.; *Asterias aculeata?* Linn.; Mull., *Zool. Dan.*, 3, p. 29, t. 99. Disque orbiculaire, assez lisse; les rayons couverts en dessus de larges écailles imbriquées et pourvues d'épines plus courtes que leur largeur sur quatre rangs. Couleur blanchâtre. Des mers d'Europe et de l'Océan atlantique.

L'O. CASSANTE; *O. fragilis*, Mull., *Zool. Dan.*, 3, p. 28, tab. 98. Disque épineux en-dessus, orbiculaire, partagé en dix aires par autant de lignes; rayons subulés, linéaires, comme pectinés sur les côtés par des épines elles-mêmes serruleuses. De l'Océan boréal. (DE B.)

OPHRIAS, OPHRIE. (*Erpét.*) Noms de pays d'un serpent du genre Boa. Voyez BOA. (H. C.)

OPHRIS, *Ophrys*. Linn. (*Bot.*) Genre de plantes monocotylédones, de la famille des *orchidées*, Juss., et de la *gynandrie monandrie*, Linn., qui a pour principaux caractères : Une corolle de six pétales inégaux, trois extérieurs et trois intérieurs; dans ces derniers deux pareils, et le troisième (labelle ou nectaire) plus grand que les autres, étalé ou pendant, placé à la base du style et dépourvu d'éperon; une seule étamine, placée au sommet du style, formée d'une anthère à deux loges adnées à la partie supérieure du style; un ovaire infère, surmonté d'un style en colonne; une capsule uniloculaire, à trois valves, s'ouvrant longitudinalement par trois fentes et contenant des graines nombreuses et très-petites.

Les ophris sont des plantes herbacées, à racines formées le plus communément de tubercules arrondis; leur tige est simple, cylindrique, garnie de feuilles entières, engainantes, et leurs fleurs, très-souvent d'un aspect singulier, sont disposées en épi terminal. C'est principalement dans la forme et dans la couleur du labelle que les fleurs d'ophris présentent des ressemblances bizarres. Tantôt l'œil trompé croit voir au sein de la fleur une mouche, une abeille, une araignée; quelquefois c'est comme une petite figure d'homme, qui paroît y être suspendue.

Linnæus, dans son *Species plantarum*, avoit mentionné dix-huit espèces d'*ophris*; mais, d'après la réforme établie dans les orchidées par Swartz, il n'est plus resté dans ce genre que quatre des espèces Linnéennes ; toutes les autres ont été reportées dans d'autres genres. Aujourd'hui, malgré la réforme dont il vient d'être parlé, les découvertes des botanistes venus depuis Linnæus, ont plus que doublé les espèces de ce qu'elles étoient d'abord, et on en compte environ quarante. Il est vrai que l'*ophrys insectifera*, Linn., a été divisé par les modernes en huit à dix espèces.

Ophris a un tubercule : *Ophrys monorchis*, Linn., *Spec.*, 1342; *Flor. Dan.*, tab. 102. Sa racine est formée, non d'un seul tubercule, comme le disent la plupart des auteurs, mais bien de deux tubercules, dont l'un donne naissance à la tige, et dont le second, ou celui de l'année destinée à remplacer le premier lorsque celui-ci se sera épuisé à nourrir la tige, est placé à quelque distance, de sorte que le plus souvent, lorsqu'on arrache la plante sans prendre la précaution d'enlever en même temps une certaine quantité de terre, on ne trouve que le premier tubercule, et le second reste dans la terre, ce qui a donné lieu à l'erreur que cette espèce faisoit exception aux autres, dont les racines, lorsqu'elles sont tuberculeuses, sont toujours, dans le moment de la floraison, formées de deux tubercules rapprochés l'un de l'autre. La tige est grêle, haute de trois à six pouces, chargée d'une petite feuille étroite et garnie à sa base de deux feuilles lancéolées. Les fleurs sont petites, d'un vert jaunâtre, et leur labelle est trifide. Cette espèce croit en France et en d'autres parties de l'Europe, dans les prés des montagnes.

Ophris des Alpes : *Ophrys alpina*, Linn., *Spec.*, 1342 ; Jacq., *Hort. Vind.*, tab. 9. Sa racine est formée de deux tubercules ovoïdes, rapprochés ; elle produit cinq à six feuilles linéaires, aussi longues que la tige, qui est nue, haute seulement de deux à trois pouces, terminée par cinq à six fleurs d'un vert jaunâtre, rapprochées en épi court. Les cinq divisions supérieures ou latérales de la corolle sont rapprochées ou confluentes, et le pétale inférieur ou labelle est lancéolé, entier, chargé seulement d'une petite dent de chaque côté. Cette plante croit dans les prairies des montagnes Alpines de l'Europe.

Ophris homme-pendu: *Ophrys antropophora*, Linn., *Spec.*, 1343; *Flor. Dan.*, tab. 103. Sa racine, formée de deux tubercules ovoïdes, rapprochés, produit une tige cylindrique, parfaitement glabre comme toute la plante, haute de huit à quinze pouces. Ses feuilles sont lancéolées, les unes radicales, les autres disposées dans la partie inférieure des tiges. Ses fleurs sont jaunâtres, nombreuses, accompagnées de bractées plus courtes que l'ovaire, et disposées en un épi terminal, assez long; elles représentent, en quelque sorte, un homme suspendu par la tête; les cinq pétales supérieurs, d'un blanc jaunâtre, connivens, forment la tête, et le labelle, d'un jaune foncé et ferrugineux, simule le corps et les quatre membres. Cette espèce croît dans les prés, en France, en Suisse, en Italie, etc. Elle fleurit en Mai et Juin.

Ophris mouche: *Ophrys myodes*, Jacq., *Icon. rar.*, tab. 71; *Ophrys insectifera myodes*, Linn., *Spec.*, 1343. La racine, de même que dans l'espèce précédente et les suivantes, est formée de deux tubercules. La tige est haute de huit à douze pouces, munie, dans sa partie inférieure, de quelques feuilles lancéolées ou quelquefois ovales-lancéolées. Les fleurs sont peu nombreuses, disposées en épi lâche et accompagnées de bractées linéaires-lancéolées, aussi longues ou plus longues qu'elles. Les pétales sont ouverts, les trois extérieurs lancéolés, d'un vert blanchâtre, les deux intérieurs linéaires et rougeâtres; le labelle, représentant en quelque sorte une mouche, est pendant, pubescent, d'un pourpre foncé, partagé en trois découpures, dont la moyenne beaucoup plus grande et à deux lobes arrondis. Cette espèce croît sur les collines et dans les pâturages des montagnes, en France, en Allemagne, en Angleterre, etc.

Ophris jaune: *Ophrys lutea*, Cavan., *Icon.*, 2, pag. 46, tab. 160; *Ophrys insectifera*, ε, Linn., *Spec.*, 1343. Sa tige est cylindrique, glabre, haute de six à huit pouces, garnie, dans sa partie inférieure, de cinq à six feuilles ovales-oblongues et terminée dans sa partie supérieure par trois à six fleurs très-brièvement pédicellées, placées dans l'aisselle d'une bractée foliacée, et disposées en un épi lâche. Les trois pétales extérieurs sont ovales, verdâtres, un peu inégaux; les deux intérieurs sont oblongs, obtus, jaunâtres, plus courts; le pétale inférieur ou le labelle, plus grand que tous les autres, est pubescent, d'un beau jaune sur ses bords, brunâtre dans son milieu, avec deux taches ovales-oblongues et glabres; il est, d'ailleurs, ovale-arrondi, découpé en trois lobes, dont le moyen, un peu plus large que les autres, est échancré. Cette plante croît naturellement en Espagne, en Portugal, en Italie et dans quelques parties du Midi de la France.

Ophris araignée; *Ophrys aranifera*, Smith, *Flor. Brit.*, 939. La plupart des feuilles de cette espèce sont ovales-lancéolées, radicales ou disposées dans la partie inférieure de la tige; celle-ci est cylindrique, haute de huit à douze pouces, garnie dans sa partie supérieure de quatre à six fleurs, rarement plus, disposées en épi lâche et munies de longues bractées. Les trois pétales extérieurs sont étalés, oblongs, verdâtres; les deux intérieurs sont plus courts, glabres; le pétale inférieur ou le labelle, qui imite en quelque sorte l'abdomen de certaines araignées, est ovale, convexe, échancré à son extrémité, velu, d'un brun ferrugineux, chargé un peu au-dessus de sa base de deux petites tubérosités en forme de cornes, et marqué dans son milieu de deux raies glabres et parallèles. Cette plante croît dans les pâturages et sur les bords des bois, en France et dans plusieurs parties de l'Europe; elle fleurit en Avril et Mai.

Ophris abeille; *Ophrys apifera*, Smith, *Flor. Brit.*, 938; Vaill., *Bot. Par.*, tab. 30, fig. 9. Cette espèce a beaucoup de rapports avec la précédente; mais elle en diffère par des caractères constans. Ses pétales extérieurs sont de couleur rose, marqués de trois lignes vertes; les deux pétales intérieurs sont lancéolés, moitié plus courts, verdâtres, velus; le labelle est arrondi, convexe, velu, d'un pourpre ferrugineux, marqué de raies jaunâtres, partagé en cinq lobes inégaux, l'inférieur prolongé en pointe recourbée en dessous. Cette plante fleurit en Mai et Juin. On la trouve dans les pâturages et sur les bords des bois, en France et dans plusieurs parties de l'Europe.

Les formes singulières et en même temps assez jolies des fleurs des ophris mériteroient à ces plantes une place dans nos jardins, et cependant on ne les y voit jamais ou presque jamais. Elles se refusent, dit-on, à la culture, et périssent sous la main du jardinier qui leur prodigue ses soins. Cela indique assez la manière dont il faut les traiter. L'amateur, qui aura le désir de les posséder, devra, pour se les procurer, les faire arracher dans les lieux où elles se trouvent sauvages, et leur consacrer dans son jardin une place séparée, où il les abandonnera à la nature. On peut les mettre, soit dans des pièces de gazon, soit dans des plates-bandes situées aux bords des bosquets, dont on fait seulement arracher les mauvaises herbes, mais dans lesquelles on ne fait jamais mettre la bêche.

Les bulbes des ophris ne sont pour nous d'aucun usage. Formées en grande partie de fécule amylacée, comme celles des orchis, elles ont les mêmes propriétés et peuvent, comme elles, être employées à faire du salep. (L. D.)

OPHTALMICA. (*Bot.*) Voyez OCULARIA. (J.)

OPIER. (*Bot.*) Voyez OBIER. (L. D.)

OPIK. (*Ornith.*) Ce nom groënlandois est appliqué par Othon Fabricius au harfang ou hibou d'Islande, d'Anderson, *strix nyctea*, Linn., qui se nomme aussi *opirksoak*, et par Oth. Fr. Muller au *falco norwegicus*. (CH. D.)

OPILE, *Opilo*. (*Entom.*) Nom donné par M. Latreille à un genre d'insectes coléoptères pentamérés de la famille des térédyles ou percebois, et qui correspond à celui des TILLES. Voyez ce mot. (C. D.)

OPILIA. (*Bot.*) Genre de plantes établi par Roxburg. La fleur a un petit calice d'une seule pièce, dont le limbe est bordé par cinq dents; ses pétales, au nombre de cinq, lui adhèrent et le débordent; ils sont alternes, avec cinq écailles plus intérieures, que l'auteur qualifie de nectaires, et qui ont la même construction; cinq étamines, également insérées au calice, sont opposées aux pétales. L'ovaire, simple et libre, ou non adhérent, est couronné immédiatement par un stigmate non divisé. Il devient une baie portée sur un pivot, moins grosse qu'une cerise, et contenant une seule graine dont l'intérieur n'est pas connu. Ce genre ne contient jusqu'à présent qu'une espèce, qui est un petit arbre de la côte de Coromandel, à feuilles simples et alternes, à fleurs axillaires en grappe, qui est couverte de bractées dont chacune recouvre trois fleurs. Ce genre paroît appartenir à la famille des rhamnées, dans la section des vraies rhamnées, caractérisé par l'opposition des étamines aux pétales; mais, pour déterminer avec précision ses affinités, il faudroit connoître l'intérieur de la graine. (J.)

OPINAWK. (*Bot.*) Nom d'une racine de Virginie, cité par C. Bauhin, qui croit que c'est le *papas* d'Acosta, maintenant reconnu pour la pomme de terre, *solanum tuberosum.* C'est l'*openack* de la Caroline. (J.)

OPIONKA. (*Bot.*) Dans la province russe de Mourom on nomme ainsi une espèce d'agaricus, *agaricus fragilis*, que les habitans mangent sans aucun inconvénient. (Lem.)

OPIPIXCAN. (*Ornith.*) Tout ce que Fernandez, p. 44, chap. 147, dit de cette espèce de canard, se borne à annoncer que son plumage est varié de noir et de cendré, et qu'elle a le bec rougeâtre et les pieds roussâtres. (Ch. D.)

OPIPTÈRE, *Opipterus.* (*Malacoz.*) M. Rafinesque, Journ. encycl. de la Sicile, douzième et dernier numéro, et Journ. de phys., tom. 89, p. 151, propose sous ce nom un genre de mollusques nu, auquel il assigne pour caractères : Corps nageant, déprimé, sans tête ; une grande aile horizontale postérieurement, deux longs tentacules inégaux, non rétractiles antérieurement, la bouche entre eux ; et qu'il paroît placer parmi les ptéropodes, dont il diffère, dit-il, par l'absence de tête et de branchies.

Il cite pour exemple, l'*O. bicolor*, qui a deux pouces de longueur, de couleur hyaline, les ailes rougeâtres, et qui provient des mers de la Sicile. Quoique cette description soit extrêmement incomplète, il me semble cependant que ce genre est établi sur le même mollusque qui a servi à l'établissement du genre Gastéroptère de Meckel. (De B.)

OPIS. (*Foss.*) L'on ne connoît de ce genre de coquille bivalve qu'une portion d'une valve où se trouvent le sommet et la charnière ; ils annoncent une coquille cordiforme, à côtés déprimés, à valves portant une carène comprimée sur le dos et à sommets élevés et très-courbés. Au-dessous de ces derniers il se trouve une grande dent cardinale aplatie, saillante et couverte de stries lâches, et à côté un espace vide pour recevoir une dent pareille de l'autre valve.

M. de Lamarck avoit rangé cette coquille dans les trigonies et l'avoit nommée trigonie cardissoïde (Anim. sans vert., tom. 6, page 65, 1.re part.); mais comme elle ne réunit aucun des caractéres des trigonies ni ceux d'aucun des genres connus, nous avons fait figurer dans l'atlas de ce Dictionnaire, ce morceau, que nous possédons, et nous proposons de signaler pour lui, sous le nom d'Opis, un nouveau genre dont on ne pourra assigner tous les caractéres que lorsque l'on sera parvenu à se procurer des coquilles entières. Ce morceau est ferrugineux et paroît provenir de couches plus anciennes que la craie. Il indique que la coquille dont il dépend pourroit avoir deux à trois pouces de longueur. (D. F.)

OPISTHOCOMUS. (*Ornith.*) Ce nom, qui désigne une huppe occipitale, a été donné par Hoffmansegg, et adopté par Illiger, pour désigner l'hoazin, *phasianus cristatus*, Gmel. (Сн. D.)

OPISTHOGNATHE, *Opistognathus*. (*Ichthyol.*) M. Cuvier a récemment créé sous ce nom, et dans la seconde famille des acanthoptérygiens, celle des gobioïdes, un genre de poissons reconnoissables à la forme générale, et surtout au museau court des blennies, dont ils ne se distinguent que par des os maxillaires très-grands, et prolongés en arrière en une espèce de longue moustache plate. Leurs dents, dont la rangée extérieure est plus forte, sont en râpe à chaque mâchoire. Leurs catopes, placés précisément sous les pectorales, n'ont que trois rayons.

Ce genre, qui doit être placé entre les gonnelles et les anarrhiques, ne renferme encore qu'une espèce qui a été rapportée de la mer des Indes par le célèbre voyageur Sonnerat, c'est l'*Opistognathus Sonnerati* de M. Cuvier. (H. C.)

OPISTHOLOPHUS. (*Ornith.*) Ce nom, qui annonce, ainsi qu'*opisthocomus*, une crête occipitale, a été donné comme terme générique, par M. Vieillot, à une espèce de jacana, *parra chavaria*, Linn., qu'il a placée à la suite du kamichi, en lui indiquant pour caractères particuliers: Un bec plus court que la tête, garni de plumes à la base, conico-convexe, un peu voûté, courbé à la pointe; le lorum nu; les ailes éperonnées; les doigts extérieurs unis à la base par une membrane; la queue étagée. (Сн. D.)

OPIUM. (*Bot.*) Voyez Pavot. (L. D.)

OPIUM. (*Chim.*) Voyez Morphine et Narcotine, t. XXXIII, pag. 15. (Сн.)

OPLISMÈNE, *Oplismenus.* (*Bot.*) Genre de plantes mono-cotylédones, à fleurs glumacées, de la famille des *graminées*, de la *triandrie monogynie* de Linnæus, offrant pour caractère essentiel : Des épillets à deux fleurs sans involucre ; les deux valves calicinales membraneuses et aristées ; une fleur herma-phrodite, dont la valve inférieure est acuminée, mucronée ; une fleur stérile à une ou deux valves ; l'inférieure aristée ; trois étamines ; deux styles.

De Beauvois a établi ce genre pour une plante qu'il avoit découverte dans le royaume d'Oware. Il a de très-grands rap-ports avec les panics. Plusieurs espèces de ces derniers doi-vent en être retranchées pour être placées dans ce nouveau genre ; telles sont les *panicum hirtellum*, *Burmanii*, *compositum*, *undulatifolium*, *bromoides*, *foliaceum*, etc. Ce genre est le même que celui de Rob. Brown, établi sous le nom d'*Orthopogon*, auquel cet auteur a ajouté plusieurs espèces découvertes à la Nouvelle-Hollande ; tels que l'*orthopogon œmulus*, *flaccidus*, *imbecillis*, etc.

OPLISMÈNE D'AFRIQUE ; *Oplismenus africanus*, Pal. Beauv., Flor. d'Oware et Benin, vol. 2, pag. 15, tab, 68, fig. 1. Cette plante a de très-grands rapports, par la disposition et la forme de ses épis, avec le *panicum loliaceum*, Encycl. Elle s'en dis-tingue par le bouquet de poils que portent les fleurs et leur pédoncule. Les tiges sont glabres, rameuses, un peu couchées à leur base ; les feuilles planes, glabres, pileuses sur leur gaine et à son orifice, élargies, lancéolées, longues d'environ un pouce et demi ; les fleurs point géminées ; les épillets pi-leux à un de leurs côtés, ainsi que leur rachis ; les valves du calice surmontées d'une arête longue et roide. Cette plante croît dans les royaumes de Benin et d'Oware.

OPLISMÈNE HÉRISSÉ : *Oplismenus hirtellum*, Beauv. ; *Panicum hirtellum*, Linn. Plante des Indes orientales, dont les tiges sont ascendantes, articulées ; les feuilles planes, lancéolées, aiguës, longues de huit à dix pouces, presque glabres, un peu pileuses à l'entrée de leur gaine ; les épis droits, alternes, sessiles, munis d'une petite touffe de poils à leur base ; les valves ca-licinales pourvues chacune d'une arête, celle de la valve ex-térieure fort longue.

OPLISMÈNE BROMOÏDE : *Oplismenus bromoides*, Beauv. ; *Panicum*

bromoides, Encycl.; *Hippogrostis amboinensis*, Rumph., *Amb.*,
6, tab. 5, fig. 3. Cette espèce a une tige d'environ un pied
de longueur; elle est grêle, un peu rameuse, nue dans sa
partie supérieure. Les feuilles sont courtes, planes, lancéolées, chargées de poils longs et rares; les épis sessiles, alternes,
au nombre de trois ou quatre, chargés sur leur axe de filets
nombreux, un peu longs et blanchâtres, qui les font paroître
très-velus; les valves calicinales munies d'arêtes. Cette espèce
croît à l'Isle-de-France et dans celle d'Amboine.

OPLISMÈNE COMPOSÉ : *Oplismenus compositus*, Beauv.; *Panicum
compositum*, Linn. Plante de Ceilan, dont la tige est rampante,
puis ascendante, filiforme; les feuilles sont courtes, larges,
lancéolées. L'épi commun est composé de quatre ou cinq autres petits épis alternes, distans, serrés contre l'axe; les fleurs
sont unilatérales; les valves du calice lancéolées, un peu cari-
nées, mucronées, pourvues d'arêtes inégales.

OPLISMÈNE PIED-DE-PAON ; *Oplismenus crus pavonis*, Kunth *in*
Humb. et Bonpl., *Nov. gen.*, 1, pag. 108. Cette espèce est
très-voisine par son port du *panicum crus galli*. Ses tiges sont
simples, droites, longues de trois pieds; les feuilles planes,
linéaires, glabres, assez larges; les gaines terminées par un rebord brun; les fleurs en épis, au nombre environ de vingt
à vingt-cinq : les inférieurs opposés et rameux; les supérieurs simples, alternes, à rachis anguleux; les épillets fasciculés; les valves du calice blanchâtres, rudes, hispides,
dont l'inférieure très-courte, arrondie, acuminée; la supérieure ovale, aristée, à cinq nervures; deux paillettes
stériles; les valves de la corolle blanchâtres, un peu coriaces, glabres, mutiques, presque égales. Cette plante croit
aux lieux découverts et chauds, dans la province de Cumana,
proche Bordones.

OPLISMÈNE FAUSSE-HOUQUE; *Oplismenus holciformis*, Kunth,
l. c. Cette plante a des tiges droites, hautes de six pieds; des
feuilles linéaires, élargies, rudes à leurs deux faces, avec le bord
de leur gaine cilié et pileux. Les épis sont au nombre de huit,
sessiles, alternes ou opposés, denses, cylindriques, longs de
trois pouces; les rachis partiels, pileux; les épillets ovales,
oblongs, médiocrement pédicellés; les valves du calice rudes
et ciliées à leurs bords, à trois nervures; la valve supérieure

est plus longue, aristée ; une arête très-longue à la valve stérile ; les valves de la corolle égales, plus courtes, glabres, blanchâtres ; l'inférieure munie d'une arête courte et droite.
Cette plante croît aux lieux humides et montueux, proche
Cinapécuaro, au Mexique. (Poir.)

OPLOPHORES. (*Ichthyol.*) M. Duméril a donné ce nom,
tiré du grec οπλον, *arme* et φερω, *je porte*, à une famille
de poissons osseux holobranches abdominaux, reconnoissables
aux caractères suivans :

· *Branchies munies d'une opercule et d'une membrane; corps co-*
nique; premier rayon de la nageoire pectorale épineux, souvent
dentelé, mobile, érectile.

Les poissons de cette famille, qui sont plutôt pourvus de
moyens de défense qu'armés pour attaquer, ont été rangés
dans différens genres, dont on pourra se former une idée
d'après la table synoptique ci-jointe.

Famille des Oplophores.

mobiles ; bouche au bout du museau ; nageoire dorsale double ; la seconde adipeuse ; corps	unique	à rayons osseux	courte	sans épine	Silure.
				à premier rayon épineux	Schilbé.
			très-longue		Macroptéronote.
		adipeuse ou sans rayons			Malaptérure.
	à rayons ; bouche	dentée,	à barbillons ; flancs	écailleux ; seconde dorsale à rayon unique	Cataphracte.
				écailleux ; seconde dorsale à rayon nombreux	Pogonathe.
				sans écailles ; nageoires impaires distinctes	Tachisure.
				sans écailles ; nageoires impaires réunies	Plotose.
			sans barbillons ; museau très-long		Macroramphose.
		sans dents ; corps	écailleux		Corydoras.
			nu, visqueux		Centranodon.
	adipeuse ; corps	cuirassé ; branchies		ordinaires	Doras.
				dendroïdes	Hétérobranche.
		sans cuirasse ; bouche	à barbillons ; dents	ordinaires ; les inter-maxillaires sur un seul rang	Pimélode.
				ordinaires ; les inter-maxillaires sur deux rangs	Bagre.
				de la mâch. infér. crochues et en un paquet	Schal.
			sans barbillons		Agénéiose.
	sous le museau ; nageoire dorsale			unique	Loricaire.
				double	Hypostome.
immobiles					Asprède.

Voyez ces différens noms de genres, et Abdominaux, Holobranches et Siluroïdes. (H. C.)

OPLOTHECÀ. (*Bot.*) Genre de plantes dicotylédones, à
fleurs incomplètes, de la famille des *amaranthacées*, de la
pentandrie monogynie de Linnæus, qui a des rapports avec les
gomphrena, offrant pour caractère essentiel : Un calice double ; l'extérieur à deux folioles scarieuses, roulées, tronquées ;
le calice intérieur plus long, d'une seule pièce, à cinq divi-

sions, très-velu. Point de corolle ; un tube cylindrique, à cinq
dents, terminées chacune par une anthère ; un stigmate simple,
en tête, pubescent ; une semence renfermée dans le calice
endurci, mucroné.

Ce genre renferme le *gomphrena interrupta* de l'Héritier
(voyez AMARANTINE) et une espèce nouvelle sous le nom de

OPLOTHECA FLEURI ; *Oplotheca florida*, Nuttal, *Gen. of north
amer.*, pl. 2, pag. 78. Ses tiges sont droites, simples, herbacées, cylindriques, striées, pubescentes et glanduleuses, renflées à leurs articulations ; les feuilles sessiles, entières, opposées, distantes, alongées, lancéolées, aiguës, rudes en dessus,
couvertes en dessous d'un duvet soyeux très-épais ; les fleurs
disposées en une panicule simple, nue, composée d'épis distans, sessiles, opposés, chargés de fleurs blanchâtres, imbriquées, ayant le calice extérieur membraneux et diaphane ;
l'intérieur ovale, comprimé, très-tomenteux, à cinq dents.
Cette plante croît dans la Floride. (POIR.)

OPOBALSAMUM. (*Bot.*) On a ignoré long-temps l'origine du baume de la Mecque, ainsi nommé parce qu'on
l'apportoit des environs de cette ville de l'Arabie. Belon et
Prosper Alpin avoient décrit l'arbre qui le fournit, mais
leur description incomplète ne paroît suffire pour déterminer le genre. Forskal, le premier, reconnut que c'étoit
un *amyris*. Ses échantillons, envoyés à son maître Linnæus,
étoient à feuilles ternées, et l'arbre décrit par Belon, figuré
par Prosper Alpin, avoit des feuilles de lentisque, c'est-à-
dire pennées. Linnæus en conclut que deux espèces congénères produisoient ce baume, et il nomma celle à feuilles
ternées *amyris gileadensis*, et celle à feuilles pennées *amyris
opobalsamum*, en espérant néanmoins que les deux espèces
pouvoient être la même en deux états de croissance différens, d'autant que Prosper Alpin figuroit quelques feuilles
ternées, et que cette différence se remarque souvent sur
d'autres arbres. Plus récemment Gleditsch, ayant eu communication de quelques échantillons de l'arbre produisant
le baume de la Mecque, apportés par un voyageur, crut y
voir des caractères différens de ceux de l'*amyris*, c'est-à-dire,
cinq pétales réduits quelquefois à trois, dix étamines ou
quelquefois moins, des feuilles ternées ou pennées, ou tri-

pennées. Il vouloit en faire un genre sous le nom de *bal-samea mecanensis*, que les successeurs de Linnæus n'ont pas adopté; et Willdenow, qui en fait une variété de *l'amyris opobalsamum*, est disposé, comme Linnæus, à les confondre l'une et l'autre avec *l'amyris gileadensis*. Un travail très-nouveau de M. Kunth sur les térébintacées, reporte le genre *Amyris* dans la classe des hypo-pétalées, à cause de l'insertion hypogyne de ses étamines, et réduit beaucoup le nombre de ses espèces parmi lesquelles est *l'amyris alexiferago; il* laisse parmi les péri-pétalées, près des térébintacées, dans sa division des bursérianées, les *amyris gileadensis, amyris opobal-samum*, comprenant le *balsamea* de Gleditsch et plusieurs autres espèces dont il forme son genre *Balsamodendrum*, qui pourroit conserver le nom donné antérieurement par Gleditsch.

Le baume de la Mecque est très-anciennement connu. Théophraste, Dioscoride, Pline, en parlent avec éloge; et maintenant encore les Arabes, les Égyptiens, les Turcs en font beaucoup de cas. Pour ne point répéter ici ce qui a été dit précédemment, nous renvoyons à l'article Balsamier de la Mecque, tom. III, p. 482, tous les détails relatifs à sa récolte et à ses propriétés. (J.)

OPOCALPASUM. (*Bot.*) Cette substance gommo-résineuse, mentionnée par Galien, était, selon cet auteur, semblable à la myrrhe, et un poison très-actif. Bruce, dans son Voyage en Abyssinie, a figuré, sous le nom de *sassa*, une espèce de *mimosa*, qui produit une gomme qu'il dit être *l'opocalpasum* de Galien. (Lem.)

OPOETHUS. (*Ornith.*) Nom tiré du grec, qui exprime des yeux d'un rouge de feu, et par lequel M. Vieillot désigne le genre *touraco*, ayant pour caractères: Un bec emplumé à la base, convexe en dessus, un peu fléchi en arc, comprimé latéralement et dentelé du milieu à la pointe. (Ch. D.)

OPOPONAX. (*Bot.*) C'est un suc gommeux concret qui découle des incisions faites au bas de la tige d'un panais du Levant et des terres voisines de la Méditerranée, nommé par cette raison *pastinaca opoponax*. On l'apporte en petits morceaux de forme variée ou en larmes. Il devient, en s'épaississant, brun ou rougeâtre, plus pâle à l'intérieur, d'une odeur forte et désagréable, d'une saveur chaude et amère. La partie gommeuse y est plus abondante que la résineuse, mais non toujours dans la même proportion. Ce suc, employé à l'intérieur, est résolutif et apéritif, employé dans l'asthme, la toux et la suppression des règles ; à dose un peu forte, il devient purgatif ; en application sous forme d'emplâtre, il est bon pour le traitement de diverses plaies. Voyez Panais et Gomme résine. (J.)

OPOPONOX ET OPOPONACUM. (*Bot.*) Voyez Opoponax. (L. D.)

OPOSPERMUM. (*Bot.*) Rafinesque-Schmaltz, avec son laconisme ordinaire, caractérise ainsi ce genre, de sa création, dans les algues articulées, anciennement *conferva* : Filamens cloisonnés, à gongyles externes pédiculés, latéraux.

L'*Opospermum nigrum*, seule espèce du genre, se trouve dans la mer qui baigne les côtes de la Sicile. Ses filamens sont noirâtres, simples, très-courts, à cloisons de longueur égale ; les gongyles rares. Ce genre tient le milieu entre le *ceramium* et le *colophermum* du même auteur, et tous deux sont des démembremens du genre *Ceranium*, établi par Roth et maintenant divisé en beaucoup de genres différens. (Lem.)

OPOSSUM. (*Mamm.*) Espèce du genre Sarigue (voyez ce mot). Chez les Anglois ce nom est générique et se rapporte à notre mot didelphe. (F. C.)

OPPOSÉS (*Bot.*) : Naissant par paire, l'un vis-à-vis de l'autre à la même hauteur : cette expression signifie encore placés les uns devant les autres. On a des exemples de la première disposition dans les rameaux du lilas, les feuilles des labiées, les fleurs de la nummulaire, les cotylédons des plantes bilobées : on en a de la seconde dans les pétales du *berberis*, placés devant les divisions du calice ; dans les étamines du primevère, de la vigne, etc., placés devant les divisions de la corolle ; dans les cloisons du *paullinia pinnata*, naissant du placentaire, de manière à rencontrer par leur bord le milieu des valves.

Les rameaux, les feuilles, etc., sont dits *opposés croisés*, lorsque les paires se croisent à angle droit ; exemples, les

rameaux du frêne, les feuilles du *veronica decussata*, etc.
(Mass.)

OPPOSITE-PENNÉE [Feuille]. (*Bot.*) Feuille pennée
dont les folioles, au lieu d'être alternes, sont attachées par
paires ; exemples, *lathyrus pratensis, orobus tuberosus, hedysarum onobrichys.* (Mass.)

OPPOSITIFOLIÉ (*Bot.*): Naissant d'un point diamétrale-
ment opposé au point d'attache d'une feuille ; tels sont, par
exemple, l'épi de la fumeterre, la grappe de la douce-amère,
la fleur de la renoncule aquatique, la vrille de la vigne, etc.
(Mass.)

OPSAGO. (*Bot.*) Un des noms anciens de l'alkekenge,
espèce du genre *Physalis.* Voyez Coqueret. (Lem.)

OPUAGHA. (*Mamm.*) On trouve le nom du couagga ainsi
écrit dans 66.ᵉ vol., pag. 29 des Transactions philosophiques.
(F. C.)

OPSANTHA. (*Bot.*) Une gentiane avoit été désignée sous
ce nom par Reneaulme ; Linnæus l'a nommée *gentiana ama-
rella.* (J.)

OPSOPUA. (*Bot.*) Sous ce nom l'*helicterus apicila* avoit été
séparé de son genre par Necker à cause de l'absence de la
corolle. (J.)

OPTYX. (*Ornith.*) Nom grec de la caille commune, *tetras
coturnix,* Linn. (Ch. D.)

OPULUS. (*Bot.*) Les arbres auxquels Gesner, Césalpin,
Cordus et Daléchamps donnent ce nom, sont des érables,
et surtout l'érable ordinaire, *acer campestre.* Le cornouiller
sanguin étoit l'*opulus* de Columelle, suivant C. Bauhin ; mais
l'obier, espèce de *viburnum,* est plus habituellement connu
sous le nom d'*opulus, viburnum opulus* des botanistes ; il a
les fleurs disposées en corymbe, dont celles de la circonférence avortent en acquérant un plus grand volume de la
corolle. Cette espèce donne une variété, la boule de neige,
dont toutes les fleurs sont neutres et très-grandes. (J.)

OPUNTIA. (*Bot.*) Nom latin du nopal, nommé aussi vulgairement *raquette* et *cardasse,* dont les diverses espèces sont
toutes réunies par Linnæus au genre Cacte. Voy. ce mot. (J.)

OPUNTIACÉES. (*Bot.*) Quelques personnes ont traduit
ainsi en françois le nom latin *opuntiaca,* donné à la famille

des nopalées, qui comprend le nopal et les autres espèces nombreuses du genre *Cactus*. Voyez Nopalées. (J.)

OQAB. (*Ornith.*) Le nom arabe et égyptien que M. Savigny écrit ainsi, est un terme générique, qui devient spécifique pour le petit aigle noir, *aquila melanaetos*, Sav., et *falco melanaetos*, Linn. Le même nom est écrit *okab* par Forskal, *Descript. anim.*, pag. 9, n.° 17, lett. 1.re (CH. D.)

OQQŒIT. (*Bot.*) Nom égyptien de l'*ephedra*, cité par Forskal. (J.)

OR.[1] (*Min.*) Ce métal est caractérisé par sa couleur d'un jaune pur; il est très-malléable; sa pesanteur spécifique est de 19,3; sa dissolution dans l'acide régalien donne par l'étain un oxide pourpre qui colore le verre en pourpre.[2]

Ce genre ne renferme qu'une espèce pour les minéralogistes, mais les chimistes en admettent deux.

1.° OR NATIF. C'est de l'or sensiblement pur, jouissant de la couleur, et souvent de l'éclat du métal; il est fusible à environ 32^d du pyromètre de Wedgwood.

Il n'est dissoluble que dans l'acide régalien.

Il est presque toujours allié à quelques métaux, l'argent, le cuivre, etc., en proportion indéfinie.

Sa forme cristalline dérive du cube.

Sa dureté est inférieure à celle de l'argent, et supérieure à celle de l'étain.

Sa pesanteur spécifique est de 19,25, par conséquent un peu

---

1 Son nom *Gold*, en allemand, vient, dit-on, du mot *gelb*, qui veut dire jaune, ou suivant *Wachter*, de *gel* et *od* (*fulva substantia?*) dans Léonhard.

2 Le moyen de la dissolution régalienne ne peut être employé directement, que quand le minérai d'or est riche en métal presque visible. Mais, lorsque l'or est en très-petite quantité dans un minérai, on arrive à l'y reconnoître par deux moyens.

1.° En grillant, triturant et fondant ce minérai aurifère avec du plomb et un fondant de verre de plomb ou de verre de borax, et coupellant le plomb, qui doit avoir enlevé au minérai l'or qu'il renfermait.

2.° En grillant, triturant très-finement, et amalgamant avec du mercure. Le mercure dissout l'or; on évapore le mercure, et on traite le résidu, quelque foible qu'il soit, par une dose appropriée d'acide régalien, etc

inférieure à celle du métal pur ; il n'a point de structure distincte, par conséquent point de clivage ; enfin, il est très-
malléable, très-ductile et très-tenace.

* *Variétés de formes.*

Il donne, *en formes géométriques*, les modifications ordinaires
du cube. On connoît plus particuliérement les variétés suivantes :

1.° *Or natif cubique* : à Vöröspatak, etc., en Hongrie.

2.° *Or natif octaèdre* : Vöröspatak ; Zmeof ; mines d'argent
du Mexique.

3.° *Or natif trapézoïdal* : à Vöröspatak.

4.° *Or natif cubo-octaèdre* : Bocza et Matto grosso au Brésil,
en cristaux isolés.

Le volume des cristaux d'or natif ne dépasse pas celui d'un
pois, et l'atteint même rarement.

5.° *Or natif lamelliforme.* En lames à surface raboteuse et
comme réticulée.

6.° *Or natif ramuleux.* En fils plus ou moins gros, diversement
contournés et entrelacés, qui sont souvent distiques et composés de petits cristaux octaèdres, comme enfilés les uns au
bout des autres.

7.° *Or natif granuliforme.* En paillettes ou en grains sub-
orbiculaires plus ou moins gros.

Lorsqu'ils acquièrent un certain volume, on leur donne le
nom de *Pépites.* Les petits grains ne sont pas des fragmens
d'une plus grande masse ; mais ils prouvent par leurs formes
ovoïdes applaties et leurs contours arrondis, qu'ils ont été
formés ainsi d'une manière indépendante. Le Muséum royal
de Paris possède une pépite d'or, qui pèse plus de cinq hec-
togrammes. M. de Humboldt cite, comme la plus grosse pépite connue, celle qu'on a trouvée au Pérou, et qui pesait
environ douze kilogrammes. On en a cité des masses dans la
province de Quito au Pérou, qui pesaient près de cinquante
kilogrammes.

Dans ces diverses manières d'être, dont plusieurs sont communes à l'argent, l'or ne se présente jamais sous un aussi grand
volume que ce métal. Les plus grands fils de l'or ramuleux
ont rarement deux à trois centimètres de longueur. Les pé-

pites et les paillettes ont leur surface assez unie, leurs arêtes arrondis comme si elles avoient été usées et polies par le frottement.

L'or natif varie un peu de couleur du jaune pur au jaune grisâtre, rougeâtre et verdâtre. Ces variations paroissent être dues aux métaux étrangers, qui y sont alliés ou peut-être au mode d'aggrégation des parties.

2.° OR ARGENTAL. *Electrum*[1] PLINE, $= Ag.Au$[2]

D'un jaune blond tirant sur le verdâtre.

Composition... or — argent

64   36   (Klaproth).

C'est une espèce fondée sur l'opinion des chimistes, qui considèrent cet alliage de l'or et de l'argent comme une combinaison en proportion définie.

Cette espèce d'or se trouve dans des filons en parties amorphes ou prismatoïdes, disseminées dans la roche qui en forme la masse. $=$ En Sibérie, à Schlangenberg, dans une roche composée de pétrosilex et de barytine.

Gisemens. L'or n'est encore connu dans la nature qu'à l'état métallique ou natif. Tantôt il se présente d'une manière visible seul ou associé avec d'autres minérais; tantôt il est disséminé d'une manière invisible dans des minérais étrangers, et principalement dans des sulfures de cuivre, de fer, etc.

Les terrains dans lesquels se rencontre ce métal, se réduisent aux terrains primordiaux cristallisés, aux terrains primordiaux compactes ou de transition, aux terrains trachytique et trapéen, et aux terrains de transport.

L'or, dans les terrains primordiaux, y est ou en filon ou disséminé; la première manière d'être est la plus commune et la plus connue.

Il n'est jamais assez abondant, assez dominant même par sa quantité, pour former à lui seul des filons. Il s'y montre seulement dans les minérais pierreux ou métalliques qui les for-

---

1 Pline, liv. 23, ch. 4, décrit fort bien cet alliage sous le nom d'*Electrum*, que Klaproth et les minéralogistes allemands lui ont conservé. Il dit que sa couleur approchoit de celle de l'ambre. Électre, fille d'Agamemnon, étoit ainsi nommée de la couleur de ses cheveux blonds, jaune pâle, analogue à celle du succin, couleur que les poëtes grecs attribuoient aux cheveux des femmes qu'ils célébroient.

ment. Il est ou disséminé, et comme empâté dans leur masse ou étendu en lames ou en grains sur la surface de leurs parois, ou enfin, implanté dans leurs cavités en filamens ou rameaux cristallisés. Les minéraux qui composent ces filons en tout ou en partie, sont généralement :

Le quarz hyalin, laiteux ou gras : au Pérou; à la Gardette, département de l'Isère; à Challand, vallée d'Aoste; à Posing, près Preshourg.

Le silex corné.

Le jaspe sinople : à Schemnitz et à Felsobanya; dans l'Oundés au Thibet; à Minas-Geraës, au Brésil.

Le calcaire spathique.

La barytine.

Le pétrosilex.

Les minérais qui l'accompagnent dans ces filons, soit en les remplissant en partie, enveloppant même l'or natif; soit, en accompagnant ce métal de leurs minérais cristallisés et implantés, sont, en commençant par ceux qui lui sont le plus communément associés :

Le fer pyriteux, massif ou cristallisé, intact ou alteré : à Macugnaga en Piémont.

Le cuivre pyriteux : dans la plupart des mines du département de l'Isère.

La galène.

La blende.

L'arsenic mispickel.

Le cobalt gris.

Le manganèse lithoïde.

Le tellure natif.

Le cuivre malachite.

L'argent sulfuré : à Königsberg en Hongrie.

L'argent rouge.

L'antimoine sulfuré.

L'or se trouve dans presque tous ces minérais d'une manière visible ou invisible. Mais c'est principalement dans les quatre premiers : le fer pyriteux, le cuivre pyriteux, la blende et le mispickel, qu'il existe de cette dernière manière. Ce sont les mines d'or qu'on désigne sous le nom de pyrites aurifères. L'or qui n'est pas visible dans la pyrite intacte, le devient par la décomposition du minérai qui l'enveloppe, et celui-ci, en passant à l'état de fer oxidé, ocreux ou hydraté, laisse voir l'or natif qui se distingue alors très-bien sur ce fond brun-rouge. Tel est le cas des pyrites ferrugineuses, aurifères de Beresof, en Sibérie. Mais l'or ne fait quelquefois que la cinq millionième partie en poids de ces pyrites (au Ramelsberg dans le Harz). On est cependant parvenu à l'en retirer avec profit, et, comme c'est souvent au moyen de son amalgamation avec le mercure, ce procédé prouve, que l'or y était à l'état natif, et non à l'état de sulfure.

Les roches que ces filons traversent, ou du moins qui renferment ces gîtes de minéraux aurifères, car il n'est pas encore bien reconnu que ce soient toujours de vrais filons, sont elles-mêmes problématiques. Ce sont d'abord, sans aucun doute :

Le granite : dans l'Oundès au Thibet. [1]

Le gneiss : à la Gardette dans le département de l'Isère ; à Macugnaga.

Le micachiste.

Le schiste argileux et le schiste luisant : à Minas-Geraës.

La siénite.

La diabase.

L'amphibolite.

Le trappite : à Edelfors en Smolande.

Le calcaire saccaroïde.

Le porphyre ou l'eurite porphyroïde.

La seconde manière d'être de l'or, dans les terrains primordiaux, est de s'y trouver disséminé en petits grains, paillettes et cristaux, dans différens minéraux qui y sont étendus en couches, lits ou amas parallèles.

Ainsi, suivant Dolomieu, l'arsenic mispickel aurifère fait partie de la roche qui le renferme.

La pyrite cuivreuse et plombeuse aurifère du Ramelsberg forme un puissant amas parallèle dans la roche de schiste dur, qui constitue la montagne.

---

[1] On va trouver le développement et les motifs de ces citations à la partie géographique de l'histoire de l'or.

Enfin le Brésil vient de nous fournir un exemple fort remarquable de cette manière d'être. Des lits, même des couches puissantes ou de quarzite grenu, ou de fer oligiste micacé, qui forment, dans la Sierra de Cocaës, paroisse de Santa Barbara, à douze lieues au-delà de Villarica, la base d'une roche désignée sous le nom d'Itabirite, faisant partie d'un terrain de micaschiste, renferme un grande quantité d'or natif en paillettes, qui semble faire dans cette roche ferrugineuse les fonctions de mica.

L'or n'est connu dans aucun terrain qu'on puisse rapporter avec certitude aux formations de sédiment.

Mais il se trouve dans sa vraie et première situation, et assez abondamment, dans les terrains trachytiques et dans les terrains trappéens-pyrogènes. Il y est ou implanté sur les parois des fissures, ou empâté et disséminé dans les espèces de filons qui traversent ces terrains.

Il est hors de doute, que les minérais aurifères de Hongrie et de Transylvanie, composés de tellure, de pyrite ou d'argent sulfuré, et l'or natif qui les accompagne, sont en amas ou en filons très-puissans dans une roche de trachyte ou dans des roches felspathiques désagrégées qui en dépendent. Telle est la position du minérai d'or de Königsberg, de Telkebanya entre Eperiès et Tokay en Hongrie, et probablement celle des minérais d'or de Kapnick, Felsobanya, Nagy-Ag, etc., en Transylvanie, disposition qu'on retrouve presque exactement la même dans l'Amérique équatoriale. Les filons aurifères de Guanaxuato, de Real del monte, de Villalpando, sont en tout analogue à ceux de Schemnitz en Hongrie, tant par leur puissance et leur rapport de position avec la roche principale, que par la nature des minérais qu'ils renferment, et par celle de la roche qu'ils parcourent. Les terrains que traversent ces filons, ou dans lesquels sont comme empâtés ces amas de minérais, ont frappé tous les minéralogistes par les indices de l'action du feu volcanique que présentent les roches qui les composent. Breislack, Hacquet, avoient dit que les mines d'or de Transylvanie étaient situées dans le cratère d'un ancien volcan. Si leur position dans un terrain volcanique n'est pas aussi évidente qu'une pareille expression le supposerait, au moins est-il vrai que les trachytes, qui forment la partie principale de la roche qui renferme l'or, sont maintenant regardés presque généralement comme une roche d'origine ignée ou volcanique. (Humboldt.)

Il sembleroit néanmoins que la première source ou origine de l'or n'est pas dans ces roches; mais plutôt dans les siénites et dans la diabase porphyrique, qui leur sont inférieures, et qui sont en Hongrie et en Transylvanie riches en grands dépôts aurifères: car on n'a jamais trouvé d'or dans le trachyte des monts Euganéens, des montagnes du Vicentin, de celles de l'Auvergne, qui sont toutes superposées à des roches granitiques ou granitoïdes, stériles en métaux. (Beudant.)

Enfin, s'il est vrai que les anciens aient autrefois exploité des mines d'or dans l'île d'Ischia, ce serait un exemple de plus, et un exemple fort remarquable, de la présence de ce métal dans des trachytes d'origine volcanique évidente.

L'or est beaucoup plus commun dans les terrains meubles d'alluvion ou de transport anciens, que dans les terrains primordiaux et pyrogènes que nous venons de citer. On le trouve disséminé sous forme de paillettes dans les sables siliceux, argileux et ferrugineux, qui forment certaines plaines, et dans le sable d'un grand nombre de rivières. Ces paillettes se réunissent en plus grande quantité dans les angles rentrans des rivières. On les trouve aussi plus abondamment dans le temps des basses eaux, et surtout après les orages qui ont fait grossir momentanément les torrens et les rivières, que dans tout autre moment.

On a cru que l'or qu'on trouvoit dans le lit des rivières avoit été arraché par les eaux aux filons et aux roches primitives que traversent ces courans. On a même cherché à remonter à la source des ruisseaux aurifères, dans l'espérance d'arriver au gîte de ce métal précieux; mais il paroit qu'on s'étoit formé une fausse opinion sur l'origine de ces sables aurifères. L'or que l'on y trouve, appartient aux terrains lavés par les eaux des rivières qui les traversent. Cette opinion émise d'abord par Delius, ensuite par Deborn, Guettard, Robilant, Balbo, etc., est fondée sur plusieurs observations. 1.º Le sol de ces plaines contient souvent à une certaine profondeur et dans plusieurs points des paillettes d'or, que l'on peut en séparer

par le lavage. 2.º Le lit des rivières et des ruisseaux aurifères
contient plus d'or, après les orages tombés sur les plaines que
parcourent ces ruisseaux, que dans toute autre circonstance.
3.º Il arrive presque toujours qu'on ne trouve de l'or dans
le sable des rivières que dans un espace très-circonscrit; en
remontant ces rivières, leur sable ne contient plus d'or, et
cependant si ce métal venoit des roches qu'elles traversent
dans leur cours souterrain, il devroit non-seulement se rencontrer jusqu'au point d'où elles partent, mais se trouver
même avec d'autant plus d'abondance, qu'on approcheroit
davantage de leurs sources. L'observation prouve le contraire : ainsi l'Orco ne contient de l'or que depuis Pont jusqu'à sa réunion avec le Pô. Le Tesin ne donne de l'or qu'au-
dessous du lac majeur, et par conséquent loin des montagnes primitives, et après avoir traversé un lac où son cours
est ralenti, et dans lequel tout ce qu'il auroit pu amener
des montagnes supérieures se seroit nécessairement déposé
(L. Bossi). Le Rhin donne plus d'or vers Strasbourg que
près de Bâle, qui est cependant beaucoup plus voisin des
montagnes, etc.

Les sables du Danube ne contiennent pas une paillette
d'or, tant que ce fleuve coule dans un pays de montagnes,
c'est-à-dire depuis les frontières de l'évêché de Passau jusqu'à Efferding, et quelles que soient la largeur des vallées qu'il
arrose et la lenteur de son cours; mais ses sables deviennent
aurifères dans les plaines au-dessous d'Efferding. Il en est
de même de l'Ems; les sables de la partie supérieure de cette
rivière qui traverse les montagnes de la Styrie, ne renferment
point d'or; mais depuis son entrée dans la plaine à Steyer jusqu'à son embouchure dans le Danube, ses sables deviennent
aurifères, et sont même assez riches pour être lavés avec
avantage. (Ch. Ployer.)

La plupart des sables aurifères, en Europe, en Asie, en
Afrique, en Amérique, sont noirs ou rouges, et par conséquent ferrugineux; ce gisement de l'or d'alluvion est remarquable. M. Napione suppose, que l'or de ces terrains ferrugineux est dû à la décomposition des pyrites aurifères. Ce
sable aurifère qui se trouve en Hongrie presque toujours
dans le voisinage des dépôts de lignites, et les bois pétrifiés

recouverts d'or, qu'on a trouvés enfouis à 5o mètres de profondeur dans un argilophyre, dans la mine de Vöröspatak, près d'Abrobanya, en Transylvanie (DEBORN), feroient présumer que l'époque de formation des terrains d'alluvion aurifères est voisine de celle des lignites. La même association du minérai d'or et du bois fossile s'est présentée dans l'Amérique méridionale au Moco. Près du village de Llorò on a découvert, à 6 mètres de profondeur, de grands troncs de bois pétrifiés, entourés de fragmens de roches trappéennes et de paillettes d'or et de platine (HUMBOLDT). Mais le terrain d'alluvion présente aussi très-souvent tous les caractères des terrains trappéens ou basaltiques; ainsi en France la Cèze et le Gardon, rivières aurifères, coulent dans l'endroit où elle donnent le plus d'or, sur un terrain qui paroît être dû à la destruction des roches trappéennes, que l'on voit en place plus haut (GUA DE MALVES). Cette relation avoit frappé Réaumur, et ce célèbre observateur avoit fait remarquer que le sable qui accompagne plus immédiatement les paillettes d'or dans la plupart des rivières, et notamment dans le Rhône et le Rhin, est composé, comme celui de Ceylan et celui d'Expailly, de fer oxidulé noir et de petits grains de rubis, de corindon, d'hyacinthe, etc. On y a reconnu depuis du titane.

Enfin, on croit avoir remarqué que l'or des terrains de transport est plus pur que celui des roches.

Telles sont les généralités relatives au gisement de l'or. Les faits particuliers que nous allons rapporter en traitant des principales mines de ce métal, serviront de preuves à ces généralités et leur donneront de plus grands développemens.

Principales mines d'or.

L'ESPAGNE possédoit autrefois des mines d'or. La province des Asturies étoit celle qui en fournissoit le plus abondamment; ce métal s'y montroit en filons réguliers. Au rapport de Diodore de Sicile, ces mines furent exploitées par les Phéniciens; elles le furent ensuite par les Romains, qui en tirèrent, suivant Pline, de grands profits; mais la richesse des mines de l'Amérique a fait négliger et abandonner totalement celles d'Espagne. Le Tage et quelques autres fleuves de ce pays roulent des paillettes d'or.

En FRANCE il n'y a point de mine d'or exploitée. On a découvert en 1781, à la Gardette, vallée d'Oysans, département
de l'Isère, un filon de quarz bien réglé, traversant une montagne de gneiss, et renfermant du fer sulfuré aurifère et de
jolis morceaux d'or natif; mais ce filon étoit trop pauvre
pour payer les frais d'exploitation.

Ce qu'il faut remarquer sous le rapport géologique, c'est
que presque tous les sulfures métalliques de cette chaîne de
roches de granite, de gneiss et de micaschiste, contiennent
un peu d'or; tels sont : la galène du Portrant, l'antimoine
sulfuré d'Auris, le cuivre pyriteux de la Cochette, de Theys
et des Chalanches, commune d'Allemont, le cuivre gris d'Alle-
vard, etc. (HÉRICART DE THURY.)

Un grand nombre de rivières contiennent de l'or dans leur
sable; telles sont l'Arriège, aux environs de Mirepoix; le
Gardon et la Cèze, dans les Cévennes; le Rhône, depuis l'embouchure de l'Arve jusqu'à cinq lieues au-dessous; le Rhin,
près Strasbourg, notamment entre le Fort-Louis et Guermers-
heim; le Salat, près de Saint-Giron, dans les Pyrénées; la
Garonne, près de Toulouse; l'Hérault, près de Montpellier.

On assure que la plupart des sables noirs et des minérais de
fer limoneux qu'on trouve aux environs de Paris contiennent
un peu d'or, et on cite particulièrement celui des environs
de Pontoise sur les plateaux au nord de cette ville.

Il y a quelques mines d'or dans le PIÉMONT. On doit remarquer les filons de fer sulfuré aurifère de Macugnaga, au
pied du mont Rose; ils sont dans une montagne de gneiss.
Quoique ces pyrites ne renferment que dix à onze grains d'or
par quintal, elles ont pendant long-temps valu la peine d'être
exploitées (DE SAUSSURE). On a exploité aussi pendant quelque
temps des filons de quarz contenant de l'or natif dans la montagne de Challand (BONVOISIN). On trouve en outre sur le
penchant méridional des Alpes pennines, depuis le Simplon
et le mont Rose jusqu'à la vallée d'Aoste, plusieurs terrains
et plusieurs rivières aurifères. Tels sont : le torrent Evenson,
qui a donné beaucoup d'or de lavage; l'Orco, dans son trajet
de Pont jusqu'au Pô; les terrains rougeâtres que parcourt
cette petite rivière sur plusieurs milles d'étendue et les collines des environs de Chivasso, renferment des paillettes d'or
en assez grande quantité.

On a reconnu depuis peu en Irlande, dans le comté de Wicklow, un sable quarzeux et ferrugineux aurifère, dans lequel on a trouvé des pépites d'or assez volumineuses, qui contiennent environ un quinzième de leur poids d'argent. (Deluc.)

On a trouvé des sables aurifères dans quelques rivières de la Suisse, telles que la Reuss et l'Aar.

En Allemagne on n'exploite de mine d'or que dans le pays de Salzbourg, dans la chaîne de montagnes qui traverse ce pays de l'est à l'ouest, et qui le sépare du Tyrol et de la Carinthie.

Les mines de la Hongrie et de la Transylvanie sont les seules mines d'or d'Europe qui aient quelque importance; elles sont remarquables par leur gisement, les métaux particuliers qui les accompagnent, et leur produit qui est évalué à environ six cent cinquante kilogrammes par an.

Les principales sont en Hongrie : 1.° celles de Königsberg, où l'or natif est disséminé dans des minérais d'argent sulfuré qui se rencontrent en petits amas et en filons dans une roche felspathique désagrégée, au milieu d'un conglomérat de ponce qui fait partie de la formation trachytique; 2.° celles de Borsony et de Schemnitz au sud-est de la Gran et de Kremnitz; au nord de cette rivière, et beaucoup plus à l'est, près des confins de la Transylvanie; 3.° celles de Felsobanya, qui offrent également des minérais d'argent sulfurés aurifères en filons dans un terrain de siénite et de diabase porphyrique; 4.° de Telkebanya au sud de Kaschau, dans un dépôt de pyrites aurifères au milieu du terrain trachytique le plus récent.

En Transylvanie les mines d'or sont dans des filons souvent très-puissans, généralement de six à huit mètres, quelquefois de quarante mètres; ces filons n'ont point de salbande, ils s'arrêtent sans intermédiaire à la roche primordiale; leur masse est du quarz carié, du quarz drusique, du calcaire ferrifère, de la barytine, du fluore, de l'argent sulfuré; on distingue parmi ces mines celle de Kapnik, où l'or est associé à l'orpiment, et de Vöröspatak qui sont dans les roches granitiques; celles d'Offenbanya, de Zalatna et de Nagy-Ag, où il est associé au tellure; cette dernière n'est pas dans le trachyte, mais dans une roche siénitique sur les limites du terrain de trachyte.[1]

Outre l'or en mines, on trouve encore ce métal disséminé en paillettes dans les terrains meubles des plaines que traversent la Néra et la rivière Moros, ou dans le sable de ces rivières; c'est généralement un sable ferrugineux, mêlé de grenat, de titane, etc., et qui n'est pas toujours superficiel, mais quelquefois recouvert par un dépôt de dix à quinze décimètres de terre végétale ou de marne, stérile en or. (DEBORN, ESMARK et BEUDANT.)

Quelques mines d'or de la RUSSIE, comme l'observe judicieusement Patrin, n'ont souvent eu pour résultat que de produire de beaux échantillons de cabinet; telle est celle d'Olonetz sur le lac Ladoga, découverte du temps de Pierre le grand.

En SUÈDE, on doit remarquer la mine d'Edelfors en Smolande; on y trouve de l'or natif et du fer sulfuré aurifère; les filons sont de quarz brun, dans une montagne de cornéenne feuilletée. L'or est quelquefois disséminé dans la roche même. (BERGMAN.)

Dans l'Archipel de la GRÈCE, l'île de Thasos étoit renommée pour ses riches mines d'or. Les mines de Scapté-Hylé, dans le continent, rapportoient aux Thasiens quatre-vingts talens (environ 432,000 fr.) (HÉRODOTE). La Thrace et la Macédoine fournissoient beaucoup d'or aux anciens.

En SIBÉRIE, on connoît de l'or natif dans une cornéenne à Schlangenberg ou Zmeof et à Zmeinoqarsk dans les monts Altai : il y est accompagné de beaucoup d'autres minérais.

Dans les monts Ourals on connoît depuis long-temps la mine d'or de Beresof, qui consiste en pyrites aurifères en partie décomposées, et disséminées dans un filon de quarz gras.

On a découvert vers 1820 un dépôt d'or natif fort riche sur le côté oriental des monts Ourals depuis Verkhoturu jusqu'à la source de la rivière Oural. L'or y est disséminé, à quelques mètres de profondeur, dans une terre argileuse; il

---

1 Ces détails sont extraits du voyage de M. BEUDANT en Hongrie, Tom. I, II et III. Paris, 1822.

paroît accompagné des débris des roches qui composent ordinairement les terrains de transports aurifères, la diabase, l'ophite, le fer oxidulé, le corindon télésie, etc. Les fleuves de ce canton mettent à découvert des sables aurifères (Scherer). On évalue à dix-sept cents kilogrammes le produit des mines d'or de la Sibérie.

Il y a encore en Asie, et notamment dans les contrées méridionales de ce continent, beaucoup de mines qui donnent de l'or, beaucoup de ruisseaux, de rivières et d'atterrissemens dont les sables contiennent ce métal. Le Pactole, petite rivière de Lydie, rouloit tant d'or dans son sable, qu'il a été regardé comme la source des richesses de Crésus. Mais ces dépôts d'or, peu riches ou peu célèbres, sont presque tous abandonnés ou languissans. Le Japon, l'île Formose, Ceylan, Java, Sumatra, Bornéo, les Philippines et quelques autres îles de l'archipel Indien passent pour être très-riches en mines d'or. Celles de Borneo sont exploitées par les Chinois dans un terrain meuble sur la côte occidentale, au pied d'une chaîne de montagnes qu'on regarde comme volcaniques.

En général il ne vient en Europe presque point d'or de l'Asie; les habitans de ce continent faisant consister leur fortune en trésors, c'est-à-dire, en richesses matérielles sous le plus petit volume possible.

On trouve de nombreuses mines d'or sur les deux versans de la chaîne des monts Caïlas dans l'Oundès, province du petit Thibet, pays des chèvres à laine fine, situé sur le plateau de la grande Tartarie, au nord de l'Himalaya et au-delà des diverses sources du Gange, c'est-à-dire, de Gangautri et de l'Alacanda. L'or est engagé dans des filons de quarz qui traversent un granite rougeâtre très-désagrégeable. Les unes sur le versant méridional, sur la rive gauche et vers la source du Settledji ou Satoudra, les autres sur le versant septentrional et vers la source du Sindh, au sud de Gortope. On doit remarquer que ce même canton renferme un assez grand nombre de sources thermales. (Moorcroft.)

L'Afrique étoit avec l'Espagne la contrée qui fournissoit aux anciens la plus grande quantité de l'or qu'ils possédoient. L'or que l'Afrique répând encore dans le commerce avec abondance est presque toujours en poudre. Cette observation, jointe aux connoissances que l'on a sur plusieurs mines d'or, prouve que la plus grande partie de ce métal est extraite par le lavage de terrains meubles.

Quoique le commerce de la poudre d'or soit répandu dans presque toute l'Afrique, on ne recueille point d'or dans l'Afrique septentrionale (HEEREN). Trois ou quatre points de ce vaste continent sont remarquables par la quantité d'or qu'ils produisent.

Les premières mines sont celles du Kordofan, entre le Darfour et l'Abyssinie. Les Nègres transportent l'or dans des tuyaux de plumes d'autruche ou de vautour (BROWN). Il paroit que ces mines étoient connues des anciens, qui regardoient l'Éthiopie comme un pays riche en or. Hérodote rapporte que le roi de ce pays fit voir aux envoyés de Cambyse tous les prisonniers attachés avec des chaines d'or.

La seconde et la plus grande exploitation d'or en poudre se fait, à ce qu'il paroit, au sud du grand désert de Zaahra, dans la partie occidentale de l'Afrique. On doit remarquer que cette exploitation a lieu dans une étendue de terrain assez considérable au pied des montagnes élevées, où le Sénégal, la Gambie et le Niger prennent leur source. Non-seulement ces trois rivières charient de l'or dans leur sable, mais on en trouve aussi dans le lit de presque tous les ruisseaux des environs.

Le pays de Bambouk, au nord-ouest de ces montagnes, est celui qui fournit la plus grande partie de l'or qu'on vend sur la côte occidentale d'Afrique, depuis l'embouchure du Sénégal jusqu'au cap des Palmes. Cet or se trouve en paillettes, principalement près de la surface de la terre, dans le lit des ruisseaux, et toujours dans une terre ferrugineuse. En quelques endroits, les Nègres creusent dans ce terrain des puits qui ont jusqu'à douze mètres de profondeur et qui ne sont soutenus par aucun étai. Ils ne suivent d'ailleurs aucun filon et ne font point de galerie. Ils séparent par des lavages réitérés l'or de ces terres. (GOLBERRY.)

Ce même pays fournit aussi la plus grande partie de celui que portent à Maroc, à Fez et à Alger, les caravanes qui partent de Tombouctu sur le Niger, à travers le grand désert de Zaahra. L'or qui arrive par le Sennaar au Caire et à Alexandrie, en vient également. (Mungo-Park.)

Mungo-Park, qui a traversé ce pays dans son second voyage, a visité les mines situées près des villages nègres qu'il nomme Shrondo et Dindiko, au pied d'une chaîne de hauteurs qu'il appelle Konkodoo, et qui sont composées d'un granite rougeâtre, qui, d'après sa description, paroît être une siénite. Les puits, creusés par les Nègres pour atteindre les dépôts aurifères, ont environ quatre mètres; ils traversent d'abord un banc de gravier, composé de cailloux roulés plus ou moins volumineux; ensuite un banc de même composition, mais dont les cailloux sont plus petits, et le granite plus ferrugineux; c'est dans ce gravier ferrugineux que se trouve l'or en paillettes; au-dessous est un lit d'argile blanche et compacte. Ces mines paroissent être sur la même méridienne que les mines d'or indiquées par d'autres voyageurs dans les environs de Bambouk, de sorte qu'il sembleroit, que le terrain aurifère appartient à la base d'une même chaîne de basses montagnes granitoïdes, se dirigeant du nord au sud: car Mungo-Park, en continuant sa route à l'est vers le Niger, ne fait plus mention d'aucune mine d'or. (Coquebert-Montbret.)

La troisième partie de l'Afrique où l'on recueille de l'or, est située sur la côte sud-est, entre le quinzième et le vingt-deuxième degré de latitude méridionale, vis-à-vis Madagascar. Cet or vient principalement du pays de Sofala. Si on peut ajouter foi aux relations qu'on a sur ce pays très-peu connu, il paroîtroit que l'or s'y trouve non-seulement en poudre, mais encore en filon. Quelques personnes pensent que le pays d'Ophir, d'où Salomon tiroit de l'or, étoit situé sur cette côte.

L'Amérique est le pays où l'on a trouvé dans les temps modernes les mines d'or les plus riches. Il en sort par an environ dix-sept à dix-huit cents kilogrammes d'or. Ce métal s'y rencontre principalement sous forme de paillettes dans les terrains d'alluvion et dans le lit des rivières. On le trouve aussi, mais plus rarement, dans des filons de diverse nature.

Il y a peu d'or dans la partie réellement septentrionale de l'Amérique. Les États-Unis n'en ont encore fourni qu'une foible quantité. C'est de l'or d'alluvion ; on l'a recueilli dans des lits de gravier des .criques de Rockhole, pays de Labanon, dans la Caroline du nord ; suivant M. Ayres, on en a trouvé, en 1810, une masse pesant vingt-huit pounds. Ce pays a fourni à la monnoie des États-Unis environ quarante-cinq kilogrammes d'or. On dit qu'on en a aussi découvert dans les branches supérieures de la rivière James et sur le Catabaw dans la Caroline du sud. (CLEAYELAND.)

L'Amérique méridionale , et surtout le Brésil, le Choco et le Chili, sont les parties qui fournissent le plus d'or. Il y en a aussi dans l'Amérique septentrionale, notamment au Mexique.

L'or du MEXIQUE est en grande partie renfermé dans les filons argentifères qui sont si nombreux dans ce pays, et dont nous avons fait connoître les principaux à l'article de l'argent. L'argent des minérais argentifères de Guanaxuato renrenferme $\frac{1}{300}$ de son poids d'or. On évalue à douze ou quinze-cents kilogrammes d'or le produit annuel de ces mines.

C'est dans le groupe d'Oxaca que sont situés les seuls filons aurifères exploités comme mines d'or au Mexique ; ils traversent des roches de gneiss et de micaschiste.

Toutes les rivières de la province de Caracas, à dix degrés au nord de la ligne, charient de l'or. (HUMBOLDT.)

Le Pérou est peu riche en mines d'or ; c'est dans les provinces de Huailas et de Pataz qu'on exploite ce métal renfermé dans des filons de quarz gras, nuancé de taches rouges ferrugineuses, qui traversent des roches primitives. Les mines qu'on nomme *pacos de oro*, consistent en minérai de fer et de cuivre oxidés qui renferment une grande quantité d'or. (*Merc. Péruv.*, 1792.)

Tout l'or que fournit la Nouvelle-Grenade (maintenant la Colombie), est le produit des lavages établis dans des terrains meubles. L'exploitation de quelques filons connus est négligée. Les plus grandes richesses en or de lavage sont à l'ouest de la Cordillére centrale dans les provinces d'Antioquia et du Choco, dans les vallées du Rio-Cauca et sur les côtes de la mer du sud dans le Partido de Barbacoas.

L'or y est en paillettes et en grains disséminés entre des fragmens de diabase et de porphyre. Au Choco on trouve quelquefois avec l'or et le platine des zircons hyacinthe et du titane. On a même découvert dans le terrain aurifère, comme on l'a vu plus haut, de grands troncs d'arbres pétrifiés. L'or d'Antioquia n'est qu'à vingt carats au plus, celui du Choco à vingt-un carats ; le morceau ou pépite d'or le plus gros qu'on y ait trouvé, pesoit environ douze kilogrammes. (HUMBOLDT.)

L'or du Chili se trouve aussi dans les terrains d'alluvion. (FRÉZIER.)

Le Brésil fournit de l'or en abondance, et c'est de cette contrée que vient actuellement la plus grande partie de l'or répandu dans le commerce ; il n'y a cependant dans ce pays aucune mine d'or proprement dite ; c'est-à-dire que l'or qui se trouve en filons n'est pas exploité ; on n'exploite que celui qui est disséminé en paillettes dans des roches ou dans des terrains d'alluvion et dans le lit des rivières et des ravins. On l'extrait par le lavage.

C'est dans les sables de la Mandi, branche du Rio-Docé, et dans le lieu nommé Catapreta, qu'ont été découverts, en 1682, les premiers sables ferrugineux aurifères. Depuis on en a trouvé presque partout au pied de l'immense chaîne de montagnes qui est à peu près parallèle à la côte, et qui s'étend depuis le cinquième degré du sud jusqu'au trentième. C'est surtout après Villarica, aux environs du village de Cocaës, que sont les plus nombreux lavages d'or. Les pépites s'y présentent sous différentes formes, et souvent adhérentes à du fer oligiste micacé (MAU). Mais dans la province de Minas-Geraës l'or se trouve aussi dans des filons, dans des couches et en grains disséminés dans des terrains meubles.

Les filons sont généralement quarzeux, et parcourent des montagnes de schiste argileux, de grès et d'une roche particulière composée de quarz et de fer oligiste micacé, faisant fonction de mica, roche que M. Eschwege a désignée sous le nom d'*Eisenglimmerschiefer*, que nous rendrons en françois par le mot de ferrischiste ; cette roche repose sur un grès chloritique, et est recouverte par des couches de fer oxidé rouge : ces filons ne sont pas exploités. Les couches sont composées d'un grès friable, ayant tantôt deux mètres de puissance et tantôt à peine quelques centimètres. Elles alternent avec des couches de ferrischiste et des roches stéatiteuses; l'or natif y est disséminé d'une manière visible : on les exploite. On évalue à deux milliards quatre cents millions de livres tournois l'or que cette contrée a fourni depuis cent vingt ans (Correa de Serra), et suivant d'autres auteurs, à environ sept milles kilogrammes d'or fin par an, valant à peu près 24,000,000 de francs.

On voit qu'une grande partie de l'or répandu dans le commerce vient des pays d'alluvion, et qu'il a été extrait par le lavage. C'est de cette manière qu'on le trouve aujourd'hui en Afrique et en Amérique, pays qui en fournissent le plus. Il paroît que l'or que possédoient dans les anciens temps les princes d'Asie, avoit principalement cette origine, et qu'il n'étoit même pas fondu, comme l'indique un passage d'Hérodote. Crésus, dit cet historien, ayant donné à Alcmeon tout l'or qu'il pourroit emporter, celui-ci se jeta sur un tas de paillettes d'or, et en remplit ses bottines, son habit, sa bouche, etc. (Hérodote, liv. VI, §. 125.)

Il paroît que la monnoie d'or des anciens étoit presque toute faite avec de l'or d'alluvion. Son titre semble l'indiquer. Il est à peu près le même que celui des pépites, et l'or en paillettes est généralement plus pur que l'or de filon. On peut donc présumer, que cet or étoit fondu tel que la nature le donnoit; les anciens, et surtout ceux d'où nous viennent les plus anciennes monnoies d'or, n'étant point assez avancés dans les arts métallurgiques pour purifier l'or natif. Ainsi il résulte des curieuses recherches de Fabbroni, que l'or en poudre, qui vient de Bambouk en Afrique, est à 22¼ karats[1], et qu'on en apporte même de Maroc qui est à 23 karats.

On croit que la plus ancienne monnoie d'or connue est celle de Baltus IV, frappée à Cyrène en Afrique du temps de Pisistrate. Les monnoies grecques les plus anciennes que l'on possède, sont celles de Philippe, père d'Alexandre, qui tiroit son or des mines du mont Pangée. Ces pièces d'or portent le nom de Statères; leur poids est de $8^{gros},624$, et leur titre déjà reconnu par Patin est de 0,979 ou 23½ karats. Elles ne contiennent donc qu'un demi-karat d'argent.

---

[1] On verra plus bas ce qu'on doit entendre par karat.

Fabbroni a reconnu de l'or à 24 karats dans une pépite d'or du Brésil. L'or de Giron dans la Nouvelle-Grenade est à 23¾ karats, c'est le plus pur d'Amérique. Mais M. Darcet fait observer, que le titre des pépites varie quelquefois dans les différentes parties d'une même pépite: celle de l'Académie des sciences étoit à 23⁷⁄₁₂ karats. Malgré cette variation dans les parties, l'ensemble offre une constance dans le titre de l'or qui est telle pour chaque canton, « qu'il suffit », dit M. de Humboldt, « à ceux qui font le commerce de l'or en « paillettes, de savoir l'endroit où le métal a été recueilli, « pour en connoître le titre. »

Les anciens connoissoient cependant de véritables mines d'or en filon, et les exploitoient; mais si dans l'époque actuelle ces mines sont moins nombreuses et moins profitables que les mines d'alluvion, à plus forte raison devoient-elles être dans les anciennes plus rares et moins productives. Il paroît qu'ils donnoient le nom particulier d'*arrugia* à cet or en filon, ou au moins à l'or natif le plus voisin de la surface du sol. Le mode d'exploitation des différentes minières d'or, décrit par Pline, confirme cette opinion. Ainsi il dit qu'il y a trois modes d'exploitation de l'or:

1.° Par lavage du sable des fleuves.

2.° Par lavage des terrains aurifères, au moyen de puits creusés dans ces terrains meubles, comme le font encore les Nègres; il nomme ce mode d'exploitation *canalitium* ou *canaliense*. Les anciens appeloient *segullum* la terre qui recouvroit le terrain aurifère. *Ita vocatur indicium auri*, dit Pline. et *alutatium* la couche de *segullum* qui se trouve quelquefois sous le lit du terrain aurifère.

Les Castillans appellent encore *segullo* la première terre qui recouvre le terrain aurifère.

5.° Par entaille du rocher dur avec le pic, ou de l'argile blanche et tenace (probablement la lithomarge) avec des coins de fer et des maillets, et par galerie souterraine et éboulement; il nomme ce genre d'exploitation *arrugiæ*. Cette exploitation par éboulement avoit lieu principalement en Espagne, au pied des Pyrénées, dans la province des Asturies. Des masses énormes de roches, des pans entiers de montagnes étoient minés et renversés. On conduisoit sur le lieu des petites rivières qui lavoient ces débris de rochers, et mettoient à nu l'or qu'ils renfermoient.

On divisoit l'or dans l'ancien système de mesure en vingt-quatre parties, appelées *carat* ou *karat*, et chaque karat étoit subdivisé en trente-deux parties. De l'or à 24 karats, étoit de l'or parfaitement pur, de l'or à $22\,{}^{12}/_{32}$ karats, étoit de l'or qui contenoit une partie et ${}^{20}/_{32}$ d'alliage.

Le mot karat, dont on se sert pour exprimer le titre de l'or et le poids des diamans, vient du nom de la fève d'une espèce d'*erythrina* du pays des Shangallas, en Afrique, pays où se fait un grand commerce d'or. Cet arbre est appelé *kuara*, mot qui signifie soleil dans le pays, parce qu'il porte des fleurs et des fruits de couleur rouge de feu. Comme les semences sèches de ses légumes sont toujours à peu près également pesantes, les naturels de ce pays s'en sont servi de temps immémorial pour peser l'or. Ces fèves ont été ensuite transportées dans l'Inde, où on les a employées dans les premiers temps à peser les diamans (BAUCE). Le karat équivaut à 2,052 décigrammes.

A Sumatra on se sert pour peser l'or de la petite graine rouge tachée de noir du *glycine abrus* ou *abrus precatorius ;* on se sert aussi de la fève rouge ou écarlate, plus grosse que la graine d'abrus, et qui est la semence de l'*adenanthera pavonina.*

Traitement métallurgique de l'or. [1]

Les mines d'or présentent de si grandes différences dans leur richesse, qu'il est nécessaire de suivre dans leur traitement métallurgique des procédés différens. Les unes fournissent l'or en paillettes disséminées dans des terrains d'alluvion ou dans des sables ; les autres l'offrent en roches ou en filons, pur ou mêlé avec d'autres minérais.

L'or que l'on trouve dans les sables des rivières ou dans les terres aurifères, n'est soumis à aucun traitement métallurgique proprement dit. Des hommes, nommés *Orpailleurs* ou *Arpailleurs*, le séparent des sables au moyen du lavage. Cette opération se fait sur les lieux mêmes. Les orpailleurs lavent ces sables, d'abord sur des tables inclinées, qui sont quel-

---

[1] Voyez l'essai des minérais d'or à l'article MINÉRAI, t. XXXI, p. 149.

quefois couvertes d'un drap, ensuite dans des sébiles à la main, qui ont une forme particulière ; enfin, ils emploient le moyen de l'amalgamation pour enlever au sable qui a subi plusieurs lavages, l'or que ces lavages y ont rassemblé.

Les hommes nommés Bohémiens, Ciganes, Zniganes ou Zigeuner, ou Tchinganes qui lavent les sables aurifères en Hongrie, se servent d'une planche rayée de vingt-quatre cannelures transversales. Ils tiennent cette planche inclinée, et mettent le sable à laver sur la première cannelure : ils y jettent de l'eau ; l'or, encore mêlé d'un peu de sable, se rassemble ordinairement vers la dix-septième cannelure, ils le prennent alors, et le mettent dans un bassin de bois qui est plat, mais qui a une convexité sur son fond. En lavant ce sable, et en lui imprimant en même temps un certain mouvement, ils séparent avec beaucoup d'adresse l'or du sable. (L. Bossi.)

Les Négresses d'Afrique lavent dans des calebasses les terres aurifères recueillies par les Nègres.

Parmi les minérais aurifères, les uns sont composés d'or natif très-visible, disséminé dans une gangue, ce sont les plus riches ; mais il est rare qu'ils s'offrent dans les filons avec une longue continuité.

Les autres sont des sulfures métalliques aurifères, tels que les sulfures de cuivre, d'argent, d'arsenic, de plomb, de zinc, et surtout de fer.

Les minérais pierreux d'or sont d'abord bocardés et ensuite lavés, tantôt dans des sébiles à la main, tantôt sur des tables à laver. On employoit autrefois des tables recouvertes d'un drap ; mais on a abandonné cet usage, parce qu'on a remarqué que le drap retenoit au moins autant de sable que de minérai. Le minérai riche, celui surtout qui n'est composé que de sable et d'or natif, se nettoie d'autant mieux par le lavage, que l'or est un métal dont la pesanteur spécifique est de beaucoup supérieure à celle de sa gangue.

Le minérai rapproché par ce moyen, est en état d'être soumis aux opérations métallurgiques.

Les sulfures aurifères sont des minérais d'or beaucoup plus communs, mais aussi beaucoup moins riches que les premiers. Ils sont quelquefois tellement pauvres qu'on en connoît qui ne contiennent qu'un deux-cent millième d'or[1]; ils peuvent cependant être exploités avec avantage, lorsqu'ils sont traités avec méthode et économie.

On sépare l'or de ses minérais par deux procédés différens, par la fusion et par l'amalgamation.

On grille d'abord les sulfures métalliques aurifères; on les fond en mattes, que l'on grille de nouveau; on les fond ensuite avec du plomb, et on obtient un plomb d'œuvre aurifère, qu'on affine par le procédé de la coupellation.

Lorsque les minérais d'or sont très-riches, on se contente de les fondre directement avec du plomb sans grillage ni fonte préliminaire.

Ces procédés sont peu suivis, parce qu'ils sont moins économiques et moins sûrs que celui de l'amalgamation, surtout lorsque les minérais d'or sont très-pauvres.

On doit aussi faire observer que si ces minérais sont du cuivre pyriteux, et que leur traitement ait été poussé jusqu'au point d'obtenir du cuivre de rosette aurifère, ou même du cuivre noir tenant de l'or, on ne peut point en séparer l'or avec avantage par le procédé de la liquation. L'or, ayant plus d'affinité avec le cuivre qu'avec le plomb, n'est entraîné qu'en partie par ce dernier métal. Ces raisons doivent donc faire donner la préférence au procédé de l'amalgamation.

Nous ne décrirons point en détail ce procédé; il est le même que celui qu'on a décrit à l'article du traitement métallurgique de l'argent. Nous dirons seulement que les minérais riches dans lesquels l'or natif est apparent et seulement disséminé dans une gangue pierreuse, sont directement broyés avec le mercure sans aucune opération préparatoire. Quant aux minérais pauvres dans lesquels l'or est pour ainsi dire perdu au milieu d'une grande masse de fer, de cuivre sulfurés, etc., on leur fait subir un grillage avant de les amalgamer. Cette opération paroît nécessaire pour mettre à nu l'or métallique enveloppé par ces sulfures. Le mercure avec

---

1 Telles sont les pyrites aurifères de Macugnaga, dans les Alpes piémontaises, et les pyrites arsenicales et aurifères du Tyrol. (DOLOMIEU.) Le minérai du Harz de Ramelsberg contient au plus 0,00016 d'argent, et au plus 0,000,000,035 ou un vingt-neuf millionième d'or, qui en est retiré avec profit.

lequel on broie le minérai, s'empare alors de tout l'or, en quelque petite quantité que soit ce métal.

L'or qu'on obtient par le moyen de l'affinage au plomb, est privé de cuivre, de plomb, et de la plupart des métaux oxidables, mais il peut encore contenir du fer, de l'étain ou de l'argent.

On prive difficilement l'or du fer et de l'étain qu'il peut contenir. On conseille, pour lui enlever le fer, de le coupeller avec du bismuth ou avec du sulfure d'antimoine.

L'or peut être débarrassé, par la coupellation au plomb, de l'antimoine qui lui reste uni.

L'étain donne à ce métal une dureté et une fragilité remarquable, et l'or ainsi altéré, est très-difficile à purifier. On conseille encore ici de l'affiner avec le sulfure d'antimoine. (Fourcroy.)

L'or qu'on a traité par le procédé de l'amalgamation ne contient plus ordinairement que de l'argent. On dissout l'argent par l'acide nitrique, qui laisse l'or intact. Mais pour faire le départ en grand avec succès et économie, il faut prendre plusieurs précautions.

Si l'or ne contient pas à peu près les trois quarts de son poids d'argent, ce métal, comme enveloppé par l'or, est mis en partie à l'abri de l'action de l'acide nitrique. Lors donc qu'on s'est assuré par un essai en petit que l'argent est beaucoup au-dessous de cette proportion, on porte l'alliage d'or et d'argent à ce titre en y ajoutant une quantité suffisante de ce dernier métal. Cette opération se nomme inquartation.

On granule alors l'alliage, ou bien on le lamine; on verse dessus deux à trois fois son poids d'acide nitrique, qui doit être parfaitement pur, et quand on juge que la dissolution a été poussée aussi loin qu'il est possible par ce premier acide, on le décante, et on en met de nouveau. Enfin, après avoir bien lavé l'or, on fait encore bouillir sur ce métal de l'acide sulfurique, qui enlève les deux à trois millièmes d'argent que l'acide nitrique le plus concentré n'a pu dissoudre (Darcet et Dizé). On a alors l'or parfaitement pur.

L'argent tenu en dissolution dans l'acide nitrique est précipité à l'état métallique par le cuivre, ou à l'état de muriate par le muriate de soude.

L'or ayant dans l'opinion de tous les peuples civilisés une grande valeur, on a voulu pouvoir déterminer avec précision son titre, c'est-à-dire, son degré de pureté. On suppose donc ici, comme pour l'argent, qu'une masse quelconque d'or est divisée en mille parties, nommées millièmes. L'or parfaitement pur est à 1000 millièmes de fin, celui qui contient 6 millièmes d'alliage est à 0,994, etc.

On a deux moyens de juger de la pureté de l'or. Le premier est un moyen d'approximation, qui ne peut être employé que lorsqu'on a une grande expérience de son usage. Il consiste à frotter le bijou d'or qu'on veut essayer, sur une pierre brune, et mieux encore, noire, qui soit dure, à grain très-fin, sans être luisante, et qui soit inattaquable par l'acide nitrique. On se sert ordinairement d'une cornéenne particulière, à laquelle on a donné le nom de lydienne, et que l'on nomme vulgairement *pierre de touche*. L'or laisse sur cette pierre une trace très-visible, que l'on doit examiner avec attention. On passe sur cette trace de l'acide nitrique très-pur, qui dissout sur-le-champ les métaux alliés à l'or. On examine de nouveau la trace qui est d'autant plus effacée, que l'or essayé est moins pur.

L'autre procédé, parfaitement exact, ne peut être rapporté ici; il est entièrement chimique. C'est le départ exécuté en petit et avec toutes les précautions convenables.

Nous ne pouvons faire connoître toutes les formes que l'on donne à l'or dans les arts, ni toutes les manières de l'employer. Nous nous bornerons à citer les principales.

L'or en masse sert à faire des bijoux. Comme il est tellement ductile, que ces objets, toujours fort minces, n'auroient aucune solidité, on est obligé de l'allier avec une certaine quantité de cuivre. L'or allié avec l'argent, prend une couleur d'un vert pâle.

L'or est fort recherché en raison de son éclat et de son inaltérabilité; mais son prix élevé ayant obligé à l'économiser, on a trouvé moyen de l'appliquer en couches extrêmement minces sur presque tous les corps, ce qui constitue l'art de la dorure.

On peut établir trois divisions dans cet art, en raison des principes que l'on suit dans l'application de l'or.

1.º *L'or* s'applique sur le bois, sur le carton, sur le cuir, ou sur tout autre corps qui ne peut éprouver l'action du feu, au moyen d'un mordant, qui est tantôt une huile grasse et siccative, tantôt une colle animale. On emploie dans ce cas de l'or réduit par le battage en feuilles extrêmement minces.

2.º La dorure sur porcelaine, fayence, verre, émail, et sur tout autre corps semblable, se fait avec de l'or réduit en poudre extrêmement fine. On amène l'or à cet état, ou bien en broyant sur une glace des feuilles très-minces de ce métal, que l'on divise au moyen du miel, de la gomme, ou de tout autre mucilage; ou bien en précipitant avec du sulfate de fer vert une dissolution nitro-muriatique d'or. Cet or extrêmement divisé est employé au pinceau. On n'y ajoute aucun fondant, si la couverte vitreuse des corps sur lesquels on l'applique, se ramollit par le feu qu'on lui donne pour le fixer; mais si cette couverte, comme celle de la porcelaine, est trop dure, on ajoute à l'or en poudre, du borax ou de l'oxide de bismuth, qui lui servent de fondant.

3.º La dorure sur argent ou sur cuivre est fondée sur des principes tout-à-fait différens. L'or est appliqué sur les métaux au moyen du mercure. On fait dissoudre de l'or dans le mercure jusqu'à ce que ce métal en soit saturé; on avive, par diverses opérations, la surface du cuivre ou de l'argent; on étend l'amalgame avec une brosse sur la surface à dorer, et on porte la pièce au feu. Le mercure se volatilise et l'or reste. On nomme *or moulu* cette espèce de dorure. On dore aussi sur les métaux au moyen de feuilles d'or qu'on applique avec le brunissoir sur la surface nouvellement avivée.

L'oxide pourpre d'or est la base des couleurs vitrifiables qui donnent le rose, le pourpre et le violet.

Nous allons terminer cet article en donnant une idée de la quantité d'or et d'argent produite par toutes les mines connues, et du rapport de valeur de ces deux métaux.

Non-seulement le rapport de valeur de l'or avec l'argent a beaucoup varié, mais celui qui existe entre ces métaux et les denrées qu'ils représentent, a subi aussi des variations qui dérivent presque toutes des circonstances dans lesquelles les mines se sont successivement trouvées; les mines qui fournissent ces deux métaux, ont toujours continué d'en verser dans le commerce une plus grande quantité qu'il ne s'en détruit par l'usage. Cette quantité s'est accrue considérablement depuis la découverte de l'Amérique ; c'est-à-dire depuis environ 300 ans. Les mines de ce continent, nombreuses, abondantes et faciles à exploiter, en augmentant la masse de l'or et de l'argent, diminuèrent nécessairement la valeur comparée de ces métaux avec celle des objets de commerce qu'ils représentent; en sorte que, toutes choses égales d'ailleurs, il faut à présent, pour acquérir une même quantité de denrées, beaucoup plus d'or ou d'argent qu'il n'en falloit du temps de Louis XI, avant la découverte de l'Amérique.[1] Cette abondance des mines d'Amérique a influé sur l'état de celles de l'ancien continent; et beaucoup de mines d'argent ou d'or ont été abandonnées; non que les filons ou les sables aurifères soient actuellement moins riches qu'ils n'étoient alors; mais parce que leur produit ne représente plus la valeur des journées d'hommes et des denrées qu'il faut payer pour en continuer l'exploitation.

On va voir, par le tableau suivant, dans quelle proportion est le produit des mines d'Amérique, en comparaison de celui des mines de l'ancien continent.

---

[1] On pouvoit alors avec 1 kilogramme d'argent payer environ cinq fois plus de blé, ou cinq fois plus de travail, qu'on n'en peut payer aujourd'hui (1825) avec la même quantité d'argent. Cette proportion seroit encore plus considérable, si la consommation des métaux précieux, et notamment celle de l'argent, n'avoit point augmenté en raison des progrès de la civilisation, des colonies nombreuses qui se sont établies, de l'emploi plus considérable qu'on en a fait pour les objets de luxe, etc.

Tableau des quantités d'or et d'argent qu'on peut supposer être versées dans le commerce de l'Europe, année commune, prise de 1790 à 1802. [1]

	OR.	ARGENT.
ANCIEN CONTINENT.	kilogrammes.	kilogrammes.
Asie :		
Sibérie..................	1,700	17,500
Afrique...................	1,500	
Europe :		
Hongrie	650	20,000
Salzbourg.............	75	
États autrichiens............	.....	5,000
Hartz et Hesse.............	.....	5,000
Saxe	.....	10,000
Norwége................	75	10,000
Suède	.....	
France	.....	
Espagne, etc.............	.....	5,000
Total de l'ancien continent ..	4,000	72,500
NOUVEAU CONTINENT.		
Amérique septentrionale	1,300	
Amérique méridionale :		
Partie espagnole..........	10,000	
Brésil.................	7,000	
Total du nouveau continent ..	18,500	883,465

On remarque que les mines d'Amérique versent en Europe trois fois et demi plus d'or et douze fois plus d'argent que celles de l'ancien continent. On voit aussi que la quantité d'argent est à celle de l'or dans le rapport de 52 à 1 ; rap-

---

1 Les élémens de ce tableau ont été fournis par M. Ch. Coquebert-Monbret, qui les a pris, pour l'Amérique, dans Ulloa, Helms, le *Viagero universal,* le *Mercurio peruano,* les *Comentarios de Gamboa,* etc., et par les ouvrages de M. DE HUMBOLDT, Mexique, liv. IV, chap. 11, p. 633.

ports très-différens de celui qui existe réellement dans la valeur de ces deux métaux, et qui est en Europe de 1 à 15. Cette différence tient à plusieurs causes qui ne peuvent être développées ici. Nous dirons seulement que l'or étant, par sa rareté et par son prix, beaucoup moins employé que l'argent; les demandes que l'on en fait, sont aussi moins nombreuses, et cette cause suffit pour mettre son prix fort au-dessous de celui qu'il devroit avoir, s'il suivoit le rapport de sa quantité comparée à celle de l'argent; c'est pour une raison analogue, que le bismuth, l'étain, etc., quoique beaucoup plus rares que l'argent, sont cependant d'un prix très-inférieur à celui de ce métal.

Avant la découverte de l'Amérique, la valeur de l'or n'étoit pas si éloignée de celle de l'argent, parce que depuis la découverte de ce continent l'argent a été répandu en Europe, comme on vient de le voir, dans une proportion beaucoup plus forte que l'or. En Asie, ce rapport n'est encore actuellement que de 1 à 11 ou 12; ce qui prouve que dans ce pays le produit des mines d'or n'est pas autant au-dessous de celui des mines d'argent que dans le reste du globe. (B.)

OR. (*Chim.*) Corps simple, compris dans la cinquième section des métaux.

L'or est solide jusqu'à la température de 32^d du pyromètre de Wedgewood, où il entre en fusion.

Il est volatil, ainsi qu'on peut s'en convaincre en l'exposant au foyer d'un verre ardent de trois à quatre pieds de diamètre, comme l'a fait Macquer, ou bien encore en l'exposant à un feu de charbon alimenté par l'oxigène, comme l'a fait Lavoisier. Dans ces deux opérations on démontre la volatilité du métal, et par la perte qu'il éprouve et par la fumée qui s'en exhale, fumée qui, en se condensant sur une lame d'argent qu'on lui présente, la dore très-sensiblement; mais cette volatilité n'a lieu qu'à une température très-élevée, puisque Gaste-Claveus, Boyel, Kunckel, ont tenu de l'or fondu pendant plusieurs mois sans qu'il ait perdu sensiblement de son poids.

Quand l'or passe de l'état liquide à l'état solide, il se contracte plus que la plupart des autres métaux. On peut, avec des précautions, le faire cristalliser en pyramide quadrangulaire. C'est sous cette forme que Tillet et Mongez l'ont obtenu.

Sa densité est de 19,3 à 19,4.

L'or est le plus ductile des métaux. Par le battage il peut être réduit en feuilles à 0,00009 de millimètre d'épaisseur, et 0^g,065 d'or sont susceptibles de couvrir une surface de 3^m,68 carrés; avec 31^g d'or il est possible de recouvrir un fil d'argent long de 200 myriamètres.

Suivant Sickingen, un fil d'or de 0^m,002 de diamètre supporte, sans se rompre, 68^k,216; il a donc une grande ténacité : cependant elle est moindre que celle du fer, du platine, et de l'argent.

La couleur de l'or, vu en masse, est le jaune-rougeâtre; mais, quand il est réduit en feuilles très-minces et qu'on le regarde par transmission, il paraît d'un bleu verdâtre. Il est remarquable qu'il présente une couleur analogue quand il est liquéfié.

De tous les corps qu'on a examinés sous le rapport de conduire la chaleur, l'or a été trouvé le meilleur conducteur.

Il est bon conducteur de l'électricité; mais, si on lui en fait transmettre une quantité assez forte, il est réduit en poussière en présentant une vive lumière verdâtre, soit qu'on opère dans l'air, soit qu'on opère dans l'hydrogène.

L'or n'a pas d'odeur, ni de saveur.

Propriétés chimiques.

Suivant M. Proust, il n'existe qu'un seul oxide d'or; suivant M. Berzelius, il y en a trois.

L'oxigène pur et l'oxigène de l'atmosphère n'ont aucune action sur l'or, ni à chaud, ni à froid.

Suivant Van-Marum et Guyton de Morveau, l'or soumis à l'action électrique d'une forte décharge au milieu de l'air, absorbe de l'oxigène et se change en une poudre de couleur pourpre. Il est étonnant que Van-Marum attribue ce résultat à l'oxidation de l'or, lorsqu'il reconnoît que l'or, soumis à une décharge électrique dans le gaz hydrogène, etc., émet une flamme verdâtre, et se change en poudre violette. Quant à Guyton de Morveau, il a été conséquent avec lui-même, puisqu'il dit possitivement avoir vu que l'or, soumis à la décharge électrique dans le vide, se divise en globules métalliques et non en poudre pourpre.

L'eau n'a aucune action sur l'or, même lorsque l'air est présent.

L'or se combine au chlore, à l'aide de la chaleur.

Il est dissous par l'eau de chlore.

Toute l'action de l'iode sur l'or se borne à en diminuer légèrement l'éclat : cependant dans plusieurs cas ces corps sont susceptibles de s'unir ensemble.

L'or ne s'unit point à chaud au soufre ni au phosphore ; mais il est susceptible de s'y combiner sous l'influence d'autres corps.

Il ne contracte pas d'union avec l'azote, le carbone, le bore, l'hydrogène.

Il se combine très-bien à chaud avec l'arsenic et la plupart des métaux.

L'acide hydrochlorique sec n'a aucune action sur l'or. L'acide hydrochlorique, d'une densité de 10^d (Baumé), ne dissout pas l'or. Le même acide, d'une densité de 14^d, en dissout une très-petite quantité, quand le métal est très-divisé.

L'acide nitrique, à 32^d, est sans action sur l'or. L'acide nitrique à 40^d, chauffé sur de l'or très-divisé, en dissout une petite quantité : si on a fait chauffer suffisamment, l'eau, ajoutée à la liqueur, en sépare un précipité d'oxide d'or ; si, au contraire, il est resté de l'acide nitreux dans la liqueur, l'eau ajoutée détermine un précipité d'or métallique. Dans ce cas l'oxide d'or est réduit par l'acide nitreux au moment où il se sépare de l'acide nitrique.

L'acide nitrique, saturé d'acide nitreux, dissout mieux l'or que l'acide nitrique pur.

Les acides que le soufre forme avec l'oxigène, n'ont aucune action sur l'or.

Il en est de même de l'acide hydrosulfurique.

L'acide hydrochlorique, mêlé à l'acide nitrique ou l'eau régale, est le vrai dissolvant de l'or. Cela tient à ce que l'affinité d'une portion de l'oxigène de l'acide nitrique pour l'hydrogène de l'acide hydrochlorique, et l'affinité du chlore pour l'or, concourent à la dissolution du métal. Pendant l'opération, il se dégage de l'acide nitreux.

36.   17

Suivant M. Proust, la meilleure eau régale qu'on puisse employer, est celle qui est formée de 4 p. d'acide hydrochlorique aqueux, d'une densité de 12^d, et de 1 p. d'acide nitrique d'une densité de 40^d : 100 p. de cette eau régale peuvent dissoudre de 18 à 20 p. de métal.

Les alcalis n'ont pas d'action sur l'or.

Stahl a annoncé que trois parties de sous-carbonate de potasse, dissoutes dans l'eau, chauffées avec 3 p. de soufre et 1 p. d'or, donnent une dissolution complète. Il est probable que l'or est dissous à l'état de sulfure par le sulfure hydrogéné de potasse. Un acide, versé dans cette solution, en précipite une poudre rougeâtre, qui est, suivant Bucholz, un mélange de soufre et d'or dans le rapport de 18 à 82.

Oxides d'or.

Il existe, suivant M. Berzelius, trois oxides d'or : le peroxide, qui est jaune ; le deutoxide, qui est pourpre, et, enfin, le protoxide, qui est vert.

Peroxide d'or ou Acide orique.

	Bergman.	Proust.	Oberkampf.	Berzelius.
Oxigène	9,889.	8,57...	10,01...	12,069...10,77
Or	100,100.	100,00...	100,00...100,000...89,23.	

Le meilleur procédé pour préparer le peroxide d'or consiste, suivant M. J. Pelletier, à mettre le chlorure d'or avec un excès de lait de magnésie. Il se produit de l'hydrochlorate de magnésie, qui se dissout, et du peroxide d'or retenant un peu de magnésie en combinaison, qui se précipite et qui se mélange avec l'excès de la magnésie. En traitant le résidu par l'acide nitrique, on dissout toute la magnésie, tant celle qui est libre, que celle qui est combinée au peroxide, et en lavant le résidu avec de l'eau, il reste du peroxide d'or à l'état de pureté.

L'oxide de zinc peut remplacer la magnésie.

Quand on emploie l'eau de potasse pour précipiter le chlorure d'or, on obtient non-seulement de l'oxide d'or retenant un peu d'alcali ; mais toujours, ou presque toujours, il y a une portion d'or qui perd son oxigène, et qui reste mêlée avec l'oxide.

Le peroxide d'or sec est d'un jaune brun ; quand il est floconneux, il est d'un jaune moins foncé ; et, suivant plusiers chimistes, il retient dans cet état une portion d'eau en véritable combinaison.

Le peroxide d'or est légèrement soluble dans l'eau. La solution a une saveur légèrement astringente.

L'acide hydrochlorique le dissout complétement. Il se produit de l'eau et un chlorure. Si l'oxide étoit mêlé d'or, celui-ci ne serait pas dissous.

L'acide nitrique foible est sans action sur lui. L'acide nitrique, à 40^d, bouillant, en dissout une foible quantité, qui le colore en jaune. La solution, étendue d'eau, laisse précipiter tout son oxide, qui, suivant M. J. Pelletier, est hydraté.

Celui-ci ne retient pas d'acide.

L'acide sulfurique foible en dissout encore moins que le précédent.

Les autres acides, saturés d'oxigène, n'ont pas d'action ou n'en ont qu'une extrêmement foible sur cet oxide. D'après cela et d'après la foible affinité qui le tient uni aux acides nitrique et sulfurique, on doit le considérer comme un corps dont les propriétés alcalines sont extrêmement foibles, et cette considération est encore d'accord avec la manière dont il se comporte avec la potasse et surtout l'ammoniaque.

ORATE DE POTASSE.

L'eau de potasse dissout l'oxide d'or, soit celui qu'on obtient par la magnésie, soit celui qu'on précipite de l'acide nitrique au moyen de l'eau.

M. J. Pelletier dit que cette solution est alcaline ; qu'elle n'est point altérée par l'addition de l'eau ; qu'il n'a pu la faire cristalliser. Par la concentration elle abandonne toujours un peu d'oxide anhydre. Le même savant dit encore que, quand on neutralise cette solution par les acides nitrique, sulfurique, etc., l'acide hydrochlorique et les acides non saturés d'oxigène exceptés, il se fait un précipité jaunâtre, floconneux, qui bientôt passe au violet et même au noir, suivant la concentration du liquide.

ORATE D'AMMONIAQUE (OR FULMINANT).

L'oxide d'or, arrosé d'ammoniaque, s'y combine et forme l'or *fulminant*. Mais le meilleur procédé pour obtenir ce produit, consiste à précipiter du chlorure d'or étendu d'eau par l'ammoniaque liquide. Il ne faut pas mettre un excès d'alcali, parce qu'on dissoudroit une portion de l'or fulminant. On décante le liquide de dessus le précipité ; on le lave et on le conserve dans un bocal, qu'on recouvre d'un papier. Si, au lieu de le conserver de cette manière, on vouloit le renfermer dans un flacon à l'émeri et même dans un flacon bouché avec du liége, on risqueroit de se blesser, par la raison que, s'il étoit resté de l'or fulminant, adhérant au col du flacon, le frottement du bouchon en détermineroit la détonation, ainsi que cela a eu lieu malheureusement.

100 p. d'or donnent, suivant Proust, 137 p. environ d'or fulminant.

L'or fulminant est jaune de paille.

Il détone avec force par la percussion, le frottement et la chaleur. Cependant, si on le chauffe doucement dans un tube de cuivre épais, il se décompose assez lentement pour qu'on puisse recueillir de l'eau et du gaz azote. Il reste de l'or métallique. C'est dans le volume subit qu'occupe cette eau et le gaz azote, lorsque la décomposition de l'or fulminant est rapide, que l'on trouve l'explication de la force de la détonation.

Il est évident que l'eau provient du transport de l'oxigène de l'oxide d'or sur l'hydrogène de l'ammoniaque.

L'or fulminant, projeté dans du soufre fondu, se décompose sans bruit.

Quand on le met dans l'acide hydrosulfurique aqueux, on obtient un résidu d'or métallique.

L'acide sulfurique, concentré ou étendu, ne décompose pas l'or fulminant à froid. A une température suffisante, la décomposition s'opère.

L'acide nitrique ne le décompose pas, et l'acide hydrochlorique le dissout. En ajoutant de l'ammoniaque à la dissolution, l'or fulminant est précipité.

La potasse humide ne le décompose pas. Mais la potasse sèche le décompose à une température suffisamment élevée. .

Cas où l'oxide d'or est altéré.

L'oxide d'or est décomposé avec la plus grande facilité par son exposition, soit à la lumière, soit à une légère chaleur. D'après cela on voit qu'il doit avoir une action plus ou moins forte sur la plupart des corps combustibles, sur ceux au moins qui peuvent, comme le soufre, le charbon, se combiner à l'oxigène au degré de température où cet élément quitte l'or.

Les acides nitreux, sulfureux, phosphoreux, etc., réduisent l'oxide d'or à l'état métallique.

DEUTOXIDE D'OR, de Berzelius.

Oxigène....... 7,45
Or............ 92,55.

La couleur pourpre que prend l'or, 1.° quand il est soumis à une décharge électrique; 2.° lorsqu'il est chauffé sur des matières terreuses; 3.° lorsque son peroxide, son chlorure sont étendus sur des matières organiques, telles que la corne, l'écaille; 4.° lorsque son chlorure est mis en contact avec une dissolution de protochlorure d'étain, est due, suivant plusieurs chimistes, à ce qu'il se forme un oxide d'or qui contient moins d'oxigène que le précédent. Les chimistes qui ne partagent pas cette opinion, admettent presque tous que dans ces circonstances l'or est simplement réduit à un grand état de division.

Le cas le plus remarquable que présente l'or quand il devient pourpre, est celui où le chlorure d'or est mis en contact avec le protochlorure ou le nitrate de protoxide d'étain, et qu'il forme le *pourpre de Cassius.*

POURPRE DE CASSIUS; STANNATE D'OR.

Suivant Berzelius c'est un composé de peroxide d'étain ou d'acide stannique et de deutoxide d'or; suivant Proust, c'est un composé de peroxide d'étain et d'or métallique.

Pour le préparer, on met dans de l'eau du protochlorure d'étain, ou, ce qui m'a toujours mieux réussi, du nitrate de protoxide d'étain, puis on y verse du chlorure d'or étendu, en ayant soin d'agiter beaucoup; des flocons d'un beau pourpre se précipitent bientôt après, au moins en opérant avec le nitrate de protoxide d'étain. Il ne s'agit plus que de rassembler le précipité et de le laver avec l'eau distillée. Il est quelquefois

nécessaire d'ajouter un peu de potasse pour déterminer la pré-
cipitation d'une petite quantité de pourpre qui reste en dissolution dans la liqueur à l'aide d'un excès d'acide qu'elle contient.

J'ai observé plusieurs fois que l'addition de quelques gouttes
d'une solution de sel neutre, tel que du sulfate de potasse,
déterminoit instantanément le dépôt d'une liqueur qui auroit été plusieurs jours sans donner de précipité.

Si l'on versoit du chlorure d'or dans une grande quantité
de solution d'étain concentrée, on obtiendroit de l'or métallique au lieu de pourpre de Cassius.

Dans le cas où le pourpre de Cassius a été préparé avec une
solution de nitrate de protoxide d'étain et de chlorure et d'or,
et dans l'hypothèse où l'on admet que l'or est oxidé dans le
pourpre de Cassius, on conçoit que le protoxide d'étain et l'or,
en enlevant de l'oxigène à une portion d'eau, passent, le premier à l'état de peroxide, et le second à l'état de deutoxide,
et forment un composé insoluble dans l'acide nitrique, et
dans l'acide hydrochlorique produit par le chlore et l'hydrogène de la portion d'eau décomposée. Cette explication
s'étend facilement au cas où l'on auroit employé une solution
de protochlorure d'étain, puisqu'on peut toujours la considérer comme une solution d'hydrochlorate de protoxide.

Les chimistes qui pensent que dans le pourpre l'or est à l'état
métallique, admettent que tout l'oxigène provenant de l'eau
décomposée, se porte sur l'étain du protochlorure, ou le protoxide d'étain du nitrate, ou de l'hydrochlorate qu'on a employé.

Le pourpre humide est en flocons gélatineux, d'un beau
pourpre : quand il est desséché, il est d'un pourpre noir et a
l'éclat de certaines lacques.

Le pourpre de Cassius est insoluble dans l'eau.

L'acide hydrochlorique à 10^d, bouilli sur le pourpre de
Cassius, gélatineux, récemment précipité, dissout du peroxide d'étain. Il reste de l'or métallique.

L'acide nitrique à 32^d, bouilli sur le pourpre, ne dissout
qu'une très-petite quantité d'oxides d'étain et d'or.

L'acide sulfurique à 20^d, avive la couleur de pourpre en
dissolvant un peu d'oxide d'étain.

M. Proust a analysé le pourpre de Cassius en le traitant par de l'acide hydrochlorique de 4 à 5^d, auquel il avoit ajouté quelques gouttes d'acide nitrique.

100 p. de pourpre bien sec lui ont donné, 1.° une dissolution d'or, d'où il a séparé, par le sulfate de protoxide de fer, 24 p. d'or métallique; 2.° un résidu blanc de 70 p. de peroxide d'étain. Comme il pense que l'or étoit à l'état métallique dans les 100 p. de pourpre sec analysé, il admet que 6 p. de peroxide d'étain ont dû être dissoutes avec l'or.

Le pourpre en gelée est dissous par l'ammoniaque. Cette solution se trouble par la chaleur.

Protoxide d'or, de Berzelius.

Oxigène .... 3,87 .. 4,026
Or .... 96,13 .. 100.

M. Berzelius dit qu'on obtient ce produit en traitant par l'eau de potasse du chlorure d'or qui a été exposé à une chaleur suffisante pour en chasser une partie du chlore. Il est vert, réductible par la chaleur et incapable de s'unir aux acides.

Chlorure d'or.

Suivant Berzelius, il en existe deux, que nous désignerons par les noms de chlorure et de protochlorure.

Chlorure d'or.

On l'obtient en faisant évaporer doucement à siccité l'or dissous dans l'eau régale. Pour le faire cristalliser, il faut, ainsi que le recommande M. Proust, concentrer la liqueur dans une petite cornue, et quand on la juge assez concentrée, laisser refroidir lentement le chlorure. Les cristaux sont si solubles dans l'eau, qu'en été l'eau-mère où ils se sont formés, et qui n'est d'ailleurs qu'en très-petite quantité, suffit pour les redissoudre pendant le jour : le soir ils reparoissent.

Boyle et M. Proust ont remarqué que dans la concentration de la dissolution d'or les vapeurs entraînent un peu de chlorure.

Le chlorure d'or cristallise en lames ou en aiguilles jaunes. Il se congèle en masse, si la cristallisation s'opère rapidement dans une solution fortement concentrée; mais il paroît que le chlorure, préparé par ce moyen, contient toujours de l'acide hydrochlorique. Lorsqu'on veut obtenir du chlorure parfaitement neutre, il faut traiter par l'eau chaude le protochlorure d'or. Il se réduit en or et en chlorure très-neutre, qui colore l'eau en rouge de rubis.

Il est soluble dans l'eau et l'alcool. Il l'est aussi dans l'éther hydratique, suivant l'observation de F. Hoffman. Ces trois solutions sont d'un jaune plus ou moins foncé : en se dissolvant, le chlorure n'a pas éprouvé de changement de nature.

Lorsqu'on mêle avec de l'éther, de la dissolution d'or contenant de l'acide nitrique, l'éther dissout le chlorure à l'exclusion de cet acide, et après que l'action des corps est produite, si on tire avec une pipette le liquide incolore, contenant l'acide nitrique, et si on ajoute à l'éther orifère de nouvelles dissolutions d'or, l'éther dissoudra encore du chlorure. En réitérant les mêmes opérations, M. Proust est parvenu à avoir un éther orifère plus dense que l'eau acidulée d'où le chlorure s'étoit séparé. Baumé avoit proposé l'usage de cette dissolution éthérée pour dorer les pièces d'horlogerie, et d'autres personnes l'avoient proposé pour faire des dessins d'or sur l'acier ; mais M. Proust, qui a cherché à vérifier ces assertions, n'en a jamais obtenu de bons résultats.

En exposant le chlorure d'or à une chaleur graduée, on le convertit en protochlorure, et en le chauffant davantage, on sépare tout le chlore du métal.

Suivant M. J. Pelletier, les acides saturés d'oxigène et volatils sont sans action sur le chlorure d'or. Il en est de même des acides saturés d'oxigène qui ont une certaine fixité, comme les acides sulfurique, phosphorique et arsenique, au moins lorsque le mélange des corps n'est pas exposé à une température où le chlorure d'or est altérable. Par exemple, l'acide sulfurique, concentré, précipite simplement le chlorure d'or, également concentré, en une poudre rouge anhydre ; mais, lorsqu'on prend de l'acide sulfurique et du chlorure d'or, suffisamment aqueux pour ne pas donner de précipité, et qu'on évapore, il arrive, quand la température est à 150^{d} environ, qu'il se dégage du chlore et qu'il se précipite du chlorure, qui est presque toujours mêlé d'or métallique.

L'acide sulfureux, l'acide nitreux, l'acide phosphoreux, etc., versés dans du chlorure d'or aqueux, en précipitent l'or à l'état métallique; dans ce cas l'eau en décompose son hydrogène, se porte sur le chlore, et son oxigène fait passer l'acide au maximum d'oxigénation.

Les sels de fer, à base de protoxide, dissous dans de l'eau, précipitent également le chlorure d'or à l'état métallique; dans ce cas le protoxide de fer se change en peroxide, et il se forme toujours de l'acide hydrochlorique.

Les solutions de protoxide d'étain, employées en excès et concentrées, peuvent produire le même effet sur le chlorure d'or.

La potasse, la soude, la magnésie, la baryte, la strontiane, la chaux, etc., précipitent de l'oxide d'or hydraté quand on les verse dans la solution aqueuse du chlorure de ce métal. Si l'on admet que le potassium, le sodium, le magnésium, le barium, le strontium, le calcium, etc., forment des chlorures qui ne passent point à l'état d'hydrochlorate quand on les met dans l'eau, on admettra que l'oxidation de l'or se fait aux dépens de l'oxigène de ces alcalis; dans l'hypothèse contraire, on admettra que l'oxidation se fait aux dépens de l'eau, parce que l'hydrogène de ce liquide s'unit au chlore.

Lorsqu'on ne met dans du chlorure d'or que la quantité de potasse nécessaire pour neutraliser le chlore, la liqueur passe du jaune au rouge brunâtre, et peu à peu il se précipite une quantité d'oxide d'or hydraté, qui ne représente que les $\frac{5}{6}$ de l'or du chlorure, suivant M. J. Pelletier. Ce précipité est très-léger et jaune-rougeâtre. La liqueur a la même couleur. Elle tient du chlorure double de potassium et d'or. Si on précipite le chlorure d'or par un excès d'alcali, le précipité est peu considérable, et on peut même le redissoudre. Il ne s'élève jamais au $\frac{1}{10}$ de l'or du chlorure, suivant M. Pelletier. D'un autre côté, la liqueur qui s'étoit foncée en couleur par l'addition des premières gouttes de potasse, se décolore promptement par la potasse qu'on y ajoute, surtout si l'on fait chauffer. Ce précipité est en poudre noire. M. J. Pelletier le regarde comme un oxide anhydre, retenant un peu de potasse, et il pense que la liqueur où le précipité s'est formé, est un mélange de chlorure de potassium et d'orate de potasse, qui, lorsqu'on y verse un acide, devient jaune, parce

que l'orate de potasse se décompose en or, qui s'unit au chlore
du chlorure de potassium, et en oxigène, qui s'unit à ce dernier métal. M. Vauquelin, M. Oberkampf, et surtout M. Javal,
considèrent cette même liqueur comme un simple chlorure
double. Quant à moi, j'avoue que si, avec ces savans, l'on
ne peut y méconnoître l'existence du chlorure double de
potassium et d'or, il est difficile de ne pas y admettre, avec
M. Pelletier, une certaine quantité d'orate de potasse, s'il
est vrai que l'oxide d'or soit soluble dans cet alcali et que
le précipité d'oxide d'or qu'on a obtenu, ne représente pas
tout le chlore qui doit être contenu dans le chlorure de potassium, nécessaire pour doubler la portion du chlorure d'or
indécomposée.

Chlorure d'or et nitrate de protoxide de mercure.

Du chlorure d'or, versé goutte à goutte dans du nitrate
de protoxide de mercure, donne un précipité d'or métallique
et de protochlorure de mercure.

Si l'on verse au contraire le nitrate dans du chlorure d'or
en excès, après douze heures le précipité n'est que de l'or
pur. Dans ce cas, le protochlorure de mercure réagit sur le
chlorure d'or qui étoit en excès. En s'emparant de son
chlore, il se change en perchlorure qui se dissout.

Chlorure d'or et nitrate de peroxide de mercure.

On étend du nitrate de peroxide de mercure dans huit à
dix fois son volume d'eau ; on y verse ensuite, à plusieurs
reprises, du chlorure d'or. Il se fait un précipité, dont la
couleur est celle de l'or fulminant. Après qu'il est déposé, on
le lave à l'eau bouillante, et on le laisse sécher dans une capsule. Le terme où le chlorure d'or cesse de précipiter la solution mercurielle, est celui où tout le mercure est à l'état de
perchlorure. Il arrive dans cette opération que l'oxigène du
peroxide de mercure se porte sur l'or pour former un oxide,
qui, étant insoluble dans l'acide nitrique, se précipite, tandis
que le chlore du chlorure d'or forme du sublimé corrosif avec
le mercure réduit. Mais ce qu'il y a de remarquable, suivant
M. Proust, c'est que l'oxide d'or précipité paroit contenir,
en véritable combinaison, une certaine quantité de protochlorure et de perchlorure de mercure qu'il ne cède pas

à l'eau bouillante. M. Proust, ayant distillé 100 p. de ce précipité, en a obtenu :

Eau   8
Perchlorure de mercure mêlé de protochlorure..   16
Or métallique.   70
Perte attribuée à de l'oxigène . . . .   6.

Ce précipité, exposé sur un papier au-dessus de la flamme d'une bougie, fuse avec une sorte d'explosion. Si on le mêle avec de la fleur de soufre et qu'on le chauffe ensuite doucement, il détone à la manière de l'or fulminant.

Sulfate d'argent ou nitrate d'argent, et chlorure d'or.

M. J. Pelletier a vu que l'un ou l'autre de ces deux sels d'argent, dissous dans l'eau, mêlé au chlorure d'or, donnent un précipité formé de chlorure d'argent et d'oxide d'or ; il reste dans la liqueur de l'acide sulfurique ou de l'acide nitrique libre.

Chlorure d'or et de potassium.

Le chlorure d'or forme, avec le chlorure de potassium, un chlorure double, qui a été bien décrit par M. Javal. Ce composé est sous la forme de prismes quadrangulaires alongés, d'un beau jaune d'or, efflorescens ; en perdant de l'eau, ces prismes passent au jaune clair. Ils conservent leur couleur après qu'on les a soumis à des lavages successifs. Exposés au feu dans un vase de verre, ils donnent de l'eau, ils se réduisent en un liquide rouge-brun foncé, et lorsque le verre commence à se fondre, ils laissent dégager du chlore : ce qui prouve que la température nécessaire pour décomposer le chlorure d'or, uni au chlorure de potassium, est plus élevée que celle où le chlorure pur perd son chlore.

Ces cristaux sont formés :

Chlorure de potassium...... 24,26
Chlorure d'or.............. 68,64
Eau...................... 7,10.

M. Oberkampf a observé, qu'en ajoutant du chlorure de potassium ou de sodium au chlorure d'or, la potasse ne peut plus en précipiter d'oxide d'or.

PROTOCHLORURE D'OR.

On le prépare en exposant avec précaution le chlorure d'or à l'action de la chaleur.

Ce protochlorure est réduit par l'eau chaude en chlorure neutre et en or. L'or séparé est le ⅓ du métal contenu dans le protochlorure.

Le protochlorure d'or, traité par la potasse, donne du protoxide d'or.

Il est réduit par la chaleur en chlore et en or.

IODURE D'OR.

M. J. Pelletier a décrit sous le nom d'iodure d'or un composé qu'il a obtenu de la manière suivante :

Il a fait bouillir de l'or très-divisé dans de l'acide hydriodique, auquel il ajoutoit de temps en temps un peu d'acide nitrique pour faire de l'acide hydriodique ioduré. Il s'est formé de l'iodure d'or, qui a été dissous dans l'excès de l'acide ioduré. Il a filtré bouillant pour séparer l'or qui n'avoit pas été dissous. La liqueur, en refroidissant, a déposé de l'iodure d'or en poudre cristalline ; mais la plus grande partie est restée en solution ; il l'a précipitée, en ajoutant de l'acide nitrique et en faisant bouillir pour chasser l'excès de l'iode.

Enfin, l'iodure d'or se forme en mettant l'oxide d'or en contact avec l'acide hydriodique aqueux ou bien en précipitant le chlorure d'or par l'hydriodate de potasse.

L'iodure d'or est insoluble dans l'eau froide, et très-peu soluble dans l'eau bouillante.

Il se décompose à 150^d.

La potasse, en en séparant l'or, passe à l'état d'iodate et d'hydriódate.

Il paroît que cet iodure doit être considéré comme un protoiodure plutôt que comme un iodure neutre. Suivant M. J. Pelletier, il est formé de :

$$\text{Iode} \dots\dots 34 \dots\dots 100$$
$$\text{Or} \dots\dots 66 \dots\dots 194,12 ;$$

mais cette composition ne s'accorde pas avec celle de l'oxide d'or, déterminée par M. Berzelius ; car elle suppose que 100 p. d'or ne prennent que 10,03 p. d'oxigène au lieu de 12,07.

SULFURE D'OR.

	Oberkampf.	Bucholz.
Soufre......	24,39.....	21,95
Or.........	100........	100.

On le prépare en faisant passer un courant d'acide hydrosulfurique dans du chlorure d'or dissous dans l'eau ; l'hydrogène de l'acide hydrosulfurique s'unit au chlore, tandis que
le soufre s'unit au métal.

Le sulfure d'or est d'un noir bleuâtre. Lorsqu'on l'agite dans
l'eau, il est impossible de séparer, soit de l'or, soit du soufre.
Ce n'est donc pas un mélange de ces deux corps, ainsi que
le pense M. Proust.

Le sulfure d'or est dissous par l'hydrosulfate de potasse.

Il paroit l'être également par les sulfures hydrogénés ; au
moins remarque-t-on qu'en faisant bouillir de l'or, du soufre
et de l'eau de potasse ensemble, le métal est dissous. C'est
cette dissolution que Stahl appeloit or potable. Les acides en
précipitent du sulfure d'or mêlé de soufre.

PHOSPHURE D'OR.

Le phosphure d'or ne me paroit pas avoir encore été obtenu à l'état de pureté.

Pelletier a uni l'or au phosphore en chauffant au rouge 8 p.
d'or réduites en poudre fine, 16 p. d'acide phosphorique
vitreux, mêlées intimement avec 1 p. de poussière de charbon.
Le mélange ne remplissoit pas tout le creuset, parce que pour
prévenir l'effet de l'air sur le phosphure, les corps étoient
recouverts d'une couche de poussière de charbon. Dans cette
opération l'acide phosphorique cède son oxigène au carbone
et son phosphore à l'or. Il ne faut pas chauffer trop fortement ces matières, parce que Pelletier dit que la chaleur
seule suffit pour séparer le phosphore de l'or.

Le phosphure d'or, obtenu par Pelletier, étoit d'un blanc
jaunâtre. Son tissu étoit cristallin. Exposé dans une coupelle
par l'action simultanée de l'oxigène et de chaleur, le phosphore s'en séparoit en brûlant.

Il contenoit :

Or...............	23
Phosphore........	1.

Suivant Oberkampf, lorsqu'on fait passer de l'hydrogène phosphuré dans une dissolution de chlorure d'or étendu, celle-ci devient brune, puis d'un pourpre foncé. Si alors on cesse de dégager du gaz, le précipité est de l'or métallique, et l'on trouve dans la liqueur de l'acide phosphorique; mais si on continue à faire passer du gaz dans le chlorure, la couleur du précipité passe peu à peu au noir, parce que l'or devient *phosphure*.

ARSENIURE D'OR.

Bergman dit que l'or, par la fusion, ne prend que le $\frac{1}{60}$ de son poids d'arsenic. M. Hatchett, ayant ajouté 29^g d'arsenic à 344^g d'or fondu, a obtenu un alliage, qui ne contenoit que 0,3085 d'arsenic. Il avoit la couleur de l'or fin; il étoit cassant; mais il plioit avant de se rompre.

Lorsqu'on suspend une lame d'or dans un creuset qui est renversé sur un autre dans lequel on sublime de l'arsenic, celui-ci s'allie à l'or et forme un alliage gris, cassant, qui coule dans le creuset inférieur.

On ne peut, ou il est très-difficile de séparer l'arsenic de l'or par la simple action de la chaleur.

ANTIMOINE ET OR.

0,0005 d'antimoine rendent l'or cassant : c'est pourquoi lorsque l'or est exposé pendant quelque temps aux vapeurs de l'antimoine, il perd sa ductilité.

ÉTAIN ET OR.

Lorsque l'or est exposé pendant quelque temps au-dessus d'un bain d'étain rouge de feu, il devient cassant, ainsi que cela arrive avec l'antimoine; cela est d'autant plus remarquable qu'une petite quantité d'or, alliée à l'étain, ne lui ôte pas sa ductilité.

11 p. d'or et 1 p. d'étain font un alliage d'un jaune très-pâle, cassant, quand il est en lames épaisses; mais quand il a été coulé en lames minces, il se plie; cependant il ne peut être laminé. Cet alliage a une densité plus grande que celle de ses élémens réunis.

L'or allié de $\frac{27}{1000}$ d'étain peut être laminé. Lorsqu'on chauffe cet alliage, l'étain se fond et l'or perd son agrégation.

On sépare l'étain de l'or en portant dans le creuset, où l'alliage est liquéfié, du perchlorure de mercure ou du nitrate de potasse. Dans le premier cas il se volatilise du perchlorure d'étain; dans le second cas il se forme du stannate de potasse, qui est entraîné dans la scorie alcaline qui se forme.

Or et Cuivre.

Ces deux métaux s'allient aisément par la fusion. L'alliage est plus foncé en couleur, plus dur, plus sonore que l'or. Il est ductile, et sert de soudure à l'or.

L'alliage le plus dur qu'on puisse obtenir, contient

$$\text{Or} \ldots 7$$
$$\text{Cuivre} \ldots 1$$

L'alliage de $\left\{ \begin{array}{l} \text{or} \ldots 11 \\ \text{cuivre} \ldots 1 \end{array} \right\}$ est très-ductile, d'une belle couleur jaune tirant sur le rouge: sa densité est de 17,157; elle devroit être de 17,58, si la densité des métaux ne diminuoit pas par la combinaison.

L'or des monnoies est allié de cuivre, et quelquefois de cuivre et d'argent.

L'alliage de cuivre et d'argent à parties égales, uni à l'or, fait un alliage plus léger, que si le cuivre eût été allié à l'état de pureté. Les monnoies de France sont composées de neuf parties d'or et d'une partie de cuivre, ou d'alliage de cuivre et d'argent.

Pour l'essai de cet alliage voyez Essai, tome XV, page 360.

Or et Fer.

Ces deux métaux s'allient très-bien.

11 parties d'or et une partie de fer forment un alliage ductile, d'un gris jaunâtre, d'une densité de 16,885, plus dur et plus fusible que l'or, suivant M. Hatchett.

Une petite quantité de fer introduite dans l'or en fusion, rend ce métal très-dur et cassant; c'est pourquoi il ne faut jamais remuer l'or fondu avec une verge de fer.

L'or étant plus fusible que le fer et l'acier, et ayant en outre la propriété de s'y unir facilement, il est employé pour souder ces substances.

Or et Zinc.

Ces deux métaux s'unissent en toutes proportions.

L'alliage à parties égales est blanc, très-dur, susceptible de recevoir un beau poli, peu altérable à l'air. Aussi Hellot le regardoit-il comme très-propre à fabriquer des miroirs de télescopes.

11 parties d'or et une partie de zinc forment, suivant M. Hatchett, un alliage jaune verdâtre, très-cassant, d'une densité de 16,337.

Hellot dit, qu'ayant chauffé fortement avec le contact de l'air un alliage d'une partie d'or et de 7 parties de zinc, les deux métaux se sont volatilisés, bien entendu que le zinc a été réduit en oxide par l'oxigène de l'air.

Or et Bismuth.

Le bismuth donne à l'or une couleur jaune verdâtre, suivant M. Hatchett.

$\frac{5}{10000}$ de bismuth rendent l'or cassant.

Or et Plomb.

11 parties d'or et une partie de plomb donnent un alliage un peu plus pâle que l'or, fragile comme le verre; sa densité est moindre que celle de ses élémens.

Il suffit de $\frac{5}{10000}$ de plomb pour rendre l'or cassant.

Or et Argent.

Lorsqu'on fond une grande quantité d'or et d'argent à parties égales dans un creuset, comme l'a fait Homberg, on peut obtenir au fond du creuset une masse d'or, retenant $\frac{1}{6}$ de son poids d'argent, et au-dessus de cet alliage, le reste de l'argent à l'état de pureté; mais si on ne fond que des masses, telles qu'elles peuvent être remuées facilement, les métaux s'allient en toutes proportions.

L'alliage de 2 parties d'or et de 1 partie d'argent est le plus dur possible; il est plus sonore que l'or; il est blanc.

Il suffit d'une partie d'argent pour blanchir sensiblement 20 parties d'or.

L'alliage d'or et d'argent sert à souder l'or, parce qu'il est plus fusible que ce dernier métal.

L'alliage de 1 partie d'or et de 2 parties d'argent peut s'analyser par l'acide nitrique, qui dissout ce métal à l'exclusion de l'or. (Voyez tome XV, page 360.)

Lorsque l'or contient moins que son poids d'argent, celui-ci est en partie soustrait à l'action de l'acide nitrique par les molécules de l'or qui enveloppent les molécules de l'argent.

OR ET MERCURE.

Ces deux métaux s'unissent avec la plus grande facilité. (Voyez tome XXX, page 100.)

Histoire et usages.

L'or est un des métaux le plus anciennement connus : dès que les hommes l'ont eu distingué des autres corps par sa ductilité, sa fusibilité, son inaltérabilité, sa rareté, ils l'ont recherché avec empressement, et après qu'ils ont été conduits à l'invention des monnoies, ils ont dû le choisir comme la substance la plus précieuse.

La couleur de l'or, son brillant, son extrême ductilité, son inaltérabilité par l'air, l'humidité, et la plupart des acides, des alcalis, l'ont fait employer à une multitude d'usages que tout le monde connoît, et qu'il seroit superflu de rappeler ici. (Cʜ.)

OR BLANC. (*Chim.*) Ce nom a été donné au platine et à une mine de tellure. (Cʜ.)

OR DE CHAT. (*Min.*) Nom donné au mica jaune comme terme de dérision applicable aux personnes qui prenoient cette pierre jaune pour un minérai d'or. Voyez Mɪᴄᴀ. (B.)

OR EN CHAUX. (*Chim.*) C'est de l'or qu'on a préparé dans un grand état de division, en triturant des feuilles de ce métal avec du miel, lavant la matière broyée avec de l'eau, et enfin la faisant sécher. (Cʜ.)

OR EN CHIFFONS, EN DRAPEAUX. (*Chim.*) C'est la cendre qu'on obtient en brûlant des chiffons qu'on a préalablement trempés dans du chlorure d'or. On s'en sert ordinairement pour dorer l'argent : on y parvient en frottant contre l'argent, qu'on veut dorer, un bouchon mouillé, qui a été préalablement imprégné de cette cendre. (Cʜ.)

OR EN COQUILLE. (*Chim.*) C'est de l'or très-divisé, (soit qu'il provienne de feuilles d'or triturées, soit qu'il ait été précipité de sa dissolution dans l'eau régale par un corps combustible), qu'on a mêlé avec un corps mucilagineux, et que l'on conserve ordinairement dans des coquilles. On l'applique au pinceau dans certaines peintures. (Cн.)

OR DE COULEUR. (*Chim.*) Or qui a reçu de son alliage avec l'argent quelque modification dans sa couleur. (Cн.)

OR FAUX. (*Chim.*) On applique cette dénomination à du cuivre réduit en lames, fils, etc., qui a été doré. (Cн.)

OR FILÉ. (*Chim.*) C'est de l'argent doré qui a été réduit en lames minces et étroites, puis filé sur la soie, le fil ou le crin: il est employé pour faire le galon et des broderies. (Cн.)

OR FIN. (*Chim.*) C'est le nom qu'on donne dans le commerce à l'or pur. (Cн.)

OR FULMINANT. (*Chim.*) C'est une combinaison d'oxide d'or et d'ammoniaque. Voyez Or. (Cн.)

OR GRAPHIQUE. (*Min.*) Voyez Tellure graphique. (B.)

OR GRIS. (*Chim.*) Nom qu'on donne à un alliage d'or et d'argent. (Cн.)

OR MOULU. (*Chim.*) Nom que les doreurs appliquent à l'amalgame d'or qui sert à dorer l'argent et quelquefois le cuivre. (Cн.)

OR MUSSIF NATIF. (*Min.*) Voyez Étain pyriteux ou sulfuré. (B.)

OR POTABLE. (*Chim.*) Dans les temps où régnoit la folie de l'alchimie, une foule de médecins étaient persuadés qu'il y avoit une *panacée ;* c'est-à-dire un remède universel, et parmi eux il y en avoit beaucoup qui pensoient que l'or devoit être la base de cette panacée. Ces médecins furent conduits d'après cette idée à chercher les moyens de dissoudre l'or dans des liquides non acides, incapables de nuire à l'économie animale : ils appelèrent ces compositions or *potable :* mais en définitive, malgré la prétention des fabricans d'or potable, c'étoit toujours le chlorure d'or qu'ils employoient.

Le nom d'or *potable* a été pareillement donné à la solution du sulfure d'or dans le sulfure hydrogéné ou l'hydrosulfate de potasse. (Cн.)

OR VERT. (*Chim.*) Nom qu'on a donné à l'alliage d'or et d'argent qui a une couleur verte. Il est employé dans la bijouterie. (Cн.)

ORA, ORATA. (*Ichthyol.*) Noms italiens de la daurade, *sparus aurata* de Linnæus. Voyez DAURADE. (H. C.)

ORAGE. (*Phys.*) Pluie forte et subite , précédée presque toujours par un vent plus ou moins impétueux et accompagnée d'éclairs et de tonnerre. Voyez l'article MÉTÉORES, t. XXX, p. 306 et l'article ÉLECTRICITÉ, t. XV, p. 312. (L. C.)

ORANBLEU. (*Ornith.*) Cet oiseau, qui est donné par Gmelin et Latham comme une variété de leur *turdus chrysogaster*, pl. enl. de Buff., n.° 221, sous le nom de merle du cap de Bonne-Espérance, paroît seul être du genre *Turdus*. Voyez ORANVERT. (CH. D.)

ORANG. (*Mamm.*) Ce nom, qui, chez les Malais, signifie homme, a été tiré du mot orang-outang (homme des bois, homme sauvage), pour en faire le nom d'un genre, dont l'espèce de l'orang-outang peut être considérée comme le type, genre qui n'est pas le même dans tous les ouvrages d'histoire naturelle. Les uns se bornent à y comprendre l'orang-outang ; d'autres y ajoutent le chimpensé, et même plusieurs espèces qui en ont été séparés sous les noms de gibbons ou d'hylobates.

Lorsque nous en étions à l'article des GIBBONS , nous croyions encore que ces quadrumanes étoient de véritables orangs : c'est pourquoi nous en avons renvoyé la description à ce dernier mot. Aujourd'hui, que ces animaux nous sont mieux connus, nous les regardons, avec Illiger, comme devant constituer un genre distinct ; aussi traiterons-nous séparément, quoique dans un même article, de ces deux genres de quadrumanes, qui, d'ailleurs, sont intimement unis : aucun autre genre ne vient se placer entre eux ; et nous réunissons le chimpensé à l'orang-outang.

DES ORANGS.

Les ORANGS sont des quadrumanes encore assez peu connus. On n'en a jusqu'à présent observé que de fort jeunes individus, lesquels paroissent différer beaucoup des adultes; mais les notions, qui ont été acquises sur ces animaux, suffisent pour que, d'après l'étendue de leur intelligence, on soit en droit de les placer à la tête du règne animal, en en exceptant l'homme, qui, sous ce rapport, est hors de pair.

'On conçoit toutes les lumières qu'on pourroit tirer de l'étude exacte de ces animaux, qui sont, en quelque sorte, des intermédiaires entre l'espèce humaine et la brute, que des nations grossières regardent comme des hommes sauvages, et desquels même quelques-uns de ces esprits dont l'imagination est plus active que le jugement n'est sévère, ont voulu faire originairement descendre le genre humain.

Leur principal effet, sans doute, seroit de montrer la fausseté de ces rapports hypothétiques, qui n'ont d'autre appui que des analogies arbitraires et des suppositions gratuites. Elles nous feroient voir le plus haut degré auquel peuvent atteindre les facultés intellectuelles départies aux animaux, et nous donneroient un type qui pourroit nous servir, plus exactement que l'intelligence humaine, à mesurer les facultés du même ordre chez les autres êtres. Enfin nous pourrions juger de ces facultés avec une grande certitude, n'étant point, chez les orangs, mélangées de raison, comme chez l'homme, ni, peut-être d'instinct, comme chez les animaux d'un rang inférieur.

Mais, quoiqu'on soit encore fort éloigné de pouvoir se faire de ces quadrumanes une idée complète, ce qu'on en connoît peut déjà donner à leur histoire un assez grand intérêt; seulement il est essentiel de ne point confondre dans cette histoire ce qui a été vu superficiellement par quelques voyageurs de ce qui a été observé attentivement; ce qui n'est que vraisemblable ou douteux de ce qui est certain.

Jusqu'à présent on n'a reconnu, on n'a distingué avec netteté que deux espèces d'orangs. Ceux, qui paroissent les avoir vues dans les régions où elles se trouvent, nous assurent qu'elles vivent en troupes, que leur taille égale la nôtre, que leur force est prodigieuse, qu'elles sont extrêmement sauvages, et qu'il est très-dangereux pour les hommes et pour les femmes de les rencontrer. Ces animaux attaquent les premiers à coups de bâtons et à coups de pierres, et enlèvent les autres qu'ils nourrissent, dit-on, avec soin, et qu'ils font servir à leurs plaisirs. Ils savent se faire des espèces de huttes pour abri, et portent la haine de toute contrainte à un tel point, qu'il est impossible, lorsqu'ils sont arrivés à l'âge adulte, de les prendre vivans.

Des animaux si forts et si farouches, qui recherchent les solitudes les plus sauvages, qui se livrent à toute la fureur de la défiance pour résister à la moindre contrainte, qui, dans leur invincible effroi, ne savent plus faire de différences entre les bons et les mauvais traitemens, semblent annoncer l'intelligence la plus bornée ; et ce n'est pas ce qu'on devoit attendre des observations auxquelles les jeunes orangs-outangs ont donné lieu.

En effet, tous les individus des deux espèces de ce genre qui ont été vus et dont on a donné l'histoire, ont fait naître une très-grande idée de leurs facultés intellectuelles, même en ôtant de ces histoires tout ce que l'étonnement et une connoissance peu exacte des rapports des actions avec les facultés qui les produisent, pourroient y avoir introduit d'exagération. Mais c'est ce que nous chercherons à expliquer dans l'histoire particulière de l'orang-outang.

Ce n'est que des jeunes individus que nous pouvons tirer les caratères zoologiques des orangs. Aucun naturaliste n'a été dans le cas d'en décrire d'autres. Tout annonce donc que ces caractères seront susceptibles de beaucoup de rectifications.

Les plus grands de ces animaux, qui aient été bien vus, n'avoient pas au-delà de deux pieds et demi à trois pieds de haut lorsqu'ils étoient debout, comme il leur est possible de s'y tenir, c'est-à-dire avec les extrémités inférieures fléchies, ainsi qu'on le voit dans la figure que nous donnons de l'orang-outang.

Leur physionomie générale leur est particulière : ils ne ressemblent, sous ce rapport, ni à l'homme, ni aux singes. La brièveté de leurs jambes et surtout de leurs cuisses, qui, réunies, ne font pas le tiers de leur hauteur ; l'étroitesse de leur bassin, la longueur démesurée de leurs bras qui descendent jusqu'au-dessous des genoux, la grosseur de leur ventre et de leur tête en font des êtres qui ne sont, en général, comparables à aucun autre.

Mais, lorsqu'on entre dans les détails de leurs organes, on voit que ce sont des quadrumanes, des véritables singes.

On ne connoît point encore leur système de dentition complétement. Ce qu'on a pu en voir et leur analogie avec le pongo et les gibbons, font présumer qu'il est le même que celui de ces derniers ; c'est-à-dire composé à l'une et à l'autre mâchoire de quatre incisives tranchantes, de deux canines très-développées, de quatre fausses molaires et de six mâchelières tuberculeuses ; c'est-à-dire qu'excepté par la forme des canines, il est semblable à celui de l'homme.

Les mains et les pieds sont longs et étroits ; les doigts sont comme ceux des autres singes ; ils sont au nombre de cinq aux membres antérieurs et aux postérieurs ; des ongles plus ou moins arrondis en garnissent l'extrémité ; aucune membrane ne les réunit et ne nuit à leurs mouvemens, et les pouces, opposables aux autres doigts et très-courts, en sont tout-à-fait séparés. Il n'y a point de queue ; et les fesses sont charnues et sans callosités.

Tous leurs sens, et principalement celui du goût, ont un grand développement. Les yeux et les oreilles ressemblent aux nôtres. Seulement les premiers sont plus rapprochés par leur angle interne, et la conque externe des autres est plus large et plus détachée de la tête. Le nez n'a presque point de saillie et ne consiste guère que dans les narines, qui sont ouvertes fort au-dessus de la bouche ; disposition qui me paroît avoir pour cause l'extrême saillie de celle-ci. En effet, le museau de l'orang, même jeune, se prolonge beaucoup au-delà de la partie supérieure de la tête. Les lèvres sont très-minces et entières ; la bouche est sans abajoues et la langue douce ; la paume et la plânte sont nues et garnies d'une peau très-douce, sur laquelle se voient des stries papilleuses, semblables à celles de nos mains. Aussi ces parties pourroient-elles être pour ces animaux des organes particuliers du toucher, s'ils faisoient de ce sens un usage aussi étendu que nous. La face est également nue et le corps n'a que des poils soyeux, qui sont assez rares. Chez le mâle, les parties génitales sont pendantes, et l'on dit que le prépuce n'a point de frein. La vulve, chez les femelles, est très-simple ; elle consiste en deux lèvres épaisses et un clitoris fort petit. Les mamelles sont pectorales et au nombre de deux.

Les orangs sont des animaux expressément organisés pour vivre sur les arbres : aussi grimpent-ils, à l'aide de leurs quatre mains, avec une facilité extrême. Ce sont leurs pieds de derriére surtout qui montrent leur destination. Ils ne sont point articulés à la jambe comme les pieds de l'homme ou ceux des quadrupèdes, mais de manière que les deux plantes se regardent et peuvent être opposées l'une à l'autre, ainsi que les doigts, pour embrasser les branches et faciliter l'action de grimper. Au contraire, leur marche est embàrrassée et sans aisance. Elle n'a guère lieu sur leurs pieds de derrière que lorsqu'ils s'aident d'un bâton; et alors leurs pieds sont tournés de manière qu'ils n'en appuient sur le sol que le côté externe. La plante, ni les doigts, ne touchent point à terre. Sans appui, ils marchent souvent sur leurs quatre pieds d'une façon très-particulière; car ils le font, en quelque sorte, comme des cul-de-jattes. Ce sont, en effet, moins leurs membres qui se meuvent alternativement que leur train de devant et leur train de derrière. Ils portent en avant la partie antérieure ou plutôt supérieure de leur corps, appuient sur la terre leurs longs bras en tenant les mains fermées, et, soulevant la partie inférieure, ils la ramènent sous la première; et c'est par une succession de mouvemens semblables, qu'ils se transportent sur terre d'un lieu à un autre.

Ce n'est cependant pas leur seule façon de marcher; leurs fesses charnues montrent qu'ils peuvent encore plus aisément que les singes pourvus de callosités, se tenir debout sur leurs pieds de derrière, et l'on sait que ces derniers sont susceptibles de faire naturellement quelques pas étant ainsi debout.

Sans manquer de délicatesse, leurs sens n'annoncent rien de particulier. Ils voient fort bien de jour, et ne sont point nocturnes, comme quelques auteurs ont pu le croire. Leur ouie est fine et ils consultent toujours leur odorat avant de manger. Ils se contentent de toute sorte de nourriture et donnent en général la préférence aux substances et aux fruits sucrés; mais ils se familiarisent sans peine avec nos alimens, même les plus recherchés; ils hument en buvant et se servent de leur main pour puiser de l'eau.

On n'a aucune notion sur leur accouplement, leur gestation, leur manière d'élever leurs petits, en un mot leur reproduction. D'Obsonville dit qu'ils ne s'accouplent point comme les brutes; mais son assertion est plus que douteuse, car il n'a point été témoin de ce qu'il annonce.

L'emploi que les jeunes orangs font de leur intelligence, est d'autant plus remarquable pour nous, qu'elle ne semble point être proportionnée à leur âge; et que dès les premiers mois de leur vie ils paroissent, sous ce rapport, être plus avancés qu'un enfant de quatre à cinq ans; et je n'entends comparer ici que les qualités qui sont communes à l'homme et au mammifère, c'est-à-dire, toutes, excepté la volonté avec connoissance, ou plutôt la faculté de connoître.

Non-seulement leur attention est forte, leur mémoire fidèle, mais ils mettent à leurs jugemens une finesse, une perspicacité singulière, et leur caractère se manifeste déjà par des penchans, des dispositions qui auroient eu besoin de beaucoup plus de temps pour se montrer au même degré chez nous.

Dans cette première époque de leur vie ils n'ont ni la gaîté, ni la pétulance des autres singes; au contraire, ils paroissent graves et même tristes; mais ils sont affectueux et rusés; la feinte est un des moyens les plus communs qu'ils emploient pour satisfaire leurs désirs, et la résistance excite leur colère. Ils souffrent et poussent des cris lorsque les personnes, auxquelles ils sont attachés les laissent seuls; et ils sont fort indifférens pour toute autre; quoique cependant ils ne manifestent que rarement de la malveillance, c'est aux enfans surtout qu'ils montrent de l'éloignement, et c'est moins par des actes de violence qu'ils le font que par des gestes brusques ou un prolongement des lèvres, qu'on retrouve dans le même cas chez d'autres singes. Ce n'est point en présence des gens qu'ils cherchent à satisfaire leurs désirs, quand ils savent qu'on s'y opposeroit: dans ce cas, tant qu'on est sous leurs yeux, ils ne témoignent rien; mais, dès qu'on s'est éloigné, ils emploient toutes leurs ressources pour arriver à leurs fins. S'ils ont l'espoir d'obtenir, ils sollicitent avec instance, et si on leur refuse, ils feignent la colère, ou, pour mieux dire, le dépit; car ils semblent plutôt s'en prendre à eux qu'à ceux qui ne leur obéissent point. Cependant, lorsqu'on persiste dans son refus, leur colère devient très-réelle, même très-violente.

Des observations récentes, faites sur un jeune orang-outang, qui vivoit à peu près en liberté à Java, ont appris que ces animaux se forment, sur les arbres, une espèce de lit ou de hamac, qu'ils se couchent et se lèvent avec le soleil, et qu'ils cherchent à dénicher les œufs pour les manger.

Des deux espèces de ce genre l'une appartient à l'Asie et se trouve principalement dans l'île de Bornéo; l'autre est africaine et vit dans les régions de ce continent les plus voisines de l'Équateur.

L'Orang - outang, *Simia satyrus*, Linn.; Hist. nat. des mamm., liv. 42, Juin 1824. Les caractères extérieurs par lesquels cette espèce se distingue, consistent surtout dans les proportions des membres et les couleurs du pelage. Chez elle les bras, lorsque l'animal est debout, descendent jusqu'au milieu des jambes; tous les poils sont d'un roux plus ou moins foncé, et l'on pourroit ajouter que l'oreille est d'une médiocre grandeur, comparée à celle de la seconde espèce d'orang que nous décrirons. Les poils sont longs, foibles et légèrement crépus. Ils revêtent, sans cependant être épais, toutes les parties supérieures ou postérieures du corps et les membres, et ils sont beaucoup plus rares aux parties inférieures ou antérieures; ceux de la tête, depuis sa partie postérieure jusqu'au front, se dirigent d'arrière en avant, et ceux des avant-bras remontent du poignet vers le coude. La face, les oreilles, les mains et les organes génitaux sont nus. Toute la peau a une teinte gris d'ardoise, excepté le tour des yeux, de la bouche, des parties génitales, où le gris a fait place à la couleur de chair; et sa surface est couverte de petites rides et comme chagrinée. Celle de la gorge est extrêmement flasque et pend comme un goître, lorsque l'animal est couché sur le côté. Les ongles sont noirs, et tous les doigts, sans exception, peuvent en être pourvus. L'individu que j'ai décrit en avoit à tous les pouces. Il paroît, cependant, qu'on n'en a pas trouvé à ces doigts, aux mains postérieures chez d'autres individus, ce qui avoit fait donner des pouces sans ongles comme un des caractères particuliers de cette espèce. C'est une erreur qui devroit être rejetée depuis long-temps et qui se retrouve cependant encore dans des ouvrages très-modernes. La voix est assez variée: dans la peur elle ressemble à un grognement; dans les besoins elle se rapproche des pleurs d'un chien, et dans la colère elle devient très-aiguë ; alors la gorge se gonfle considérablement. On pourroit ajouter quelques caractères anatomiques.

C'est cette espèce qui a été vue et examinée le plus souvent, et sur laquelle on a fait des récits plus ou moins étonnans, qu'il ne faut pas admettre sans examen et sans critique. Ce n'est point une chose commune que de savoir observer et décrire les actions des animaux, de ne les montrer que dans ce qu'elles ont de matériel, et d'en reconnoître les véritables causes. On est constamment porté, sans même qu'on s'en aperçoive, à ajouter à ces actions, parce qu'on ne peut se défendre de les conformer aux causes qu'on croit y découvrir, et qui, sans addition, paroîtroient insuffisantes ; or, ces causes nous les concluons de ces actions, considérées comme étant les nôtres, et par une sorte d'identification des animaux avec nous-mêmes. C'est là l'origine de toutes les erreurs auxquelles l'intelligence des brutes a donné lieu, et l'on doit peu s'en étonner ; car les causes des actions ne sont pas sensibles : on ne peut que les déduire, et les mêmes actions peuvent naître de causes très-diverses ; or ce sont celles que nous connoissons, celles qui agissent en nous, que nous sommes naturellement portés à supposer et à attribuer à tout ce qui existe. Ces erreurs, qui peuvent être indifférentes par rapport aux animaux des ordres inférieurs, parce qu'elles laissent assez de sujets de doutes, ne seroient peut-être pas dans le même cas relativement aux orangs qui n'ont aucun intermédiaire entre leur espèce et la nôtre. Je me bornerai donc à rapporter les faits les mieux constatés en les dégageant de toute hypothèse.

Ces animaux apprennent à répéter sans peine toutes les actions auxquelles leur organisation ne s'oppose pas, ce qui résulte de leur confiance, de leur docilité et de la grande facilité de leur conception. Dès la première tentative ils comprennent ce qu'on leur demande, c'est-à-dire, qu'après avoir fait l'action, pour laquelle on vient de les guider, ils savent qu'ils doivent la faire d'eux-mêmes, lorsque la même circonstance se renouvelle. Ainsi, ils apprennent à boire dans un verre, à manger avec une fourchette ou une cuiller, à se servir d'une serviette. Ils se tiennent à table comme un domestique derrière leur maître, et l'on assure même qu'ils versent à boire, donnent des assiettes, etc.

Toutes les actions de ce genre s'apprendroient à d'autres animaux, et surtout aux chiens de la race des barbets et des épagneuls; seulement on y parviendroit avec beaucoup plus de peine.

Mais ils ne se bornent pas à cette répétition qui jusque-là pourroit n'être que mécanique et n'appartenir qu'aux phénomènes d'association, dans lesquels une action en fait machinalement reproduire une autre; ils s'approprient en quelque sorte ces actions, qui d'abord ne leur étoient point naturelles, et ils les exécutent chaque fois qu'elles leur deviennent nécessaires, quelles que soient les circonstances qui puissent les avoir précédées; ainsi, quand la soif les presse, ils prennent eux-mêmes le gobelet et le remplissent d'eau pour boire; si le froid leur fait sentir la nécessité de se vêtir, ils cherchent partout la couverture dont ils se servent pour cela, ou même tout autre vêtement et s'en enveloppent avec soin; ils arrangent leur lit pour être couchés plus mollement, et relèvent la partie où doit être leur tête; si le lieu qui contient leur nourriture ou toute autre chose dont ils ont besoin, est fermé, et que sa clef sorte habituellement de votre poche, ils ne se bornent pas à montrer qu'ils savent que ce qu'ils désirent est dans ce lieu; ils viennent vous en demander la clef et vont ensuite en ouvrir la porte. S'ils veulent atteindre à un objet qui est hors de leur portée, et qu'au pied de cet objet il n'y ait rien qui leur permette de s'élever jusqu'à lui, ils savent en approcher une chaise pour monter dessus, etc.

C'est à ces deux seuls ordres de phénomènes qu'appartient, il me semble, tout ce qui a été rapporté, avec quelque apparence d'exactitude, des actions de l'orang-outang; et ce qu'on a dit même ne sort guère des deux cercles d'actions que nous venons de rappeler; l'on conçoit cependant que les exemples sont de nature à se multiplier indéfiniment: car les phénomènes d'association pourroient être sans nombre pour des animaux organisés comme les orangs-outangs, et les rapports qui caractérisent le second ordre d'actions pourroient également s'établir entre un nombre d'objets tout-à-fait infini, de sorte qu'on a droit de s'étonner que les observations auxquelles ces animaux ont donné lieu, soient aussi restreintes, surtout quand ils étoient en bonne santé et jouissoient de toute leur force, ce qui à la vérité a été fort rare.

Mais quelque remarquables que soient ces actions, lorsqu'on les compare à celles des autres mammifères, elles n'ont rien encore qui annonce de la part des orangs la faculté de connoître et de vouloir librement; la faculté, en un mot, qui donne la moralité aux actions, et qui jusqu'à présent appartient exclusivement à l'espèce humaine; et ce qui est peut-être aussi digne de remarque que les perceptions de rapports dont les orangs-outangs sont capables, c'est l'étonnante force de cette faculté chez ces animaux à l'âge le plus tendre et leur apparente foiblesse dans un âge plus avancé. En effet, on ne peut guère récuser en doute ce que nous avons rapporté plus haut, que les orangs-outangs adultes sont des animaux si farouches que par aucun moyen on ne peut les apprivoiser; or, cette disposition feroit supposer ou l'affoiblissement des facultés intellectuelles, ou l'exaltation des sentimens qui sont de nature à s'opposer à l'exercice de ces facultés, comme la peur, la colère, la haine; en un mot, tous les mouvemens intérieurs qui, par leur violence, sont susceptibles de paralyser les forces morales.

Lorsqu'on examine les modifications organiques qu'éprouve l'orang-outang, en passant du jeune âge à l'âge adulte, on seroit conduit à penser que c'est son intelligence qui s'est affoiblie, et que de cet affoiblissement est résulté cette transformation de quelques-uns de ses sentimens en passions violentes. Le jeune orang présente un front saillant, arrondi, élevé, c'est-à-dire, un grand développement des parties antérieures du cerveau; bientôt toutes ces parties s'affaissent, se dépriment et se réduisent aux proportions qui nous sont offertes par les parties analogues de plusieurs autres quadrumames. C'est ce qu'a fait voir une tête d'orang envoyée de Bornéo en Angleterre, et bien plus âgée que celles des individus, tous très-jeunes, qu'on avoit eus en Europe; et cette observation a achevé de démontrer pour nous une conjecture de mon frère, qui consistoit à regarder le pongo comme un vieil orang-outang; c'est pourquoi nous rapporterons ici ce que nous avons à dire de cet animal.

Le Pongo n'est encore connu que par une description insérée par Wurmb dans le tom. II, pag. 245 des Mémoires de la Société de Batavia, et par la figure de son squelette, publiée par Audebert dans son Histoire des singes, pl. 11, fig. S.

Sa taille, prise sur le squelette, est d'environ quatre pieds, lorsqu'il est debout. Son museau est très-saillant et son front très-déprimé; la forme de sa mâchoire inférieure fait présumer un os hyoïde très-grand, comme chez l'orang-outang; le nombre des vertèbres et des côtes est le même chez ces deux animaux, et ils ne diffèrent par les tégumens qu'en ce que le pongo paroît avoir la peau des joues flasque et tombante, ce qui l'avoit fait supposer pourvu d'abajoues, et en ce que son pelage, au lieu d'être d'un brun fauve, est d'un brun foncé; différences que les analogies donnent lieu d'attribuer à l'âge.

Wurmb dit que son pongo est un animal très-sauvage et qui se défend avec fureur, même contre les hommes, lorsqu'il est attaqué.

Les orangs nous présentent donc ce singulier phénomène physiologique et psychologique, qu'à mesure que les forces physiques de l'animal se développent, ses forces intellectuelles s'affoiblissent; et qu'aussitôt que les premières deviennent suffisantes pour sa conservation, les secondes, restant inutiles, finissent par disparoître. Mais, quoique ce fait soit plus remarquable chez l'orang-outang que chez un autre quadrumane, il se fait plus ou moins remarquer chez tous les singes, et particulièrement chez les cynocéphales et les macaques, qui ont d'ailleurs tant d'autres titres pour être rapprochés des orangs et se placer avant les guenons.

C'est cette espèce qui est la mieux connue; elle a été décrite et représentée par Allamand. Wosmaer l'a également décrite avec détail. J'en ai parlé, d'après un individu rapporté en France en 1808. M. Tilésius a aussi eu occasion d'étudier cette intéressante espèce, et l'individu rapporté en Angleterre par lord Amherst, a fait le sujet de plusieurs dissertations.

Le Chimpensé, *Simia Troglodytes*, Linn., diffère de l'orang

par ses bras qui, dans la station verticale, ne descendent
que jusqu'aux genoux; par son pelage entièrement noir, et
par la grande étendue de la conque externe de l'oreille.
Suivant quelques voyageurs, sa taille égale au moins celle
de l'homme; mais ceux qui ont été vus en Europe n'avoient
pas au-delà de deux à trois pieds; à la vérité, tous étoient
très-jeunes. Cependant, comparés aux jeunes orangs, ils ont
montré les plus grandes analogies, et s'ils devoient former
deux genres distincts, comme quelques-uns l'ont cru, ce seroit par des caractères qui ne sont point encore connus; car
ceux sur lesquels on a voulu fonder cette distinction, l'angle
facial, n'avoient rien de très-précis; pour établir cette différence, il faudroit au moins la tirer de deux individus du
même âge, et c'est ce qui n'a pu encore être fait. Les parties
antérieures du corps ont très-peu de poils en comparaison
des postérieures, et l'on en aperçoit quelques-uns à la face
sur la lèvre supérieure et le menton. Les parties nues sont de
la teinte des mulâtres.

D'après ce que nous apprend Buffon, qui a eu ce singe
vivant, il seroit susceptible de la même éducation que l'orang-
outang; il se soumettroit aux mêmes exercices, et useroit,
avec la même facilité et la même pénétration, de son intelligence; enfin, dans l'âge adulte, ce seroit encore un animal
farouche et grossier, très-dangereux pour les Nègres et surtout les Négresses.

Battel rapporte que ces orangs vont de compagnie, tuent
quelquefois·les Nègres dans les lieux écartés, attaquent même
l'éléphant qu'ils chassent de leurs bois à coups de bâton, et
que dix hommes n'auroient pas assez de force pour les prendre en vie; et M. Labrosse assure avoir connu à Lowango
une Négresse qui étoit restée trois ans avec ces animaux.

C'est au chimpensé qu'on a rapporté ces hommes sauvages
couverts de poils, dont parle Hammon, le Carthaginois,
dans son Periple; hommes sauvages qu'il trouva dans une
île sur les côtes de l'Afrique occidentale, dont il ne put
prendre que trois femelles qui se défendirent jusqu'à la
mort, et dont il rapporta les peaux à Carthage, où elles
furent déposées dans un temple, et retrouvées à la prise de
cette ville par les Romains; et l'on a aussi pensé que le

pithèque, disséqué par Galien, étoit un chimpensé, mais c'est à tort; il ne s'agissoit, comme l'a reconnu M. de Blainville, que d'un magot.

On a une très-bonne description anatomique du chimpensé par Tyson; mais on n'a point encore de bonne figure de cette espèce. Le jocko de Buffon a les bras trop courts et son attitude est celle d'un homme debout et non point d'un orang.

Des Gibbons.

Gibbons, *Hylobates*, Illiger. Ces animaux, comme nous l'avons dit, ont une très-grande ressemblance avec les orangs. Ils en diffèrent cependant par quelques points des organes et de l'intelligence. Leurs fesses, moins charnues, et sur lesquelles se montrent déjà des callosités, caractérisent des animaux moins faits encore pour se tenir debout que les orangs. Leurs bras descendent jusqu'à terre quand l'animal est debout, et il paroît qu'à aucune époque de leur vie les gibbons n'atteignent au degré d'intelligence que nous avons dû faire remarquer chez les jeunes orangs; car, dans leur jeune âge, leur front n'a point le grand développement qu'on observe chez ces derniers. Du reste, ces animaux ont beaucoup d'analogie; ils ont des sens semblables et de semblables organes du mouvement, et un même système de dentition. Les uns comme les autres vivent dans les forêts les plus épaisses, en sociétés plus ou moins grandes, où ils se nourrissent de fruits et sans doute d'œufs et d'insectes. Les gibbons n'ont encore été rencontrés que dans quelques-unes des îles de la mer des Indes. On en connoît déjà quatre espèces.

1. Le Siamang (*Hylob. Syndactylus*, Hist. nat. des mammifères, liv. 34, Novembre 1821) est une des plus grandes espèces de ce genre; sa taille s'élève jusqu'à trois pieds et demi. Ses caractères principaux consistent dans une poche gutturale, qui paroît être semblable et avoir le même objet que celle de l'orang-outang; dans la réunion de l'index au médius par une membrane très-étroite, qui s'étend jusqu'à l'origine de la première phalange, et dans son pelage entièrement noir, excepté sur les sourcils et sous le menton, où ils sont roussâtres. Les poils de cet animal sont brillans, longs, doux et épais; et ceux de l'avant-bras, semblables à ceux des

orangs, remontent du poignet vers le coude. Les mâles ne diffèrent des femelles qu'en ce qu'ils ont un long pinceau de poils aux testicules, chez celles-ci la vulve est nue, ainsi que les mamelles.

Cette espèce, découverte à Sumatra par M. Alfred Duvaucel, est la plus répandue dans cette île ; elle vit en troupes nombreuses que conduisent des chefs distingués de tous les autres individus par plus de force et plus d'agilité. Ces troupes poussent des cris épouvantables au coucher et au lever du soleil ; mais durant le jour, retirés à l'ombre des bois, elles gardent le plus profond silence. Ce sont des animaux très-lents dans leurs mouvemens, et qui ne grimpent même pas avec aisance ; mais par contre la nature les a doués d'une vigilance qu'on met rarement en défaut : un bruit à un mille de distance, qui leur est inconnu, les fait fuir aussitôt, quelque léger qu'il soit. Quand on les surprend à terre on s'en empare aisément, tant leur marche est difficile. Il paroît que les femelles donnent à leurs petits les soins les plus délicats ; elles les portent, dit-on, à la rivière où elles les débarbouillent malgré les cris qu'ils poussent. Cette espèce s'apprivoise très-aisément, mais elle paroît peu susceptible d'éducation, et sa soumission alors semble plus tenir, dit M. Duvaucel, à son apathie, qu'à un degré plus grand de confiance ou d'affection.

2. Le Wouwou (*Hyl. agilis*, Nob., *variegata?* Linn.; Hist. nat. des mammifères, Septembre 1821, liv. 32 et 33 ; Buffon, t. XIV, pl. 3) a environ deux pieds sept à huit pouces de hauteur ; tous ses doigts sont libres ; il est dépourvu de sac guttural, et sa couleur, d'un brun plus ou moins foncé, devient graduellement d'un blond très-pâle au bas des reins. Ce sont là ses traits distinctifs. Du reste, cette espèce a la face nue, d'un bleu noirâtre, légèrement teinte en brun dans la femelle ; d'épais favoris couvrent les oreilles et viennent s'unir à un bandeau blanc des sourcils. Son pelage est-lisse, brillant et d'un brun très-foncé sur la tête, le ventre, la partie interne des bras et des jambes jusqu'aux genoux ; il s'éclaircit insensiblement vers les épaules, s'alonge sur le cou, se crispe et devient un peu laineux, puis, enfin, très-court et très-serré sur les reins. La région latérale de

l'anus est un mélange de brun, de blond et de roux, qui s'étend jusqu'aux jarrets. Les mains et les pieds en dessus sont d'un brun très-foncé pareil à celui du ventre. Les jeunes sont d'un blond uniforme.

Les wouwous ne se réunissent guère que par couple, et leur agilité est surprenante; à peine ont-ils aperçu le danger qu'ils en sont déjà loin. Grimpant rapidement au sommet des arbres, ils en saisissent les branches les plus flexibles, se balancent pour prendre leur élan, et franchissent ainsi plusieurs fois de suite des espaces de quarante pieds. La domesticité semble leur faire perdre de leurs facultés; ils deviennent tristes, inactifs, presque engourdis, et ils ne sont guère plus susceptibles d'éducation que le siamang. Ils se trouvent à Sumatra.

3. L'Ounko (*Hylob. Lar.*, *Simia Lar.*, Linn.; Buffon, t. XIV, pl. 2; Hist. nat. des mammifères, liv. 4, Juin 1824) ressemble au wouwou par les proportions, la taille et la physionomie; mais il en diffère par ses couleurs. Il est d'un noir brunâtre, excepté vers le bas des reins et au-dessous des cuisses, qui sont d'un brun foncé; et sa face est entourée d'un bandeau blanc qui passe sur les sourcils, forme d'épais favoris et vient se perdre sous le menton. Il est dépourvu de sac guttural, les poils sont épais et lisses, et ils forment sur le cou comme une sorte de crinière.

Les mœurs de cette espèce paroissent aussi se rapprocher beaucoup de celles du wouwou: elle est originaire de Sumatra.

4. Le Moloch, *Hylob. leuciscus*; *Simia leuciscus*, Audebert. Cette espèce est la plus petite de toutes; son pelage est doux et laineux, d'un beau cendré clair; sa face est entièrement noire, avec un bandeau gris qui l'environne entièrement; ses pieds et ses mains sont également noirs. Il se trouve à Java. (F. C.)

ORANGE. (*Bot.*) C'est le fruit de l'oranger, espèce de citronnier. (L. D.)

ORANGE [Fausse]. (*Bot.*) Nom d'une variété de courge. (L. D.)

ORANGE DE MER. (*Polyp.*) Nom donné encore quelquefois sur les bords de la Méditerranée à une masse arrondie polypifère, dont Linné a fait une espèce d'alcyon, sous la dénomination d'*alcyonium aurantium*. (De B.)

ORANGE MUSQUÉE, ORANGE ROUGE, ORANGE TU-LIPÉE et ORANGE D'HIVER. (*Bot.*) Noms de quatre variétés de poires. (L. D.)

ORANGE DE QUITO. (*Bot.*) Nom donné au fruit d'une morelle en arbrisseau, *solanum quitoense*, dont le fruit a la forme et la couleur d'une petite orange. (J.)

ORANGER. (*Bot.*) Nom d'une espèce de citronnier. Voyez tom. IX, p. 307. (L. D.)

ORANGERS. (*Bot.*) Pour désigner la famille de plantes à laquelle on avoit d'abord donné ce nom, on a adopté plus récemment celui de aurantiacées, dérivé du latin *aurantium*. Il a même été préféré à celui de hespéridées, qui rappelle le jardin des hespérides rempli d'orangers, parce qu'un genre de crucifères est nommé *hesperis*. (J.)

ORANG-OUTANG. (*Mamm.*) Nom malais d'une espèce d'orang, qui signifie homme sauvage ou des bois. Voyez ORANG. (F. C.)

ORANG-URING, DAUN SOPATI. (*Bot.*) Noms donnés dans l'île de Java, suivant Burmann, au *verbesina biflora* de Linnæus. (J.)

ORANOIR. (*Ornith.*) M. Vieillot décrit sous ce nom et celui de *fringilla aurea*, à la suite de ses fringilles et après le beau-marquet, un oiseau de l'île de Java, faisant partie du cabinet de M. Temminck, lequel a le dessus de la tête, le devant du cou et le haut de la poitrine d'une belle couleur de feu. Voyez ORANOR. (CH. D.)

ORANOR. (*Ornith.*) On trouve sous ce nom, dans les Oiseaux d'Afrique de Levaillant, tom. 4, pag. 13, pl. 155, la description d'un gobe-mouches de l'île de Ceilan, dont M. Vieillot a fait son *muscicapa subflava*. Cet oiseau, de la taille de notre chardonneret, et dont la queue est très-longue, a la tête et les parties supérieures d'un noir glacé de gris-bleuâtre. (CH. D.)

ORANVERT. (*Ornith.*) Cet oiseau, qui étoit originairement regardé comme le type du *turdus chrysogaster*, Gmel. et Lath., ou merle à ventre orangé du Sénégal, pl. enl. de Buffon, n.° 358, est devenu, depuis qu'on a distingué l'âge et le sexe, le gonolek bacbakiri ou à plastron noir, *laniarius bacbakiri*, Vieill.; *turdus ceylanus*, Lath., pl. 270 de Buff., et 67 des Oiseaux d'Afrique de Levaillant. Voyez ORANBLEU. (CH. D.)

ORATULU. (*Ichthyol.*) Nom italien d'un poisson des mers de Sicile, décrit par M. Rafinesque-Schmaltz sous le nom de *Sparus varatulus.* Voyez SPARE. (H. C.)

ORBAINE. (*Ornith.*) Voyez ARBENNE. (CH. D.)

ORBE. (*Ichthyol.*) Nom spécifique de deux poissons, dont l'un est un DIODON et l'autre un EPHIPPUS; nous les avons décrits dans ce Dictionnaire, tom. XIII, pag. 280, et tom. XV, pag. 55. (H. C.)

ORBE HÉRISSON. (*Ichthyol.*) Un des noms du *diodon orbis.* Voyez DIODON. (H. C.)

ORBEA. (*Bot.*) Le genre *Stapelia*, dans les apocinées, dont Linnæus ne connoissoit que deux ou trois espèces, s'est accru surtout par les recherches de M. Masson dans le cap de Bonne-Espérance, au point de compter maintenant plus de cent vingt espèces. M. Haworth a pensé que dès-lors il devoit être divisé en plusieurs. Un de ces genres est l'*orbea*, dont la distinction ne seroit bien comprise qu'après une description générale du *stapelia* et de ses principales différences. Ces divers genres n'ont pas encore été généralement adoptés. (J.)

ORBESINA. (*Ornith.*) Nom italien de la grosse mésange ou mésange charbonnière, *parus major*, Linn. (CH. D.)

ORBICULAIRE (*Bot.*) : Plan et rond ; exemples, les feuilles du *cotyledon orbiculare*, la capsule du *rhinanthus crista galli*, le fruit (crémocarpe) du *tordylium*, la silicule du *lunaria annua*, la graine du *strychnos nux vomica*, le hile de l'*æsculus hippocastanum*, etc. (MASS.)

ORBICULAIRE. (*Ichthyol.*) Nom spécifique d'un poisson du genre PLATAX. Voyez ce mot. (H. C.)

ORBICULE, *Orbicula.* (*Malacoz.*) Genre de mollusques acéphalés palliobranches, établi par M. de Lamarck pour une petite coquille des mers du Nord, dont Muller, et par suite Gmelin, ont fait une espèce de patelle, sous le nom de *patella anomala* ; parce que, n'ayant pas aperçu la valve adhérente, il croyoit que c'étoit une coquille univalve. M. Poli, qui, le premier, aperçut cette erreur de Muller, avoit cru que la P. anomale de ce dernier devoit appartenir au genre *Criopus*, qu'il établissoit avec l'animal d'une coquille bivalve, fort voisine des côtes de Naples ; mais, selon l'opinion de M. G. B. Sowerby, l'espèce de Poli n'est autre chose que la cranie à masque, qui se trouve assez communément dans la Méditerranée. D'après ces observations, le genre Orbicule peut être caractérisé ainsi : Corps très-comprimé, arrondi ; le manteau ouvert dans toute sa circonférence ; deux appendices tentaculaires ciliés, comme dans les lingules et les térébratules ; coquille orbiculaire, très-comprimée, inéquilatérale, ou mieux, un peu irrégulière, très-inéquivalve, sans charnière proprement dite ; une valve très-mince, plus ou moins perforée par une fissure ; l'autre patelloïde, à sommet plus ou moins incliné vers le côté postérieur ; quatre impressions musculaires sur chaque valve, dont deux plus grandes et plus rapprochées du centre ; les autres plus écartées et plus antérieures.

Ce genre, qui ne diffère peut-être des cranies que parce que la valve plate n'est réellement pas adhérente comme dans celles-ci, ne renferme encore que deux espèces, toutes deux des mers septentrionales, où elles vivent retenues dans les excavations des rochers, ce qui leur donne souvent une forme assez irrégulière, ou même enracinées par quelques fibres de la paire centrale des muscles adducteurs, qui traversent une fissure de la valve plate.

L'O. DE NORWÉGE : *O. norwegica* de Lamarck ; *Patella anomala*, Gmelin, d'après Muller, *Zool. Dan.*, 1, tab. 5, p. 14, et beaucoup mieux, G. B. Sowerby, *Soc. Lin. Lond.*, vol. 13. Petite coquille de couleur plus ou moins brunâtre, radiée sur sa valve convexe par des stries rayonnantes du sommet à la circonférence. Des mers de Norwége, d'Écosse, où elle vit retenue dans les anfractuosités des rochers littoraux.

Dans mon Mémoire sur la *patella distorta* de Montagu, Bull. des sc. par la Soc. phil., Mai 1819, j'avois à tort rapporté cette coquille au criope de Poli et à la *patella distorta* de l'auteur anglois. M. Sowerby s'est assuré que ces deux derniers noms appartiennent à la cranie à masque. D'après cela l'*anomia turbinata* de Poli, type de son genre *Criopus*, dont M. de Lamarck fait une seconde espèce d'orbicule, indiqueroit aussi cette espèce de cranie.

D'après le même M. Sowerby, dans son Mémoire, intitulé :
Remarques sur les genres Orbicule et Cranie de M. de Lamarck,
inséré dans les Trans. de la Soc. linn. de Londres, tom. 13,
p. 465, le genre Discine du zoologiste françois est établi sur la
même espèce de coquille que l'orbicule, et doit par conséquent être supprimé.

L'O. LISSE; *O. lœvis*, Sowerby, *loc. cit.*, fig. 1. Petite coquille à valves plus minces que dans l'espèce précédente et
tout-à-fait lisse. Des côtes d'Afrique ? (DE B.)

ORBICULE. (*Foss.*) J'ai trouvé dans le sable quarzeux qui
remplissoit une coquille rapportée de la Virginie par M. Pa-
lisot de Beauvois, une petite orbicule qui a deux lignes de
diamètre et qui paroit avoir les plus grands rapports avec
l'orbicule de Norwége.

On trouve dans la couche du calcaire coquillier grossier à
Hauteville, département de la Manche, une espèce de coquille
qui paroit devoir être rangée dans le genre Orbicule; elle
est suborbiculaire, à bords irréguliers, à sommet pointu et
subcentral, duquel partent des côtes un peu écailleuses, irrégulières et interrompues, qui s'étendent jusqu'au bord. L'intérieur est lisse et porte une impression en fer-à-cheval à la
place où étoit situé le muscle adducteur : diamètre dix lignes,
élévation trois lignes. J'ai donné à cette espèce, dont je n'ai
jamais vu la valve inférieure, le nom d'Orbicule crépue, *Orbicula crispa;* on en voit une figure dans l'atlas de ce Dictionnaire. (D. F.)

ORBICULÉS. (*Crust.*) Nom d'une famille de crustacés décapodes brachyures, formée par M. de Lamarck, et composée
de genres dont le test est généralement arrondi ou orbiculaire; tels que les Corystes, les Pinnothères, les Porcellanes
et surtout les Leucosies. On voit, par l'énoncé de leurs noms,
que cette réunion comprend des genres fort différens les uns
des autres. (DESM.)

ORBILLE. (*Bot.*) Espèce de conceptacle des lichens; ce
conceptacle est porté sur un podétion. Il se développe et
s'élargit en disque, de même que la scutelle; mais la substance du podétion, qui forme sa bordure, se prolonge en
cils ou en rayons; exemple, *usnea*. (MASS.)

ORBIS. (*Ichthyol.*) Voyez ORBE. (H. C.)

ORBIS. (*Conchyl.*) Quelques conchyliologistes de la fin du dernier siècle désignoient ainsi la bucarde épineuse, *cardium aculeatum*, Linn. (DE B.)

ORBITE. (*Ornith.*) Cette région, qui entoure l'œil, est tantôt nue et recouverte d'une membrane, tantôt rugueuse ou mamelonée, et on la dit élevée lorsqu'elle n'est point sur un plan horizontal avec les yeux et la face. (CH. D.)

ORBITÈLES. (*Arach.*) Ce nom a été donné aux araignées qui tendent des toiles, dont les fils sont disposés en cercles concentriques. (DESM.)

ORBITOCHYRTO. (*Bot.*) Clusius cite, d'après Belli, ce nom grec pour une plante de Crête, dont C. Bauhin fait un trèfle épineux, et qui est le *fagonia cretica*. (J.)

ORBITOLITE ou ORBULITE. (*Foss.*) Dans son premier ouvrage sur les Animaux sans vertèbres, M. de Lamarck a signalé sous le nom d'Orbitolite un genre de polypiers, auquel il a donné dans son second ouvrage le nom d'Orbulite. C'est probablement par erreur que ce savant a fait usage de ce dernier nom pour un polypier, puisqu'il l'a employé pour un genre de coquilles cloisonnées. D'après l'exemple donné par M. Brongniart, dans la Minéralogie géographique des environs de Paris, nous rétablissons ici sous le nom d'Orbitolite les espèces fossiles dépendantes de ce polypier, et sous le nom d'Orbulite nous ne parlons que des coquilles cloisonnées.

ORBITOLITE PLANE : *Orbitolites complanata*, Lam., Anim. sans vert., an 9; *Orbulites complanata*, Anim. sans vert., 1816, tom. 2, p. 196; HÉLICITE, Guettard, Mém., 3, p. 434, t. 13, fig. 50 — 52 ; ORBULITE PLANE, *Orbulites complanata*, Lamx., Exp. méthod. des genres de l'ordre des polyp., tab. 75, fig. 13 — 16; ORBULITE PLANE, Atlas de ce Dict. Discolithe exactement orbiculaire, plate, relevée au centre en très-petit bouton (Fortis, Mém. pour serv. à l'hist. nat. de l'Italie, vol. 11, pl. 111, fig. 4). Polypier mince, fragile, plan et poreux des deux côtés; pores tubuleux, traversant le polypier dans son épaisseur; diamètre quelquefois huit lignes. On le rencontre dans les couches du calcaire grossier des environs de Paris et de Hauteville, département de la Manche. Cette espèce a les plus grands rapports avec celle que l'on trouve à l'état vivant dans les mers de la Nouvelle-Hollande.

Orbitolite lenticulée: *Orbitolites lenticulata*, *Orbulites lenticulata*, Lamarck, *loc. cit.*, tom. 2, pag. 197; *Orbulites lenticulata*, Lamx., *loc. cit.*, tab. 72, fig. 13—16. Petite discolithe convexo - concave ou plate (Fortis, *loc. cit.*, pl. 4, fig 6). Polypier en forme de lentille; surface supérieure convexe, l'autre concave, pores peu apparens; diamètre, une ligne et demie. Localité, environs de la perte du Rhône près du fort de l'Écluse, à huit lieues de Génève, où elle forme des masses considérables. Dans le grand nombre de ces polypiers que nous avons pu voir, nous n'avons jamais pu apercevoir les pores qui caractérisent ce genre.

Orbitolite soucoupe; *Orbitolites concava*, *Orbulites concava*, Lamk, *loc. cit.*, p. 197. Cette espèce a les plus grands rapports avec l'orbitolite plane. Elle paroît n'en différer que parce qu'elle est concave d'un côté et convexe de l'autre. On la trouve dans les environs de Ballon, dans le département de la Sarthe, à quatre lieues du Mans.

Orbitolite macropore; *Orbitolites macropora*, *Orbulites macropora*, Lamk., *loc. cit.* Polypier aplati, concave au centre des deux côtés, et dont les pores vont s'élargir sur les bords. Diamètre, trois lignes; épaisseur près d'une ligne. Trouvé à la montagne de Saint-Pierre de Maëstricht, dans les couches crayeuses.

Orbitolite calotte; *Orbitolites pileolus*, *Orbulites pileolus*, Lamk., *loc. cit.* Polypier convexe d'un côté et concave de l'autre, et portant un sillon sur ses bords. Ses pores ne sont point apparens. Localité inconnue; nous ne connoissons pas cette espèce. (D. F.)

ORBOTA. (*Bot.*) Nom donné au gin-seng dans la Tartarie, où il signifie reine des plantes. Celle-ci est très-estimée à la Chine, suivant l'auteur du Recueil des voyages, et se vend à Pékin en argent sept fois la valeur de son poids. (J.)

ORBULITE. (*Foss.*) Dans son ouvrage sur les Animaux sans vertèbres, M. de Lamarck a signalé sous ce nom un genre dont les caractères ne diffèrent de celui des Ammonites qu'en ce que les coquilles cloisonnées, qu'il y fait entrer, au lieu d'avoir tous leurs tours apparens, comme ces dernières, n'ont de visible que le dernier tour qui enveloppe tous les autres; mais comme parmi les Ammonites il se trouve des espèces qui ne portent qu'une sorte d'ombilic, et que d'autres suivent une progression croissante dans l'apparence des tours de spire pour se montrer de plus en plus, nous avons cru devoir comprendre dans le genre Ammonite toutes les coquilles discoïdes ou subdiscoïdes, en spirale, à tours contigus, à parois internes articulées par des sutures sinueuses, dont les cloisons transverses sont lobées dans leur contour et percées par un tube marginal, soit que le dernier tour recouvre plus ou moins tous les autres, attendu que la ligne de démarcation ne se trouve pas régulièrement tracée entre les deux genres. Voyez Orbitolite. (D. F.)

ORCA. (*Mamm.*) Nom que les Latins donnoient à une espèce de cétacé indéterminée, et que les modernes ont aussi appliqué à des cétacés d'espèces différentes. Il paroît appartenir plus particulièrement aujourd'hui à l'espèce désignée sous ce nom par Belon. (F. C.)

ORCANETTE, *Onosma.* Linn. (*Bot.*) Genre de plantes dicotylédones monopétales, de la famille des *borraginées*, Juss., et de la *pentandrie monogynie*, Linn., dont les principaux caractères sont, d'avoir : Un calice monophylle, à cinq divisions profondes; une corolle monopétale, tubuleuse, ayant l'entrée de son tube nue, s'élargissant graduellement dans sa partie supérieure, qui se termine en cinq lobes courts; cinq étamines oblongues; quatre ovaires supères, du milieu desquels s'élève un seul style, terminé par un stigmate en tête et un peu échancré; quatre graines ovales, lisses, luisantes, renfermées dans le calice persistant.

Les orcanettes sont des plantes pour la plupart herbacées, à feuilles alternes, rudes au toucher, et dont les fleurs sont axillaires et terminales. On en connoît une vingtaine d'espèces qui, excepté une seule, sont toutes exotiques.

Orcanette jaune; *Onosma echioides*, Linn., *Spec.*, 196, Jacq., *Fl. Aust.*, t. 295. Sa racine, qui est vivace, produit une tige herbacée, droite, haute de dix à douze pouces, ordinairement simple dans sa partie inférieure, divisée, dans la supérieure, en plusieurs rameaux florifères. Ses feuilles sont lancéolées-linéaires, éparses, sessiles, hérissées, ainsi que les tiges et les calices, de poils roides et nombreux. Ses fleurs sont jaunâtres ou blanchâtres, disposées vers l'extrémité des rameaux en grappes feuillées et un peu contournées à leur extrémité, avant leur parfait développement. Cette plante croît naturellement dans les lieux arides et pierreux du Midi de la France, en Italie, en Autriche, en Hongrie, etc. Elle fleurit en Juin.

L'écorce de la racine d'orcanette jaune a la propriété de teindre en rouge ; les anciens en composoient un rouge pour le visage, et ils l'employoient à teindre les étoffes. Aujourd'hui la teinture possède des substances qui lui sont bien supérieures. Son emploi en France, et en général en Europe, se réduit à peu de chose. Les distillateurs l'emploient seulement pour colorer certaines liqueurs, et les confiseurs, pour donner la couleur rouge ou rose à leurs sucreries. La petite quantité qui se trouve dans le commerce vient de la plante sauvage. Les gens de la campagne, dans les pays où elle croit, en arrachent les racines pendant l'hiver, parce qu'elles sont alors plus colorées, les lavent, les font sécher et les vendent ensuite. Les petites sont préférables aux grosses.

Dans les pays où les arts ne sont pas perfectionnés, la racine d'orcanette est encore fort en usage. Ainsi, les Baschkirs et les Kirguis, peuples qui habitent la Russie méridionale du côté de la mer Caspienne, ne se servent guère d'autre chose, au rapport de Pallas, pour teindre en rouge, et les jeunes filles de ces contrées et de quelques autres du même empire, la préparent avec de l'huile pour en faire un rouge, dont elles se servent pour animer l'éclat de leur teint. Au reste, les racines de plusieurs autres espèces d'orcanettes sont également propres à donner une teinture rouge, entre autres l'*onosma tinctoria*, Marsch., *Flor. Taur. Caucas.*, 1, pag. 131 ; et dans le commerce on donne aussi le nom d'orcanette à la racine du gremil des teinturiers (*lithospermum tinctorium*, Linn.)

ORCANETTE SOYEUSE ; *Onosma sericea*, Willd., *Spec.*, 1, pag. 774. Ses tiges sont simples ou rameuses, hautes de six à huit pouces, garnies de feuilles alternes, pétiolées, lancéolées, presque spatulées, remarquables par les nombreux poils luisans et argentés, qui les recouvrent ainsi que les tiges. Les fleurs sont jaunes, disposées en grappe ; leur corolle est dilatée à son orifice ; les anthères égalent la longueur des filamens, et les divisions du calice sont lancéolées. Cette plante croit sur les rochers dans le Levant.

Orcanette simple ; *Onosma simplicissima*, Linn., *Spec.*, 196. Ses tiges sont droites, simples, velues, garnies de feuilles linéaires, aiguës et couvertes de poils blanchâtres, couchées ; ses fleurs sont d'un jaune pâle, disposées en une grappe courte, serrée et penchée ; elles ont leurs anthères plus courtes que les filamens. Cette espèce croît en Sibérie. Voyez Buglosse. (L. D.)

ORCANETTE. (*Chim.*) La racine du *lithospermum tinctorium* est employée en teinture sous le nom d'orcanette ; M. J. M. Haussman l'a étudiée sous le rapport de l'application qu'on peut en faire pour teindre en pourpre et en cramoisi ; M. J. Pelletier l'a étudiée sous celui de sa composition.

Le principe colorant de l'orcanette réside dans la partie corticale de la racine. M. J. Pelletier dit qu'il suffit, pour l'obtenir à l'état de pureté, de traiter cette partie corticale par l'éther hydratique, et de faire évaporer l'éther filtré : le principe colorant reste à l'état solide : si l'on traitoit par l'alcool au lieu de traiter par l'éther, on dissoudroit une matière d'un jaune brun avec le principe rouge.

Le principe rouge de l'orcanette en masse est d'une couleur si foncée qu'il paroît brun. Sa cassure est résineuse. Il se fond au-dessous de 60^d.

L'alcool et l'éther le dissolvent et se colorent en rouge.

L'eau n'en dissout qu'une très-foible quantité.

Lorsqu'on verse ce liquide dans une solution alcoolique peu chargée de principe colorant, les liqueurs conservent leur limpidité ; mais si la solution alcoolique est concentrée, presque toute la matière se précipite : elle n'affecte pas la forme de magma floconneux que présente la résine précipitée de l'alcool au moyen de l'eau.

L'acide acétique dissout le principe rouge de l'orcanette. La solution ne précipite pas la gélatine.

L'acide hydrochlorique n'a pas ou que très-peu d'action sur ce principe.

La potasse, la soude, la baryte, la strontiane et la chaux forment avec lui des combinaisons bleues. Si l'alcali est en quantité suffisante, tout est dissous ; dans le cas contraire, il se fait une combinaison soluble avec excès d'alcali, et une combinaison avec excès de principe colorant qui n'est pas dissoute.

L'acétate de plomb, versé dans la solution alcoolique d'orcanette, donne un précipité bleu.

L'hydrochlorate d'étain y fait un précipité cramoisi.

Le perchlorure de mercure y fait un précipité couleur de chair ; les sels de fer et d'alumine, des précipités d'un violet foncé.

Le principe colorant de l'orcanette se dissout dans tous les corps gras liquéfiés. Il les colore en rouge, et une fois colorés, les corps gras ne cèdent pas leur couleur à l'eau, et ils n'en cèdent qu'une partie à l'alcool.

A une température suffisante le principe colorant de l'orcanette se réduit en une huile aromatique, en une huile empyreumatique, en eau, en hydrogène carburé, en oxide de carbone et en charbon. Les produits ne contiennent pas d'azote.

L'acide sulfurique concentré à chaud le décompose ; il se dégage beaucoup de gaz acide sulfureux, et le principe altéré est dissous.

L'acide nitrique le réduit en acide oxalique et en une pétite quantité de matière jaune amère.

Le chlore décolore le principe colorant de l'orcanette dissous dans l'alcool. La matière altérée est soluble dans l'alcool, qu'elle colore en jaune.

Lorsqu'on fait bouillir la solution alcoolique du principe colorant de l'orcanette concentrée, préalablement mêlée avec de l'eau, la couleur rouge passe au violet, et si l'ébullition est soutenue pendant un temps suffisant, la liqueur devient tout-à-fait bleue par la concentration : enfin, elle laisse un résidu noir, formé par la matière altérée. Ce résidu colore l'alcool et l'éther en lilas ; les huiles en beau bleu : les acides font passer la couleur bleue au vert ; les alcalis s'y combinent : les combinaisons sont bleues. (Ch.)

ORCANETTE A VESSIE. (*Bot.*) Nom vulgaire du *lycopsis vesicaria*. (L. D.)

ORCEILLE. (*Bot.*) Voyez Orcella et Orseille. (Lem.)

ORCELLA (*Bot.*), *Orceille sardine*. Au rapport de Castor Durante et de Michéli, les Italiens nomment *orcella sardinella* et *mammola*, une espèce d'agaric qu'on mange et qui est fort recherchée. C'est une espèce d'un gris cendré ou blanchâtre, avec le stipe et les feuillets roux ; Paulet la place au nombre de ses *oreilles de terre*, et la décrit sous le nom de *raquette blanche*. Elle se fait remarquer par sa forme ovale, alongée, comme une petite tétine blanche, quand elle est naissante; ce qui lui a fait donner le nom de *mammola* : mais, lorsqu'elle se développe, elle prend la forme d'un éventail ou d'une raquette. Elle n'a pas plus de trois pouces de hauteur; sa couleur est d'un beau blanc : elle croît en touffe et se rencontre en Italie, en Hongrie, etc. (Lem.)

ORCHEF. (*Ornith.*) Ce gros-bec des Indes est le *loxia bengalensis*, Linn., et le *coccothraustes chrysocephala*, Vieill. (Ch. D.)

ORCHÉSIE, *Orchesia*. (*Entom.*) M. Latreille désigne sous ce nom de genre une espèce de coléoptère hétéroméré du genre des serropalpes, famille des ornéphiles. Voyez Serropalpe et Dircée. (C. D.)

ORCHESTE, *Orchestes*. (*Entom.*) Genre d'insectes coléoptères tétramérés, de la famille des rhinocères ou rostricornes, établi par Illiger pour y ranger les petites espèces de charansons, que l'on peut ainsi caractériser : Antennes coudées, insérées au milieu d'un bec alongé, se couchant sous le ventre; cuisses postérieures renflées, propres au saut.

Ce nom est emprunté du grec Ὀρχησ]ής, qui signifie *sauteur*.

' Les insectes de ce genre se nourrissent de feuilles sous leurs deux états de larves et d'insectes parfaits. Sous la première forme la plupart sont des vers mineurs, qui vivent du parenchyme des feuilles entre·les deux épidermes des pages supérieure et inférieure; ils s'y changent en nymphes dans un petit cocon qu'ils se filent. Les petits coléoptères que produisent ces larves sont très-nombreux en espèces; ils sont faciles à distinguer au premier abord par la grosseur de leurs cuisses postérieures, qui leur donnent la faculté de sauter. Fabricius a décrit la plupart de ces espèces dans la division des rhynchènes, à cuisses propres à sauter, *femoribus saltatoriis*. Chaque sorte d'arbre nourrit, pour ainsi dire, son espèce. Il se rencontre aussi sur beaucoup d'autres plantes, telles que le beccabunga, le fraisier, etc.

Les principales espèces sont :

1.º L'orcheste de l'aune, *Orchestes alni*. C'est celle que

nous avons fait figurer sous le n.° 8 de la planche de l'atlas de ce Dictionnaire, et que Geoffroy a décrite page 286, n.° 20, sous le nom de charanson sauteur à taches noires.

Car. Noir; élytres testacés, avec deux taches arrondies, noires ou brunes. On le trouve sur les feuilles de l'aune ou de l'orme, dont il altère le feuillage.

2.° ORCHESTE DE L'OSIER, *O. viminalis.* C'est le charanson ou sauteur brun de Geoffroy.

Car. Brun; à élytres striés, testacés. (C. D.)

ORCHESTIE, *Orchestia.* (*Crust.*) Genre de crustacés de l'ordre des isopodes, voisin des talitres, et décrit dans notre article MALACOSTRACÉS. Voyez tome XXVIII, page 550. (DESM.)

ORCHIASTRUM. (*Bot.*) Le genre d'orchidées que Michéli désignoit sous ce nom, est maintenant le *neottia* de Jacquin et de M. R. Brown. (J.)

ORCHIDEA. (*Bot.*) Petiver, dans son *Gazophyllacium*, figure sous ce nom (pl. 85, fig. 6) une plante liliacée, appelée maintenant *eucomis nana*, Willd. (LEM.)

ORCHIDÉES. (*Bot.*) Cette famille très-naturelle, qui tire son nom de l'orchis, un de ses principaux genres, est réunie tout entière à la tête de la *gynandrie* de Linnæus. Dans la méthode fondée sur les affinités, elle se rattache à la classe des *mono-épygines* ou *monocotylédones* à étamines insérées sur le pistil. Son caractère général est composé des suivans.

Un calice d'une seule pièce, adhérent à l'ovaire, ordinairement coloré, divisé à son limbe en six lobes, trois extérieurs et trois intérieurs; un des trois premiers est supérieur, nommé le casque; les deux autres sont latéraux inférieurs. Deux des intérieurs sont latéraux supérieurs; le troisième inférieur, nommé *labellum*, a souvent une forme différente de celle des autres et une dimension plus considérable; sa base est tantôt nue, tantôt prolongée en un éperon ou corne creuse. Un ovaire simple, adhérent au calice, surmonté d'un style qui s'élève de son côté, répondant au lobe supérieur du calice; un stigmate simple, terminant la surface intérieure du style. Trois filets d'étamines insérés sur l'ovaire entre le style et les trois lobes supérieurs du calice. Les deux filets latéraux, ordinairement stériles (excepté dans le *cypripedium*), sont tantôt appareus, plus ou moins alongés, tantôt très-courts ou presque nuls. Le troisième, intermédiaire, placé derrière le style, s'applique contre son dos dans presque toute sa longueur (cette réunion de ces deux organes, propre aux orchidées, a été nommée *gynosteme* par Richard). Ce filet supporte une anthère partagée en deux loges uniloculaires, qui tantôt sont rapprochées au sommet du filet, ou un peu plus éloignées sur ses deux côtés, tantôt sont plus rapprochées de sa base ; chaque loge s'ouvre en deux valves et laisse apercevoir des poussières fécondantes nombreuses et très-menues, liées ensemble en une ou plusieurs masses par une substance élastique, que l'on peut distendre et qui se rétracte ensuite d'elle-même. La base rétrécie de ce lien tient à la loge par un petit épanouissement visqueux, par lequel la masse, lancée au dehors, à l'époque de la fécondation, s'attache à quelque partie intérieure de la fleur. L'ovaire devient en mûrissant une capsule (alongée en silique un peu charnue dans la vanille), uniloculaire, à trois angles plus ou moins saillans, lesquels, unis à la base et au sommet, présentent la forme d'un châssis à trois montans, auquel sont appliquées, sur les trois faces, trois valves qui s'en détachent à la maturité du fruit, et jettent au dehors des graines nombreuses et menues comme de la sciure de bois, portées sur leur surface intérieure. Ces graines (observées par Gærtner), couvertes d'un tégument oblong fusiforme, sont globuleuses, remplies par un périsperme au sommet duquel est un embryon monocotylédone d'une petitesse extrême.

Les racines des orchidées sont fibreuses ou tubéreuses, à tubercules entiers ou divisés en quelques lobes. Les tiges sont herbacées, quelquefois grimpantes et parasites ; plus souvent basses, non rameuses, tantôt garnies de quelques feuilles ou écailles, tantôt nues, imitant une hampe. Les feuilles sont radicales ou caulinaires, alternes, formant gaine ou demi-gaine à leur base. Les fleurs sont terminales, solitaires ou en épis, accompagnées chacune d'une spathe ou bractée.

Linnæus n'a publié que huit genres d'Orchidées, notre *Genera* en contient treize. Swartz, qui, en 1820, a donné la Monographie de cette famille, l'a composée de vingt-cinq genres distribués en trois sections, d'après la situation de l'anthère relativement au filet. Willdenow en porte le nombre à vingt-sept, qu'il divise en deux sections, caractérisées par l'existence ou l'absence d'un éperon à la base du *labellum*. Richard, s'occupant des seules orchidées d'Europe, a publié, dans le quatrième volume des Mémoires du Muséum, un très-bon mémoire qui les porte à vingt-deux genres, répartis dans quatre sections, d'après l'organisation des masses de poussières d'étamines. Dans le même temps, M. du Petit-Thouars préparoit un autre travail sur les orchidées des seules îles de France, de Bourbon et de Madagascar, qu'il avoit eu occasion de visiter. Ce travail, qui n'est qu'ébauché, présente, suivant un système particulier de nomenclature, environ soixante genres formés en partie d'espèces connues de genres anciens subdivisés chacun d'après quelques caractères préférés, et figurés dans près de cent planches gravées d'après les dessins de l'auteur : il a déjà imprimé et non publié le caractère de la famille, en deux tableaux, dans lesquels les genres sont distribués en trois sections et subdivisés méthodiquement. Nous devons regretter l'interruption de ce travail dont on ne peut tirer aucun parti tant qu'il ne sera pas terminé.

M. R. Brown qui, dans la dernière édition de l'*Hortus Kewensis*, a donné la liste des orchidées cultivées à Kew, ou communes en Angleterre, leur a ajouté plusieurs nouveaux genres, et en porte le nombre à environ quarante-huit, répartis dans cinq sections, principalement caractérisées, à l'imitation de Swartz, mais avec quelques modifications, par la situation respective de l'anthère et du filet. En ajoutant à cette série tous les autres genres de la Nouvelle-Hollande publiés par le même auteur dans son *Prodromus*, ceux de l'Amérique méridionale mentionnés dans le *Nova Genera* de M. Kunth, ceux de la Flore du Pérou et quelques autres qui doublent presque la série proposée par M. Brown, on aura le travail le plus complet sur cette partie. C'est pour cette raison que nous le présentons ici de préférence, sans cependant l'adopter définitivement, en attendant les améliorations et rectifications qui résulteront des nouvelles recherches, et que M. Brown pourra faire lui-même.

Sa première section, caractérisée par l'anthère adnée presque à la sommité du filet et persistante, renferme les genres suivans : *Orchis* dont on a détaché plusieurs espèces, *Bonatea* de Willdenow, *Gymnadenia*, *Aceras* et *Herminum* de M. Brown, *Habenaria* de Willdenow, *Bartholina* Br. , *Serapias* de Swartz, *Corycium* et *Ophrys* du même, *Altensteinia* de M. Kunth, *Satyrium*, *Disa*, *Pterygodium* et *Disperis* de Swartz.

Dans la seconde section, dont l'anthère est parallèle au stigmate, suivant l'expression de l'auteur, et persistante, sont placés les genres *Cryptostylis*, *Prasophyllum*, *Genoplasium* et *Goodyera* de M. Brown, *Neottia* de Jacquin et Swartz, dont le *Calochilus* Br. et le *Cephalanthera* Rich. sont peut-être congénères ou au moins voisins, *Ponthiera* Br., *Cranichis* Sw., *Diuris* du même dont on a rapproché l'*Orthoceras* Br., *Thelymitra* de Forster, *Epiblema* et *Listera* Br.

L'anthère terminale, persistante, à loges rapprochées, caractérise la troisième section à laquelle se rapportent les genres *Epipactis* de Haller et Swartz, *Microtis* et *Acianthus* Br. , *Pogonia* d'Aitone, *Eriochilus* Br. , *Caladenia* Br. , *Glossodia* Br. , *Pterostylis* Br. , *Cyrtostylis* Br. , *Chiloglottis* Br. , *Lyperanthus* Br. , *Corysanthes* Br. , *Calopogon* Br. , *Caleana* Br. ou *Caleya* Ait. , *Calogyne* Br. , *Arethusa* Sw. , dont le *Pogonia* cité plus haut et le *Odonectis* de M. Rafinesque sont peut-être congénères, *Thelipogon* et *Trichoceros* de M. Kunth.

Une anthère également terminale, à loges rapprochées, mais mobile et caduque, sert à désigner la quatrième section, qui renferme les genres suivans : *Gastrodia* Br. , *Bletia* de la Flore du Pérou, *Geodorum* de MM. Jackson et Andrews, *Calypso* de M. Salisbury, *Malaxis* Sw. , *Corallorhiza* de Ruppius et Haller, *Isochilus* Br. ou *Leptothrium* de M. Kunth, *Stelis* Sw. et ses congénères *Humboldtia* et *Masdewalia* de la Flore du Pérou, *Lepanthes* Sw. , *Pleurothallis* Br. , *Restrepia* Kunth, *Aerides* de Loureiro, *Venda* de Roxburg, *Anguloa* et *Gongora*, de la Flore du Pérou, *Dendrobium* Sw. , auquel on réunit les *Octomeria* et *Broughtonia* Br. , *Stenoglossum* Kunth, *Alamaria* de M. Laxara, *Maxillaria* de la Flore du Pérou, *Sarcochilus* Br. , *Cymbidium* Sw. dont l'*Ornithodium* Salisb. et le *Brassavolla* Br. sont peut-être congénères, *Pachyphyllum* et *Sobralia* de la Flore du Pérou,

Brassia Br., *Lyssochilus* Br., *Fernandezia* de la Flore du Pérou, *Oncidium* Sw. dont l'*Ionopsis* Kunth est voisin ou peut-être congénère, *Cyrtopodium* Br., *Cyrtochilum* Kunth, *Rodriguezia* de la Flore du Pérou, *Odontoglossum* Kunth, *Epidendrum* de Linnæus dont on a détaché beaucoup d'espèces devenues genres, *Vanilla* Sw., *Myrobroma* Salisb., *Limodorum*, Sw.

La cinquième section diffère des précédentes par ses deux filets latéraux, qui, stériles dans toutes les autres orchidées, sont fertiles dans un seul genre, qui est le *Cypripedium* de Linnæus. (J.)

ORCHIDIUM. (*Bot.*) Swartz faisoit sous ce nom un genre du *Cypripedium bulbosum* de Linnæus, que lui-même a nommé depuis *limmodorum boreale*, en quoi il a été suivi par Willdenow. (J.)

ORCHIDOCARPUM. (*Bot.*) Ce genre de Michaux est la même plante que l'*anona triloba* de Linnæus, dont Adanson avoit fait depuis long-temps un genre sous le nom d'*Asimina*, distinct de l'*anona* par son fruit composé de plusieurs baies sessiles et polyspermes, quelquefois unies à leur base. Nous avons rétabli ce genre d'Adanson dans un Mémoire sur les Anonées (Annal. du Mus., vol. 16), en y réunissant l'*orchidocarpum*, et M. Duval a adopté cette réunion dans sa monographie sur cette même famille.

Le mot *asimina* a été omis dans ce Dictionnaire, qui cite la plante sous le nom de corossol trilobé. Voyez Corossol. (J.)

ORCHILE. (*Ornith.*) Cet oiseau n'est nommé dans Aristote qu'une seule fois, au chapitre 1.ᵉʳ du 9.ᵉ livre, où l'auteur grec se borne à dire que c'est un ennemi du chat-huant. Aristophane l'a nommé dans deux de ses pièces, et Aratus dit dans ses Phénomènes que, quand l'orchile entre dans des trous en terre, c'est un signe de tempête. Cet oiseau est aussi indiqué dans Aviénus et dans Hésyche; mais aucun de ces auteurs ne met à portée de le reconnoître, et l'opinion de Gesner, suivant laquelle ce seroit le roitelet huppé, n'est pas soutenable. (Ch. D.)

ORCHILLA et ORGUILLA. (*Bot.*) Synonymes espagnols d'Orseille. Voyez ce mot. (Lem.)

ORCHIS; *Orchis*, Linn. (*Bot.*) Genre de plantes monocoty-lédones, qui, dans la méthode naturelle de M. de Jussieu, a donné son nom à la famille des *orchidées*, et qui, dans le système sexuel se trouve placé dans la *gynandrie monogynie.* Il présente pour principaux caractères : Une corolle de six pétales inégaux, partagés en deux lèvres, dont cinq supérieurs, à peu près égaux, plus ou moins connivens; le sixième ou l'inférieur (nommé nectaire par Linnæus, labelle par plusieurs auteurs modernes), plus grand que les autres, diversement lobé, prolongé à sa base en un éperon ou corne alongée ; une seule étamine placée au sommet du style, formée d'une anthère à deux loges adnées à la partie supérieure du style ; un ovaire infère, presque toujours tordu, surmonté d'un style membraneux et concave ; une capsule alongée, uniloculaire, à trois côtes, s'ouvrant par ses angles et renfermant des graines nombreuses, menues.

Les orchis sont des plantes herbacées, vivaces par leurs racines, qui sont le plus souvent formées d'un tubercule, lequel, chaque année, est remplacé par un autre, mais de manière que pendant presque tout le temps que la plante est en végétation, on trouve les deux tubercules à la fois. Dans le commencement l'ancien pousse de son collet quelques fibres cylindriques, et il produit aussi de la même partie une sorte de bourgeon, lequel devient bientôt un nouveau tubercule. D'abord et lorsque les feuilles commencent à paroître, l'ancien est plus gros; mais ensuite le jeune prenant tous les jours de l'accroissement, il devient vers le temps de la fleuraison à peu près égal au premier ; enfin il conserve le volume qu'il a acquis, tandis que l'autre, au contraire, s'épuise tous les jours davantage à nourrir la tige, les fleurs, les graines, et lors de la maturité de ces dernières l'ancien tubercule devient ridé, affaissé, et finit enfin par se détruire tout-à-fait. Dans quelques espèces dont les racines sont fasciculées, il est probable que le faisceau se renouvelle de même chaque année. La tige de toutes ces plantes est simple, cylindrique, garnie de feuilles entières, engainantes à leur base. Leurs fleurs sont, en général, d'un aspect agréable, accompagnées de bractées et disposées en épi terminal. On connoît aujourd'hui environ cent trente espèces d'orchis, parmi lesquelles près d'une trentaine croissent na-

turellement en France; le reste se trouve dans les différentes
contrées de l'Europe et dans les autres parties du monde.

* *Tubercules arrondis.*

ORCHIS A DEUX FEUILLES; *Orchis bifolia*, Linn., *Spec.*, 1331.
Ses tubercules sont ovoïdes, un peu oblongs ; sa tige, haute
d'un pied et plus, est munie à sa base de deux ou quelquefois
de trois feuilles ovales ou oblongues, très-glabres, et, dans sa
longueur, de quelques autres feuilles lancéolées-linéaires et
beaucoup plus petites. Ses fleurs sont blanchâtres, un peu
écartées entre elles, légèrement odorantes; leur labelle est
linéaire, entier, et l'éperon est une fois plus long que l'ovaire.
Cette espèce croît en France et en Europe dans les bois, les
buissons et les pâturages; elle fleurit en Mai et Juin.

ORCHIS PYRAMIDAL: *Orchis pyramidalis*, Linn., *Spec.*, 1332 ;
Jacq., *Flor. Aust.*, tab. 266. Ses tubercules radicaux sont presque globuleux. Sa tige s'élève à dix ou quinze pouces, et elle
est garnie de feuilles étroites, lancéolées. Ses fleurs sont
d'un pourpre clair, quelquefois blanches, rapprochées en un
épi serré et pyramidal. Le labelle est trifide ; l'éperon subulé,
plus long que l'ovaire, et celui-ci de la même longueur que
les bractées. Cette espèce croît dans les pâturages des montagnes en France, en Suisse, en Angleterre, en Italie, etc.

ORCHIS PUANT : *Orchis coriophora*, Linn., *Spec.*, 1332 ; Jacq.,
Flor. Aust., tab. 122. Ses feuilles sont linéaires-lancéolées ; ses
tiges sont hautes de huit à douze pouces, terminées par un
épi ovale-oblong, assez serré, composé de fleurs d'un pourpre obscur, mêlé de vert, et exhalant une forte odeur de
punaise; le labelle est à trois lobes un peu dentés, et l'éperon est conique, une fois plus court que l'ovaire. Cette plante
croît dans les prés en France et dans le Midi de l'Europe; elle
fleurit en Mai et Juin.

ORCHIS MALE: *Orchis mascula*, Linn., *Spec.*, 1333; *Flor. Dan.*,
tab. 457. Ses feuilles sont oblongues-lancéolées, souvent marquées de taches purpurines. Sa tige est haute de douze à dix-
huit pouces, terminée par un épi de fleurs purpurines, rarement blanches, long de trois pouces ou environ. Le labelle est
à trois lobes, le moyen crénelé, échancré; les pétales extérieurs sont réfléchis en arrière ; l'éperon est obtus, horizontal,

de la longueur de l'ovaire. Cette plante n'est pas rare dans les bois et dans les pâturages; elle fleurit en Avril et Mai.

ORCHIS PANACHÉ; *Orchis variegata*, Lam., Dict. enc., 4, pag. 592. Ses feuilles sont lancéolées; sa tige est haute de huit à dix pouces, terminée par un épi court, serré, composé de fleurs d'un pourpre clair, tachetées de points plus foncés. Les pétales supérieurs sont aigus, connivens; le labelle est à trois découpures, dont la moyenne échancrée, avec une pointe particulière dans le milieu de l'échancrure; l'éperon est une fois plus court que l'ovaire. Cette espèce croît dans le Midi de la France et de l'Europe; elle fleurit en Avril et Mai.

ORCHIS SINGE : *Orchis tephrosanthos*, Willd., *Spec.*, 4, pag. 21; *Orchis simia*, Lam., Flor. fr., 3, pag. 507. Sa tige est haute de dix à quinze pouces, garnie dans sa partie inférieure de feuilles ovales-oblongues, terminée à son extrémité par un épi ovale-oblong, assez serré. Les pétales supérieurs sont d'un pourpre clair, connivens; le labelle est d'une couleur plus foncée, tacheté, partagé en quatre découpures profondes, linéaires, ressemblant en quelque sorte aux quatre membres d'un singe. Les bractées sont très-courtes et l'ovaire est une fois plus long que l'éperon. Cette espèce croît dans les pâturages des montagnes et aux bords des bois en France, en Italie, etc; elle fleurit en Mai.

ORCHIS MILITAIRE: *Orchis militaris*, Linn., *Spec.*, 1333 ; Jacq., *Icon. rar.*, 3, tab. 598. Ses feuilles sont ovales-oblongues ou ovales-lancéolées. Sa tige s'élève à quinze ou vingt pouces et se termine par un bel épi de fleurs plus grandes que dans toutes les espèces précédentes, et long de quatre à six pouces. Les bractées sont très-courtes et l'ovaire est deux fois plus long que l'éperon. Les cinq pétales supérieurs sont connivens, d'un rouge pâle dans une variété, d'un pourpre brun dans une autre; le labelle, blanchâtre, parsemé de points purpurins, est à quatre lobes, dont les deux inférieurs sont quelquefois dentés et séparés par une petite pointe. Cette plante croît en France, en Angleterre, en Allemagne, en Suisse, etc., dans les bois et les lieux ombragés; elle fleurit en Mai.

ORCHIS DE ROBERT ; *Orchis Robertiana*, Lois., *Flor. Gal.*, 606, tab. 21. Cette espèce a le port de la précédente; mais elle en diffère par certains caractères constans. Toutes ses feuilles sont plus larges, les radicales ovales et les caulinaires ovales-lancéolées. Les bractées sont au moins aussi longues que les fleurs. Celles-ci sont agréablement odorantes ; elles ont leurs cinq pétales supérieurs verdâtres, obtus, et leur labelle, partagé en quatre lobes oblongs, est d'une couleur purpurine claire, bordé de brun et moucheté de rougeâtre. Cette plante a été découverte, il y a vingt ans, sur les collines des environs de Toulon, par M. Robert, directeur du Jardin de la marine de cette ville, qui a enrichi la Flore de France de beaucoup d'autres espéces nouvelles, qu'il a également découvertes en Provence et en Corse. Depuis ce temps cette espéce a été retrouvée dans plusieurs départemens du Midi, en Italie, en Sicile. Elle fleurit en Avril.

Orchis a odeur de bouc, vulgairement Satyrion : *Orchis hircina*, Swartz, *Act. Holm.*, 1800, p. 207 ; *Satyrium hircinum*, Linn., *Spec.*, 1337 ; Jacq., *Flor. Aust.*, tab. 367. Sa tige est haute de quinze pouces à deux pieds, garnie dans sa partie inférieure de feuilles ovales-lancéolées, et terminée par un épi long de six à dix pouces et même plus, composé de fleurs d'un blanc verdâtre, avec quelques lignes brunâtres, d'une odeur désagréable et fétide. Le labelle est découpé en trois lanières linéaires, dont les deux latérales sont petites, ondulées, et dont la moyenne est longue de vingt à vingt-quatre lignes, bifide à son extrémité et roulée sur elle-même avant l'épanouissement de la fleur. Cette espéce croit sur les collines séches en France, en Suisse, en Allemagne, en Italie, etc. ; elle fleurit en Juin et Juillet.

** *Tubercules palmés.*

Orchis a feuilles larges : *Orchis latifolia*, Linn., *Spec.*, 1334 ; *Flor. Dan.*, tab. 266. Ses racines sont des tubercules ovoïdes, un peu comprimés, divisés à leur extrémité inférieure en deux, trois ou quatre lobes oblongs, cylindriques et disposés à peu près comme les doigts de la main. Sa tige est cylindrique, fistuleuse, haute de dix à quinze pouces, garnie de feuilles lancéolées, plus rapprochées les unes des autres que dans toutes les espéces précédentes, et terminée par un épi conique, composé de fleurs purpurines, quelquefois blanches, serrées et accompagnées de bractées beaucoup plus longues qu'elles. Les trois pétales extérieurs sont connivens et les deux intérieurs ouverts ; le labelle est partagé en trois lobes peu profonds, et il est marqué de points et de lignes violettes. Cette plante est commune dans les prés humides ; elle fleurit en Mai et Juin.

ORCHIS TACHÉ : *Orchis maculata* ; Linn., *Spec.*, 1335 ; *Flor. Dan.*, tab. 953. Cette espèce a beaucoup de rapports avec la précédente ; mais elle en diffère par sa tige pleine et non fistuleuse, chargée de feuilles plus étroites et plus distantes, par ses fleurs plus nombreuses, d'une couleur plus claire, formant un épi plus alongé, dont les bractées ne sont pas plus longues que l'ovaire. Les feuilles sont, ou d'un vert uniforme, ou marquées de taches d'un pourpre noirâtre. Cette plante est commune dans les prés et les bois montagneux ; elle fleurit en Juin et Juillet.

ORCHIS ODORANT ; *Orchis odoratissima*, Linn., *Spec.*, 1335. Ses tubercules sont palmés comme dans les deux espèces précédentes. Sa tige est grêle, haute de dix à quinze pouces, garnie, à sa base et dans sa partie inférieure, de quelques feuilles linéaires, canaliculées. Ses fleurs sont purpurines, petites, agréablement odorantes, disposées en un épi cylindrique, serré. L'éperon est recourbé, presque égal à l'ovaire, qui est plus court que les bractées. Cette espèce croît dans les prés et sur les collines dans le Midi de la France, en Italie, en Allemagne, etc. ; elle fleurit en Juin et Juillet.

ORCHIS A LONG ÉPERON : *Orchis conopsea*, Linn., *Spec.*, 1335 ; *Flor. Dan.*, tab. 224. Cette espèce, quant au port, ressemble assez à la précédente ; mais elle en diffère d'ailleurs par ses feuilles un peu plus.larges, par ses fleurs disposées en épi plus lâche, plus alongé, et surtout par l'éperon, qui est une fois plus long que l'ovaire. Ses fleurs sont purpurines, d'une couleur uniforme. quelquefois tout-à-fait blanches ; elles ont une odeur agréable et paroissent en Juin et Juillet. Cette espèce croît dans les prés et sur les collines en France, en Italie, etc.

ORCHIS NOIR : *Orchis nigra*, All., *Flor. Ped.*, n.º 1845 ; *Satyrium nigrum*, Linn., *Spec.*, 1338. Ses feuilles sont linéaires ; sa tige est haute de six à huit pouces. terminée par un épi court, serré, conique, composé de fleurs d'un pourpre foncé ou noirâtre, quelquefois de couleur rose, d'une odeur très-agréable, et disposées dans une situation renversée , le labelle , qui est ovale, se trouvant placé à la partie supérieure de la fleur. Cette espèce croît dans les prés et les pâturages des montagnes alpines ; elle fleurit en Juin.

*** *Racines fasciculées.*

ORCHIS APPARENT ; *Orchis spectabilis*, Linn. , *Spec.*, 1337. Ses feuilles radicales sont au nombre de deux, amples, ovales-arrondies ; la tige est nue, haute de trois à quatre pouces, terminée par un épi d'un à deux pouces, composé de cinq à six fleurs, dont les pétales supérieurs sont connivens et obtus, les latéraux ovales, plus grands, aigus et droits; le labelle est ovale, crénelé, quelquefois légèrement échancré ; l'éperon est en massue, plus court que l'ovaire. Cette espèce croît dans la Virginie et la Pensylvanie.

Il est étonnant que, malgré les formes agréables des fleurs de la plupart des orchis et malgré l'odeur agréable que plusieurs exhalent, on ne cultive pas ces plantes dans nos jardins ; elles languissent, dit-on, sous la main du cultivateur et ne tardent pas à périr malgré les soins qu'on leur prodigue. Nous croyons que c'est à tort que les orchis n'ont pas une place dans nos jardins à côté des jacinthes, des tulipes, des renoncules, etc., et il seroit d'autant plus facile de se procurer cette jouissance que les orchis demandent beaucoup moins de soins que toutes ces plantes. Nous avons conservé pendant quinze à vingt ans un certain nombre d'espèces, parmi lesquelles nous citerons principalement l'orchis mâle , l'orchis singe, l'orchis militaire, l'orchis de Robert , l'orchis à odeur de bouc , l'orchis taché , et nous ne les avons perdues que par le froid rigoureux de l'hiver de 1820, où le thermomètre est descendu au-dessous de-dix degrés R., sans qu'il y eût de neige sur la terre et sans que nos plantes fussent défendues par aucun abri contre une gelée aussi rigoureuse.

L'amateur, qui désirera se procurer les plus jolies espèces d'orchis , pour les placer dans son jardin, devra les faire arracher dans les bois, les prés, pendant qu'elles sont en fleur, en ayant soin de les faire enlever avec une motte suffisante pour que leurs racines ne soient pas blessées ; puis de les faire replanter tout de suite dans un terrain qu'il faut leur consacrer, où l'on ne béchera jamais, mais dont on aura seulement soin de faire arracher les mauvaises herbes toutes les fois que celles-ci seront un peu multipliées. Le sol qui convient le mieux aux orchis est une terre franche, légère. Quant à l'exposition, il faut considérer les lieux où ils croissent naturellement. Ceux qu'on trouve sur les collines découvertes, peuvent être placés au soleil; ceux qui croissent dans les bois demandent à être mis à l'ombre; et lorsque le froid descendra pendant l'hiver au-dessous de trois à quatre degrés, sans que la terre soit couverte d'une épaisse couche de neige, il faudra les garantir des rigueurs de la gelée en les couvrant de paille, ou mieux encore, de feuilles sèches. De Juillet en Septembre, selon que les espèces fleurissent plus tôt ou plus tard, la végétation est presque entièrement suspendue dans les tubercules de ces plantes, et pendant six semaines à deux mois on peut en faire des envois comme on fait des bulbes de jacinthes, narcisses, tulipes, etc. Chaque racine est alors réduite à un seul tubercule.

L'orchis étoit, aux yeux des anciens, une plante merveilleuse : *Inter pauca mirabilis est orchis herba,* dit Pline (liv. XXVI, chap. 10). La forme bizarre de sa racine, sa ressemblance avec une partie de l'organe mâle chez les animaux, les avoient frappés et avoient valu à la plante son nom, qui signifie en grec *testicule.* C'est dans cette conformation singulière des tubercules de l'orchis qu'il faut chercher la cause de la grande réputation de cette plante, comme puissant aphrodisiaque, réputation aussi peu méritée sous ce rapport, que celle de beaucoup d'autres végétaux, autrefois célèbres et oubliés à juste titre de nos jours.

Selon Théophraste (liv. IX, chap. 19), il est des plantes qui stimulent les organes de la génération; d'autres qui les empêchent d'agir; il en est même qui possèdent à la fois ces deux propriétés. Telle est, dit-il, celle qu'on a appelée orchis (ορχις, *testicule*). Elle a, en effet, deux testicules, l'un grand, l'autre petit. Le plus grand, pris dans du lait de chèvre, favorise le coït; le plus petit l'empêche.

Le récit de Dioscoride (liv. III, chap. 121) est conforme à celui de Théophraste. Dans la Thessalie, dit-il, les femmes prennent dans du lait de chèvre celle des racines qui est tendre, pour exciter les désirs amoureux, et celle qui est desséchée, pour les réprimer. Lorsqu'on prend à la fois ces deux racines, l'action de l'une neutralise celle de l'autre.

Il est probable que le tubercule *tendre* de Dioscoride est le *grand* tubercule de Théophraste, le tubercule *nouveau*; que le *petit* tubercule est le tubercule *desséché*, celui de l'année précédente. Ainsi, les deux récits paroissent s'accorder. Pline (liv. XXVI, chap. 10), en rapportant, comme Théophraste et Dioscoride, les prétendues propriétés de l'*orchis* explique au contraire clairement que le plus gros des tubercules est le plus dur, et que le plus petit est le plus mou.

L'orchis étoit encore l'objet d'un préjugé non moins ridicule que celui que nous venons de rapporter. On croyoit (Dioscoride, liv. III, chap. 121) que le gros tubercule, mangé par un homme, avoit le pouvoir de faire engendrer des mâles, et l'autre celui de faire engendrer des filles, si une femme le mangeoit.

L'orchis n'étoit pas la seule plante renommée pour sa vertu aphrodisiaque. Il en existoit plusieurs autres qui portoient toutes chez les Grecs le nom de *satyrion*. Mais, comme nous l'avons déjà dit, une ressemblance bizarre leur avoit presque toujours valu leur réputation; c'est ce que prouve cette phrase de Pline (liv. XXVI, chap. 10) : *In totum quidem græci cum concitationem hanc volunt significare, satyrion appellant; sic et cratægin cognominantes, et thelygonon et arrhegonon quorum semen testium simile est.*

Rien de plus merveilleux que les histoires débitées par les anciens sur leurs satyrions.

Théophraste (liv. IX, chap. 20) parle d'une herbe de ce genre, venue de l'Inde, et qui, par son seul contact, agissoit fortement. Sa vertu étoit si puissante, que ceux qui en avoient fait usage, assuroient par ce moyen avoir goûté douze fois de suite les plaisirs de l'amour. L'indien qui l'avoit apportée, homme fort et robuste, prétendoit par son secours avoir satisfait ses désirs jusqu'à soixante-dix fois. Cette herbe agissoit sur les femmes d'une manière encore plus énergique.

Du reste, Théophraste cite la plante sans la nommer, sans en donner la moindre description. Dioscoride (liv. III, chap. 122) parle d'un satyrion, qu'il appelle σατυριον ερυθρονιον; qui, sans être aussi merveilleux, ne laissoit pas cependant que de produire de grands effets, puisqu'il suffisoit de tenir sa racine dans la main pour éprouver des désirs amoureux. Son action étoit bien plus forte si on la prenoit dans du vin. Ce satyrion ne paroît pas être un orchis, et l'on croit que c'est l'*erythronium dens canis*.

Théophraste ne fait mention que d'une seule espèce d'*orchis*, que l'on regarde généralement comme étant l'*orchis morio* de Linné. Dioscoride en cite deux. L'un de ces orchis, ορχις σεραπιας, est le même que celui de Théophraste; l'autre, ορχις κυνοσορχις, est l'orchis pyramidal, *orchis pyramidalis*, Linn. On reconnoît encore un orchis dans le satyrion du même naturaliste , satyrion qu'il ne faut pas confondre avec le σατυριον ερυθρονιον, déjà cité, et qui est l'*orchis bifolia*, Linn.

M. Virey (Bull. pharm., Mai, 1815) pense que ces mandragores, *doudaïm*, pour lesquelles Rachel consent à laisser partager à sa sœur Lia le lit de Jacob, ne sont autre chose que les tubercules d'un orchis. Il fonde son opinion sur l'étymologie du mot hébreu, *doudaïm*, qui vient de *dodim*, mamelles, ou de *dadam*, cousins, amis, voisins, ce qui semble désigner la forme des tubercules de l'orchis.

Ces tubercules ont conservé leur réputation comme aphrodisiaques dans la Perse et dans tout l'Orient, où on les emploie à préparer le salep. Car le salep, qu'on a cru long-temps être un fruit ou une gomme, n'est pas autre chose que des tubercules d'orchis desséchés. Les racines des *orchis morio, mascula, bifolia*, passent pour être celles dont on se sert le plus généralement; mais on peut employer aussi les *orchis latifolia, pyramidalis, militaris, hircina, latifolia, maculata*, etc., les *ophrys anthropophora, apifera, arachnites;* etc., et même toutes les orchidées dont les tubercules radicaux sont gros et bien nourris. Il y a plus de quatre-vingts ans que Geoffroy a fait connoître dans les Mémoires de l'académie des sciences les procédés convenables pour préparer, avec les tubercules de nos orchis indigènes, un salep tout-à-fait semblable à celui de Perse, et ayant les mêmes qualités. Il suffit de recueillir ces tubercules en été, de les dépouiller de leur épiderme, de les plonger pendant quelques minutes dans l'eau bouillante, et enfin de les faire complétement sécher au soleil ou au four.

Dans l'Orient, on leur associe souvent le gingembre, l'ambre, le musc, le girofle, et c'est par ces divers aromates qu'est produit, sans doute, tout l'effet attribué aux tubercules comme aphrodisiaques. Entièrement composés de mucilage et de fécule amylacée, ils sont très-nutritifs, mais nullement excitans.

Les tubercules qui forment le salep oriental, sont demitransparens, d'une consistance presque cornée, d'une couleur analogue à celle de la paille, peu odorans, d'une saveur douce et mucilagineuse. L'eau les ramollit et les dissout en partie : réduits en poudre, ils donnent la consistance de la gelée à soixante fois leur poids de ce liquide.

Le salep est une des substances végétales le plus éminemment nutritives. Il fait habituellement partie des repas chez les orientaux, qui ont soin de s'en approvisionner dans leurs voyages. Lind lui attribue une propriété dont les marins pourroient retirer le plus grand avantage, c'est de pouvoir se préparer avec de l'eau de mer, dont il corrige l'âcreté par l'abondance du mucilage qu'il contient.

Le salep peut être employé utilement en médecine. On l'administre avec succès dans les maladies chroniques, accompagnées d'un grand épuisement de forces. Il est un des meilleurs moyens curatifs de la dyssenterie et de la diarrhée aiguë ou chronique, ainsi que des affections inflammatoires des voies urinaires. On s'en est servi avec avantage contre le scorbut.

On administre le salep dissous, soit dans de l'eau, soit dans du lait, soit dans du bouillon. On le donne aussi sous la forme de tablettes et de pastilles. Préparé avec du chocolat, il est très-agréable à prendre. (L. **D.**)

ORCYNUS. (*Ichthyol.*) Voyez GERMON. (H. C.)

ORDI, (*Bot.*) Nom languedocien de l'orge, *hordeum vulgare,* cité par Gouan. L'orge distique est nommée *paounmoulé.* (J.)

ORDILION. (*Bot.*) Nicander, cité par C. Bauhin, donnoit ce nom au *tordylium* de Pline, que Bauhin prenoit pour un *seseli* de Crète, et qui est le *tordylium officinale* de Linnæus. (J.)

ORÉADE, *Oreas.* (*Conchyl.*) Genre de l'ordre des polythalames, famille des cristacés, établi par Denys de Montfort, Conchyl. systém., t. 1, p. 95, pour une coquille microscopique, et qui peut être caractérisé ainsi : Coquille peu comprimée, semi-discoïde, subenroulée, subcarinée ; l'ouverture grande, ovale, fermée par la dernière cloison marginale, bombée, sans siphon évident ni rimule. Il ne contient qu'une seule espèce, figurée dans l'ouvrage de Von Fichtel et Von Moll sur les Test. microsc., tab. 18, fig. 9, *h, i,* sous le nom de *nautilus acutauricularis.* Denys de Montfort la nomme l'ORÉADE CORNET. *O. subulatus.* Elle a une demi-ligne de diamètre ; sa couleur est blanche, teintée de bleu et de violet. On la trouve dans les concrétions marines de la Méditerranée. (DE B.)

ORÉAS. (*Mamm.*) Nom latin de l'antilope canna. (F. C.)

OREB. (*Ornith.*) Nom hébreu du corbeau. (CH. D.)

ORECCHINOLE. (*Bot.*) Voyez OREILLE DU NOYER à l'article OREILLES. (LEM.)

ORECCHIONE. (*Mamm.*) Le vespertilion oreillard est ainsi nommé en Italie. (DESM.)

OREILLARD. (*Mamm.*) Espèce de chauve-souris ou de vespertilion de notre pays que M. Geoffroy a regardé comme type d'un genre particulier, qui renferme aussi la barbastelle de Daubenton, et une nouvelle espèce du Brésil, décrite récemment par M. Isidore Geoffroy. Voyez VESPERTILION. (DESM.)

OREILLE. (*Anat. et Phys.*) Voyez SENS. (F.)

OREILLE. (*Ornith.*) Celle des oiseaux n'a pas de pavillon, mais seulement un trou auditif, lequel est découvert chez les oiseaux dont les joues sont caronculées ou nues, mais se trouve ordinairement caché sous les plumes. On voit néanmoins, à l'ouverture des oreilles des hibous, des parties charnues qui paroissent remplacer l'oricule, et l'on remarque, en outre, chez eux une sorte de conque ou d'oreille externe, formée par des plumes redressées et plus longues que les autres plumes de la tête. Son entrée est nue chez les mainates, garnie postérieurement d'une peau blanche à quelques poules et au hocco du Brésil, bordée de quelques poils au dindon, recouverte chez certaines chouettes par une opercule cutanée et non mobile au gré de l'animal. Les oreilles, ouvertes chez les butors, sont très-larges dans les autruches, grandes dans l'outarde et petites chez la peintade. (CH. D.)

OREILLE. (*Bot.*) Prénom donné à quelques plantes dont la plus connue est l'oreille d'ours de nos jardins, espèce de primère, *primula auricula*. L'oreille de Retz est la piloselle, *hieracium pilosella*; on la nomme encore oreille de souris, ainsi que les diverses espèces de céraiste, *cerastium*, de Linnæus, auparavant *myosotis* de Tournefort. L'oreille de lièvre est le *buplevrum falcatum*. L'oreille d'homme est le blet des noyers, espèce de champignon, et la chanterelle, *cantarella*, autre genre de la même famille, est l'oreille de Judas. Dans le Dictionnaire économique, le nom d'oreille d'âne est cité pour la consoude, *symphytum*. On le trouve également appliqué à une tremelle, *tremella auricula*. L'*asarum* est encore nommé tantôt oreille d'homme, tantôt oreillette. (J.)

OREILLES. (*Bot.-Cryptog.*) Un grand nombre de champignons des genres *Agaricus*, *Boletus*, *Tremella* et *Peziza*, ont reçu le nom d'oreille à cause de leur forme, assez semblable à celle d'une *oreille*; tels sont:

L'OREILLE-D'ANE ou D'OURS. Suivant Paulet, le champignon, qu'on nomme ainsi dans quelques provinces de France, est membraneux, creux et en forme d'oreille d'un animal; il est brun, avec un œil roussâtre. Il a trois à quatre pouces d'étendue; sa chair est ferme, cassante et d'un goût de truffe. Paulet place ce champignon, qui est une espèce de *tremella* nouvelle, dans les CONQUES-OREILLES (voyez ce mot), et le décrit dans son Traité, 2, pag. 389, pl. 185. Il l'indique à Montmorency.

Les OREILLES DES ARBRES. (Voy. DEMI-CHAMPIGNONS FEUILLETÉS ou OREILLES DES ARBRES.)

L'OREILLE BRUNE OU COQUILLIÈRE, espèce de champignon décrit par Paulet (Tr., 2, pag. 399, pl. 186, fig. 6), qui paroît être une espèce de *tremella*; elle appartient à son genre des CONQUES-OREILLES (voyez ce mot). Elle est membraneuse, brune, creuse et contournée un peu en spirale. On la trouve dans les bois en automne.

Les OREILLES DES BUISSONS. (Voy. GRANDES GIROLLES à l'article GIROLLES.

L'OREILLE-DE-CHARDON. Espèce d'agaric de bonne qualité, que l'on mange dans tous les endroits où il se rencontre, ce qui lui a fait donner les noms de *ragoule*, *gingoule*, *bouli-*

goule, *baligoule*, tous noms dont la terminaison *goule*, synonyme de *gula* en latin, annonce l'estime qu'on en fait. On l'appelle encore *conque* et *oreille de chardon*, surtout aux environs de Nevers, parce qu'il croit seulement sur la racine morte du chardon rolland ou roulant, et aussi panicaut (*eryngium campestre*). C'est à Paulet que nous devons d'avoir rappelé aux botanistes (Tr. champ., 2, pag. 133, pl. 39, fig. 1-3) cette espèce intéressante, bien signalée par Magnol et figurée par Michéli, *Gen.*, tab. 73, fig. 2; c'est l'*agaricus eryngii*, Decand.; Fl. fr.; Fries, *Syst. mycol.*, 1, pag. 84. Son stipe, court, ferme, blanchâtre, est tantôt central, tantôt excentrique; il porte un chapeau lisse d'un roux pâle ou grisâtre, un peu irrégulier et un peu excavé dans le milieu; les feuillets sont blancs et décurrens. Ce champignon a trois pouces au plus de hauteur, il est d'une consistance sèche et de bon goût. Les Provençaux et les Languedociens le mangent apprêté avec de l'huile, du sel, du poivre, du persil, de l'ail; mais il est meilleur en fricassée de poulet et plus délicat que le champignon de couche. Cette plante, appelée *cicciolo* par les Toscans, appartient à la famille des *oreilles des buissons* de Paulet et à la section IX, les *gymnopus* du genre *Agaricus*, Pers. (voyez FONGE), section qui renferme les meilleures espèces de champignons.

L'OREILLE-DE-CHARME. Champignon mentionné par Paulet, Tr., 2, p. 113, pl. 24, fig. 5, 6, 7, et qui appartient à la famille des OREILLES DES ARBRES (voyez ce mot); c'est un agaric qu'on trouve au pied des charmes. Il est d'un roux clair, tacheté de jaune; ses feuillets sont d'un roux foncé; le chapeau est latéral, anguleux et un peu irrégulier.

L'OREILLE-DE-CHAT (Paulet, Tr., 2, p. 401, pl. 186, fig. 4, 5). Cette plante paroît être une espèce de *tremella*; Paulet la place parmi ses nostocs opaques : selon lui c'est un champignon membraneux, plissé en différens sens, de deux à trois pouces d'étendue, épais de deux lignes, d'une substance molle, semblable, en couleur et en forme, au livret de l'estomac des animaux ruminans. Il a une saveur forte et terreuse, n'est point malfaisant, et se trouve, au printemps et en automne, dans les bois, au pied des noisetiers, surtout à Montmorency.

L'Oreille du chêne vert (Paulet, Tr., 2, pag. 42, pl. 24, fig. 3, 4). Espèce d'agaric voisine de l'oreille-de-charme, de la famille des oreilles des arbres du même auteur, et qu'on trouve au pied du chêne vert, en Provence. Il est d'un jaune clair ou grisâtre, excepté le stipe, qui est lavé d'une couleur de chair : le stipe et le chapeau sont irréguliers. Cette plante passe pour suspecte; sa saveur est acerbe et désagréable.

L'Oreille-de-cochon. Paulet donne ce nom à deux champignons de la famille des *Conques-oreilles cassantes*, qui sont deux espèces de *tremella* : l'une, la Grande oreille-de-cochon (Paul., Tr., 2, pag. 398, pl. 185, fig. 1, 2) a deux ou trois pouces de diamètre ; sa partie creuse est fauve ou brune, et sa partie convexe jaune; sa substance, ferme, cassante, comme celle de la cire, a le goût et l'odeur d'un champignon ordinaire : les habitans de la campagne la mangent sans inconvénient. Cette espèce croît dans les bois en automne : elle se rencontre à Vincennes, près Paris.

La Petite oreille-de-cochon, Paul., *l. c.*, pl. 184, fig. 5, est fauve en dehors, blanchâtre en dedans : son diamètre est de deux pouces. Elle croît aussi dans les bois en automne; elle n'est point malfaisante.

L'Oreille flamboyante de Malchus. (Voyez Oreille-de-Malchus.)

L'Oreille-de-houx et Grande girolle, de Paulet, Tr., 2, pag. 132, pl. 38. Ce champignon, de la famille des *oreilles des buissons* ou grandes girolles de Paulet, a été nommé depuis *Agaricus aquifolii* par Persoon (Trait. champ. comm., 206) : c'est un agaric d'une couleur de buis pâle, élevé de quatre à cinq pouces, ayant un chapeau d'un diamètre de même étendue. Le stipe est sec, fibreux, un peu aplati, épais d'un à deux pouces. La chair de ce champignon est fine, délicate, parfumée, et excellente à manger. C'est au pied du houx et en automne que se rencontre ce champignon, observé à Champigny, près Paris, par Paulet.

L'Oreille-de-lièvre. On donne ce nom à la chanterelle, champignon du genre *Merulius*, que Paulet nomme girolle ordinaire; mais cet auteur l'indique aussi comme étant donné à sa *girolle blanche* dans sa famille des poivrés secs ou sans lait : en effet, cette girolle paroît bien être *l'oreille-de-lièvre blanche* de Steerbeck (*Theat. fung.*, tab. 15). Ce champignon, figuré dans Paulet (pl. 72, fig. 1), est un grand agaric tout blanc, élevé de cinq à six pouces, d'un diamètre de même étendue, dont le chapeau se creuse en entonnoir et dont la substance ferme et solide a un goût poivré. Il croît aux environs de Paris, dans diverses parties de la France, en Belgique; il n'est pas certain que ce soit le même que celui qu'on mange à Florence et qu'on y appelle *gallinacio*.

L'Oreille-du-diable. (Voyez Mabouia-areca.)

L'Oreille-de-Judas. Nom vulgaire d'un champignon qu'on a placé tantôt avec les *peziza* (p. *auricula*, L.), tantôt avec les *tremella* (*t. auricula*, Pers., Syn.) et qui maintenant fait partie, sous le nom de *Auricularia sambuci* du genre *Auricularia* de Persoon. Paulet, Trait., 2, p. 396, pl. 184, fig. 1, 2, place ce champignon dans sa famille des conques-oreilles cassantes. C'est un champignon sessile, coriace, un peu velu en dessous, couvert de sporules sur son disque, vaguement marqué des deux côtés de veines et de plis peu nombreux, écartés; il est concave, raccourci, noirâtre en dedans. On le trouve dans le creux des sureaux : sa substance, flexible, coriace, sans odeur, ressemble à du cuir. Connu depuis long-temps, on voit qu'il a été recommandé en médecine pour les maux de gorge, macéré dans le vinaigre et appliqué à l'extérieur. Paulet s'est assuré que ce champignon étoit malfaisant.

On a encore nommé *oreille-de-Judas* la chanterelle, très-bonne espèce du genre *Merulius*.

Paulet, dans sa Synonymie des espèces de champignons, présente, sous le nom d'*oreille-de-Judas*, un groupe où il range quatre espèces; savoir : 1.° l'oreille-de-Judas ordinaire ou du sureau, que nous venons de décrire; 2.° la fausse oreille-de-Judas frisée, qu'il cite d'après Lobel et Rai; 3.° la petite oreille de Judas farineuse ou *peziza cochleata*, Linn.; 4.° enfin, la petite oreille marron ou *helvella cochleata*, Jacq., *Misc.*, 2, t. 17, fig. 1.

L'Oreille-de-Malchus. Steerbeck a décrit et figuré, *Theat. fung.*, tab. 13 et 14, sous le nom d'*auricula flammea Malchi*, une espèce de boletus, qui est le *boletus juglandis*, Schæff. (*Fung. Bav.*, tab. 101 et 102); le *boletus platyporus*, Pers. (Syn., 521), qui rentre dans le genre *Polyporus* (*polyp. squa-*

mosus) de Fries. Ce champignon est aussi nommé vulgairement *langon*, *miellin*, *oreille-d'orme*; il se rapproche beaucoup du polypore pied-de-mouton (*polyporus pes capræ*, Pers. Champ. comm., p. 241, pl. 3), qui croît dans les Vosges. (Voyez POLYPORUS.)

L'OREILLE-DE-NOURET ou NOIRET. Nom vulgaire, donné dans quelques départemens à une espèce de champignon que l'on y mange : c'est l'*agaricus dimidiatus*, Bull., tab. 308, et l'*agaricus ostreatus*, Jacq., *Aust.*, 3, tab. 288. On le trouve sur le noyer, le hêtre, le chêne; il croît en touffe : il est assez grand. Plusieurs individus sont réunis en un stipe commun court; les chapeaux sont dimidiés, imbriqués, charnus, glabres; d'abord noirâtres, puis fauve-brun ou jaunâtres, et ensuite cendrés; les feuillets sont blancs, décurrens, étroits et souvent anastomosés à leur base. Ce champignon croît presque partout en Europe et partout aussi on le mange sans inconvénient. Il est connu dans les Vosges sous le nom de *couvrose;* il offre plusieurs variétés, dont une a les feuillets d'un brun violet (*agaricus reticulatus*, Schum.).

L'OREILLE DU NOYER, Paul., Tr., 2, pag. 108, pl. 20 et 21, fig. 1. Espèce d'agaric sessile, qui croît attaché par le côté sur le noyer, de couleur de noisette ou de café au lait, dont la forme est celle d'une coquille, et sa substance blanche, ferme et sèche; ses feuilles sont blanches et inégales. Dans sa vieillesse il noircit, devient ligneux et finit par être la proie des vers : dans sa fraîcheur, il est très-bon à manger, d'une chair fine, délicate, recherchée par les amateurs. On le prépare comme le champignon ordinaire, mais il est plus délicat. Suivant Paulet, les Chinois en font beaucoup de cas, et il est d'usage partout. Cet auteur, dans sa Synonymie, réunit deux champignons sous le nom d'oreille du noyer : 1.° l'espèce que nous venons de décrire, qu'il donne pour l'*orecchinole* de Ferrante Imperato; 2.° la *lingua di noce cativa* de Michéli ou *langue du noyer* (voyez OREILLES DES ARBRES). Il ne faut pas confondre ce champignon avec une autre oreille du noyer (*boletus juglandis*, Bull.), qui n'est plus du même genre. (Voyez OREILLE-DE-MALCHUS.)

L'OREILLE DE L'OLIVIER et OREILLE JAUNE DE L'OLIVIER, Paul., Tr., 2, pag. 112, pl. 24, fig. 1, 2. Cette espèce d'agaric, que Michéli a fait connoître le premier et que Paulet a retrouvée en France, a été reconnue depuis par les botanistes : c'est l'*agaricus olearius*, Decand., Pers. et Fries. (Voyez à l'article Fonge, où ce champignon a été décrit sous le n.° 5.)

L'Oreille-d'orme. C'est un agaric que Bulliard a fait connoître le premier (*agaricus ulmarius*, Bull., Decand., Pers., etc.); il croît en automne sur les troncs d'arbres et spécialement sur l'orme. C'est une grande espèce, d'un blanc sale ou grisâtre, dont le chapeau, de quatre à dix pouces de diamètre, tient aux arbres par un stipe court, un peu latéral ou même horizontal, long de trois pouces sur deux de diamètre. Ce champignon répand une odeur agréable. On donne aussi le nom d'*oreille-d'orme* au bolet du noyer (*boletus juglandis*, Bull.).

L'Oreille d'ours. (Voyez Oreille-d'ane.)

L'Oreille-de-singe. Paulet désigne ainsi le *peziza cochleata*, Linn., qu'il place dans sa famille des coccigrues nues, section des coccigrues en oreilles.

Les Oreilles-de-terre ou terrestres. Voyez Demi-champignons feuilletés ou Oreilles-de-terre. (Lem.)

OREILLE-D'ABBÉ. (*Bot.*) Un des noms vulgaires du cotylet ombiliqué. (L. D.)

OREILLE-D'ANE. (*Bot.*) Nom vulgaire que l'on donne à la grande consoude dans quelques cantons. (L. D.)

OREILLE-D'ANE. (*Conchyl.*) Nom marchand d'une espèce du genre Strombe, strombe oreille-de-Diane, et d'une espèce d'haliotide, *H. asiniana* de Lamk. (De B.)

OREILLE-BLANCHE. (*Ornith.*) Cet oiseau du Paraguay, qui est décrit par d'Azara, n.° 140, a un peu plus de cinq pouces de longueur ; sa tête est noire, et il y a une ligne blanche qui va des narines à l'occiput; les parties inférieures sont blanchâtres; les couvertures et le pli de l'aile sont jaunes; les plumes des parties supérieures ont le fond de couleur plombée avec une bordure roussâtre; la queue, blanche à sa pointe, est noire dans le reste. Cet oiseau de plaines se tient caché dans les herbes épaisses et, perché sur les plus hautes, il y fait entendre, le matin et le soir, le cri *sili-sili* d'un ton très-foible. (Ch. D.)

OREILLE-DE-BŒUF. (*Conchyl.*) Nom d'une espèce de bulime, d'après M. Bosc·, Nouv. Dict. d'hist. nat., mais mieux d'une espèce d'auricule, *Auricula bovina* de Lamk. (De. B.)

OREILLE-DE-CHAT. (*Conchyl.*) Nom marchand de l'*auricula felis* de Lamk. (De B.)

OREILLE-DE-CHEVROTAIN. (*Conchyl.*) C'est l'agathine gland de M. de Lamarck, type du genre Polyphème de Denys de Montfort. (De B.)

OREILLE - DE - CHIEN, (*Bot.*) *Auris canina*, Rumph., *Amb.* 10, pl. 11. C'est l'*achyranthes prostrata.* Voyez Cadelari. (Lem.)

OREILLE-DE-COCHON et OREILLE-DE-COCHON DÉCHIRÉE. (*Conchyl.*) Noms marchands du *strombus pugilis*, Linn., ou du *mytilus hyotis*. (De B.)

OREILLE-DE-DIANE. (*Conchyl.*) Nom vulgaire d'une espèce de strombe, *S. Auris Dianæ*, Lamk. (De B.)

OREILLE-DE-GÉANT. (*Conchyl.*) Les marchands désignent encore quelquefois sous ce nom, à cause de sa grandeur, l'haliotide de Midas, *H. Midæ*. (De B.)

OREILLE GRANDE. (*Ichthyol.*) L'un des noms donnés au scombre thon par les marins. (Desm.)

OREILLE-D'HOMME. (*Bot.*) Un des noms vulgaires de l'asaret d'Europe. (L. D.)

OREILLE-DE-JUDAS. (*Conchyl.*) Nom vulgaire d'une espèce d'auricule, *auricula Judæ* de Lamk. (De B.)´

OREILLE - DE - LIÈVRE. (*Bot.*) Nom vulgaire commun à deux espèces de buplèvre. (L. D.)

OREILLE-DE-LIÈVRE. (*Conchyl.*) Nom vulgaire de l'*Auricula leporis* de Lamk. (De B.)

OREILLE-DE-MER. (*Conchyl.*) Dénomination générique, quelquefois employée au lieu de celle d'Haliotide. (De B.)

OREILLE-DE-MIDAS. (*Conchyl.*) Dénomination vulgaire de l'*Haliotis Midæ* de Lamk., mais plus souvent d'une espèce de volute, *Voluta Midæ* de Lamk. (De B.)

OREILLE-DE-MIDAS [Fausse]. (*Conchyl.*) Nom marchand de l'*helix oblonga*. (De B.)

OREILLE-DE-MURAILLE. (*Bot.*) Le *myosotis lappula*, Linn., a été désigné sous ce nom (L. D.)

OREILLE OBLONGUE VERTE. (*Conchyl.*) On donne quelquefois ce nom à l'Haliotide oreille-d'ane. (De B.)

OREILLE-D'OURS. (*Bot.*) Nom vulgaire de la primevère auricule. (L. D.)

OREILLE-DE-RAT. (*Bot.*) Nom vulgaire de la piloselle, espèce du genre *Hieracium*. Voyez ÉPERVIÈRE. (LEM.)

OREILLE DE SAINT-PIERRE. (*Conchyl.*) Il paroît que l'on désigne par ce nom, à Marseille, la fissurelle réticulée, *F. græca* de Lamk. (DE B.)

OREILLE-DE-SILÈNE. (*Conchyl.*) Espèce d'auricule, *auricula Sileni* de Lamk. (DE B.)

OREILLE-DE-SOURIS. (*Bot.*) Nom vulgaire commun à plusieurs espèces de céraiste et à un *myosotis*. (L. D.)

OREILLE-DE-SOURIS. (*Conchyl.*) Nom vulgaire d'une espèce d'auricule, *Auricula myosotis*, de Draparnaud. (DE B.)

OREILLE SANS TROUS. (*Conchyl.*) Nom d'une espèce de sigaret ou d'une coquille des genres Stomate ou Stomatelle de M. de Lamarck. (DE B.)

OREILLE-DE-VÉNUS. (*Conchyl.*) C'est l'*helix haliotidea* de Linn., Gmel., type du genre Sigaret de M. de Lamarck. (DE B.)

OREILLERÉ ou AURÉLIÈRE. (*Entom.*) C'est le nom du perce-oreille. Voyez FORFICULE et LABIDOURE. (C. D.)

OREILLETTE et ESCOUBARDE (*Bot.*); *Agaricus auricula*, Dub., Decand. Espèce de champignon qu'on mange à Orléans; on le cueille en automne sur les pelouses. Son pédicule, blanchâtre, court, cylindrique, plein, porte un chapeau bien arrondi, d'un gris plus ou moins foncé, un peu roulé à ses bords : les feuillets sont blancs. (LEM.)

OREILLETTES. (*Anat. et Phys.*) Voyez SYSTÈME CIRCULATOIRE. (F.)

OREILLETTES DES ARBRES (*Bot.*); Paul., Tr. champ., 2. pag. 402, pl. 186, fig. 6, 7. Ce champignon est l'*elvella purpurea* (Schæffer, *Fungus bav.*, pl. 323), que Bulliard rapporte à son *tremella amethystea* (Champ., pl. 499, fig. 5); Fries, à son *tremella sarcoides*; Nées, à son *coryne acrospermum*, etc. Cette tremelle membraneuse, en petites touffes plissées, se fait remarquer sur le tronc des arbres, du saule, etc., par sa belle couleur rouge cramoisi. Paulet, dans sa Synonymie, nomme *oreillette des arbres blanche*, un petit champignon blanc qui croît sur les feuilles du chêne, indiqué par Rai, et qui n'est pas assez caractérisé pour en reconnoître le genre. (LEM.)

OREILLON. (*Mamm.*) Ce nom particulier a été donné au tragus de l'oreille des chéiroptères ou chauve-souris. Il affecte différentes formes et dimensions qui ont fourni des caractères à M. Geoffroy Saint-Hilaire pour distinguer plusieurs genres, établis par lui parmi ces animaux. (Desm.)

OREL. (*Ornith.*) Nom illyrien du grand aigle ou aigle doré, *falco chrysaetos*, qu'on appelle aussi, dans le même pays, *orzil.* (Ch. D.)

ORELIA. (*Bot.*) C'est sous ce nom qu'Aublet décrit et figure, t. 106, l'arbrisseau de la Guiane, nommé *allamanda* par Linnæus, et déjà mentionné dans ce Dictionnaire sous celui d'*allamande.* (J.)

ORELLANA, ORLEANA. (*Bot.*) Plukenet et Commelin citent sous ce nom le rocou, *bixa* des botanistes. (J.)

O-RENI, SJUKI. (*Bot.*) Noms japonois, cités par Kæmpfer, de l'*hibiscus manihot. L'oreni-kadsura* est l'*Uvaria japonica* de la famille des anonées. (J.)

ORÉOBOLE, *Oreobolus.* (*Bot.*) Genre de plantes monocotylédones, à fleurs glumacées, de la famille des *cypéracées*, de la *triandrie monogynie* de Linnæus, offrant pour caractère essentiel : Un calice à deux valves en forme de spathe, caduques, renfermant une seule fleur, accompagnées d'une écaille ; une corolle à six pièces cartilagineuses, persistantes après la chute des semences ; trois étamines ; un ovaire supérieur ; un style ; trois stigmates ; une semence crustacée.

Oréobole nain ; *Oreobolus pumilio*, Rob. Brown, *Nov. Holl.*, pag. 236. Petite plante, qui, sur le sommet des plus hautes montagnes de la Nouvelle-Hollande, forme des gazons épais, convexes, très-étalés. Ses tiges sont fort courtes, ramifiées à leur base, entièrement enveloppées par des feuilles roides, linéaires, nerveuses, imbriquées, dilatées à leur base, vaginales, puis étalées ; les pédoncules courts, axillaires, comprimés, chargés d'une seule fleur : les valves du calice ont la forme d'une spathe bivalve, à deux angles opposés. (Poir.)

OREOCALLIS. (*Bot*). Ce genre a été établi par Rob. Brown pour une espèce d'*embothrium*, qui est l'*embothrium grandiflorum* de ce Dictionnaire (voyez Embothrion a grandes fleurs). Il se distingue par une corolle (calice, Brown) irrégulière, fendue d'un côté longitudinalement, terminée par quatre dents ;

les étamines enfoncées dans les cavités supérieures de la corolle; point de glandes à la base du pistil; un ovaire pédicellé, polysperme; le stigmate oblique, orbiculaire, dilaté, un peu concave; un follicule cylindrique; les semences ailées à leur sommet; point d'involucre.

En rapprochant ces caractéres de ceux de l'*embothrium*, on reconnoîtra facilement que la principale différence n'existe que dans la corolle, munie à son sommet de quatre dents courtes, et non de lobes profonds, et par l'absence de glandes à la base du pistil; mais M. de Jussieu affirme que ces glandes existent dans les échantillons de son herbier, sur lesquels M. de Lamarck a établi son espèce. Ainsi l'on trouvera le caractère de l'*oreocallis* peut-être un peu foible pour l'établissement d'un genre particulier. (Poir.)

ORÉODOXA. (*Bot.*) Genre de plantes monocotylédones, à fleurs hermaphrodites, de la famille des *palmiers*, de l'*hexandrie trigynie* de Linnæus, dont le caractère essentiel consiste dans des fleurs hermaphrodites; le calice et la corolle à trois divisions (un calice ou une corolle à six divisions); la corolle plus longue que le calice; six étamines libres; trois styles; un drupe globuleux, monosperme.

Si j'en juge d'après le simple énoncé des caractères, ce genre est à peine distingué des *aiphanes*. Je n'y trouve de différence essentielle que dans la corolle plus longue que le calice, tandis qu'elle est de même longueur dans l'*aiphanes*; peut-être aussi le drupe est-il plus charnu dans ce dernier.

Oréodoxa Sancona; *Oreodoxa Sancona*, Kunth. *in* Humb. et Bonpl., *Nov. gen.*, vol. 1, pag. 304. Ce palmier, découvert dans les environs de Carthagène, est un des plus élevés que l'on connoisse. Son tronc parvient à la hauteur de cent ou cent vingt pieds et plus. Il est lisse, très-glabre, d'un cendré noirâtre, sans épines. Les feuilles sont ailées, composées de folioles membraneuses et crêpues; la spathe est d'une seule pièce, ovale, aiguë, sans épines; le spadice pendant, à rameaux flexueux; le calice est tubulé, à trois dents aiguës; la corolle partagée en trois découpures droites, profondes, ovales, aiguës, concaves; les étamines, non saillantes, ont les filamens épaissis à leur base; les anthères linéaires; le drupe est monosperme. Cette plante croit dans la vallée du fleuve

Cauca, proche le bourg Roldanilla, entre la ville de Carthagène et el Norarjo, à la hauteur de cinq cents toises. Son
bois est très-dur; on l'emploie avantageusement pour la construction des maisons.

Oréodoxa des montagnes; *Oreodoxa frigida*, Kunth, *l. c.*
Cette espèce ne s'élève qu'à dix-huit ou vingt pieds. Son tronc
est grêle, sans épines; ses feuilles sont ailées, composées de
folioles un peu flexueuses, légèrement membraneuses; la
spathe est glabre, d'une seule pièce; le spadice rameux; les
fleurs sont ternées; les deux supérieures avortent souvent;
leur calice est trigone, urcéolé, à trois dents aiguës, étalées;
la corolle trifide, à divisions épaisses, aiguës, purpurines à
leur sommet; les filamens sont très-courts et comprimés; les
anthères oblongues, sagittées; l'ovaire est globuleux, ainsi
que le drupe, d'environ un pouce de diamètre. Cette plante
croit sur les rochers, dans les montagnes des Andes de Quin-
diu, à la hauteur de mille à mille quatre cents toises.

Oréodoxa royale; *Oreodoxa regia*, Kunth, *l. c.* Ce palmier
a son tronc renflé dans le milieu, dépourvu d'épines, haut
de quarante à cinquante pieds. Les feuilles sont ailées, peu
nombreuses; la spathe est d'une seule pièce; le spadice composé de rameaux blancs, alternes, comprimés, presque géni-
culés à leur aisselle, longs de trois ou quatre pouces, chargés
de fleurs très-nombreuses, en forme d'épis. Le calice est fort
petit, un peu étalé, à trois découpures concaves, ovales, arrondies, aiguës, verdâtres: celles de la corolle oblongues,
blanches, concaves, un peu aiguës; les étamines varient quelquefois de six à huit; les filamens sont insérés à la base de la
corolle, dilatés à leur partie inférieure; les anthères oblongues,
linéaires; l'ovaire est ovale, presque trigone; le drupe succu-
lent, ovale, long de quatre lignes, rouge avant sa maturité,
puis d'un noir bleuâtre, à noix glabre, ovale; la semence blanche. Cette espèce est très-commune à l'île de Cuba, proche la
Havane et Reyla. Ses fruits, d'une saveur âcre, servent de
nourriture aux cochons. (Poir.)

OREOMELIA. (*Bot.*) Nom grec donné autrefois au frêne
à la manne ou ornier: il signifie *frêne de montagne.* Voyez
Frêne. (Lem.)

OREOSELINUM. (*Bot.*) La plante ombellifère que Clusius

nommoit ainsi, est l'*athamantha Oreoselinum* de Linnæus. Le même nom est donné au persil par Fuchs; au cerfeuil, par Anguillara et Césalpin. (J.)

ORÉOSPIZOS. (*Ornith.*) Nom grec du pinson de montagnes, *fringilla montifringilla*, Linn. (Ch. D.)

OREOTRAGUS. (*Mamm.*) Nom latin donné par Forster à l'antilope du cap, nommé par les Hollandois *klipspringer*, c'est-à-dire, sauteur des rochers. On a quelquefois francisé ce mot en l'écrivant oréotrague. (F. C.)

ORESAS DE PERRO. (*Bot.*) Nom donné dans le Pérou au *talinum paniculatum* de la Flore péruvienne. (J.)

ORESTO. (*Ornith.*) Nom italien de la pie-grièche grise, *lanius excubitor*, Linn. (Ch. D.)

ORESVIN. (*Mamm.*) Nom danois d'un dauphin qu'on rapporte à l'espèce du *delphinus orca*, Linn. (F. C.)

ORFAYE. (*Ornith.*) Nom, en vieux françois, de l'orfraie. (Ch. D.)

ORFOTA. (*Bot.*) Nom arabe d'une espèce d'acacia, nommée *mimosa orfota* par Forskal, *mimosa horrida* de Linnæus, selon Vahl, maintenant *acacia horrida* de Willdenow. Ses feuilles, mises dans le lait, l'empêchent pendant quelques jours de s'aigrir, au rapport de Forskal. (J.)

ORFRAIE. (*Ornith.*) Cet oiseau, qu'on a aussi nommé grand aigle de mer et aigle barbu, est le même que le pygargue, *falco ossifragus*, *albicillus* et *albicaudus*, Gmel. (Ch. D.)

ORGANES. (*Bot.*) On divise les organes des végétaux en deux classes : 1.º ceux de la végétation, destinés à la vie de l'individu : la racine, la tige et les feuilles; 2.º ceux de la reproduction, destinés à la vie de l'espèce : la fleur et le fruit. On range indifféremment dans l'une ou dans l'autre classe les poils, les glandes, les piquans, etc. (Mass.)

ORGANISATION. (*Anat. et Phys.*) Voyez Vie. (F.)

ORGANISATION DES INSECTES. (*Entom.*) Voyez dans ce Dictionnaire, tom. XXIII, de la page 433 à 471. (C. D.)

ORGANISTE. (*Ornith.*) Espèce de Manakin, *pipra musica*, Lath. (Ch. D.)

ORGANO. (*Ichthyol.*) En Esclavonie on donne ce nom à la morrude. Voyez Morrude. (H. C.)

ORGANSIN ou VER-A-SOIE. (*Entom.*) Voyez Bombyce.
(Desm.)

ORGE, *Hordeum*, Linn. (*Bot.*) Genre de plantes monocotylédones, de la famille des *graminées*, Juss., et de la *triandrie digynie*, Linn., dont les fleurs sont glumacées et polygames. Dans les hermaphrodites, le calice est une glume uniflore à deux valves ; la corolle une balle à deux valves, dont l'extérieure terminée par une arête très-longue ; les étamines, au nombre de trois, sont plus courtes que les valves de la corolle ; et l'ovaire est supère, ovale, surmonté de deux styles recourbés, velus, ainsi que les stigmates : il devient une graine ovale-oblongue, ventrue, anguleuse, pointue à ses extrémités, sillonnée par une rainure longitudinale, et enveloppée étroitement par la corolle persistante. Dans les fleurs mâles, le calice est une glume uniflore, à deux valves sétacées ou subulées ; la corolle est une balle à deux valves, ou est quelquefois entièrement avortée.

Les orges sont des plantes herbacées, à feuilles alternes, linéaires, engainantes à leur base ; dont les fleurs sont disposées en épi et trois par trois ; celle du centre hermaphrodite et sessile, les deux latérales mâles et pédiculées : dans quelques espèces toutes les fleurs sont hermaphrodites. On en connoît aujourd'hui plus de vingt espèces, dont quelques-unes sont indigènes, et parmi les exotiques, plus nombreuses, plusieurs sont cultivées pour leurs usages alimentaires et économiques. Nous parlerons d'abord des espèces qui sont indigènes et sauvages ; nous terminerons par celles qui sont exotiques et que l'on cultive à cause de leur utilité.

*Espèces sauvages.

Orge a crinière : *Hordeum jubatum*, Linn., *Spec.*, 126 ; *Elymus crinitus*, Schreb., *Gram.*, 2, p. 15, tab. 24, fig. 3. Ses chaumes sont coudés à leur base, ensuite redressés, hauts de quatre à huit pouces ou un peu plus, garnis de feuilles étroites, légèrement ciliées en leurs bords. Les fleurs sont d'un vert blanchâtre, resserrées en un épi qui n'a pas plus de six à douze lignes de longueur, en n'y comprenant pas les arêtes des fleurs fertiles, qui ont à elles seules deux à quatre pouces de longueur : ces fleurs sont sessiles, réunies deux ensemble, et entourées à leur base par un involucre quadriphylle, presque sétacé, formé par les valves externes des fleurs mâles qui avortent. Cette plante est annuelle et croît sur les bords des chemins en Provence, en Hongrie, dans le Levant, etc.

Orge queue-de-souris : *Hordeum murinum*, Linn., *Spec.*, 126; Host., *Gram.*, 1, p. 25, t. 32. Ses chaumes, coudés à leur base, s'élèvent à douze ou dix-huit pouces, et sont garnis de feuilles plus ou moins pubescentes. Ses fleurs sont groupées trois par trois, et forment un épi long de deux à trois pouces; l'hermaphrodite et les deux mâles sont toutes aristées, plus longues que les valves des glumes calicinales, et celles-ci, dans la fleur du milieu, sont ciliées dans toute leur partie inférieure; dans les fleurs mâles la valve interne est la seule ciliée. Cette espèce est commune sur les bords des chemins et aux pieds des murs; elle est annuelle.

Orge bulbeuse : *Hordeum bulbosum*, Linn., *Spec.*, 125; *Hordeum strictum*, Desf., *Fl. Atl.*, 1, p. 113, t. 37. Son chaume est renflé à sa base et bulbiforme, ensuite redressé, haut de deux à trois pieds, garni de feuilles linéaires, étroites, glabres. Ses fleurs sont d'un vert blanchâtre, groupées trois par trois, et disposées en un épi long de trois à quatre pouces. La fleur hermaphrodite de chaque groupe est sessile, terminée par une longue arête; les deux latérales mâles sont légèrement pédiculées, mutiques, mais très-aiguës. Cette orge croît dans les pâturages en Italie, dans le Levant: elle est vivace.

Orge des prés : *Hordeum pratense*, Huds., *Angl.*, 56; *Hordeum murinum β*, et *Hordeum nodosum*, Linn., *Spec.*, 126. Cette espèce a le port et plusieurs des caractères de la précédente; mais son chaume n'est pas renflé à la base, et elle offre dans ses fleurs mâles un caractère remarquable; celles-ci ont la valve externe de leur balle aristée, de même que la fleur hermaphrodite; l'arête de cette dernière est seulement plus longue. Les fleurs mâles sont quelquefois avortées, il ne reste que les valves de leur glume. Cette espèce se trouve dans les prés et sur les bords des champs en Europe et en Asie : elle est vivace.

Orge maritime; *Hordeum maritimum*, All., *Fl. Ped.*, n.°2274,
t. 91, fig. 3. Son chaume est haut de trois à six pouces,
coudé inférieurement, terminé par un épi long de douze à
dix-huit lignes, y compris les arêtes, et composé de fleurs
groupées comme dans les deux espèces précédentes. Les deux
fleurs mâles sont aristées comme dans l'orge des prés; l'une
des deux valves de leur glume est dilatée à la base, et ces
valves sont prolongées toutes les deux en arêtes sétacées plus
longues que celle de la balle. Cette plante croît dans les
sables des bords de la Méditerranée et de l'Océan : elle est
annuelle.

* * *Espèces cultivées.*

Orge commune, vulgairement Grosse orge, Escourgeon,
Épeautre; *Hordeum vulgare*, Linn., *Spec.*, 125. Son chaume
est droit, haut d'un pied et demi à deux pieds, garni de
feuilles linéaires-lancéolées, glabres. Ses fleurs sont rapprochées en épi, toutes hermaphrodites, imbriquées sur six
rangs, dont deux plus proéminens; la valve externe des
balles est terminée par une arête droite et très-longue.
Comme pour toutes les plantes dont l'homme a pris soin
depuis les premiers âges, il est bien difficile et pour ainsi
dire impossible de déterminer aujourd'hui quel est le véritable pays natal de l'orge. Le voyageur Marc-Paul assure
l'avoir trouvée croissant spontanément dans la partie septentrionale de l'Inde; elle vient naturellement et en abondance
en Sicile, suivant Riedesel; en Perse, suivant Olivier; en
Géorgie, selon Moïse de Chorène. Heyne regarde l'Attique
comme la patrie de l'orge; d'autres, enfin, la croient originaire de la Tartarie, ou même de la Russie. Quoi qu'il en
soit, elle est aujourd'hui abondamment cultivée en France
et en Europe, surtout dans les pays de montagnes : elle présente deux variétés; dans l'une la graine reste à sa maturité
enveloppée dans la balle; dans la seconde, nommée *orge
céleste*, les valves de cette balle s'écartent du grain, et celui-ci s'en sépare avec facilité.

Orge a six rangs, vulgairement Orge carrée, Orge anguleuse, Orge d'hiver, Soucrion, etc.; *Hordeum hexastichon*,
Linn., *Spec.*, 125. Cette espèce ne diffère de la précédente

que par son épi plus court, plus renflé, dont les six rangs de fleurs sont égaux. Elle est cultivée dans les champs.

ORGE NOIRE ; *Hordeum nigrum*, Willd., *Enum. Hort. Berol.*, 2, p. 1035. Cette plante diffère des deux précédentes par son épi noirâtre, et par ses graines disposées sur quatre rangs. On la cultive en Angleterre, où on la sème avant l'hiver.

ORGE DISTIQUE OU ORGE A DEUX RANGS ; *Hordeum distichon*, Linn., *Spec.*, 125. Cette espèce diffère des trois précédentes par son épi comprimé, formé seulement de deux rangs de fleurs hermaphrodites, proéminentes et terminées par des arêtes ; les deux fleurs mâles sont de chaque côté de l'hermaphrodite et n'ont point d'arêtes. Dans une variété de cette espèce, nommée *orge nue*, *orge à café*, *orge d'Espagne*, *orge du Pérou*, les valves des balles fertiles s'écartent à la maturité et laissent la graine à nu. Dans une autre variété toutes les fleurs sont dépourvues d'arêtes. Cette espèce est originaire de la Tartarie ; on la cultive aussi fréquemment que l'orge commune. Elle est annuelle.

ORGE FAUX-RIZ, vulgairement ORGE DE RUSSIE, ORGE PYRAMIDALE, RIZ RUSTIQUE, RIZ D'ALLEMAGNE ; *Hordeum zeocriton*, Linn., *Spec.*, 125. Cette espèce a ses fleurs disposées et conformées comme la précédente ; mais elle en diffère par ses épis plus courts, et surtout parce que les glumes de ses fleurs mâles se terminent en une arête menue, toujours plus longue et souvent une fois aussi longue que la balle, qui est obtuse. Le pays natal de cette orge n'est pas connu ; on la cultive en France et en Europe, mais moins fréquemment que les autres : elle est aussi annuelle.

L'orge est une des premières céréales qui ait servi à la nourriture des anciens peuples. Les Grecs la connoissoient sous le nom de κριθη. Torréfiée, puis réduite en farine, elle formoit leur αλφιῖον, et la *polenta* des Latins. Avec cette farine et l'eau, le lait, le vin, l'huile ou le miel, on préparoit la pâte ou les gâteaux appelés *maza*. Le πῖισανη étoit l'orge privée de sa tunique extérieure (notre orge mondée), dont la décoction étoit désignée sous le même nom, et c'est de là que les décoctions employées en médecine ont été généralement appelées ptisanes ou tisanes.

L'usage de cette décoction en médecine remonte à la naissance de cet art; Hippocrate en fait le plus grand éloge. Cette ptisane étoit, dès ces temps reculés, la boisson la plus communément usitée dans les maladies aiguës. La même décoction, réduite en consistance de gelée, étoit la crème d'orge, πΊίτανης χυλος. Le malt, ou l'orge préparée pour servir à faire de la bière, portoit chez les anciens le nom de βυνην, et la bière elle-même celui de ξυθος. Athénée désigne encore plus clairement cette boisson sous le nom de οινος κριθινος, *vin d'orge.* .

Les Égyptiens, de qui les Grecs avoient pris l'usage de cette boisson, en attribuoient l'invention à leur Osiris. Ils employoient le lupin, comme nous faisons aujourd'hui le houblon, pour lui donner de l'amertume.

Dans les jeux qui avoient lieu à Éleusis à l'occasion des grands mystères qu'on y célébroit tous les ans, le 15 du mois de Boédromion, en l'honneur de Cérès et de Proserpine, le prix du vainqueur pour les Athlètes, qui se rendoient à ces jeux de différens cantons de la Grèce, étoit, selon Pausanias, une mesure d'orge recueillie dans une plaine voisine, dont les habitans instruits par Cérès avoient les premiers cultivé cette espèce de blé.

Pline (livre XVIII, chap. 17) nous apprend aussi que l'orge avoit fait d'abord une partie essentielle de la nourriture des gladiateurs, appelés à cause de cela *hordearii.* On donnoit, comme punition, du pain d'orge aux soldats romains, lorsqu'ils avoient manqué à leur devoir. Ce pain est en effet moins blanc, et plus grossier que celui de froment et même de seigle : il se dessèche beaucoup plus vite.

L'orge n'est pas difficile sur la nature du terrain : elle vient bien partout, à moins que le sol ne soit trop marécageux ou complétement stérile; cependant c'est dans les terres légères et calcaires qu'elle réussit le mieux. Cette plante s'accommode aussi de tous les climats; on la cultive sous l'équateur comme sous le cercle polaire, principalement l'espèce appelée *orge à deux rangs.* Dans la Laponie et la Finlande, l'orge se sème à la fin de Mai, et on la récolte à la fin de Juillet. Il ne faut que deux mois pour accomplir toutes les phases de sa végétation, et cette propriété la rend très-précieuse pour ces contrées et les pays de montagnes élevées, où l'été est de si courte durée, et où il n'est pas possible de cultiver les autres céréales.

Dans une grande partie de la France et de l'Europe tempérée on sème l'orge au commencement du printemps dans une terre préparée par deux labours, et dans laquelle on ne met pas ordinairement de fumier, si ce n'est dans les pays de montagnes et ceux du Nord, où l'orge remplace le froment et fait le principal objet de culture. Lorsqu'on donne des engrais à la terre dans laquelle on doit la semer, c'est entre les deux labours qu'on les répand. Dans plusieurs provinces du Midi de l'Europe, et dans quelques terrains secs et chauds du Nord, on sème l'orge à l'automne; mais dans tous les cas la culture de cette plante est bien plus productive lorsqu'on la fait succéder à celle des pommes de terre, des pois, des lentilles, que lorsqu'on la fait suivre immédiatement celle du froment ou du seigle.

Lorsqu'on veut faire une prairie artificielle, on sème fréquemment l'orge avec la luzerne, la bourgogne ou le trèfle, parce que, ces fourrages ne rapportant rien la première année, on perdroit ses frais de culture, dont on est au contraire dédommagé par la récolte de l'orge; mais, dans ce cas, il faut que cette céréale soit semée moitié plus clair, afin que ses chaumes protègent seulement de leur ombre la jeunesse des autres plantes qu'on a semées avec elle; s'ils étoient trop pressés et trop épais, ils les étoufferoient.

Dans la culture de l'orge, de même que dans celle de toutes les plantes, on doit toujours choisir pour semence la graine la plus belle, et avoir le soin de la nettoyer aussi exactement que possible des graines étrangères qui pourroient y être mêlées. On ne doit pas non plus négliger le chaulage, surtout lorsqu'on a quelque sujet de craindre que la graine ne soit infectée de carie ou de charbon, deux maladies qui peuvent causer de grandes pertes.

Lorsque l'orge est semée par un temps de pluie, ou au moins sur un terrain humide, elle ne tarde pas à lever, et une fois qu'elle a poussé trois feuilles, elle ne craint presque plus rien; elle peut demeurer long-temps sous la neige en hiver sans en souffrir. Par un temps sec elle supporte des gelées considérables; il n'y a qu'un froid très-rigoureux, succédant à un temps humide, qui puisse la faire périr, et on en a peu d'exemples. Au printemps, des pluies continuelles ou une sécheresse trop prolongée sont les seuls accidens qui puissent lui être nuisibles. Dans le premier cas, l'orge pousse trop en feuilles, et elle produit un grain gros, mais peu abondant, et qui n'est pas propre à être gardé. Une sécheresse trop longue l'empêche de s'élever, fait avorter les épis, et le peu de grain qui se forme est très-petit.

Lorsque l'orge a quelques pouces de hauteur, il est nécessaire de la sarcler pour la débarrasser des mauvaises herbes; ce sont les seuls soins qu'elle demande jusqu'à la récolte.

L'époque de la moisson de l'orge varie selon le climat, la nature du sol, la marche de la saison : nous avons dit que dans la Laponie et la Finlande on semoit et on récoltoit l'orge dans l'espace de deux mois, ce qui tient à la chaleur non interrompue, développée dans ces contrées par la longueur des jours et le peu de temps de l'absence du soleil pendant les nuits de Juin et de Juillet. Mais sous la latitude de Paris, et dans les environs de cette ville, l'orge, pour l'ordinaire, n'est pas moins de quatre mois et demi à cinq mois à parcourir toutes les périodes de sa végétation. Semée dans le courant de Mars, on ne la récolte le plus souvent qu'à la fin de Juillet ou au commencement d'Août, quelquefois même plus tard, lorsque le temps a été froid et humide. Dans les pays du Midi, lorsque l'orge a été semée avant l'hiver, c'est un des premiers grains qu'on moissonne.

On se sert pour la couper, soit de la faucille, soit de la faux; cela varie selon les localités. Le travail fait avec le dernier instrument est plus expéditif; mais, de quelque manière qu'on ait coupé l'orge, il est avantageux de l'enlever du champ le plus tôt possible, afin qu'il y ait moins de grains perdus. Cependant cela ne peut pas toujours s'exécuter à la rigueur; ainsi, lorsque des pluies survenues depuis la coupe ont mouillé la paille, ou lorsqu'elle contient une certaine quantité d'herbes étrangères, on est obligé de la laisser pendant plusieurs jours, afin qu'elle se sèche. Le plus souvent les gerbes d'orge ne se font pas régulièrement, comme celles de froment ou de seigle, en plaçant tous les épis d'un même côté; mais il y auroit de l'avantage à le faire, parce que, lorsqu'il faut procéder au battage du grain, cette opération deviendroit plus facile et plus prompte.

Dans tous les pays du Nord et du milieu de la France on se sert du fléau pour battre l'orge; mais dans les provinces méridionales et le reste du Midi de l'Europe, on n'emploie pas cet instrument. Dans ces pays chauds, le grain adhérant moins aux balles, s'en détache plus facilement, et pour obtenir cette séparation, il suffit de le faire fouler par des chevaux ou des mulets, ou même par des bœufs, que l'on fait trotter ou marcher circulairement sur les gerbes étendues sur une aire pratiquée en plein air. Cette manière de retirer les grains des épis s'appelle dépiquage.

La paille d'orge est plus dure et moins nourrissante que celle de froment, et beaucoup de bestiaux refusent de la manger lorsqu'elle n'est pas mélangée avec quelque autre fourrage; aussi le plus souvent on ne s'en sert que pour faire de la litière.

L'orge coupée en vert ne peut être donnée qu'en petite quantité aux bestiaux, parce qu'elle a l'inconvénient de les météoriser. En grain sec elle passe pour être plus nourrissante et moins échauffante que l'avoine, et dans la plupart des pays méridionaux on la substitue à cette dernière pour la nourriture des chevaux. Réduite en farine, et délayée avec suffisante quantité d'eau, elle augmente beaucoup la production du lait chez les vaches, et on s'en sert avec beaucoup d'avantage pour engraisser promptement les bœufs, les cochons et la volaille.

Mais non-seulement l'orge est d'une grande utilité pour la nourriture de divers animaux domestiques; elle est aussi employée par l'homme, soit comme aliment, soit pour préparer différentes boissons. Comme aliment, l'orge est précieuse, ainsi que nous l'avons déjà dit, dans les pays du Nord et dans ceux de hautes montagnes. Dans ces contrées peu favorisées de la nature, les hommes y ont recours pour en faire du pain, quand elle est réduite en farine, ou des espèces de bouillies, quand elle est demi-moulue en nature de gruau, ou seulement mondée, c'est-à-dire, dépouillée de son écorce. Dans les cantons pauvres de la France, le peuple des campagnes mange aussi du pain d'orge pure, ou mêlée à une certaine quantité de froment ou de seigle. Le pain fait avec la seule farine d'orge est moins nourrissant, moins agréable, plus grossier et plus difficile à digérer que celui fait avec le froment et même avec le seigle : on le dit un peu rafraîchissant.

L'orge est un des principaux ingrédiens de la bière, boisson qui dans presque tous les pays du Nord privés de vignes remplace le vin, et dont on retire, de même que de celui-ci, par la distillation, une sorte d'alcool, mais dont l'odeur et la saveur sont moins agréables que celles de l'eau-de-vie ordinaire.

En médecine l'orge mondée ou perlée est souvent employée. Cette dernière est celle qui est non-seulement dépouillée de sa partie corticale, mais à laquelle on a encore donné une forme presque sphérique, et dont la surface a l'aspect presque poli comme une petite perle. C'est à l'aide de moulins, dont les meules sont disposées d'une manière particulière, qu'on lui fait subir ces différentes préparations. On se sert encore aujourd'hui de l'orge mondée ou perlée, comme aux premiers temps de l'art de guérir, pour faire des tisanes, qu'on emploie principalement dans les fièvres aiguës et dans les maladies inflammatoires. La farine d'orge, ou seule, ou comme faisant partie des quatre farines résolutives, sert à faire des cataplasmes; mais elle est bien moins usitée aujourd'hui sous ce rapport qu'elle ne l'a été autrefois. L'orge a donné son nom au sirop d'orgeat et au sucre d'orge, dans lesquels on faisoit jadis entrer sa décoction; mais à présent ce sirop et ce sucre se préparent sans cela. Il en est de même de quelques anciennes compositions pharmaceutiques dans lesquelles l'orge est indiquée, mais dans lesquelles elle n'est d'aucune utilité.

Les tanneurs emploient l'orge en la faisant fermenter et aigrir dans l'eau pour la préparation de certains cuirs. (L. D.)

ORGE-PETITE. (*Bot.*) Voyez Cevadille. (Lem.)

ORGE-RIZ. (*Bot.*) C'est l'orge à épis larges. (L. D.)

ORGLISSE ou RÉGLISSE SAUVAGE. (*Bot.*) C'est l'*astragallus glyciphyllos.* Voyez Astragalle. (Lem.)

36.   22

ORGUE. (*Ornith.*) Nom picard du canard siffleur ou vingeon, *anas Penelope*, Linn. (Cʜ. **D.**)

ORGUE DE MER. (*Polyp.*) Nom marchand du polypier, type du genre Tubipore de M. de Lamarck. (Dᴇ B.)

ORGYA. (*Bot.*) Fronde simple, très-longue, marquée de côtes, recouverte des deux côtés d'une membrane mince, luisante, rugueuse; frondule en ovale renversé, prenant de l'épaisseur lors de la maturité de la fructification; celle-ci est située vers le bas de la frondule. Ce genre, de la famille des algues, a été établi par Stackhouse sur ses *fucus esculentus* et *tetragonus*, remarquables par l'amplitude de leur fronde et qui appartiennent au genre Lᴀᴍɪɴᴀʀɪᴀ. Voyez ce mot. (Lᴇᴍ.)

ORIBA. (*Bot.*) Adanson faisoit sous ce nom un genre de l'*anemone palmata*, parce que l'involucre, existant au-dessous des fleurs à quelque distance, est composé de six feuilles, au lieu de deux ou trois. (J.)

ORIBASIA. (*Bot.*) Schreber, voulant faire disparoître tous les noms barbares, a substitué celui-ci au *nonatelia* d'Aublet, qui paroit ne devoir pas être supprimé. Voyez Nᴏɴᴀᴛᴇ̀ʟᴇ. (J.)

ORIBATE. (*Entom.*) M. Latreille décrit sous ce nom un genre d'insectes aptères de la famille des cirons ou rhinaptères, qu'Hermann fils avoit nommé *Notaspis*, et Fabricius *Gamase*. Voyez Mɪᴛᴇ. (C. **D.**)

ORICHALQUE (*Min.*): Écrit par les auteurs anciens tantôt *orichalcum* et tantôt *aurichalcum*, suivant l'origine qu'ils attribuoient à cette sorte de métal très-célèbre dans l'antiquité. Il paroît, comme le pense M. de Launay, qu'il y avoit deux substances métalliques auxquelles on avoit donné ce nom.

L'une très-précieuse pour les peuples de la plus haute antiquité, et qu'on ne trouvoit déjà plus du temps de Pline, qui, suivant Platon, étoit un des produits de l'Atlantide, perdu depuis que cette grande île avoit disparu; c'étoit, suivant Pline, un cuivre extrêmement précieux, et d'une valeur approchant de celle de l'or; on le trouvoit dans les montagnes; de là son nom d'*orichalcum*, cuivre de montagne.

L'autre métal du même nom, mais qu'on doit écrire *aurichalcum*, c'est-à-dire, cuivre d'or, paroissoit être un alliage dont le cuivre étoit la base, et avoir beaucoup d'analogie

avec le laiton ou le similor des modernes. La manière de
l'obtenir, qui consistoit, suivant Festus, à pénétrer du cuivre
de cadmie fossile ou de minérai de zinc, sa couleur blanchâtre et ses différens usages pour monter des flutes, et pour
faire ressortir sous forme de lames minces ou de ʼclinquans
la couleur des chrysolithes, laissent peu de doutes sur l'exactitude de ce rapprochement. (B.)

ORICOU. (*Ornith.*) Ce vautour, figuré dans le tome 1.ᵉʳ
des Oiseaux d'Afrique de Levaillant, pl. 9, est le *vultur au-
ricularis*, Daud., et probablement le même que le vautour
de Pondichéry, de Sonnerat. (Cʜ. D.)

ORIGAN, *Origanum*, Linn. (*Bot.*) Genre de plantes dicotylédones, monopétales, de la famille des *labiées*, Juss., et
de la *didynamie gymnospermie*, Linn., qui présente pour principaux caractères : Un calice monophylle, ordinairement
inégal et à deux lèvres, toujours environné de bractées imbriquées ; une corolle monopétale, à deux lèvres, dont la
supérieure droite, plane, et l'inférieure à trois lobes presque égaux ; quatre étamines, dont deux plus longues ; un
ovaire supère, à quatre lobes, surmonté d'un style filiforme,
à stigmate légèrement bifide ; quatre graines au fond du calice
persistant. Les origans sont des plantes herbacées, ou quelquefois suffrutescentes, à feuilles opposées, et à fleurs ramassées en épis serrés, courts, tétragones. On en connoît
vingt et quelques espèces, dont la plus grande partie est
exotique.

Oʀɪɢᴀɴ ᴄᴏᴍᴍᴜɴ : *Origanum vulgare*, Linn., *Spec.*, 824 ;
Bull., *Herb.*, tab. 193. Sa racine est vivace, fibreuse, horizontale ; elle produit une ou plusieurs tiges pubescentes, souvent
rougeâtres, hautes de dix à quinze pouces, rameuses seulement dans le haut, garnies de feuilles ovales, pétiolées, un
peu velues en dessous. Ses fleurs sont purpurines, quelquefois blanches, disposées au sommet des tiges en épis courts,
rapprochés en corymbe paniculé. Les bractées sont ovales,
d'un rouge violet, plus longues que les calices, qui sont un
peu hérissés, à cinq dents égales, et fermés par des poils
après la floraison. Cette plante fleurit en Juillet et Août ;
elle est commune dans les bois secs et montueux en France
et en Europe.

Les feuilles et les sommités fleuries de l'origan commun ont une saveur âcre et aromatique très-forte; elles sont toniques, excitantes : on les a considérées comme stomachiques, céphaliques, expectorantes, sudorifiques, emménagogues, et on les a employées contre les flatuosités, les digestions languissantes, les maux de tête, les étourdissemens, les affections catarrhales de la poitrine, la suppression des menstrues. On les prépare en infusion théiforme. Scopoli rapporte qu'un évêque italien, grand amateur de champignons, se garantissoit de leurs effets vénéneux en prenant de cette espèce de thé. On emploie aussi l'origan à l'extérieur pour faire des bains et des fumigations aromatiques, dans la paralysie et les rhumatismes chroniques. Cette plante entre dans plusieurs préparations pharmaceutiques. En Suède on rend la bière plus forte et plus enivrante, en y faisant infuser de l'origan.

ORIGAN DE CRÈTE; *Origanum creticum*, Linn., *Spec.*, 823. Cette espèce diffère de la précédente par ses épis de fleurs plus alongés, par ses bractées une fois plus longues que les calices, qui sont glabres et parsemés de points glanduleux. On la trouve dans quelques parties du Languedoc, de la Provence, et dans le Midi de l'Europe, en Syrie, dans l'île de Crète. On la cultive au Jardin du Roi.

ORIGAN PRÉCOCE; *Origanum heracleoticum*, Linn., *Spec.*, 823. Cet origan a le port de l'espèce commune; mais ses épis sont pédonculés, digités, lâchement imbriqués, et leurs bractées ne sont que de la longueur des calices. Ses fleurs sont blanches. Il croît en Grèce et dans quelques parties du Midi de l'Europe.

ORIGAN FAUSSE-MARJOLAINE, vulgairement la MARJOLAINE; *Origanum majoranoides*, Willd., *Spec.*, 3, p. 137. Sa racine est vivace; elle donne naissance à une ou plusieurs tiges ligneuses à leur base, rameuses, hautes de six à dix pouces, garnies de feuilles ovales, cotonneuses, ainsi que les bractées, les calices, et d'un vert blanchâtre. Ses fleurs sont blanches, disposées en épis arrondis, courts, rapprochés par trois à quatre en une sorte de tête; leurs bractées sont arrondies, et le calice est à deux lèvres inégales. Cette plante fleurit en Juin et Juillet. On ne connoît pas bien le pays dont elle est originaire ; mais on la cultive fréquemment dans les jardins.

La marjolaine a une odeur aromatique agréable ; ses propriétés sont d'être tonique et excitante, et elle agit principalement sur le système nerveux. Elle passoit autrefois pour être très-efficace contre les maladies du cerveau, ce qui la faisoit employer dans l'apoplexie, la paralysie, l'épilepsie, les vertiges. Comme excitante on l'employoit aussi dans les maladies atoniques de la poitrine et de l'utérus, comme les catarrhes chroniques, la chlorose, la suppression des régles. Dans les anciens formulaires cette plante faisoit partie d'un assez grand nombre de préparations pharmaceutiques; aujourd'hui elle n'est plus que très-peu usitée.

ORIGAN DICTAME, vulgairement DICTAME DE CRÈTE; *Origanum dictamnus*, Linn., *Spec.*, 823. Ses tiges sont rougeâtres, velues, hautes de huit à dix pouces, rameuses, garnies de feuilles ovales-arrondies, pétiolées, cotonneuses, blanchâtres; les feuilles supérieures sont arrondies, sessiles, glabres, souvent rougeâtres, ainsi que les bractées, et chargées les unes et les autres de nombreux points glanduleux. Les fleurs sont purpurines, inclinées, disposées en épis courts et peu garnis. Cette plante croît naturellement dans l'île de Crète sur les montagnes. On la cultive depuis long-temps dans les jardins. Dans le climat de Paris on la plante en pot et on la rentre dans l'orangerie pendant l'hiver.

Les botanistes modernes s'accordent généralement à reconnoître dans cette espéce d'origan le dictame des anciens. La description que Théophraste donne du dictame n'est pas aussi complète sans doute qu'on pourroit le désirer ; mais elle renferme cependant quelques détails assez exacts. Celle de Pline et de Dioscoride est conforme à celle de Théophraste, excepté dans un point essentiel. Théophraste, en parlant des propriétés, dit que ce n'est que des feuilles qu'on fait usage, et non des rameaux et du fruit. Des rameaux et des fruits supposent nécessairement l'existence d'une tige et d'une fleur. Cependant Dioscoride affirme que le dictame n'a ni fleur, ni fruit, et Pline, qu'il n'a ni fleur, ni graine, ni tige. La contradiction est bien positive; mais elle ne doit pas étonner beaucoup de la part de Dioscoride et de Pline,

dans lesquels on trouve tant d'erreurs de ce genre, et qui
si souvent ne font autre chose que copier Théophraste. Les
commentateurs ont cherché à prouver que le texte étoit
altéré : cela seroit possible, si on ne trouvoit l'erreur que
dans un seul auteur; mais elle se rencontre à la fois dans
Dioscoride et dans Pline, et elle est d'autant plus étonnante
de la part de ces naturalistes, qu'ils devoient probablement
connoître les vers où l'immortel auteur de l'Énéide décrit
le dictame avec autant d'élégance que de fidélité, lorsque
Vénus, après l'avoir cueilli elle-même sur le mont Ida, le
mêle aux autres simples avec lesquelles on va panser la
blessure d'Énée :

> *Dictamnum genitrix Cretæd carpit ab Idà,*
> *Puberibus caulem foliis et flore comantem*
> *Purpureo : non illa feris icognita capris*
> *Gramina cum tergo volucres hæsere sagittæ.*
> *Æn. XII, v.* 412.

En assurant que le dictame n'a ni fleur ni tige, Pline et
Dioscoride ont prouvé qu'ils n'avoient jamais vu la plante;
car il est bien constant qu'elle a l'une et l'autre : ce qu'en
ont dit Théophraste et Virgile, ne laisse aucun doute à cet
égard. Quelle peut donc être la cause de cette erreur?
peut-être est-ce une interprétation fautive du texte de Théophraste, causée par le défaut d'attention.

Les étymologistes font dériver δικϊαμνον de τικϊεω, qui veut
dire *accoucher*, à cause de la propriété qu'a le dictame de
favoriser les accouchemens laborieux et d'aider la sortie du
fœtus mort. Χρησιμον μαλινϊα προς τας δυσϊοκιας γυναικον,
dit Théophraste, liv. 9, chap. 16 : Hippocrate, Dioscoride,
Plutarque, font aussi mention de ce fait.

C'étoit surtout pour la guérison des blessures que le dictame étoit en grande réputation chez les anciens. On ne le
trouvoit que dans l'île de Crète, où il croissoit en abondance sur le mont Dictès, ce qui a fait penser avec quelque
probabilité que le nom de δικϊαμνος pourroit bien venir de
Δικϊης et de Θαμνος, *buisson.* Théophraste dit que les chèvres
l'aiment avec passion, et que, lorsqu'elles ont été blessées,
il leur suffit d'en manger pour faire sortir les flèches de

leur blessure. Tous les auteurs anciens qui ont parlé du dictame, ont répété la même chose, et pour ajouter encore, s'il se peut, à de si merveilleuses propriétés, Pline assure que le dictame est un excellent spécifique contre la morsure des serpens venimeux.

Au reste ce dictame, si célèbre chez les anciens, et dont les feuilles pilées étoient parmi eux d'un usage général pour les blessures et les contusions, n'est presque jamais employé aujourd'hui. Cependant, s'il n'a pas les vertus extraordinaires que lui ont supposé les anciens, ses feuilles et ses fleurs exhalent une odeur aromatique agréable, et elles ont une saveur amère, âcre et piquante, qui annoncent en elles des propriétés bien positives, et celle d'agir puissamment comme excitant du système nerveux ne paroît pas douteuse. Il est à croire que cette plante contient du camphre, ainsi que quelques autres labiées.

Le dictame entre dans la thériaque, dans le mithridate, et dans quelques autres compositions pharmaceutiques, dont la première est à peu près la seule qui soit encore quelquefois usitée. (L. D.)

ORIGAN DE MARAIS. (*Bot.*) Nom vulgaire de l'eupatoire commune. (L. D.)

ORIGANUM. (*Bot.*) Voyez ORIGAN. (LEM.)

ORIGERON. (*Bot.*) Nom donné anciennement à plusieurs anémones de la division des PULSATILLES. (LEM.)

ORIGNAC. (*Mamm.*) C'est le même mot qu'orignal. (F. C.)

ORIGNAL. (*Mamm.*) Nom que quelques-unes des peuplades du Canada donnoient à l'élan de ces contrées. On a aussi écrit orignaux. (F. C.)

ORIGOME. (*Bot.*) Nom donné par Necker à de petites coupes pleines de bulbilles qu'on observe sur la fronde des *marchantia.* (MASS.)

ORILLETTE. (*Bot.*) On donne ce nom à la mache en quelques lieux. (LEM.)

ORIMANTHIS. (*Bot.*) Rafinesque - Schmaltz est auteur de ce genre, auquel il rapporte des plantes marines de forme et de substance différentes, et dont la fructification est représentée par des cellules éparses sur toute la surface et imitant des espèces de fleurs; il présume que plusieurs espèces d'*ulva* doivent y être ramenées et qu'il peut appartenir à la division des alcyonidées. Ce genre est encore voisin du *Leptorima* et du *Zonaria* de Rafinesque.

L'*Orimanthis vesiculata* ressemble à une vessie gonflée, voûtée, lobée, onduleuse, difforme, cartilagineuse, d'un brun jaunâtre : les cellules situées à la surface supérieure. Elle est commune en Sicile sur les coquilles de moules ; on lui donne le nom de bonnet ou turban de Turc, sans doute à cause de sa forme.

L'*Orimanthis foliacea* est membraneuse, foliacée, plane, ondulée, lobée, blanchâtre ; les cellules sont situées à la partie inférieure, rondes, ou ovales. Cette espèce se trouve aussi en Sicile et attachée par un seul point sur les *fucus*. (LEM.)

ORINOS. (*Ornith.*) Nom grec de la mésange à longue queue. *parus caudatus*, Linn., qui est aussi appelée dans la même langue *orites*. (CH. D.)

ORIO. (*Ornith.*) C'est, ainsi que les mots *oriol* et *oriot*, une ancienne dénomination du loriot. (CH. D.)

ORIOLUS. (*Ornith.*) Linnæus a compris sous cette dénomination générique les *cassiques*, les *troupiales*, les *carouges*, les *baltimores* et les *loriots*. (CH. D.)

ORIPELARGUS. (*Ornith.*) L'oiseau auquel ce nom est appliqué par Gesner, et dont le même auteur a donné une assez bonne figure, pag. 193, est un vautour que cite M. Savigny parmi les synonymes de son *Neophron percnopterus*. Il se rapporte aussi au *vultur percnopterus*, Linn., et à l'*ouri-gourap* de Levaillant, Oiseaux d'Afrique, pl. 14. (CH. D.)

ORITES. (*Bot.*) Genre de plantes dicotylédones, à fleurs incomplètes, de la famille des *protéacées*, de la *tétrandrie monogynie* de Linnæus, offrant pour caractère essentiel : Une corolle irrégulière, à quatre pétales recourbés à leur sommet ; point de calice ; quatre étamines placées sous la courbure des pétales ; quatre glandes à la base du pistil ; un ovaire sessile, à deux ovules ; un style roide ; un stigmate obtus, vertical ; une capsule coriace, une seule loge presque centrale ; les semences ailées à leur sommet.

Rob. Brown, auteur de ce genre, en cite deux espèces originaires de la Nouvelle-Hollande, savoir : 1.° *Orites diversifolia*, Rob. Brown, *Nov. Holl.*, pag. 388, et *Trans. Linn.*, vol. 10, pag. 190. Cette plante a des feuilles planes, lancéolées, dentées ou très-entières, tomenteuses à leur face inférieure; les capsules munies d'une suture tronquée ou légèrement incisée; 2.° *Orites revoluta*, Rob. Brown, *l. c.* Les feuilles sont linéaires, très-entières, tomenteuses et blanchâtres à leur face inférieure; les capsules pourvues d'une suture arrondie. (Poir.)

ORITES. (*Ornith.*) Mœhring a établi sous ce nom son trente-septième genre, comprenant le *parus caudatus*, Linn. Voyez ORINOS. (CH. D.)

ORITHYIE, *Orithyia.* (*Crust.*) Genre de crustacés décapodes brachyures, décrit dans notre article MALACOSTRACÉS, tome XXVIII, page 255. (DESM.)

ORITINE, *Oritina.* (*Bot.*) Ce genre, que Rob. Brown n'a pu observer dans toutes les parties de sa fructification, appartient, selon lui, à la famille des *protéacées*, et se rapproche des *orites*. Il n'en cite qu'une seule espèce, sous le nom d'*oritina acicularis*, *Trans. Linn.*, vol. 10, pag. 224. Arbrisseau de la Nouvelle-Hollande, glabre sur toutes ses parties, dont les feuilles sont alternes, presque cylindriques, canaliculées en dessus, terminées par une pointe mucronée, très-aiguë. L'ovaire paroît renfermer deux ovules, accompagné à sa base de quatre glandes. On soupçonne la corolle régulière. Le fruit est lisse, comprimé, coriace, contenant deux semences ailées à leurs deux extrémités. (Poir.)

ORIUM. (*Bot.*) Ce genre de crucifère, fait par M. Desvaux, dans son Journal de botanique, est réuni au *clypeola* par M. De Candolle, qui le relate seul dans une section de ce genre. (J.)

ORIXA. (*Bot.*) Genre de plantes dicotylédones, à fleurs polypétalées, de la *tétrandrie monogynie* de Linnæus, dont la famille n'est pas encore connue. Le caractère essentiel consiste dans un calice court, à quatre divisions; quatre pétales ouverts, lancéolés; un ovaire supérieur; un style; un stigmate en tête; une capsule?...

ORIXA DU JAPON : *Orixa Japonica*, Thunb., *Flor. japon.*, pag. 61; *Nov. gen.*, pag. 56. Arbrisseau du Japon, qui s'élève à la hauteur de cinq ou six pieds sur une tige flexueuse, glabre, divisée en rameaux glabres et alternes; les derniers un peu velus; les feuilles alternes, pétiolées, ovales, entières; vertes en dessus; pâles en dessous, velues, surtout dans leur jeunesse, ouvertes, et longues d'environ un demi-pouce. Les fleurs sont vertes, disposées en grappe, munies à la base de chaque pédicelle de bractées oblongues, concaves et glabres; les pédoncules velus; le calice d'une seule pièce, court, à quatre découpures; la corolle ouverte, à quatre pétales; quatre étamines, dont les filamens sont plus courts que les pétales, soutenant des anthères globuleuses; l'ovaire plus court que les pétales, surmonté d'un style droit, que termine un stigmate en tête, obtus. Le fruit n'a pas été observé. Plusieurs auteurs confondent ce genre de M. Thunberg avec son *orthera*, que nous avons placé, mais avec doute, entre les sapotées et les ardisiacées, à cause de ses étamines insérées au bas des lobes de la corolle. (POIR.)

ORK. (*Bot.*) Voyez KEBATH. (J.)

ORKOS. (*Bot.*) Nom arabe, suivant Forskal, de son *boerhaavia scandens*. (J.)

ORLAYA. (*Bot.*) M. Hoffmann a fait sous ce nom un genre du *caucalis grandiflora*, parce que son involucre est à cinq feuilles, le pétale extérieur plus grand et bilobé, et les vallécules du fruit munies de piquans. Ce genre n'a pas encore été adopté. (J.)

ORLEANA. (*Bot.*) Voyez ORELLANA. (J.)

ORLIK. (*Ornith.*) L'oiseau que, suivant Rzackzynski, les Polonois nomment ainsi, est l'aigle commun, *falco melanaetos*, Linn. (CH. D.)

ORME, *Ulmus*, Linn. (*Bot.*) Genre de plantes dicotylédones apétales, de la famille des *amentacées*, Juss., et de la *pentandrie digynie*, Linn., dont les principaux caractères sont, d'avoir : Un calice monophylle, campanulé, coloré, persistant, partagé en quatre ou cinq dents; point de corolle; cinq étamines, quelquefois quatre à huit; un ovaire supère, surmonté de deux stigmates sessiles ou portés sur deux styles courts; une capsule monosperme, indéhiscente, bordée d'une aile membraneuse. Les ormes sont des arbres ou des arbrisseaux à feuilles alternes, simples, accompagnées de stipules; leurs fleurs sont petites, de peu d'apparence, ramassées plusieurs ensemble en faisceaux placés aux aisselles des an-

ciennes feuilles, et paroissant ordinairement avant les nouvelles. On en connoît une vingtaine d'espèces, qui croissent,
en général , dans les climats tempérés des deux continens.
Nous citerons seulement ici les suivantes :

ORME DES CHAMPS, vulgairement ORME PYRAMIDAL, ORME,
ORMEAU , ORMILLE, ARBRE AU PAUVRE HOMME ; *Ulmus campestris*,
Linn., *Spec.* , 327. Cet arbre étend au loin ses racines ,
et il s'élève à soixante et quatre-vingts pieds sur un tronc
qui peut, avec les années , acquérir dans sa partie inférieure
douze à quinze pieds de circonférence. Lorsqu'il est isolé et
qu'on le laisse croître en liberté, sa tige se divise en beaucoup de branches, qui forment une vaste tête. Ses feuilles
sont ovales, pétiolées, d'un vert assez foncé, rudes au toucher, dentées en leurs bords. Ses fleurs, qui sont rougeâtres
et à quatre ou cinq étamines, naissent avant les feuilles, disposées en paquets serrés, presque sessiles, épars le long des
rameaux.

L'orme croît naturellemeut en France et en Europe dans les
bois. Il a produit par la culture plusieurs variétés, en général
difficiles à caractériser et assez mal déterminées. Les pépinié-
ristes distinguent principalement ces variétés, par les feuilles
plus larges ou plus étroites, plus ou moins dentées, plus ou
moins rudes, d'un vert plus clair ou plus foncé, d'un vert
uniforme ou panaché de blanc.

L'orme étoit l'arbre favori de nos ancêtres; ils le plantoient
de préférence à tout autre autour des châteaux, au devant
des églises, sur les places publiques. Les jours de fête il
protégeoit de son ombre la danse et les amusemens des villa-
geois; plus d'une fois même il fut illustré par de plus nobles
réunions. Des rois, des princes, qui vouloient faire un traité
de paix, se jurer amitié, se réunissoient souvent près de
quelque orme antique. Ainsi, lorsque Philippe-Auguste et
Henri II arrêtèrent la troisième croisade, ce fut sous un orme ,
planté non loin de Gisors, que ces deux princes, jusqu'alors
ennemis implacables , s'embrassèrent et prirent la croix. Mais,
de nouveaux sujets de dissension étant survenus, on ne put
s'entendre sur les conditions de la paix, et l'arbre sous le
quel on tenoit les conférences fut abattu par les ordres du
Roi de France.

Avant la révolution on voyoit encore, dans beaucoup de villes du royaume, des ormes dont Sully avoit ordonné la plantation, soit auprès des églises, soit dans les places publiques. Dans plusieurs endroits la reconnoissance des habitans leur avoit donné le nom du digne ministre de Henri IV, et la grosseur du tronc de ces arbres révérés attestoit leur antiquité. Quelques-uns avoient jusqu'à quinze et dix-huit pieds de circonférence.

L'orme est encore aujourd'hui l'arbre qu'on plante le plus souvent dans le Nord de la France. C'est lui qu'on emploie le plus généralement pour former des avenues au devant des châteaux, des maisons de campagne, sur les bords des grandes routes, dans les promenades publiques. En Italie l'orme a une autre destination : c'est l'arbre dont on se sert le plus ordinairement pour soutenir les vignes. Sa tige robuste prête son appui aux foibles branches de cet arbrisseau, qu'on peut élever par ce moyen beaucoup plus haut qu'elles ne pourroient atteindre naturellement.

L'orme employé à soutenir la vigne, est soumis à une taille rigoureuse. On borne la hauteur de sa tige à douze ou quinze pieds; on ne laisse que le nombre de branches nécessaires à la fonction qu'elles doivent remplir, et le peu de feuilles que cet arbre produit alors, se trouve presque caché sous les pampres de la vigne. Cet usage de faire monter celle-ci sur l'orme est fort ancien. Pline dit que c'est l'arbre qui convient le mieux, et c'est de là que les Latins donnoient fréquemment à l'orme l'épithète de *marita*. Virgile, dès le début de ses Géorgiques, parle de ce mariage de l'orme et de la vigne, et l'entrelacement des rameaux de ces deux arbres est une image que ce poëte reproduit plusieurs fois dans ses vers.

> *Quid faciat lætas segetes, quo sidere terram*
> *Vertere, Mæcenas, ulmisque adjungere vites,*
> *Conveniat . . .*
>
>   GEORG., I, v. 1.

> *Semiputata tibi frondosd vitis in ulmo est.*
>
>   ECL., II, v. 70.

> *Illa tibi lætis intexet vitibus ulmos.*
>
>   GEORG., II, v. 221.

L'orme se multiplie avec la plus grande facilité; non-seulement il produit des graines très-nombreuses, mais encore il reprend de marcottes, même de boutures, et il pousse de ses racines une multitude de rejets. Lorsqu'il est abandonné à lui-même dans un terrain, il ne tarde pas à s'en emparer en entier. Virgile a dit à ce sujet:

Pullulat ab radice aliis densissima sylva:
Ut cerasis ulmisque.

GEORG., II, v. 18.

Mais de tous ces moyens de multiplication, celui qu'on préfère pour former des pépinières, c'est d'employer la voie des semis. Les graines d'orme se sèment aussitôt qu'elles sont mûres. On les ramasse sous les arbres après leur chute spontanée, qui arrive dans les premiers jours de Mai, et on les répand à la volée sur un terrain convenablement labouré. Ces graines n'aiment pas à être beaucoup enterrées; il suffit qu'elles soient recouvertes de deux à trois lignes de terre. Elles lèvent même très-bien sans cela, quand elles sont tenues constamment humides jusqu'au moment de leur germination. Aussitôt que les graines d'orme sont semées, on les arrose s'il ne pleut pas, et au bout de cinq à six jours elles commencent à lever. Pendant la première année le jeune plant n'a besoin que d'être débarrassé des mauvaises herbes par deux ou trois sarclages, et à l'automne il a acquis un pied de hauteur, quelquefois plus, selon la bonté du terrain. Il est alors bon à planter en rigoles espacées d'environ deux pieds l'une de l'autre, et en mettant quinze à dix-huit pouces d'intervalle entre chaque plant. Les jeunes ormes doivent rester dans la pépinière jusqu'à ce que leur tige ait au moins trois pouces de tour. Ils peuvent, d'ailleurs, y rester plus long-temps, si on n'a pas de terrain disponible pour les planter, parce qu'ils reprennent encore très-bien, quoique déjà âgés de quinze à vingt ans. Quelques cultivateurs recommandent de ne point couper la tête des ormes en les plantant à demeure; mais l'usage contraire subsiste généralement, et il ne paroît pas que cela leur soit nuisible; au contraire, parce que, lorsqu'on met ces arbres en place, ils ont généralement une tige trop élancée, qui donne trop de prise aux vents qui les ébranlent et les empêchent de reprendre aussi facilement que lorsqu'ils ont été réduits à une hauteur de six à sept pieds. Nous avions voulu essayer de faire planter des ormes de douze à quinze pieds de hauteur sans les étêter, et au bout d'un an ou deux, nous avons été obligés de les faire couper tous successivement à la hauteur ci-dessus mentionnée, parce que la partie supérieure de la tige de plusieurs de ces arbres avoit été ou cassée par les vents, ou qu'elle étoit toute courbée en arc. Nous avons aussi éprouvé que les arbres dont nous avions fait couper toutes les branches, ne laissant que la tige, avoient ensuite formé des arbres plus droits que ceux auxquels nous avions laissé deux à trois branches, ayant chacune douze à quinze pouces de longueur.

L'orme s'accommode assez bien de toutes sortes de terres; cependant Duhamel dit que, lorsqu'il est planté dans un terrain trop gras et trop humide, il arrive que, dans le temps de la séve, celle-ci se porte en si grande abondance entre le bois et l'écorce, que ces deux parties se séparent par la rupture du tissu cellulaire, et alors on voit plusieurs de ces arbres mourir subitement.

La faculté qu'a l'orme de bien supporter la taille, le rend facile à tondre aux ciseaux, au croissant; et on peut en faire des palissades de verdure, des tonnelles, etc.

Le bois d'orme, en général, est assez dur, rougeâtre, sujet à se tourmenter quand il n'est pas parfaitement sec; c'est ce qui fait qu'on ne l'emploie guère pour les ouvrages de menuiserie; on ne s'en sert pas non plus pour la charpente des maisons, parce qu'il est sujet à être piqué par les vers. Son principal usage est pour le charronnage. On l'emploie aussi à faire certaines pièces des moulins, les presses des pressoirs, des tuyaux de pompe et pour la conduite des eaux. Ce bois a d'ailleurs des qualités différentes, selon les variétés dont il provient. La variété qu'on appelle orme-teille, dont les feuilles sont très-larges et qui ne pousse point de rejets sur le tronc ni sur les grosses branches, a le bois tendre, presque aussi doux que le noyer. Celle connue sous le nom d'orme femelle, se ramifie beaucoup et fournit beaucoup de bois tortu, dont les courbes sont très-utiles aux charrons. Cependant son bois n'est pas aussi dur que celui de l'orme tortillard, qui est chargé de nœuds, et qui pour cette raison est recherché pour faire des moyeux de roue. La disposition et l'entrelacement de ses fibres lui donnent beaucoup de ténacité. Cette variété est aussi plus sujette que les autres à produire sur le tronc des excroissances, qui deviennent quelquefois très-grosses et qui, travaillées convenablement, servent aux ébénistes à faire des meubles de toute espèce, meubles qui, par leurs veines nombreuses et les accidens variés et quelquefois bizarres qu'ils présentent, sont souvent beaucoup plus beaux que ceux faits avec les bois étrangers les plus recherchés. L'orme à larges feuilles est celui qu'on plante le plus ordinairement pour former des avenues; celui à très-petites feuilles sert pour faire des rideaux et des salles de verdure.

Le principal emploi que l'on fasse de l'orme, c'est de le planter pour faire des avenues le long des grandes routes ou devant des maisons de campagne et dans les promenades publiques. Les arbres élevés dans les pépinières, sont bons pour cela à mettre en place à cinq ou six ans ; ceux qu'on ne taille que modérément, deviennent toujours plus beaux que ceux qu'on émonde trop souvent et dont surtout on retranche presque toutes les branches à la fois, ne leur laissant que quelques rameaux au sommet. Pour que l'émondage des ormes soit profitable, il faut ne le faire que tous les cinq à six ans ; mais le plus souvent, surtout pour ceux qui bordent les grandes routes, les cultivateurs dans les champs desquels ils se trouvent plantés, les taillent tous les trois à quatre ans, afin d'avoir moins d'ombre sur leurs cultures.

Dans les cours et autour de beaucoup de fermes dans plusieurs cantons, on plante l'orme pour en faire des têtards, c'est-à-dire des arbres dont on raccourcit la tige à la hauteur de huit à dix pieds et dont on émonde ensuite régulièrement la tête tous les six à huit ans. On plante ordinairement de préférence, pour faire ces têtards, l'orme tortillard, qu'on multiplie de rejets ou de marcottes. Ces arbres forment en quelque sorte un taillis en l'air, qui fournit beaucoup de branches pour faire des fagots, et dont les feuilles peuvent aussi être cueillies pour la nourriture des bestiaux et suppléer aux fourrages ordinaires.

On fait peu de taillis d'ormes ; cependant ce genre de culture n'est pas à négliger. Ces taillis peuvent se couper depuis l'âge de six ans jusqu'à quinze. Les plus jeunes servent à faire des fagots, et on peut, ainsi que des ormes têtards, en recueillir les feuilles pour les donner à manger aux bestiaux.

Lorsque ces taillis ont dix à quinze ans, on fait, avec leur plus gros bois, des échalas pour les vignes, des cercles de futailles. Il n'y a pas d'avantage à les laisser s'élever en arbres de haute futaie, parce que leur bois, lorsqu'ils ont cru en massif, est beaucoup moins propre aux ouvrages de charronnage que celui des ormes plantés isolément.

Dans la Bretagne, les Cévennes, le Jura, etc., on emploie communément, pendant le printemps et l'automne, les feuilles de l'orme à la nourriture des moutons, des chèvres et des vaches. Les cochons les aiment beaucoup aussi, surtout lorsqu'on les leur a fait cuire. Ces feuilles doivent leurs qualités nutritives au mucilage abondant qu'elles contiennent.

C'est principalement avec des haies qu'on taille deux fois par an, au milieu du printemps et au commencement de l'automne, qu'on se procure cette espèce de fourrage. Ces haies font d'ailleurs des clôtures solides et qui sont de longue durée.

Toutes les variétés d'orme ne se multiplient pas de semis; celles à feuilles panachées particulièrement, ne peuvent se conserver que par la greffe, et l'espèce de greffe qu'on emploie ordinairement, est celle en écusson. On pourroit aussi propager ces variétés par marcottes; mais on préfère employer la greffe qui est plus expéditive.

L'écorce moyenne, ou le liber de l'orme, a une saveur stiptique et un peu austère, qui annonce un principe astringent. On avoit anciennement préconisé cette substance contre l'hydropisie ascite, et après avoir été assez long-temps oubliée sous ce rapport, elle a été de nouveau vantée, il y a vingt et quelques années, comme un remède assuré contre toutes les maladies de la peau. C'étoit spécialement le liber de la variété appelée orme pyramidal que recommandoit Banan, qui, non-seulement essaya de le faire passer pour un spécifique contre les affections cutanées, mais pour une sorte de panacée, également utile contre les cancers, les scrophules, le scorbut, les rhumatismes, les fièvres intermittentes, les maladies nerveuses, etc. C'étoit en décoction et à la dose d'une à deux onces par pinte d'eau, que le liber d'orme se prescrivoit; mais aujourd'hui ce remède est entièrement retombé dans l'oubli, ainsi que la liqueur qu'on trouve dans des vessies assez grosses, qui viennent quelquefois sur les feuilles de l'orme, et qui sont des excroissances formées par la piqûre de certains insectes. On attribuoit à cette liqueur une vertu vulnéraire et la propriété d'embellir le teint.

ORME SUBÉREUX; *Ulmus suberosa*, Willd., *Spec.* 1, p. 1324. Cet arbre a le même port que l'orme champêtre, et il en a été considéré pendant long-temps comme une simple variété; mais aujourd'hui la plupart des botanistes s'accordent à le regarder comme une espèce distincte, parce que ses fleurs n'ont que quatre étamines, et que l'écorce de ses rameaux est relevée de côtes saillantes et comme boursouflées, ayant quelque ressemblance avec l'écorce du chêne liége. L'orme subéreux se trouve en France et en Europe dans les bois et sur les bords des grands chemins, où on le plante comme le précédent. Son bois paroît avoir les mêmes qualités.

ORME A FLEURS ÉPARSES; *Ulmus effusa*, Willd., *Spec.*, 1, p. 1325. Cet arbre ne diffère pas des deux précédens quant au port; on l'en distingue cependant parce que ses fleurs ne sont pas serrées les unes contre les autres, mais portées sur des pédicelles assez longs, qui font qu'elles forment un bouquet plus lâche. Ces fleurs ont d'ailleurs huit étamines, et les fruits qui leur succèdent sont plus petits, ciliés sur les bords. Cette espèce croît dans les bois en Alsace, en Bourgogne, dans l'Anjou, aux environs de Paris et dans plusieurs parties de l'Europe.

ORME D'AMÉRIQUE ou ORME BLANC; *Ulmus americana*, Linn., *Spec.*, 327. M. Michaux a trouvé cet arbre ayant, dans son pays natal, jusqu'à quatre-vingts et cent pieds de hauteur. Ses feuilles sont ovales, acuminées, alternes sur de courts pétioles, doublement dentées en leurs bords. Ses fleurs sont fort petites, portées sur des pédicelles inclinés, de longueur différente et réunies au nombre de huit à dix ensemble en petits paquets. Le calice et les étamines sont d'un pourpre foncé, et le stigmate est blanc, comme laineux; les graines sont ovales, échancrées à leur extrémité et bordées de cils. Cette espèce croît naturellement dans le Nord des État-Unis. On la cultive en Europe dans les parcs et les grands jardins paysagers. Lorsque cet arbre est d'un certain âge et planté isolément, il a un très-bel aspect.

La couleur de son bois est semblable à celle de notre orme ordinaire ; mais ce bois est moins compacte, il a moins de force, de dureté, et se fend plus aisément ; ce qui, sous tous ces rapports, le rend inférieur pour les ouvrages de charronnage. Cependant on l'emploie en Amérique pour faire les moyeux des roues de carrosse et de cabriolet. Son écorce, qui est recouverte d'un épiderme blanc, se lève facilement pendant que les arbres sont en séve ; mise pendant quelque temps dans l'eau à macérer, et battue ensuite, on s'en sert, dans les campagnes des États du Nord, pour faire le siége des chaises communes.

Orme ailé ; *Ulmus alata*, Mich., Arbr. amér., 3, p. 275, t. 5. Cet orme est peu élevé, selon M. Michaux, et sa hauteur n'excède pas ordinairement trente pieds. Ses branches sont couvertes d'une substance fongueuse, qui forme dans toute leur longueur deux espèces d'ailes opposées l'une à l'autre. Ses feuilles sont ovales, dentées, portées sur de courts pétioles, et plus petites que dans l'espèce précédente. Les graines sont ovales, bordées de cils et échancrées à leur extrémité. Cet arbre croît dans la Virginie, la Caroline, la Géorgie, la Floride et la Basse-Louisiane, sur les bords des rivières et dans les marais. Son bois est plus lourd que celui de l'orme blanc, et il a le grain plus fin, plus serré. On l'emploie dans le pays où il croît naturellement pour faire des moyeux.

Orme rouge ; *Ulmus rubra*, Mich., Arbr. amér., 3, p. 278, t. 6. Cet arbre s'élève à cinquante ou soixante pieds. Ses feuilles sont ovales, acuminées, doublement dentées en leurs bords, plus grandes et plus épaisses que celles de l'orme blanc, et très-rudes au toucher. Ses fleurs sont presque sessiles, à calice lanugineux, et à étamines courtes, d'un rose pâle. Les graines sont plus grandes que dans les deux espèces précédentes ; arrondies et non ciliées en leurs bords. Cet orme croît dans les États-Unis et dans le Canada. Il se plaît dans les terres substantielles, qui ne sont point humides ; son bois est roussâtre, a peu d'aubier, et il est de meilleure qualité que celui de l'orme blanc et de l'orme ailé. Il résiste bien à la pourriture, quoique exposé aux injures de l'air. On l'emploie, dans quelques parties des États-Unis, pour la charpente des maisons et quelquefois aussi pour la construction des vaisseaux. Comme il se fend aisément de droit fil et qu'il dure long-temps, on en fait encore des barres pour la clôture des champs.

L'écorce de ses branches et ses feuilles, macérées dans l'eau, donnent un mucilage très-abondant. Cette propriété les fait employer pour faire des tisanes adoucissantes et des cataplasmes émolliens, comme on fait en Europe de la racine de guimauve.

Orme a petites feuilles; *Ulmus parvifolia*, Jacq., *Hort. Schœnbr.*, 3, p. 261, t. 262. Cet arbre s'élève à la hauteur de douze pieds, en se divisant en rameaux nombreux, étalés. Ses feuilles sont petites, ovales-lancéolées, brièvement pétiolées, finement et également dentées, vertes en dessus, plus pâles en dessous. Les fleurs, portées sur des pédoncules courts et réunies trois à six ensemble par petits paquets, ont un calice à quatre divisions et quatre étamines à anthères rougeàtres. Les fruits sont ovales, petits, un peu aigus et glabres. Le pays natal de cette espèce n'est pas connu. On la cultive au Jardin du Roi. (L. D.)

ORME D'AMÉRIQUE. (*Bot.*) C'est le nom sous lequel est désigné le *Guazuma* de Plumier dans les Antilles. (J.)

ORME PYRAMIDAL. (*Bot.*) On donne ce nom dans les colonies, à la Guadeloupe, à l'Érotée onduleuse, et à la Martinique, au *Guazuma* à feuilles d'orme. (Lem.)

ORME DE SAMARIE. (*Bot.*) C'est le ptelea trifolié. (Lem.)

ORME SAUVAGE. (*Bot.*) Nom vulgaire de l'ostryer. (L. D.)

ORMEAU. (*Bot.*) Nom vulgaire de l'orme jeune. (L. D.)

ORMÉNIDE, *Ormenis.* (*Bot.*) Ce genre de plantes, que nous avons proposé dans le Bulletin des sciences de Novembre 1818 (pag. 167), appartient à l'ordre des Synanthérées, à notre tribu naturelle des Anthémidées, à la section des Anthémidées-Prototypes, et au groupe des Anthémidées-Prototypes vraies, dans lequel nous l'avons placé entre nos deux genres *Maruta* et *Cladanthus*. (Voyez notre tableau des Anthémidées, tom. XXIX, pag. 180.)

Le genre ou sous-genre *Ormenis* présente les caractéres suivans.

Calathide radiée: disque multiflore, régulariflore, androgyniflore; couronne unisériée, liguliflore, féminiflore. Péricline hémisphérique-turbiné, égal aux fleurs du disque; formé de squames uni-bisériées, presque égales, appliquées, oblongues, coriaces, pourvues d'une bordure large, membraneuse-scarieuse, diaphane, frangée sur ses bords. Clinanthe cylindracé, très-élevé; garni de squamelles inférieures aux fleurs, enveloppant complétement l'ovaire et la base de la corolle, naviculaires, carénées, aiguës au sommet, coriaces-membraneuses, uninervées. *Fleurs du disque:* Ovaire ou fruit petit, obovoïde-arrondi, glabre, lisse, privé d'aigrette, ayant l'aréole apicilaire petite, un peu oblique-intérieure, articulée avec la base de la corolle. Corolle à tube enflé, prolongé inférieurement par sa base en un appendice membraneux-charnu, en forme de cuillère ou de capuchon, qui emboîte et couvre jusqu'à sa base le côté intérieur de l'ovaire, sans y adhérer en aucun point; limbe à cinq divisions, dont chacune porte une énorme bosse derrière son sommet. *Fleurs de la couronne:* Ovaire ou fruit oblong, glabre, fertile, privé d'aigrette, continu par son sommet avec la base de la corolle. Corolle à tube obcomprimé, contenant le style et des rudimens d'étamines; languette obovale, terminée par trois dents courtes, larges, arrondies, dont la médiaire est à peine sensible.

ORMÉNIDE A COURONNE BICOLORE; *Ormenis bicolor*, H. Cass.; *Anthemis mixta*, Linn., *Sp. pl.*, édit. 3, pag. 1260. C'est une plante herbacée, annuelle, dont la tige, haute d'environ deux pieds, est très-rameuse, cylindrique, striée, pubescente; les feuilles sont alternes, sessiles, inodores, longues de près de deux pouces, larges d'environ huit lignes, oblongues, pinnatifides-laciniées, glauques, glabriuscules ou un peu pubescentes, à divisions découpées en lanières linéaires-aiguës; les calathides, larges d'environ dix lignes, sont nombreuses, solitaires, terminales, douées d'une odeur analogue à celle de la *Maruta fœtida;* leur disque est jaune; la couronne est de deux couleurs, étant jaune à sa base et blanche du reste. Nous avons fait cette description spécifique, et celle des caractères génériques, sur des individus vivans, cultivés au Jardin du Roi, où ils fleurissoient en Août. L'espéce est indigène en France et en Italie.

L'*Anthemis coronopifolia* de Willdenow, que nous n'avons point vue, paroît, d'après la description, tellement analogue à l'*Anthemis mixta* de Linné, qu'il est bien probable que c'est une seconde espèce d'*Ormenis*.

Ce genre *Ormenis* se distingue, 1.° par le clinanthe cylindracé, très-élevé, garni de squamelles inférieures aux fleurs, coriaces, enveloppant complétement l'ovaire et la base de la corolle; 2.° par la base des corolles du disque, prolongée en un appendice ovale sur le côté intérieur de l'ovaire; 3.° par la base des corolles de la couronne, continue à l'ovaire.

Chaque ovaire du disque se trouve complétement enfermé dans un étui clos de toute part, et formé de deux pièces, dont l'une est la squamelle, et l'autre est l'appendice ou prolongement de la base de la corolle. (H. Cass.)

ORMIER. (*Malacoz.*) Nom françois employé par quelques auteurs, comme Adanson, pour désigner le genre Haliotide.

C'est aussi le nom vulgaire de l'espèce de nos côtes, *H. vulgaris* de Lamk. (De B.)

ORMIÈRE. (*Bot.*) C'est le *spirea ulmaria*, Linn., ou reine des prés. (Lem.)

ORMIN. (*Bot.*) Nom vulgaire d'une espèce de sauge. Voyez Horminum. (L. D.)

ORMISCUS. (*Bot.*) M. De Candolle donne ce nom à une de ses sept sections du genre *Heliophila* dans les crucifères. (J.)

ORMOCARPE, *Ormocarpum.* (*Bot.*) Genre de plantes dicotylédones, à fleurs complètes, papillonacées, de la famille des *légumineuses*, de la *diadelphie décandrie* de Linnæus, dont le caractère essentiel consiste dans un calice à deux lèvres, à cinq dents, accompagné de deux petites bractées; une corolle papillonacée; dix étamines diadelphes; un ovaire supérieur, pédicellé; un style incliné; un stigmate arrondi. Le fruit est une gousse coriace, articulée; les articulations monospermes.

Ormocarpe verruqueux: *Ormocarpum verrucosum*, Pal. Beauv., Fl. d'Oware et Benin, vol. 1, pag. 95, tab. 58; Poir., *Ill. gen.*, *Suppl.*, tab. 978. Arbrisseau dont la tige est droite, glabre, cylindrique. Les rameaux sont alternes, garnis de feuilles pétiolées, alternes, lancéolées, très-entières, nerveuses, longues de quatre à cinq pouces, acuminées; les pétioles articulés vers leur sommet, accompagnés à leur base de très-petites stipules. Les fleurs sont disposées en épis grêles, très-lâches, axillaires; les pédicelles filiformes. Leur calice est persistant, à deux lèvres, à cinq dents inégales, aiguës, muni à sa base de deux petites bractées ovales; dans la corolle, l'étendard est renversé, large, entier; les ailes sont ovales, arrondies; la carène, élargie en forme de capuchon, est divisée en deux parties, pourvue à sa base d'un onglet mince, filiforme; les anthères sont petites, ovales-oblongues; l'ovaire est ovale-oblong, arqué; le style filiforme; le stigmate fort petit. Le fruit est une gousse pédicellée, arquée, articulée; chaque article comprimé, monosperme, arqué, long d'environ un pouce, étroit, rétréci à ses deux extrémités, lisse, sillonné et chargé de petites verrues; les semences sont aplaties, ovales-oblongues. Cette plante croît aux lieux un peu élevés, dans le royaume d'Oware. (Poir.)

ORMOSIE, *Ormosia.* (*Bot.*) Genre de plantes dicotylédones, à fleurs complètes, papillonacées, de la famille des *légumineuses*, de la *décandrie monogynie* de Linnæus, offrant pour caractère essentiel : Un calice à deux lèvres; la supérieure bilobée, l'inférieure à trois divisions; une corolle papillonacée; l'étendard arrondi, échancré, à peine plus long que les ailes; dix filamens libres, dilatés à leur base; un ovaire supérieur; le style courbé; deux stigmates placés au-dessus l'un de l'autre; une gousse bivalve, comprimée, contenant une à trois semences.

ORMOSIE ÉCARLATE : *Ormosia coccinea,* Smith, *Trans. Linn.,* vol. 10, pag. 360, tab. 25; *Robinia coccinea,* Aubl., *Guian.,* 2. pag. 773. Arbre de la Guiane, dont les rameaux sont flexueux, raboteux, les feuilles alternes, ailées, souvent longues d'un pied, composées de quatre à six paires de folioles roides, nerveuses, un peu veinées, glabres, épaisses, roulées à leurs bords, luisantes en dessus, un peu brunes en dessous; les pétioles velus; les stipules étroites, soyeuses; les fleurs disposées en une ample panicule terminale, longue d'un pied et plus; munie de bractées subulées; les pédoncules, les pédicelles et le calice velus; ce dernier turbiné; la corolle est d'un rouge écarlate; les pétales sont onguiculés; les filamens libres, in-

sérés sur le calice ; cinq plus courts ; les anthères à deux loges ;
l'ovaire velu. Le fruit est une gousse courte, très-dure, luisante, terminée par un bec très-court, rétrécie obliquement
à sa base, à une ou deux semences ovales, d'un rouge écarlate, marquée d'une tache noire.

Ormosie resserrée; *Ormosia coarctata*, Smith, *l. c.*, tab. 27.
Cette plante est très-rapprochée de la suivante : elle en diffère
par ses feuilles plus petites, velues en dessous, ailées, composées
de quatre à cinq paires de folioles ovales, lancéolées, pédicellées, couvertes en dessous d'un duvet ferrugineux ; les deux
inférieures plus petites ; les pétioles tomenteux ; les stipules
subulées et soyeuses ; les panicules courtes, serrées et touffues ;
les bractées larges, pubescentes, puis subulées ; le calice velu,
coloré en dedans ; l'ovaire velu, à cinq ovules. Cette plante
croît dans la Guinée.

Ormosie a fruits velus : *Ormosia dasycarpa*, Smith, *Trans.
Linn.*, vol. 10, pag. 362, tab. 26; *Podalyria monosperma*, Poir.,
Encycl.; *Sophora monosperma*, Swartz., *Flor.* Arbrisseau dont
la tige est droite, haute d'environ dix pieds, et l'écorce blanchâtre. Les rameaux sont velus, roussâtres ; les feuilles pétiolées, ailées avec une impaire, composées de cinq folioles oblongues, pédicellées, acuminées. Les fleurs sont bleues, odorantes,
disposées en une panicule terminale ; elles ont le calice tomenteux et roussâtre en dehors, coloré en dedans ; la corolle grande
et belle ; l'étendard un peu plus long que les ailes ; l'ovaire
velu : il lui succède une gousse velue, dure, ovale, ne renfermant qu'une seule semence, grosse, rougeâtre, marquée
d'une tache noire. Cette plante croît à la Jamaïque. (Poir.)

ORMYCARPUS. (*Bot.*) Genre fait par Necker pour distinguer de ses congénères le *raphanus sibiricus*, dont la silique
uniloculaire se prolonge en un long bec. (J.)

ORN. (*Ornith.*) Nom suédois de l'aigle doré, *falco chrysaetos*, Linn. (Ch. D.)

ORNE. (*Bot.*) Voyez Ornier. (L. D.)

ORNÉ. (*Ichthyol.*) Nom spécifique d'un poisson du genre
Plagusie. Voyez ce mot. (H. C.)

ORNÉODE, *Orneodes*. (*Entom.*) Nom de genre d'une espèce de Ptérophore, qui est celle en éventail de Geoffroy,
que M. Latreille a cru devoir distinguer, parce que sa larve

se file une coque et que les autres espéces s'accrochent par la queue, comme les papillons, pour se métamorphoser. Nous avons fait figurer cette espèce planche 43 de l'atlas de ce Dictionnaire, sous le n.º 8 et 8 *a*. Voyez Ptérophore hexadactyle. (C. D.)

ORNÉPHILES ou SYLVICOLES. (*Entom.*) Famille d'insectes coléoptères du deuxième sous-ordre ou hétéromérés, à élytres durs, larges, à antennes en fil souvent dentées.

Nous avons fait représenter les six genres qui composent cette famille sur la planche douzième de l'atlas de ce Dictionnaire.

Il est facile de distinguer les insectes de cette famille de tous ceux du même sous-ordre, c'est-à-dire chez lesquels les tarses postérieurs n'ont pas le même nombre d'articles que ceux de devant ou du milieu. D'abord leurs élytres sont durs; ce en quoi ils diffèrent des épispastiques, comme les mylabres et les cantharides, qui les ont mous et flexibles; secondement leurs antennes sont en fil et non à articles grenus ou moniliformes, comme dans tous les insectes nocturnes, tels que les lygophiles, les photophyges et les mycétobies, parmi lesquels nous citerons les ténébrions, les blaps et les diapères; enfin leurs élytres ne sont pas rétrécis à leur extrémité libre, comme dans les sténoptères, tels que les mordelles, les œdémères, etc. Ainsi, en résumant ces caractères négatifs, on peut dire que les ornéphiles n'ont pas les élytres mous; que leurs antennes ne sont pas composées d'articles grenus, et que leurs élytres ne sont pas rétrécis à la pointe, mais à peu près d'une largeur égale dans toute leur étendue.

Le nom de cette famille est emprunté de deux mots grecs, qui indiquent une particularité des mœurs de ces insectes; savoir d'Ορνῆ, qui signifie *bois*, *forêt*, et de φίλος, amateur. C'est cette idée que nous avons cherché à rendre par l'expression de *sylvicoles*, que nous indiquons comme synonyme.

On ignore les particularités des larves des ornéphiles. Il est très-présumable qu'elles se développent dans le tronc des arbres comme les insectes parfaits que l'on y rencontre plus ordinairement.

Nous avons déjà dit, au commencement de cet article, que les genres rapportés à la famille des ornéphiles, étoient au nombre de six, que nous avons fait figurer. Ce sont les *helops*, les *serropalpes* ou *mélandryes*, les *cistèles*, les *calopes*, les *pyrochres* et les *hories*. Le tableau suivant indique les caractères essentiels de chacun de ces genres, aux noms desquels nous renvoyons le lecteur pour en connoître les particularités.

Corselet…	presque carré : à bord antérieur	échancré…	1. HELOPS.
		arrondi….	2. SERROPALPE.
	plus étroit en devant; large en arrière…..		3. CISTÈLE.
	arrondi : cuisses postérieures	simples : corselet	convexe … 4. CALOPE.
			déprimé… 5. PYROCHRE.
		renflées………….	6. HORIE.

(C. D.)

ORNIER ; *Ornus*, Pers. (*Bot.*) Genre de plantes dicotylédones de la famille des *jasminées*, Juss., et de la *diandrie monogynie* du système sexuel, dont les principaux caractères sont les suivans : Calice monophylle, très-court, à quatre divisions; corolle de quatre pétales linéaires; deux étamines; un ovaire supère, oblong, surmonté d'un style droit, à stigmate bifide; une capsule oblongue, comprimée, terminée par une aile, et ne contenant qu'une graine dans une seule loge, par l'avortement constant de la deuxième loge.

ORNIER D'EUROPE, vulgairement FRÊNE A LA MANNE, FRÊNE A FLEUR : *Ornus europæa*, Pers., *Synops.*, 1, p. 9; *Fraxinus ornus*, Linn., *Spec.* 1510. C'est un arbre de vingt à trente pieds de hauteur, dont les rameaux sont opposés, garnis de feuilles pareillement opposées, ailées avec impaire, composées de sept à neuf folioles ovales-lancéolées, glabres en dessus, légèrement pubescentes en dessous. Ses fleurs sont blanches, très-nombreuses, disposées au sommet des rameaux en une belle panicule; elles ont une odeur douce et assez agréable; leurs pétales sont étroits et très-alongés, et les filamens des étamines sont presque de la même longueur. L'ornier fleurit en Avril et Mai; il croît naturellement en Provence, en Languedoc et dans quelques autres parties du Midi de l'Europe, principalement dans la Calabre.

On cultive cet arbre dans les jardins paysagers, où il produit un effet agréable par son feuillage élégant et encore plus par ses belles panicules lorsqu'il est en fleur. Il n'est pas délicat sur la nature du sol et peut croître dans les plus mauvais terrains; il ne craint pas, d'ailleurs, le froid, et ses graines viennent bien à maturité dans le climat de Paris; ce qui permet de le muliplier de semis, qu'il faut faire à une exposition un peu chaude. Ces semis se traitent comme ceux du frêne élevé (voyez tom. XVII, p. 376). Son bois est très-dur et pourroit être employé à plusieurs ouvrages; mais on s'en sert peu, parce qu'on en trouve rarement des pièces d'une dimension convenable.

Dans les pays chauds et pendant les mois de Juin et de Juillet, il suinte de son tronc et de ses principales branches, de même que de certains frênes, un suc clair, qui se condense par l'impression de l'air et de la chaleur : c'est la manne, purgatif très-usité en médecine.

L'ornier a deux variétés : l'une à feuilles plus larges, et qu'on cultive de préférence dans les jardins; la seconde, à laquelle on donne vulgairement le nom de frêne de Montpellier, est remarquable au contraire par ses feuilles plus petites, et par sa tige qui ne s'élève qu'à huit ou dix pieds. (L. D.)

ORNITHIDIE, *Ornithidium*. (*Bot.*) Genre de plantes monocotylédones, à fleurs incomplètes, irrégulières, de la famille des *orchidées*, de la *gynandrie diandrie* de Linnæus, offrant pour caractère essentiel : Point de calice; une corolle à six divisions profondes; les cinq supérieures conniventes; l'inférieure ou la lèvre sessile, en capuchon, soudée avec la colonne des organes sexuels; une anthère à deux lobes; le pollen distribué en quatre paquets obliques, cannelés à leur partie inférieure.

ORNITHIDIE A FLEURS ÉCARLATES : *Ornithidium coccineum*, Rob. Brown, *in* Ait., *Hort. Kew. ed. nov.*; *Epidendrum coccineum*, Jacq., *Amer.*, 222, tab. 135 ; *Helleborine coccinea*, etc., Plum., *Icon.*, 180, fig. 1; *Cymbidium coccineum*, Swart., *Nov. act. Ups.*, 6, pag. 70. Très-belle espèce, dont les racines sont cylindriques et rameuses : les fleurs paroissent d'abord dans l'aisselle des feuilles radicales, puis la tige s'alonge à la longueur d'un pied, porte d'autres feuilles, presque ensiformes, obtuses, un peu épaisses, lisses, luisantes, sans nervures, longues de quatre à huit pouces, munies d'autres fleurs axillaires, pédonculées, d'un rouge écarlate, inodores, ayant l'ovaire de même couleur; les pédoncules grêles, blanchâtres, longs de deux pouces, uniflores, garnis de quelques écailles étroites, aiguës. Cette plante croît sur les arbres, dans les bois, à la Martinique, dans les lieux voisins des ruisseaux. (Poir.)

ORNITHOGALE, *Ornithogalum*, Linn. (*Bot.*) Genre de plantes monocotylédones, de la famille des *asphodélées*, Juss., et de l'*hexandrie monogynie*, Linn., dont les principaux caractères sont d'avoir : Point de calice; une corolle partagée profondément en six divisions oblongues, droites et rapprochées jusque vers leur milieu, ouvertes dans le reste de leur étendue, marcescentes; six étamines droites, à filamens alternativement élargis à leur base, terminés par des anthères simples; un ovaire supère, anguleux, surmonté d'un style subulé, persistant, terminé par un stigmate obtus; une capsule arrondie, à trois valves et à trois loges polyspermes.

Les ornithogales sont des plantes à racines bulbeuses, à feuilles linéaires ou linéaires-lancéolées, et à fleurs ordinairement jaunes ou blanches, disposées en corymbe ou en épi. On en connoît environ soixante et dix espèces, parmi lesquelles neuf se trouvent naturellement en France. Plusieurs de ces plantes sont cultivées pour l'ornement des jardins.

* *Fleurs jaunes; filamens des étamines non dilatés à leur base.*

Ornithogale jaune; *Ornithogalum luteum*, Linn., *Spec.*, 440. Sa racine est une petite bulbe qui produit une seule feuille radicale, linéaire, grêle, et une tige anguleuse, haute de trois à quatre pouces, portant, à sa partie supérieure, une à trois petites feuilles lancéolées, concaves, et une à cinq fleurs jaunes, pédicellées et disposées en une sorte de corymbe. Cette plante croît dans les champs en France et dans plusieurs parties de l'Europe.

Ornithogale nain; *Ornithogalum minimum*, Linn., *Spec.*, 440. Cette espèce a beaucoup de rapports avec la précédente; mais elle en diffère par ses pétales plus pointus, souvent pubescens en dehors, et par ses pédoncules toujours pubescens, souvent rameux à leur base. Cet ornithogale croît naturellement dans les champs et les lieux cultivés.

Ornithogale fistuleux; *Ornithogalum fistulosum*, Decand.,

Fl. fr., 3, p. 215. Cette plante ressemble à l'ornithogale jaune, mais elle est presque toujours plus petite; sa tige ne porte qu'une fleur, rarement deux à trois; les divisions de la corolle sont obtuses et les pédicelles sont hérissés de poils épars; enfin, ses feuilles radicales sont filiformes et fistuleuses. Cette plante croît naturellement dans les prairies humides des Alpes et des Pyrénées.

**** *Fleurs blanches, verdâtres ou jaunes; filamens des étamines dilatés à leur base.***

Ornithogale des Pyrénées : *Ornithogalum pyrenaicum*, Linn., *Spec.*, 440; Jacq., *Flor. Aust.*, 2, t. 103. Sa bulbe est grosse comme une noix ou un peu plus; elle produit plusieurs feuilles radicales, linéaires, étroites, un peu glauques, et une tige droite, haute de deux pieds ou plus, terminée par un épi de fleurs nombreuses, qui a quelquefois un pied de longueur. Ces fleurs sont d'un blanc sale, avec une ligne verdâtre dans le milieu de chaque division de la corolle; leurs pédoncules sont très-ouverts pendant l'inflorescence, et ensuite rapprochés contre l'axe; munis à leur base de bractées plus courtes qu'eux. Cette espèce fleurit en Juin. Elle croît dans les Pyrénées et dans les forêts de plusieurs parties de l'Europe.

Ornithogale de Narbonne; *Ornithogalum narbonense*, Linn., *Spec.*, 440. Cette espèce diffère de la précédente par sa stature plus petite, par ses feuilles plus larges, par ses fleurs entièrement blanches et par ses bractées ordinairement plus longues que le pédoncule. Elle croît dans le Midi de la France et de quelques autres parties de l'Europe.

Ornithogale d'Arabie : *Ornithogalum arabicum*, Linn., *Spec.*, 441; Red., Lil., t. 63. Ses feuilles sont linéaires-lancéolées; du milieu d'elles s'élève une hampe cylindrique, haute de quinze à dix-huit pouces, terminée par une belle grappe de fleurs blanches, assez grandes, campanulées, portées sur des pédoncules, dont les inférieurs sont plus alongés que les supérieurs, ce qui, dans le commencement de la floraison, donne à la grappe l'aspect d'un corymbe. Cette espèce croît naturellement dans l'île de Corse et en Barbarie.

Ornithogale en ombelle, vulgairement Dame de onze

HEURES : *Ornithogalum umbellatum*, Linn., *Spec.*, 441 ; Jacq., *Flor. Aust.*, t. 343. Ses feuilles sont linéaires, étroites, étalées sur la terre ; du milieu d'elles naît une hampe droite, haute de six à huit pouces, terminée par six à huit fleurs blanches, rayées de verdâtre, portées sur des pédoncules inégaux et disposées en un corymbe ayant, en quelque sorte, l'apparence d'une ombelle. Cette plante n'est pas rare dans les champs et dans les bois. Le nom de *Dame de onze heures* lui vient de ce que ses corolles s'ouvrent à cette heure. Lorsque ces fleurs sont épanouies, elles font un joli effet ; mais elles durent peu, car elles se referment quatre ou cinq heures après.

ORNITHOGALE DORÉ ; *Ornithogalum aureum*, Willd., *Spec.*, 2, p. 124. Sa racine est une bulbe arrondie, de la grosseur d'une petite noix ; elle produit six à sept feuilles lancéolées-linéaires, creusées en gouttières, d'un vert gai. Entre ces feuilles s'élève une hampe haute d'environ un pied, terminée par une belle grappe composée de vingt fleurs et plus, d'un jaune doré ou orangé, rapprochées les unes des autres au moment où elles commencent à s'épanouir, et formant presque le corymbe. Cette plante est originaire du cap de Bonne-Espérance. Les Hottentots mangent ses bulbes.

ORNITHOGALE PENCHÉ : *Ornithogalum nutans*, Linn., *Spec.*, 441 ; Jacq., *Flor. Aust.*, t. 301. Ses feuilles sont linéaires, étroites, molles, à peu près aussi longues que la hampe. Celle-ci s'élève à un pied ou quinze pouces, et est terminée par cinq à huit fleurs assez grandes, blanches, rayées de verdâtre, disposées en grappe, et remarquables parce que leurs pédoncules se recourbent et s'inclinent après la fécondation ; les bractées, qui sont à leur base, sont trois à quatre fois plus longues que ces pédoncules. Cette espèce croit dans les prés et dans les bois, en France, en Suisse, en Allemagne, en Italie, etc.

ORNITHOGALE A LONGUES BRACTÉES ; *Ornithogalum longibracteatum*, Jacq., *Hort.*, t. 29. La racine de cette plante est une bulbe de la grosseur du poing, verdâtre et croissant à la surface de la terre ; elle produit plusieurs feuilles linéaires-lancéolées, canaliculées, du milieu desquelles s'élève une tige haute de deux à trois pieds, terminée par une grappe de fleurs blanches, rayées de vert, assez petites. Les bractées sont une fois plus longues que les pédoncules. Cette espèce est originaire de cap de Bonne-Espérance.

ORNITHOGALE PYRAMIDAL, vulgairement ÉPI DE LAIT; *Ornithogalum pyramidale*, Linn., *Spec.*, 441. Ses feuilles sont linéaires-lancéolées, canaliculées, droites, longues d'un pied ou environ; au milieu d'elles s'élève une tige cylindrique, longue de dix-huit à vingt-quatre pouces, terminée par un bel épi de fleurs nombreuses, d'un blanc de lait. Les bractées sont membraneuses, blanches, beaucoup plus courtes que les pédoncules. Cette espèce croît naturellement dans le Midi de l'Europe et particulièrement en Portugal. Elle fleurit dans les jardins en Juin et Juillet.

Plusieurs ornithogales, particulièrement ceux de la seconde division, ont de jolies fleurs; ce qui fait que quelques-unes de ces plantes sont employées à l'ornement des jardins. Toutes les espèces que nous avons citées, exceptés l'ornithogale à longues bractées, celui d'Arabie et le doré, peuvent se planter en pleine terre, et elles sont peu délicates sur la nature du terrain. Parmi ces plantes l'ornithogale pyramidal se fait le plus remarquer, c'est celui qui produit le plus joli effet par ses fleurs nombreuses d'un blanc de lait très-pur. C'est dommage que, lorsque ses fleurs paroissent, la plante ait perdu ses feuilles. Les ornithogales indigènes ou de pleine terre peuvent se multiplier par les graines; mais, comme ce moyen est plus long pour avoir des fleurs, on se contente, le plus souvent, de les propager par les cayeux que produisent les anciens oignons. Les espèces exotiques que nous avons mentionnées et beaucoup d'autres que nous avons omises, se cultivent en pot, et on les rentre dans l'orangerie, afin de les préserver du froid, qui pourroit les faire périr.

Les bulbes de l'ornithogale en ombelle et celles de plusieurs autres, sont bonnes à manger après avoir été cuites dans l'eau, sous la cendre ou autrement. Dans quelques cantons les habitans des campagnes les ramassent, afin d'en faire usage comme aliment. (L. D.)

ORNITHOGALUM. (*Bot.*) Voyez ORNITHOGALE. (L. D.)

ORNITHOGLOSSÆ. (*Foss.*) On a quelquefois appelé ainsi les dents de poissons fossiles qui sont plates d'une côté, convexes et arrondies de l'autre, avec la pointe recourbée. (D. F.)

ORNITHOGLOSSE, *Ornithoglossum.* (*Bot.*) Genre de plantes monocotylédones, à fleurs incomplètes, de la famille des *colchicées*, de l'*hexandrie trigynie* de Linnæus, offrant pour caractère essentiel : Une corolle à six pétales sessiles, persistans; point de calice; six étamines placées sur le réceptacle; un ovaire supérieur; trois styles caducs; une capsule à trois loges polyspermes.

ORNITHOGLOSSE VERDATRE : *Ornithoglossum viride*, Ait., *Hort. Kew.*, ed. nov., pag. 327; Salisb., *Parad.*, 54; *Melanthium viride*, Linn., fil, *Suppl.*, pag. 213; Andr., *Botan. rep.*, tab. 233. Plante du cap de Bonne-Espérance, dont la racine est pourvue d'une bulbe d'où s'élève une tige droite, cylindrique, haute d'environ six pouces, garnie de feuilles alternes, amplexicaules, lancéolées, aiguës, longues de trois à quatre pouces. Les fleurs forment d'abord un corymbe peu garni, qui s'alonge ensuite en une grappe très-lâche; les pédicelles sont munis chacun d'une bractée linéaire, lancéolée, verdâtre, légèrement teinte de pourpre à ses bords; la corolle est pendante, très-ouverte, de couleur verte; les pétales sont étroits, linéaires, lancéolés, aigus, longs de cinq lignes, légèrement teints de pourpre; les filamens presque une fois plus courts que la corolle, insérés sur le réceptacle; les anthères ovales, à deux loges; l'ovaire est ovale, un peu arrondi, chargé de trois styles filiformes, plus longs que les étamines, à stigmates obtus. La capsule a trois loges contenant des semences nombreuses. (POIR.)

ORNITHOLITHES. (*Foss.*) On a donné ce nom aux débris d'oiseaux, trouvés à l'état fossile. Voyez aux mots OISEAUX FOSSILES, et PÉTRIFICATION. (D. F.)

ORNITHOLOGIE. On donne ce nom à la partie de l'Histoire naturelle, qui a pour but la connoissance des oiseaux : il est formé des deux mots grecs ὄρνιθος, génitif d'ὄρνις, *oiseau*, et de λογος, *traité* ou *discours*.

L'ornithologie traite non-seulement de la description des parties extérieures des oiseaux, dans leurs différens âges et selon leurs sexes, mais encore de leurs organes intérieurs, chargés d'exécuter leurs différentes fonctions vitales et animales. Elle s'occupe aussi des rapports de ces animaux, soit entre eux, soit avec les autres êtres; enfin, elle a aussi pour objet leur classification, c'est-à-dire leur arrangement dans un ordre tel que les espèces qui ont le plus de ressemblances entre elles, se trouvent placées le plus près possible les unes des autres.

Dans l'article Oiseaux l'on a décrit succinctement la structure des animaux de cette classe, en faisant surtout remarquer, en quoi ils diffèrent des animaux les plus voisins, c'est-à-dire des mammifères. On y a développé aussi plusieurs points d'histoire naturelle, qui les concernent spécialement, tels que les mues, les migrations, la construction des nids, la ponte, l'incubation, le développement des œufs, etc. A l'article Chant on a fait connoître le mécanisme, à l'aide duquel les oiseaux font entendre des sons si variés, et dans celui, qui aura pour objet le Vol, on développera la théorie de ce mode de locomotion, qui leur appartient presque particulièrement parmi les animaux vertébrés.

Dans celui-ci nous exposerons rapidement les progrès de la science ornithologique, depuis les temps anciens jusqu'à notre époque, et nous présenterons l'analyse des méthodes de classification principales qui ont été proposées successivement pour grouper les oiseaux suivant leurs rapports naturels, en développant plus longuement que les autres la méthode adoptée dans ce Dictionnaire, c'est-à-dire, celle que M. Cuvier a insérée dans son ouvrage intitulé : *Le règne animal distribué selon son organisation.*

Aristote n'a pas traité des oiseaux d'une manière méthodique ; dans le 5.ᵉ chapitre du 8.ᵉ livre de son Histoire des animaux, il passe en revue les divers modes de nourriture de ces animaux, et il fait observer que les uns sont carnassiers, que d'autres sont granivores, et que d'autres encore sont polyphages ; enfin, il remarque que les uns prennent leur nourriture sur la terre, tandis que les autres vont la chercher dans les eaux. Dans le 16.ᵉ chapitre aussi du livre 8.ᵉ, il parle des oiseaux qui disparoissent en hiver. Le 9.ᵉ livre contient une énumération des espèces connues par Aristote ; mais la plupart d'entre elles sont simplement indiquées par leurs noms, et non décrites, et il est impossible de les reconnoître. Un chapitre de ce livre, le 32.ᵉ présente sur les aigles des détails assez nombreux, et notamment sur leurs mœurs.

Pline parle des oiseaux dans le 10.ᵉ livre de son Histoire naturelle. On y trouve l'indication d'un assez grand nombre d'espèces, mais ces espèces ne sont jamais décrites, et leurs diverses notices ne contiennent que des faits plus ou moins fabuleux sur leurs mœurs. Aucune méthode de classification n'est employée pour l'arrangement de ces notices.

Ces deux auteurs sont les principaux et les seuls que nous citerons parmi les anciens.

Vers l'époque de la renaissance des lettres, Belon publia, en 1555, son *Histoire de la nature des oiseaux avec leurs descriptions et naïfs portraicts, retirez du naturel, escrite en sept livres.* Cet ouvrage original et très-remarquable pour le temps où il fut composé, contient des vues d'une grande justesse sur l'analogie de structure des oiseaux et des mammifères, et entre autres la comparaison de leurs squelettes. On trouve dans le premier livre, consacré aux généralités, des divisions de chapitres, qui indiquent que l'auteur connoissoit parfaitement les points de l'ornithologie qu'il faut approfondir pour assurer les succès de cette partie de l'histoire naturelle. Le second livre traite des oiseaux vivant de rapine, tant de jour que de nuit, et dans un ordre qui n'a pas été changé par les naturalistes modernes, c'est-à-dire, les vautours, les aigles, les faucons et les chouettes ou ducs. Le coucou est aussi placé à la suite des oiseaux de proie de jour, et l'on doit convenir, qu'il y a dans la forme des pieds de cet oiseau, et dans les couleurs de son plumage, quelques motifs qui militent en faveur de ce rapprochement; mais d'un autre côté la chauve-souris est placée avec les oiseaux de nuit, et dans cette erreur de classification Belon a suivi les anciens. Le troisième livre a pour objet l'histoire des oiseaux vivant le long des rivières, ayant le pied plat, nommés en latin *palmipedes aves*, tels que les canards, les cormorans, les pélicans, les mouettes, les plongeons, les poules d'eau. Le quatrième livre renferme les descriptions des oiseaux de rivière qui n'ont pas le pied plat, tels que la grue, les hérons, la spatule, le flammant, l'ibis, l'huîtrier, le courlis, les râles, les chevaliers, les vanneaux, la bécassine, etc.; mais on y trouve aussi des oiseaux très-différens par leur organisation et leurs mœurs, tels que le martin-pêcheur, la rousserolle et le guépier.

36.   24

·Dans le cinquième livre il est question des oiseaux de campagne qui font leurs nids sur terre, tels que l'autruche, le paon, l'outarde, la canepétière, le courlis de terre, les perdrix, le coq, la peintade, le dindon, le coq de bruyère, la gélinotte, le faisan, la caille, etc. A ces oiseaux très-exactement rapprochés les uns des autres, Belon en ajoute d'autres, qui n'ont que peu d'analogie avec eux, tels que les pluviers, le proyer, les alouettes, la bécasse; mais on voit qu'il a été conduit à faire ces rapprochemens par le caractère des mœurs qu'il a choisi, et qui consiste dans la construction du nid sur la terre. Le sixième livre traite des oiseaux qui habitent indifféremment en tous lieux, et se paissent de toutes sortes de viandes, tels que les corbeaux et corneilles, le geai, la pie, la huppe, le loriot, les perroquets et perruches, les pics, la sittelle, le torcol, les pigeons, les merles, les grives et les étourneaux. Dans le septième et dernier livre il est fait mention des oiseaux qui hantent les haies, buchettes et buissons, tels que les rossignols, fauvettes, roitelets, bergeronnettes, chardonnerets, serins, linottes, tariers, moineaux, bruans, mésanges, pinsons, gros-becs, grimpereaux, hirondelles.

Dans cet ouvrage de Belon les espèces ne sont pas groupées en genres; mais néanmoins il est facile de reconnoître qu'ordinairement celles qui ont le plus d'affinités entre elles, sont placées au voisinage les unes des autres: enfin, on peut trouver dans la division des livres, et surtout des premiers, le pressentiment de coupes de valeur supérieure à celle des genres, et qu'on pourroit appeler *ordres*. Le second livre correspond évidemment à l'ordre que les zoologistes ont désigné par la dénomination d'accipitres, de rapaces, de zoophages et d'oiseaux de proie. Le troisième livre représente l'ordre des palmipèdes ou nageurs; le quatrième, pour la plus grande partie, se rapporte à l'ordre des échassiers, oiseaux de rivages ou *grallæ*; la première partie du cinquième comprend en entier l'ordre des gallinacés, et enfin, sa seconde partie et le sixième livre contiennent les oiseaux si difficiles à caractériser d'une manière générale (ainsi que M. Cuvier l'a reconnu lui-même dans son Règne animal), et qui ont reçu le nom de passereaux.

Généralement les oiseaux dont il est fait mention dans cet ouvrage, ne sont décrits que brièvement, ou même ne le sont pas du tout, et très-souvent ils sont représentés dans des gravures en bois, qui ne sont pas tellement imparfaites qu'on ne puisse reconnoître les espèces qu'elles représentent.

L'ouvrage de Gesner, publié aussi en 1555, contient, par ordre alphabétique, un très-grand nombre de recherches d'érudition sur l'histoire des oiseaux indiqués ou décrits dans les ouvrages des Anciens, et de bonnes observations d'histoire naturelle sur les espèces des divers cantons de la Suisse. Sous ce rapport cet auteur est bien supérieur à Jonston et à Aldrovande, qui n'ont produit que de pures compilations.

Aldrovande, qui a écrit postérieurement à Belon et à Gesner (son œuvre posthume a été publiée de 1637—1646), a puisé dans les ouvrages de ces auteurs, et joint les copies qu'il en a faites, à celles qu'il avoit tirées des auteurs plus anciens, et surtout d'Aristote et de Pline. Il y ajouta des commentaires qui grossirent sa compilation jusqu'à la porter à trois volumes in-folio, qu'il divisa en vingt livres. Il n'a décrit presque aucune espèce qui ne l'ait été avant lui, mais il a classé toutes celles qui étoient connues. Il n'admettoit pas encore de genres; mais il fonda des groupes qu'on peut comparer à ceux à qui nous donnons maintenant le nom de *familles*.

Le premier volume renferme douze livres, dont voici les titres : 1.º des aigles en général ; 2.º des aigles en particulier, où l'on trouve divers chapitres sur le *chrysaetos*, l'*haliœtos*, le *pygargus*, le *morphnos*, le *percnopterus*, l'*ossifraga*, etc., des Anciens ; 3.º des vautours en général, où sont distinguées plusieurs espèces de ces oiseaux ; 4.º des accipitres en général ; 5.º des accipitres en particulier, tels que les éperviers, les buses, les sous-buses, les busards, l'émérillon, la cresserelle, le milan, les pie-grièches et le coucou ; 6.º des faucons en général ; 7.º des faucons en particulier, où sont décrites les diverses espèces ou races de faucons, employées à la chasse sous les noms de faucons voyageurs, de faucon sacré, de gyrfalcon, de faucon de montagne, de faucon bossu, de faucon blanc, de lanier des François, de faucon rouge, de faucon rouge des Indes, de faucon aux pieds bleus, etc.;

8.º des oiseaux rapaces nocturnes., comme le grand-duc, le hibou, le chat-huant, le *scops* ou petit-duc, la chouette, la chevêche et l'engoulevent; 9.º des oiseaux de nature moyenne à celle des oiseaux proprement dits et à celle des quadrupèdes, tels que les chauve-souris et l'autruche; 10.º des oiseaux fabuleux, comme les griffons, les harpies, les stympalides, les sirènes et les séleucides; 11.º des perroquets, où plusieurs espèces de kakatoès, de perroquets et de perruches sont décrites; 12.º des corbeaux en général, et de quelques autres oiseaux qui ont le bec dur et robuste, où se trouvent des notices non-seulement sur diverses espèces de corbeaux, de corneilles et de pies, mais encore sur le jaseur de Bohème, l'oiseau rhinocéros ou *calao*, les oiseaux de paradis, les pies et épeiches, les torcols, les grimpereaux, les guépiers, les gros-becs et les toucans sous le nom de pies du Brésil.

Le second volume contient six livres, savoir : 13.º des oiseaux pulvérateurs sauvages, c'est-à-dire des gallinacés, tels que les paons, les coqs de bruyère et autres tétras, les perdrix et les cailles; 14.º des oiseaux pulvérateurs domestiques, tels que les coqs et leurs diverses variétés; 15.º des oiseaux qui a la fois sont pulvérateurs, et recherchent l'eau, comme les diverses variétés de pigeons, de tourterelles et quelques passereaux, habitant le voisinage des rivières; 16.º des oiseaux baccivores, comme les grives, les merles, l'étourneau et le vrai gros-bec; 17.º des oiseaux vermivores (ou plutôt insectivores), comme le roïtelet, le troglodyte, les hirondelles et martinets, la huppe, les mésanges, les fauvettes, le rouge-gorge, le bouvreuil, etc.; 18.º des oiseaux chanteurs, tels que le rossignol, le chardonneret, le tarin, les linottes, les pinçons, les alouettes, les verdiers, les serins, etc.

Enfin le troisième volume ne renferme que deux chapitres seulement. Le 19.ᵉ traite des oiseaux palmipèdes, tels que le cygne, le pélican, les mauves ou mouettes, les hirondelles de mer, les foulques. les oies, les divers canards, les harles, les cormorans, les grèbes, l'avocette, etc. Le 20.ᵉ et dernier a pour objet la description des oiseaux qui habitent sur les bords des eaux, ou oiseaux de rivages, tels que les cigognes, les grues, les hérons, les flammants, la spatule, les bécasses, les courlis, les combattans, les gallinules, les râles, les pluviers, les vanneaux, le cincle et le martin-pêcheur.

Jonston, en 1657, fit paroître une *Histoire naturelle*, qui n'est qu'un extrait des ouvrages de Gesner et d'Aldrovande.

Les nombreuses planches qui l'accompagnent, sont de mauvaises copies des planches plus que médiocres, données par les deux naturalistes, que nous venons de citer. Généralement cet auteur est peu estimé; mais Mauduyt, à qui l'on doit la préface de la partie ornithologique de l'Encyclopédie méthodique, remarque avec raison qu'il a eu le mérite de sentir les inconvéniens d'une érudition déplacée et qu'il l'a montré en éloignant tous les articles superflus qui abondent dans les ouvrages où il a puisé.

A l'exemple de Belon, il partage les oiseaux d'après leur lieu d'habitation et leur genre de nourriture, 1.º en *oiseaux terrestres carnivores*, comprenant les oiseaux de proie principalement; savoir : les aigles, les vautours, les accipitres (ou les éperviers, les buses, les milans, les pie-grièches et les coucous), les faucons, les perroquets, les corbeaux (avec les geais, les pies et les gros-becs), les chouettes et les ducs (avec les engoulevents), les chauve-souris, l'autruche; 2.º en *oiseaux phytivores;* tels que les pulvérateurs sauvages, le paon, le faisan, le coq de bruyère, l'outarde, l'œdicnème, les perdrix et les cailles; les pulvérateurs domestiques, les coqs de diverses races et la peintade; les oiseaux pulvérateurs qui se lavent, comme les colombes ou pigeons, comprenant aussi les espèces sauvages; les passereaux ou tous les petits oiseaux granivores chanteurs, les moineaux, les alouettes; les oiseaux mangeurs de baies (grives et merles); 3.º en *oiseaux insectivores*, et d'abord, en *insectivores non chanteurs;* tels que les pics, la sittelle, le torcol, le guépier, le roitelet, le troglodyte, les hirondelles, le martinet, les huppes, les mésanges, les gobe-mouches et bergeronnettes, les bouvreuils, le rossignol de murailles, le cul-blanc, la lusciniole: ensuite en *insectivores chanteurs;* tels que le rossignol, l'hypolaïs et la fauvette à tête noire; 4.º en *oiseaux aquatiques palmipèdes* et d'abord, en *palmipèdes piscivores*, comme le pélican, les mouettes, les cormorans, les harles, les grèbes, l'avocette: ensuite en *palmipèdes herbivores;* tels que le cygne, les oies et les canards domestiques et sauvages, de différentes espéces, la foulque; 5.° en *oiseaux aquatiques fissipèdes*, et d'abord, en *fissipèdes carnivores*, tels que la cigogne, l'ibis, le phénicop-tère, les hérons, la poule sultane, le martin-pêcheur, la rousserolle : ensuite en *fissipèdes insectivores*, comme les courlis, les barges, la gallinule, les bécasses, les pluviers, le cincle, les vanneaux ; enfin en *fissipèdes herbivores* compre-nant les grues seulement.

Tels sont les oiseaux compris dans les cinq premiers livres de l'ouvrage de Jonston. On voit que le premier se rap-porte en grande partie à l'ordre des oiseaux de proie de nos méthodes modernes ; que le second contient en entier l'ordre des gallinacés des mêmes méthodes et une partie de celui des passereaux ; que le troisième ne comprend que les passe-reaux mangeurs d'insectes ; que le quatrième correspond exactement à celui des palmipèdes ; enfin que le cinquième se rapporte en général à celui des échassiers ou oiseaux de rivage. Des erreurs grossières se remarquent dans cette mé-thode, comme, par exemple, le placement des perroquets et de l'autruche parmi les oiseaux de proie, et celui des martins-pêcheurs et des rousserolles parmi les oiseaux de rivage fissi-pèdes, etc. Néanmoins, cette méthode, qui est essentielle-ment celle de Belon, est encore à l'époque actuelle la base de celles qui sont définitivement adoptées, avec cette diffé-rence que ces dernières sont appuyées sur des caractères de formes extérieures que Belon et Jonston n'ont pas recherchés.

Un sixième livre traite des oiseaux étrangers et répéte sur-tout ce que Nieremberg, de Laët, Oviédo et Clusius ont dit des oiseaux d'Amérique et de l'Inde.

L'Ornithologie de Willughby, qui parut en 1678, est l'origine des méthodes fondées sur les caractères extérieurs. La forme du bec et celle des pieds servent surtout à cet au-teur pour établir ses divisions ; et, comme les premiers na-turalistes dont il vient d'être fait mention, il fait usage de la considération des mœurs des oiseaux et de leur genre de nourriture pour séparer les groupes qu'il admet et qui sont au nombre de vingt.

Les dix-huit premières divisions se composent d'oiseaux terrestres, et les deux dernières, d'oiseaux aquatiques.

Le premier groupe contient les grands oiseaux de proie diurnes (aigles, vautours).

Le second, les moyens oiseaux de proie diurnes (émérillons, éperviers).

Le troisième, les petits oiseaux de proie diurnes (pie-grièches).

Le quatrième, les petits oiseaux de proie étrangers (oiseaux de paradis).

Le cinquième, les oiseaux de proie nocturnes (ducs, chouettes.)

Le sixième, les oiseaux nocturnes irréguliers (engoulevents).

Le septième, les oiseaux mangeurs de fruits, à bec et ongles crochus (perroquets).

Le huitième, les grands oiseaux qui ne peuvent voler et dont le bec est peu crochu (autruches).

Le neuvième, les oiseaux qui ont le bec gros et droit (corbeaux, pies, geais).

Le dixième, les oiseaux terrestres à long bec qui se trouvent au voisinage des eaux (martins-pêcheurs).

Le onzième, les volailles domestiques (poules, dindons).

Le douzième (les pigeons).

Le treizième (les grives).

Le quatorzième, les petits oiseaux (fauvettes, becs-fins, etc.).

Le quinzième, les oiseaux de grosseur moyenne, à bec fort et gros (bouvreuil, gros-bec).

Le seizième, les oiseaux étrangers qui ont du rapport avec les moineaux.

Le dix-septième, les petits oiseaux à gros bec.

Le dix-huitième, les oiseaux qui ont un tubercule ou une éminence dure à la mâchoire supérieure (les bruans).

Le dix-neuvième, les oiseaux aquatiques à pieds fendus (hérons, cigognes, bécasses, vanneaux, etc.).

Le vingtième, les oiseaux palmipèdes aquatiques (cygnes, canards, mouettes, etc.).

Jean Ray, ami de Willughby, est généralement regardé comme ayant eu une grande part à la composition de l'Ornithologie de cet auteur. On a publié après sa mort, en 1713, un traité intitulé : *Synopsis methodica avium*, etc., qui reproduit, à peu de différences près, la méthode de Willughby, mais avec l'emploi de caractères nouveaux, tirés surtout du nombre des plumes de la queue et de la structure intérieure du corps.

Barrère, en 1741, loin de profiter de la bonne direction qu'avoient donnée à l'ornithologie les deux derniers ouvrages que nous venons de citer, publia une méthode purement artificielle, dans laquelle les oiseaux les plus différens se trouvent rangés immédiatement à côté les uns des autres, tandis que les plus voisins par leur organisation sont placés à de grandes distances.

L'ouvrage de Klein, qui parut en 1750, renferme une autre méthode artificielle, dont les résultats sont aussi peu satisfaisans que ceux de la méthode de Barrère. Il a fondé entre autres ses divisions premières sur le nombre des doigts; ce qui l'a conduit à ranger dans la même famille des oiseaux absolument différens par tous les autres points de leur organisation et par leur manière de vivre.

L'Histoire naturelle des oiseaux de Frisch, publiée entre 1734 et 1763, renferme les figures d'un assez grand nombre d'oiseaux partagés en douze ordres, dont trois seulement sont naturels, tels que ceux qui contiennent les oiseaux de proie, les palmipèdes et les échassiers ; mais dont quelques-uns renferment des genres qu'on ne soupçonneroit pas pouvoir être placés au voisinage les uns des autres, tel que le quatrième par exemple, qui contient à la fois les pics, les coucous, les huppes et les perroquets. Le premier de ces ordres ou celui des petits oiseaux à bec court et épais, comprend les passereaux granivores, et le second, celui des petits oiseaux à bec menu, se compose des becs-fins ou passereaux insectivores. Les corbeaux et corneilles forment le sixième; les geais et les pies, le cinquième. Ainsi l'on voit qu'ici des oiseaux, dont la forme et les mœurs ont la plus grande analogie, se trouvent très-séparés. Les poules domestiques et sauvages forment le neuvième ordre, correspondant aux gallinacés des classifications modernes; et les pigeons, aussi domestiques et sauvages, qui composent le dixième, se rapportent à la famille des colombes que l'on admet maintenant comme intermédiaires aux ordres des passereaux et des gallinacés.

Nous ne ferons qu'indiquer l'apparition de la méthode de Mœhring, imprimée en 1752, parce qu'en général elle est fondée sur celles qui avoient été publiées précédemment, qu'elle est seulement plus compliquée que celles-ci, et qu'elle manque de précision.

Linné est pour l'ornithologie, comme pour toutes les autres parties de la zoologie, le véritable fondateur d'une méthode rigoureuse, où l'emploi des caractères extérieurs, étendu convenablement, établit d'une manière tranchée les différences qui existent entre les animaux. En 1735 il mit au jour la première édition de son *Systema naturæ*, consistant seulement en quelques feuillets d'impression; puis, successivement, il augmenta et corrigea cet ouvrage jusqu'à l'année 1766, époque à laquelle il en publia la douzième édition, la dernière qui parut de son vivant. Comme cette édition est la plus complète, c'est celle dont nous allons donner l'extrait.

Les oiseaux y sont partagés en six ordres :

1.º Les ACCIPITRES (oiseaux de proie), à bec courbé, la mandibule supérieure ayant une dent de chaque côté; narines très-ouvertes; pieds robustes, courts; doigts verruqueux en dessous; ongles arqués, très-acérés; tête et cou musculeux; peau ferme. Vivant de proie ou de cadavres. Nids placés très-hauts; œufs ordinairement au nombre de quatre. Monogamie. Oiseaux analogues aux quadrupèdes carnassiers. Les genres que cet ordre renferme, sont les suivans : VULTUR (vautour), bec crochu; tête nue; FALCO (faucon), bec crochu dès la base, avec une cire; STRIX (chouette), bec crochu, entouré de plumes dirigées en avant; LANIUS (pie-grièche), bec droit, échancré au bout de chaque côté.

2.º Les PICÆ (oiseaux ayant de la ressemblance avec les pies et les corbeaux), à bec conique, en couteau, à dos convexe; pieds pour la marche, assez courts et forts; chair dure, impure. Nourriture ordurière. Nid sur les arbres. Monogamie. Le mâle et la femelle couvant les œufs. Oiseaux analogues aux quadrupèdes, de la famille des singes.

Les uns sont à pieds promeneurs, *pedibus ambulatoriis*, c'est-à-dire trois doigts libres en avant et un en arrière, tels que ceux des genres: TROCHILUS (Colibri), à bec recourbé, filiforme, tubuleux au bout; CERTHIA (Grimpereau), à bec recourbé, pointu au bout; UPUPA (Huppe), à bec recourbé, un peu obtus à l'extrémité; BUPHAGA (Pique-bœuf), à bec droit, quadrangulaire; SITTA (Sittelle), à bec droit, terminé en forme de coin; ORIOLUS (Loriot), à bec droit, conique, très-pointu; CORACIAS (Rollier), à bec en couteau, courbé au bout; GRACULA (Mainate), à bec en couteau, égal, avec la base chauve; CORVUS (Corbeau), à bec en couteau, ayant sa base garnie de plumes dirigées en avant; PARADISEA (Oiseau de paradis), à bec presque en couteau, ayant à sa base des plumes veloutées.

D'autres ont les pieds disposés pour grimper, c'est-à-dire, les doigts libres et opposés deux à deux en avant et en arrière. Ce sont les genres RAMPHASTOS (Toucan), à bec denté en scie sur ses bords et à langue pennacée ou en forme de plume; TROGON (Couroucou), à bec dentelé en scie sur ses bords et crochu au bout; PSITTACUS (Perroquet), à bec pourvu d'une cire et à langue charnue; CROTOPHAGA (Ani), à bec rugueux, anguleux sur ses bords; PICUS (Pic), à bec anguleux ou polyédrique et à langue lombriciforme; YUNX (Torcol), à bec lisse et à langue lombriciforme; CUCULUS (Coucou), à bec lisse et à narines bordées; BUCCO (Barbu), à bec lisse, échancré, crochu.

Enfin d'autres ont les pieds *gressorii* ou marcheurs, terme que Linné restreint aux pieds, dont un doigt, l'externe, est uni au doigt du milieu par la peau dans une partie plus ou moins considérable de son étendue. Ce sont les genres BUCEROS (Calao), à bec denté en scie sur ses bords et à front supportant un casque ou un développement osseux; ALCEDO (Martin-pêcheur), à bec droit, trigone; MEROPS (Guépier), à bec légèrement courbé et comprimé; TODUS (Todier), à bec linéaire, droit et déprimé.

3.º Les ANSERES (ou oiseaux palmipèdes), caractérisés par un bec lisse, recouvert d'un épiderme plus épais au bout qu'à la base; les pieds nageurs, dont les doigts sont enveloppés par une membrane commune; les tarses courts et comprimés; le corps gras; la peau épaisse et forte. Oiseaux vivant au milieu des eaux; se nourrissant de plantes et de poissons; nichant souvent à terre; ordinairement polygames, etc. Analogues aux quadrupèdes aquatiques, que Linné a

placé dans son ordre des *belluæ* et qui comprend les pachydermes.

Tantôt le bec de ces oiseaux est pourvu de denticules sur
ses bords, comme dans les genres suivans : Anas (Canard), à
bec onguiculé, pourvu de denticules applaties et comme
membraneuses ; Mergus (Harle), à bec onguiculé et armé de
denticules pointus ; Phaeton (Paille-en-queue), à bec en couteau ; Plotus (Anhinga), à bec long et subulé.

Tantôt ce bec est sans dentelures sur ses bords comme dans
les genres : Rhyncops (Bec-en-ciseau), à bec comprimé et dont
la mandibule supérieure est plus courte que l'inférieure ;
Diomedea (Albatros), dont la mandibule inférieure est tronquée au bout ; Alca (Macareux), dont le bec est marqué de
rides latérales, transverses ; Procellaria (Pétrel), dont les
narines sont en forme de tuyaux couchés sur la mandibule
supérieure ; Pelecanus (Pélican), à bec entouré d'une face
nue ; Larus (Mouette), à bec gibbeux en dessous près de l'extrémité ; Sterna (Hirondelle de mer), à bec subulé, comprimé
au bout ; Colymbus (Grèbe), à bec subulé et un peu comprimé
latéralement.

4.º Les Grallæ (nos oiseaux de rivages ou échassiers) ont
le bec presque cylindrique ; les pieds élevés propres à passer
l'eau à gué ; les cuisses (c'est-à-dire les jambes) à demi nues ;
le corps comprimé, revêtu d'une peau très-fine. Ils vivent
d'animaux de différentes sortes et se tiennent dans les lieux
marécageux. Ils nichent ordinairement à terre ; les uns
sont monogames et les autres polygames. Ils sont analogues,
selon Linné, aux animaux quadrupèdes de l'ordre des brutes,
c'est-à-dire, celui qui renferme les édentés des carnassiers
et des pachydermes, comme les éléphans, les morses, les pa-
resseux et les fourmiliers ; mais cette analogie ne nous paroît
fondée sur aucun détail de mœurs ou de formes.

Les uns ont quatre doigts aux pieds ; ce sont les genres :
Phœnicopterus (Flammant), à bec comme brisé, dentelé sur
ses bords et à pieds palmés ; Platalea (Spatule), à bec en spatule, terminé au bout par un crochet recourbé ; Mycteria
(Jabiru), à mandibule inférieure plus forte que la supérieure
et un peu arquée en haut ; Palamedea (Kamichi), à bec aigu
et crochu au bout ; Tantalus (Ibis), à bec arqué, avec un

sac ou une poche sous la gorge; Ardea (Héron), à bec droit, pointu; Recurvirostra (Avocette), à bec mince, alongé, subulé, déprimé, recourbé et en haut; Scolopax (Bécasse), à bec droit, cylindrique, un peu obtus; Tringa (Vanneau), à bec arrondi, droit, obtus, ayant le pouce des pieds à peine appuyé sur la terre; Fulica (Foulque), ayant la base du bec et le front chauves; Parra (Jacana), ayant la base du bec ou le front garni de caroncules mobiles; Rallus (Râle), à bec presque caréné et à corps comprimé; Psophia (Agami), à bec robuste, presque arqué comme celui des gallinacés et à narines ovales; Cancroma (Savacou), à bec renflé et ventru.

Les autres ont les pieds disposés pour la course et seulement pourvus de trois doigts au plus (le pouce manquant); ce sont les genres : Hæmatopus (Huîtrier), à bec comprimé, terminé en coin; Charadrius (Pluvier), à bec droit, arrondi, obtus; Otis (Outarde), à bec en voûte, comme celui des gallinacés et à langue échancrée; Struthio (Autruche), à bec conique, et à ailes non propres pour le vol.

5.º Les Gallinæ sont nos gallinacés, dont le bec est convexe, avec la mandibule supérieure en voûte sur l'inférieure, dont les narines sont recouvertes par une membrane cartilagineuse, dont les pieds sont disposés pour la course, avec le dessous des doigts rude. Ils ont le corps musculeux et gras; leur chair est bonne à manger. Ils vivent de grains, qu'ils font macérer dans leur jabot; ils sont pulvérateurs; leur nid est fait sur la terre et sans art; leurs œufs sont nombreux. L'état de polygamie leur est propre. Ils sont analogues aux quadrupèdes ruminans. Les genres qui composent cet ordre sont peu nombreux ; et ainsi caractérisés : Didus (Dronte), à bec rétréci dans le milieu, rude; face nue; Pavo (Paon), dont les plumes du vertex forment une aigrette dirigée en avant et dont le bec est nu; Meleagris (Dindon), dont la face est couverte de caroncules verruqueuses; Crax (Hocco), dont la base du bec est pourvue d'une cire; Phasianus (Faisan), dont les joues sont nues et lisses; Tetrao (Tétras), dont le tour des yeux est nu et papilleux; Numida (Peintade), dont la mandibule inférieure porte une caroncule de chaque côté.

6.º Les Passeres ou Passereaux ont le bec conique, pointu

en forme de pince ; les pieds minces, à doigts séparés et propres au saut ; le corps petit. Ils vivent sur les arbres, les uns d'insectes et les autres de graines ; leur nid est souvent construit avec beaucoup d'art ; les petits sont nourris par leurs parens. Ces oiseaux chantent bien pour la plupart et tous sont monogames. Linné les compare (sans motif bien apparent pour nous), aux quadrupèdes rongeurs. Il les a divisés en quatre sections, d'après la forme du bec.

Les crassirostres ou ceux à bec gros et fort composent les genres : Loxia (Gros-bec), à bec conique, ovale ; Fringilla (Moineau), à bec conique, aigu ; Emberiza (Bruant), à bec presque conique, dont la mandibule inférieure est la plus large et rétractée sur ses bords.

Les curvirostres, à mandibule supérieure un peu courbée au bout, comprennent les genres : Caprimulgus (Engoulevent), à bec déprimé, arqué, cilié et à narines tubuleuses ; Hirundo, à bec déprimé, un peu courbé ; Pipra (Manakin), à bec recourbé et subulé.

Les émarginatirostres ont une petite échancrure de chaque côté de la mandibule supérieure, avant son extrême pointe ; ce sont les genres : Turdus (Merle ou Grive), à bec subulé à l'extrémité et comprimé à la base ; Ampelis (Cotinga), à bec subulé à l'extrémité et déprimé à la base ; Tanagra (Tangara), à bec subulé et conique à sa base ; Muscicapa (Gobe-mouches) à bec subulé et cilié à sa base.

Les simplicirostres, à bec droit, entier et pointu, sont les oiseaux renfermés dans les genres : Parus (Mésange), à bec subulé, avec la langue tronquée et les plumes du front dirigées en avant ; Motacilla (Bec-fin), à bec subulé et à langue incisée, avec l'ongle du pouce ou doigt postérieur médiocrement long ; Alauda (Alouette), à bec subulé, avec la langue bifide et l'ongle du pouce très-alongé ; Sturnus (Étourneau), à bec subulé, déprimé et bordé vers le bout ; Columba (Colombe ou Pigeon), à bec presque voûté, à narines gibbeuses, oblitérées par une membrane.

Gmelin, qui donna, en 1789, une treizième édition du *Systema naturæ*, se borna à faire quelques légers changemens et additions au travail de Linné. 1.º Dans l'ordre des *picæ*, section des genres à pieds ambulatoires, il ajouta le genre Glau-

copis , le plaça entre les huppes et les pique-bœufs, et le ca-
ractérisa ainsi : bec recourbé, voûté; langue dentelée et
ciliée sur les bords ; 2.° dans l'ordre des *anseres* il introduisit le genre Aptenodytes, qu'il plaça entre les alb tros et les
macareux, parmi les genres dont le bec est dépourvu de
denticules, et il lui donna pour caractères d'avoir le bec
droit, étroit et marqué de sillons latéralement; 3.° dans
l'ordre des *grallæ* il ajouta quatre genres, tous de la division
qui comprend ceux à pieds tétradactyles; savoir : Corrira
(Court-vite) entre les hérons et les avocettes, caractérisé
ainsi : bec droit, étroit; Vaginalis (Bec en fourreau), près
des râles, ayant le bec gros , presque convexe, avec la
mandibule supérieure pourvue à sa base d'une espèce de
gaine cornée; Scopus, à bec épais , comprimé, à narines linéaires, obliques, et Glareola, à bec court, droit, crochu
au bout et à narines linéaires, obliques; 4.° dans l'ordre des
gallinæ il plaça le genre Penelope entre les dindons et les
hoccos, et le distingua par ce caractère: tête emplumée, bec
dénudé; 5.° dans l'ordre des *passeres* il ajouta le genre Colius (Coliou), à bec épais, convexe en dessus et étroit en
dessous Il le plaça immédiatement après le genre Gros-bec,
en intercalant le genre Phytotoma entre les moineaux et
les bruans , et en le cacractérisant d'après la forme de
son bec conique, droit et dentelé.

Cette classification des oiseaux par Linné est une des meilleures qui aient été publiées , quant à la division des ordres
et à la subdivision de ceux-ci. En effet, quatre de ces ordres
sont généralement adoptés aujourd'hui ; savoir : ceux des *accipitres*, des *grallæ*, des *gallinæ* et des *anseres*. Quant à ses deux
ordres des *picæ* et des *passeres*, on les confond généralement ;
et ils représentent l'ordre des passereaux, moins quelques
genres cependant, qui en ont été séparés pour former un
ordre à part, celui des grimpeurs. Dans la classification de
M. Cuvier, où cet ordre est établi, les *picæ pedibus gres-
soriis* forment la division des passereaux syndactyles; les
passeres crassirostres composent la famille des passereaux conirostres, à laquelle se trouvent joints comme en appendice
les *picæ pedibus ambulatoriis* des genres Buphaga, Sitta, Coracias, Gracula, Paradisea. Les *passeres emarginatirostres*

présentent les principaux genres des passereaux dentirostres, et les *passeres curvirostres* correspondent en partie à la famille des *passereaux fissirostres*; enfin les *passeres simplici-rostres* se réunissent à la famille des passereaux conirostres. Dans l'ordre des *grallœ* se trouvent l'autruche et l'outarde, que, pendant long-temps, on a rangés dans l'ordre des gal-linacés ou *gallinœ*, mais que M. Cuvier a rétablis à la place qui leur avoit été assignée avec raison par le célèbre natura-liste suédois.

On trouve dans la méthode de Linné quelques genres qui ne sont pas placés convenablement d'après les caractères des divisions dans lesquelles ils se trouvent. Nous n'en citerons qu'un exemple; c'est celui des *Motacilla*, rangé dans la sec-tion des *passeres simplicirostres* au lieu de l'être dans celle des *emarginatirostres*, à laquelle ils appartiennent, puisque le bec de ces oiseaux est pourvu de deux petites échancrures vers sa pointe. Nous pourrions signaler encore le placement des pie-grièches parmi les oiseaux de proie; mais, en ceci, Linné a été influencé par l'exemple des ornithologistes qui l'ont précédé, et qui, pour la plupart, ont rangé ces oiseaux avec les accipitres.

La méthode de Brisson, qui date de 1760, se compose de vingt-six ordres et de cent quinze genres. Elle est pure-ment artificielle, parce qu'elle est fondée sur des carac-tères exclusifs. Les oiseaux y sont classés, 1.° d'après la pré-sence ou l'absence des membranes réunissant les doigts, et selon que la membrane, lorsquelle existe, est plus ou moins complète; 2.° d'après le nombre et la disposition de ces doigts; 3.° enfin, d'après la forme du bec. Nous allons en donner l'analyse.

Les oiseaux dont les doigts sont dépourvus de membranes, composent les dix-sept premiers ordres.

Ceux qui ont quatre doigts et les jambes couvertes de plumes jusqu'aux talons, sont contenus dans les quatorze premiers.

Ceux qui ont les quatre doigts séparés dès l'origine, sont restreints aux treize premiers.

Ceux qui ont trois doigts antérieurs et un postérieur, sont bornés aux douze premiers, qui ont pour caractères :

1.ᵉʳ Ordre. Bec droit; bout de la mandibule supérieure un peu renflé et courbé; narines à demi couvertes d'une membrane épaisse et molle : *genre* Pigeon.

2.ᵉ Ordre. Bec en cône courbé. 1.ʳᵉ *Section.* Tête ornée de membranes charnues : *genres* Dindon, Coq, Peintade. 2.ᵉ *Section.* Tête dénuée de membranes charnues : *genres* Gélinotte, Perdrix, Faisan.

3.ᵉ Ordre. Bec court et crochu. 1.ʳᵉ *Section.* Sa base couverte d'une peau nue : *genres* Épervier, Aigle, Vautour. 2.ᵉ *Section.* Base du bec couverte de plumes tournées en devant : *genres* Hibou, Chat-huant.

4.ᵉ Ordre. Bec en cône alongé. 1.ʳᵉ *Section.* Plumes de la base du bec tournées en devant et couvrant les narines : *genres* Coracias, Corbeau, Pie, Geai, Casse-noix. 2.ᵉ *Section.* Plumes de la base du bec tournées en arrière et laissant les narines à découvert : *genres* Rollier, Troupiale, Oiseau de paradis.

5.ᵉ Ordre. Bec droit, avec les bords de la mandibule supérieure échancrés vers le bout. 1.ʳᵉ *Section.* Bec convexe en dessus : *genres* Pie-grièche, Grive, Cotinga. 2.ᵉ *Section.* Bec comprimé horizontalement à sa base et presque triangulaire : *genre* Gobe-mouches.

6.ᵉ Ordre. Bec droit, avec les deux mandibules entières. 1.ʳᵉ *Section.* Bec presque quadrangulaire, un peu convexe en dessus et anguleux en dessous : *genre* Pique-bœuf. 2.ᵉ *Section.* Bec convexe; son bout un peu plus large qu'épais et obtus : *genre* Étourneau.

7.ᵉ Ordre. Bec menu et un peu courbé en arc. 1.ʳᵉ *Section.* Tête ornée d'une huppe longitudinale, composée d'un double rang de plumes : *genre* Huppe. 2.ᵉ *Section.* Tête simple : *genre* Promerops.

8.ᵉ Ordre. Bec très-petit, comprimé horizontalement à sa base et crochu à son bout; son ouverture plus large que la tête : *genres* Tête-chèvre, Hirondelle.

9.ᵉ Ordre. Bec en cône raccourci. 1.ʳᵉ *Section.* Les deux mandibules droites : *genres* Tangara, Chardonneret, Moineau, Gros-bec, Bruant. 2.ᵉ *Section.* La mandibule supérieure crochue : *genres* Coliou, Bouvreuil. 3.ᵉ *Section.* Les deux mandibules crochues et se croisant : *genre* Bec-croisé.

10.e Ordre. Bec en alène. 1.re Section. Narines découvertes : genres Alouette, Becfigue. 2.e Section. Narines couvertes par les plumes de la base du bec : genre Mésange.

11.e Ordre. Bec en forme de coin : genre Torchepot.

12.e Ordre. Bec effilé. 1.re Section. Courbé en arc : genres Grimpereau, Colibri. 2.e Section. Droit, comprimé horizontalement et un peu renflé vers le bout; pieds très-courts : genre Oiseau - mouche.

Les oiseaux à quatre doigts, deux devant et deux derrière, composent le

13.e Ordre, formé de cinq sections; savoir : 1.re Section. Bec droit ; langue très-longue, ressemblant à un ver de terre : genres Torcol, Pic. 2.e Section. Langue pas plus longue que le bec, qui est très - long, quadrangulaire et pointu : genre Jacamar. 3.e Section. Bec un peu courbé en en bas, convexe en dessus, comprimé sur les côtés : genres Barbu, Coucou. 4.e Section. Bec court et crochu : genres Couroucou, Bout-de-petun, Perroquet. 5.e Section. Bec long, de la grosseur de la tête, dentelé comme une scie, le bout des deux mandibules courbé en en bas; langue ressemblant à une plume : genre Toucan.

Les oiseaux à trois doigts en avant, dont l'extérieur est réuni à celui du milieu jusqu'à la troisième articulation, et l'interne jusqu'à la première articulation seulement, forment le

14.e Ordre, divisé en cinq sections; savoir : 1.re Section. Bec court et comprimé par les côtés vers le bout : genres Coq de roche, Manakin. 2.e Section. Bec conique, dentelé comme une scie; le bout des deux mandibules étant courbé en en bas : genre Momot. 3.e Section. Bec droit et assez long : genres Martin-pêcheur, Todier. 4.e Section. Bec courbé en arc et pointu : genre Guépier. 5.e Section. Bec gros et en forme de faux : genre Calao.

Les oiseaux sans membranes aux doigts et dont le bas de la jambe est dénué de plumes, composent trois ordres; savoir :

15.e Ordre. Ailes petites à proportion de la grosseur du corps et point propres pour le vol. 1.re Section. Deux doigts devant et point derrière; bec droit, aplati horizontalement

36. 25

avec son bout onguiculé et arrondi; partie supérieure de la tête chauve et calleuse : *genre* Autruche. 2.*e* *Section.* Trois doigts devant et point derrière : *genres* Touyou, Casoar. 3.*e* *Section.* Quatre doigts, trois devant et un derrière; bec long et fort, avec le bout des deux mandibules crochu : *genre* Dronte.

16.*e* Ordre. Ailes assez grandes et propres au vol; trois doigts devant, point derrière. 1.*re* *Section.* Bec en cône courbé : *genre* Outarde. 2.*e* *Section.* Bec droit et renflé par le bout, très-long : *genres* Échasse, Huîtrier. 3.*e* *Section.* Bec droit et renflé par le bout, court : *genre* Pluvier.

17.*e* Ordre. Ailes assez grandes et propres au vol; quatre doigts, trois devant, un derrière. 1.*re* *Section.* Bec droit et renflé vers le bout : *genres* Vanneau, Jacana. 2.*e* *Section.* Bec plutôt courbé en en haut que droit et un peu comprimé horizontalement : *genre* Coulon-chaud. 3.*e* *Section.* Bec convexe en dessus et comprimé par les côtés vers le bout : *genre* Perdrix-de-mer. 4.*e* *Section.* Bec droit et comprimé latéralement; corps aplati par les côtés : *genre* Râle. 5.*e* *Section.* Bec menu : *genres* Bécasseau, Barge, Bécasse. 6.*e* *Section.* Bec courbé en arc en en bas : *genre* Courlis. 7.*e* *Section.* Bec droit, plat horizontalement, son bout étant plus large et en forme de spatule : *genre* Spatule. 8.*e* *Section.* Bec gros et long : *genres* Cigogne, Héron, Ombrette. 9.*e* *Section.* Bec gros, court, mandibule supérieure en forme de cuiller et onguiculée au bout : *genre* Savacou. 10.*e* *Section.* Bec court, droit et conique vers le bout; tête ornée d'une huppe composée de plumes ressemblant à des racines de chien-dent : *genre* Oiseau royal. 11.*e* *Section.* Bec en cône courbé : *genres* Cariama, Kamichi. 12.*e* *Section.* Bec en cône aplati par les côtés; front chauve.

Les oiseaux dont les doigts sont garnis de membranes dans toute leur longueur, composent les neuf derniers ordres, ainsi caractérisés :

18.*e* Ordre. Membranes fendues; quatre doigts, trois devant et un derrière. 1.*re* *Section.* Membranes simples; bec droit et pointu : *genre* Poule-d'eau. 2.*e* *Section.* Membranes festonnées: Phalarope, Foulque.

19.*e* Ordre. Membranes demi-fendues; quatre doigts, dont

les trois antérieurs sont joints ensemble par les membranes, et le postérieur séparé; les jambes placées tout-à-fait derrière, et cachées dans l'abdomen; bec droit et pointu : *genre* Grèbe.

20.ᵉ Oʀᴅʀᴇ. Membranes entières; jambes placées tout-à-fait derrière, et cachées dans l'abdomen; trois doigts devant, tous joints ensemble par les membranes, et point de doigts derrière. 1.ʳᵉ *Section.* Bec droit et pointu : *genre* Guillemot. 2.ᵉ *Section.* Bec aplati par les côtés et cannelé transversalement: *genres* Macareux, Pingouin.

21.ᵉ Oʀᴅʀᴇ. Membranes entières; jambes placées tout-à-fait derrière et cachées dans l'abdomen; quatre doigts, dont les trois antérieurs sont joints ensemble par les membranes, et le postérieur séparé. 1.ʳᵉ *Section.* Bec droit, bout de la mandibule supérieure crochu : *genres* Manchot, Gorfou. 2.ᵉ *Section.* Bec droit, pointu : *genre* Plongeon.

22.ᵉ Oʀᴅʀᴇ. Membranes entières; jambes avancées vers le milieu du corps et hors de l'abdomen, plus courtes que le corps; trois doigts devant, tous joints ensemble par les membranes, et point de doigt derrière ; bec comprimé par les côtés, bout de la mandibule supérieure crochu, et celui de la mandibule inférieure comme tronqué : *genre* Albatros.

23.ᵉ Oʀᴅʀᴇ. Membranes entières; jambes avancées vers le milieu du corps et hors de l'abdomen, plus courtes que le corps; quatre doigts, dont les trois antérieurs joints ensemble par les membranes, et le postérieur séparé; bec sans dentelures. 1.ʳᵉ *Section.* Bec crochu vers le bout : *genres* Puffin, Pétrel, Stercoraire, Goëland. 2.ᵉ *Section.* Bec droit et aplati par les côtés : *genres* Hirondelle de mer, Bec-en-ciseau.

24.ᵉ Oʀᴅʀᴇ. Membranes entières; jambes avancées vers le milieu du corps et hors de l'abdomen, plus courtes que le corps; quatre doigts, dont les trois antérieurs joints ensemble par les membranes, et le postérieur séparé; bec dentelé. 1.ʳᵉ *Section.* Bec presque cylindrique, la mandibule supérieure crochue vers le bout : *genre* Harle. 2.ᵉ *Section.* Convexe en dessus et aplati en dessous : *genres* Oie, Canard.

25.ᵉ Oʀᴅʀᴇ. Membranes entières; jambes avancées vers le milieu du corps et hors de l'abdomen, plus courtes que le corps; quatre doigts, tous joints par les membranes. 1.ʳᵉ *Sec-*

tion. Bec pointu : *genres* Anhinga, Paille - en - queue. 2.*e Section.* Bec crochu vers le bout : *genres* Fou, Cormoran, Pélican.

26.*e Ordre.* Membranes entières; jambes avancées vers le milieu du corps et hors de l'abdomen, plus longues que le corps; quatre doigts, dont les trois antérieurs sont joints par les membranes et le postérieur séparé. 1.*re Section.* Bec dentelé, courbé en bas vers le milieu; mandibule inférieure plus large que la supérieure : *genre* Flammant. 2.*e Section.* Bec sans dentelures : *genres* Avocette, Coureur.

Schæffer, en 1774, donna dans ses *Elementa ornithologica* une distribution méthodique des oiseaux, dans laquelle il ne fit usage, pour la distinction des ordres, que des caractères fournis par les pieds.

Il nomme Nudipèdes, la famille qui comprend les oiseaux dont le bas de la jambe est dépourvu de plumes, et il y place les échassiers et les palmipèdes, *grallæ* et *anseres* de Linné. Ses ordres sont fondés sur le nombre des doigts et sur la considération de leur réunion ou de leur séparation. Les trois premiers portent le nom de fissipèdes, le quatrième celui de pinnatipèdes et les trois derniers celui de palmipèdes. Le premier, caractérisé par deux doigts séparés, ne contient que l'autruche; le second renferme les oiseaux à trois doigts séparés; savoir, ceux qui forment les genres Rhéa, Casoar, Outarde, Pluvier, Huitrier, Échasse; le troisième, ceux à quatre doigts séparés, savoir: les genres Héron, Bécasse, Courlis, Vanneau, Jacana, etc.: le quatrième, ceux dont les quatre doigts sont bordés de membranes et fendus, tels que les genres Gallinule, Foulque, Phalarope et Grèbe; le cinquième contient les oiseaux à pieds palmés, pourvus de trois doigts seulement, tels que ceux qui composent les genres Guillemot, Pingouin, Macareux, Albatros; le sixième comprend les genres Canard, Harle, Mouette, tétradactyles et n'ayant que les trois doigts de devant réunis par une membrane; le septième renferme les genres Fou, Anhinga, Paille-en-queue, Cormoran, Pélican, dont les quatre doigts sont réunis par la membrane.

La seconde famille est celle des Plumipèdes, qui comprend tous les oiseaux qui ne sont ni palmipèdes ni échassiers ou *grallæ* de Linné. Les neuf premiers ordres portent le nom de fissipèdes, parce que les doigts des oiseaux qu'ils renferment sont tous séparés. Le premier de ces ordres est celui des oiseaux grimpeurs à deux doigts devant et deux doigts derrière, c'est-à-dire les pics, les perroquets, les coucous, etc.; il porte le nom d'*isodactyles*. Les *fissipèdes aduncirostres* forment le second, qui est caractérisé, ainsi que les sept suivans, par quatre doigts séparés, trois en avant et un seul en arrière, mais particulièrement par un bec crochu; il contient les oiseaux de proie, comme les vautours, les aigles, les éperviers, les hibous et les chats-huans; le troisième ordre, celui des *fissipèdes conico-incurvirostres*, a le bec conique, légèrement crochu; il renferme les gallinacés, c'est-à-dire les genres Dindon, Coq, Faisan, Perdrix, Lagopède; le quatrième ordre, celui des *fissipèdes conico-tenuirostres*, a le bec conique, tel que celui des genres Bouvreuil, Coliou, Moineau, Gros-bec, Chardonneret, Bruant, Tangara, Bec-croisé; le cinquième ordre, celui des *fissipèdes protensirostres*, renferme les pique-bœufs, les étourneaux, les cotingas, les grives et les pie-grièches, dont le bec est conique et alongé; le sixième ordre, celui des *fissipèdes conico-subulirostres*, a le bec conique et subulé, tel que celui des alouettes, des becfigues, des mésanges, des engoulevents et des hirondelles; le septième ordre, celui des *fissipèdes cunéirostres*, a le bec en forme de coin et ne comprend que le seul genre Torchepot; le huitième ordre, celui des *fissipèdes filirostres*, ou à bec filiforme, contient le genre Oiseau-mouche. Dans le neuvième ordre, celui des *fissipèdes falcirostres*, dont le bec est arqué, on trouve les genres Huppe, Promerops et Grimpereau. Tous ces ordres, celui des isodactyles excepté, présentent la disposition des doigts, trois en avant, séparés, et un en arrière. Le dixième ordre ou le dernier, celui des *anomalipèdes*, en est distingué, parce que le doigt du milieu est réuni à l'externe jusqu'à la troisième phalange, et à l'interne dans toute l'étendue de la première. Les genres Coq de roche, Manakin, Todier, Martin-pêcheur, Guépier, Momot, Calao, lui appartiennent.

En 1777, Scopoli publia une méthode ornithologique dans son *Introductio ad historiam naturalem*. Les oiseaux y sont

partagés en deux grandes familles, selon qu'ils sont : 1.° RE-
TEPÈDES, c'est-à-dire, qu'ils ont la peau des jambes divisée en
petites écailles polygones, tel qu'on le remarque dans les
oiseaux d'eau, les échassiers, les gallinacés, les oiseaux de
proie et les perroquets ; ou 2.° SCUTIPÈDES, c'est-à-dire qu'ils
ont le devant des jambes couvert de demi-anneaux inégaux,
aboutissant de chaque côté dans un sillon longitudinal, comme
on le remarque dans les passereaux.

Parmi les retepèdes, les deux premières divisions, celle des
PLONGEURS et des PALMIPÈDES, contiennent les oiseaux d'eau à
pieds palmés ; la troisième, celle des LONGIPÈDES, correspond
à l'ordre des *grallæ* ou oiseaux de rivage ; la quatrième est
celle des GALLINACÉS ; la cinquième est celle des RAPACES ou
accipitres, et la sixième est celle des PSITTACES, contenant les
genres Perroquet et Ani.

Les scutipèdes sont partagés en trois divisions :

1.° Celle des NÉGLIGÉS, *Neglectæ* (parce que leur chair
n'est pas d'usage pour la nourriture de l'homme), subdivisée
en deux ordres : 1.ᵉʳ les *Grimpeurs*, comme les couroucous,
les becs-croisés, les grimpereaux, les jacamars, les coucous,
les torcols, les pics, les sittelles et les barbus ; 2.ᵉ les *Promeneurs*, d'abord à *narines couvertes*, tels que les huppes, les manakins, les mésanges, les corbeaux, les pie-grièches et les
cotingas ; ensuite ceux à *narines ouvertes*, tels que les mainates, les oiseaux de paradis, les guépiers, les loriots, les
troupiales, les alcyons, les todiers et les colibris.

2.° Celle des CHANTEURS, dont les uns sont à bec mince,
tels que les fauvettes, les gobe-mouches, les grives, les étourneaux, les hochequeue, les alouettes, et les autres à bec
fort et court, comme les bruans, les gros-becs, les pinsons,
les tangaras et les colious.

3.° Celles des BRÉVIPÈDES : à bec court, déprimé, courbé
au bout, très-fendu ; à narines ouvertes ; à pieds courts ; à
chant aigu ou nul ; comprenant les martinets, les engoulevents et les hirondelles.

La méthode de Latham, publiée en 1781, est à peu près
celle de Linné, avec l'addition de deux ordres, dont l'un
ne comprend que les pigeons et le second que l'autruche ;
oiseaux qui, en effet, semblent former le passage de diffé-

rens ordres entre eux ; savoir : les pigeons, celui des passereaux aux gallinacés, et les autruches, celui des gallinacés
aux échassiers : un troisième ordre nouveau, emprunté à
Schæffer, comprend les oiseaux pinnatipèdes, c'est-à-dire,
ceux dont les membranes des doigts des pieds sont fendues
au lieu d'être entières, comme dans les vrais palmipèdes. Cet
auteur a joint beaucoup de genres nouveaux à ceux qui
étoient établis précédemment, tels que ceux dont voici les
noms : *Calleus*, *Scythrops*, *Musophaga*, *Phytotoma*, *Sylvia*,
Tinamus, *Perdix*, *Rhea*, *Casuarius*, *Scopus*, *Vaginalis*, *Gal-*
linula, *Glareola*, *Phalaropus*, *Podiceps*, *Uria*, *Aptenodytes*,
etc.

Dans l'illustration des planches de l'Encyclopédie méthodique, l'abbé Bonnaterre, en 1791, proposa une méthode
analogue à celle de Brisson, en ce que les premières divisions sont fondées sur les caractères que présentent les pieds
et les divisions secondaires sur la forme du bec. Néanmoins
cette classification est beaucoup moins naturelle que celle
de Brisson, ainsi qu'il est facile d'en juger. Dans la 1.re classe
se trouvent les oiseaux à deux ou trois doigts séparés en
avant et sans pouce derrière, tels que l'autruche, le casoar,
le genre Turnix, l'outarde, le pluvier, l'échasse, l'huîtrier.
Dans la 2.e classe sont placés ceux à trois doigts antérieurs
réunis par une membrane, et sans pouce, comme les albatros,
les pingouins, les macareux, les guillemots, etc. Dans la 3.^e
classe entrent ceux à quatre doigts, trois antérieurs et un
postérieur, tous compris dans une membrane commune,
comme les anhinga, les pélicans, les paille-en-queue. Dans
la 4.e classe, ceux dont les doigts, en même nombre et
semblablement disposés, mais simplement bordés par des membranes et non réunis par elles, tels que les grèbes, les phalaropes, les foulques et l'oiseau-du-soleil. La 5.e classe contient les oiseaux à trois doigts antérieurs, compris dans une
membrane commune et à doigt postérieur libre, tels que les
manchots, les plongeons, les pétrels, les goëlands, les hirondelles de mer, les bec-en-ciseaux, les harles, les oies et les
canards, dont les jambes sont courtes, et les flammants,
les coureurs et les avocettes, dont les jambes sont longues.
La 6.e classe est caractérisée par trois doigts devant, plus ou

moins réunis à la base par une petite membrane lâche, et un quatrième doigt, derrière, libre : les genres Dronte, Dindon, Pénélope, Hocco, Paon, Faisan, Peintade, Gélinotte, Perdrix, Caille, Tinamou, Pigeon, y sont placés. La 7.ᵉ classe comprend les oiseaux à trois doigts par devant, dont celui du milieu est joint à l'extérieur par une membrane jusqu'à la troisième articulation et à l'intérieur jusqu'à la première seulement et pourvus aussi d'un doigt postérieur libre ; tels sont les manakins, les coqs de roche, les todiers, les guépiers, les martins-pêcheurs, les momots et les bucéros. Dans la 8.ᵉ classe sont rangés ceux à trois doigts devant, dont celui du milieu est joint à l'extérieur par une membrane jusqu'à la première articulation, et dont celui de derrière est libre. Parmi ceux-ci, les uns ont le bec simple, effilé, droit ou recourbé, comme les alouettes, les lavandières, les sylvies (ou sylvains), les mésanges, les hirondelles, les engoulevents, les oiseau-mouches, les huppes, les grimpereaux et les étourneaux ; d'autres ont le bec échancré latéralement vers le bout, comme les grives, les loriots, les pie-grièches, les cotingas, les tangaras, les gobe-mouches ; enfin d'autres ont le bec gros et sans échancrure, tels que les colious, les rolliers, les mainates, les corbeaux, les phytotomes, les glaucopes, les pique-bœufs, les oiseaux de paradis, les sittelles, les embérizes (ou bruans), les pinsons (ou moineaux), et les gros-becs. Dans la 9.ᵉ classe sont ceux à trois doigts par devant et un par derrière, dépourvus à peu près de membranes, et avec le bas de la jambe nu : ici sont rangés des oiseaux sans aucune analogie avec les précédens, mais qui ont beaucoup de rapports communs avec ceux de la première classe ; tels que ceux des genres Touyou (Rhéa), Spatule, Jabiru, Savacou, Bec-ouvert, Bec-en-fourreau, Ombrette, Rouloul (*Rouloulus*, genre nouveau), Palamède, Agami, Perdrix-de-mer, Poule-sultane, Jacana, Râle, Vanneau, Héron, Ibis, Courlis, Scolopace ou Bécasse. La 10.ᵉ classe contient les oiseaux de proie diurnes, divisés en deux seuls genres, Vautour et Faucon, qui sont caractérisés par trois doigts en avant et un en arrière, presque dépourvus de membranes, et par le bas de la jambe garni de plumes. La 11.ᵉ classe, comprenant deux genres qu'on ne s'attendroit pas à voir rapprochés, ceux des Ducs ou Chouettes et des Musophages, se distingue parce que des trois doigts libres qui sont en avant, l'extérieur peut se tourner en arrière et faire la fonction de second doigt postérieur. Enfin, la 12.ᵉ se compose des oiseaux grimpeurs, c'est-à-dire, à deux doigts en avant et deux doigts constamment en arrière, tels que ceux qui composent les genres Torcol, Pic, Jacamar, Coucou, Ani, Touroucou, Perroquet, Barbu, Scythrops et Toucan.

M. Cuvier, dans son *Tableau élémentaire d'histoire naturelle*, qu'il publia en l'an 6, divisa la classe des oiseaux en six familles; savoir : 1.º les oiseaux de proie correspondans aux *accipitres* de Linné; 2.º les passereaux, qui contiennent les deux ordres des *passeres* et des *picæ* de Linné, à l'exception des oiseaux à deux doigts devant et deux doigts derrière, dont il composa sa 3.ᵉ famille, celle des grimpeurs, *scansores*. Sa 4.ᵉ famille est celle des gallinacés ou *gallinæ* de Linné, à la suite de laquelle il plaça, comme en appendice, les oiseaux qui ne peuvent voler, tels que le dronte, le casoar, le touyou et l'autruche. Enfin, ses 5.ᵉ et 6.ᵉ familles, celles des oiseaux de rivage et des oiseaux nageurs ou palmipèdes, se rapportent exactement aux deux ordres des *grallæ* et des *anseres*.

M. de Lacépède, dans son cours de 1799, partagea ainsi les oiseaux :

1.ʳᵉ SOUS-CLASSE. *Bas de la jambe garni de plumes; point de doigts entièrement réunis par une large membrane.*

1.ʳᵉ DIVISION. Doigts gros et forts, deux en avant et deux en arrière : GRIMPEURS.

1.ᵉʳ *Ordre.* Grimpeurs à bec crochu : Ara, Perroquet.
2.ᵉ *Ordre.* — à bec dentelé : Toucan, Couroucou, Touraco, Musophage.
3.ᵉ *Ordre.* — à bec échancré : Barbu.
4.ᵉ *Ordre.* — à bec droit et comprimé : Jacamar, Pic.
5.ᵉ *Ordre.* — à bec très-court : Torcol.
6.ᵉ *Ordre.* — à bec arqué : Coucou, Ani.

2.e Division. Trois doigts devant, un doigt ou point derrière.

1.re Sous-division. Ongles forts et très-crochus : OISEAUX DE PROIE.

     7.e *Ordre.* Oiseaux de proie à bec crochu : Vautour, Griffon, Aigle, Autour, Épervier, Buse, Milan, Faucon, Chouette.

2.e Sous-division. Ongles peu crochus ; doigts extérieurs libres, ou unis seulement le long de la première phalange : PASSEREAUX.

     8.e *Ordre.* Passereaux à bec dentelé : Phytotome.

     9.e *Ordre.* — à bec échancré : Pie-grièche, Tyran, Gobe-mouches, Moucherolle, Merle, Fourmilier, Loriot, Cotinga, Tangara.

     10.e *Ordre.* — à bec droit et conique : Cassique, Troupiale, Carouge, Étourneau, Gros-bec, Bouvreuil, Moineau, Bruant.

     11.e *Ordre.* — à bec droit et comprimé : Gracule, Corbeau, Rollier, Paradis, Sittelle, Picoïde, Pique-bœuf.

     12.e *Ordre.* — à bec droit et menu : Mésange, Alouette, Bec-fin, Motacille.

     13.e *Ordre.* — à bec très-court : Hirondelle, Engoulevent.

     14.e *Ordre.* — à bec arqué : Glaucope, Huppe, Grimpereau, Colibri.

     15.e *Ordre.* — à bec renflé : Oiseau-mouche.

3.e Sous-division. Doigts extérieurs unis dans presque toute leur longueur : PLATYPODES.

     16.e *Ordre.* Platypodes à bec dentelé : Calao ; Momot.

     17.e *Ordre.* — à bec droit et comprimé : Alcyon, ou Martin-pêcheur, Ceyx.

     18.e *Ordre.* — à bec droit et déprimé : Todier.

     19.e *Ordre.* — à bec droit et menu : Manakin.

     20.e *Ordre.* — à bec arqué : Guépier.

4.e Sous-division. Doigts de devant réunis à leur base par une membrane : GALLINACÉS.

     21.e *Ordre.* Gallinacés à bec renflé : Pigeon, Tétras, Per-

drix, Tinamou, Tridactyle, Paon, Faisan, Peintade, Dindon, Hocco, Pénélope, Guan.

2.ᵉ SOUS-CLASSE. *Bas de la jambe dénué de plumes, ou plusieurs doigts réunis par une large membrane.*

1.ʳᵉ DIVISION. Trois doigts devant, un doigt ou point de doigt derrière.

1.ʳᵉ SOUS-DIVISION. Doigts de devant entièrement réunis par une membrane : OISEAUX-D'EAU.

22.ᵉ *Ordre.* Oiseaux d'eau à bec crochu : Albatros, Pélécanoïde, Pétrel.

23.ᵉ *Ordre.* — à bec dentelé : Canard, Harle, Prion.

24.ᵉ *Ordre.* — à bec droit et comprimé : Bec-en-ciseaux,
Plongeon, Grèbe, Guillemot, Alque,
Pingouin, Macareux.

25.ᵉ *Ordre.* — à bec droit et menu : Sterne ou Hiron-
delle-de-mer.

26.ᵉ *Ordre.* — à bec droit et arqué : Avocette.

27.ᵉ *Ordre.* — à bec renflé : Mauve.

2.ᵉ SOUS-DIVISION. Quatre doigts réunis par une large membrane : OISEAU-D'EAU LATIRÈMES.

28.ᵉ *Ordre.* Latirèmes à bec crochu : Frégate, Cormoran.

29.ᵉ *Ordre.* — à bec dentelé : Fou, Phaéton.

30.ᵉ *Ordre.* — à bec droit, déprimé : Pélican.

3.ᵉ SOUS-DIVISION. Trois doigts devant, un doigt ou point de
doigt derrière. OISEAUX DE RIVAGE.

31.ᵉ *Ordre.* Oiseaux de rivage à bec crochu : Messager,
Kamichi, Glaréole.

32.ᵉ *Ordre.* — à bec droit et conique : Agami, Vaginal.

33.ᵉ *Ordre.* — à bec droit et comprimé : Grue, Cigogne,
Héron, Bec-ouvert, Ralc, Ombrette,
Huîtrier.

34.ᵉ *Ordre.* — à bec droit et déprimé : Savacou, Spatule.

35.ᵉ *Ordre.* — à bec droit et menu : Bécasse.

36.ᵉ *Ordre.* — à bec arqué : Jabiru, Ibis, Courlis, Échasse.

37.ᵉ *Ordre.* — à bec renflé : Hydrogalline, Foulque, Ja-

cana , Vanneau , Phalarope , Pluvier,
Outarde.

2.ᵉ *Division*. Deux , trois ou quatre doigts très-forts.

1.ʳᵉ *Sous-division*. Doigts non réunis à leur base par une
membrane : Oiseaux coureurs.

38.ᵉ *Ordre*. Oiseaux coureurs à bec droit et déprimé :
Autruche, Touyou.
39.ᵉ *Ordre*. — à bec arqué : Casoar.
40.ᵉ *Ordre*. — à bec renflé : Dronte.

M. Duméril (*Zoologie analytique*, 1806) admet les mêmes
ordres que M. Cuvier, et les subdivise en un grand nombre
de familles.

L'ordre des Rapaces (*accipitres*) est ainsi caractérisé : Un
seul doigt en arrière ; ceux de devant entièrement libres ;
bec et ongles crochus. 1.ʳᵉ Famille, Nudicolles ou Ptilodères :
le bas du cou garni de plumes frisées en manière de palatine, le haut couvert d'un duvet ; bec droit d'abord, crochu
à la pointe. *Genres* Vautour, Sarcoramphe. 2.ᵉ Famille, Plu-
micolles ou Cruphodères : yeux latéraux ; cou et tête garnis
de plumes ; base du bec offrant une saillie charnue, colorée,
appelée cire. *Genres* Griffon, Buse, Autour, Faucon, Messager, Aigle. 3.ᵉ Famille, Nocturnes ou Nyctérins : yeux très-
grands, dirigés en avant d'une tête très-grosse ; bec court,
crochu, recouvert à la base et sur les narines par des soies
roides. *Genres* Surnie (chouettes à longue queue), Duc,
Chouette.

L'ordre des Passereaux (*passeres*) a pour caractère : Un seul
doigt derrière ; les deux externes de devant réunis, les tarses
médiocres en hauteur. La première famille, celle des Créni-
rostres ou Glyphoramphes, contient les passereaux à une ou
deux échancrures au plus sur la pointe du bec, tels que ceux
qui composent les genres Pie-grièche, Merle, Gobe-mouches,
Cotinga, Tangara. La 2.ᵉ famille, celle des Dentirostres ou
Odontoramphes, renferme les passereaux des genres Phytotome, Momot et Calao, dont le bec échancré a trois dentelures au moins. La 3.ᵉ famille, appelée des Plénirostres ou
des Pléréoramphes, a le bec alongé, droit, non échancré,

solide et fort, tel que celui des Mainates, des Paradisiers, des Kolliers, des Corbeaux et des Pies, qui la composent. La 4.ᵉ famille, celle des Conirostres ou Conoramphes, est distinguée par la forme du bec, qui est conique, un peu courbé, solide et non échancré, comme dans les genres Cassique, Troupiale, Glaucope, Pique-bœuf, Étourneau, Moineau, Bruant, Coliou, Loxie ou Gros-bec, Bec-croisé. La 5.ᵉ famille contient les Subulirostres ou Raphioramphes, à bec court, foible, flexible, non échancré, à base étroite, arrondie, c'est-à-dire, les Manakins, les Mésanges, les Becs-fins et les Alouettes. La 6.ᵉ famille, ou celle des Planirostres ou Omaloramphes, comprend les Hirondelles, les Martinets, les Engoulevents, dont le bec est court, foible, non échancré, large et plat à la base. Dans la 7.ᵉ famille sont rangés les Ténuirostres ou Leptoramphes, à bec long, étroit, sans échancrure, souvent flexible, tels que les genres Sittelle, Grimpereau, Colibri, Orthorhynque, Huppe, Guépier, Alcyon, Todier.

L'ordre des Grimpeurs ou celui des oiseaux à deux doigts en avant et deux doigts en arrière, est subdivisé en deux familles. La première, nommée des Cunéirostres ou Sphénoramphes, contient les oiseaux à bec pointu, étroit à la base, en forme de coin et non dentelé, des genres Coucou, Jacamar, Ani, Torcol et Pic. La deuxième, celle des Lévirostres ou Cénoramphes, à bec gros à la base, léger, souvent dentelé, se compose des genres Barbu, Touraco, Couroucou, Musophage, Toucan, Perroquet, Kakatoès et Ara.

L'ordre des Gallinacés (*Gallinæ*) est distingué par les doigts antérieurs, qui sont réunis à la base par une courte membrane. Les trois familles qui le composent présentent les caractères suivans : 1.ʳᵉ Famille, Colombins ou Péristères : ailes propres au vol ; bec droit à la base ; narines couvertes d'une peau molle ; corps peu élevé sur jambes. *Genre :* Pigeon. 2.ᵉ Famille, Domestiques ou Alectrides : ailes propres au vol ; bec conique, fort, un peu courbé ; mandibule supérieure voûtée. *Genres :* Paon, Dindon, Hocco, Guan, Peintade, Faisan, Tétras, Outarde. 3.ᵉ Famille, Brévipennes ou Brachyptères : ailes trop courtes pour servir au vol ; corps pesant ; jambes nues au-dessus du talon. *Genres :* Dronte, Touyou, Autruche et Casoar.

L'ordre des Échassiers (*Grallæ*) contient les oiseaux à tarses très-longs, dénués de plumes jusqu'à la jambe, et dont les doigts externes sont réunis à la base. Les quatre familles qui le composent présentent les caractères suivans : 1.re Famille : Pressirostres ou Ramphostènes, à bec pointu, étroit, comprimé, surtout vers la pointe, et plus haut que large. *Genres :* Gallinule, Foulque, Jacana, Huîtrier. 2.e Famille : Cultrirostres ou Ramphocopes, à bec long, droit, conique, fort et tranchant. *Genres :* Héron, Cigogne, Jabiru, Bec-ouvert, Tantale. 3.e Famille : Latirostres ou Ramphoplates, à bec mousse, obtus, déprimé, très-large. *Genres :* Savacou, Spatule, Flammant. 4.e Famille : Ténuirostres ou Rampholites, à bec mou, grêle, obtus, cylindrique ou arrondi. *Genres:* Avocette, Vanneau, Pluvier, Courlis, Bécasse.

L'ordre des Palmipèdes (*anseres*) ou le dernier, contient les oiseaux dont les doigts sont réunis par de larges membranes et dont le tarse est peu élevé ; il est divisé en quatre familles. La 1.re, ou celle des Serrirostres ou Prionoramphes, ayant trois doigts antérieurs cachés dans la nageoire, le bec dentelé et les ailes longues, se compose des genres Canard, Harle et Flammant, (ce dernier déjà indiqué dans l'ordre des Échassiers, mais reporté ici une seconde fois pour rendre complète, dit M. Duméril, la marche analytique). La 2.e, celle des Pinnipèdes ou Podoptères, renferme les palmipèdes dont les quatre doigts sont réunis dans une même membrane, tels que ceux des genres Pélican, Cormoran, Frégate, Fou, Phaëton, Anhinga. La 3.e, celle des Longipennes ou des Macroptères, caractérisée par trois doigts réunis dans une membrane, par les ailes longues et le bec non denté, réunit les genres Avocette, Rhyncope, Sterne, Mauve ou Mouette, Albatros et Pétrel. Enfin, la 4.e, celle des Brévipennes ou Uropodes, composée des genres Grèbe, Guillemot, Alque, Pingouin et Manchot, se distingue, parce que le pouce des oiseaux qu'elle renferme est libre ou nul, que leur bec n'est pas dentelé, que leurs ailes sont très-courtes, et que leurs pattes sont articulées tout-à-fait à l'arrière du corps.

Une partie du grand ouvrage sur l'Égypte, publiée en 1810, contient la description des oiseaux de proie de ce pays, par M. Savigny. Il les divise en trois familles, qui correspondent aux genres *Vultur*, *Falco* et *Strix* de Linné, et ces familles contiennent plusieurs genres nouveaux, dont nous rapporterons les noms seulement. Dans la première, ou celle des Vautours, on trouve les genres Gyps, Ægypius, Néophron et Phène; dans la seconde, ou celle des Éperviers, les genres Haliætus, Circus, Dædalion, Pandion et Elanus; enfin, dans la troisième, les genres Noctua, Scops, Alio et Syrnium. Si l'état déplorable de la santé de M. Savigny le lui avoit permis, il n'est pas douteux qu'il eût examiné les autres familles d'oiseaux avec le soin extrême qu'il a mis à étudier celle-ci; mais, lorsqu'il perdoit la vue, le droit de terminer son travail lui ayant été enlevé, il nous paroît certain que dès à présent la partie ornithologique de l'ouvrage d'Égypte confiée à son talent, doit être considérée comme terminée.

L'ouvrage de MM. Meyer et Wolf sur les oiseaux de l'Allemagne, publié en 1810, offre une classification nouvelle, dont voici l'exposé. L'ordre 1.ᵉʳ, celui des ACCIPITRES, *Accipitres*, comprend les oiseaux de proie diurnes et nocturnes. Le 2.ᵉ, ou des CORACES, *Coraces*, contient dans une famille les corbeaux, les rolliers et les loriots, et dans une seconde les coucous et les huppes. Le 3.ᵉ, celui des PICS, *Pici*, réunit les pics, les torcols, les sittelles, les grimpereaux, les guépiers et les martins-pêcheurs. Le 4.ᵉ, ou celui des CHANTEURS, *Oscines*, contient la plupart des autres passereaux, savoir : les mangeurs de graines, tels que les moineaux, les gros-becs, les chardonnerets, les linottes, les bruans, en un mot, les *emberiza* et les *fringilla* dans un premier sous-ordre; les grives, les jaseurs, les cincles et les étourneaux dans un second; et, enfin, dans un troisième, les insectivores, tels que les gobe-mouches, les hochequeue, les rossignols, les fauvettes, les alouettes et les mésanges. Le 5.ᵉ ordre, ou celui des CHÉLIDONS, *Chelidones*, ne renferme que les trois genres Hirondelle, Martinet et Engoulevent. Dans le 6.ᵉ, ou celui des COLOMBES, est placé le seul genre Pigeon. Le 7.ᵉ correspond à l'ordre des gallinacés et porte le nom de GALLINES, *Gallinæ*. Le 8.ᵉ, sous le nom de GRALLES, *Grallæ*, se rapporte à celui des oiseaux de rivage ou *grallæ* de Linné. Enfin, le 9.ᵉ, ou des NAGEURS, *Natantes*, contient les palmipèdes, ou oiseaux nageurs des autres ornithologistes.

En 1811, Illiger fit paroître, à Berlin, son ouvrage intitulé : *Prodromus systematis mammalium et avium.* Il y partage la classe des oiseaux en sept ordres et quarante-une familles ; et y propose l'établissement d'un assez grand nombre de genres nouveaux.

L'ordre premier est celui des Scansores ou grimpeurs, à deux doigts en avant et deux doigts en arrière (et dans très-peu d'espèces deux en avant et un en arrière). 1.re Famille, Psittacini ou Psittacins : à bec épais, robuste, assez court, convexe, pourvu d'une cire à sa base ; doigts antérieurs séparés ; genres *Psittacus* ou Perroquet et *Pezoporus* ou Pézopore. 2.e Famille, Serrati ou Dentelés : bec volumineux, à parois minces, nu à sa base et à bords dentelés ou en scie ; doigts antérieurs libres au moins dans la moitié de leur longueur ; l'extérieur souvent versatile, c'est-à-dire pouvant devenir opposable aux deux antérieurs, ainsi que le postérieur ; genres : *Ramphastos* ou Toucan, *Pteroglossus* ou Ptéroglosse, *Pogonias* ou Barbican, *Touraco* ou Corythaix, *Trogon* ou Couroucou, *Musophaga* ou Musophage. 3.e Famille, Amphiboli ou Versatiles : bec arqué, à base nue et à bords entiers ; doigt extérieur, parmi ceux de derrière, versatile ; genres : *Crotophaga* ou Ani, *Scythrops*, *Bucco* ou Barbu, *Cuculus* ou Coucou, *Centropus* (nouv.). 4.e Famille, Sagittilingues ou Sagittilangues ; bec droit, conique, alongé, pointu, à bords entiers ; langue extensible ; pieds grimpeurs à doigts antérieurs séparés ; genres : *Yunx* ou Torcol, *Picus* ou Pic. 5.e Famille, Syndactili ou Syndactyles : bec alongé, assez droit, tétragone, pointu ; pieds grimpeurs avec les deux doigts antérieurs réunis presque jusqu'à leur extrémité ; genre *Galbula* ou Jacamar.

L'ordre second renferme les Ambulatores ou marcheurs, dont le bec, à base nue, affecte différentes formes, et qui, ayant tous les pieds propres à la marche, ont ordinairement trois doigts antérieurs et un postérieur, quelquefois les quatre doigts en avant, et quelquefois les deux doigts antérieurs externes réunis jusqu'au milieu de leur longueur. 6.e Famille, Angulirostres : à bec médiocre ou alongé, pointu, presque tétragone, et pieds à doigts externes réunis jusqu'à la moitié de leur longueur ; genres *Alcedo* ou Martin-pêcheur, *Merops* ou Guépier. 7.e Famille, Suspensi ou Planeurs : à bec alongé, grêle.

cylindrique, ayant la première plume des ailes la plus grande, et les autres décroissant graduellement; pieds courts, foibles, à trois doigts devant séparés, et un doigt derrière; genre *Trochilus* ou Colibri, comprenant aussi les Oiseaux-mouches ou *Orthorhynchus*. 8.ᵉ Famille, TÉNUIROSTRES : à bec long ou médiocre, grêle, courbé; pennes de la queue lâches, obtuses au bout; premières pennes de l'aile plus courtes que les suivantes: pieds à trois doigts en avant et un en arrière, médiocres; genres *Nectarinia* ou Sucrier, ou Guit-guit, *Tichodroma* ou Échelette, *Upupa* ou Huppe. 9.ᵉ Famille, PYGARRICHI ou Grimpereaux : à bec médiocre, grêle, comprimé, arqué; à ailes médiocres, leurs premières pennes étant les plus courtes, ayant les rectrices roides et pointues, et les pieds médiocres, à trois doigts séparés devant et un postérieur; genres *Certhia* ou Grimpereau, et *Dendrocolaptes* ou Pic-grimpereau. 10.ᵉ Famille, GREGARII ou Troupiers : à bec tantôt médiocre, droit, pointu, ayant la carène droite, ou bien alongé, conique ou comprimé, ou terminé en cône égal; à pieds médiocres, pourvus de trois doigts en avant séparés, et d'un doigt en arrière; genres *Xenops* (nouv.), *Sitta* ou Sittelle, *Buphaga* ou Pique-bœuf, *Oriolus* ou Loriot, *Cassicus* ou Cassique, et *Sturnus* ou Étourneau. 11.ᵉ Famille, CANORI ou Chanteurs : à bec médiocre ou assez court, droit, un peu arqué, de forme variable, avec les bords échancrés vers la pointe, rarement dentelés, à pieds médiocres, pourvus de trois doigts en avant, dont les deux externes quelquefois réunis et d'un seul doigt postérieur; genres *Turdus* ou Grive, *Cinclus* ou Cincle, *Accentor* (Bechst.), *Motacilla*, comprenant les Becs-fins et les Hochequeue, *Muscicapa* ou Gobe-mouches, *Myiothera* ou Fourmilier, *Lanius* ou Pie-grièche, *Sparactes* ou Bec-de-fer, *Todus* ou Todier, *Pipra* ou Manakin. 12.ᵉ Famille, PASSERINI ou Passerins : à bec court, assez gros, conique, un peu infléchi vers le bout, quelquefois à mandibules croisées ou en tenailles; pieds à trois doigts en avant et un en arrière, ou tous les quatre en avant; genres : *Parus* ou Mésange, *Alauda* ou Alouette, *Emberiza* ou Bruant, *Tanagra* ou Tangara, *Fringilla* ou Moineau et Gros-bec, *Loxia* ou Bec-croisé, *Colius* ou Coliou, *Glaucopis* ou Glaucope, *Phytotoma* ou Phytotome.

36. 25*

13.e Famille, DENTIROSTRES : bec médiocre ou alongé en couteau, à bords dentelés ; pieds à un doigt en arrière et trois doigts en avant, dont les deux extérieurs sont réunis ; genres *Prionites* ou Momot, *Buceros* ou Calao. 14.e Famille, CORACES ou Corbeaux : à bec médiocre, assez gros, robuste, en couteau, à bords très-entiers, ou ayant une échancrure près de la pointe ; pieds à trois doigts libres en avant et un postérieur ; genres *Corvus* ou Corbeau, renfermant les Corbeaux, les Pies, les Geais, les Jaseurs, *Coracias* ou Rollier, *Paradisea* ou Paradisier, *Cephalopterus*, Geoff., *Gracula* ou Mainate. 15.e Famille, SERICATI ou Soyeux : à bec court, déprimé, et large à sa base, arqué, avec le bout infléchi ; ailes médiocres ; pieds médiocres à trois doigts devant séparés, et un derrière ; genres *Ampelis* ou Cotinga et *Procnias*, Hoffmannsegg. 16.e Famille, HIANTES ou Becs-ouverts : ayant le bec court, déprimé, arqué avec sa base très-dilatée ; l'extrémité comprimée et la pointe recourbée en dessous ; ailes longues ; pieds courts, grêles, tantôt à trois doigts en avant et un en arrière, tantôt ayant les quatre doigts en avant ; genres *Hirundo* ou Hirondelle, *Cypselus* ou Martinet, *Caprimulgus* ou Engoulevent.

Le troisième ordre se compose des RAPTATORES ou Oiseaux de proie, dont le bec est de médiocre grosseur, très-fort, crochu, comprimé et garni d'une cire à sa base ou espace membraneux et sans plumes ; narines très-ouvertes, quelquefois revêtues de plumes ; pieds à trois doigts devant et un derrière, très-robustes ; quelquefois les antérieurs ayant un rudiment de membrane à leur base ; ongles arqués, très-forts et très-aigus. 17.e Famille, NOCTURNI ou Nocturnes : à bec comprimé, crochu, avec la base recouverte de plumes, et la cire non apparente ; tête couverte de plumes nombreuses et serrées ; yeux tournés en avant ; pieds laineux, à doigts séparés ; l'externe étant versatile ; genre *Strix* ou Chouette. 18.e Famille, ACCIPITRINI ou Accipitrins : à bec comprimé, crochu, pourvu d'une cire bien apparente à sa base ; ayant la tête proportionnée au volume du corps ; les yeux latéraux et le doigt moyen des pieds plus court que le tarse ; genres *Falco* ou Faucon, comprenant les aigles, les faucons, les éperviers, les buses, les milans, etc., *Gypogeranus* ou Secré-

taire, et *Gypaetus* ou Griffon. 19.ᵉ Famille, Vulturini ou Vautourins : ayant le bout du bec crochu et sa base pourvue d'une
cire ; la tête et le cou couverts de plumes courtes et rares ;
la base du bec quelquefois caronculée ; un collier de plumes
entourant la base du cou ; les pieds nus, avec le tarse plus
court que le doigt du milieu ; genres *Vultur* ou Vautour et
Cathartes ou Sarcoramphe de M. Duméril.

Dans le quatrième ordre, celui des Rasores ou des Grat-
teurs, qui correspond à celui des *Gallinæ* ou Gallinacés de
Linné, le bec est médiocre, avec l'extrémité de la mandibule supérieure arquée en voûte ; sa base est souvent pourvue d'une cire et son dos est quelquefois convexe, rarement
gibbeux ou caréné (ce bec étant quelquefois grand et marqué de lignes enfoncées et de rides) ; les pieds sont le
plus souvent à quatre doigts, trois devant et un derrière,
et quelquefois à trois doigts antérieurs seulement, sans pouce ;
ongles médiocres ou courts, arqués et obtus. 20.ᵉ Famille,
Gallinacei ou Gallinacés proprement dits : bec assez court,
souvent pourvu d'une cire à sa base ; mandibule supérieure
en totalité ou vers son bout seulement arquée en voûte, à
dos rarement gibbeux ; genres *Numida* ou Peintade, *Meleagris* ou Dindon, *Penelope* ou Guan, *Crax* ou Hocco, *Opisthocomus*, Hoffmannsegg (nouv.), *Pavo* ou Paon, *Phasianus* ou Faisan, *Gallus* ou Coq, *Menura* ou Lyre, *Tetrao* ou Tétras,
Perdix ou Perdrix, comprenant aussi les Cailles. 21.ᵉ Famille,
Epollicati ou Sans-pouces : à bec médiocre, assez mince,
droit, avec le bout comprimé et voûté ; pieds à trois doigts,
sans pouce ; genres *Ortygis* ou Tridactyle, *Syrraptes* (nouv.).
22.ᵉ Famille, Columbini ou Colombins : à bec médiocre, grêle,
droit, assez comprimé en voûte et défléchi vers le bout,
ayant une cire molle à sa base ; à pieds tétradactyles, dont
les doigts, sont séparés avec le pouce touchant à terre, de
moitié plus long que le doigt interne ; genre *Columba* ou Pigeon. 23.ᵉ Famille, Crypturi ou Cache-queue : à bec médiocre, déprimé, pourvu d'une cire à la base, obtus à la
pointe, avec dos distinct ; bords de la mâchoire inférieure
également distincts dans toute leur étendue ; genre *Crypturus*
ou Tinamou. 24.ᵉ Famille, Inepti ou Ineptes : à bec très-grand,
avec la mâchoire supérieure très-arquée au bout et marquée

d'impressions transversales dans son milieu ; à ailes sans pennes ; à pieds épais, tétradactyles, dont les doigts sont fendus et dont le pouce touche à terre ; genre *Didus* ou Dronte.

L'ordre des CURSORES ou Coureurs est le cinquième. Il est caractérisé par un bec médiocre ou long ; les pattes longues et fortes ; les doigts au nombre de deux ou de trois ; le bas de la jambe dépourvu de plumes. 25.e Famille, PROCERI ou Géans : à bec médiocre, assez épais et obtus, à ailes sans pennes, à pieds di-ou tridactyles, ayant leur face supérieure écussonnée ; genres *Casuarius* ou Casoar, *Struthio* ou Autruche, *Rhea* ou Touyou. 26.e Famille, CAMPESTRES ou Champêtres : à bec médiocre, droit, un peu voûté ; à pieds coureurs, divisés en trois doigts séparés, et écussonnés ; genre *Otis* ou Outarde. 27.e Famille, LITTORALES ou Littoraux : ayant le bec de forme variable ; les ailes propres au vol ; les doigts au nombre de trois, réunis à leur base le plus ordinairement et fendus très-rarement, avec la face supérieure du pied ou écussonnée, ou réticulée ; genres *Charadrius* ou Pluvier, *Calidris* ou San- derling, *Himantopus* ou Échasse, *Hœmatopus* ou Huîtrier, *Tachydromus* ou Coure-vîte, *Burhinus* (nouv.)

Dans le sixième ordre sont renfermés les GRALLATORES, Échassiers, ou Oiseaux de rivage proprement dits, dont le bec présente des formes variées, selon les genres, et dont les jambes nues dans le bas, ont des pieds pourvus d'un pouce et les doigts tantôt alongés et fendus, tantôt palmés et tantôt lobés. 28.e Famille, VAGINATI ou les Engainés : dont la base de la mandibule supérieure est pourvue d'une sorte de gaine cornée, dont les pieds longs sont tétradactyles, à doigts réunis par une petite membrane et dont le pouce est très-court et remonté ; genres *Chionis* ou Vaginal. 29.e Fa- mille, ALECTORIDES : à bec plus court que la tête, très-épais, avec la mandibule supérieure convexe et un peu en voûte ; à pieds tétradactyles, dont les doigts antérieurs sont réunis par une petite membrane et dont le pouce est tantôt petit et relevé, tantôt touchant la terre ; genres *Glareola* ou Per- drix de mer, *Coreopsis* (Lath.), *Dicholophus* ou Cariama, *Palamedea* ou Kamichi, *Chauna* (nouv.), *Psophia* ou Agami. 30.e Famille, HERODII ou Hérodiens : à bec plus long que la

tête, tantôt épais, droit, conique et pointu, tantôt très-gros
et large, ou à mandibules entr'ouvertes, ayant les pieds
tétradactyles, avec les doigts réunis à la base par une petite
membrane; genres *Grus* ou Grue, *Ciconia* ou Cigogne, *Ardea* ou Héron, *Europygia* ou Caurale, *Scopus* ou Ombrette,
Cancroma ou Savacou, *Anastomus* ou Bec-ouvert. 31.ᵉ Famille,
Falcati ou Becs-arqués : à bec alongé, arqué, dont la base
est épaisse et dont l'extrémité est obtuse et arrondie; ayant
les pieds très-longs, tétradactyles, à doigts réunis à la base
par une petite membrane, avec le pouce égalant en longueur la moitié du doigt antérieur médian et touchant à
terre; genres *Tantalus* ou Tantale, *Ibis* ou Courlis. 32.ᵉ Famille, Limicolæ ou Limicoles : à bec souvent plus long que
la tête, grêle, à peu près cylindrique, tantôt droit, tantôt
arqué; à face emplumée; ayant les pieds tétradactyles, dont
les doigts antérieurs sont, ou tout-à-fait séparés, ou réunis
à leur base par une courte membrane, avec le pouce grêle,
tantôt relevé, tantôt ne touchant la terre que par le bout
de l'ongle; genres *Numenius* ou Courlis, *Scolopax* ou Bécasse,
Ereunetes (nouv.), *Actitis* ou Barge, *Strepsilas* ou Tournepierre,
Tringa ou Vanneau. 33.ᵉ Famille, Macrodactyli ou Macrodactyles : à bec médiocre ou long, assez épais, un peu comprimé, droit ou un peu arqué; à pieds tétradactyles, avec
de longs doigts séparés; genres *Parra* ou Jacana, *Rallus* ou
Râle, *Crex* ou Gallinule. 34.ᵉ Famille, Lobipedes : à bec médiocre, droit, rarement arqué à sa pointe; pieds médiocres
ou courts, à quatre doigts, qui sont lobés sur leurs bords;
genres *Fulica* ou Foulque, *Podoa* ou Oiseau du soleil, *Phalaropus* ou Phalarope. 35.ᵉ Famille, Hygrobatæ ou Hydrophiles : ayant le bec variable dans ses formes, selon les
genres; les pieds longs, avec les doigts plus ou moins garnis
d'une membrane à leur base et plus courts que la partie nue
du bas de la jambe; genres *Corrira* ou Coureur, *Recurvirostra*
ou Avocette, *Platalea* ou Spatule.

Le septième ordre est celui des Natatores ou Palmipèdes,
dont le bec varie de forme, selon les genres, dont les jambes
sont dépourvues de plumes dans leur partie inférieure, et
dont les pieds, courts et plus ou moins placés à l'arrière du
corps, sont palmés ou garnis de membranes fendues. 36.ᵉ

Famille, Longipennes : ayant le bec médiocre, comprimé, droit, plus ou moins continu, rarement composé; les narines non rebordées; les ailes longues, propres au vol; les pieds à l'équilibre du corps, tétradactyles, palmés, avec le pouce libre et simple, quelquefois court et mutique ; genres *Rhyncops* ou Bec-en-ciseaux, *Sterna* ou Hirondelle de mer, *Larus* ou Mouette, *Lestris* ou Stercoraire. 37.e Famille, Tubinares ou Porte-tubes : dont le bec est comme formé de plusieurs pièces distinctes, dont les narines sont tubuleuses et souvent géminées, c'est-à-dire, accolées l'une à l'autre, dont les ailes sont longues et propres au vol, dont les pieds palmés sont tridactyles, ayant souvent le pouce remplacé par un ongle ; genres *Procellaria* ou Pétrel, *Haladroma* ou Pélécanoïde, *Pachyptila* (nouv.), *Diomedea* ou Albatros. 38.e Famille, Lamellosodentati ou Lamellirostres : à bec médiocre, droit, épais, couvert par l'épiderme, avec les bords garnis de lamelles en forme de dents ou de denticules pointues; à ailes propres au vol; à pieds courts, palmés, tétradactyles, ayant le pouce distinct : genres *Anas* ou Canard, *Anser* ou Oie, *Mergus* ou Harle. 39.e Famille, Steganopodes : ayant le bec médiocre ou long; les ailes longues et propres au vol; les pieds courts, à l'équilibre du corps, tétradactyles avec les trois doigts et le pouce compris dans la même membrane ; genres *Pelecanus* ou Pélican, *Halieus* ou Cormoran, *Dysporus* ou Fou, *Phaeton* ou Paille-en-queue, *Plotus* ou Anhinga. 40.e Famille, Pygopodes : ayant le bec médiocre, plus ou moins comprimé, aigu, avec ses bords entiers; les narines simples; les ailes médiocres et propres au vol; les pieds à l'arrière du corps, tétradactyles, avec le pouce libre, ou tridactyles, les doigts étant entièrement palmés ou garnis seulement d'une membrane fendue; genres *Colymbus* ou Plongeon, *Eudytes* ou Inbrim, *Mormon* ou Macareux, *Alca* ou Pingouin. 41.e Famille, Impennes ou Manchots : ayant le bec en forme de couteau; les ailes sans pennes et en forme de nageoires; les pieds à l'arrière du corps, appuyant sur toute la longueur du tarse, tétradactyles dans la plupart et tridactyles dans une seule espèce; genre *Aptenodytes* ou Manchot.

La méthode de M. Temminck, publiée en 1815 pour la première fois, est un composé de plusieurs, qui avoient été proposées par divers naturalistes, et dont nous avons déjà parlé, ainsi qu'il sera facile de le reconnoître par les noms mêmes de ces ordres; savoir : 1.ᵉʳ Râpaces (Scopoli), 2.ᵉ Coraces (Meyer), 5.ᵉ Chanteurs (Meyer), 4.ᵉ Passereaux (Linné, Illiger), 5.ᵉ Grimpeurs (Cuvier), Alcyons (nouv.), 6.ᵉ Anisodactyles (correspondant en général aux anomalipèdes de Schæffer et aux Syndactyles de M. Cuvier), 7.ᵉ Chélidons (nouv.), 8.ᵉ Pigeons (Latham), 9.ᵉ Gallinacés (Linn.); 10.ᵉ Coureurs (Illiger), 11.ᵉ Gralles (Illiger), 12.ᵉ Pinnatipèdes (les *Lobipedes* d'Illiger), 13.ᵉ Palmipèdes (*Anseres*, Linn., *Palmipedes*, Scopoli).

On ne trouve dans ce travail que deux genres nouveaux (*Ganga* et *Patre*) et quelques changemens de place de certains genres dans les ordres que M. Temminck a adoptés. Une seconde édition de cet ouvrage ayant été publiée en 1821, nous en ferons l'analyse plus tard, parce qu'elle doit être considérée comme le perfectionnement de celle-ci, au moins suivant les vues de l'auteur.

Analyse de la méthode de M. Cuvier, *suivie dans ce Dictionnaire.*

Cette méthode fait partie de l'ouvrage intitulé : le *Règne animal distribué selon son organisation*, publié en 1817. Les oiseaux y sont partagés en six ordres et en un certain nombre de familles.

1.ᵉʳ Ordre, OISEAUX DE PROIE. (*Accipitres.*) Bec crochu, à pointe recourbée vers le bas; narines percées dans une membrane qui revêt toute la base de ce bec; pieds musculeux, courts, armés d'ongles crochus et vigoureux, dont celui du pouce et celui du doigt interne sont les plus forts; ailes grandes; souvent une petite palmure entre les doigts externes; muscles des jambes et des cuisses très-forts.

1.ʳᵉ Famille, Diurnes. Yeux dirigés sur les côtés; une cire visible à la base du bec, dans laquelle sont percées les narines; trois doigts devant, un derrière, sans plumes, les deux externes presque toujours réunis à leur base par une courte membrane; plumage serré; pennes fortes; vol puissant; estomac presque entièrement membraneux; intestins peu étendus; cœcum très-court; sternum large et complétement ossifié; os de la fourchette demi-circulaire, à branches très-écartées.

Genre Vautour, *Vultur*, Linn. Yeux à fleur de tête, tarses recouverts de petites écailles; bec alongé, recourbé seulement au bout; une partie plus ou moins considérable de la tête et même du cou dénuée de plumes; serres foibles; ailes très-longues. 1.° Vautours proprement dits : à bec gros et fort, avec les narines en travers sur sa base; tête et cou sans plumes; un collier de plumes au bas du cou, quelquefois des caroncules surmontant la membrane de la base du bec; narines ovales et longitudinales. 2.° Percnoptères : à bec grêle, long, renflé au-dessus de sa courbure; à narines ovales, longitudinales, avec la tête seulement dénuée de plumes.

Genre Griffon, *Gypaetos*, Storr; *Phene*, Savigny. Yeux à fleur de tête; serres proportionnellement foibles; ailes longues, avec la troisième penne la plus grande de toutes; jabot saillant au bas du cou; tête couverte de plumes; bec très-fort, droit, crochu au bout, renflé sur le crochet; narines recouvertes par des soies roides, dirigées en avant; un pinceau de pareilles soies sous le bec; tarses très-courts et emplumés jusqu'aux doigts.

Genre Faucon, *Falco*, Linn. Sourcils formant une saillie qui fait paroître l'œil enfoncé; tête entièrement couverte de plumes. 1.re Section, Faucons proprement dits : bec courbé dès la base, avec une dent aiguë à chaque côté de sa pointe; la seconde penne de leurs ailes étant la plus longue, et la première de bien peu plus courte. (Quelquefois le bec n'ayant qu'un feston au lieu d'une dent de chaque côté, et les tarses étant garnis de plumes dans leur tiers supérieur, comme dans le gerfault, *hierofalco*, Cuv.). 2.e Section, les oiseaux de proie ignobles, ayant la quatrième plume de l'aile le plus ordinairement plus longue que les autres et toujours la première très-courte; bec sans dents latérales près de sa pointe, mais seulement avec un léger feston qui les remplace. — *A.* Aigles : Bec très-fort, droit à sa base et courbé seulement vers la pointe, les uns ayant les tarses emplumés jusqu'à la racine des doigts, tels que les aigles proprement dits, les autres n'ayant de plumes que sur la moitié supérieure des tarses, tels que les aigles pêcheurs; d'autres ayant le bec et les pieds comme les aigles pêcheurs, mais ayant les ongles ronds en dessous au lieu de les avoir en gouttière, comme les balbuzards; d'autres ayant les côtés de la tête et quelquefois la gorge dénués de plumes, avec les autres caractères des aigles pêcheurs, tels que les caracaras; d'autres, enfin, avec les mêmes caractères, ayant les ailes courtes, les tarses très-gros, très-forts, réticulés dans leur moitié inférieure et emplumés dans la supérieure, comme les harpies ; d'autres ayant aussi les ailes courtes, mais leurs tarses élevés et grêles et leurs doigts foibles, tels que les aigles-autours (*morphnus*, Cuv.); d'autres, enfin, avec le bec des précédens, ayant les tarses très-courts, réticulés, à demi couverts de plumes par devant, les ailes plus courtes que la queue, et les narines presque fermées, semblables à une fente, tel que les *Cymindis*, Cuv., ou petits autours de Cayenne de Buffon, planch. enlum., 473. — B. Autours. Bec courbé dès la base; ailes plus courtes que la queue; les uns ayant les tarses écussonnés et un peu courts, comme les autours proprement dits; d'autres ayant les tarses écussonnés, mais plus élevés, comme les éperviers; d'autres ayant les tarses courts, les doigts et les ongles foibles, le bec petit et foible, les ailes excessivement longues, la queue fourchue, comme les milans; d'autres ayant le bec foible, l'intervalle, qui existe entre l'œil et le bec, couvert de plumes bien serrées et coupées en écailles (tandis que dans tous les autres oiseaux du genre Faucon cet espace est nu et garni seulement de quelques poils), tels que les bondrées, *pernis*, Cuv.; d'autres ayant les ailes longues, la queue égale, l'intervalle entre le bec et les yeux nu et les pieds forts, comme les buses, *buteo*, Bechstein, avec les tarses tantôt emplumés jusqu'aux doigts, et tantôt nus et écussonnés; d'autres différant des buses par leurs tarses plus élevés, par une espèce de collier que les bouts des plumes qui recouvrent leurs oreilles forment de chaque côté de leur cou, tels que les busards. — *C*. Le Messager ou Secrétaire, *Serpentarius*, Cuv., *Gypogeranus*, Illig., formant à lui seul une petite division dans le genre Faucon, laquelle est caractérisée par ses tarses du double plus longs que ceux des autres espèces; ses jambes entièrement couvertes de plumes; son bec crochu et fendu, ses sourcils saillans.

2.ᵉ Famille. Nocturnes. Tête grosse; de très-grands yeux dirigés en avant, entourés de plumes effilées, dont les antérieures recouvrent la cire du bec et les postérieures l'ouverture de l'oreille; doigt externe pouvant se diriger à la volonté de l'animal en avant ou en arrière; ailes médiocrement grandes; fourchette peu résistante; plumes à barbes douces, finement duvetées; gésier assez musculeux, précédé d'un grand jabot; cœcums longs et élargis à leur fond.

Genre Chouette; *Strix*, Linn. 1.ʳᵉ Section. Disques du tour des yeux très-grands et bien complets. — *A*. Hibous; *Otus*, Cuv. Front pourvu de deux aigrettes de plumes, susceptibles d'être relevées à volonté; conque de l'oreille s'étendant en demi-cercle depuis le bec jusque vers le sommet de la tête et étant garnie en avant d'un opercule membraneux; pieds garnis de plumes jusqu'aux ongles. — *B*. Chouettes; *Ulula*, Cuv. Bec et oreilles des hibous, mais point d'aigrettes de plumes. — *C*. Effraies; *Strix*, Savigny. Bec alongé, courbé seulement au bout; oreille comme dans les hibous, avec un opercule encore plus grand; tarses emplumés; des poils sur les doigts; disques du tour des yeux très-grands. — *D*. Chats-huans; *Syrnium*, Savigny. Disques de plumes oculaires, comme dans les trois divisions précédentes; oreille réduite à une cavité ovale, qui n'occupe pas la moitié de la hauteur du crâne; point d'aigrettes; doigts emplumés jusqu'aux ongles. — *E*. Ducs; *Bubo*, Cuv. Disques de plumes oculaires petits; oreille peu étendue; des aigrettes de plumes sur le front; pieds gros, emplumés jusqu'aux ongles. — *F*. Chouettes à aigrettes ne différant des ducs que parce que les aigrettes, plus écartées et placées plus en arrière, ne se relèvent que difficilement. — *G*. Chevêches; *Noctua*, Savigny. Point d'aigrettes; conque de l'oreille ayant son ouverture ovale, à peine plus grande que dans les autres oiseaux; disques de plumes oculaires moins grands et moins complets que dans les ducs; queue quelquefois longue et étagée, comme dans les chouettes épervières, *Surnia*, Duméril; d'autres fois courte, avec les doigts emplumés, comme dans les chevêches proprement dites; quelques espèces, enfin, ayant la queue courte et les doigts nus. — *H.* Scops; *Scops*, Savigny. Ayant les oreilles à fleur de tête; les disques oculaires, imparfaits; les doigts nus et le front pourvu d'aigrettes analogues à celles des ducs et des hiboux.

2.ᵉ ORDRE, PASSEREAUX. (Le caractère de cet ordre semble d'abord purement négatif; les oiseaux qu'il renferme n'ont ni la violence des oiseaux de proie, ni le régime déterminé des gallinacés et des oiseaux d'eau, etc.; ils se rapprochent entre eux cependant par leur structure. Leur estomac est en forme de gésier musculeux; ils ont deux très-petits cœcums; leur sternum n'a d'ordinaire qu'une échancrure à son bord inférieur; mais il y a quelque différence à cet égard chez quelques-uns, ainsi que dans la longueur des ailes, etc.). Tous ont le doigt externe antérieur réuni à celui du milieu dans une longueur plus ou moins considérable.

Dans les passereaux, les quatre premières familles ont ces deux doigts réunis seulement par une ou deux phalanges.

1.ʳᵉ Famille, DENTIROSTRES. Bec échancré aux côtés de la pointe.

Genre Pie-grièche; *Lanius*, Linn. Bec conique ou comprimé, plus ou moins crochu au bout. — *A.* Pie-grièches proprement dites, l'ayant triangulaire à la base et comprimé par les côtés. — *B.* Langrayens ou Pie-grièches-hirondelles; *Ocypterus*, Cuv., l'ayant conique, arrondi de toute part, sans arête, à peine un peu arqué vers le bout, à pointe très-fine, légèrement échancrée de chaque côté; les pieds courts et les ailes très-longues. — *C.* Cassicans; *Barita*, Cuv., l'ayant grand, droit, conique, rond à sa base et entamant les plumes du front par une échancrure circulaire, arrondi au dos, comprimé par les côtés, à pointe crochue. — *D.* Bécardes; *Psaris*, Cuv., l'ayant conique, très-gros et rond à sa base, mais n'échancrant pas le front, légèrement comprimé et crochu à sa pointe. — *E.* Choucaris; *Graucalus*, Cuv., l'ayant moins comprimé que celui des pie-grièches, avec son arête supérieure aiguë et arquée également dans toute sa longueur, sa commissure étant un peu arquée; quelquefois les narines étant couvertes de petites plumes. — *F.* Béthyle; *Bethylus*, Cuv., l'ayant gros, court, bombé de toute part, légèrement comprimé vers le bout.

Genre Tangara; *Tanagra*, Linn. Bec fort, conique, triangulaire à sa base, légèrement arqué à son arête, échancré au bout; ailes courtes. — *A.* Euphones; *Euphonia*, Desm. Bec court et présentant, lorsqu'il est vu verticalement, un élargissement à chaque côté de sa base; queue courte. — *B.* Tangaras-gros-becs. A bec conique, gros, bombé, aussi large que haut, avec le dos de la mandibule supérieure arrondi. — *C.* Tangaras proprement dits. A bec conique, plus court que la tête, aussi large que haut, à mandibule supérieure arquée, un peu aiguë. — *D.* Tangaras-loriots. A bec conique, arqué, aigu, échancré au bout. — *E.* Tangaras-cardinaux. A bec conique, un peu bombé, avec une dent saillante, obtuse sur le côté. — *F.* Tangaras-ramphocéles; *Ramphocelus*, Desm. A bec conique, dont la mandibule inférieure a ses branches renflées en arrière.

Genre Gobe-mouches; *Muscicapa*, Linn. Bec déprimé horizontalement, garni de poils à sa base, et sa pointe plus ou moins crochue et échancrée. — *A.* Tyrans; *Tyrannus*, Cuv. A bec droit, long, très-fort, ayant l'arête supérieure droite et mousse; la pointe subitement crochue. — *B.* Moucherolle; *Muscipeta*, Cuv. A bec long, très-déprimé, deux fois plus large que haut, même à sa base; avec l'arête très-obtuse et cependant vive. — *C.* Gobe-mouches proprement dits; *Muscicapa*, Cuv. Moustaches plus courtes que le bec, et le bec plus étroit que celui des moucherolles, à vive arête en dessus, à bords droits, à pointe un peu crochue. — *D.* Gymnocéphales ou Tyrans-chauves: Bec droit, long, très-fort, avec l'arête du dos un peu arquée; une grande partie de la face dénuée de plumes. — *E.* Céphaloptères; *Cephalopterus*, Geoff. Base du bec garnie de plusieurs plumes relevées, qui s'épanouissent à leur partie supérieure, et produisent un large panache en forme de parasol.

Genre Cotinga; *Ampelis*, Linn. Bec déprimé des gobe-mouches en général, mais un peu plus court à proportion, assez large et légèrement arqué. — *A.* Cotingas proprement dits. A bec un peu foible. — *B.* Échenilleurs; *Ceblephyris*, Cuv. Plumes du croupion étant un peu prolongées, roides et piquantes. — *C.* Jaseurs; *Bombycivora*, Temm. Pennes secondaires des ailes, ayant le bout de leur tige élargi en un

disque ovale, lisse et rouge. — *D.* Procnias; Hoffmannsegg.
Bec foible et déprimé, fendu jusque sous l'œil. — *E.* Gymnodère; *Gymnoderus*, Geoffr. Bec un peu fort; cou en partie nu; tête couverte de plumes veloutées.

Genre Drongo; *Edolius*, Cuv. Bec aussi déprimé que celui
des gobe-mouches, avec son arête supérieure vive, les deux
mandibules étant légèrement arquées dans toute leur longueur; narines couvertes de plumes; de longs poils composant les moustaches.

Genre Merle; *Turdus*, Linn. Bec comprimé et arqué; sa
pointe ne faisant pas le crochet et ses échancrures étant peu
marquées. — *A.* Merles. Couleurs uniformes ou disposées par
grandes masses. — *B.* Grives. Plumage marqué de petites taches
noires ou brunes.

Genre Chocard; *Pyrrhocorax*, Cuv. Bec comprimé, arqué et échancré des merles; narines couvertes de plumes.

Genre Loriot; *Oriolus*, Linn. Bec semblable à celui des
merles et seulement un peu plus fort, ayant les pieds plus
courts proportionnellement que ceux de ces oiseaux.

Genre Fourmilier; *Myiothera*, Illig. Bec des merles, jambes
hautes; queue courte.

Genre Cincle; *Cinclus*, Bechst. Bec déprimé, droit, à
mandibules également hautes, presque linéaires, s'aiguisant
vers la pointe, et la supérieure à peine arquée.

Genre Philédon; *Philedon*, Cuv. Bec comprimé, légèrement arqué dans toute sa longueur, échancré au bout; narines grandes, couvertes par une écaille cartilagineuse; lan·
gue terminée par un pinceau de poils.

Genre Martin; *Gracula*, Cuv. Bec comprimé, très-peu
arqué, légèrement échancré; sa commissure formant un angle;
plumes de la tête souvent étroites; un espace nu autour de
l'œil.

Genre Lyre; *Menura*, Shaw. Bec triangulaire à sa base,
alongé, un peu comprimé et échancré vers sa pointe; narines
membraneuses grandes, en partie recouvertes de plumes;
mâle remarquable par la forme de sa queue, dont les deux
pennes du milieu sont courbées en forme de branches de lyre,
et les autres à barbules décomposées.

Genre Manakin, *Pipra*. Bec comprimé, plus haut que

large, échancré, à fosses nasales grandes; queue courte; les deux doigts extérieurs réunis sur près de la moitié de leur longueur. — *A*. Coqs de roche ; *Rupicola*, Cuv. Tête portant une double crête de plumes verticales, disposées en éventail. — *B*. Manakins proprement dits, *Pipra :* point de crête verticale de plumes.

Genre Bec-fin; *Motacilla*, Linn. Bec droit, menu, semblable à un poinçon, plus ou moins déprimé ou comprimé. — *A*. Traquets; *Saxicola*, Bechst. Bec un peu déprimé et un peu large à sa base. — *B*. Rubiettes : *Sylvia*, Wolf et Meyer; *Ficedula*, Bechst. Bec seulement un peu plus étroit à sa base que celui des précédens. — *C*. Fauvette; *Curruca*, Bechst. Bec droit, grêle partout, un peu comprimé en avant; son arête supérieure se courbant un peu vers la pointe. — *D*, Accenteurs; *Accentor*, Bechst. Bec grêle, mais plus exactement conique que celui des autres becs-fins, avec ses bords un peu rentrés. — *E*. Roitelets ou Figuiers; *Regulus*, Cuv. Bec grêle, parfaitement en cône très-aigu; ses côtés paroissant un peu concaves lorsqu'on le regarde par-dessus. — *F*. Troglodytes; *Troglodytes*, Cuv. Ne différant des figuiers que par un bec encore un peu plus grêle et légèrement arqué. — *G*. Hochequeue ; *Motacilla*, Bechst. Bec encore plus fin que celui des fauvettes; queue longue; jambes élevées; plumes scapulaires assez longues pour couvrir le bout de l'aile pliée.— *a*. Hochequeue proprement dits. Ongle du pouce courbé comme dans les autres becs-fins. — *b*. Bergeronnettes; *Budytes*, Cuv. Ongle du pouce alongé et peu arqué. — *H*. Farlouses; *Anthus*, Bechst. Bec grêle et échancré; ongle du pouce très-long; pennes et couvertures secondaires aussi courtes que dans les autres oiseaux.

2.ᵉ Famille, Fissirostres. Bec court, large, aplati horizontalement, légèrement crochu, sans échancrures au bout, fendu très-profondément.

Genre Hirondelle; *Hirundo*, Linn. Ailes extrêmement longues; plumage serré. — *A*. Martinet: *Apus*, Cuv.; *Cypselus*, Illig. Pieds très-courts, ayant le pouce dirigé en avant, comme les autres doigts; les doigts moyen et externe n'ayant que trois phalanges, comme l'interne; ailes excessivement longues: queue fourchue; sternum sans échancrures. — *B*. Hirondelle.

proprement dites; *Hirundo*, Cuv. Doigts des pieds et sternum disposés comme dans le plus grand nombre des autres oiseaux du même ordre.

Genre Engoulevent; *Caprimulgus*, Linn. Plumage mou et léger des oiseaux de nuit; bec encore plus fendu que celui des hirondelles; yeux grands; de fortes moustaches; ailes longues; queue carrée; doigts réunis à leur base par une courte membrane, pouvant par occasion se diriger en avant; souvent l'ongle du doigt du milieu dentelé à son bord interne.

3.ᵉ Famille, Conirostres. Bec fort, plus ou moins conique et sans échancrures au bout.

Genre Alouette; *Alauda*, Linn. Ongle du pouce tout droit, fort et bien plus long que les autres.

Genre Mésange; *Parus*, Linn. Bec menu, court, conique, droit, garni de petits poils à sa base; narines cachées dans les plumes. — *A.* Mésanges proprement dites. Bec court et droit.—*B.* Moustaches. Bout de la mandibule supérieure du bec se recourbant un peu sur l'inférieure. — *C.* Remiz. Bec plus grêle et plus pointu que celui des mésanges ordinaires.

Genre Bruant; *Emberiza*, Linn. Bec conique, court, droit, dont la mandibule supérieure est plus étroite et rentre dans l'inférieure; un tubercule saillant et dur au palais.

Genre Moineau; *Fringilla*, Linn. Bec conique, plus ou moins gros à sa base, sa commissure n'étant pas anguleuse.— *A.* Tisserins; *Ploceus*, Cuv. Bec grand, assez semblable par sa forme générale à celui des cassiques, mais ayant sa commissure droite. — *B.* Moineaux proprement dits; *Pyrgita*, Cuv. Bec un peu plus court que celui des précédens, conique et seulement un peu voûté vers la pointe. — *C.* Pinsons; *Fringilla*, Cuv. Bec un peu moins arqué que celui des moineaux et plus long que celui des linottes. — *D.* Linottes et Chardonnerets; *Carduelis*, Cuv. Bec exactement conique, sans être courbé en aucun point. — *E.* Veuves; *Vidua*, Cuv. Bec des linottes quelquefois un peu plus renflé à la base; quelques-unes des couvertures de la queue excessivement alongées dans les mâles. — *F.* Gros-becs; *Coccothraustes*, Cuv. Bec exactement conique et gros. — *G.* Pityles; *Pitylus*, Cuv. Bec aussi gros que celui des gros-becs, un peu comprimé, arqué en dessus, pourvu quelquefois d'un angle saillant vers le milieu du bord de la mâchoire supérieure. — *H.* Bouvreuils, *Pyrrhula.* Bec arrondi, renflé et bombé en tous sens.

Genre Bec-croisé; *Loxia,* Briss. Bec comprimé; les deux mandibules étant tellement courbées, que leurs pointes se croisent tantôt d'un côté, tantôt de l'autre.

Genre Dur-bec; *Corythus,* Cuv. Bec bombé de toute part, sa pointe étant courbée par-dessus la mandibule inférieure.

Genre Coliou; *Colius,* Gmel. Bec court, épais, conique, un peu comprimé, et les deux mandibules en étant arquées sans se dépasser; pennes de la queue étagées et très-longues; pouce pouvant se porter en avant, parallélement aux autres doigts.

Genre Glaucope : *Glaucopis,* Forster; *Callæas,* Bechst. Bec assez gros, médiocrement long, à mandibule supérieure bombée; garni sous sa base d'une caroncule charnue.

Genre Pique-bœuf; *Buphaga,* Briss. Bec de médiocre longueur, d'abord cylindrique, se renflant aux deux mandibules avant son extrémité, qui se termine en pointe assez mousse.

Genre Cassique; *Cassicus,* Cuv. Bec grand, exactement conique, gros à sa base, singulièrement aiguisé en pointe; de petites narines rondes percées sur les côtés; commissure des mandibules en ligne brisée ou formant un angle. — *A.* Cassiques proprement dits; *Cassicus,* Cuv. Base du bec remontant sur le front et y entamant les plumes par une large échancrure demi-circulaire. — *B.* Troupiales, *Icterus.* Base du bec n'entamant les plumes du front que par une échancrure aiguë; ce bec étant arqué sur sa longueur. — *C.* Carouges, *Xanthornus.* Ne différant des troupiales que par leur bec tout-à-fait droit. — *D.* Pit-pits; *Dacnes,* Cuv. Oiseaux représentant en petit les carouges par leur bec conique et aigu.

Genre Étourneau; *Sturnus,* Linn. Ne différant du genre Carouge que parce que le bec est déprimé surtout vers la pointe.

Genre Sittelle ou Torchepot; *Sitta,* Linn. Bec droit, prismatique, pointu; langue non susceptible de s'alonger comme celle des pics; pouce très-fort; pennes de la queue non roides et pointues.

Genre Corbeau ; *Corvus*, Linn.[1] Bec fort, plus ou moins aplati par les côtés ; narines recouvertes par des plumes roides, dirigées en avant. — *A.* Corbeaux et corneilles proprement dits. Bec plus fort, avec l'arête de la mandibule supérieure plus arquée que dans les autres espèces ; queue ronde ou carrée. — *B.* Pies ; *Pica*, Cuv. Mandibule supérieure également arquée ; queue longue et étagée. — *C.* Geais ; *Garrulus*, Cuv. Les deux mandibules peu alongées, finissant par une courbure subite et presque égale ; queue quelquefois étagée. — *D.* Casse-noix ; *Caryocatactes*, Cuv. Les deux mandibules également pointues, droites et sans courbures. — *E.* Témia ; *Temia*, Levaill. Bec élevé, dont la base est garnie de plumes veloutées ; port et queue des pies.

Genre Rollier ; *Coracias*, Linn. Bec fort, comprimé vers le bout, à pointe un peu crochue ; narines oblongues, placées au bord des plumes et non recouvertes par elles ; pieds courts et forts. — *A.* Rolliers proprement dits. Bec droit, partout plus haut que large. — *B.* Rolles ; *Colaris*, Cuv. Bec plus court que celui des rolliers, plus arqué, et surtout élargi à la base, au point d'y être moins haut que large. — *C.* Mainates ; *Eulabes*, Cuv. Bec à peu près semblable à celui des rolles ; tête dénuée de plumes à certains endroits, où se trouvent à leur place des proéminences charnues ; des plumes veloutées, s'avançant jusqu'au bord des narines.

Genre Oiseau de paradis ; *Paradisea*, Linn. Bec droit, comprimé, fort, sans échancrures ; narines couvertes ; plumes des flancs et de la queue souvent très-alongées et décomposées.

4.e Famille , Ténuirostres. Bec grêle, alongé, plus ou moins arqué dans sa longueur, sans échancrures.

Genre Huppe ; *Upupa*, Linn. Bec arqué, taille moyenne. — *A.* Graves ; *Fregilus*, Cuv. Narines recouvertes par des plumes dirigées en avant ; bec un peu plus long que la tête. — *B.* Huppes proprement dites, *Upupa*. Tête ornée d'une double rangée de longues plumes, qui se redressent en crête à la

---

[1] Les oiseaux de ce genre et des suivans se distinguent des autres conirostres par une taille généralement plus grande, par un bec plus fort et le plus souvent comprimé par les côtés ; ils forment comme une sorte d'appendice à cette famille.

36. 26

volonté de l'oiseau. — *C.* Promérops; *Promerops*, Briss. Sans huppe de plumes sur la tête; une très-longue queue; langue extensible et fourchue. — *D.* Épimaques; *Epimachus*, Cuv. Bec des huppes et des promérops; des plumes écailleuses ou veloutées recouvrant une partie des narines; plumes des flancs plus ou moins prolongées dans les mâles.

Genre Grimpereau; *Certhia*, Linn. Bec arqué, taille petite. — *A.* Grimpereaux proprement dits; *Certhia*, Cuv. Pennes de la queue usées et finissant en pointe roide comme celle des pics. — *B.* Picucules; *Dendrocolaptes*, Herm. Queue semblable à celle des grimpereaux proprement dits; bec beaucoup plus fort et plus large transversalement. — *C.* Échelettes ou Grimpereaux de muraille; *Tichodroma*, Illig. Pennes de la queue non usées; bec triangulaire et déprimé à sa base, très-long et très-grêle. — *D.* Sucriers; *Nectarinia*, Illiger. Pennes de la queue non usées; bec de longueur médiocre, arqué, pointu et comprimé, assez semblable à celui des grimpereaux. — *E.* Dicées; *Dicæum*, Cuv. Queue non usée; bec aigu, arqué, pas plus long que la tête, déprimé et élargi à sa base. — *F.* Héorotaires; *Melithreptus*, Vieill. Pennes de la queue non usées; bec excessivement alongé et courbé presque en demi-cercle. — *G.* Souimangas; *Cynniris*, Cuv. Pennes de la queue non usées; bec long et très-grêle, avec les bords de ses deux mandibules finement dentelés en scie; langue terminée en fourche, susceptible de s'alonger hors du bec.

Genre Colibri; *Trochilus*, Linn. Bec long et grêle; langue extensible, divisée en deux filets; ailes longues et étroites; queue large; sternum sans échancrure. — *A.* Colibris proprement dits, bec arqué. — *B.* Oiseaux-mouches; *Orthorhynchus*, Lacép. Bec droit.

La seconde et la plus petite division des passereaux comprend ceux qui portent le nom de

Syndactyles, et qui forment la 5.ᵉ famille, dont le doigt externe, presque aussi long que celui du milieu, lui est réuni jusqu'à l'avant-dernière articulation.

Genre Guêpier; *Merops*, Linn. Pieds courts; bec triangulaire à sa base, alongé, légèrement arqué, terminé en pointe aiguë.

Genre Motmot; *Prionites*, Illig. Pieds et port des guêpiers;

bec plus fort que le leur, et dont les bords sont crénelés aux deux mandibules ; une langue barbelée comme une plume.

Genre Martin-pêcheur ; *Alcedo*, Linn. Pieds plus courts que ceux des guépiers ; bec bien plus long que le leur, droit, anguleux, pointu ; langue et queue très-courtes ; estomac membraneux. — *A.* Martins-pêcheurs ordinaires. Mandibule supérieure, non arquée au bout. — *B.* Martins-chasseurs ; *Dacelo*, Leach. Mandibule supérieure à pointe crochue.

Genre Ceyx ; *Ceyx*, Lacép. Bec des martins-pêcheurs proprement dits ; doigt interne n'existant point au dehors.

Genre Todier, *Todus*. Pieds courts, semblables à ceux des martins-pêcheurs ; bec alongé, aplati horizontalement, obtus à son extrémité ; tarses assez élevés ; queue médiocre.

Genre Calao ; *Buceros*, Linn.[1] Bec énorme, dentelé, surmonté de proéminences quelquefois aussi grandes que lui, ou au moins fortement renflé en dessus ; langue petite, située au fond de la gorge.

3.ᵉ Ordre. GRIMPEURS. Le doigt externe constamment dirigé en arrière comme le pouce.

Genre Jacamar ; *Galbula*, Briss. Bec alongé, aigu, assez semblable à celui des martins-pêcheurs ; son arête supérieure étant vive ; pieds courts, dont les deux doigts antérieurs sont en partie réunis.

Genre Pic ; *Picus*, Linn. Bec long, droit, anguleux, comprimé en coin à son extrémité et propre à fendre l'écorce des arbres ; langue grêle, armée vers le bout d'épines recourbées en arrière, pouvant sortir très-avant hors du bec ; queue composée de dix pennes à tige roide élastique. — *A.* Pics proprement dits. Le doigt externe existant et dirigé en arrière. — *B.* Picoïdes ; *Picoides*, Lacép. N'ayant pas de doigt externe, et étant conséquemment pourvus de deux doigts devant et d'un seul derrière.

Genre Torcol ; *Yunx*, Linn. Bec droit, pointu, à peu près rond et sans angles ; langue alongeable comme celle des pics ; queue n'ayant que des pennes de forme ordinaire.

---

1 Ce genre, qui n'a que peu de rapports avec les cinq précédens, est placé dans cette famille comme par appendice et faisant le passage à la suivante par le genre Toucan.

Genre Coucou; *Cuculus*, Linn. Bec médiocre, assez fendu, comprimé et légèrement arqué; queue assez longue. — *A.* Coucous proprement dits; *Cuculus*, Cuv. Bec de force médiocre; tarses courts; queue de dix pennes. — *B.* Couas, Levaillant; ne différant des vrais coucous que par des tarses plus élevés. — *C.* Coucals; *Centropus*, Illig. Ongle du pouce long, droit et pointu comme dans les alouettes. — *D.* Courols ou Vouroudrious. Bec gros, pointu, droit, comprimé, à peine un peu arqué au bout de sa mandibule supérieure; à narines percées obliquement au milieu de chaque côté; queue composée de douze pennes. — *E.* Indicateur, *Indicator*. Bec court, haut, presque conique comme celui d'un moineau; queue formée de douze pennes, à la fois un peu étagée et un peu fourchue. — *F.* Barbacous. Bec conique, alongé, peu comprimé, légèrement arqué au bout, et garni à sa base de plumes effilées ou poils roides.

Genre Malcohas; *Malcohas*, Levaill. Bec très-gros, rond à sa base, arqué vers le bout; un large espace nu autour des yeux.

Genre Scythrops; *Scythrops*, Lath. Bec encore plus long, plus gros que celui des malcohas, creusé de chaque côté de deux sillons longitudinaux peu profonds; tour des yeux nu; narines rondes; langue non ciliée.

Genre Barbu; *Bucco*, Linn. Bec gros, conique, renflé aux côtés de sa base et garni de cinq faisceaux de barbes roides, dirigées en avant, un derrière chaque narine, un de chaque côté de la mâchoire inférieure, et le cinquième sous sa symphyse; ailes courtes. — *A.* Barbicans; *Pogonias*, Illig. Deux fortes échancrures de chaque côté du bec supérieur, dont l'arête est mousse et arquée, et l'inférieure sillonnée en travers en dessous; barbes très-fortes. — *B.* Barbus proprement dits; *Bucco*, Cuv. Bec simplement conique, légèrement comprimé, avec l'arête de la mandibule supérieure mousse, un peu relevée dans son milieu. — *C.* Tamatias, *Tamatia*. Bec un peu alongé et comprimé; l'extrémité de sa mandibule supérieure recourbée en dessous; tête grosse; queue courte.

Genre Couroucou; *Trogon*, Linn. Bec court, plus large que haut, courbé dès sa base, avec son arête supérieure arquée, mousse, et ses bords dentelés; des faisceaux de poils comme dans les barbus; pieds petits, garnis de plumes jusque près des doigts; queue longue et large; plumage fin, léger et fourni.

Genre Ani, *Crotophaga.* Bec gros, comprimé, arqué, sans dentelures, élevé et surmonté d'une crête verticale et tranchante; tarses forts et élevés; queue longue et arrondie.

Genre Toucan ; *Ramphastos,* Linn. Bec énorme, presque aussi gros et aussi long que le corps, léger et celluleux intérieurement, arqué vers le bout, irrégulièrement denté aux bords; langue longue, étroite et garnie de chaque côté de barbes comme une plume; pieds courts; ailes peu étendues; queue assez longue. — *A.* Toucans proprement dits; *Ramphastos,* Cuv. A bec plus gros que la tête. — *B.* Aracaris; *Pteroglossus,* Illig. Bec moins gros que la tête et revêtu d'une corne plus solide que celui des vrais toucans.

Genre Perroquet; *Psittacus,* Linn. Bec gros, dur, solide, arrondi de toute part, entouré à sa base d'une membrane où sont percées les narines; langue épaisse, charnue et arrondie; de très-longs intestins; point de cœcum; sternum entier ou ayant sa partie postérieure percée d'un trou de chaque côté. — * Perroquets à queue étagée. — *A.* Aras : ayant les joues dénuées de plumes. — *B.* Perruches-Aras : ayant le tour de l'œil seulement nu. — *C.* Perruches à queue en flèche. — *D.* Perruches à queue élargie par le bout. — *E.* Perruches ordinaires à queue étagée à peu près également. — ** Perroquets à queue courte et égale. — *F.* Cacatoës : ayant une huppe formée de plumes longues et étroites, rangées sur deux lignes, se couchant ou se relevant au gré de l'animal. — *G.* Perroquets proprement dits : point de huppe. — *H.* Perroquets à trompe, de Vaillant. Une huppe; queue courte et carrée; joues nues; bec supérieur énorme, l'inférieur trèscourt, ne pouvant se fermer entièrement; langue cylindrique, terminée par un petit gland corné, fendu au bout, et susceptible d'être fort prolongée hors de la bouche; jambes nues un peu au-dessus du talon; tarses courts et plats, appuyant souvent sur le sol dans la marche. — *I.* Perruches ingambes; *Pezoporus,* Illig. Bec plus foible; tarses plus élevés; ongles plus droits que dans les autres perroquets.

Genre Touraco ; *Corythaix*, Illig.[1] Bec, ne remontant pas sur le front, court, avec la mandibule supérieure bombée ; tête garnie d'une huppe de plumes, qui peut se relever ; pieds ayant une courte membrane entre les doigts de devant ; le doigt externe étant versatile et pouvant se placer à côté du pouce ; narines simplement percées dans la corne du bec ; bord des mandibules dentelé ; sternum n'étant pas échancré comme celui des gallinacés.

Genre Musophage ; *Musophaga*, Isert. Caractères généraux des touracos ; mais en différant, en ce que la base du bec forme un disque qui recouvre une partie du front.

4.ᵉ Ordre, GALLINACÉS. Bec supérieur voûté ; narines percées dans un large espace membraneux de la base de ce bec, recouvertes par une écaille cartilagineuse ; doigts antérieurs réunis à leur base par une courte membrane et dentelés le long de leurs bords ; queue ayant le plus souvent quatorze et quelquefois jusqu'à dix-huit pennes ; ailes courtes ; sternum fortement échancré postérieurement ; un jabot très-vaste et un gésier très-vigoureux.

Genre Paon ; *Pavo*, Linn. Couvertures de la queue du mâle plus alongées que les pennes et pouvant se relever pour faire la roue ; point de caroncules membraneuses sur la tête.

Genre Dindon : *Meleagris*, Linn. Tête et haut du cou revêtus d'une peau sans plumes toute mamelonnée ; un appendice pareil pendant le long du cou sous la gorge ; un autre appendice conique sur le front, qui dans le mâle peut s'enfler et se prolonger dans certains momens ; bas du cou du mâle adulte portant un pinceau de poils roides ; couvertures de la queue courtes et roides, pouvant se relever en roue ; des éperons chez les mâles.

Genre Alector ; *Alector*, Merrem. Queue formée de douze pennes, grandes, roides, large et arrondie ; point d'éperons ; trachée-artère souvent très-longue. — *A.* Hoccos proprement dits ; *Crax*, Linn. Bec fort ; sa base entourée d'une peau quelquefois d'une vive couleur, où sont percées les narines ;

---

1 Ce genre et le suivant sont placés ici par appendice : M. Cuvier remarque qu'ils lui paroissent bien analogues aux gallinacés et nommément au genre Hocco, dont ils ont le bec et la queue.

une huppe de plumes redressées, longues, étroites et reco-
quillées sur la tête. — *B.* Pauxis ; *Ourax,* Cuv., Bec plus
court et plus gros que celui des hoccos proprement dits ; une
membrane à sa base en partie couverte, ainsi que la tête,
de plumes courtes et serrées comme du velours. — *C.* Guans ou
Jacous ; *Penelope,* Merrem. Bec plus grêle que celui des hoccos,
tour des yeux nu, ainsi que le dessous de la gorge, qui est
souvent susceptible de se renfler. — *D.* Parraquas ; *Ortalida,*
Merrem ; ne différant des guans que parce qu'ils n'ont pas de
nu à la gorge et autour des yeux. — *E.* Hoazins ; *Opisthocomus,* Hoffmannsegg. Bec gros et court, comme celui des
pauxis ; tête portant une huppe de longues plumes étroites
et effilées ; aucune membrane entre la base des doigts.

Genre Faisan ; *Phasianus,* Linn. Joues en partie dénuées
de plumes et garnies d'une peau rouge. — *A.* Coqs, *Gallus.*
Tête surmontée d'une crête charnue et verticale ; mandibule
inférieure garnie de chaque côté de barbillons charnus ;
pennes de la queue au nombre de quatorze, se redressant sur
deux plans verticaux adossés l'un à l'autre ; couverture de
celle du mâle se prolongeant en arc au-dessus d'elle. — *B.*
Faisans proprement dits. Queue longue, étagée ; ses pennes
étant ployées chacune en deux plans et se recouvrant comme
des toits. — *C.* Argus ; *Argus,* Temm. Tête presque nue ; mâle
ayant les pennes secondaires des ailes excessivement alongées. — *D.* Houppifères, Temm. Joues nues ; queue verticale ; couvertures de la queue des mâles arquées, comme
celles des coqs ; des plumes pouvant se redresser et former
sur la tête une aigrette analogue à celle du paon ; bord-
inférieur saillant de la peau nue des joues, tenant lieu de
barbillons ; de forts éperons. — *E.* Lophophores, Temm. Joues
nues ; tête surmontée d'une aigrette ; queue plane, comme
dans les oiseaux ordinaires ; tarses fortement éperonnés. —
F. Cryptonix, Temm. Tour de l'œil nu ; queue médiocre et
plane ; tarses sans éperon ; pouces sans ongle.

Genre Peintade ; *Numida,* Linn. Tête nue ; des barbillons
charnus au bas des joues ; queue courte ; crâne souvent surmonté d'une crête calleuse ; pieds sans éperons ; queue courte
et pendante.

Genre Tétras ; *Tetrao,* Linn. Une bande nue et le plus

souvent rouge, tenant la place de sourcil. — *A.* Coqs de bruyère : *Lagopus*, Briss. ; *Tetrao*, Lath. Jambes couvertes de plumes et sans éperons. — *a.* Coqs de bruyère proprement dits. Queue ronde ou fourchue; doigts nus. — *b.* Lagopèdes. Queue ronde ou carrée; doigts garnis de plumes comme la jambe. — *c.* Gangas. Queue pointue; doigts nus. — *B.* Perdrix, *Perdix*, Briss. Tarses nus comme les doigts. — *a.* Francolins. Bec assez long et fort; queue assez développée; éperons assez robustes. — *b.* Perdrix proprement dites. Bec un peu moins fort que celui des francolins; mâles ayant des éperons courts ou de simples tubercules; femelles en manquant. — *c.* Cailles, *Coturnix.* Bec plus menu que celui des perdrix; queue plus courte; point de sourcils rouges; point d'éperons. — *d.* Colins, ou Perdrix et Cailles d'Amérique. Bec plus gros, plus court, plus bombé; queue un peu plus développée que dans les oiseaux d'Europe.

Genre Tridactyle, Lacép. ; *Hemipodius*, Temm. Pas de pouce; bec comprimé, formant une petite saillie sous la mandibule inférieure. — *A.* Turnix, Bonnat.; *Ortygis*, Illig. Port des cailles; doigts bien séparés jusqu'à leur base et sans petites membranes. — *B.* Syrrhaptes, Illig. Tarses courts, garnis de plumes, ainsi que les doigts, qui sont courts et réunis sur une partie de leur longueur; ailes extrêmement longues et pointues. [1]

Genre Tinamou : *Tinamus*, Lath.; *Crypturus*, Illig. Cou mince, assez alongé, quoique les tarses soient courts; ceux-ci revêtus de plumes, dont le bout des barbes est effilé et un peu crépu; bec long, grêle, à pointe mousse, un peu voûté, avec un petit sillon de chaque côté et à narines percées dans le milieu, en s'enfonçant obliquement en arrière; ailes courtes; queue presque nulle; pouce réduit à un petit ergot ne pouvant toucher la terre; peu de nu autour de l'œil.

Genre Pigeon; *Columba*, Linn. [2] Bec voûté; narines percées dans un large espace membraneux et couvertes d'une écaille

---

1 C'est avec quelques doutes que M. Cuvier admet ce genre dans l'ordre des Gallinacés.

2 Le genre des Pigeons est placé ici comme un appendice à l'ordre des Gallinacés. M. Cuvier fait remarquer ses rapports nombreux avec les passereaux.

cartilagineuse, qui forme même un renflement à la base du bec; doigts n'ayant à leur base d'autres membranes que celles qui résultent de la continuation des rebords; queue formée de douze pennes; sternum profondément et doublement échancré; jabot extrêmement dilaté. — *A.* Colombi-Gallines, Levaillant. Tarses élevés; bec grêle et flexible. — *B.* Colombes ou Pigeons ordinaires, Levaill. Ayant les pieds plus courts que les précédens, mais le bec grêle et flexible comme le leur. — *C.* Colombars, Levaill.; *Vinago*, Cuv. Bec plus gros, de substance solide et comprimé par les côtés; tarses courts; pieds larges et bien bordés.

5.ᵉ Oʀᴅʀᴇ, ÉCHASSIERS. Bas des jambes nu; tarses souvent très-élevés; bec variable dans ses formes; le plus souvent le doigt extérieur uni par sa base à celui du milieu au moyen d'une courte membrane; quelquefois deux membranes semblables, lesquelles manquent aussi tout-à-fait dans plusieurs échassiers; doigts quelquefois bordés ou palmés dans toute leur longueur; ailes ordinairement longues.

1.ʳᵉ Famille, Bʀᴇ́ᴠɪᴘᴇɴɴᴇs. Ailes très-courtes, ne pouvant servir au vol; bec analogue à celui des gallinacés; sternum en simple bouclier sans carène médiane; muscles pectoraux fort minces; point de pouce.

Genre Autruche; *Struthio*, Linn. Ailes revêtues de plumes lâches et flexibles, à barbules écartées, utiles pour la course; bec déprimé horizontalement, de longueur médiocre, mousse au bout; langue courte et arrondie comme un croissant; yeux grands; paupières garnies de cils; jambes et tarses très-élevés; un grand jabot; estomac succenturié très-développé; intestins volumineux; deux cœcums très-grands; cloaque servant à retenir les urines; doigts au nombre de deux ou de trois.

Genre Casoar; *Casuarius*, Briss. Ailes plus courtes que celles des autruches, totalement inutiles pour la course; pieds à trois doigts, tous garnis d'ongles; plumes ayant leurs barbes si écartées et si peu garnies de barbules, qu'elles ont l'apparence générale de poils ou de crins tombans.

2.ᵉ Famille, Pʀᴇssɪʀᴏsᴛʀᴇs. Jambes hautes, sans pouce, ou dont le pouce est trop court pour toucher à terre; bec médiocre, légèrement comprimé.

Genre Outarde; *Otis*, Linn. Bec médiocre, à mandibule

supérieure légérement arquée et voûtée ; corps massif des gallinacés ; cou et pieds assez longs ; de très-petites palmures entre la base des doigts ; tarses réticulés ; ailes courtes.

Genre Pluvier ; *Charadrius*, Linn. Point de pouce ; bec médiocre, comprimé, renflé au bout. — *A.* Œdicnèmes ; *Œdicnemus*, Cuv. Bout du bec renflé en dessous comme en dessus ; fosse des narines étendue seulement sur la moitié de sa longueur ; pieds réticulés. — *B.* Pluviers proprement dits ; *Charadrius*, Cuv. Bec renflé seulement en dessus, ayant les deux tiers de sa longueur occupés de chaque côté par la fosse nasale.

Genre Vanneau ; *Tringa*, Linn. Bec semblable à celui des pluviers, un petit pouce qui ne peut toucher la terre. — *A.* Vanneaux-Pluviers ; *Squatarola*, Cuv. Bec renflé en dessous ; fosses nasales courtes, comme dans les œdicnèmes ; pieds réticulés ; pouce à peine perceptible. — *B.* Vanneaux proprement dits. Fosses nasales allant aux deux tiers de la longueur du bec ; tarses écussonnés, au moins en partie ; pouce un peu plus marqué que dans les vanneaux-pluviers.

Genre Huîtrier ; *Hæmatopus*. Bec un peu plus long que celui des vanneaux et des pluviers, droit, pointu et comprimé en coin ; fosses nasales très-creuses, n'occupant que la moitié de la longueur du bec ; narines y étant percées au milieu, comme une petite fente ; jambes de hauteur médiocre ; tarses réticulés ; trois doigts seulement.

Genre Coure-vite ; *Cursorius*, Lacép. ; *Tachydromus*, Illig. Bec grêle, conique, arqué, sans sillon, et médiocrement fendu ; ailes courtes ; jambes assez élevées ; trois doigts sans palmures ; point de pouce.

Genre Cariama, Briss. : *Microdactylus*, Geoff. ; *Dicholophus*, Illig. Bec assez long, crochu et fendu jusque sous l'œil ; jambes écussonnées et très-hautes, se terminant par des doigts extrêmement courts, un peu palmés à leur base et par un pouce qui ne peut atteindre la terre.

3.ᵉ Famille, Cultrirostres. Bec gros, long et fort, le plus souvent même tranchant et pointu.

1.ʳᵉ Tribu. Les Grues. Bec médiocre.

Genre Grue ; *Grus*, Cuv. Bec droit, peu fendu ; fosse membraneuse des narines large et concave, occupant près de la moitié de sa longueur; jambes écussonnées; doigts médiocres, les externes peu palmés et le pouce touchant à terre; le plus souvent une partie plus ou moins considérable de la tête ou du cou dénuée de plumes. — *A.* Agamis; *Psophia*, Linn. Bec plus court que celui des autres espèces; tête et cou revêtus seulement d'un duvet; tour de l'œil nu. — *B.* Grues ordinaires. Bec autant et plus long que la tête. — *C.* Courlan. Bec plus grêle et un peu plus fendu que celui des grues, se renflant vers le dernier tiers de sa longueur; doigts assez longs, sans aucune palmure. — *C.* Caurales; *Eurypyga*, Illig. Bec plus grêle que celui des grues, fendu jusqu'au-dessous des yeux.

2.ᵉ *Tribu.* Bec fort; doigts longs.

Genre Savacou; *Cancroma*, Linn. Bec très-large de droite à gauche, comme formé de deux cuillers appliquées l'une contre l'autre par leur côté concave; mandibules fortes et tranchantes, la supérieure ayant une dent aiguë à chaque côté de sa pointe; narines percées vers sa base, se prolongeant en deux sillons parallèles qui règnent jusque vers sa pointe; pieds pourvus de quatre doigts, tous longs et presque sans membranes.

Genre Héron; *Ardea*, Linn. Bec fendu jusque sous les yeux; une petite fosse nasale prolongée en un sillon jusque très-près de la pointe; bord interne de l'ongle du doigt du milieu ayant son tranchant dentelé; jambes écussonnées; doigts et pouce assez longs, leur palmure externe notable; yeux placés dans une peau nue qui s'étend jusqu'au bec; estomac très-grand, peu musculeux; un très-petit cœcum. — *A.* Hérons proprement dits : Cou très-grêle, garni vers le bas de longues plumes pendantes. — *B.* Aigrettes. Plumes du bas du dos étant à une certaine époque singulièrement longues et effilées. — *C.* Butors. Plumes du cou lâches et écartées, ce qui le fait paroître gros. — *D.* Bihoreaux. Plumes du cou comme dans les butors; quelques plumes roides et grêles implantées dans l'occiput des individus adultes.

3.ᵉ *Tribu.* Bec plus gros et plus lisse que dans la seconde tribu; des palmures presque égales et assez fortes entre les bases des doigts.

Genre Cigogne; *Ciconia*, Cuv. Bec gros, médiocrement

fendu, sans fosse ni sillon, où les narines sont percées vers le dos près de sa base; langue très-courte; jambes réticulées; doigts extérieurs assez fortement palmés à leur base; cœcums très-petits.

Genre Jabiru; *Mycteria*, Linn. Ouverture du bec médiocre, ce bec étant légèrement recourbé vers le haut; narines, tarses et palmures des doigts des pieds comme dans les cigognes.

Genre Ombrette; *Scopus*, Briss. Bec comprimé, dont l'arête tranchante se renfle vers la base; narines se prolongeant en un sillon qui court parallèlement à l'arête du bec jusqu'au bout, qui est un peu crochu.

Genre Bec-ouvert: *Hians*, Lacép.; *Anastomus*, Illig. Bec semblable à celui des cigognes, à cela près, que ses mandibules ne se touchent que par la base et par la pointe, en laissant dans le milieu de leurs bords un intervalle vide.

Genre Tantale; *Tantalus*, Linn. Pieds, narines et bec des cigognes; dos de ce bec néanmoins arrondi et sa pointe étant recourbée vers le bas et légèrement échancrée de chaque côté; une portion de la tête, et quelquefois du cou, dénuée de plumes.

Genre Spatule, *Platalea*, Linn. Bec long, plat, large partout, s'élargissant et s'aplatissant, surtout au bout, en un disque arrondi, comme celui d'une spatule; deux sillons légers, partant de la base, s'étendant jusqu'au bout, sans rester exactement parallèles aux bords; narines ovales et percées à peu de distance de l'origine de chaque sillon; langue petite; jambes hautes, réticulées; palmures assez considérables; deux petits cœcums; gésier musculeux, comme dans les cigognes.

4.ᵉ Famille, Longirostres. Bec grêle, long et foible.

Genre Bécasse; *Scolopax*, Linn. Caractères de la famille. — *A.* Ibis; *Ibis*, Cuv. Bec arqué comme celui des tantales, mais beaucoup plus foible, sans échancrures à la pointe; narines percées vers le dos de sa base, se prolongeant chacune en un sillon qui règne jusqu'au bout; ce bec étant assez épais, presque carré à son origine; quelque partie de la tête ou du cou toujours dénuée de plumes; doigts externes notablement palmés à la base; pouce assez long pour bien appuyer à terre; quelquefois les jambes courtes et réticulées. — *B.* Courlis;

Numenius, Cuv. Bec arqué comme celui des ibis, mais plus grêle, rond dans toute sa longueur; sillon des narines n'occupant qu'une très-petite partie de ce bec; le bout de la mandibule supérieure dépassant l'inférieure et saillant un peu au-delà de celle-ci vers le bas. — *C.* Corlieux; *Phœopus*, Cuv. Bec assez semblable à celui des courlis, déprimé vers le bout et conservant les sillons des narines sur presque toute sa longueur. — *D.* Falcinelles; *Falcinellus*, Cuv. Bec encore assez semblable à celui des courlis et conservant ses sillons comme celui des corlieux; point de pouces. — *E.* Bécasses proprement dites; *Scolopax*, Cuv. Bec droit, sillons des narines régnant jusqu'auprès du bout, qui se renfle un peu, dépasse la mandibule inférieure, et sur le milieu duquel il y a un sillon simple; le bout en étant mou et très-sensible, prenant une surface pointillée par le desséchement : tête comprimée; yeux placés fort en arrière. — *F.* Rhynchées; *Rhynchœa*, Cuv. Bec de bécasse, avec les mandibules à peu près égales, légèrement arquées à leur bout; sillons des narines régnant jusqu'à l'extrémité du bec supérieur, qui n'a point de sillon impair. — *G.* Barges; *Limosa*, Bechst. Bec droit, quelquefois même légèrement arqué vers le haut et encore plus long que celui des bécasses; sillon des narines régnant jusque tout près de l'extrémité, qui est un peu déprimée et mousse, sans sillon impair ni pointillures. — *H.* Maubèches; *Calidris*, Cuv. Bec à peu près aussi long que la tête; déprimé au bout; sillon nasal très-long, comme dans les barges; doigts légèrement bordés, n'ayant point de palmures entre leurs bases; pouce à peine assez long pour toucher la terre; jambes médiocrement hautes. — *I.* Alouettes de mer; *Pelidna*, Cuv. Semblables aux maubèches, ayant seulement le bec un peu plus long que la tête; pieds sans bordures ni palmures. — *K.* Combattans; *Machetes*, Cuv. Semblables aux maubèches par le port et par le bec; palmures entre leurs doigts extérieurs à peu près aussi considérables que dans les chevaliers, les barges, etc. — *L.* Sanderlings : *Arenaria*, Bechst.; *Calidris*, Illig. Semblables aux maubèches, mais dépourvus de pouce. — *M.* Phalaropes; *Phalaropus*, Briss. Bec plus aplati que celui des maubèches, ayant d'ailleurs les mêmes proportions et les mêmes sillons; pieds ayant leurs doigts bordés de très-larges membranes, comme ceux des foulques. — N. Tourne-pierres; *Strepsilas*, Illig. Jambes basses; bec court; doigts sans aucune palmure; mais ce bec étant conique, pointu, sans dépression, compression, ni renflement, et la fosse nasale n'en dépassant pas la moitié; pouce touchant très-peu à terre. — O. Chevaliers; *Totanus*, Cuv. Bec grêle, rond, pointu, ferme, dont le sillon des narines ne dépasse pas la moitié de la longueur, et dont la mandibule supérieure s'arque un peu vers le bout. — P. Lobipèdes; *Lobipes*, Cuv. Bec pareil à celui des chevaliers; pieds semblables à ceux des phalaropes. — Q. Échassiers : *Himantopus*, Briss.; *Macrotarsus*, Lacép. Bec rond, grêle et pointu; sillon des narines n'occupant que la moitié de sa longueur; jambes excessivement grêles et hautes, réticulées et destituées de pouces.

Genre Avocette; *Recurvirostra*, Linn. Pieds palmés à peu près jusqu'au bout des doigts; tarses élevés; jambes à moitié nues; tarses réticulés; pouces très-courts, ne touchant pas à terre; bec long, grêle, pointu, lisse et élastique, fortement courbé vers le haut.

5.ᵉ Famille, MACRODACTYLES. Doigts des pieds fort longs et propres à marcher sur les herbes des marais, ou même à nager; point de membranes entre les bases de ces doigts; bec plus ou moins comprimé par les côtés, s'alongeant ou se raccourcissant selon les genres, toujours plus épais que dans la famille précédente; corps comprimé; ailes médiocres ou courtes; un pouce très-long.

1.ʳᵉ TRIBU. Ailes armées.

Genre Jacana, Briss.; *Parra*, Linn. Doigts très-longs, séparés jusqu'à leur racine; ongles, celui du pouce surtout, très-longs et très-pointus; bec assez semblable à celui des vanneaux par sa longueur médiocre et le léger renflement de son bout; ailes armées d'un éperon.

Genre Kamichi; *Palamedea*, Linn. Deux forts ergots à chaque aile; doigts longs, sans palmures; ongles forts, surtout celui du pouce, qui est long et droit, comme aux alouettes; bec peu fendu, peu comprimé, non renflé, sa mandibule supérieure étant légèrement arquée; jambes réticulées.

2.ᵉ TRIBU. Ailes non armées.

Genre Râle; *Rallus*. Base du bec ne se prolongeant pas en

une sorte d'écusson sur le front. — *A.* Râles proprement dits; *Rallus,* Bechst. Le bec un peu long. — *B.* Râles de genêt; *Crex,* Bechst. Bec un peu plus court.

Genre Foulque; *Fulica,* Linn. Base du bec se prolongeant sur le front en forme d'écusson. — *A.* Poules d'eau; *Gallinula,* Briss., Lath. Bec comme celui des râles ordinaires; doigts fort longs et munis d'une bordure très-étroite. — *B.* Talèves ou poules sultanes; *Porphyrio,* Briss. Bec haut relativement a sa longueur; doigts très-longs, presque sans bordure sensible; plaque frontale considérable, tantôt arrondie, tantôt carrée dans le haut. — *C.* Foulques ou Morelles; *Fulica,* Briss. Bec court; une plaque frontale considérable; doigts fort élargis par une bordure festonnée.

Genre Giarole; *Glareola,* Gmel.[1] Bec court, conique, arqué tout entier, assez fendu et ressemblant à celui d'un gallinacé; ailes excessivement longues et pointues; queue souvent fourchue; jambes de hauteur médiocre; tarses écussonnés; doigts externes un peu palmés; pouce touchant la terre.

Genre Flammant; *Phœnicopterus,* Linn. Jambes d'une hauteur excessive; trois doigts de devant palmés jusqu'au bout, celui de derrière extrêmement court; cou très-grêle et très-long; tête petite, portant un bec dont la mandibule inférieure est un ovale ployé longitudinalement en canal demi-cylindrique, tandis que la supérieure, oblongue et plate, est ployée en travers dans son milieu pour joindre l'autre exactement; fosse membraneuse des narines occupant presque tout le côté de la partie qui est derrière le pli transversal; narines en forme de fentes au bas de cette fosse; bords des deux mandibules garnis de petites lames transverses très-fines, analogues aux dentelures du bec des canards.

6.ᵉ Ordre, PALMIPEDES. Pieds implantés à l'arrière du corps, portés sur des tarses courts et comprimés, et palmés entre les doigts; cou dépassant quelquefois de beaucoup la longueur des pieds; sternum très-long, n'ayant de chaque côté qu'une échancrure, ou un trou ovale garni de membranes; gésier musculeux; cœcums longs.

---

1 Ce genre et le suivant sont considérés comme un appendice à l'ordre des échassiers, par M. Cuvier.

1.re Famille, PLONGEURS OU BRACHYPTÈRES. Ailes très-courtes; pieds implantés très en arrière du corps.

Genre Plongeon; *Colymbus*, Linn. Bec lisse, droit, comprimé, pointu; narines linéaires. — *A.* Grèbes : *Podiceps*, Lath.; *Colymbus*, Briss., Illig. Doigts bordés de larges membranes; les antérieurs seulement réunis à leur base; ongle du doigt du milieu aplati; tarse fortement comprimé. — *B.* Plongeons proprement dits : *Mergus*, Briss.; *Colymbus*, Lath.; *Eudytes*, Illig. Formes des grèbes; pieds entièrement palmés; ongles pointus. — *C.* Guillemots; *Uria*, Briss., Illig. Formes générales des précédens; des plumes descendant jusqu'aux narines; bec ayant sa pointe un peu arquée et échancrée; point de pouce. — *D.* Céphus ou Colombes du Groënland. Bec plus court et à dos plus arqué que dans les guillemots, sans échancrures; symphyse de la mandibule inférieure extrêmement courte; ailes assez fortes; membranes des pieds assez échancrées.

Genre Pingouin; *Alca*, Linn. Bec très-comprimé, élevé verticalement, tranchant par le dos, ordinairement sillonné en travers; pieds entièrement palmés, manquant de pouces. — *A.* Macareux : *Fratercula*, Briss.; *Mormon*, Illig. Bec plus court que la tête et d'autant plus élevé à sa base qu'il n'est long, sa base étant garnie d'une peau plissée; narines placées près du bord en forme de fentes étroites; ailes petites. — *B.* Pingouins proprement dits; *Alca*, Cuv. Bec plus alongé et en forme de lame de couteau; des plumes en garnissant la base jusqu'aux narines; ailes extrêmement petites, ne pouvant servir au vol.

Genre Manchot; *Aptenodites*, Forster. Pieds tout-à-fait à l'arrière du corps; tarse élargi, comme la plante du pied d'un quadrupède, formé de trois os soudés par leur extrémité, appuyant sur le sol; trois doigts antérieurs unis par une membrane entière; un petit pouce dirigé en dedans; ailes extrêmement petites, n'étant garnies que de vestiges de plumes, qui sont presque semblables, au premier coup d'œil, à des écailles de poissons. — *A.* Manchots proprement dits; *Aptenodytes*, Cuv. Bec grêle, long, pointu; mandibule supérieure un peu arquée vers le bout, couverte de plumes jusqu'au tiers de sa longueur, où est la narine, d'où part un sillon qui s'étend jusqu'au bout. — *B.* Gorfous; *Calarrhactes*, Briss. Bec fort, peu comprimé, pointu, à dos arrondi, avec la pointe un peu arquée: le sillon qui part de la narine se terminant obliquement au tiers inférieur du bord. — *C.* Sphénisques; *Spheniscus*, Briss. Bec comprimé, droit, irrégulièrement sillonné à sa base; bout de la mandibule supérieure crochu, celui de l'inférieure tronqué; narines au milieu et découvertes.

2.ᵉ Famille, LONGIPENNES ou GRANDS VOILIERS. Pouce libre ou nul; ailes très-longues; bec sans dentelures, tantôt crochu au bout, tantôt simplement pointu; gésier musculeux; cæcums courts.

Genre Pétrel; *Procellaria*, Linn. Bec crochu par le bout et dont l'extrémité semble faite d'une pièce articulée sur le reste; narines réunies en un tube couché sur le dos de la mandibule supérieure; un ongle implanté dans le talon au lieu de pouce. — *A.* Pétrels proprement dits. Mandibule inférieure tronquée. — *B.* Puffins, *Puffinus*. Bout de la mâchoire inférieure se recourbant vers le bas avec celui de la supérieure; narines, quoique tubuleuses, s'ouvrant non point par un orifice commun, mais par deux trous distincts; bec plus alongé à proportion que celui des pétrels.— *C.* Pélécanoïdes, Lacép.; *Halodroma*, Illig. Bec et formes des pétrels; gorge dilatable comme celle des cormorans; point de pouce. — *D.* Prions, Lacép.; *Pachyptila*, Illig. Semblables aux pétrels, mais ayant les narines séparées comme les puffins; bec élargi à sa base, ses bords étant garnis extérieurement de lames, comme chez les canards.

Genre Albatros; *Diomedea*, Linn. Bec grand, fort et tranchant, marqué de sutures, terminé par un gros croc, qui y semble articulé; narines en forme de rouleaux courts, couchés sur les côtés du bec; pieds sans pouce, ni ongle à la place de ce pouce.

Genre Mouette; *Larus*, Linn. Bec comprimé, alongé, pointu; sa mandibule supérieure arquée vers le bout, l'inférieure formant en dessous un angle saillant; narines placées vers le milieu de ce bec, longues, étroites et percées à jour; jambes assez élevées; pouce court. — *A.* Goélands, Mauves ou Mouettes. Queue droite. — *B.* Stercoraires, Briss.;

Lestris, Illig. Queue pointue; narines membraneuses plus grandes que dans les mouettes·et goëlands, ce qui reporte l'orifice des narines plus près de la pointe et du bord du bec.

Genre Hirondelle de mer; *Sterna*, Linn. Ailes excessivement longues et pointues; pieds courts; bec pointu, comprimé, droit, sans courbure ni saillie; narines placées vers sa base, oblongues et percées de part en part; membranes des doigts fort échancrées. — *A.* Hirondelles de mer proprement dites. Queue fourchue. — *B.* Noddis. Queue n'étant pas fourchue et égalant presque les ailes; une légère saillie sous le bec.

Genre Bec-en-ciseaux; *Rhyncops*, Linn. Mandibule supérieure de beaucoup plus courte que l'inférieure; toutes deux comprimées en lames simples, dont les bords se répondent sans s'embrasser; pieds très-courts; ailes longues; queue fourchue.

3.ᵉ Famille, Totipalmes. Pouce réuni avec les autres doigts dans une seule membrane.

Genre Pélican; *Pelecanus*, Linn. Un espace dénué de plumes à la base du bec; narines en forme de fentes, dont l'ouverture est à peine sensible; peau de la gorge plus ou moins extensible; langue fort petite; gésier aminci, formant avec les autres estomacs un grand sac; cœcums médiocres ou petits. *A.* Pélicans proprement dits : *Onocrotalus*, Briss.; *Pelecanus*, Illig. Bec très-long et large, droit, aplati horizontalement, terminé par un crochet; mandibule inférieure à branches flexibles, soutenant une membrane nue et dilatable en un sac volumineux; deux sillons régnant sur la longueur du bec et les narines y étant cachées. — *B.* Cormorans : *Phalacrocorax*, Briss.; *Carbo*, Meyer; *Halieus*, Illig. Bec alongé, comprimé; le bout de la mandibule supérieure crochu, et celui de l'inférieure tronqué; langue fort petite; peau de la gorge moins dilatable que dans les pélicans; narines comme une petite ligne qui ne semble pas percée; second doigt ayant son ongle denté en scie. — *a.* Cormorans proprement dits. Queue ronde, ongle composée de quatorze pennes. — *b.* Frégates. Queue fourchue; pieds courts, dont les membranes sont profondément échancrées; envergure des ailes excessive; les deux mandibules courbées au bout. — *C.* Fous ou Boubies : *Sula*,

Briss.; *Dysporus*, Illig. Bec droit, légèrement comprimé, pointu; sa pointe étant un peu arquée : ses bords denticulés en scie, à dents dirigées en arrière; narines se prolongeant en une ligne qui va jusque près de la pointe; gorge peu extensible; tour des yeux nu; ongle du doigt du milieu dentelé en scie; ailes médiocres; queue un peu en coin.

Genre Anhinga; *Plotus*, Linn. Corps et pieds de cormorans; cou long; tête petite; bec droit, grêle et pointu, à bords denticulés; tour des yeux nu.

Genre Paille-en-queue; *Phaeton*, Linn. Bec droit, pointu, denticulé, médiocrement fort; pieds courts; ailes longues; deux des pennes de la queue étroites et très-longues; point d'espace nu sur la tête.

4.ᵉ Famille, LAMELLIROSTRES. Bec épais, revêtu d'une peau molle plutôt que d'une véritable corne, ses bords étant garnis de lames ou de petites dents; langue large et charnue, dentelée dans ses bords; ailes de médiocre longueur; la trachée-artère du mâle, dans le plus grand nombre, renflée près de sa bifurcation en capsules de diverses formes; gésier grand, très-musculeux; cœcums longs.

Genre Canard; *Anas*, Linn. Bec grand et large, à bords garnis d'une rangée de lames saillantes, minces, placées transversalement. — *Les Cygnes; *Cygnus*, Meyer. Bec aussi large en avant qu'en arrière, plus haut que large à sa base; narines situées à peu près au milieu de sa longueur; cou fort alongé — ** Les Oies; *Anser*, Briss. Bec médiocre ou court, plus étroit en avant qu'en arrière et plus haut que large à sa base; jambes plus élevées et plus rapprochées du milieu du corps que celles des canards. — *a.* Oies proprement dites. Bec aussi long que la tête; les bouts des lamelles qui en garnissent le bord paroissant comme des dents pointues. — *b.* Bernaches. Bec plus court et plus menu que celui des oies proprement dites, ne laissant pas voir sur ses bords les extrémités des lamelles qui les garnissent — *** Les Canards proprement dits; *Anas*, Meyer. Bec moins haut que large à sa base, et autant ou plus large à son extrémité que vers la tête; narines plus rapprochées de son dos et de sa base que dans les cygnes et les oies; jambes plus courtes et situées plus à l'arrière du corps que celles de ces mêmes oiseaux ; cou moins long. = 1.re Division. Pouce bordé d'une membrane ; tête grosse ; cou court ; pieds très-reculés en arrière du corps ; ailes petites ; queue roide ; tarses très-comprimés ; doigts assez longs ; palmures très-entières. — *a.* Macreuses. A bec large et renflé. — *b.* Garrots. Bec court et plus étroit en avant ; souvent les pennes du milieu de la queue plus longues que les autres, ce qui la rend pointue. — *C.* Eiders. Bec plus alongé que celui des garrots, remontant plus haut sur le front, où il est échancré par un angle de plumes ; mais de même plus étroit en avant. — *D.* Millouins. Bec large et plat, n'offrant d'ailleurs aucune marque notable. = 2.^e Division. Pouce non bordé d'une membrane ; tête plus mince, pieds moins larges, cou plus long, bec plus égal, corps moins épais, pieds placés moins à l'arrière du corps que dans les canards de la première division. — *a.* Souchets. Bec long, dont la mandibule supérieure, ployée parfaitement en demi-cylindre, est élargie au bout ; les lamelles en étant très-longues et très-minces. — *b.* Tadornes. Bec très-aplati vers le bout, relevé en bosse saillante à sa base. — *c.* Canards musqués, ayant des parties nues sur la tête, à la base du bec et autour des yeux. — *d.* Pilets, dont la queue est pointue, etc.

Genre Harle ; *Mergus*, Linn. Bec plus mince, plus cylindrique que celui des canards, ayant chaque mandibule armée tout le long de ses bords de petites dents pointues, comme celles d'une scie et dirigées en arrière ; bout de la mandibule supérieure crochu ; gésier moins musculeux que celui des canards ; intestins et cœcums plus courts.

Après avoir exposé dans ses principaux détails la méthode extrêmement naturelle de M. Cuvier, constamment suivie dans ce Dictionnaire, il ne nous reste plus qu'à faire connoître plus succinctement les trois méthodes principales qui ont été proposées depuis la publication de celle-ci par MM. Vieillot, Temminck (2.e édition de son Manuel d'ornithologie) et Ranzani.

Celle de M. Vieillot est insérée dans le Nouveau Dictionnaire d'histoire naturelle, dont M. Déterville est l'éditeur (2.e édition), et c'est d'après elle que sont rédigés les articles d'ornithologie de cet ouvrage. Les oiseaux y sont partagés en cinq ordres et en cinquante-huit familles. Quelques-uns des ordres sont subdivisés d'abord en tribus, auxquelles sont subordonnées les familles. Le nombre des genres s'élève en totalité à deux cent soixante-onze, sur lesquels quatre-vingts environ sont nouveaux.

L'Ordre Ier, celui des ACCIPITRES, *Accipitres*, a pour caractères : Bec robuste, couvert d'une cire à sa base, crochu vers le bout; pieds très-musculeux; jambes totalement couvertes de plumes; quatre doigts, trois devant, un derrière, verruqueux en dessous, les extérieurs le plus souvent réunis à leur origine par une petite membrane, le postérieur articulé sur le même plan que les antérieurs, portant à terre sur toute sa longueur; ongles forts, rétractiles, arqués, ou aigus ou émoussés.

La 1.re Tribu, celle des ACCIPITRES DIURNES, *A. diurni*, comprend les oiseaux de cet ordre qui ont les yeux dirigés sur les côtés. Les familles qui là divisent sont les suivantes : 1.re Famille, VAUTOURINS, *Vulturini*, Illig. Bec recourbé seulement vers le bout; yeux à fleur de tête; tête ou gorge plus ou moins dénuée de plumes; jabot saillant; ailes longues; genres Vautour, *Vultur*; Zopilote, *Gypagus*; Gallinaze, *Catharista*; Iribin, *Daptrius*; Rancana, *Ibycter*; Caracara, *Polyborus*. 2.e Famille, GYPAËTES, *Gypaeti*. Mandibule inférieure du bec garnie en dessous et sur ses côtés d'un faisceau de plumes roides et alongées; ailes longues; genre PHÈNE, *Phene*. 3.e Famille, ACCIPITRINS; *Accipitrini*, Illig. Tête et cou parfaitement emplumés; cire et narines découvertes. — *A*. Ailes longues; doigts extérieurs, ou totalement libres ou unis à leur base par une membrane : genres Aigle, *Aquila*; Pygargue, *Haliaetus*; Balbuzard, *Pandion*; Circaëte, *Circaetus*; Busard, *Circus*; Buse, *Buteo*; Milan, *Milvus*; Élanoïde, *Elanoides*; Ictinie, *Ictinia*; Faucon, *Falco*. — *B*. Ailes courtes ou moyennes; doigts extérieurs unis à leur base par une membrane; genres Macagua, *Herpetotheres*; Harpie, *Harpyia*; Spizaëte, *Spizaetus*; Asturine, *Asturina*; Épervier, *Sparvius*.

La 2.e Tribu, celle des ACCIPITRES NOCTURNES, *A. nocturni*, est distinguée par la position des yeux en avant. 4.e Famille, ÆGOLIENS, *Ægolii*. Région ophthalmique garnie de plumes disposées en rayons; genre Chouette, *Strix*.

Les oiseaux SYLVAINS, *Sylvicolæ*, forment l'ordre II.ᵉ et sont caractérisés ainsi : Pieds courts ou moyens ; jambes parfaitement emplumées, quelquefois nues au-dessus du talon [1] ; doigts 2 — 2, 3 — 1, très-rarement 2 — 1, les externes le plus souvent soudés, au moins à leur base ; le postérieur articulé au bas du tarse, sur le même plan que les autres ; ongles grêles, courbés, pointus, rarement obtus.

1.ʳᵉ Tribu. Zygodactyles ; *Zygodactyli*. Deux doigts devant, deux ou très-rarement un seul derrière [2]. 5.ᵉ Famille, Psittacins ; *Psittacini*, Illig. Bec incliné dès sa base et garni d'une membrane à son origine, crochu vers le bout de sa partie supérieure, entier ou crénelé sur la pointe de l'inférieure ; tarses réticulés ; genres Perroquet, *Psittacus*; Ara, *Macrocercus*; Kakatoës, *Cacatua*. 6.ᵉ Famille, Macroglosse, *Macroglossi*. Langue très-longue, lombriciforme ; genres Pic, *Picus*; Torcol, *Yunx*. 7.ᵉ Famille, Auréoles, *Aureoli*. Pieds grêles et très-courts ; quatre ou seulement trois doigts, les antérieurs réunis jusqu'au-delà de leur milieu ; genre Jacamar, *Galbula*. 8.ᵉ Famille, Ptéroglosses, *Pteroglossi*. Bec grand, cellulaire ; langue en forme de plume ; doigts antérieurs réunis jusqu'au-delà de leur milieu ; genre Toucan, *Ramphastos*. 9.ᵉ Famille, Barbus, *Barbati*. Bec garni de soies à sa base ; doigt externe postérieur, versatile ; genres Couroucou, *Trogon*; Barbican, *Pogonia*; Barbu, *Bucco*; Cabezon, *Capito*; Monase, *Monasa*; Malkoha, *Phænicophaus*. 10.ᵉ Famille, Imberbes, *Imberbi*. Bec glabre à sa base, arqué ou seulement crochu à sa pointe : genre Tacco, *Saurothera*; Scythrops, *Scythrops*; Vouroudriou, *Leptosomus*; Coulicou, *Coccyzus*; Coucou, *Cuculus*; Indicateur, *Indicator*; Toulou, *Corydonyx*; Ani, *Crotophaga*. 11.ᵉ Famille, Frugivores, *Frugivori*. Bec plus court que la tête, dentelé ; doigts antérieurs unis à leur base par une membrane, l'externe dirigé plus souvent en avant qu'en arrière ; genres Musophage, *Musophaga*; Touraco, *Opœthus*.

2.ᵉ Tribu. Anisodactyles, *Anisodactyli*. Doigts 3 — 1, très-rarement 2 — 1 [3], l'externe toujours dirigé en avant ; le

---

1 Martin-pêcheur, Guépier et Grallaire.

2 Le doigt postérieur, qui manque, est le pouce ; alors l'extérieur est toujours en arrière.

3 Le doigt qui manque au tridactyle, est le doigt externe.

pouce quelquefois versatile. 12.ᵉ Famille, GRANIVORES, *Granivori*. Bec brévicône, ou épais, ou grêle, quelquefois croisé, très-rarement dentelé : genres Phytotome, *Phytotoma;* Coliou, *Colius;* Bec-croisé ou Krinis, *Loxia;* Dur-bec, *Strobilophaga;* Bouvreuil, *Pyrrhula;* Gros-bec, *Coccothraustes;* Fringille, *Fringilla;* Sizerin, *Linaria;* Passerine, *Passerina;* Bruant, *Emberiza.* 13.ᵉ Famille, ÆGITHALES, *Ægithali.* Bec court, couvert de plumes à sa base ou de soies seulement sur ses angles, à pointe épaisse ou grêle, quelquefois échancrée ; genres Mésange, *Parus;* Tyranneau, *Tyrannulus;* Pardalote, *Pardalotus;* Manakin, *Pipra.* 14.ᵉ Famille, PERICALLES, *Pericalles.* Bec conico-convexe, échancré, courbé ou seulement incliné à sa pointe : genres Phibalure, *Phibalura;* Viréon, *Vireo;* Némosie, *Nemosia;* Tangara, *Tanagra;* Habia, *Saltator;* Arrémon, *Arremon;* Touit, *Pipillo;* Jacapa, *Ramphocelus;* Pyranga, *Pyranga;* Tachyphone, *Tachyphonus.* 15.ᵉ Famille, TISSERANDS, *Textores.* Bec à base nue et formant un angle aigu ou arrondi dans les plumes du front, robuste, longicône, pointu, entier ou échancré. — *A.* Bec pointu et formant un angle aigu dans les plumes du front ; genres Loriot, *Oriolus;* Tisserin, *Ploceus;* Ictérie, *Icteria;* Carouge, *Pendulinus;* Baltimore, *Yphantes;* Troupiale, *Agelaius.* — *B.* Bec entier et formant un angle arrondi dans les plumes du front ; genre Cassique, *Cassicus.* 16.ᵉ Famille, LEIMONITES, *Leimonites.* Bec droit, entier, à pointe obtuse, un peu aplatie ou renflée ; genres Stournelle, *Sturnella;* Étourneau, *Sturnus;* Pique-bœuf, *Buphaga.* 17.ᵉ Famille, CARONCULÉS, *Carunculati.* Tête ou mandibule inférieure caronculée ; genres Glaucope, *Callæas;* Creadion, *Creadion;* Mainate, *Graculus.* 18.ᵉ Famille, MANUCODIATES, *Paradisei.* Bec emplumé à sa base, échancré ou foiblement entaillé vers le bout, fléchi à sa pointe; plumes hypocondriales ou cervicales, longues et de diverses formes chez les mâles : genres Sifilet, *Parotia;* Lophorine, *Lophorina;* Manucode, *Cicinnurus;* Samalie, *Paradisea.* 19.ᵉ Famille, CORACES, *Coraces;* genres Corbeau, *Corvus;* Pie, *Pica;* Geai, *Garrulus;* Coracias, *Coracias;* Chocard, *Pyrrhocorax;* Cassenoix, *Nucifraga;* Témia, *Crypsirina;* Astrapie, *Astrapia;* Quiscale, *Quiscalus;* Cassican, *Cracticus;* Rollier, *Galgulus.* 20.ᵉ Famille, BACCIVORES, *Baccivori.* Bec très-fendu, dilaté à sa base, un peu caréné en dessus, entier ou échancré : genres Rolle, *Eurystomus*; Coracine, *Coracina*; Piauhau, *Querula*; Cotinga, *Ampelis*; Jaseur, *Bombycilla*; Tersine, *Tersina*. 21.e Famille, CHÉLIDONS, *Chelidones*. Bec petit, très-fendu, déprimé à sa base, le plus souvent échancré à sa pointe ; ailes très-longues; pieds courts : genres Hirondelle, *Hirundo*; Martinet, *Cypselus*; Engoulevent, *Caprimulgus*; Ibijau, *Nyctibius*; Podargue, *Podargus*. 22.e Famille, MYIOTHÈRES, *Myiotheres*. Bec, ou aplati dessus et dessous, droit et obtus, ou dilaté, au moins à sa base, et courbé vers le bout, entier ou échancré : genres Todier, *Todus*; Conopophage, *Conopophaga*; Platyrhynque, *Platyrhynchus*; Ramphocène, *Ramphocœnus*; Pithys, *Pithys*; Gallite, *Alectrurus*; Echenilleur, *Campephaga*; Moucherolle ou Gobe-mouches, *Muscicapa*; Tyran, *Tyrannus*; Bécarde, *Tityra*. 23.e Famille, COLLURIONS, *Colluriones*. Bec convexe et comprimé par les côtés; mandibule supérieure courbée ou crochue, échancrée ou dentée vers le bout, l'inférieure aiguë et retroussée à sa pointe : genres Pie-grièche, *Lanius*; Falconelle, *Falcunculus*; Sparacte, *Sparactes*; Lanion, *Lanio*; Batara, *Thamnophilus*; Pillurion, *Cissopis*; Drongo, *Dicrurus*; Bagadais, *Prionops*; Gonolek, *Laniarius*; Langraien, *Artamus*. 24.e Famille, CHANTEURS, *Canori*. Bec comprimé latéralement, convexe en dessus ou fléchi en arc ou droit, et seulement courbé à sa pointe ; le plus souvent échancré, très-rarement dentelé sur ses bords; l'ongle postérieur quelquefois plus long que le pouce : genres Merle ou Grive, *Turdus*; Esclave, *Dulus*; Sphécothère, *Sphecotheres*; Martin, *Acridotheres*; Manorine, *Manorina*; Gralline, *Crallina*; Aguassière, *Hydrobata*; Brève, *Pitta*; Grallaire, *Grallaria*; Fourmilier ou Myrmothère, *Myrmothera*; Pégot, *Accentor*; Motteux, *Ænanthe*; Alouette, *Alauda*; Pipi, *Anthus*; Hochequeue, *Motacilla*; Mérion, *Malurus*; Fauvette, *Sylvia*; Roitelet, *Regulus*; Troglodyte, *Troglodytes*. 25.e Famille, GRIMPEREAUX, *Anerpontes*. Bec entier, ordinairement grêle, droit ou arqué, très-aigu ou terminé en forme de coin. — *A*. Doigts extérieurs inégaux : pouce grêle, plus long que le doigt interne. — * Pennes caudales entières; genres Thryothore, *Thryothorus*; Mniotille, *Mniotilla*; Sittine, *Neops*; Sittelle, *Sitta*; Dicée, *Dicæum*; Picchion, *Petrodroma*. —

** Pennes de la queue aiguës : genres Grimpereau, *Certhia*, Synallaxe, *Synallaxis*. — *B*. Doigts extérieurs égaux ; pouce le plus court de tous ; pennes caudales aiguës : genre Picucule, *Dendrocopus*. 26.ᵉ Famille, ANTHOMYZES, *Anthomyzi*. Bec grêle, droit ou arqué, quelquefois dentelé, très-aigu ou tubulé à sa pointe ; langue extensible, fibreuse ; pouce grêle, plus court que le doigt interne : genres Guit-guit, *Cœreba* ; Soui-manga, *Cinnyris* ; Colibri, *Trochilus* ; Héorotaire, *Melithreptus*. 27.ᵉ Famille, ÉPOPSIDES, *Epopsides*. Bec plus court ou plus long que la tête, glabre à sa base, plus ou moins arqué ; langue médiocre ou courte, entière ou ciliée à sa pointe : genres Fournier, *Furnarius* ; Polochion, *Philemon* ; Puput ou Huppe, *Upupa* ; Promérops, *Falcinellus*. 28.ᵉ Famille, PELMATODES, *Pelmatodes*. Bec plus long que la tête, droit ou arqué ; bas des jambes dénué de plumes ; pieds courts ; doigts extérieurs réunis jusqu'au-delà de leur milieu : genres Guépier, *Merops* ; Martin-pêcheur ou Alcyon, *Alcedo*. 29.ᵉ Famille, ANTRIADES, *Antriades*. Bec médiocre, un peu voûté ; doigts extérieurs soudés jusqu'au-delà de leur milieu : genre Rupicole, *Rupicola*. 30.ᵉ Famille, PRIONOTES, *Prionoti*. Bec plus long que la tête, dentelé ou crénélé ; doigts extérieurs joints jusqu'au-delà de leur milieu : genres Momot, *Baryphonus* ; Calao, *Buceros*. 31.ᵉ Famille, PORTE-LYRES, *Lyriferi*. Bec droit, conico-convexe, garni à sa base de plumes sétacées, dirigées en avant ; ongles obtus : genre Menure, *Menura*. 32.ᵉ Famille, DYSODES, *Dysodes*. Bec robuste, en partie dentelé, comprimé latéralement ; pieds courts ; doigts totalement séparés ; ongles alongés, étroits, aigus : genre Sasa, *Sasa*. 33.ᵉ Famille, COLOMBINS ; *Columbini*, Illig. Bec garni à sa base d'une membrane cartilagineuse et gonflée, crochu ou seulement incliné à sa pointe ; doigts antérieurs séparés ou unis à leur origine par une très-petite membrane : genres PIGEON, *Columba* ; Goura, *Lophyrus*. 34.ᵉ Famille, ALECTRIDES, *Alectrides*. Bec un peu voûté ; gorge nue et caronculée, ou seulement les joues glabres ; doigts antérieurs réunis à leur base par une membrane ; le postérieur articulé au niveau des autres : genre Yacou, *Penelope*.

Le III.ᵉ ordre est celui des GALLINACÉS, *Gallinacei* ; présentant les caractères suivans : Pieds courts ou médiocres ;

jambes totalement emplumées; tarses nus ou vêtus; doigts calleux en dessous; quatre chez les uns, trois devant, le plus souvent réunis à leur base par une membrane, un derrière, articulé plus haut sur le tarse que les antérieurs; trois doigts chez les autres, le postérieur nul; bec voûté, plus ou moins courbé à sa pointe. 35.e Famille, NUDIPÈDES, *Nudipedes.* Bec glabre ou couvert d'une membrane à sa base; tarses dénués de plumes dans la plus grande partie de leur longueur; quatre ou seulement trois doigts. — *A.* Quatre doigts. — * Les antérieurs réunis à leur origine par une membrane : genres Hocco, *Crax*; Dindon, *Meleagris*; Paon, *Pavo*; Éperonnier, *Diplectron*; Argus, *Argus*; Faisan, *Phasianus*; Coq, *Gallus*; Monaul, *Monaulus*; Peintade, *Numida*; Rouloul, *Liponyx*; Tocro, *Odontophorus*; Perdrix, *Perdix*. — ** Les quatre doigts totalement libres : genre Tinamou, *Cryptura.* — *B.* Trois doigts devant, totalement séparés; pouce nul : genre Turnix, *Turnix.* 36.e Famille, PLUMIPÈDES, *Plumipedes.* Bec emplumé à sa base; tarses couverts de plumes en tout ou en très-grande partie; quatre ou trois doigts nus ou vêtus. — *A.* Quatre doigts, trois devant, un derrière, les antérieurs réunis à leur base par une membrane. — * Doigts nus : genres Tétras, *Tetrao*; Ganga, *Œnas.* — ** Doigts emplumés : genre Lagopède, *Lagopus.* — *B.* Trois doigts devant, réunis presque jusqu'aux ongles; pouce nul; genre Hétéroclite, *Heteroclitus.*

L'ORDRE IVe ou celui des ECHASSIERS, *Grallatores*, comprend les oiseaux dont les pieds sont médiocres ou longs; dont le bas de la jambe est nu, quelquefois emplumé[1]; dont les tarses sont nus; dont les doigts sont fendus ou palmés, quelquefois bordés et disposés 2—0, 3—0, 3—1; ayant le pouce articulé sur le tarse plus haut ou sur le même plan que les doigts antérieurs; et dont le bec affecte des formes diverses.

Une 1.re TRIBU, celle des DI-TRIDACTYLES, *Di-tridactyli*, réunit les échassiers qui ont deux ou trois doigts devant et point derrière. 37.e Famille, MÉGISTHANES, *Megisthanes.* Deux ou trois doigts antérieurs; ailes nulles pour le vol. — *A.* Deux doigts : genre Autruche, *Struthio.* — *B.* Trois doigts : genres Nandou,

---

1 Chez les Bécasses, le Secrétaire et le Blongios d'Europe.

Rhea; Casoar, *Casuarius;* Émou, *Dromiceius.* 38.ᵉ Famille,
Pédionomes, *Pedionomi.* Bec droit, un peu voûté; les trois
doigts réunis à leur base par une membrane : genre Outarde,
Otis. 39.ᵉ Famille, Ægialites, *Ægialites.* Bec médiocre ou long,
obtus chez les uns, pointu chez d'autres, quelquefois terminé
en forme de coin; deux doigts au moins, réunis à leur base
par une membrane, ou tous les trois totalement séparés: genres
Œdicnème, *Œdicnemus;* Échasse, *Himantopus;* Huîtrier, *Hœmatopus;* Érolie, *Œrolia;* Coure-vite, *Tachydromus;* Pluvian,
Pluvianus; Sanderling, *Calidris;* Pluvier, *Charadrius.*

La 2.ᵉ Tribu est celle des Tétradactyles, *Tetradactyli,*
pourvue de trois doigts devant et un derrière. 40.ᵉ Famille,
Hélonomes, *Helonomi.* Bec droit ou arqué, presque cylindrique, dilaté ou arrondi à sa pointe; pouce articulé plus
haut que les doigts antérieurs; jambes emplumées jusqu'au
talon, seulement chez les bécasses. — *A.* Pouce élevé de
terre : genre, Vanneau, *Vanellus.* — *B.* Pouce portant à terre
sur le bout : genres Tourne-pierre, *Arenaria;* Tringa, *Tringa;*
Chevalier, *Totanus;* Stéganope, *Steganopus;* Rhynchée, *Rhynchœa;* Bécassine, *Scolopax;* Bécasse, *Rusticola;* Barge, *Limi-
cula;* Caurale, *Helias;* Courlis, *Numenius.* 41.ᵉ Famille, Falcirostres, *Falcirostres.* Bec plus long que la tête, épais à
son origine, courbé en forme de faux; face nue; doigts antérieurs réunis à leur base par une membrane; le postérieur
portant à terre sur toute sa longueur : genres Ibis, *Ibis;*
Tantale, *Tantalus.* 42.ᵉ Famille, Latirostres, *Latirostres.* Bec
plus long que la tête, déprimé, large, caréné ou plat en
dessus; doigts antérieurs réunis à leur base par une membrane;
le postérieur portant à terre sur toute sa longueur : Genre
Savacou, *Cancroma.* 43.ᵉ Famille, Hérodions, *Herodiones.*
Bec long, épais, quelquefois entier, plus long que la tête,
rarement entr'ouvert, droit ou fléchi à sa pointe; jambes
totalement emplumées, seulement chez le Blongios d'Europe:
genres Ombrette, *Scopus;* Anastome ou Bec-ouvert, *Anastomus;* Courliri, *Aramus;* Héron, *Ardea;* Cigogne, *Ciconia;*
Jabiru, *Mycteria.* 44.ᵉ Famille, Aérophones, *Aerophoni.* Bec
épais, droit, comprimé latéralement, convexe, pointu; tête
quelquefois caronculée; doigts extérieurs unis à leur base
par une membrane, l'interne libre; le postérieur ne posant

à terre que sur son bout : genres Grue, *Grus*; Anthropoïde*
Anthropoïdes*. 45.ᵉ Famille, COLÉORAMPHES, *Coleoramphi*. Bec
couvert à sa base d'un fourreau corné ; doigts extérieurs unis à
leur origne par une membrane ; le postérieur élevé de terre :
genre Chionis, *Chionis*, Forst.; ou *Vaginalis*, Lath. 46.ᵉ Famille, UNCIROSTRES, *Uncirostres*. Bec robuste, très-rarement
plus long que la tête, courbé ou crochu à sa pointe ; jambes
emplumées chez le Secrétaire seul ; les trois doigts antérieurs,
ou seulement les deux extérieurs réunis à leur base par une
membrane ; pouce élevé de terre ou n'y portant que sur son
bout. — *A.* Doigts antérieurs réunis à leur base par une membrane : genres Cariama, *Cariama*; Secrétaire, *Ophiotheres*;
Kamichi, *Palamedea*. — *B.* Les deux doigts extérieurs réunis
à leur base par une membrane ; l'interne libre : genres Chavaria, *Opistholophus*; Ceréopsis, *Cereopsis*; Glaréole ou Perdrix
de mer, *Glareola*. 47.ᵉ Famille, HYLEBATES, *Hylebates*. Bec
un peu voûté, droit, pointu ; doigts antérieurs réunis à leur
base ; pouce ne portant à terre que sur son bout : genre Agami, *Psophia*. 48.ᵉ Famille, MACRONYCHES, *Macronyches*. Bec
médiocre, un peu renflé vers sa pointe ; doigts totalement
séparés ; ongles longs, presque droits, aigus ; ailes courtes ;
pouce articulé presque au niveau des doigts antérieurs : genre
Jacana, *Parra*. 49.ᵉ Famille, MACRODACTYLES, *Macrodactyli*. Bec
un peu épais à sa base, droit ou incliné à sa pointe ; doigts
longs, lisses ou bordés ; le postérieur articulé presque au niveau des autres : genres Ralle, *Rallus*; Porphyrion, *Porphyrio*; Gallinule, *Gallinula*. 50.ᵉ Famille, PINNATIPÈDES, *Pinnatipedes*. Bec médiocre, entier, incliné à sa pointe ; doigts
antérieurs entièrement séparés, lobés sur leurs bords ; pouce
portant à terre sur son bout, pinné ou lisse : genre Foulque,
Fulica; Crymophile, *Crymophilus*; Phalarope, *Phalaropus*. 51.ᵉ
Famille, PALMIPEDES, *Palmipedes*. Bec plus long que la tête,
ou grêle et entier, ou épais et dentelé en lames ; doigts antérieurs réunis par une membrane, échancrée dans son milieu : genres Avocette, *Recurvirostra*; Phénicoptère, *Phœnicopterus*.

Le V.ᵉ ORDRE est celui des NAGEURS, *Natatores*; Illig.
dont les pieds sont courts, posés à l'équilibre ou vers l'arrière

du corps; dont le bas des jambes est totalement emplumé [1]; dont les doigts sont palmés, quelquefois lobés et ainsi disposés 3—0, 3—1. 4—0; dont les ongles sont comprimés par les côtés ou aplatis et dont le bec est très-variable dans ses formes.

La 1.re TRIBU porte le nom de TÉLÉOPODES: *Teleopodes;* et comprend les oiseaux nageurs à quatre doigts, dont les antérieurs sont garnis d'une membrane entière ou festonnée, dont le pouce est dirigé en avant et réuni avec les autres doigts dans une seule membrane, ou tourné en arrière et libre. 52.e Famille, SYNDACTYLES, *Syndactyli.* Bas des jambes nu ou emplumé; les quatre doigts engagés dans une seule membrane; bec plus long que la tête et de forme variée. — *A.* Jambes entièrement vêtues : genres Frégate, *Tachypetes;* Cormoran, *Hydrocorax.* — *B.* Bas des jambes dénué de plumes : genres Pélican, *Pelecanus;* Fou, *Sula;* Phaëton ou Paille-en-queue, *Phaeton;* Anhinga, *Plotus.* 53.e Famille, PLONGEURS, *Urinatores.* Bec presque cylindrique, subulé, entier; jambes demi-nues; trois doigts devant, un derrière; les antérieurs garnis d'une membrane entière ou découpée: pouce libre : genres Héliorne, *Heliornis;* Grèbe, *Podiceps;* Plongeon, *Colymbus.* 54.e Famille, DERMORHYNQUES, *Dermorhynchi.* Bec couvert d'un épiderme, dentelé en scie ou en lames, onguiculé à sa pointe; bas des jambes nu; trois doigts devant, un derrière; les antérieurs engagés dans une membrane entière, le postérieur lisse ou pinné : genres Harle, *Mergus;* Oie, *Anser;* Cygne, *Cygnus;* Canard, *Anas.* 55.e Famille, PÉLAGIENS, *Pelagii.* Bec entier, comprimé par les côtés, quelquefois en forme de lame, droit ou courbé; jambes à demi nues; trois doigts devant, palmés; un postérieur libre; ailes longues : genres Stercoraire, *Stercorarius;* Mouette, *Larus;* Sterne ou Hirondelle de mer, *Sterna,* Linn.; Rhynchops ou Bec-en-ciseaux, *Rhyncops.*

La 2.e TRIBU se compose des ATÉLÉOPODES, *Ateleopodes,* c'est-à-dire des oiseaux nageurs, n'ayant que trois doigts dirigés en avant et réunis dans une seule membrane, sans pouce. 56.e Famille, SIPHORHINS, *Siphorhini.* Bec composé, sillonné en dessus, entier, crochu à sa pointe: narines tu-

---

1 Exceptions Cormoran, Frégates, Apténodytes.

bulées, souvent jumelles; pieds presque à l'équilibre du corps; jambes demi-nues; quelquefois un ongle au lieu de pouce : genres Pétrel, *Procellaria;* Albatros, *Diomedea.* 57.ᵉ Famille, Brachiptères, *Brachypteri.* Pieds à l'arrière du corps; jambes demi-nues; ailes courtes, bec de diverses formes : genres Guillemot, *Uria;* Mergule, *Mergulus;* Macareux, *Fratercula;* Alque, ou Pingouin, *Alca;* Panope, *Chenalopex.* Mœhr.

Enfin la 3.ᵉ Tribu est formée des Ptiloptères, *Ptilopteri;* dont les ailes sont en forme de nageoires et sans pennes, dont les quatre doigts sont dirigés en avant, trois étant palmés et le pouce étant isolé. 58.ᵉ Famille, Manchots, *Sphenisci.* Bec comprimé latéralement et crochu à sa pointe, ou presque cylindrique et incliné seulement vers son extrémité; pieds à l'arrière du corps; tarses en très-grande partie couverts de plumes, pouce court, joint par sa base au doigt interne : genres Gorfou, *Catarrhactes;* Apténodyte, *Aptenodytes.*

La méthode publiée par M. Temminck dans la seconde édition de son Manuel d'Ornithologie (1820) n'est que celle qu'il a donnée dans la première édition de cet ouvrage qui parut en 1815, seulement augmenté de trois ordres et d'un petit nombre de genres.

M. Temminck admet en totalité seize ordres; savoir :

1.ᵉʳ Rapaces, *Rapaces.* Bec court, fort; mandibule supépérieure recouverte à sa base par une cire, comprimée sur les côtés, courbée vers son extrémité; narines ouvertes; pieds forts, nerveux, courts ou de moyenne longueur, emplumés jusqu'au genou; doigts, trois en avant et un en arrière, entièrement divisés, rudes en dessous, armés d'ongles puissans et acérés : genres Vautour, *Vultur,* Illig.; Catharte, *Cathartes,* Illig.; Gypaète, *Gypaetus,* Storr; Messager, *Gypogeranus,* Illig.; Faucon, *Falco,* Linn.; Chouette, *Strix,* Linn.

2.ᵉ Omnivores, *Omnivores* (nouveau). Bec médiocre, fort, robuste, tranchant sur ses bords; mandibule supérieure plus ou moins échancrée à la pointe; pieds à quatre doigts, trois devant et un derrière; ailes médiocres, à pennes terminées en pointe : genres Sasa, *Opisthocomus,* Illig.; Calao, *Buceros,* Linn.; Momot, *Prionites,* Illig.; Corbeau, *Corvus,* Linn.; Cassenoix, *Nucifraga,* Briss.; Pyrrhocorax, *Pyrrhocorax,* Cuv.;

Cassican, *Barita*, Cuv.; Glaucope, *Glaucopis*, Forst.; Mainate, *Gracula*, Linn.; Pique-bœuf, *Buphaga*, Linn.; Jaseur, *Bombycivora*, Temm.; Piroll, *Ptilonorhynchus*, Kuhl ; Rollier, *Coracias*, Linn.; Rolle, *Colaris*, Cuv.; Loriot, *Oriolus*, Linn.; Troupiale, *Icterus*, Daud.; Étourneau, *Sturnus*, Linn.; Martin, *Pastor*, Temm.; Oiseau de paradis, *Paradisea*, Linn.; Stourne, *Lamprotornis*, Temm.

3.ᵉ INSECTIVORES, *Insectivores*. Bec médiocre ou court, droit, arrondi, foiblement tranchant ou en alène; mandibule supérieure courbée et échancrée vers la pointe, le plus souvent garnie à sa base de quelques poils rudes, dirigés en avant; pieds à trois doigts devant et un derrière, articulés sur le même plan, l'extérieur soudé à la base ou uni jusqu'à la première articulation au doigt du milieu : genres Merle, *Turdus*, Linn.; Cincle, *Cinclus*, Bechst.; Lyre, *Menura*, Shaw; Brève, *Pitta*, Vieill.; Fourmilier, *Myiothera*, Illig.; Batara, *Tamnophilus*, Vieill.; Vanga, *Vanga*, Vieill.; Pie-grièche, *Lanius*, Linn.; Bécarde; *Psaris*. Cuv.; Bec-de-fer, *Sparactes*; Illig.; Langrayen, *Ocypterus*, Cuv.; Crinon, *Criniger*, Temm.; Drongo, *Edolius*, Cuv.; Échenilleur, *Ceblephyris*, Cuv.; Coracine, *Coracina*, Vieill.; Cotinga, *Ampelis*, Linn.; Averano, *Casmarhynchos*, Temm.; Procné, *Procnias*, Illig.; Rupicole, *Rupicola*, Cuv.; Taumanak, *Phibalura*, Vieill.; Manakin, *Pipra*, Linn.; Pardalote, *Pardalotus*, Vieill.; Todier, *Todus*, Linn.; Platyrhynque, *Platyrhynchos*, Desm.; Moucherolle, *Muscipeta*, Cuv.; Gobe-mouches, *Muscicapa*, Linn.; Mérion, *Malurus*, Vieill.; Bec-fin, *Sylvia*, Lath.; Traquet, *Saxicola*, Bechst.; Accenteur, *Accentor*, Bechst.; Bergeronnette, *Motacilla*, Lath.; Pipit, *Anthus*, Bechst.

4.ᵉ GRANIVORES, *Granivores*. Bec fort, court, gros, plus ou moins conique, avec son arête plus ou moins aplatie, s'avançant sur le front; mandibule supérieure le plus souvent sans échancrures; trois doigts devant et un derrière, les antérieurs divisés; ailes médiocres : genres Alouette, *Alauda*, Linn.; Mésange, *Parus*, Linn.; Bruant, *Emberiza*, Linn.; Tangara, *Tanagra*, Linn.; Tisserin, *Ploceus*, Cuv.; Bec-croisé, *Loxia*, Briss.; Psittasin, *Psittirostra*, Temm.; Bouvreuil, *Pyrrhula*, Briss.; Gros-bec, *Fringilla*, Linn.; Phytotome, *Phytotoma*, Gmel.; Coliou, *Colius*, Gmel.

5.e Zygodactyles, *Zygodactyli*. Bec de forme variée, plus ou moins arqué, ou très-crochu, souvent droit et angulaire; pieds, toujours à deux doigts devant et deux derrière; le doigt extérieur de derrière souvent reversible. — 1.re Famille. Bec plus ou moins arqué; pieds à deux doigts devant et le plus habituellement deux derrière; quelquefois le doigt extérieur de derrière reversible : genres Touraco, *Musophaga*, Isert.; Indicateur, *Indicator*, Levaill.; Coucou, *Cuculus*, Linn.; Coua, *Coccyzus*, Vieill.; Coucal, *Centropus*, Illig.; Malcoha, *Phænicophaus*, Vieill.; Courol, *Leptosomus*, Vieill.; Scythrops, *Scythrops*, Lath.; Aracari, *Pteroglossus*, Illig.; Toucan, *Ramphastos*, Linn.; Ani, *Crotophaga*, Linn.; Couroucou, *Trogon*, Linn.; Tamatia, *Capito*, Vieill.; Barbu, *Bucco*, Linn.; Barbican, *Pogonias*, Illig.; Perroquet, *Psittacus*, Linn. — 2.e Famille. Bec long, droit, conique, tranchant; pieds toujours à deux doigts devant et deux derrière, rarement un seul doigt postérieur : genres Pic, *Picus*, Linn.; Jacamar, *Galbula*, Briss., Torcol, *Yunx*.

6.e Anisodactyles, *Anisodactyli*. Bec plus ou moins arqué, souvent droit, toujours subulé, effilé et grêle, moins large que le front; pieds à trois doigts devant et un derrière, l'extérieur soudé à sa base au doigt du milieu, le postérieur le plus souvent long; tous pourvus d'ongles assez longs et courbés : genres Oxyrhynque, *Oxyrhinchus*, Temm.; Onguiculé, *Orthonyx*, Temm.; Picucule, *Dendrocolaptes*, Herm.; Sittine, *Xenops*, Illig.; Grimpart, *Anabates*, Temm.; Ophie, *Opetiorhynchos*, Temm.; Grimpereau, *Certhia*, Linn.; Guit-guit, *Cœreba*, Briss.; Colibri, *Trochilus*, Temm.; Souïmanga, *Nectarinia*, Illig.; Echelet, *Climateris*, Temm.; Tichodrome, *Tichodroma*, Illig.; Huppe, *Upupa*, Linn.; Fromérops, *Epimachus*, Cuv.; Héorotaire, *Drepanis*, Temm.; Philédon, *Meliphaga*, Lewin.

7.e Alcyons, *Alcyones*. Bec médiocre ou long, pointu, presque quadrangulaire, foiblement arqué ou droit; pieds à tarse très-court; trois doigts devant réunis, un doigt derrière : genres Guépier, *Merops*, Linn.; Martin-pêcheur, *Alcedo*, Linn.; Martin-chasseur, *Dacelo*, Leach.

8.e Chélidons, *Chelidones*. Bec très-court. très-déprimé, très-large à sa base; mandibule supérieure courbée à sa pointe;

pieds courts, à trois doigts devant, entièrement divisés ou unis à la base par une courte membrane; le doigt de derrière souvent reversible; ongles très-crochus, ailes longues : genres Hirondelle, *Hirundo*, Linn.; Martinet, *Cypselus*, Illig.; Engoulevent, *Caprimulgus*, Linn.

9.ᵉ Pigeons, *Columbæ*. Bec médiocre, comprimé; base de la mandibule supérieure couverte d'une peau molle dans laquelle les narines sont percées; pointe plus ou moins courbée; pieds à trois doigts devant entièrement divisés, et un doigt derrière : genre Pigeon; *Columba*, Linn.

10.ᵉ Gallinacés, *Gallinæ*. Bec court, convexe; dans le plus petit nombre des genres, couvert d'une cire; mandibule supérieure voûtée, courbée depuis sa base ou seulement à la pointe; narines latérales recouvertes d'une membrane voûtée, nue, ou bien garnie de plumes; pieds à tarse long; trois doigts devant, réunis par une membrane, le doigt de l'arrière s'articulant plus haut sur le tarse, au-dessus des articulations des doigts de devant; rarement trois doigts réunis ou divisés, sans doigt postérieur, ou celui-ci très-petit : genres Paon, *Pavo*, Linn.; Coq, *Gallus*, Briss.; Faisan, *Phasianus*, Linn.; Lophophore, *Lophophorus*, Temm.; Éperonnier, *Polyplectron*, Temm.; Dindon, *Meleagris*, Linn.; Argus, *Argus*, Temm.; Peintade, *Numida*, Linn.; Pauxi, *Pauxi*, Temm.; Hocco, *Crax*, Linn.; Pénélope, *Penelope*, Linn.; Tétras, *Tetrao*, Linn.; Ganga, *Pterocles*, Temm.; Hétéroclite, *Syrrhaptes*, Illig.; Perdrix, *Perdix*, Lath.; Cryptonyx, *Cryptonyx*, Temm.; Tinamou, *Tinamus*, Lath.; Turnix, *Hemipodius*, Temm.

11.ᵉ Alectorides, *Alectorides*. Bec plus court que la tête ou de la même longueur, robuste, fort dur; mandibule supérieure courbée, convexe, voûtée, souvent crochue à la pointe; pieds à tarse long, grêle; trois doigts devant et un derrière; le doigt postérieur articulé plus haut sur le tarse que ceux de devant : genres Agami, *Psophia*, Linn.; Cariama, *Dicholophus*, Illig.; Glaréole, *Glareola*, Briss.; Kamichi, *Palamedea*, Linn.; Chavaria, *Chauna*, Illig.

12.ᵉ Coureurs, *Cursores*. Bec médiocre ou court; pieds longs; nus au-dessus du genou; seulement deux ou trois doigts dirigés en avant; genres Autruche, *Struthio*, Linn.;

Rhéa, *Rhea*, Briss.; Casoar, *Casuarius*, Briss.; Outarde, *Otis*, Linn.; Coure-vîte, *Cursorius*, Lath.

13.ᵉ Gralles, *Grallatores*. Bec de forme variée, le plus souvent droit, en cône très-alongé, comprimé, rarement déprimé ou plat; pieds grêles, longs, plus ou moins nus au-dessus du genou : trois doigts devant et un derrière, le postérieur articulé au niveau de ceux de devant ou plus élevé. — 1.ʳᵉ Famille. Seulement trois doigts dirigés en avant, manquant totalement de pouce : genres Œdicnème, *Œdicnemus*, Temm.; Sanderling, *Calidris*, Illig.; Falcinelle, *Falcinellus*, Cuv.; Échasse, *Himantopus*, Briss.; Huîtrier, *Hæmatopus*, Linn.; Pluvier, *Charadrius*, Linn. — 2.ᵉ Famille. Toujours trois doigts devant et un derrière; celui-ci plus ou moins long : genres Vanneau, *Vanellus*, Briss.; Tourne-pierre, *Strepsilas*, Illig.; Grue, *Grus*, Pallas; Courlan, *Aramus*, Vieill.; Héron, *Ardea*, Linn.; Cigogne, *Ciconia*, Briss.; Bec-ouvert, *Anastomus*, Illig.; Ombrette, *Scopus*, Briss.; Flammant, *Phænicopterus*, Linn.; Avocette, *Recurvirostra*, Linn.; Savacou, *Cancroma*, Linn.; Spatule, *Platalea*, Linn.; Tantale, *Tantalus*, Linn.; Ibis, *Ibis*, Lacép.; Courlis, *Numenius*, Briss.; Bécasseau, *Tringa*, Linn.; Chevalier, *Totanus*, Bechst.; Barge, *Limosa*, Briss.; Bécasse, *Scolopax*, Linn.; Rhynchée, *Rhynchæa*, Cuv.; Caurale, *Eurypyga*, Illig.; Râle, *Rallus*, Linn.; Poule d'eau, *Gallinula*, Briss.; Jacana, *Parra*, Linn.; Talève, *Porphyrio*, Briss.

14.ᵉ Pinnatipèdes, *Pinnatipedes*. Bec médiocre, droit; mandibule supérieure un peu courbée à la pointe; pieds médiocres; tarses grêles ou comprimés; trois doigts devant et un derrière; des rudimens de membranes le long des doigts; le doigt postérieur articulé intérieurement sur le tarse; genres Foulque, *Fulica*, Linn.; Grèbe-foulque, *Podoa*, Illig.; Phalarope, *Phalaropus*, Briss.; Grèbe, *Podiceps*, Lath.

15.ᵉ Palmipèdes, *Palmipedes*. Bec de forme variée; pieds courts, plus ou moins retirés dans l'abdomen; doigts antérieurs à moitié garnis de membranes découpées, ou entièrement réunis par des membranes (dans quelques genres les quatre doigts sont réunis par une seule membrane); le doigt postérieur articulé intérieurement sur le tarse ou manquant totalement dans quelques genres : genres Coréopse, *Coreopsis*,

Lath.; Bec-en-fourreau, *Chionis*, Forster; Bec-en-ciseaux,
Rhyncops, Linn.; Hirondelle de mer, *Sterna*, Linn.; Mauve,
Larus, Linn.; Stercoraire, *Lestris*, Illig.; Pétrel, *Procellaria*,
Linn.; Prion, *Pachyptila*, Illig.; Pélécanoïde, *Haladroma*, Illig.
Albatros, *Diomedea*, Linn.; Canard, *Anas*, Linn.; Harle,
Mergus, Linn.; Pélican, *Pelecanus*, Linn.; Cormoran, *Carbo*,
Meyer; Frégate, *Tachypetes*, Vieill.; Fou, *Sula*, Briss.; An-
hinga, *Plotus*, Linn.; Paille-en-queue, *Phaeton*, Linn.; Guil-
lemot, *Uria*, Briss.; Starique, *Phaleris*, Temm.; Macareux,
Mormon, Illig.; Pingouin, *Alca*, Linn.; Spénisque, *Speniscus*,
Briss.; Manchot, *Aptenodytes*, Forst.

16.e INERTES, *Inertes*. Bec de forme différente; corps probablement trapu, couvert de duvet et de plumes à barbes
distantes; pieds rétirés dans l'abdomen, à tarse court; trois
doigts dirigés en avant, entièrement divisés jusqu'à la base;
le doigt postérieur court, articulé intérieurement; ongles
gros et acérés; ailes impropres au vol : genres Apteryx, *Apteryx*, Shaw; Dronte, *Didus*, Linn. [1]

Dans la première édition de cet ouvrage, l'ordre des omnivores portoit le nom de Coraces, *Coraces*; l'ordre des insectivores répondoit à celui des Chanteurs, *Canori*; l'ordre des
Granivores, à celui des Passereaux, *Passerini*; l'ordre des Zygodactyles, à celui des Grimpeurs, *Scansores*; l'ordre (nouv.)
des Anisodactyles dépendoit aussi de celui des Grimpeurs;
les ordres des Alcyons, des Chélidons et des Pigeons étoient
les mêmes et portoient les mêmes noms; l'ordre des Gallinacés et celui des Alectorides étoient réunis sous le nom
commun de Gallinacés; l'ordre des Coureurs répondoit à un
ordre du même nom, auquel étoient joints tous les Gralles
de la première famille, c'est-à-dire ceux dépourvus de pouce :
l'ordre des Gralles contenoit seulement les oiseaux de rivage
de la seconde famille, ou ceux qui sont pourvus de trois doigts
en avant et d'un pouce en arrière; les ordres des Pinnatipèdes et des Palmipèdes étoient les mêmes et portoient les
mêmes dénominations; enfin, l'ordre des Inertes n'existoit

---

[1] Les noms d'auteurs cités par M. Temminck ne sont pas toujours
ceux des auteurs qui ont institué les genres, et il s'en est donné
quelques-uns qui ne lui appartiennent pas.

point. Ainsi, la différence principale entre ces deux méthodes consiste dans la distinction de trois ordres nouveaux : ceux des Anisodactyles, des Alectorides et des Inertes. Le premier, emprunté à M. Cuvier (les Anisodactyles), qui répond à sa famille des Syndactyles ; le second et le troisième tirés de la méthode d'Illiger.

Nous terminerons l'exposé des diverses méthodes ornithologiques par celle que M. l'abbé Ranzani a suivie dans ses Élémens de zoologie, publiés à Bologne, il y a quelques années.

Le 1.er ORDRE, celui des RATITI, comprend les oiseaux à sternum non caréné, tels que l'autruche et le casoar.

Tous les autres ont au contraire le sternum garni d'une carène.

Le 2.e ORDRE, RAMPICANTI, contient les oiseaux dont les doigts sont opposés deux à deux, ou les grimpeurs.

Les oiseaux restans sont partagés d'abord, selon qu'ils ont ou qu'ils n'ont pas les pieds situés à l'équilibre du corps. Ceux qui les ont placés à l'équilibre du corps, se trouvent divisés en quatre ordres ; savoir :

3.e ORDRE, RAPACI (Oiseaux de proie) : ayant les tarses non comprimés, gros et robustes ; les ongles crochus ; la mandibule supérieure recourbée et aiguë.

4.e ORDRE, GALLINE (Gallinacés) : ayant le tarse non comprimé, gros, robuste ; les ongles non crochus ; la mandibule supérieure courbée en voûte.

5.e ORDRE, PASSERI (Passereaux) : ayant le tarse non comprimé, mince ; la jambe toute couverte de plumes ; le tarse médiocre ou court.

6.e ORDRE, GRALLE (Échassiers ou Oiseaux de rivage) : ayant le tarse plus ou moins long, non comprimé, et le bas de la jambe nu.

Enfin le 7.e ORDRE, celui des NUOTATORI (Palmipèdes), contient les oiseaux qui ont les pieds placés très en arrière, hors de l'équilibre du corps, avec le tarse comprimé.

La série que nous venons de donner. est celle où on est conduit par la méthode analytique ; mais le véritable ordre naturel reconnu par M. l'abbé Ranzani, est le suivant : 1. *Ratiti* ; 2. *Galline* ; 3. *Rampicanti* ; 4. *Passeri* ; 5. *Rapaci* ; 6. *Gralle* ; 7. *Nuotatori*.

Nous terminerons ici l'analyse des ouvrages systématiques d'ornithologie : nous avons dû lui donner une certaine extension, parce qu'elle est plus qu'aucune autre partie des études ornithologiques en rapport avec la nature de cet ouvrage, qui doit avoir pour premier objet l'explication de tous les noms imaginés par les naturalistes, pour aider à la distinction des oiseaux. Il seroit hors de propos d'analyser ici tous les autres ouvrages qui ont été publiés, soit sur les descriptions des oiseaux particuliers à diverses contrées ; soit sur celles des espèces propres à certains genres ; soit sur l'anatomie et la physiologie de ces animaux ; soit sur leurs mœurs ou leurs habitudes naturelles ; soit enfin sur les usages que l'homme en fait. Nous devrons nous borner à donner dans un catalogue, restreint dans des limites convenables, la liste des principaux travaux, qui ont été publiés sur ces différens sujets, et par les auteurs qui ont le plus de réputation.

Liste des principaux ouvrages d'ornithologie.

Auteurs anciens.

ARISTOTELES, *De Historia animalium lib.* 9, *græce et latine; T. Gaza interprete cum versione Jul. Cæs. Scaligeri,* 1590; in-fol. — En grec et en françois, traduction de Camus. = PLINIUS secundus (Caius), *Historia mundi, liber decem (de Natura avium)* : diverses éditions et particulièrement la traduction françoise de Poinsinet de Sivry. Paris, 1774; 12 vol. in-4.°

Auteurs systématiques ou nomenclateurs modernes.

GESNER (Conrad), *Historiæ animalium lib.* 3 : *de Avium natura. Tiguri,* 1554; in-fol. = JONSTON (Jean), *Historia naturalis : de Avibus. Amstelodami,* 1657; in-fol. — *Theatrum universale omnium animalium, locupletavit H. Ruysch; tom.* 2. *Amstelodami,* 1657; in-fol. = BELON, Histoire de la nature des oiseaux avec leurs descriptions et naïfs portraicts retirez du naturel, en 7 livres ; par Belon ; in-fol. Paris, 1555. = ULYSSIS ALDROVANDI, *Phil. ac med. Bononiensis, Historiam naturalem in gymnasio bononiensi profitentis : Ornithologiæ, hoc est, de avibus historiæ lib.* 12. *Francof.,* 1610; *Bononiæ,* 1646; in-folio. — *Ejusd. Ornithologiæ tomus alter, lib.* 6. *Francof.,* 1610; *Bononiæ,* 1645. — *Ejusd. Ornithologiæ, tomus tertius ac postremus. Francof* 1613; *Bononiæ,* 1637. = F. WILLUGHBY, *Ornithologiæ lib.* 3; *recognovit, digessit, supplevit J. Rayus. Londini,* 1676; in-fol., p. 441, *tab. æneæ* 77. = J. RAYUS, *Synopsis methodica avium. Londini,* 1713; in-8.°, p. 198, *t. æn.* 2.

= L'Histoire naturelle éclaircie dans une de ses parties principales, l'ornithologie; ouvrage traduit du latin de RAY, par M. SALERNE. Paris, in-4.°, 1767. = J. T. KLEIN, *historiæ avium Prodromus, pars 2 : Ordo avium. Lubecæ*, 1750; in-4.° = P. H. G. MOEHRING, *Avium genera. Bremæ*, 1752; in-8.° = C. LINNÆUS, *Systema naturæ, edit.* 1-12; in-8.° 1735-1766. = GMELIN, *Systema naturæ, edit.* 13. *Lipsiæ et Lugduni*, 1789. = M. J. BRISSON, *Ornithologia latine et gallice*, 6 *vol. cum tab. æneis.* Paris, 1760; in-4.° — Ejusdem *Ornithologia sive synopsis methodica sistens avium divisionem in ordines, sectiones, genera, species ipsarumque varietates;* 2 vol. in-8.° *Lugduni Batavorum*, 1763. = J. LATHAM, *General synopsis of birds;* 3 vol. in-4.° cum supplem. 2. London, 1782. — Ejusd. *Index ornithologicus. London,* 1790; 2 vol. in-4.° = J. A. SCOPOLI, *Introductio ad historiam naturalem;* 1 vol. in-8.° *Pragæ,* 1777. = SCHÆFFER, *Elementa ornithologica;* in-4.°, fig.; 1774. = G. CUVIER, Tableau élémentaire de l'histoire naturelle des animaux; in-8.°; 1798. — *Ejusd.* Règne animal; 4 vol. in-8.°; 1817. = MAUDUYT, Partie ornithologique de l'Encyclopédie, terminée par M. VIEILLOT. = LACÉPÈDE, Cours fait au muséum d'hist. nat. en 1799; in-4.° = C. DUMÉRIL, Zoologie analytique. Paris, in-8.°; 1806. = ILLIGER, *Prodromus systematis mammalium et avium;* 1 vol. in-8.° *Berolini,* 1811. = SHAW et STEPHENS, *General zoology;* 10 vol. Londres, 1817. = TEMMINCK, Manuel d'ornithologie, 1.re édition; 1 vol. in-8.° Amsterdam, 1815. = *Ejusd.* 2.e édition; 2 vol. in-8.°; Paris, 1820. = P. VIEILLOT, Analyse d'une nouvelle ornithologie élémentaire, faisant partie du Nouveau Dictionnaire d'histoire naturelle; 2.e édition, 1818: au mot Ornithologie. = PICOT-LAPEYROUSE, Table méthodique des mammifères et des oiseaux; 1 vol. in-8.° de 54 pages; 1799. = T. M. DAUDIN, Traité élémentaire d'ornithologie, ou histoire naturelle des oiseaux, tomes 1 et 2. = GÉRARDIN, Tableau élémentaire d'ornithologie; 2 vol. in-8.° et un atlas, etc.

Auteurs de Monographies.

OLINA, Histoire d'une quarantaine d'oiseaux, en italien ; 1684. = F. LEVAILLANT, Histoire naturelle des Perroquets; 2 vol. in-4.° et in-fol., fig. col. Paris, 1801. — *Ejusd.* Histoire naturelle des Oiseaux de paradis et des Rolliers, suivie de celle des Toucans et des Barbus; 2 vol. grand in-fol., fig. col. Paris, 1806. = L. P. VIEILLOT, Histoire naturelle des plus beaux oiseaux chanteurs de la zone torride; 1 vol. in-fol.; 1805. = ÉLÉAZAR ALBIN, *A natural history of english Song-birds. London,* 1759; in-8.° = C. J. TEMMINCK, Histoire naturelle générale des Pigeons et des Gallinacés ; 3 vol. in-8.° Amsterdam et Paris. — La partie des Pigeons, avec fig. de Mad.e Knip; 1 vol. in-fol. Paris. = Histoire des oiseaux dorés ou à reflets métalliques, avec des figures en couleur, par AUDEBERT, et continué par L. P. VIEILLOT; in-4.° et in-fol. Paris, 1800. = A. G. DESMAREST, Histoire naturelle des Tangaras, des

Manakins et des Todiers, in-folio, fig. col. de Mad.^e Knip; 1805. =
F. M. Daudin, Observations sur les oiseaux rangés dans le genre Tangara, avec la description d'une espèce nouvelle, trouvée en Afrique ;
Ann. du mus., t. 1.er, p. 148. — *Ejusd.* Description de la Pie-grièche à
gorge rouge, et notice sur la famille des Colluriens, des Moucherolles
et des Tourdes; Ann. du mus., tom. 3. = H. Kurl, *Conspectus psitta-*
corum; cum specierum definitionibus, novarum descriptionibus, synonymis
et circa patriam singularum naturalem adversariis, adjecto indice museo-
rum, ubi earum artificiosæ exuviæ servantur; Nov. act. Acad. Cæs.
Leop. Carol., tom. 10, pars 1. [1]

Auteurs ayant décrit et figuré des espèces de tous les genres et de toutes les familles.

E. Albin, *A Natural of Birds* ; 3 vol. in-4.°, pl. col. 306. *London*,
1731, 1734, 1738. = G. Edwards, *Natural history of Birds* ; 4 vol. in-4.°,
fig. col. = A. Sparmann, *Museum carlsonianum : Novas et selectas aves*
exhibens ; 4 cahiers petit in-fol. Stockholm, 1786 et années suivantes.
= Jacquin, Matériaux pour l'Histoire des oiseaux ; 1 volume in-4.°, fig.
Vienne, 1784. = H. Kurl, *Buffonii et Daubentonii figurarum avium*
coloratorum nomina systematica. Groningæ, in-4.°, 1820. = G. L.
Leclerc comte de Buffon, et Daubenton, Planches enluminées au
nombre de 1008. = B. Merrem, *Avium rariorum et minus cognitarum*
icones et descriptiones ; 4 cah. in-4.° Leipzig, 1789. = A. Seba, *Locu-*
pletissimi rerum naturalium thesauri ; tom. 1 et 2. Amsterdam, 1665. =
Museum Wormianum. = *Museum Beslerianum.* = P. Brown, *New*
illustrations of zoology ; 1 vol. in-4.° *London*, 1776. = G. Shaw, *Na-*
turalists miscellany. London, 1789 et suiv.; in-8.°, fig. col. — Et la suite
de cet ouvrage en 3 volumes, par le docteur Leach. = E. Donovan, *The*
naturalists repository, or monthly miscellany of exotic natural history ;
cah. 1 - 19, in-8.°, fig. color. = Nouveau recueil de planches coloriées
d'oiseaux pour servir de suite et de complément aux planches enluminées
de Buffon, par MM. Temminck et Meiffren-Laugier ; in-4.°, fig. col.,
56 cah.; 1820 - 1825. = Vieillot, Galerie des oiseaux rares ou non
encore décrits du Muséum d'histoire naturelle, avec des figures de P.
Oudart; in-4.°, 45 cahiers. Paris, 1820 - 1825. = C. J. Temminck, Description de quelques espèces d'oiseaux des genres Pigeons et Perroquets
du Muséum de la Société linnéenne de Londres; *Trans. linn. Soc.,* tom.
13, 1.re partie, pag. 107.

---

1 On pourroit placer ici l'indication d'une foule de descriptions isolées d'oiseaux de
différens genres, renfermées dans les collections académiques; mais ce seroit entrer dans
un détail trop minutieux. Nous nous bornerons conséquemment à renvoyer pour cet
objet au Catalogue de la bibliothèque de M. Banks, qui renferme un grand nombre
de Titres, de Mémoires ou de Dissertations de cette sorte.

Auteurs topographes ou voyageurs.

Amérique: G. Marcgrave de Liebstadt, *Historiæ rerum naturalium Brasiliæ lib. 8,* in-folio. *Leyde et Amstelod.,* 1648. = Fernandez ou Hernandez, *Nova plantarum, animalium et mineralium mexicanorum histŏria;* in fol. *Romæ,* 1651. = J. de Laet, *Novus orbis, seu descriptiones Indiæ occidentalis, lib. 18. Leyde,* 1633; 1 vol. in-fol. = J. E. Nierenberg, *Historia naturalis maxime peregrina, lib. 16 distincta. Antverpiæ,* 1633; in-fol. = H. Sloane, *Voyage to the islands Madera, Barbados, Meves, S. Christophers and Jamaica;* 2 vol. in-fol. *London,* 1707-1727, avec des planches. = Barrère, Essai sur l'histoire naturelle de la France équinoxiale; 1 vol. in-12; 1741. = M. Catesby, *The natural history of Carolina, Florida and Bahama islands;* 2 vol. in-fol., et appendices. *London,* 1731-1743, avec 220 pl. col. = P. Browne, *The civil and natural history of Jamaica;* 1 vol. in-folio. *London,* 1756. = Molina, Essai sur l'histoire naturelle du Chili, publié en italien; traduit en françois par Gruvel; 1 vol. in-8.º Paris, 1789. = L. P. Vieillot, Histoire naturelle des oiseaux de l'Amérique septentrionale; 2 vol. in-fol., fig. col. Paris, 1807 (ouvrage resté incomplet). = Wilson, *American ornithology, or natural history of the Birds of the United States;* 7 vol. in-4.º, figures col. = Charles Bonaparte, Remarques sur l'ornithologie de Wilson dans le Journal de l'Académie des sciences naturelles de Philadelphie; années 1824 et 1825 = F. d'Azara, Précis pour l'histoire naturelle des oiseaux du Paraguay et de Rio de la Plata, traduit en françois par Sonnini. = De Humboldt, Observations zoologiques; 2 vol. in-4.º = Prince Maximilien de Neuwied, Description des animaux recueillis au Brésil; 1824, in-folio, figures.

Afrique: F. Levaillant, Histoire naturelle des oiseaux d'Afrique; 5 vol. in-fol., fig. col. Paris, 1799 et années suivantes. — *Ejusd.* Premier et deuxième voyages en Afrique; 1790-1795. = Sonnerat, Description de deux pigeons et d'une mésange du cap de Bonne-Espérance: Journ. de phys., tom. 4, pag. 466. = R. L. Desfontaines, Mémoire sur quelques nouvelles espèces d'oiseaux des côtes de Barbarie: Mém. de l'Acad. des sc. de Paris; 1787, p. 496. = P. E. Isert, Description du musophage violet: Journal de physique, tom. 34, p. 458. = Bruce, Voyage en Abyssinie et aux sources du Nil; trad. franç.; 5 vol. in-4.º Paris, 1790. = J. C. Savigny, Mémoire sur les oiseaux de l'Égypte dans le grand ouvrage publié par le gouvernement impérial. — *Ejusd.* Histoire naturelle et mythologique de l'ibis; in-8.º, 1805. = G. Cuvier, Mémoire sur l'ibis des Égyptiens: Ann. du mus.

Nouvelle-Hollande: A. Phillip, *The Voyage of governor Phillip to Botany-Lay,* par un anonyme. *London,* 1789; in-4.º, avec 55 planches coloriées: la partie d'histoire naturelle étant de Latham. = J. White, *Journal of a voyage to New-Southwales;* 1 vol. in-4.º *London,* 1790; avec 65 pl.: la partie zoologique paroissant avoir été rédigée par Hunter. =

Labillardière, Voyage d'Entrecasteaux à la recherche de Lapérouse; in-4.° = Shaw, *Zoology of New-Holland. London*, 1794. = Quoy et Gaimard, Partie zoologique du voyage du capitaine Freycinet; in-4.°, fig. in-fol. color. Paris, 1825.

Indes et Archipel des Indes : J. Bontius, *Historiæ naturalis et medicæ Indiæ orientalis lib.* 6. = Sonnerat, Premier voyage à la Nouvelle-Guinée; 1 vol. in-4.°, avec 120 pl. Paris, 1776. — *Ejusdem* Deuxième voyage aux Indes orientales et à la Chine, depuis 1774 jusqu'en 1781. Paris, 1782; 2 vol. in-4.°, avec 140 planches. — (Un troisième voyage, encore inédit, doit être publié.) = Horsfield, Arrangement systématique et description des oiseaux de l'île de Java; *Trans. of Linn. Soc.*, tom. 13, part. 1.re, pag. 133. — Ejusdem *Zoological researches in Java and the neighbouring islands*, ou Recherches zoologiques sur Java et les îles voisines; in-4.°, fig. col., 8 cahiers.

Europe : Brehme, *Lehrbuch der Naturgeschichte aller Europäischen Vögel*, ou Histoire naturelle des oiseaux d'Europe; 2 vol. in-8.° Jéna.

Russie : P. S. Pallas, *Spicilegia zoologica ;* 14 cah. in-4.° Berlin, 1767 - 1780. — *Ejusd.* Voyages dans plusieurs provinces de l'empire de Russie; trad. franç.; 8 vol. avec un atlas. Paris, 1793.

Suède : C. Linnæus, *Fauna suecica ;* 1 vol. in-8.° : Première édition, 1746. = Retzius, *Fauna suecica ;* 18... = P. G. Tengmalin, *Ornithologiska Anmärkningar, gjorde vid. almare-stük i Upland.; Vetensk. Acad. Handling*, 1783, pag. 43 - 55. = S. Odmann, *Specimen ornithologiæ Wernsdöensis nov. act. Soc. Ups.;* vol. 5, pages 50 - 84. = J. M. G. Beseke, *Beyträge zur Naturgeschichte der Vögel Kurlands*, ou Matériaux pour l'histoire des oiseaux de la Courlande. = Nilson, *Ornithologia suecica.*

Prusse : Schwenckfeld, *Theorio-tropheum Silesiæ, in quo animalium hoc est quadrupedum, reptilium, avium, etc., natura, vis et usus, lib.* 6. *Lignicia*, 1603; in-4.° = F. S. Bock, *Preussiche Ornithologie. Naturforscher*, 8, 9, 12, 13, 17tes *Stück.*

Dannemarck : M. T. Brünnich, *Ornithologia borealis. Hafniæ*, 1764; in-8.° = J. D. Petersen, *Verzeichniss Baltischer Vögel, alle auf Christiansoë geschossen, zubereitet und ausgestopft. Altona*, 1766; in-4.° = H. Ström, *Om et par rare fugle norske. Vidensk. selsk. skrift.* 5 *Deel.*, pag. 539.

Allemagne : F. E. Bruckmann, *Aves sylvæ Hercynicæ; epistola itineraria* 17, 2, p. 143 - 162. — Ejusd. *Aves in Germania obviæ; epist.* 18, p. 163 - 174. = J. H. Zorn, *Epistola de avibus Germaniæ, præsertim sylvæ Hercynicæ. Pappenheim*, 1745. = J. G. Schneider, *Physiologische und litterarische Bemerkungen aus der Naturgeschichte der einheimischen Vögel. Leipzig. Magaz.*, 1786; pag. 460 - 503. = B. S. Nau, *Beyträge zur nähern Kentniss der Naturgeschichte einheimischer Vögel. Naturforscher*, 25tes *Stück*, p. 7. = J. M. Bechstein, *Gemeinnützige Natur-*

geschichte Deutschlands. — Ejusd. *Naturgeschichte der Vögel Deutsch-lands.* = MEYER et WOLF, *Taschenbuch der deutschen Vögelkunde* (Almanach des oiseaux d'Allemagne). — Eorumdem *Naturgeschichte der Vögel Deutschlands.* = MEYER, *Kurze Beschreibung der Vögel Lief- und Esthlands.* = J. L. FRISCH, *Vorstellung der Vögel in Deutsch-land.* = NAUMANN, *Beschreibung und Vorstellung aller Wald-, Feld- und Wasservögel in Anhalt.* = L. BREHME et G. SCHILLING, *Beyträge zur Vögelkunde*, etc. (Mémoire pour servir à la connoissance des oi-seaux, ou Description détaillée de plusieurs oiseaux nouvellement dé-couverts et d'un grand nombre d'oiseaux rares de l'Allemagne); 3 vol. in-8.° Neustadt. = BOIÉ, *Ornithologische Beyträge*, etc., ou Mémoire pour servir à l'ornithologie de l'Allemagne. Kiel, in-8.°, 1822.

PAYS-BAS : C. NOSEMANN et C. SEPP, *Nederlandsche Vogelen*, ou His-toire des oiseaux des Pays-Bas. Amsterd., 1770 et années suiv.; in-fol., fig. (les deux derniers volumes sont de HOUTTUYN). = G. N. HEERKENS, *Aves Frisicæ (alauda, loxia, pica, hirundo, anser, regulus, coturnix, sturnus, turdus, merula), carmine descriptæ;* in-8.° Rotterodami, 1787.

GRANDE-BRETAGNE : J. RAY, *A Catalogue of english Birds, in his collection of english words not generally used. London*, 1674. — Ejusd. *Catalogus avium britannicorum in Willughby's Ornithology,* p. 21 - 28. = M. TUNSTALL, *Ornithologia britannica, seu Avium britannicarum catalogus, sermone latino, anglico et gallico redditus. London,* 1771; in-folio. = T. PENNANT, *British zoology;* in-4.°, 2 vol. = LATHAM, *A List of the Birds of Great-Britain, in his Synopsis of Birds; Suppl.,* p. 281 - 298. = W. LEWIN, *The Birds of Great-Britain, with their eggs accurately figured. London,* 1789; 7 vol. in-4.° = W. BORLASE, *The natural history of Cornwall. Oxford,* 1758; in-folio. = R. SIBBALD, *Scotia illustrata, sive Prodromus historiæ naturalis,* etc. Edinburgh, 1684, in-fol. = E. DONOVAN, *The natural history of british Birds;* 10 vol. grand in-8.°, avec un grand nombre de planches; 1793 - 1816. = P. J. SELBY, *Illustrations of british Ornithology*, etc., ou Explication de l'ornithologie britannique; in-fol., fig. London, 1823.

TERRES POLAIRES : PENNANT, *Arctic zoology;* in-4.°, 2 vol. = J. ANDERSON, Histoire naturelle de l'Islande, du Groënland, etc.; 2 vol. in-8.° Paris, 1750. = FABER, *Prodromus der Isländischen Ornithologie.* Copenhague, 1822.

FRANCE : P. BARRÈRE, *Ornithologiæ specimen nocum, sive series avium in Ruscinone, Pyrenæis montibus, atque in Gallia æquinoctinali obser-vatarum, in classes, genera et species nova methodo digesta. Perpi-niani,* 1745; petit in-4.° = S. GERARDIN DE MIRECOURT, ancien cha-noine du noble et insigne chapitre de Poussay, etc.; Tableau élémen-taire d'ornithologie, ou Histoire naturelle des oiseaux que l'on rencontre communément en France, etc.; 2 vol. in-8.°, et un atlas in-4.°; 1.ʳᵉ édition, 1806; 2.ᵉ édition, 1822. = Faune françoise, partie ornitholo-

gique; par M. VIEILLOT; 3 cahiers de 6 feuilles et planches enluminées.
Paris, 1821 et 1823; in-8.° — VIEILLOT, Ornithologie françoise; in-4.°,
avec des planches lithographiées, dessinées par Oudard. = HOLANDRE,
Faune du département de la Moselle et principalement des environs de
Metz: Partie ornithologique ou les oiseaux; in-12 de 45 pag. Metz, 1825.
= P. ROUX, Ornithologie provençale (ouvrage annoncé récemment).

SUISSE : L. A. NECKER, Mémoire sur les oiseaux des environs de
Genève; Mém. de la Soc. de phys. et d'hist. nat. de Gen., tom. 2. =
ANNON, *Sytematisches Verzeichniss der schweizerischen Vögel.*= SCHINZ,
Description des oiseaux de la Suisse (en allemand); 1815.

ITALIE : P. A. GILIJ, *Agri romani historia naturalis, sive methodica
synopsis naturalium rerum in agro romano existentium : Pars prima,
regnum animale,* tom. 1 : *Ornithologia, in qua de priori avium classe,
tab. æneis 24;* in-8.° *Romæ,* 1681. = F. BONELLI, Catalogue des oiseaux
du Piémont; in-4.°; 1811. = CETTI, *Storia naturale di Sardagna;* in-8.°;
1774 - 1777. = F. L. NACCARI, *Ornithologia veneta ossia Catalogo degli
Uccelli della provincia di Venezia. Treviso,* 1823.

*Collections principales renfermant des Mémoires ou des Observa-
tions détachées sur les oiseaux.*

Mémoires de l'Académie royale des sciences de Paris; 1666 - 1790. =
Mémoires de l'Académie des sciences de Turin. = *Philosophical transactions.* = *Transactions of the Linnean society :* 13 vol. in-4.°, fig. =
Mémoires des naturalistes de Berlin. = *Hamburg. Magazin* et *Neu_
Hamburg. Magazin.* = Mémoires de l'Académie des curieux de la nature
de Bonn. = Mémoires de l'Académie de Pétersbourg. = *Analecta
transalpina;* 2 vol. in-8.° = Journal de physique, par l'abbé ROSIER,
LAMÉTHERIE et BLAINVILLE; 1775 - 1821. = Annales du Muséum d'histoire
naturelle de Paris; 20 vol. in-4.°, avec de nombreuses planches. Paris,
1802 à 1813. = Mémoires du Muséum, faisant suite aux Annales; ..
volumes; 1815 - 1825. = Actes de l'ancienne Société d'histoire naturelle
de Paris; in-folio. = Bulletin de la Société philomatique de Paris;
1792 - 1825, etc., etc.

Travaux sur l'anatomie et la physiologie des oiseaux.

ANATOMIE GÉNÉRALE : C. PERRAULT, Mémoires pour servir à l'Histoire naturelle des animaux, faisant partie des Mémoires de l'Académie
des sciences de Paris; 3 vol., fig. Paris, 1666 - 1699. = G. BLASIUS,
*Anatome animalium, ex veterum recentiorum propriisque observationibus.
Amstelodami,* 1681; in-4.° = G. CUVIER, Anatomie comparée; 5 vol.
in-8.° = W. HEWSON, *An account of the lymphatic system in birds.*
Le même traduit dans le Journal de physique : Introd.; tom. 1. =
L. CHERNAK, *Dissertat. inaugur. de respiratione volucrum;* in-4.°, 20
pages. *Groningæ;* 1773. = M. GERARDI, *Saggio di osservazioni anato-*

miche intorno agli organi della respirazione degli uccelli. Oposcoli scelti; tom. 8, pag. 88. = V. MALACARNE, *Conferma delle osservationi anatomiche intorno agli organi della respirazione degli uccelli:* Mem. *della Soc. italiana;* tom. 4, pag. 18. = F. D. HÉRISSANT, Recherches sur les organes de la voix des quadrupèdes et de celle des oiseaux : Mém. de l'Académie des sciences de Paris ; 1753 ; pag. 279. = F. VICQ-D'AZYR, Mémoire sur la voix ; de la structure des organes qui servent à la formation de la voix, considérés dans l'homme et dans les diverses classes d'animaux, et comparés entre eux : Mémoires de l'Académie des sciences de Paris, 1779. == Anonyme, *Von der Sprache der Vögel,* dans l'ouvrage de J. T. Klein, intitulé : *Historie der Vögel ;* pag. 231. = O. BORRICHIUS, *Lingua avium cum osse hyoide expensa: Act. hafniens.;* 1673 ; p. 155. = A. MOULEN, *Anatomical observations on the heads of fowl: Philos. Trans.,* vol. 17, n.° 199. = F. D. HÉRISSANT, Observations anatomiques sur le mouvement du bec des oiseaux. = E. M. ROSTAN, Parallèle de la nourriture des plumes et de celle des dents : Act. helvet., tom. 5, pag. 407. = F. VICQ-D'AZYR, Mémoires pour servir à l'Anatomie des oiseaux : Mém. ac. sc. Paris, 1772, deuxième partie ; 1773, 1774, 1778. == P. CAMPER, Mémoire sur la structure des os dans les oiseaux : Mém. sav. étrang., Acad. sc. Par.; tom. 7. = GEOFFROY SAINT-HILAIRE, Considérations sur les pièces de la tête osseuse des animaux vertébrés et particulièrement sur celles du crâne des oiseaux : Ann. du mus., tom. 10. = J. HUNTER, *An account of certain receptacles of air, in birds, which communicate with the lungs, and are lodged both among the fleshy pars and in the hollow bones of those animals : Philos. Trans.,* vol. 64, pag. 205. = L. J. M. DAUBENTON, Observations sur la disposition de la trachée-artère de différentes espèces d'oiseaux et surtout de l'oiseau appelé *Pierre :* Mém. ac. sc. Paris, 1781. == V. MALACARNE, *Esposizione anatomica delle parte relative all' encefalo degli ucelli:* Mem. *della Soc. italian.;* tom. 1 - 7. = B. MERREM, *Ueber die Luftwerkzeuge der Vögel. Leipzig. Magaz.,* 1783. == J. G. SCHNEIDER, *Bemerkungen über einige Vögel zur Aufklärung ihres allgemeinen Körperbaues. Leipzig. Magaz.,* 1786 ; p. 460. = A. HALLER, *De cerebro avium et piscium, latine et belgice; Verhandel. van de Maatsch. te Harlem.* 10 Deels. — *Latine in ejus oper. anatom.* = SERRES, Anatomie du cerveau ; 1 vol., 1825, avec pl. = A. DESMOULINS, Recherches sur le système cérébro-spinal des mammifères, des oiseaux, des reptiles et des poissons ; 2 vol., 1825. = A. GALVANI, *de Volatilium aure. Comment. instituti Bonon.;* tom. 6, pag. 420. = F. P. DU PETIT, Mémoire sur plusieurs découvertes faites dans les yeux de l'homme, des animaux à quatre pieds, des oiseaux et des poissons : Mém. ac. sc. Paris, 1726. — *Ejusdem* Mémoire sur le cristallin des mêmes animaux. Mém. ac. sc. Paris, 1726. — *Ejusd.* Description anatomique de l'œil du coq-d'Inde et du hibou : Mém. ac. sc.

Paris, 1735 et 1736. = P. Smith, *Observations on the structure of the eyes of birds : Philos. Trans.*; 1795. = E. Geoffroy Saint-Hilaire, du Système dentaire des oiseaux sous le point de vue de la composition et de la détermination de chaque sorte de ses parties, embrassant sous de nouveaux rapports les principaux faits de l'organisation dentaire chez l'homme; in-8.°, 1824. = J. G. Sommer, *de Singulari animalium volatilium digestione : Eph. ac. nat. cur.*; Dec. 3, An. 5 - 6. = R. A. F. de Réaumur, sur la Digestion des oiseaux : Mém. ac. sc.; 1752. = J. C. Peyerus, *Anatome ventriculi gallinacei, in ejus Parergis anatomicis : Edit. genev.*; 1681. = F. D. Hérissant, sur les Organes de la digestion du Coucou : Mém. ac. sc. Paris, 1752. = Vauquelin, Mémoire sur la nature des excrémens des poules et des coquilles de leurs œufs, comparés avec la nourriture qu'elles prennent : Bull. soc. philom., tom. 1, n.° 21. = G. Harveus, *Exercitationes de generatione animalium. Lond.*, 1651. = N. Stenon, *de Vitelli in intestina pulli transitu. Haffniæ*, 1664; in-4.° = M. Malpighi, *Dissertatio epistolica de formatione pulli in ovo, in tomo secundo operum ejus. London*, 1664. — *Ejusdem, De ovo incubato observationes repetitæ auctæque. — Epistolæ quædam circa has observationes ultro citroque scriptæ. Impr. cum ejus Anatome plantarum,* in-folio, 1675. = A. Maitre Jan, Observations sur la formation du poulet. Paris, in-12, 1722. = A. Von Haller, sur la formation du cœur dans le poulet, sur l'œil, sur la structure du jaune, etc.; 2 Mémoires. Lausanne, in-12, 1758. = C. F. Wolf, *De Formatione intestinorum præcipue, tum et de amnio spurio, aliisque partibus embryonis gallinacei, nondum visis, observationes, in ovis incubatis institutæ; Nov. comm. Acad. Petrop.*; tom. 12 et 13. = A. Hunter, *The state of an egg on the fourth day of incubation.* = L'Éveillé, Observations anatomiques faites sur le poulet, considéré dans l'état de fœtus : Bull. soc. philom., tom. 1, n.° 22. — *Ejusdem* Mémoire sur les membranes qui enveloppent le poulet. = Vicq-d'Azyr, Mémoire sur la manière dont le jaune se comporte dans le ventre du poulet nouvellement éclos : Bull. soc. philom., tom. 1, p. 50. = Pander, Développement du poulet. = E. Geoffroy Saint-Hilaire, Mémoire sur les organes sexuels et sur les produits de la génération des poules dont on a suspendu la ponte en fermant l'oviductus : Mém. du mus., tom. 9. — *Ejusd.* Considérations générales sur les organes sexuels des animaux à grande respiration et circulation : Mém. du mus., tom. 9. — *Ejusd.* Composition des appareils génitaux urinaires et intestinaux, à leurs points de rencontre dans l'autruche et dans le casoar : Mém. du mus., tom 9. — *Ejusd.* Organes sexuels de la poule, premier Mémoire; formation et rapports des deux oviductus : Mém. du mus., tom. 10. = C. Zinanni, *Delle Uova e dei nidi degli ucelli*; in-4.° *Venezia*, 1737; tab. 22. = G. W. Steller, *Observationes quædam nidos et ova avium concernentes : Nov. comm. Acad. Petrop.*, tom. 4. = J. T. Klein, *Ova avium plurimarum deli-*

neata; pag. 36, *tab. æneæ* 21. *Leipzig,* 1766; in-4.° == H. SANDER, *Beobachtetes Gewicht einiger Vögel-Eyer. Naturforscher,* 14*tes Stück.* == J. E. GUETTARD, sur des OEufs monstrueux de poules ordinaires, et par occasion sur les œufs en général : Mém., tom. 5, pag. 331. == LEWIN, cité plus haut parmi les ornithologistes descripteurs : OEufs décrits et figurés dans son Histoire naturelle des oiseaux de la Grande-Bretagne. == J. C. LAPIERRE, Mémoire sur les œufs des oiseaux, inséré dans l'édition des OEuvres de Buffon, par Sonnini, tom. 60, pag. 33 et suivantes. == SCHINZ, Description des œufs des oiseaux; 1.er fascicule. == Descriptions nombreuses d'œufs monstrueux, par LIDBECK, POLISIUS, SCHACHT, FOSSIER, ROMMEL, LOCHNER, J. M. HOFFMANN, FRANCUS DE FRANKE-NEAU, GRAFF, C. F. WOLF, BOHM, DESCHAMPS, MOQUIN-TANDON, etc. == J. MAYER, *Einige Anmeikungen über die Electricität der Vögel. Abhandl. einer Privatgesellsch. in Böhmen;* 5ter *Band,* p. 82. == J. F. HARTMANN, *de Electricitate plumæ Psittaci notata quædam nov. act. Acad. nat. cur.,* tom. 4. == J. D. GEJERUS, *De Nido Halcyonis : Eph. ac. nat. cur. decas* 2, *ann.* 8. == BRUCKMANN, *De Nido Linariæ avis : Epist. itineraria* 3. == DESLANDES, Éclaircissement sur les oiseaux de mer, dans son Recueil de traités de physique et d'histoire naturelle, pag. 197. == J. L. FRISCH, *De Nido Chlorionis, sive Turdi lutei miscell. Berolini,* tom. 7. == J. E. GUETTARD, Sur les nids des oiseaux : Mém., tom. 4, pag. 324. == SAVI, *De Nido di Beccamoschina : Giorn. de litterati;* 1824. == J. G. SWALBA-CIUS, *Dissertatio de Ciconiis, Gruibus et Hirundinibus, quo exeunte æstate abvolent et ubi hyement. Spiræ,* 1630; in-4.° == D. FOGIUS, *Dissertatio de Ciconiarum hibernaculis : resp. Chr. Litzow. Hafniæ,* 1692; in-4.° == W. DERHAM, *Letter concerning the migration of birds. Philosoph. transact.,* vol. 44, n.° 483. == J. T. KLEIN, *Quænam aves erraticæ, quæ migratoriæ? denique ubinam nonnullæ in specie Hirundines et Ciconiæ hybernent? Prodromi historiæ avium,* pag. 154. == C. LINNÆUS, *Dissertatio, Migrationes avium; resp.* C. D. EKMARCK. *Upsaliæ,* 1757; in-4.°; et *Amœnit. academ.,* vol. 4. == GODEHEU DE RIVILLE, Sur le Passage des oiseaux : Mém. étrang. de l'Acad. des sc. de Paris, tom. 3. == J. LECHE, *Utdrag af* 12 *ars meteorologiska observationer, Gjorda i Abo : Nagra flytt-foglars ankomst. Vetensk. Acad. Handling,* 1763. == T. PENNANT, *On the migration of british Birds; in his British Zoology,* vol. 2; 1768 et 1776. == G. EDWARDS, *Of Birds of passage; in his Essays upon natural History,* p. 69. == J. E. GUETTARD, sur le Passage d'une grande quantité de cigognes, au-dessus de Paris, dans ses Mémoires, tome 2. == DAINES BARRINGTON, *an Essay on the periodical appearing and disappearing of certain birds. Philos. trans.,* vol. 62, pag. 262. == C. W. WAHRMUND, *Ueber den Winteraufenthalt der Schwalben, Störche und anderer Vögel. Neu Hamburg. Magaz.,* 81*tes Stück.* == C. BJER-KANDER, *Anmärkningar öfver nagra flytt-foglars ankomst och bärtgäng, samt huruvida man af dem kan de förut tilkommande väderlek. Vetensk.*

Acad. Handling, 1776. = C. Hablizl, *Beobachtungen, welche über die Zugvögel in Astrachan angestellt worden sind. Pallas neue Nord. Beyträge*, 3ter Band, p 8. = W. Marwick, *on the Migration of certain birds. Trans. of Linn. society*; vol. 1. = Jenner, sur la Migration des oiseaux : *Philos. trans.*, vol. 78, et Journ. de phys., tom. 38, et Trans. philos., 1824, part. 1.ʳᵉ, pag. 11. = J. Blackwall, Tables des différentes espèces d'oiseaux de passage, observés aux environs de Manchester : *Mem. of the litt. and Philos. Soc. of Manchester*; 1824.

Anatomie spéciale de quelques oiseaux : O. Borrichius, *Aquilæ anatome. Act. Hafn.*, 1671. = N. Stenon, *Historia musculorum aquilæ.* = J. de Muralto, *Milvus examinatus: Eph. act. nat. cur.*, decas 2. = F. Koenig, *de Noctuæ anatome : Eph. ac nat. cur.*, dec. 2. = O. Jacob, *Anatome Psittaci : Act. Hafn.*, 1673. = R. Waller, *Observations in the dissection of a Paroquet : Phil. trans.*; vol. 13, n.° 211. = Geoffroy Saint-Hilaire, Sur les Appareils de la déglutition et du goût dans les aras indiens ou perroquets microglosses : Mém. du mus., tom. 10. = O. Jacob, *Linguæ Pici Martii structura mirabilis : Act. Hafn.*; vol. 5, p. 249. = J. Méry, Observations sur les mouvemens de la langue du Pivert : Mém. ac.sc. Par., 1709. = R. Waller, *A Description of the Woodpecker's Tongue : Philos. Trans.*; vol. 29, n.° 350. = C. W. Wedel, *Cygni sterni Anatomia : Eph. ac. nat. cur.*, dec. 1, ann. 2. = M. B. Valentini, *Anatome Clangulæ : Eph. act. cur. nat.*, cent. 9 et 10. = J. Méry, Observations sur la peau du Pélican : Mém. ac. sc. Paris, 1693; p. 177; 1666-1699, tom. 10, pag. 433. = L. Strauss, *Dissertatio de Ciconia*; resp. J. D. Strauss, *Valentini Amphith. zootom.*; pars 2, pag. 52. = O. Jacob, *Anatome Ciconiæ : Act. Hafn.*, vol. 5, pag. 247. = C. C. Schelhammer, *Ciconiæ Anatome : Eph. act. nat. cur.*, dec. 2, ann. 6, p. 206. = B. Duméril, Mémoire sur une espèce d'articulation dans laquelle le mouvement des os s'exécute à l'aide d'un ressort : Bull. Soc. phil., tom. 2, n.° 25, an 7. = J. A. Limprecht, *Ciconiæ Anatome : Eph. act. nat. cur.*, cent. 5 et 6. = J. de Muralto, *Anatome Ardeæ : Eph. act. nat. cur.*, dec. 2, ann. 5. = Ejusd., *Ardea stellaris examinata : ibid.*, dec. 2, ann. 2. = M. B. Valentini, *Anatome Ardeæ stellaris : Act. acad. curios.*, vol. 1, p. 284. = E. Brown, *An Account of the dissection of an œstridge, Hooke's Philosop., collect.*, n.° 5. = J. Ranby, *Some observations made in an Ostrich : Philos. Trans.*, vol. 33, n.° 386, et vol. 36, n.° 413. = C. Warren, *Observations upon the dissection Ostrich : ibid*, vol. 34, n.° 394. = A. Vallisnieri, *Notomia dello Struzzo in ejus opere*, tom. 1, pag. 239. = Merrem, Description d'un squelette de Casoar, avec des planches : *Abhandl. der königl. Acad. der Wissensch. in Berlin*, 1816, pag. 179. = Knox, Observations sur la structure anatomique du Casoar de la Nouvelle-Hollande : *Mem. Werner. Soc.* = C. Bartholin, *Pavonis Anatom. : Act. Hafn.*, 1673; pag. 288. = J. Ray, *Observatio anatomica in Gallina montana (Tetrao Urogallus)* :

Phil. Trans., vol. 25, n.° 307. = O. Borrichius, *Anatome Columbæ :*
Act. Hafn., 1671; pag. 185. = *Anon.*, Observations sur la génération
des canards : Bull. Soc. phil., tom. 1, pag. 57.

Ouvrages ayant pour objet la préparation des oiseaux conservés
dans les cabinets.

Mauduyt, sur la Manière de conserver les animaux desséchés : Journ.
de phys., tom. 2 et tom. 4. = J. A. Chaptal, Lettre contenant un procédé pour préparer des oiseaux, de petits quadrupèdes et autres animaux, par le moyen de l'éther : Journ. de phys., tom. 27. = Manesse,
Traité sur la manière d'empailler et de conserver les animaux, les pel-
leteries et les laines; in-12. Paris, 1787. = P. Pinel, Mémoire sur les
moyens de préparer et de conserver les quadrupèdes et les oiseaux destinés à former des collections d'histoire naturelle : Journ. de physique,
tom. 39. = Dufresne, article *Taxidermie* des deux éditions du Nouveau
Dictionnaire d'histoire naturelle de Déterville. = S. Gérardin, Préparation des oiseaux, dans son Traité élémentaire d'ornithologie. =
Hénon, l'Art d'empailler les oiseaux : 1 vol. in-8.°

Ici nous arrêterons cette liste bien longue, mais encore
bien incomplète des travaux des naturalistes et des anatomistes, sur les animaux de la classe des oiseaux. Ce Dictionnaire ne renfermant aucun article d'économie rurale,
nous avons cru pouvoir nous dispenser de citer les traités
spéciaux qui ont pour objet l'éducation des volailles domestiques et les soins qu'il faut prendre pour en améliorer les
races. Nous avons pensé également qu'il n'entroit pas dans
notre sujet d'indiquer les ouvrages sur la fauconnerie, sur l'avi-
ceptologie, ainsi que ceux sur les oiseaux de volière. Enfin,
nous aurions dû terminer l'article Ornithologie par l'explication des termes employés dans les descriptions des oiseaux ;
mais ils sont déjà en partie définis aux mots Ailes, Bec, Cire,
Cou, Doigts, Éperon, Huppe, Jambes, Langue, Ongles, etc.;
et nous ferions un double emploi si nous les rapportions ici :
aussi pour ne pas nous écarter de la marche adoptée, croyons-
nous devoir nous borner à renvoyer, pour ceux de ces
termes qui n'ont pas encore été expliqués, aux mots Pieds,
Plumes, Queue, Rectrices, Rémiges, Tarse, Tectrices, Tête,
etc. (Desm.)

ORNITHOPE, *Ornithopus*, Linn. (*Bot.*) Genre de plantes dicotylédones polypétales, de la famille des *papilionacées*, Juss.,
et de la *diadelphie décandrie*, Linn., qui a pour principaux

caractères : Un calice tubulé, à cinq dents presque égales, une corolle papilionacée, à étendard presque en cœur, de la longueur des ailes, et à carène très-petite; dix étamines diadelphes; un ovaire supère, linéaire, surmonté d'un style sétacé, montant, à stigmate simple; un légume arqué, partagé en articulations, contenant chacune une graine.

Les ornithopes sont de petites plantes herbacées, ordinairement annuelles, dont les feuilles sont alternes, ailées avec impaire, et dont les fleurs sont disposées en petites têtes portées sur des pédoncules axillaires. On en connoît une dixaine d'espèces, tant indigènes qu'exotiques. Ces plantes n'ayant que peu ou point d'intérêt par leurs propriétés, nous ne citerons que les trois suivantes :

ORNITHOPE DÉLICAT, vulgairement PIED D'OISEAU : *Ornithopus perpusillus*, Linn., *Spec.*, 1049; *Fl. Dan.*, t. 730. Sa racine est fibreuse, menue; elle produit une ou plusieurs tiges légèrement velues, hautes de quatre à six pouces, un peu couchées à leur base; garnies de feuilles composées de quinze à dix-neuf folioles ovales-arrondies, très-petites, pubescentes. Les fleurs, mêlées de rouge et de blanc, sont portées, deux à quatre ensemble au sommet d'un pédoncule aussi long que les feuilles; il leur succède des gousses grêles, cylindriques, très-légèrement comprimées, deux fois plus longues que la bractée, qui est à leur base. Cette plante est commune dans les lieux sablonneux en France et en Europe. On la cultive en Portugal sous le nom de *serradilla*, pour faire des pâturages artificiels, dans les endroits arides et sablonneux. On dit que par la culture elle peut s'élever à plus d'un pied de hauteur.

ORNITHOPE COMPRIMÉ; *Ornithopus compressus*; Linn., *Spec.*, 1049. La même racine produit ordinairement plusieurs tiges légèrement velues, un peu couchées à leur base, ensuite redressées, hautes de six à dix pouces, garnies de feuilles ailées, composées de vingt-cinq à trente-une folioles ovales, velues. Les fleurs sont jaunes, disposées, deux à quatre ensemble, en petites têtes portées sur des pédoncules souvent plus courts que les feuilles et munis d'une bractée ailée. Les fruits sont des gousses un peu comprimées, longues d'environ un pouce, courbées en faux et légèrement velues. Cette espèce croît dans le Midi de la France, en Italie, en Espagne, en Barbarie, etc.

Ornithope trifolié : *Ornithopus scorpioides*, Linn., *Spec.*, 1049; Cavan., *Ic.*, 1, p. 26, t. 37. Les tiges de cette espèce sont droites, glabres, hautes de six à huit pouces, garnies de feuilles glabres, composées de trois folioles, dont les deux latérales sont petites, sessiles, et la moyenne beaucoup plus grande, ovoïde et pétiolée. Les fleurs sont jaunes, réunies deux à cinq en de petites têtes portées sur des pédoncules plus courts que les feuilles et dépourvus de bractée. Les gousses sont cylindriques, glabres, arquées. Cette plante croît dans les champs du Midi de la France et de l'Europe. Ses feuilles, écrasées et appliquées sur la peau, l'irritent à la manière des vésicans. (L. D.)

ORNITHOPODIUM. (*Bot.*) Ce nom d'un genre de plantes légumineuses, cité par les anciens et adopté par Tournefort, a été abrégé par Linnæus, qui le nomme *ornithopus*. Dodoëns donnoit encore ce nom ancien à une plante que C. Bauhin nomme *securidaca*, et Petiver à l'*hedysarum nummulerifolium*. (J.)

ORNITHOPTERIS. (*Bot.*) Ce genre de fougères, établi par Bernhardi, est le même que l'Anemia (voyez ce mot) de Swartz et Willdenow : les *osmunda adiantifolia*, Linn., et *hirsuta*, Linn., sont les types de ce genre. (Lem.)

ORNITHORHYNQUE, *Ornithorhynchus* [1]. (*Mamm.*) Genre de mammifères, ou du moins d'animaux considérés comme tels d'après l'ensemble de leurs caractères anatomiques et extérieurs, fondé par M. Blumenbach en 1803, dans son Manuel d'histoire naturelle et adopté depuis par tous les naturalistes, quoique Shaw (*Gener. zool.*) en ait arbitrairement changé le nom en celui de *platypus*.

La désignation employée pour ce genre indique le caractère le plus remarquable des animaux qu'il renferme et qui consiste dans la forme du museau, presque absolument semblable à un bec de canard.

---

1 Dans cet article nous décrirons non-seulement les ornithorhynques, mais encore les échidnés, qui composent la famille des monotrèmes, et nous exposerons aussi les caractères de cette famille.

Plus tard, en 1792, Shaw décrivit et figura sous le nom
de *porcupine opossum* un autre animal, fort différent en apparence de l'ornithorhynque de M. Blumenbach, par son
corps couvert de piquans très-robustes, au lieu de l'être de
poils; par ses pieds propres à fouiller la terre et non conformés pour la natation; par le manque apparent de queue,
tandis que l'ornithorhynque a la sienne aussi grosse, comparativement à sa taille, que celle du castor et de même forme,
quoique couverte de poils comme le corps; mais surtout par
son museau alongé en tuyère de soufflet, au lieu d'être con-
formé en bec de canard, et duquel sort une langue longue et
extensible, comme celle du fourmilier. M. Cuvier, dans son
Tableau élémentaire de l'histoire naturelle des animaux, fit un
genre particulier de ce nouvel être sous le nom d'*Echidna*;
mais bientôt après Sir Éverard Home, l'ayant examiné anato-
miquement et ayant reconnu les rapports nombreux qu'il
présente avec l'ornithorhynque de M. Blumenbach, l'a réuni
génériquement à celui-ci, en lui donnant le nom d'*ornithorhynchus hystrix*.

Le genre Ornithorhynque se trouva donc, durant quelque
temps, formé de deux espèces très-disparates entre elles par
leurs caractères extérieurs; mais plus tard M. Geoffroy Saint-
Hilaire, en admettant les rapports que sir Éverard Home
avoit trouvés dans leur organisation intérieure, les sépara
de nouveau sous les noms génériques d'ornithorhynque et
d'échidné, mais les rapprocha cependant pour en former un
ordre particulier, sous la dénomination de MONOTRÈMES, qui
indique que ces animaux n'ont, comme les oiseaux, qu'une
seule issue commune aux organes de la génération, aux voies
urinaires et à la terminaison postérieure du canal intestinal.

Outre ces caractères, les monotrèmes présentent encore les
suivans : ils n'ont point de mamelles apparentes; et plusieurs
motifs, tirés de leur conformation, ainsi que les rapports
des naturels des pays qu'ils habitent, sembleroient établir
qu'ils pondent des œufs comme les oiseaux. Ils n'ont point
de dents enchâssées; les uns (*échidnés*) manquent totalement
d'organes masticateurs; les autres ont sur les gencives de
petits corps durs, non enchâssés dans les mâchoires, d'une
structure particulière, et qu'on ne sauroit considérer comme

de véritables dents. Ils ont des os claviculaires doubles, dont un peut être comparé à la clavicule et l'autre à la fourchette des oiseaux. Ils sont pourvus d'os marsupiaux, très-développés dans les deux sexes, comme les didelphes, les dasyures et les kanguroos, bien qu'ils n'aient ni poche, ni pli de la peau du ventre, pouvant contenir leurs petits. Ils n'ont point de lèvres charnues, et il y a lieu de croire qu'à cause de cette circonstance leurs petits ne peuvent téter. Les mâles, dans les deux sexes, ont pourvus d'un ergot corné, conique, creux, percé au bout, placé vers le bord interne du pied en sus des cinq doigts qu'on y compte ; lequel ergot est un organe de défense, une arme dangereuse, parce qu'il reçoit la terminaison du canal d'une vésicule considérable, logée entre les muscles des cuisses, et qui est le réservoir d'un liquide venimeux, qui s'introduit dans les plaies faites par l'ergot, et y cause une vive inflammation. Les pieds, quoique différens dans leurs formes, sont toujours leurs cinq doigts bien distincts. Les bras sont articulés en charnière sur les deux os de l'épaule ; les os péronés sont beaucoup plus longs que les tibias ; les phalanges, très-courtes, sont à doubles poulies. Les os intermaxillaires sont séparés et le palais est osseux ; l'oreille externe manque, etc.

Plusieurs de ces caractères rapprochent évidemment les monotrèmes des oiseaux et de certains reptiles ; aussi MM. Éverard Home et Duméril ont-ils cherché à démontrer que ces animaux étoient plutôt des reptiles que des mammifères. D'un autre côté, l'ensemble de l'organisation, les parties de la génération exceptées, paroissent devoir faire réunir ces animaux aux mammifères, et MM. de Blainville, Spix et Knox, ont soutenu cette opinion, qui a prévalu jusqu'à cette époque, où les données encore incertaines qu'on a acquises, et selon lesquelles les ornithorhynques et les échidnés seroient ovipares à la manière des oiseaux, viennent jeter de nouveaux doutes sur la véritable place que ces animaux doivent occuper sur l'échelle des êtres.

M. Cuvier, considérant que le caractère qui consiste dans l'existence du cloaque, se retrouve à peu près aussi développé dans d'autres mammifères, ne lui a pas donné autant d'importance que lui en avoit attribué M. Geoffroy ; aussi a-t-il considéré les monotrèmes comme devant former une simple famille dans l'ordre des édentés. M. Geoffroy et M. Van der Hœven ont, dans ces derniers temps, considéré les monotrèmes comme devant composer une cinquième classe dans l'embranchement des animaux vertébrés. M. de Blainville dans son *Prodrome d'une nouvelle distribution du règne animal*, leur trouvant des rapports suffisans avec les marsupiaux, les a réunis avec ceux-ci dans la seconde sous-classe, qu'il a proposée pour la classe des mammifères, celle qu'il nomme des Didelphes.

Les deux genres qui composent la famille des monotrèmes, d'abord établis chacun sur une seule espèce, en ont acquis depuis chacun une nouvelle : ce qui porte à quatre le nombre des animaux de cette famille.

Ces animaux sont, ainsi que nous l'avons dit, d'aspect très-différent. Les uns (échidnés), avec le port des hérissons, le museau tubuleux et la langue protractile des fourmiliers, ayant des ongles extrêmement robustes, avec lesquels ils fouillent la terre très-rapidement, recherchent les terrains secs et paroissent devoir vivre d'insectes : les autres (ornithorhynques) ne quittent pas les eaux douces ; nagent très-facilement au moyen des rames en lesquelles leurs extrémités antérieures sont conformées, tamisent la vase avec leur bec pour y chercher leur nourriture, et leur poil touffu, serré et luisant, ne paroît pas missible à l'eau.

Ils sont propres à la Nouvelle-Hollande et à la Terre de Van-Diémen, ainsi qu'aux îles du détroit de Bass ; mais on ne trouve pas leurs différentes espèces dans tous ces lieux à la fois.

Genre Ornithorhynque ; *Ornithorhynchus*, Blumenbach.

Les ornithorhynques ont le corps de taille assez petite, puisqu'il ne surpasse guère en longueur, dans les deux espèces connues, celui de surmulot, et le corps est de forme alongée ; la tête est petite ; la queue très-forte, courte, aplatie, aussi large que le corps à son origine, en un mot, semblable à celle du castor, si ce n'est qu'elle est couverte de poils, et non pas nue et écailleuse ; les membres sont fort courts, et leur paire antérieure est très-écartée de la postérieure. Le museau assez large et très-prolongé en avant en une sorte de bec corné, très-semblable à celui d'un canard par sa forme générale, a une plaque aussi ·cornée et verticale, qui l'entoure à sa base comme une collerette et qui le sépare en dessus du front et en dessous du menton; ce bec a ses bords, dans toute leur étendue, pourvus d'une rainure à la mâchoire supérieure et d'une lame saillante à l'inférieure, qui entre dans cette rainure lorsque la bouche est close, et qui est elle-même divisée par de petits sillons transversaux et obliques en une vingtaine de petites denticules, qu'on a comparées à celles qui sont placées sur les bords du bec des canards. Les mâchoires supportent, mais non enchâssées, des sortes de dents d'une nature particulière et que M. F. Cuvier à décrites avec détail. « Ces dents ne semblent, au premier abord, dit ce naturaliste, avoir rien de commun avec des dents proprement dites; elles ont l'apparence de callosités par leur forme et de substance cornée par leur couleur et leur consistance. A la mâchoire supérieure on trouve d'abord, à la partie antérieure du maxillaire, une de ces dents, longue, étroite, jaunâtre, présentant trois côtes longitudinales, dont une centrale, plus grande que les deux latérales. Fort en arrière de cette première dent, et dans une partie tout-à-fait analogue à la région molaire du maxillaire des mammifères, se trouve un autre organe de mastication, une autre dent de même nature, d'un tiers plus longue que large, circonscrite par une ligne courbe à son bord extérieur et à ses extrémités et par une ligne droite à son bord intérieur, et dont les contours sont relevés en une crête continue un peu plus épaisse en dedans qu'en dehors. Ces organes, en dessous et à la partie correspondante aux racines, présentent des mamelons qui répondent à la partie centrale et creusée du dessus, mais qui sont beaucoup plus saillans que cette cavité n'est profonde. A la mâchoire inférieure on trouve absolument les mêmes parties, et il n'y a de différence, qu'en ce que les dents postérieures sont un peu plus arrondies sur leur bord interne et que leur couronne est partagée en deux parties égales par une légère colline transverse. Ces dents sont opposées, couronne à couronne, entre les deux mâchoires.¹ » La langue est grande, large, molle, charnue dans toute son étendue, garnie sur ses bords de papilles assez fortes, cornées, noirâtres et luisantes. On a dit qu'il y avoit des abajoues. Les narines sont rondes, très-rapprochées l'une de l'autre et situées vers l'extrémité de la mandibule supérieure du bec corné. Les yeux sont petits et latéraux. On ne voit point d'oreilles externes, mais il existe un rudiment de conque situé sous les tégumens généraux. Le cou est court. Le corps est à peu près de forme cylindrique. Les pattes sont plutôt dirigées latéralement qu'en dessous; les cinq doigts de celles de devant sont minces, presque égaux entre eux, écartés, munis d'ongles étroits, longs et aplatis, s'appuyant sur une large membrane ovale, transverse, à bords sinueux, qui les dépasse et qui n'est autre que la peau de la paume des mains, très-dilatée; les cinq doigts des pieds de derrière sont réunis jusqu'aux ongles et ayant tous une même direction. L'ergot à venin du mâle, gros, conique, pointu, est situé au côté interne et postérieur du métatarse. La peau est partout couverte de poils serrés de deux sortes, dont les plus longs sont aplatis, comme gauffrés, luisans et pointus, et les plus courts très-fins et soyeux; le bec et la membrane natatoire des pieds de devant, ainsi que les paumes et les plantes, sont les seules parties nues.

L'ornithorhynque a été l'objet de nombreuses recherches des anatomistes françois, allemands et anglois, parmi lesquels nous devons citer surtout MM. Blumenbach, Éverard Home, Blainville, Jaffe, Meckel, Knox et Van der Hœven. Nous allons rapporter les résultats principaux de leurs observations. Cet animal a les os maxillaires supérieurs et incisifs très-prolongés en avant et aplatis, pour soutenir le bec corné; les derniers, divergeant et laissant un très-grand intervalle entre eux; les orbites, petites et rondes, presque latérales, à rebord presque complet; les arcades zygomatiques assez fortes, larges, longues, toutes droites et fort serrées contre le crâne; la mâchoire inférieure assez forte; avec des condyles articulaires

---

1 L'analyse d'une dent d'ornithorhynque, faite par M. Chevreul, lui a démontré qu'elle se comportoit au feu absolument comme la corne; et il n'y a trouvé qu'une très-petite quantité de phosphate de chaux.

très-développés, mais dépourvue d'apophyses coronoïdes; quarante neuf vertèbres en tout; sept cervicales, dix-sept dorsales, deux lombaires, deux sacrées et vingt-une caudales, dont les huit premières ont des apophyses transverses très-prolongées; dix-sept paires de côtes, dont six vraies et onze fausses: une sorte de clavicule commune aux deux épaules, placée en avant de la clavicule ordinaire et analogue à la fourchette des oiseaux; l'omoplate en forme de serpe; la peau épaisse et solide; le panicule charnu fort et développé; le système nerveux généralement semblable à celui des mammifères; les nerfs qui se rendent au bec et qui proviennent de la 5.ᵉ paire, très-nombreux, ce qui peut faire considérer ce bec comme un organe de tact plutôt que comme l'organe du goût; l'étrier semblable pour sa forme à celui des oiseaux; le marteau ayant une certaine analogie avec celui des mammifères; l'enclume à l'état rudimentaire; le foie grand, partagé en quatre lobes et un lobule; l'œsophage très-petit; l'estomac très-petit, comparable à une sorte de poche élargie vers son fond, et ayant ses deux issues très-rapprochées l'une de l'autre, celle du cardia fort large et évasée, et celle du pylore au contraire très-étroite et garnie dans son contour d'un bourrelet épais; la rate très-grande, rectangulaire et formée de deux lobes alongés; le canal intestinal garni de lames saillantes et parallèles et d'un petit cœcum; le foie grand, composé de quatre lobes et un lobule; la vésicule biliaire grande et alongée; le larynx pourvu d'une épiglotte, les poumons grands, alongés et libres; le diaphragme très-grand; le cœur présentant quelques caractères de celui des oiseaux, en ce que les valvules, qui sont situées à l'entrée de la veine-cave dans l'oreillette droite, paroissent être musculeuses dans leur plus grande étendue, et en ce que la valvule auriculo-ventriculaire droite est plutôt musculeuse que simplement nerveuse; les reins globuleux dans la situation ordinaire; la vessie fort grande, très-mince, pyriforme; les testicules du mâle situés dans l'abdomen près des reins; la verge fort courte, arrondie à sa racine, dirigée en arrière; le canal de l'urètre ayant pour les urines son ouverture à sa base dans le cloaque; un canal particulier pour la semence, partant de l'urètre pour se porter ensuite en se divisant vers le gland, qui est partagé en deux portions par une séparation peu profonde, et qui offre sur chacune de ces portions une sorte de creux entouré de quatre papilles coniques, percées à leur sommet pour le passage du sperme; l'urètre des femelles trèscourt et aboutissant dans le vagin; la matrice proprement dite nulle; les trompes très-vastes et communiquant avec le fond du vagin par un orifice assez large et plissé, etc. [1]

La glande à venin du mâle, bien décrite par M. Knox, est grande et située presque sous les tégumens et près de l'articulation de la cuisse avec le bassin; il en part un canal qui descend derrière la cuisse et la jambe pour se terminer dans un petit sac, situé dans la profondeur de l'excavation du pied. De ce sac part un autre canal membraneux, qui se rend à l'éperon et même jusqu'à sa pointe, qui est ouverte, pour laisser passer le fluide venimeux sécrété par la glande, et le verser dans les plaies que l'ornithorhynque fait à d'autres animaux. Toute cette série d'organes ressemble à l'appareil venimeux et particulier aux dents des serpens. La glande à venin a près d'un pouce de long sur un demi-pouce de large. C'est une glande conglomérée, c'est-à-dire qu'elle est composée de plusieurs petites glandes qui sont situées dans un tissu d'une texture différente, et sans doute dans un tissu cellulaire. Elle est située en long par rapport aux rachis; elle recouvre plusieurs muscles rotateurs de la cuisse; le panicule charnu et une petite quantité de tissu cellulaire lâche recouvrent l'os innominé et l'articulation coxale.

L'ouverture de l'ergot venimeux de l'ornithorhynque a été découverte par M. de Blainville, sur un individu desséché; M. Van der Hœven a contesté l'existence de cette ouverture dans l'ornithorhynque roux, mais il l'a vue dans l'ornithorhynque brun. C'est à MM. Knox et Meckel qu'on doit la description de la glande qui sécrète le venin et des conduits qui le portent à l'éperon. Ce venin paroît actif à l'égard de quelques animaux; mais, relativement à l'homme, M. Quoy remarque qu'il n'a pas une grande action; ce naturaliste croit même qu'il ne s'est encore présenté qu'un accident peu grave de

---

[1] D'après cette structure, M. Éverard Home avoit présumé que les femelles d'ornithorhynques devoient être ovipares.

blessure, et il assure qu'au Port Jackson il n'est point encore populaire que l'ergot de l'ornithorhynque soit venimeux.

Ainsi que nous l'avons dit, les ornithorhynques paroissent confinés dans la Nouvelle - Galles du sud. Ils ne sont pas très-rares dans les rivières qui entourent le Port Jackson, et on les a trouvés en nombre assez considérable au - delà des montagnes bleues. Ces animaux sont très-vifs, nagent et plongent très-bien et viennent souvent à la surface de l'eau pour respirer : alors ils secouent leur tête, à la manière des canards. Lorsqu'on cherche à les toucher, ils essaient de mordre ; mais leur bec mou et visqueux ne peut faire aucun mal. Lorsqu'ils sont à terre, ils rampent assez vite en avançant chaque patte alternativement devant l'autre; ils grattent leur tête et leur cou avec leurs pieds de derrière, comme le font les chiens; ils barbottent avec leur bec dans la vase à la manière des canards, et il paroît même, d'après une remarque de M. Scott, établi à la Nouvelle - Hollande, qu'ils avalent cette vase, car cet observateur en a trouvé dans l'estomac d'un de ces animaux. Leurs excrémens sont mous et bruns comme ceux des oiseaux. Il paroît aussi, selon le même, que ces animaux ne respirent que par une narine.

D'après les rapports des naturels de la Nouvelle-Hollande, les ornithorhynques se construiroient des habitations au milieu des marécages et dans des endroits couverts de quelques pouces d'eau, sur une souche de roseau ; leur demeure consisteroit en une sorte de chambre ronde, assez grande, tapissée de toute part de roseaux et de mousses, et qui communiqueroit au dehors par une longue galerie. Ce seroit dans ce nid que la femelle déposeroit deux œufs de couleur blanche et gros comme des œufs de poule; cette femelle les couveroit long-temps et ne les abandonneroit que lorsqu'elle y seroit absolument forcée.

On a pris quelquefois de ces animaux sur la terre sèche. Quand on attaque le mâle, il frappe avec son pied de derrière et cherche à blesser avec son éperon. Les blessures qu'il fait, occasionnent, dit-on, beaucoup d'enflure et de douleur, mais ne causent jamais la mort. Les naturels, qui nomment l'ornithorhynque *Mullingong*, se contentent de laver la plaie avec de l'eau fraîche et de la sucer.

On distingue deux espèces dans ce genre : l'ornithorhynque roux et l'ornithorhynque brun.

L'Ornithorhynque roux (*Ornithorhynchus rufus*, Péron et Lesueur; Voyage aux Terres austr., pl. 34, fig. 2, 7) est le plus anciennement connu : c'est l'*ornithorhynchus paradoxus*, Blumenb., Man. d'hist. nat., t. 1.er, p. 165, pl. 14 ; le *Platypus anatinus* de Shaw, *Gen. Zool.*, t. 1.er, 1.re part., p. 229, pl. 66. Il a un pied deux pouces de longueur totale, mesurée depuis le bout du bec jusqu'à l'extrémité de la queue ; sa tête entière a quatre pouces, sur quoi le bec en prend deux. La queue, longue de cinq pouces, en a deux de large à sa base. Cet animal est entièrement couvert de poils courts fort serrés, lisses et de deux sortes, les intérieurs très-fin ardoisés, d'un gris clair ; les autres plus longs et seuls visibles au dehors, minces à la base, élargis et aplatis plus haut et terminés en pointe : la couleur générale de ceux-ci est le brun roussâtre en dessus et le blanc argenté en dessous. Chaque œil est placé au milieu d'une petite tache blanchâtre ; les membranes du bec et des pattes antérieures sont d'un brun noir ; l'iris dans l'animal vivant est d'un brun foncé, et la pupille, très-petite, est d'un bleu de Prusse.

On le trouve dans les rivières et sur les marécages qui les bordent, aux environs du Port Jackson, et notamment dans la rivière de Népéan ; on en a rencontré aussi, et en grand nombre, peut-être d'espèce différente, au-delà des montagnes bleues, dans les rivières de Campbell et de Macquarie.

L'Ornithorhynque brun (*Ornithorhynchus fuscus*, Péron et Lesueur, Voy. aux Terres aust., pl. 34, fig. 1, 5 et 6) est en tout semblable au précédent pour la forme et la grandeur ; mais il en diffère par son pelage plus obscur et surtout parce que le poil qui le compose est aplati et crépu, au lieu d'être mince et lisse.

Genre Échidné ; *Echidna*, Cuvier. [1]

Les Échidnés sont, ainsi que nous l'avons dit, assez semblables aux hérissons par l'aspect extérieur, parce que leur

---

1 Illiger, qui a changé tant de désignations de genres de mammifères et d'oiseaux, n'a pas épargné celle-ci, et le nom de *Tachyglossus* remplace, dans son Prodrome, celui d'*Echidna*, que M. Cuvier avoit choisi

corps est pourvu de piquans nombreux; mais ils sont bien éloignés de ces animaux, ainsi que des porc-épics par tous les autres points de leur organisation. Leur corps est gros et court, leur tête n'en est pas séparée par un cou sensible; leur queue est une sorte de tubercule revêtu dé piquans comme le corps, et qui a du rapport avec un croupion d'oiseau; leurs membres sont assez courts et très-robustes; leur museau est très-prolongé, mince et pointu, et se termine par une très-petite bouche. Ils n'ont de dents d'aucune sorte, et en cela ils sont parfaitement placés auprès des fourmiliers, dans l'ordre des édentés: leur langue, comme celle de ces animaux, est très-longue et très-extensible; sa forme est un peu aplatie en dessus, et elle porte à sa base de petites papilles molles, coniques, disposées en quinconce et dirigées en arrière: le palais est pourvu de papilles semblables. Leurs yeux sont très-petits et placés sur les côtés de la tête, justement à la base de la portion nue du museau; les paupières n'offrent qu'une ouverture circulaire qui paroît être susceptible d'un grand degré de dilatation et de contraction; leurs narines sont placées à l'extrémité du bec, en tuyau de soufflet, qui forme leur museau [1]; leurs oreilles sont pourvues d'une petite conque. Leurs pattes sont courtes, pourvues de cinq doigts presque point divisés et tous armés d'ongles fort longs, épais, peu courbés, coupés carrément à leur extrémité et dont celui du milieu est le plus grand. Dans les pattes antérieures les doigts ont à peu près la proportion ordinaire; mais il n'en est pas ainsi aux pieds de derrière; chez eux le doigt interne est le plus petit, arrondi et dirigé en devant, et son ongle est médiocre; le second, plus grand, a son ongle très-fort, canaliculé en dessous et recourbé en arrière et en dedans; les deux suivans sont de même forme, ont la même direction, mais ils sont plus petits, et leurs ongles ont moins

---

pour les animaux qui nous occupent. Il se sera fondé, sans doute, sur ce que Forster avoit déjà établi un genre de poissons sous cette dénomination.

[1] Ce museau, qui a l'apparence d'une petite trompe, n'est cependant point mobile, et n'est point un organe préhenseur, comme la trompe de l'éléphant.

de volume ; enfin le dernier ou cinquième, le plus petit de tous, a son ongle arrondi. Le mâle a un ergot supplémentaire comme l'ornithorhynque, placé à la face interne et postérieure du pied, et servant sans doute d'issue à un canal provenant d'une glande qui sécrète une matière vénéneuse. Les piquans qui couvrent le corps en dessus sont généralement assez courts et plus gros que ceux des hérissons, dont la taille ne diffère guère de celle des Echidnés : dans une espèce ils sont entremêlés de poils; comme ceux du porc-épic Urson d'Amérique (*hystrix dorsata*).

Les os maxillaires et intermaxillaires sont très-alongés, et donnent au museau la forme qu'il présente. Les arcades zygomatiques sont complètes et sans courbure sensible; la mâchoire inférieure est très-foible, et sans apophyses coronoïdes. Le nombre des vertèbres n'est que de quarante-cinq, savoir : sept cervicales, dont les apophyses transverses sont assez larges, quoique moins que dans l'ornithorhynque; quinze dorsales, trois lombaires, trois sacrées, dix-sept coccygiennes, dont le corps est très-court, et qui sont d'autant plus grosses et pourvues d'apophyses d'autant plus marquées qu'elles sont plus antérieures. Les côtes sont au nombre de quinze paires, six vraies et neuf fausses ; en général, elles sont plus fortes que celles des ornithorhynques; les quatre premières sont les plus grêles, et les septième, huitième et neuvième, au contraire, sont les plus grosses ; toutes ne s'articulant que par leur tête avec le corps des vertèbres. Les os de l'épaule sont conformés comme ceux de l'ornithorhynque, et il existe également un os surnuméraire analogue à la fourchette des oiseaux. L'estomac est très-ample, ovoïde, à parois amincis près du pylore : le canal intestinal est sept fois plus long que le corps, et il est pourvu d'un petit cœcum. Le foie est assez volumineux, subdivisé en quatre lobes, un à gauche, médiocre, un au milieu, auquel est annexé la vésicule, et les deux autres à droite et superposés. Le pancréas est grand, entier, languiforme. La rate est remarquable par son étendue. Les poumons sont libres et divisés en trois lobes. Les reins sont placés des deux côtés de la colonne vertébrale, sur la racine des piliers du diaphragme; ils sont fort aplatis. La vessie est fort grande, proportionnellement à la taille de l'animal, pyriforme et très - alongée. Les testicules du mâle sont renfermés dans l'abdomen : la verge est courte, cylindrique, terminée par un gland convexe, qui est divisé par deux sillons croisés en quatre tubercules présentant chacun dans son centre un orifice garni de papilles disposées en cercle sur son contour ; l'urètre proprement dit se termine à la base de la verge ; mais celle-ci a sans doute un canal particulier ou *urètre séminal* analogue à celui de l'ornithorhynque ; les os marsupiaux sont fort grands et occupent tout le bord antérieur du bassin.

On connoît maintenant deux espèces de ce genre, sur les habitudes naturelles desquelles on ne possède que peu de renseignemens, si ce n'est qu'elles fouissent la terre avec facilité et qu'elles se pratiquent près des arbres une demeure souterraine ; on présume qu'elles vivent d'insectes comme les fourmiliers, en les prenant au moyen de leur langue protractile. M. Prosper Garnot, chirurgien - major et naturaliste de la corvette *la Coquille*, a observé un échidné en état de captivité, et a publié à son sujet une note dans le Nouveau Bulletin de la Société philomatique (Mars 1825), dont nous allons donner l'extrait : Il acheta, au Port Jackson, un échidné épineux que l'on élevoit en domesticité, et on lui assura qu'il avoit été nourri uniquement de végétaux ; néanmoins M. Garnot essaya vainement de lui donner des légumes sur le vaisseau où il s'étoit embarqué pour revenir en Europe ; il n'y toucha pas et refusa de même la soupe et la viande fraîche qu'on lui offrit : il flairoit ces alimens sans vouloir s'en nourrir, et dédaignoit aussi de prendre une infinité de mouches que l'on attiroit auprès de lui ; mais il buvoit avec plaisir l'eau qu'on lui donnoit chaque jour : en buvant il tiroit la langue de deux à trois pouces et happoit. Pendant trois mois que dura une première navigation, il ne prit d'autre nourriture que cette eau. A l'Isle-de-France on lui donna sans succès des fourmis et des vers ; mais il montra beaucoup de goût pour le lait de coco. M. Garnot se félicitoit d'avoir enfin trouvé un aliment qui pût convenir à cet animal, et il croyoit pouvoir l'amener vivant en France, lorsque son échidné mourut subitement, peut-être pour avoir avalé de la pâte arse-

nicale qui se trouvoit dans une gibecière où il avoit passé
une nuit. Pendant qu'il vécut, cet échidné se promenoit
chaque jour dans la chambre de M. Garnot, ordinairement
quatre heures sur vingt-quatre ; lorsqu'il rencontroit un obstacle sur la route qu'il avoit adoptée, il faisoit tous ses efforts
pour le vaincre, et il ne changeoit de direction que lorsqu'il
voyoit l'impossibilité de le franchir. Il faisoit ses ordures constamment dans le même coin de la chambre, et il dormoit dans
un autre, qui étoit le plus sombre ; il se mettoit souvent à marcher le long d'une cloison en allant et venant, et sans jamais
dépasser des limites qu'il paroissoit s'être imposées : son allure
étoit lourde et roulante, et l'on peut évaluer la vitesse de sa
marche à 3o ou 36 pieds par minute. Ses excrémens étoient
noirs, peu consistans et d'une odeur très-forte. Il s'engourdit
plusieurs fois comme s'il étoit tombé en état d'hybernation, et
cela pendant 48, 72, 78, et même 80 heures de suite. Cet
animal étoit doux et paisible, et d'un naturel timide et crain-
tif ; il paroissoit éprouver un grand plaisir à fourrer son nez
dans le soulier de son maitre, et c'est ainsi que M. Garnot
étoit souvent averti de sa présence. Au moindre bruit il se
rouloit en boule comme le hérisson, et l'on n'apercevoit plus
le bout de son nez, qu'il alongeoit doucement lorsque le bruit
cessoit. Il écoutoit avec attention lorsqu'on faisoit du bruit,
et alors la conque de son oreille qu'on apercevoit très-bien,
ne pouvoit être mieux comparée qu'à celle du hibou. En
marchant, il portoit la tête basse et sembloit plongé dans de
profondes méditations. [1]

Le même M. Garnot rapporte que MM. Hill et Jamison,
établis à la Nouvelle-Hollande, ont fait des recherches desquelles il paroitroit résulter que les échidnés sont ovipares.
Ces animaux ont pour ennemis, au rapport de M. Harris,
les Dasyures cynocéphales ; du moins ce naturaliste annonce
avoir trouvé dans l'estomac d'un de ces derniers les débris
d'un échidné soyeux.

---

[1] M. Garnot dit, qu'il est porté à croire que le bout du nez de l'é-
chidné, qui ne forme pas une extrémité molle, pourroit bien être
l'organe du toucher de cet animal, puisqu'il s'en sert pour reconnoitre
les corps qui s'offrent à lui : ne seroit-ce pas, ajoute le même naturaliste, à l'aide de cet organe que l'échidné se dirige la nuit ?

L'Échidné épineux (*Echidna histrix*, Cuv.; *Ornithorhynchus aculeatus*, Home, *Philos. trans.*, 1802, et Bull. des sc. par la soc. philom., t. 3, pl. 14; *Aculeated anteater*, Penn., Quadr., t. 2, p. 262; *Myrmecophaga aculeata*, Shaw, *Gener. Zoolog.*, vol. 1.er, part. 1.re, p. 175, pl. 54) est de la taille du hérisson d'Europe. Son corps est couvert en dessus de piquans très-forts et coniques, longs d'un pouce et demi à trois pouces, d'un blanc sale dans presque toute leur longueur, si ce n'est vers la pointe, où ils sont noirs; tous dirigés en arrière, à l'exception de ceux de la queue, qui sont très-courts et relevés perpendiculairement, en se croisant avec les premiers; les parties inférieures du corps et la base des membres sont parsemés de quelques poils roides, plus longs sur les côtés que sous le ventre; le front et le vertex sont recouverts de poils courts et roides; quelques petits poils roux, parsemés entre les piquans du dos, ne sont visibles que quand on écarte ceux-ci; les ongles sont noirs.

Cette espèce, à laquelle il faut rapporter les notes de M. Prosper Garnot que nous avons extraites plus haut, se trouve à la Nouvelle-Hollande, dans les environs du Port Jackson.

L'Échidné soyeux (*Echidna setosa*, Cuv., Desm.; *Alter Ornithorhynchus histrix*, Home, *Philos. trans.*, 1802, et Bull. de la soc. philom., t. 3, pl. 15) est de la taille du précédent, dont il diffère principalement en ce que ses piquans, moins nombreux et plus petits, sont entremêlés d'une grande quantité de poils doux, soyeux et de couleur marron : les piquans sur l'occiput, les flancs et la queue, sont seulement un peu plus alongés que les autres, et un peu renflés dans leur milieu, blanchâtres et terminés de brun. Sa tête est couverte de poils jusqu'aux yeux et même un peu en avant de ceux-ci ; son museau est nu et de couleur noirâtre; son ventre et ses pattes ont des poils rares, durs et blanchâtres : ses ongles ont moins de longueur et de force que ceux de la première espèce, et ils sont plus arqués, plus étroits et plus sillonnés en dessus.

On le trouve à la Terre de Van-Diémen, et dans les îles du détroit de Bass. (Desm.)

ORNITHOTYPOLITE. (*Foss.*) On a donné ce nom à des débris fossiles d'oiseaux. Voyez Oiseaux fossiles et Ornitholithes. (Desm.)

ORNITHROPHE, *Ornithrophe*; Usube, Encycl. (*Bot.*) Genre de plantes dicotylédones, à fleurs complètes, polypétalées, de la famille des *sapindées*, de l'*octandrie monogynie* de Linnæus, offrant pour caractère essentiel : Un calice persistant, à quatre folioles, dont deux extérieures beaucoup plus petites ; quatre pétales onguiculés ; quatre glandes placées entre les étamines et les pétales ; huit étamines libres, à la base de l'ovaire ; celui-ci supérieur, à deux lobes, surmonté d'un style bifide ; les stigmates simples. Le fruit est une baie presque sèche, monosperme, offrant à sa base le rudiment d'un autre ovaire.

Ornithrophe a feuilles entières : *Ornithrophe integrifolia*, Poir., Enc. ; Lamck., *Ill. gen.*, t. 309, fig. 1 ; Willd., *Sp.*, 2, pag. 322., vulgairement Bois de merle. Arbrisseau dont les rameaux sont roides, cylindriques, très-glabres, d'un blanc cendré, souvent couverts de pustules blanches, garnis de feuilles alternes, pétiolées, ternées ; les folioles pédicellées, ovales, lancéolées, longues de quatre à cinq pouces, larges de trois, glabres, entières, acuminées, à nervures jaunâtres ; de fleurs disposées en grappes droites, axillaires, presque simples, plus longues que les pétioles. Ces fleurs sont petites ; elles produisent des baies noirâtres, un peu ovales, de la grosseur d'un pois. Cette plante a été découverte par Commerson à l'Isle-de-France.

Ornithrophe roide : *Ornithrophe rigida*, Willd., *Spec.*, 2, p. 324 ; *Allophylus rigidus*, Swartz, *Prodr.*, 62 ; *Schmidelia rigida*, Swartz, *Flor.*, 2, pag. 663. Cet arbrisseau s'élève à une hauteur de cinq à six pieds sur une tige droite, roide et rameuse. Les rameaux sont glabres, d'un gris cendré ; les feuilles alternes, pétiolées, ovales, acuminées, denticulées, presque épineuses à leurs bords, glabres, très-roides, d'un vert foncé, pubescentes et de couleur cendrée en dessous ; les pétioles courts, renflés, armés vers leur base de deux aiguillons ; les fleurs, polygames, disposées en grappes axillaires, ont le calice à quatre divisions profondes, concaves, inégales ; les pétales fort petits, ovales, obtus, en capuchon à leur sommet ; quatre glandes à la base de l'ovaire ; les étamines de la longueur de la corolle, du double plus longues dans les fleurs mâles. Le fruit est une baie presque ronde, de couleur rouge, de la grosseur d'un grain de poivre, à une seule semence. Cette plante croît sur les montagnes de la Nouvelle-Espagne, aux lieux arides.

Ornithrophe en épi ; *Ornithrophe spicata*, Poir., Encycl. Cette espèce, observée dans l'Herbier de M. Desfontaines, et dont le lieu natal n'est pas connu, a des rameaux élancés, cylindriques, pubescens, garnis de feuilles alternes, pétiolées, ternées ; les folioles sessiles, ovales, longues d'un pouce et plus, obtuses, à peine dentées, vertes en dessus, pubescentes et un peu blanchâtres en dessous ; la foliole terminale presque une fois plus grande que les autres ; les pétioles pubescens. Les fleurs sont disposées en épis grêles, axillaires, une fois plus longs que les feuilles, pubescens, filiformes. Ces fleurs sont nombreuses, très-petites, presque sessiles, accompagnées de très-petites bractées courtes et velues.

Ornithrophe d'occident : *Ornithrophe occidentalis*, Willd.; Lamck., *Ill. gen.*, tab. 309, fig. 2 ; *Schmidelia occidentalis*, Swartz, *Flor.*, 1, pag. 665. Arbrisseau de la Nouvelle-Espagne, haut de neuf à dix pieds ; il a une tige droite ; les rameaux glabres, cendrés ; les feuilles ternées ; les folioles presque sessiles, oblongues, dentées, acuminées, glabres en dessus, un peu pubescentes en dessous ; les deux folioles latérales plus petites ; les fleurs polygames, disposées en grappes simples, solitaires, axillaires, de la longueur des pétioles ; ces fleurs sont blanches, petites ; le calice partagé en quatre folioles inégales, ovales, concaves, pubescentes ; la corolle de la longueur du calice ; les pétales courbés, velus à leur sommet ; l'ovaire velu ; une baie charnue, monosperme, d'un rouge vif.

Ornithrophe glabre : *Ornithrophe glabrata*, Poir., *Schmidelia glabrata*, Kunth *in* Humb. et Bonpl., *Nov. gen.*, 5, pag. 122. Arbre de trente à quarante pieds, dont les rameaux sont glabres, verruqueux ; les feuilles ternées ; les folioles pédicellées, elliptiques, très-entières, glabres, obtuses, un peu mucronées, longues de quatre à six pouces ; les pédoncules grêles, solitaires, axillaires, un peu pubescens, terminés par trois grappes étalées, composées de petites fleurs, ayant chacune une très-petite bractée à leur base ; les folioles du calice presque orbiculaires, concaves, inégales, la corolle blanche ; les pétales ovales, spatulés, velus à leurs bords ; l'ovaire sessile, très-petit, pileux, à deux lobes. Cette espèce croît sur les bords du fleuve de la Magdeleine.

Ornithrophe cominie : *Ornithrophe Cominia*, Willd. ; *Rhus cominia*, Linn., *Amœn. acad.*, 5, pag. 395 ; *Schmidelia cominia*, Swartz, *Flor.*, 2, pag. 667 ; Sloan., *Jam.*, 170, Hist., 2, pag. 100, tab. 108, fig. 1. Arbre de la Jamaïque, dont les rameaux sont glabres, garnis de feuilles ternées, à folioles pédicellées, ovales, lancéolées, longues de trois pouces, larges de deux, glabres en dessus, cotonneuses en dessous. Les fleurs sont disposées, vers l'extrémité des rameaux, en une sorte de panicule axillaire, composée de plusieurs grappes simples ; les pédoncules pubescens ; les fleurs blanchâtres, fort petites, très-nombreuses, polygames ; les folioles du calice blanchâtres ; les pétales ovales, de la longueur du calice, un peu ciliés et velus à leur sommet ; les glandes jaunâtres. L'ovaire a deux lobes. Le fruit est une baie de la grosseur d'un pois, d'un rouge écarlate, monosperme. Cette plante croît à la Jamaïque, parmi les broussailles, aux lieux montueux.

Ornithrophe Cobbé : *Ornithrophe Cobbe*, Willd. ; *Rhus Cobbe*, Linn. ; *Schmidelia Cobbe*, Lamck., *Ill. gen.*, tab. 312, fig. 2 ; *Toxicodendrum Cobbe*, Gærtn., *De fruct.*, tab. 44. Arbrisseau des Indes orientales et de l'île de Ceilan, dont les feuilles sont alternes, à longs pétioles, composées de trois ou de cinq folioles grandes, digitées, ovales, aiguës, à fines dentelures. Les fleurs sont fort petites, à peine pédicellées, disposées en épis simples ; les pédoncules tomenteux. Le fruit consiste, d'après Gærtner, en une baie presque sphérique, glabre, charnue, de couleur noire, à une seule loge ; une semence ovale, adhérente à la partie pulpeuse du réceptacle.

Ornithrophe molle ; *Ornithrophe mollis*, Kunth *in* Humb. et Bonpl., *Nov. gen.*, 5, pag. 123. Grand arbre, dont les rameaux, dans leur jeunesse, sont blanchâtres et tomenteux ; les feuilles ternées ; les folioles pédicellées, oblongues, elliptiques, acuminées, sinuées, denticulées à leurs bords, longues d'environ six pouces, hérissées et blanchâtres en dessus, tomenteuses sur les nervures ; les fleurs disposées en grappes axillaires, solitaires, rameuses, plus courtes que les feuilles, munies de bractées tomenteuses et subulées; les folioles du calice orbiculaires; les pétales onguiculés, arrondis, hérissés, ainsi que les étamines. Cette plante croît dans le royaume de la Nouvelle-Grenade. (Poir.)

ORNOGLOSSUM. (*Bot.*) Ce nom, selon C. Bauhin, est donné au fruit du frêne, nommé encore *lingua avis* dans la Matière médicale. (J.)

ORNUBA, ROZZI. (*Bot.*) Noms arabes d'un pourpier, *portulaca imbricata* de Forskal. (J.)

ORNUS. (*Bot.*) Différens arbres ont reçu ce nom des anciens. Tragus le donnoit au charme; Pandectarius, au hêtre; Ruellius, Gesner et Dodoëns, au sorbier des oiseleurs; Belon, au petit frêne ou frêne à fleurs; Gattus, au frêne à feuilles rondes. Michéli l'a adopté, comme Belon, pour le frêne à fleurs, et en ce point il a été suivi par tous les botanistes. Cependant M. Dureau de Lamalle fils a cherché à prouver dans une Dissertation spéciale, et en citant beaucoup de passages de Virgile et d'autres poëtes, ainsi que d'auteurs anciens, que l'*ornus* des anciens est le grand frêne, et que le nom *fraxinus* étoit appliqué au petit frêne. Voyez ORNIER. (J.)

OROBANCHE, *Orobanche*, Linn. (*Bot.*) Genre de plantes dicotylédones monopétales, qui, dans la méthode de M. de Jussieu, a donné son nom à la famille des *orobanchées*, et qui, dans le système sexuel, appartient à la *didynamie angiospermie*. Ses principaux caractères sont d'avoir : Un calice monophylle, divisé profondément en deux parties partagées elles-mêmes en deux lobes plus ou moins profonds; une corolle monopétale, tubulée, à quatre ou cinq lobes disposés en deux lèvres inégales; quatre étamines, dont deux plus longues, placées sous la lèvre supérieure; un ovaire oblong, muni à sa base d'une glande en forme de croissant, surmonté d'un style terminé par un stigmate à deux lobes; une capsule ovale-oblongue, aiguë, uniloculaire, bivalve, contenant un grand nombre de graines très-menues.

Les orobanches sont des plantes herbacées, à tiges plus ou moins charnues, garnies d'écailles scarieuses au lieu de feuilles, et dont les fleurs sont disposées en épi terminal. On en con-

noît une trentaine d'espèces. Les suivantes croissent naturellement en France.

* *Corolle à quatre lobes.*

OROBANCHE MAJEURE; *Orobanche major*, Linn., *Spec.*, 882.
Sa tige est simple, haute d'un pied et demi à deux pieds,
d'un jaune roussâtre, ainsi que tout le reste de la plante,
renflée et comme tubéreuse à sa base, garnie d'écailles imbriquées en cette partie, et plus écartées sur le reste de la
tige. Ses fleurs sont assez grandes, disposées en un épi long de
six à dix pouces; les lobes du calice sont aigus, égaux; les
étamines entièrement glabres, et le style est pubescent. Cette
plante se trouve en France et en Europe dans les lieux sablonneux, les endroits secs et sur les bords des bois; elle est
vivace et croît sur les racines des légumineuses ligneuses, et
particulièrement sur celles du genêt à balais.

OROBANCHE VULGAIRE, *Orobanche vulgaris*, Lam., Dict. enc.,
4, p. 621; *Orobanche caryophyllacea*, Willd., *Spec.*, 3, p.
348. Cette espèce a beaucoup de ressemblance avec la précédente; mais elle en diffère par sa tige moins élevée, par ses
fleurs d'un rouge lie de vin intérieurement, ayant une odeur
de girofle assez prononcée, et dont les divisions sont crépues
et presque ciliées; par son style glabre et par ses étamines
cotonneuses à leur base du côté intérieur. Elle croît dans les
lieux secs, arides et sur les bords des bois; elle fleurit en
Juin.

OROBANCHE MINEURE; *Orobanche minor*, Smith., *Fl. Brit.*, 2,
p. 669. Cette espèce diffère des deux précédentes par la petitesse de sa fleur; par son calice, dont chaque partie est ordinairement partagée en deux lobes acérés et très-inégaux.
Sa corolle est jaunâtre, pubescente en dehors, à lobes un
peu échancrés. Le style est glabre et les étamines sont velues
à leur base. Elle croît dans les champs secs et sablonneux.

OROBANCHE ÉLANCÉE; *Orobanche elatior*, Willd., *Spec.*, 3,
p. 349. Cette espèce ne diffère de la précédente que parce
que ses fleurs sont un peu plus grandes, rougeâtres, glabres
en dehors, et que les lobes de la corolle ne sont point
échancrés. Elle se trouve dans les bois.

** *Corolle à cinq lobes.*

Orobanche bleuatre ; *Orobranche cærulea*, Willd., *Spec.*, 3, p. 352. Sa tige est simple, droite, légèrement pubescente, haute de huit pouces à un pied, terminée par un épi de six à douze fleurs d'un bleu violet. Leur calice est un peu tubuleux, à quatre lobes, et les lobes de la corolle sont entiers, presque égaux. Cette espèce croît sur les bords des champs, dans les pâturages et sur les collines.

Orobanche rameuse : *Orobanche ramosa*, Linn., *Spec.*, 882 ; Bull., *Herb.*, t. 399. Sa tige est ordinairement rameuse, haute de six à dix pouces. Ses fleurs sont tubuleuses, oblongues, assez petites, bleuâtres, peu serrées entre elles et disposées en un épi alongé ; leur calice est court, découpé en quatre divisions aiguës. Cette espèce croît dans les champs, principalement dans ceux qui sont cultivés en chanvre. Elle cause souvent de grandes pertes dans cette espèce de récolte lorsqu'elle est très-multipliée, parce qu'elle fait périr chaque pied de chanvre sur lequel elle s'implante. On doit mettre beaucoup de soin à la détruire, parce qu'elle se multiplie facilement à cause de ses graines nombreuses, et qui peuvent se conserver pendant plusieurs années en terre sans germer. M. Vaucher, de Genève, a reconnu par de nombreuses expériences que les graines de cette orobanche, confiées à la terre, y restent indolentes pendant plusieurs années, sans qu'aucun moyen puisse déterminer leur développement; mais, si les eaux des pluies ou d'autres circonstances les entraînent vers des racines de chanvre, elles s'y attachent incontinent, et y enfoncent des radicules, puis grossissent, se débarrassent de leurs enveloppes, jettent de tous côtés un grand nombre d'autres radicules et poussent verticalement des jets qui deviennent de véritables tiges chargées de leurs fleurs. (L. D.)

OROBANCHE. (*Bot.*) Ce nom, qui signifie étrangle orobe, a été donné à des plantes parasites qui croissent sur l'orobe et d'autres végétaux, qu'ils épuisent et font périr. Ces plantes ont un port particulier et une couleur qui n'est point verte, comme celle de la plupart des végétaux. Quelques plantes, qui ont le même aspect, ont reçu pour cette raison le même nom, quoique leur fructification soit différente. Tels sont l'*ophrys corallorhiza*, l'*ophrys nidus avis*, le *monotropa*, la clandestine et ses congénères.

Cependant Daléchamps cite un *orobanche leguminum*, qui est le *lathyrus aphaca*; et suivant C. Bauhin, l'*orobanche* de Théophraste est le petit liseron, qui, trop multiplié naturellement dans les jardins, étouffe souvent les plantes potagères. (J.)

OROBANCHÉES. (*Bot.*) Cette famille de plantes tire son nom de l'orobanche, son genre le plus connu ; elle est caractérisée de la manière suivante.

Un calice d'une seule piéce, accompagné de bractées, quelquefois divisé profondément en plusieurs parties imitant des bractées, et paroissant alors nul. Une corolle insérée sous l'ovaire, monopétale, irrégulière, à limbe divisé en deux lèvres, supportant quatre étamines, dont deux ont les filets plus longs. Un ovaire simple, libre, uniloculaire, contenant plusieurs ovules attachés à ses parois; un style unique ; un stigmate simple ou bilobé ; une capsule uniloculaire, s'ouvrant en deux valves qui supportent un ou deux placentaires relevés en forme de demi-cloisons et chargés de plusieurs graines, dont chacune, sous un double tégument, renferme un périsperme charnu, ou presque corné; il est creusé supérieurement d'une petite fossette latérale, contenant un petit embryon excentrique et dicotylédone.

Les plantes de cette famille sont des herbes de couleur roussâtre ou jaunâtre, un peu charnues, le plus souvent parasites, naissant sur les racines d'autres plantes. Leurs tiges sont rameuses ou plus souvent simples, et alors tantôt nues en forme de hampe, tantôt chargées de quelques écailles, quelquefois cachées dans la terre et ne montrant au dehors que leur sommité fleurie. Les feuilles sont tantôt toutes radicales, tantôt alternes ou opposées sur la tige, et alors presque semblables à des écailles, quelquefois charnues, surtout lorsqu'elles restent sous terre. Les fleurs sont terminales, solitaires ou en épi, accompagnées de bractées.

Les orobanchées formoient auparavant une troisième section dans la famille des pédiculaires ou rhinanthées. Ventenat et M. De Candolle en ont fait une famille distinguée par son port, ses habitudes parasites, son embryon excen-

trique observé par Gærtner, et surtout par son fruit uniloculaire, à placentaires pariétaux ; mais ils l'ont laissée de
même à la suite des rhinanthées, dont elle ne peut être
éloignée. Nous avons adopté cette division, qui laisse toujours
les orobanchées dans la classe des hypocorollées ou dicotylédones, à corolle monopétale insérée sous l'ovaire.

On y réunit les genres *Hyobanche*, *Obolaria*, *Epifagus*
(*Orobanche virginiana*) de M. Nuttal ou *Leptomus* de M.
Rafinesque, *Schultzia* de ce dernier ; *Orobanche*, que M.
Desfontaines divise en *Phelipœa* à calice existant, et *Orobanche* à calice transformé en bractées, *Kopsia* (*Orobanche
ramosa*) de M. Dumortier, *Ægynetia* de M. Roxburg et de
Willdenow, qui paroît avoir pour congénère l'orobanche
uniflora de Linnæus (*Aphyllon* de Michéli ; *Gymnocalis*, de
M. Nuttal), ainsi que le premier *Phelipœa* de Tournefort,
décrit et figuré par M. Desfontaines dans les Annales du
Muséum, X, p. 296, t. 21, et peut-être encore l'*Orobanche
coccinea* de Willdenow. La claudestine, *lathrœa*, termine cette
série. (J.)

OROBANCHIA. (*Bot.*) Genre de plantes dicotylédones, à
fleurs complètes, monopétalées, de la famille des *personnées*,
de la *didynamie angiospermie* de Linnæus, qui paroît avoir de
très-grands rapports avec les *besleria*, auxquels il pourroit être
réuni, et dont il se distingue par une capsule non pulpeuse,
uniloculaire, à deux valves, contenant des semences nombreuses et fort petites.

Son calice est d'une seule pièce, pentagone, persistant, à
cinq découpures aiguës ; la corolle velue ; son tube un peu
courbé et cylindrique à sa base, puis en bosse et ventru vers
son sommet ; l'orifice étroit, resserré ; le limbe court, à cinq
lobes arrondis ; quatre étamines didynames, plus courtes que
la corolle ; les anthères arrondies et conniventes. L'ovaire supérieur, alongé ; le style filiforme et pileux, plus court que
les étamines ; le stigmate à deux lobes ; une grosse glande uni-
latérale, échancrée, placée à la base de l'ovaire.

Vandelli, *Flor. lusit. et bras.*, pag. 41, tab. 30, fig. 18 et
19, auteur de ce genre, en a mentionné deux espèces, l'une
à feuilles larges, lancéolées, oblongues, pétiolées, opposées ;
les folioles du calice glabres, dentées, arrondies (fig. 18). L'autre

a des tiges grimpantes, radicantes, garnies de feuilles oblongues, opposées, pétiolées; les pétioles de couleur purpurine; le calice de couleur écarlate; ses divisions ovales, lancéolées, pileuses à leurs bords; sa corolle hérissée; ses lobes jaunâtres. Ces plantes croissent au Brésil. (Poir.)

OROBANCHOÏDES. (*Bot.*) On avoit donné primitivement ce nom au genre nommé ensuite *Monotropa* par Linnæus, lequel a quelque affinité avec lui par son port, mais en diffère beaucoup par d'autres caractères, qui ont engagé quelques auteurs à le rapprocher de la pyrole. (J.)

OROBE; *Orobus*, Linn. (*Bot.*) Genre de plantes dicotylédones polypétales, de la famille des *légumineuses*, Juss., et de la *diadelphie décandrie*, Linn., qui a pour principaux caractères: Un calice monophylle, à cinq dents, dont les deux supérieures plus courtes; une corolle papilionacée, à étendard cordiforme, à ailes oblongues et conniventes, et à carène montante, aiguë, divisée en deux à sa base; dix étamines diadelphes; un ovaire supère, cylindrique, surmonté d'un style filiforme, courbé, terminé par un stigmate pubescent; une gousse oblongue, cylindrique, terminée par une pointe formée du style persistant, à une loge s'ouvrant en deux valves et contenant plusieurs graines arrondies.

Les orobes sont des plantes herbacées, vivaces par leurs racines, à feuilles ailées sans impaire, terminées par un filet droit et non roulé; leurs fleurs, souvent d'un assez joli aspect, sont disposées en grappes simples et axillaires. Ils diffèrent peu des gesses, des pois et des vesces. On en connoît environ quarante espèces, parmi lesquelles nous citerons seulement les plus remarquables.

Orobe jaune; *Orobus luteus*, Linn., *Spec.*, 1028. Ses tiges sont droites, anguleuses, glabres, hautes de quinze à vingt pouces, souvent rameuses, garnies de feuilles composées de six à dix folioles lancéolées, vertes en dessus, glauques en dessous, et accompagnées de stipules grandes, dentées à leur base. Les fleurs sont jaunes, assez grandes, disposées au nombre de huit à douze, en grappe lâche, portée sur un pédoncule au moins de la longueur des feuilles. Cette espèce croît dans les pâturages et les bois des Alpes, des Pyrénées, des montagnes de la Suisse, de l'Allemagne, etc.

Orobe printannier; *Orobus vernus*, Linn., *Spec.*, 1028. Sa racine est rampante, fibreuse; elle produit une ou plusieurs tiges droites, anguleuses, hautes de huit pouces à un pied, garnies de feuilles ailées, composées de quatre à six folioles ovales-lancéolées, très-glabres, et munies à leur base de stipules entières, semi-sagittées. Les fleurs sont bleuâtres ou purpurines, portées, au nombre de quatre à huit, sur un pédoncule à peu près égal aux feuilles, et formant une petite grappe d'un assez joli aspect. Cette espèce croît dans les bois, en France et dans le Nord de l'Europe. Tous les bestiaux, et principalement les chevaux, l'aiment beaucoup. M. Bosc croit qu'il seroit avantageux de la cultiver comme fourrage précoce.

Orobe tubéreux; *Orobus tuberosus*, Linn., *Spec.*, 1028. Ses racines sont fibreuses, pourvues çà et là de petits tubercules; elles produisent des tiges anguleuses, rameuses, un peu couchées à leur base, hautes de six à huit pouces, garnies de feuilles ailées, composées de quatre à six folioles ovales-oblongues, linéaires dans une variété, d'un beau vert en dessus, glauques en dessous. Ses fleurs sont purpurines, portées deux à quatre ensemble sur chaque pédoncule. Cette plante n'est pas rare, en France et en Europe, dans les pâturages et les bois. Ses feuilles sont du goût de tous les bestiaux, et les cochons sont avides de ses tubercules radicaux. Ces petites tubérosités, à peu près de la grosseur des noisettes, sont assez bonnes à manger après avoir été cuites dans l'eau. En Écosse, pays où elles viennent naturellement en grande abondance, les habitans des montagnes les ramassent, les font sécher et les emploient ensuite comme aliment dans leurs voyages. En y ajoutant de l'eau et un peu de levain, ils les font fermenter et en préparent une boisson qui est douce, rafraîchissante et salubre.

Orobe blanc; *Orobus albus*, Linn., *Suppl.*, 527. Sa tige est droite, simple, légèrement anguleuse, haute de huit à douze pouces, garnie de feuilles composées de quatre folioles linéaires. Les fleurs sont d'un blanc jaunâtre, de grandeur médiocre, disposées, quatre à huit ensemble, en une grappe portée sur un pédoncule une fois plus long que les feuilles. Cette espèce croît dans les prairies des montagnes, en France, en Autriche, en Hongrie, etc.

Orobe noir ; *Orobus niger*, Linn., *Spec.*, 1028. Ses tiges sont droites, anguleuses, rameuses, garnies de feuilles composées de huit à douze folioles ovales, d'un vert un peu glauque ; ses fleurs sont d'un violet bleuâtre, disposées, quatre à huit ensemble, en une petite grappe portée sur un pédoncule de la longueur des feuilles. Toute la plante prend, en se desséchant, une teinte brune noirâtre. Elle croit dans les bois, en France et dans le Nord de l'Europe. (L. D.)

OROBE BATARD, OROBE DES BOUTIQUES. (*Bot.*) Noms vulgaires de la lentille ervilie. (L. D.)

OROBITE. (*Min.*) On donne ce nom au calcaire concrétionné sphéroïdal, dont les grains arrondis sont à peu près de la grosseur d'une féve. C'est tantôt un calcaire de formation récente, tantôt un calcaire oolithique que nous désignons sous le nom d'oolithe nodulaire. Voyez Chaux carbonatée oolithe. (B.)

OROBOUTAN. (*Bot.*) Nom donné, suivant Daléchamps, a un grand arbre du Brésil, qui croît, dit-il, surtout en la province de Morpion et au cap de Fric. Son bois, très-dur, d'un beau rouge dans le centre, est très-recherché pour les teintures. La description et la figure que cet auteur en donne, sont trop incomplètes pour qu'on puisse le rapporter à quelque genre connu. (J.)

OROBUS. (*Bot.*) Ce nom latin de l'orobe, genre de plantes légumineuses, a été aussi donné par Matthiole, Daléchamps et C. Bauhin à l'ers, *ervum ervilia* ; par Plukenet, au *galega virginiana*. (J.)

ORONBUNKE, ORMKAGE. (*Bot.*) Noms du *pteris aquilina*, espèce de fougère, en Suède. Voyez Pteris. (Lem.)

ORONCE, *Orontium*. (*Bot.*) Genre de plantes monocotylédones, à fleurs incomplètes, de la famille des *aroïdes*, de l'*hexandrie monogynie* de Linnæus, offrant pour caractère essentiel : Un spadice cylindrique, chargé de fleurs hermaphrodites, composées d'une corolle (ou calice) à six pétales persistans ; point de calice ; six étamines ; les filamens très-courts, alternes avec les pétales, les anthères à deux loges ; un ovaire supérieur ; point de style ; un stigmate bifide. Le fruit est un follicule mince, monosperme, recouvert par la corolle, enfoncé dans le spadice.

On trouve dans le *Synopsis* de M. Persoon, un genre *Oron-tium*, que cet auteur a établi pour l'*antirrhinum orontium* et quelques autres espèces de Linné. Celui dont il est ici question s'y trouve également. En conservant ce nouveau genre, il sera essentiel d'en changer le nom.

Oronce aquatique; *Orontium aquaticum*, Linn., *Amœn. acad.*, 3, pag. 17, tab. 1, fig. 3; Catesb., *Carol.*, 1, tab. 82; Lamck., *Ill. gen.*, tab. 251, fig. 2. Cette plante s'élève à la hauteur de sept à huit pouces en une hampe cylindrique, très-glabre, couverte de points blancs. Sa base est entourée de quelques feuilles glabres, ovales, lancéolées, aiguës, très-entières, ré-trécies en pétiole; la racine est profonde et charnue. Les fleurs sont réunies en un épi grêle, très-serré sur un spadice ou ré-ceptacle commun, long d'environ un pouce et demi. Cette plante croît aux lieux aquatiques, dans la Virginie et le Canada.

Oronce du Japon; *Orontium japonicum*, Thunb., *Fl. jap.*, 144; Lamck., *Ill. gen.*, tab. 251, fig. 1; Bancks, *Icon.*; Kempf., tab. 12, fig. 2; *Bot. Magaz.*, tab. 898. Cette espèce est pourvue d'une grosse racine charnue, couverte de très-longues fibres capillaires; elles produisent des feuilles en lame d'épée, beau-coup plus longues que la hampe, roulées et rétrécies à leur base, longues de deux pieds, larges de deux pouces, à ner-vures saillantes. La hampe est droite, glabre, cylindrique, haute de trois ou quatre pouces, terminée par un gros épi ovale, d'environ un pouce de long. Cette plante croît au Japon.

Oronce de la Cochinchine; *Orontium cochinchinensa*, Lour., *Flor cochin.*, 1, pag. 258. Plante des marais de la Chine et de la Cochinchine, dont les rameaux sont simples, rampans, articulés, cannelés proche leurs articulations; légèrement aromatiques; les feuilles sont longues de trois pieds, larges d'un pouce, ensiformes, glabres, à côtes saillantes des deux côtés; du centre des feuilles sort un spadice roide, cylindri-que, long de deux pouces, chargé de fleurs sessiles; le fruit est une baie sèche, arrondie, monosperme, presque semblable à un follicule. (Poir.)

ORONETA. (*Ornith.*) Nom catalan de l'hirondelle de cheminée, *hirundo domestica*, Linn. (Ch. D.)

ORONGES. (*Bot.*) Ce nom, qui dérive des deux mots latins, *aureus fungus*, champignon doré, est spécialement affecté à l'*amanita aurantiaca*, Pers., dont la couleur est d'un beau jaune orangé ; mais, depuis, Paulet l'a étendu à plusieurs autres espèces de champignons qui se rapprochent de l'espèce ci-dessus par le stipe renflé et bulbeux à la base ; en outre, presque toutes les espèces sont également enveloppées, dans leur jeunesse, dans un volva, espèce de bourse, dont la présence forme le caractère distinctif du genre *Amanita* d'avec celui des *Agaricus* (voyez Fonge). Quoique ce soit un assez bon caractère, la plupart des naturalistes refusent de séparer ces deux genres, et notamment Fries, qui, dans sa Mycologie, présente les amanites en deux sections distinctes, qu'il désigne par *amanita* et *volvaria*. Quoi qu'il en soit, les oronges décrites par Paulet rentrent dans sa famille des *bulbeux*, qui renferme les *agaricus* et les *amanites*, chez lesquels le stipe ou la tige a la base renflée en forme de bulbe ou d'oignon en partie enfoncé en terre. Ces champignons, d'une forme ordinairement régulière, sont généralement ornés de couleurs vives et décidées ; ils répandent une odeur communément vireuse et exaltée : leur substance est molle, elle tend à se corrompre plus promptement. Ces champignons sont presque tous vénéneux ou suspects ; on peut les partager en sept sections, savoir :

1.re *Section.* Les Bulbeux nus, qui, n'ayant point de volva, sont des véritables *agaricus ;* ils forment une seule espèce, le Grand Parasol.

2.e *Section.* Les Bulbeux a collet. Ceux-ci offrent au sommet du stipe un collet ou anneau, reste du voile qui recouvre les feuillets dans leur jeunesse. Il y en a trois espèces : le Bulbeux gercé, Paul., Trait., 2, pag. 307, pl. 150, fig. 1, 2 ; le Bulbeux satiné et rayé, Paul., *l. c.*, fig. 3 ; et le Petit Bulbeux cire-jaune, Paul., *l. c.*, fig. 4, qui ne paroît pas différer de l'*agaricus ceraceus*, Jacq. Ces trois espèces suspectes se rencontrent aux environs de Paris.

3.e *Section.* Les Bulbeux a bourse ou Oronges sans collet. Ceux-ci ont un *volva* et sont privés de collet ; il y en a quatre espèces, savoir : l'Oronge sucrée, l'Oronge satinée, l'Oronge des vignes et l'Oronge souris.

I. La première, l'ORONGE SUCRÉE (Paul., Trait., 2, p. 309, pl. 151, fig. 1), a une saveur sensiblement sucrée quand on la goûte. Elle est d'une belle couleur chamois et s'élève à quatre ou cinq pouces; le volva et les feuillets sont blancs; le chapeau offre des stries rayonnées aux points d'insertion des feuillets en dessous.

II. La deuxième, l'ORONGE SATINÉE (Paul., *l. c.*, 310, pl. 151, fig. 2), a la surface du chapeau très-unie, semblable à du satin gris de lin ou cendré; le volva et les feuillets sont très-blancs. Ce champignon a une saveur et une odeur qui ne sont pas agréables. On le trouve dans les bois à Saint-Germain, à Meudon, etc.

Paulet rapproche de l'*oronge satinée* trois autres espèces, décrites par Michéli et dont une (Mich., *Gen.*, pl. 76, fig. 6, c.) est donnée pour l'*agaricus bombycinus*, Schæff., tab. 98, ou *amanita calyptrata*, Lamck., Encycl., que M. Persoon dit être son *amanita incarnata*. D'après Michéli il seroit comestible.

III. La troisième, l'ORONGE DES VIGNES (Paul., Trait., 2, pag. 311, pl. 151, fig. 3), qui se trouve en automne dans les terres sablonneuses, à l'ombre de la vigne, est d'un gris foncé et comme soyeux. Le volva est blanc et les feuillets sont un peu couleur de chair; sa substance est molle, insipide et s'altère bientôt. Paulet croit qu'elle est analogue au champignon figuré par Plumier, Trait. des Fougères, pl. 167, fig. F, *Boletus*, et qu'il rapproche de l'ORONGE DES SOTS ou *stultorum boletus* de Steerbeck, tab. 20, fig. D.

IV. La quatrième, l'ORONGE SOURIS (Paul., Trait., 2, p. 311, pl. 151, fig. 4, 5; *Agaricus Pico*, Mém. soc. roy. méd., vol. 3, avec fig.) est le plus pernicieux de tous les amanites et cause des accidens mortels aux personnes qui en mangent imprudemment. Il croît en Italie et surtout en Piémont, aux bords des chemins, en automne. Il a une forme élancée, conique; sa couleur est le gris de souris comme satiné en dessus; ses feuillets sont d'un blanc lavé de jaunâtre; son stipe est blanc sale, tortueux, haut de quatre à cinq pouces; il porte un chapeau d'un pouce et demi d'étendue.

4.ᵉ *Section.* LES BULBEUX A BOURSE COLLETÉS. Ils ont un volva et un anneau ou collet au sommet du stipe. Paulet en admet deux espèces: l'ORONGE CROIX DE MALTE (Paul., *l. c.*, pag. 315, pl. 152, fig. 1), dont le chapeau s'ouvre en cinq ou six portions égales, représentant en quelque sorte une croix de Malte; sa couleur est d'un rouge de chair pâle : sa substance, dit Paulet, ressemble plutôt à celle de la chair animale, qu'à la pulpe d'un champignon. Il s'élève à trois ou quatre pouces : il a le parfum du champignon ou du mousseron extrêmement exalté; cependant des expériences prouvent qu'il est très-malfaisant : on le trouve, en Août, dans les bois, à Pantin près Paris.

V. L'Oronge couleuvre (Paul., Trait., 2, pag. 317, pl. 152, fig. 2), offre un chapeau couleur de chair tendre ou couleur de noisette. Il est régulier et porté sur un stipe blanc, un peu peluché; sa chair est blanche. On trouve cette oronge dans le bois de Meudon ; elle n'a rien qui annonce des qualités suspectes.

5.ᵉ *Section.* Les Bulbeux en coque et sans collet. Ils ont un volva épais et point d'anneau ; il y en a deux sortes.

VI. L'Oronge tannée (Paul., Tr., 2, pag. 317, pl. 153, fig. 1, 2) s'élève à trois ou quatre pouces de hauteur. Lorsqu'elle est contenue dans son volva, elle ressemble à un œuf un peu alongé ; son chapeau est couleur de marron foncé ; il est sujet à se fendre et n'a d'autre chair que celle des feuillets, dont la saillie le rend rayé; le stipe et le volva, d'abord blancs, prennent ensuite une teinte fauve. On trouve ce champignon en automne dans les bois de Marly.

VII. La Coquemelle (Paul., Tr., 2, p. 318, pl. 133, fig. 3-5; *Amanita alba*, Pers., Ch. comm., pag. 177; *Agaricus ovoideus*, Bull., Ch., tab. 364; Dec., Fl. fr.; *Coccola*, Michél., *Gen.* 185; vulgairement *Coucoumelle*, *Coquemelle*, *Champignon blanc*, *Oronge blanche*). Cette espèce, qui croît particulièrement en Italie et en Languedoc, est très-recherchée pour la table ; elle a toutes les qualités des meilleurs champignons et des plus délicats : on la prépare comme l'*oronge franche*. Elle est d'un beau blanc, avec le chapeau lisse sur le bord et les feuillets étroits d'un rose tendre : elle roussit un peu avec l'âge. Lorsque ce champignon est encore enfermé dans son volva, il ressemble à un œuf de poule ou bien à une coque, d'où vient son nom. Cette enveloppe blanche, épaisse, se déchire assez souvent en deux parties, dont l'une reste attachée à la base, du stipe, et l'autre collée au chapeau. Bulliard annonce avoir trouvé cette plante à Fontainebleau.

6.ᵉ *Section*. Les BULBEUX EN COQUE ET COLLETÉS, qui ont un volva et un collet rabattus sur le stipe. Il y en a deux espèces : l'ORONGE FRANCHE, et l'ORONGE CIGUE.

VIII. L'ORONGE FRANCHE ou l'ORONGE JAUNE D'ŒUF (Paul., Tr., 2, pag. 319, pl. 154, fig. 1-3; *Amanita aurantiaca*, Pers., Champ. comm., pag. 174, pl. 1; *Agaricus aurantiacus*, Bull., Hist. champ., pl. 120 [voyez 12.ᵉ cahier des planches de ce Dictionnaire]; *Agaricus cæsareus*, Schæff., tab. 238, 247; Fries, *Syst. myc.*, 1, pag. 15; Mich., tab. 77, fig. 1; Steerbeck, tab. 4, fig. D E F; *Elvella Ciceronis*, Batt., p. 27, tab. 4). Ce champignon paroit être connu depuis long-temps, et la plupart des botanistes ne doutent pas que ce soit le *bolites* ou *boletus* mentionné par Pline, cité dans les écrits de Cicéron, d'Horace, de Juvenal, de Martial, d'Apicius, etc., et qui faisoit tellement les délices des Romains, qu'il mérita d'être mentionné par ces auteurs célèbres et d'être nommé le champignon des Césars, le *prince des champignons*. Martial suppose qu'il est plus aisé de se passer d'or et d'argent, que de se priver de ce champignon (Mart., *Epig.*, *lib. XIII*). Pline dit positivement qu'il sort d'un volva et qu'il ressemble dans son enfance à un jaune d'œuf encore dans sa coque, laquelle, s'ouvrant, lui livre passage et permet son développement, et que sa durée est de sept jours.

L'oronge franche, appelée aussi *oronge*, *dorade*, *jaune d'œuf*, *cadran*, *boulets*, *oumégal* (*ovum gallinæ*), *endorguez*, *aulonjat*, *jazeran* ou *jasseran* dans les Vosges, *coccolo*, *uovolo* en Toscane, *bole real* en Piémont, jouit encore de son antique célébrité, et est encore fort recherchée dans tous les pays où elle croît.

L'oronge sort d'un volva d'un beau blanc; son chapeau, d'une belle couleur d'orange ou de jaune d'œuf, est régulier, de quatre à six pouces de diamètre, strié sur les bords et même fendu; il s'élève à six ou sept pouces, sur un stipe plat d'un jaune pâle, avec une collerette qui le recouvre en partie; le dessous du chapeau est amplement garni de feuillets épais, arqués, jaunâtres. Ce champignon croît dans les partie tempérées et méridionales de l'Europe; il est in-

diqué, avec doute, en Norwége : il paroît cependant qu'on
ne le trouve plus au-delà de 52^d de latitude. Il croît,
mais rarement, dans les bois aux environs de Paris, à Fontainebleau, Meudon, Senard, Grosbois, l'île Adam, etc.;
il s'y rencontre particulièrement lorsque l'automne est douce
et pluvieuse.

On ne peut rien manger de plus délicieux que l'oronge;
un empereur romain l'appeloit le *manger des dieux*, et c'est
la raison pour laquelle les Latins désignoient spécialement
ce champignon par *fungus cæsareus*. Suivant Apicius, on l'ap-
prêtoit dans le vin cuit avec un bouquet de coriandre, ou
dans le jus des viandes, avec l'assaisonnement ordinaire; on
ajoutoit pour liaison le miel, l'huile et les jaunes d'œufs.
Maintenant on apprête l'oronge différemment : la meilleure
manière consiste, après l'avoir bien choisie et l'avoir éplu-
chée, c'est-à-dire dépouillée de sa peau et enlevée sa tige, à
la faire cuire renversée sur un plat ou autre ustensile, sa
cavité garnie de fines herbes, de mie de pain, d'ail, de poivre, de sel et des hachures de sa tige, le tout arrosé d'huile
d'olive; c'est ce qu'on nomme *à la barigoule* et *à la provençale*.

L'oronge ne se garde pas plus d'un ou deux jours fraîche.
On la conserve néanmoins dans l'huile; c'est ce qu'on appelle
oronge marinée, dont on fait commerce en Italie, et surtout à Gênes. L'oronge mise dans l'huile, y éprouve un commencement de fermentation acide, puis se conserve des
années entières : il lui demeure un goût acidulé assez analogue au goût de l'aubergine. Quelquefois, avant de mettre
l'oronge dans l'huile, on la coupe par morceaux, après avoir
enlevé le volva et le voile; on étale ces morceaux dans un
lieu très-chaud et très-sec, et lorsqu'ils sont bien desséchés,
on les conserve ainsi ou bien dans l'huile : alors l'oronge se
maintient très-bien et sans goût acide. On garde encore ce
champignon dans de l'eau salée ou pure qu'on renouvelle;
mais préalablement il faut le faire bouillir un peu dans de
l'eau. Dans toutes ces manières il perd une partie de son parfum et de ses bonnes qualités, et, dans tous les cas, on ne
peut nier que de tout temps on lui a reconnu des qualités
indigestes.

IX. L'ORONGE CIGUE (Paul., Trait., 2, pag. 526, pl. 155

et 156; *Agaricus phalloides*, Fries, *Myc. syst.*, 2, pag. 13; *Amanita venenosa*, Pers., Ch. com., pag. 178). Le plus mortel de tous les champignons, comme il est prouvé par des exemples nombreux et des expériences multipliées rapportées par Paulet. Sa couleur dominante est le jaunâtre ou le vert jaunâtre; sa chair et ses feuillets sont blancs; le chapeau est un peu écailleux, lisse sur le bord; le stipe est creux vers le haut, bulbeux à la base, entouré par le volva. Paulet distingue trois variétés de l'oronge ciguë, lesquelles sont trois espèces bien distinctes pour beaucoup de botanistes. Fries admet cinq variétés; voici les trois indiquées par Paulet.

L'Oronge cigue jaunatre (Paul., Trait., 2, pag. 326, pl. 155, fig. 1-4, et pl. 156, fig. 1; *Amanita citrina*, Pers.; *Agaricus citrinus*, Schæff., tab. 20). Son chapeau est d'un jaune de citron ou de gomme-gutte, uni, sans écaille; le stipe et les feuillets sont d'un blanc jaunâtre. Ce champignon s'élève à cinq ou six pouces de hauteur; on le trouve, en automne, dans les bois, en France, en Italie, en Allemagne. On le nomme dans les campagnes le *luit-vert* et *vert de gris*. Il se plaît dans les terres légères, sablonneuses, mêlées de feuilles; il se conserve huit à dix jours: il n'est jamais attaqué par les larves d'insectes et les limaces. Lorsqu'il est dans sa maturité, il a une odeur forte et virulente.

L'Oronge cigue verte (Paul., *l. c.*, pl. 156, fig. 1 et 2; *Amanita viridis*, Pers., Champ. comm., pag. 181, pl. 2, fig. 2; *Agaricus bulbosus*, Bull., tab. 2, pag. 108 et 577, fig. D). Cette oronge est de couleur d'herbe, quelquefois olivâtre ou grisâtre; le bulbe de son stipe est plus arrondi, tandis qu'il est aplati dans l'oronge précédente et l'oronge suivante; son chapeau est communément glabre et n'offre point de débris du volva. Ce champignon devient un peu plus grand que le précédent; sa saveur et son odeur sont les mêmes, mais plus exaltées.

L'Oronge cigue blanche (Paul., *l. c.*, pag. 156, fig. 3, 4; *Am. bulbosa alba*, Pers.; *Ag. bulbosus*, Schæff., tab. 241; *Ag. bulbosus vernus*, Bull., tab. 108). Ce champignon, heureusement moins commun que les précédens, est celui qui occasionne les accidens les plus funestes. Sa couleur, entièrement blanche, et sa petite taille de deux à trois pouces, peuvent le faire confondre avec le champignon de couche, qui s'en distingue cependant suffisamment par ses feuillets rougeâtres et l'absence de volva. Suivant Paulet, la couleur blanche de cette oronge prend une teinte jaunâtre dans la maturité. Son odeur n'a rien de désagréable.

7.ᵉ *Section*. Les Bulbeux mouchetés sont des amanites qui présentent un anneau ou collet; un volva constamment, et même en sortant de terre, divisé en plusieurs parties; un bulbe mollasse. Ils répandent une odeur forte et leur usage est à redouter. On en compte dix espèces, dont nous indiquerons trois ici; savoir : la *fausse oronge* ou *champignon rouge*, le *bulbeux jaune et blanc*, et l'*oronge perlée*; les autres sont décrites à leur nom : le *grivelé visqueux*, le *gris perlé*, le *rougeâtre truité*, la *pomme de pin*, la *noix à diamans*, la *petite râpe* et la *palette à dards*.

X. La fausse Oronge ou Champignon rouge (Paul., Tr. , 2 , p. 346, pl. 157, fig. 1, 2, 3; Michél., t. 78, fig. 2; *Agaricus muscarius*, Linn.; Schæff., tab. 27, 28; *Agaricus pseudoaurantiacus*, Bull., tab. 122; *Amanita muscaria*, Pers.; *Tignola* des Italiens; voyez le 12.ᵉ cahier de planches de ce Dictionnaire). Ce champignon, que l'on peut confondre avec l'oronge vraie, n.° VIII, et qui en est bien différent par ses qualités, puisqu'il est un des plus dangereux que l'on connoisse, est néanmoins très-distinct. Il s'élève ordinairement à la hauteur de cinq à six pouces; son chapeau est d'un rouge de feu qui passe au rouge aurore, au rouge pâle et doré, au doré, et au rouge éteint, avec de petites peaux blanches, dispersées sans ordre, semblables à des taches, dont la surface est ordinairement couverte. Ce chapeau, parfaitement circulaire, est strié sur le bord; il porte en dessous des feuillets d'un beau blanc; le stipe, plein et bulbeux à sa base, est également blanc. Le volva, incomplet, adhérent d'abord au bulbe et au chapeau, forme sur celui-ci les verrues ou peaux anguleuses et blanches qu'on y voit. La *fausse oronge* se plaît dans les bois et se rencontre par toute l'Europe : il est constant qu'elle est très-dangereuse et qu'elle occasionne de funestes accidens aux personnes qui ont l'imprudence d'en manger; cependant il paroît que chez quelques peuples on en fait usage : si l'on en croit Withering, en Angleterre ou

vend ce champignon tout comme les autres. Les Kamtscha-
dales et les Ostiaques, qui le nomment *mucho-more*, tue-
mouche, en préparent avec l'*epilobium angustifolium* une
boisson spiritueuse et enivrante, qui, à petite dose, donne
de la vigueur et fait braver le danger; mais qui, prise à haute
dose, occasionne le délire et la folie, accompagnés de désespoir.
L'urine des personnes qui ont bu de cette liqueur, produit le
même effet sur leurs malheureux domestiques, pour lesquels
c'est un régal. Trois ou quatre individus de ce champignon
occasionnent un délire foible; mais à la dose de dix il occasionne l'ivresse; écrasé dans l'eau il stupéfait les mouches
plutôt qu'il ne les tue; son suc fait périr les punaises. Ce
champignon paroît assez bien indiqué par Pline, qui désigne
exactement les mouchetures du chapeau. Il paroît aussi que
ce fut lui dont Agrippine fit usage pour favoriser ses cri-
minels desseins.

XI. Le Bulbeux jaune et blanc (Paul., Tr., 2, p. 353, pl. 158,
fig. 1) est d'un blanc lavé de jaune et tacheté de jaune ou d'un
brun sale; quelquefois son chapeau est muni d'un blanc net
ou légèrement jaune; les feuillets sont blancs, ainsi que le
stipe, dont la base est bulbeuse, arrondie et considérable. Il
est commun aux environs de Paris, dans les bois; ses qualités
sont très-mauvaises.

XII. L'Oronge perlée (Paul., *l. c.*, pag. 554, pl. 158, fig. 1)
présente un chapeau d'une belle couleur d'orange, avec de
petites peaux semblables à des perles ou des diamans d'un
très-bel effet. Ses feuillets, sa tige et sa chair sont blancs.
Il paroît que le collet ou anneau manque dans cette espèce;
on la trouve à Meudon. Elle n'a rien qui annonce des qualités suspectes.

Paulet, dans sa Synonymie, indique encore un assez grand
nombre de champignons sous le nom d'oronge; ce sont tous
des amanites ou, si l'on veut, des *agaricus* à volva. Nous n'en
citerons que quelques-uns.

L'Oronge blanche. Il y en a deux espèces: la *farinière unie* ou
farinaccio des Italiens, qui est grande, entièrement blanche,
à lamelles nombreuses, à dentelures multipliées, à stipe
épais et annulé; elle répand une forte odeur de farine frai-
chement moulue. La seconde, l'*oronge blanche*, rayée sur les

bords, est l'*agaricus coccola*, Scopoli, ou *coccola* de Michéli; enfin, la coquemelle, n.° VII, plus haut.

L'ORONGE BLANCHE SOYEUSE. Petit amanite d'un jaune pâle, poudreux, à stipe très-court, cylindrique, qui croît en Italie.

L'ORONGE ÉCAILLEUSE, *Agaricus squarrosus*, Weiglb., dont le chapeau est conique, jaune, ainsi que le stipe, garni d'écailles un peu imbriquées, réfléchies, brunes; le stipe est solide.

La FAUSSE ORONGE, voyez n.° X. plus haut.

L'ORONGE EN GELÉE, qui est l'*Agaricus limacinus*, Scop.

L'ORONGE IMPÉRIALE, c'est l'*Agaricus imperialis*, Batsch, Elench., et l'*Agaricus solitarius*, Bulliard.

L'ORONGE PLOMBÉE, *Agaricus plumbeus*, Schæff., pl. 85, 86, auquel Paulet joint, mais il nous semble à tort, les *A. hyalinus* et *badius*, Schæff., tab. 244, fig. 24.

L'ORONGE RAVIÈRE, aussi l'ORONGE GRISE ET ROUSSE, est un amanite, qui répand l'odeur de la rave et qui en a le goût. Il croît en Toscane, et, suivant Michéli, on lui donne le nom de *loppajola*. Son chapeau est gris, garni de feuillets brunâtres; le stipe est blanc, long, bulbeux à la base.

L'ORONGE ROUSSE ET BLANCHE est un petit amanite figuré dans l'ouvrage de Michéli, pl. 76, fig. 2. Cette oronge se rapporte aussi à l'*Agaricus bombycinus*, Schæff., tab. 76, fig. 2, que Paulet nomme l'ORONGE POCHÉE, et qu'il rapproche de l'O- RONGE SATINÉE. (Voyez n.°, II plus haut.)

L'ORONGE DES SOTS, mentionnée à l'ORONGE DES VIGNES, n.° III, plus haut. Clusius, qui, le premier, nous a fait connoître ce champignon, nous apprend qu'on le nomme en Hongrie *bolet des sots* ou *des fous*, parce que, d'une part, il ressemble dans sa naissance à l'oronge franche, et que, d'une autre, il est capable de tourner la tête lorsqu'on en fait usage. Il est tout blanc; son chapeau est élancé, conique; le stipe est nu, long, mince, cylindrique; le volva est blanc.

Enfin, l'ORONGE VERTE OU VERT DE GRIS, qui est la même que l'ORONGE CIGUE n.° IX, plus haut. (LEM.)

ORONTIUM. (*Bot.*) Nom donné par Dodoëns à un mufflier que Linnæus a nommé *antirrhinum Orontium* pour cette raison; ensuite il a appliqué le nom *Orontium* à un de ses genres voisins de l'*acorus* et des *aroides*. Voyez ORONCE. (J.)

OROP. (*Ornith.*) Nom hottentot du Gonolek bacbakiri. (Desm.)

OROPENDOLA. (*Ornith.*) Nom espagnol du loriot commun, *oriolus galbula*, Linn., qui s'écrit aussi *oroyendola*. (Ch. D.)

OROPETIUM. (*Bot.*) Sous ce nom M. Trinius a fait un genre du *nardus thomæa* de Willdenow, lequel diffère, selon lui, du *nardus*, parce qu'il n'a qu'une glume au lieu de deux. Ce caractère est-il suffisant pour le séparer? (J.)

OROPOGON. (*Bot.*) Ce genre de Necker, dans les graminées, doit être reporté à l'*andropogon*. (J.)

OROSPIZA. (*Ornith.*) Belon, dans ses Observations sur les oiseaux de la Grèce, applique ce nom au montain ou pinson de montagne, *fringilla montifringilla*, Linn. (Ch. D.)

OROSPIZES. (*Ornith.*) Ce nom, qui s'écrit aussi *orospisis*, est le même qu'Orospiza. Voyez ce mot. (Ch. D.)

OROSTACHYS. (*Bot.*) Le *crassula spinosa* de Linnæus, auquel Murray attribuoit dix étamines, étoit rapporté par lui au genre *Cotyledon*. Willdenow, n'y reconnoissant que cinq étamines et une corolle divisée profondément, l'a ramené au *crassula*. On le retrouve dans le *Nomenclator* de M. Steudel sous les noms de *sedum* et de *sempervivum*; enfin, M. Fischer en a fait, sous celui d'*orostachys*, un genre nouveau, qui n'est pas encore adopté. (J.)

OROXYLUM. (*Bot.*) Vent., Dec., *Nov. gen.*; Kunth, Journ. de phys., Déc. 1818. Genre de plantes dicotylédones, à fleurs complètes, monopétalées, irrégulières, de la famille des *bignoniacées*, de la *pentandrie monogynie*, offrant pour caractère essentiel : Un calice campanulé, presque à cinq dents; une corolle irrégulière, ventrue à son orifice, le limbe divisé en cinq lobes; cinq étamines fertiles; celle du milieu plus courte, un ovaire supérieur; le style terminé par une capsule en forme de silique, à deux loges séparées par une cloison parallèle aux valves, renfermant des semences membraneuses, ailées.

Ce genre, établi par Ventenat, ne renferme qu'une seule espèce; c'est un arbre, dont les feuilles sont opposées, deux et trois fois ailées; les fleurs disposées toutes du même côté, en grappes terminales, alongées, garnies de bractées. (Poir.)

'OROZO, *Mus furunculus*. (Mamm.) Nom d'un rongeur, décrit par Pallas, et qui se rapporte au genre Hamster. (Desm.)

ORPHE. (*Ichthyol.*) Nom d'un poisson, décrit par Bloch sous la dénomination de *cyprinus orfus*, et qui pourroit bien n'être qu'une variété de la rosse, *cyprinus rutilus*. Voyez Able, dans le Supplément du tome I.er de ce Dictionnaire. Voyez aussi à l'article Spare. (H. C.)

ORPHELINE. (*Conchyl.*) M. Bosc (Nouv. Dict. d'hist. nat.) dit que les conchyliologistes donnoient autrefois ce nom à plusieurs espèces de coquilles bivalves, et entre autres à deux espèces de Vénus. Je trouve dans les catalogues de coquilles du dernier siècle que ce nom se donnoit aussi à des espèces d'arches. La fausse Orpheline étoit l'*arca nucleus*, Linn. (De B.)

ORPHIE, *Belone*. (*Ichthyol.*) On donne aujourd'hui ce nom, qui étoit naguère encore celui d'une espèce, à un genre de poissons holobranches abdominaux de la famille des siagonotes, séparé par M. Cuvier du grand genre des Ésoces de Linnæus et de la plupart des ichthyologistes.

Les caractères généraux des orphies peuvent être exposés ainsi :

Nageoire du dos unique, située en arrière des catopes et sans rayon alongé; os intermaxillaires formant tout le bord de la mâchoire supérieure, qui se prolonge, ainsi que l'inférieure, en un long museau ponctué en dessous; l'une et l'autre garnies de petites dents; pharynx armé de dents en pavé; os palatins, vomer, langue et arceaux des branchies sans dents; point de barbillons; corps et queue très-alongés et comprimés; écailles dures et cornées, mais minces et peu apparentes en général; opercules lisses.

Les Orphies ont un intestin court, mince, sans cœcum, replié deux fois; un estomac ample et plissé, et une vessie natatoire. Leurs os sont remarquables par leur couleur d'un beau vert.

On les distinguera au premier abord des Sphyrènes, des Polyptères et des Scombrésoces, qui ont plus d'une nageoire dorsale; des Mégalopes, dont un des rayons de la nageoire dorsale est prolongé; des Élopes, des Synodes et des Chauliodes, qui ont leur nageoire dorsale au-dessus ou au-devant des catopes; des STOMIAS et des MICROSTOMES, qui ont le museau très-court; des BROCHETS, qui ont la langue, les os palatins, les arceaux des branchies, etc., garnis de dents; des DEMI-BECS, chez lesquels la symphyse de la mâchoire inférieure se prolonge en une très-longue pointe sans dents. (Voyez ces différens mots et SIAGONOTES.)

Il paroit que l'on trouve des orphies dans toutes les mers, mais on n'en a pas encore bien distingué les espèces. On dit que quelques-unes ont jusqu'à huit pieds de long, et font des morsures venimeuses.

Nous citerons ici en particulier la suivante:

L'ORPHIE ORDINAIRE: *Belone vulgaris; Esox belone*, Linnæus. Nageoires dorsale et anale falciformes; caudale fourchue; tête petite, terminée par un museau étroit, qui ressemble au bec d'un harle ou à une aiguille deux fois plus longue que la tête; mâchoire inférieure plus avancée que celle d'en haut; corps et queue très-déliés et serpentiformes; dents petites, mais fortes et égales, et disposées de manière que celles d'en haut occupent, lorsque la bouche est fermée, les intervalles de celles d'en bas; ligne latérale située très-bas et se perdant presque à l'extrémité inférieure de la nageoire caudale, dans laquelle d'ailleurs la queue pénètre en quelque sorte et en grossissant; yeux gros, argentés.

Ce poisson, dont le corps délié est orné de couleurs riches et brillantes, dont le dos est d'un noir azuré et le ventre d'un blanc d'argent pur, dont les côtés, d'un vert doré, présentent de beaux reflets bleuâtres, qui sont aussi la teinte générale des nageoires, fréquente presque toutes les mers, où il se fait remarquer par la grâce avec laquelle, dans ses évolutions, il serpente, pour ainsi dire, dans l'eau, par l'agilité qu'il met à former ses contours, ses replis tortueux, par la rapidité de ses élans. Sa taille varie de dix-huit pouces à deux pieds, et il ne pèse guère que de deux à quatre livres communément. Mais parfois il parvient à de plus grandes dimensions, si, pourtant, l'on doit rapporter à l'espèce que nous décrivons, l'individu du poids de quinze livres, que le chevalier Hamilton a vu pêcher à Naples, et ceux que Renard a observé aux Indes orientales, et dont la taille montoit à quatre et six pieds.

C'est pendant les nuits calmes et obscures des mois de
Mars et d'Avril, et à l'aide d'une torche allumée, que l'on
prend les orphies, par le moyen d'un instrument garni d'une
vingtaine de longues pointes de fer, qui les percent et les
retiennent. On peut pêcher, dit-on, en une seule fois jusqu'à quinze cents de ces poissons, appelés vulgairement, sur
nos côtes: *broches, aiguilles de mer, aguillos, aguios, hago-
jos,* etc.

La chair de l'orphie est sèche, maigre, souvent molle,
aussi ne sert-elle habituellement qu'à faire des appâts, et
les pauvres seuls en mangent. Beaucoup de personnes d'ailleurs sont dégoûtées par la teinte verte de ses arêtes, laquelle est inhérente aux os, comme le croit M. Cuvier, et
ne dépend ni de la cuisson, ni de la moelle épinière, comme
l'ont avancé Bloch et plusieurs autres, tandis qu'il en est
qui sont arrêtées par le volume des œufs qui remplissent l'abdomen des femelles, et dont l'assemblage en séries moniliformes, la grosseur, la teinte livide, la transparence, rapel-
lent ceux qui entourent en chapelets les membres du crapaud
accoucheur. (H. C.)

ORPIMENT. (*Min.*) C'est le nom de l'arsenic sulfuré jaune,
tant dans les arts que dans la nomenclature univoque et insi-
gnificative de la minéralogie. Voyez ARSENIC. (B.)

ORPIN. (*Chim.*) Noms vulgaires du sulfure d'arsenic
jaune. (CH.)

ORPIN; *Sedum,* Linn. (*Bot.*) Genre de plantes dicotylédones polypétales, de la famille des *crassulées,* Juss., et de
la *décandrie pentagynie,* Linn., dont les principaux caractères
sont les suivans: Calice monophylle, à cinq divisions aiguës,
persistantes; corolle de cinq pétales lancéolés; dix étamines
à filamens de la longueur de la corolle; cinq ovaires supères,
surmontés chacun d'un style court; cinq capsules écartées,
comprimées, s'ouvrant à leur partie interne par une fente
longitudinale, et contenant plusieurs graines. Les orpins sont
des plantes à fleurs herbacées, dont les feuilles sont plus ou
moins charnues, planes ou cylindriques, et dont les fleurs
sont disposées en corymbe. On en connoît environ soixante-
quinze espèces, parmi lesquelles une trentaine croissent naturellement en France. Ces plantes n'offrent pas en général

beaucoup d'intérêt ; nous nous bornerons à en mentionner quelques-unes.

* *Feuilles planes.*

ORPIN REPRISE, vulgairement GRASSETTE, JOUBARBE DES VIGNES, HERBE A LA COUPURE, HERBE AUX CHARPENTIERS, etc. : *Sedum telephium*, Linn., *Spec.*, 616 ; Decand., Pl. grass., t. 92. Sa racine est vivace, formée de quelques tubercules charnus, blanchâtres ; elle produit une ou plusieurs tiges cylindriques, glabres comme toute la plante, simples dans leur partie inférieure, légèrement rameuses vers leur sommet, hautes d'un pied ou un peu plus, garnies de feuilles sessiles, éparses ou opposées, ovales, d'un vert pâle, ou quelquefois légèrement rougeâtres, un peu charnues et succulentes, dentées en leurs bords. Ses fleurs sont blanchâtres ou purpurines, nombreuses, disposées en corymbe au sommet de la tige et des rameaux. Cette espèce croît naturellement dans les vignes et dans les bois taillis, où elle fleurit en Juillet et Août.

Les racines et les feuilles de l'orpin reprise ont passé pour être astringentes, rafraîchissantes et surtout vulnéraires ; on les employoit autrefois, et principalement les dernières, à l'extérieur, sur les plaies, les ulcères, les hémorrhoïdes, les hernies, etc. ; et à l'intérieur, dans la dyssenterie et le crachement de sang. Aujourd'hui les praticiens n'en font plus aucun usage. Cet orpin entroit aussi dans l'eau vulnéraire ; on en distilloit même une eau particulière.

ORPIN ANACAMPSEROS : *Sedum anacampseros*, Linn., *Spec.*, 616 ; Decand., Pl. grass., t. 33. Sa racine est fibreuse, vivace ; elle pousse une ou plusieurs tiges cylindriques, simples, un peu couchées dans leur partie inférieure, hautes de six à huit pouces, garnies de feuilles arrondies, rétrécies en coin à leur base, charnues, d'un vert glauque. Les fleurs sont petites, rougeâtres, disposées en corymbe au sommet des tiges. Cette plante croît naturellement parmi les rochers dans le Midi de la France et de l'Europe.

ORPIN A FEUILLES DE PEUPLIER ; *Sedum populifolium*, Linn. fil., *Suppl.*, 242. Ses racines, qui sont vivaces, produisent plusieurs tiges rameuses, droites, garnies de feuilles alternes, écartées, pétiolées, cordiformes, un peu charnues, inégale-

ment crénelées en leurs bords. Ses fleurs sont blanches, disposées en panicule terminale et étalée. Cette plante croît
naturellement en Sibérie; on la cultive au Jardin du Roi.

Orpin aizoon; *Sedum aizoon*, Linn., *Spec.*, 617. Sa racine,
qui est formée de fibres épaisses, charnues, vivaces, produit plusieurs tiges, hautes de huit à dix pouces, rameuses,
principalement dans leur partie supérieure, garnies de
feuilles planes, épaisses, charnues, lancéolées, dentées en
leurs bords, éparses, sessiles. Les fleurs sont d'un jaune
brillant, disposées en corymbe sessile et terminal. Cet orpin
croît naturellement en Sibérie; on le cultive au Jardin du
Roi.

* * *Feuilles cylindriques.*

Orpin a fleurs blanches : *Sedum album*, Linn., *Spec.*, 619;
Decand., Pl. grass., t. 22. La racine de cette espèce est menue,
fibreuse, vivace ; elle donne naissance à plusieurs tiges cylindriques, légèrement rougeâtres, glabres, étalées et souvent couchées à leur base, ensuite redressées, longues en
tout de six à huit pouces, un peu rameuses à leur sommet,
garnies de feuilles éparses, sessiles, cylindriques, succulentes,
obtuses, d'un vert souvent un peu rougeâtre. Ses fleurs sont
blanches, disposées au sommet des tiges en un corymbe
étalé; les anthères des étamines sont noirâtres. Cet orpin
n'est pas rare dans les lieux secs, arides, pierreux et exposés au soleil.

L'orpin à fleurs blanches, qui vulgairement est encore
connu sous les noms de *petite joubarbe*, *trique-madame*, *vermiculaire*, a une saveur légèrement stiptique, et il passe pour
être rafraîchissant et un peu astringent, principalement ses
feuilles. Dans quelques cantons on mange celles-ci en salade.

Orpin velu : *Sedum villosum*, Linn., *Spec.*, 620; Decand.,
Pl. grass., t. 70. Sa tige est droite, velue, simple ou un peu
rameuse, haute de trois à quatre pouces, garnie de feuilles
éparses, oblongues, charnues, obtuses, légèrement aplaties
en dessus, convexes en dessous, souvent un peu rougeâtres,
ainsi que les tiges. Les fleurs sont purpurines, portées sur
des pédoncules visqueux et légèrement velus, ainsi que les
calices, et disposées en corymbe lâche et terminal. Cette

espèce est annuelle; elle croît dans les lieux humides des montagnes, sur les bords des mares.

Orpin réfléchi : *Sedum reflexum*, Linn., *Spec.*, 618; Decand., Pl. grass., t. 116. Ses tiges sont cylindriques, glabres, simples, accompagnées à leur base de quelques rameaux recourbés et réfléchis à leur extrémité. Ces rameaux et les tiges sont garnis de feuilles cylindriques, aiguës, d'un vert glauque, rapprochées les unes des autres dans la jeunesse de la plante, mais plus écartées lors de la floraison; à cette époque même, la partie inférieure des tiges en est plus ou moins dépouillée. Les fleurs sont jaunes, portées sur de courts pédoncules, disposées en corymbe rameux, terminal, dont les côtés sont souvent recourbés. Cette plante est vivace; elle est commune sur les murs et parmi les rochers.

Orpin brûlant, vulgairement Vermiculaire brûlante, Pain d'oiseau, Poivre de muraille : *Sedum acre*, Linn., *Spec.*, 619; Bull., Herb., t. 30. Sa racine est vivace, menue, fibreuse; elle donne naissance à des tiges nombreuses, glabres, ramassées en gazon, hautes de deux à trois pouces, garnies de feuilles éparses, ovales, un peu triangulaires, courtes, succulentes, d'un vert clair, très-rapprochées les unes des autres. Ses fleurs sont jaunes, disposées en petit bouquet au sommet des tiges. Cette plante est commune dans les lieux arides et pierreux, sur les vieux murs, les chaumières; elle fleurit en Juin et Juillet. Toutes les parties de cet orpin ont une saveur âcre, très-piquante et presque caustique, qui, lorsqu'on en a mâché, laisse pendant quelque temps, sur la langue et dans la bouche, une impression brûlante très-désagréable. Le suc extrait de ses parties herbacées, est, dit-on, émétique et purgatif; mais il seroit dangereux de s'en servir sous ce rapport, à cause des accidens inflammatoires qu'il pourroit produire. Etmuller a vanté cette plante comme antiscorbutique, et Bernard Below rapporte un grand nombre d'observations de malades guéris du scorbut par l'usage continué, pendant quelque temps, de bière dans laquelle on avoit fait infuser de l'orpin brûlant. Depuis, d'autres médecins ont présenté cette plante, réduite en poudre, comme un remède efficace contre l'épilepsie; enfin, on l'a aussi employée contre les cancers; mais l'expérience n'a pas confirmé ces prétendues propriétés, et l'orpin brûlant est encore à peu près inusité en médecine : on ne doit d'ailleurs en faire usage qu'avec une grande circonspection. (L. D.)

ORPINGMIUTAK. (*Ornith.*) Nom groëlandois de la petite linotte rouge ou sizerin, *fringilla linaria*, Linn. (Ch. D.)

ORPIN A ODEUR DE ROSE. (*Bot.*) C'est le *rhodiola rosea.* (L. D.)

ORQUE. (*Mamm.*) C'est le nom *orca* des Latins francisé. On l'a quelquefois donné à l'épaulard. Cette espèce de cétacé a été ainsi désignée dans ce Dictionnaire, tom. VI, pag 74. (F. C.)

ORRAR. (*Ornith.*) On nomme ainsi, en Laponie, le petit coq de bruyère, *tetrao tetrix*, Linn., que les Suédois appellent *orre*. (Ch. D.)

ORRE. (*Mamm.*) Nom d'un écureuil chez les Lapons. (F. C.)

ORRE. (*Ornith.*) Voyez Orrar. (Ch. D.)

ORSEILLE. (*Bot.*) On donne ce nom à une espèce de lichen du genre Roccella et à la Parelle (voyez ces mots), qu'on emploie en teinture. (Lem.)

ORSO. (*Mamm.*) L'ours en italien. (Desm.)

ORSODACNE. (*Entom.*) M. Latreille a indiqué sous ce nom, qui s'écrit de même en latin, une division des criocères, insectes coléoptères tétramérés, dont il a formé un genre caractérisé par quelques modifications dans les parties de la bouche : tel est le criocère du cerisier, qu'on trouve également sur les feuilles de plusieurs autres arbres, qui est d'un jaune verdâtre ; ce qui l'a fait aussi désigner sous le nom de chlorotique. L'extrémité postérieure de sa tête et le dessous du corps sont noirâtres. Le mot orsodacne, évidemment tiré du grec ορσοδαχνη, ne signifie rien. Aristote l'a employé pour désigner un petit animal que Gaza, son interprète, a cru être la mordelle. (C. D.)

ORT. (*Ornith.*) Nom danois de la sarcelle commune, *anas querquedula*, Linn. (Ch. D.)

ORTA. (*Bot.*) Nom languedocien de la bette ou poirée, cité par Gouan. (J.)

ORTALIDA. (*Ornith.*) Nom générique du parraqua dans Merrem. (Ch. D.)

ORTEGIA. (*Bot.*) Voyez Ortégie. (L. D.)

ORTÉGIE; *Ortegia*, Linn. (*Bot.*) Genre de plantes dicotylédones, de la famille des *caryophyllées*, Juss., et de la *triandrie monogynie*, Linn., dont les principaux caractères sont les suivans : Calice de cinq folioles ovales, persistantes, membraneuses en leurs bords; corolle nulle; trois étamines à filamens courts, portant des anthères linéaires et comprimées; un ovaire supère, surmonté d'un style filiforme, terminé par un stigmate simple; capsule à trois valves, à une seule loge, contenant plusieurs graines menues.

Les ortégies sont de petites plantes herbacées, à feuilles opposées, et à fleurs axillaires ou terminales. On n'en connoît que deux espèces.

Ortégie d'Espagne; *Ortegia hispanica*, Linn., *Spec.*, 49. Sa tige est droite, articulée, quadrangulaire, haute de six à dix pouces, divisée en rameaux opposés, garnis de feuilles linéaires, sessiles, munies de deux petites stipules à leur base. Les fleurs sont d'un blanc verdâtre, petites, portées sur des pédoncules courts, et disposées en corymbes dichotomes. Cette plante croît naturellement en Espagne.

La seconde espèce est l'*Ortegia dichotoma*, Linn., *Mant.*, 174, qui se trouve en Espagne et en Piémont. (L. D.)

ORTEIL DE MER. (*Zoophyt.*) Nom donné sur quelques parties de nos côtes à l'alcyon lobé ou digité, *A. digitatum*, Linn. (De B.)

ORTHAGORISCUS, *Orthagoriscus*. (*Ichthyol.*) Au rapport de Pline (*lib.* 32, *c.* 2), les anciens Lacédémoniens donnoient le nom d'ορθαγορισκος ou *porc* à un grand poisson, qui, au moment où on le saisissoit, faisoit entendre un bruit semblable au grognement du cochon. Rondelet, le premier, affirma que cet habitant de la mer Méditerranée n'étoit autre que le *poisson lune*, et son opinion a été si généralement adoptée, que, dans ces derniers temps, M. Schneider a séparé la mole des tétraodons proprement dits, pour, sous la dénomination d'*orthagoriscus*, en faire un genre distinct dans la famille des ostéodermes de l'ordre des chondroptérygiens téléobranches, genre qui a été adopté par M. Cuvier, et que M. Shaw avoit, de son côté, désigné sous l'appellation de *cephalus*. (Voyez Cephalus.)

Ce genre, tel qu'il est établi maintenant, se reconnoît aux caractères suivans :

Squelette cartilagineux ; branchies munies d'un opercule et d'une membrane; catopes nuls; mâchoires indivises; corps tronqué en arrière, comprimé, sans épines et non susceptible de s'enfler ; queue courte et très-élevée verticalement; nageoires dorsale et anale hautes, pointues et unies à la caudale, qui représente une bande étroite.

A l'aide de ces caractères, on distinguera facilement les Orthagoriscus des Cycloptères, des Lépadogastères, des Balistes, des Pégases, des Centrisques, qui ont des catopes; des Ostracions, qui ont plus de six dents ; des Tétrodons, qui en ont quatre; des Syngnathes, qui n'en ont point; des Diodons, dont la peau est armée de toutes parts de gros aiguillons pointus. (Voyez ces différens mots, et Téléobranches et Ostéodermes.)

Parmi les espéces de ce genre nous signalerons :

Le Poisson lune : *Orthagoriscus Mola; Tetraodon Mola*, Linnæus. Corps très-comprimé, presque aussi haut que long et discoïde; nageoires pectorales éloignées du museau ; dorsale et anale très-alongées et composées de rayons inégaux, dont les antérieurs sont les plus longs ; peau dure et rude au toucher; dos varié de nuances foncées et noirâtres; bouche très-petite.

Ce poisson, que sa figure presque circulaire et l'éclat blanchâtre de la peau argentée de ses flancs, souvent doublé pendant la nuit par la splendeur phosphorique de l'huile dont elle est imprégnée, ont fait assez généralement nommer *le soleil* ou *la lune*, habite et la mer Méditerranée et l'Océan, où on le pêche à presque toutes les latitudes, depuis le cap de Bonne-Espérance jusque vers l'extrémité septentrionale de la mer du Nord. Ses diamètres vertical et longitudinal ont souvent plus de quatre et quelquefois plus de douze pieds d'étendue, et l'on assure même, qu'en 1735, on prit sur les côtes d'Irlande une mole qui avoit vingt-cinq pieds anglois de longueur. Son poids s'élève chez beaucoup d'individus à trois cents et même à cinq cents livres.

La chair de la mole est d'une saveur peu agréable ; elle est visqueuse et gluante, et répand une assez mauvaise odeur.

Elle est d'ailleurs très-grasse, et fournit une énorme quantité d'huile bonne à brûler. Son foie, qui est demi-sphérique, jaune et mou, est assez bon à manger. Immédiatement au-dessous de sa peau on trouve une couche épaisse d'une substance blanche, comme le lard du porc, mais plus compacte et plus homogène, et qui se ramollit et se dissout en partie dans l'eau bouillante.

Lorsqu'on saisit ce poisson, il fait entendre un bruissement très-marqué, et tandis qu'il nage, il roule sur lui-même comme une roue.

Il faut encore rapporter à ce genre l'*orthagoriscus oblongus* de Schneider (97), et quelques autres espèces, comme le poisson figuré dans l'ouvrage de M. de Lacépède (I, xxii, 2), et celui des Nouveaux Commentaires de Pétersbourg (X, viii 2 et 3). (H. C.)

ORTHITE. (*Min.*) Nom donné par M. Berzelius à un minéral en longs prismes bacillaires droits, noirs, à cassure presque vitreuse et composés de silicates de cérium, de fer et de chaux. Voyez Cérium. (B.)

ORTHOCENTRE, *Orthocentron*. (*Bot.*) Ce genre ou sous-genre, que nous avons déjà indiqué dans les articles Lophio-lèpe et Notobase, appartient à l'ordre des Synanthérées et à notre tribu naturelle des Carduinées. Il présente les caractères suivans.

Calathide incouronnée, équaliflore, multiflore, subrégula-riflore, androgyniflore. Péricline inférieur aux fleurs, ovoïde: formé de squames régulièrement imbriquées, appliquées, coriaces: les extérieures et les intermédiaires ovales-oblongues, ciliées sur les bords, colorées au sommet, surmontées d'un appendice étalé, long, très-droit, subulé, roide, piquant, spiniforme, quelquefois un peu denticulé en scie sur ses bords, et formé d'une substance très-différente de celle de la squame, privée de parenchyme, presque sèche, blanchâtre, cornée, comme parcheminée, ou un peu scarieuse; les squames intérieures longues, étroites, surmontées d'un petit appendice demi-lancéolé, scarieux, coloré. Clinanthe épais, charnu, garni de fimbrilles, planiuscule pendant la fleuraison, devenant ensuite convexe, presque conique. Ovaires obovoïdes-oblongs, comprimés bilatéralement, glabres, lisses, ayant l'aréole apicilaire surmontée d'un plateau qui porte la corolle et le nectaire; aigrette longue, grise-roussâtre, composée de squamellules filiformes, barbées, attachées à un anneau caduc. Corolles subrégulières, c'est-à-dire ayant les cinq incisions presque égales. Étamines à filet glabre, sans poils ni papilles.

ORTHOCENTRE A CALATHIDES AGGLOMÉRÉES: *Orthocentron glomeratum*, H. Cass.; *Cnicus pungens*, Willd. La tige est haute d'environ quatre pieds, dressée, droite, peu rameuse, pubescente, ailée par la décurrence des feuilles, à ailes ou décurrences dentées, épineuses; les feuilles sont alternes, étalées, sessiles, décurrentes, inégales, oblongues-lancéolées, vertes et un peu pubescentes en dessus, blanchâtres et un peu tomenteuses en dessous, inégalement et irrégulièrement dentées ou lobées sur les deux côtés; chaque dent ou lobe terminé par une longue épine grêle, le reste bordé de très-petites épines; les calathides sont sessiles ou presque sessiles, et rassemblées en groupes inégaux, irréguliers, au sommet de la tige et des rameaux; chaque calathide a environ dix lignes de hauteur et autant de largeur; les corolles sont purpurines; le péricline est glabre, et ses squames ont le sommet rouge ou rougeâtre. Nous avons fait cette description spécifique, et celle des caractères génériques, sur des individus vivans, cultivés au Jardin du Roi, où ils fleurissoient en Juillet. L'espèce est indigène en Arménie.

L'*Orthocentron* se distingue suffisamment des genres ou sous-genres voisins, par les caractères propres à l'appendice qui surmonte les squames intermédiaires du péricline. On peut ajouter que les corolles sont presque régulières, au lieu d'être obringentes, et que les filets des étamines sont glabres, au lieu d'être garnis de poils ou de papilles. Cette glabréité parfaite du filet de l'étamine est une anomalie extrêmement rare chez les carduinées, qui se distinguent principalement des carlinées par le filet de l'étamine muni de poils ou de papilles, plus ou moins nombreux, plus ou moins manifestes.

Le nom d'*Orthocentron*, composé de deux mots grecs, qui signifient *épine droite*, fait allusion à l'appendice des squames du péricline.

Le *Cnicus arenarius*, Willd., que nous n'avons point vu,

semble, d'après la description, devoir appartenir au genre *Orthocentron*. (H. Cass.)

ORTHOCERAS. (*Bot.*) Genre de plantes monocotylédones, à fleurs incomplètes, irrégulières, de la famille des *orchidées*, de la *gynandrie digynie* de Linnæus, offrant pour caractère essentiel : Une corolle à six pétales, les trois extérieurs linéaires, en forme de casque ; les deux intérieurs connivens sous le casque; le pétale inférieur à trois découpures, point éperonné; une anthère parallèle au stigmate, accompagnée d'un lobe de chaque côté.

Othoceras roide; *Othoceras strictum*, Rob. Brown, *Nov. Holl.*, 1, pag. 316. Cette plante est pourvue d'une bulbe entière, d'où s'élève une tige courte et roide. Elle ressemble beaucoup aux *Diuris*, desquels elle diffère par ses fleurs en masque plus prononcé, par les pétales supérieurs redressés, par les intérieurs connivens, très-courts, privés d'onglets. Cette plante croît à la Nouvelle-Hollande. (Poir.)

ORTHOCÉRATE. (*Foss.*) Voyez Orthocératite. (D. F.)

ORTHOCÉRATITE. (*Foss.*) Dans son ouvrage sur les Animaux sans vertèbres, M. de Lamarck a signalé sous le nom générique d'Orthocère de petites coquilles à l'état vivant, qui paroissent n'avoir aucun rapport avec d'autres souvent très-grandes, qu'on trouve à l'état fossile dans les plus anciennes couches, et auxquelles on a quelquefois donné le même nom.

A l'article sur les Hippurites, ce savant annonce dans une observation (t. 7, p. 597), qu'on a donné le nom d'Orthocérate à ces derniers, qui sont des tuyaux testacés, pétrifiés, épais, de forme cylindracée conique, tantôt droits, tantôt un peu courbés et dont l'intérieur est divisé en plusieurs loges, par des cloisons transverses qui adhèrent aux parois du tuyau. Il divise ces tuyaux en deux sections; dans l'une, les cloisons sont traversées d'outre en outre par un siphon qui ne communique en aucune manière avec les concamérations ou loges du tuyau; dans l'autre au lieu de siphon, on ne trouve qu'une gouttière latérale, c'est-à-dire un canal formé par deux arêtes longitudinales mousses ou obtuses.

Les caractères des corps de cette seconde section paroissent appartenir évidemment aux hippurites, mais nous croyons que ceux de la première ne peuvent convenir qu'aux coquilles que, depuis long-temps, l'on avoit rangées dans le genre auquel on avoit donné le nom d'Orthocérate ou d'Orthocératite qui est très-différent des hippurites, ainsi que des orthocères de M. de Lamarck.

Il en est même, auxquelles on a donné le nom de lituolites, à cause de leur courbure en forme de crosse, et qui pourroient former un autre genre, ou, au moins qui doivent être distinguées de celles qui sont parfaitement droites.

M. Sowerby, dans son ouvrage (*Min. conch.*) a senti la nécessité d'établir le genre Orthocérate ou Orthocératite sur les coquilles des couches anciennes, et il lui a assigné les caractères suivans: *Coquille droite ou un peu courbée, fusiforme, à cloisons traversées par un siphon; le bord des cloisons uni avec une ou deux légères ondulations.*

Nous allons signaler les espèces qu'il a décrites et figurées:

ORTHOCÉRATITE CONIQUE: *Orthoceratites turbinatus*, Def.; Sow., *loc. cit.*, tom. 1.er, p. 131, tab. 60, fig. 1, 2 et 3. Coquille conique-alongée, à ouverture ovale, à siphon marginal et couverte de fines stries circulaires; diamètre plus d'un pouce; longueur inconnue. Trouvée au Havre, et dans le Derbyshire en Angleterre.

ORTHOCÉRATITE ANGLAIS: *Orthoceratites anglicus*, Def.; Mart., Pétr. du Derb., tab. 39, fig. 2; Sow., *l. c.*, même pl., fig. 5. Coquille ovale, alongée, à cloisons obliques, un peu concaves, nombreuses et à siphon subcentral; longueur plus de trois pouces. Dans le Derbyshire.

ORTHOCÉRATITE ONDULÉ: *Orthoceratites undulatus*, Def.; Sow., *loc. cit.*, pl. 59, Coquille ovale lisse, à cloisons obliques et nombreuses et à siphon près du bord; diamètre deux pouces; longueur plus de sept pouces. En Angleterre.

ORTHOCÉRATITE STRIÉ: *Orthoceratites striatus*, Def.; Sow., *loc. cit.*, pl. 58. Cette coquille est très-remarquable, en ce qu'elle est couverte de légères stries longitudinales; elle a jusqu'à trois pouces de diamètre et son siphon est central. Trouvée près de Cork en Irlande.

ORTHOCÉRATITE DE STEINHAUER: *Orthoceratites Steinhaueri*, Def.; Sow., *loc. cit.*, pl. 60, fig. 4. Coquille striée transversalement, très-effilée, à cloisons éloignées les unes des autres, à siphon près du bord ; longueur plus de trois pouces. Trouvée près de Bradford en Angleterre.

ORTHOCÉRATITE CIRCULAIRE : *Orthoceratites circularis*, Def.; Sow., *loc. cit.*, pl. 60, fig. 6 et 7. Coquille cylindrique alongée, a cloisons rapprochées, un peu concaves et à siphon près du bord. Trouvée dans le Derbyshire. Cette espèce paroît avoir beaucoup de rapport avec l'*Orthocera Breynii*.

ORTHOCÉRATITE PORTE-ANNEAUX: *Orthoceratites annulatus*, Def.; Sow., *loc. cit.*, tom. 2, p. 73, tab. 133. Cette espèce, dont il paroit qu'on ne trouve que le moule intérieur, est extrêmement remarquable en ce que ce moule est couvert d'anneaux circulaires et saillans, éloignés de trois à quatre lignes les uns des autres. Le siphon est central. Diamètre plus d'un pouce ; longueur plus de six pouces. On la trouve à Colebrook-Dale, en Stropshire, en Angleterre dans un marbre. Une espèce analogue se trouve aux environs de Valognes ; mais son siphon est marginal.

ORTHOCÉRATITE CORDIFORME : *Orthoceratites cordiformis*, Def.; Sow., *loc. cit.*, tom. 3, p. 85, tab. 247. D'après la figure citée, il paroit que cette espèce est très-singulière, et qu'elle s'écarte de la forme de toutes les autres. Le morceau représenté et qui est composé de douze à treize cloisons, a huit pouces et demi de longueur, sur six pouces et demi environ de largeur par un bout; l'autre bout n'a que deux pouces de diamètre vers la pointe, et celle-ci est terminée par le siphon qui est central. Le lieu où on l'a trouvée est inconnu.

ORTHOCÉRATITE GÉANT : *Orthoceratites giganteus*, Def.; Sow., *loc. cit.*, tom. 3, p. 81, fig. 246. Coquille conique, à ouverture ovale, à siphon subcentral, à cloisons droites et grandes. Un des morceaux représentés dans la figure citée a plus d'un pied de longueur sur près de sept pouces de diamètre par le bout le plus gros. On le trouve à Closeburn, dans le Dumfrieshire, en Angleterre.

Dans l'ouvrage de Knorr, sur les Pétrifications, on trouve les figures de différentes espèces d'Orthocératites; savoir: à cloisons concaves, pl. 167, fig. 2 ; pl. 169, fig. 5, 7 et 8, et pl. 170, fig. 2 — 5. On doit sans doute rapporter à ce genre le corps figuré dans le même ouvrage, pl. 170, fig. 1, et dans celui de Parkinson (*Organ. rem.*, pl. 3, pl. 7, fig. 17), et dont je possède un morceau. Ce corps, coupé dans sa longueur, présente un tuyau extérieur de neuf lignes de diamètre et mince. Un siphon de cinq lignes de diamètre et subcentral traverse des cloisons nombreuses et concaves. Le morceau représenté a neuf pouces de longueur, et n'est pas entier. Celui que je possède, vient de l'île d'Oeland dans la mer Baltique. J'ai donné à cette espèce le nom d'*Ortoceratites Parkinsoni*.

Dans le même ouvrage de Knorr, on voit, pl. 167, fig. 3, la figure d'un corps cylindrique qui présente des cloisons anguleuses sur l'un de ses côtés. Je soupçonne que ce morceau dépend de l'espèce qui précède immédiatement, et c'est peut-être à cette espèce qu'on a donné anciennement le nom de *Homaloceratites*.

Dans son voyage au pôle nord, M. de Buch a trouvé près de Drontheim un calcaire noir rempli d'orthocératites, aux environs de Christiania. Quelques-uns ont plusieurs pieds de longueur; ils sont planes d'un côté, convexes de l'autre, et un siphon les traverse dans toute leur longueur (*idem*). Il y a lieu de croire, que ces tuyaux étoient cylindriques ou ovales, et que la partie plane, qui est, je crois, la supérieure, a été détruite, comme il arrive à beaucoup d'ammonites et de baculites.

Ce savant dit, qu'à Konsberg il en a vu qui ont trois à quatre pieds de longueur.

On trouve des orthocératites en Vestrogothie, aux environs de Chimay; à la montagne Sainte-Catherine, département de la Manche, dans un grès ferrugineux; à Feugueroles près de Caen; dans le pays de Mecklembourg; dans les environs de Francfort; en Suisse; en Sibérie; dans les carrières de marbre de Blankenbourg, dans la Poméranie; en Piémont, et dans beaucoup d'autres endroits.

A l'égard des orthocératites en spirale qu'on a appelés lituolites, il semble qu'ils se rapprochent plus des spirules que de tout autre genre, et il en sera parlé à l'article Spirule. (D. F.)

ORTHOCÈRE, *Orthocera.* (*Conchyl.*) M. de Lamarck a établi ce genre pour un petit nombre de corps crétacés, plus ou moins droits, comme l'indique le nom, assez semblables à de petites baguettes d'oursins et dont Linné faisoit des espèces de nautiles. Les caractères que M. de Lamarck assigne à ce genre, sont les suivans : Coquille droite ou un peu arquée, subconique, striée en dehors par des côtes longitudinales nombreuses ; loges formées par des cloisons transverses, perforées par un tube, soit central, soit marginal. J'avoue que je n'ai vu qu'une seule espèce de ce genre, c'est celle qui a été figurée dans les planches du Dictionnaire sous le nom de Nodosaire baguette, mais à tort, puisqu'elle a bien évidemment les côtes longitudinales, qui servent à distinguer les orthocères de M. de Lamarck de ses nodosaires. Quoi qu'il en soit, je suis à peu près certain que c'est une véritable baguette d'oursin ; en sorte qu'il se pourroit fort bien que toutes les autres espèces d'orthocères en fussent également. Ce qui me porte à le croire, c'est qu'il n'y a réellement pas de cloisons dans aucun de ces corps, mais seulement des étranglemens d'espace en espace. Leur base est en outre terminée par un mamelon absolument comme dans les baguettes d'oursins, et bien plus, j'ai pu observer dans des individus que m'a donné M. Menard de la Groye, qui en a trouvé en très-grande abondance dans le sable de Rimini, des traces de l'attache de la membrane à leur base. Malgré cela je vais donner les caractères des espèces admises par M. de Lamarck.

L'O. RAVE : *O. raphanus*, *Nautilus raphanus*, Linn. ; Gmel., Enc. méth., pl. 465, fig. 2, *a. b, c*. Coquille très-petite, toute droite, conique, alongée, articulée, les articulations renflées ; siphon sublatéral.

D'après la figure de Gualtieri, que cite M. de Lamarck, le siphon paroît être bien complétement central dans ce corps, qui se trouve sur les bords de la Méditerranée.

L'O. OBTUSE : *O. fascia*, *Nautilus fascia*, Linn., Gmel. ; Gualt., Conch., t. 19, fig. O. Coquille droite, oblongue, subconique ; obtuse au sommet ; les loges peu renflées ; le siphon central.

Des bords de la mer Adriatique.

L'O. RAVENELLE : *O. raphanistrum*, *Nautilus raphanistrum*, Linn., Gmel. Coquille droite, subcylindrique ; les articulations renflées, avec douze stries longitudinales et le siphon central régulier.

Cette espèce, qui vient aussi des rivages de la Méditerranée, est un peu plus grande que les autres. Il se pourroit que ce fût la nodosaire baguette des planches du Dictionnaire.

L'O. OBLIQUE : *O. obliqua, Nautilus obliquus*, Linn., Gmel.; Gualt., *Test.*, t. 19, fig. N. Coquille subarquée, conique, striée obliquement sur ses articulations, qui sont subcrénelées; siphon central.

Des mers Méditerranée et Adriatique.

L'O. AIGUE; *O. acicula* de Lamk. Petite coquille très-droite, très-aiguë et en forme d'aiguille, et couverte de stries longitudinales droites.

Méditerranée.

L'O. GOUSSE : *O. legumen, Nautilus legumen*, Linn., Gmel.; Gualt., *Test.*, t. 19, fig. P. Coquille extrêmement petite, droite, articulée, comprimée et beaucoup plus élargie d'un côté que de l'autre; siphon au milieu de la base très-petite, mais à l'extrémité du bord droit.

De la mer Adriatique.

On trouve à l'état fossile un certain nombre de coquilles véritablement cloisonnées, coniques, à coupe circulaire, tout-à-fait ou presque entièrement droites, et que plusieurs auteurs ont nommées orthocères ou orthocératites : suivant moi, ce sont les seules qui doivent rester dans ce genre, et l'on pourra les subdiviser en deux sous-genres, suivant que le siphon est marginal ou central. Les premiers sont réellement des espèces de bélemnites, dont l'alvéole ou la cavité s'est considérablement agrandie, en sorte que le têt devoit être partout aussi mince qu'il l'est sur le bord de l'ouverture des bélemnites. (DE B.)

ORTHOCÈRE. (*Foss.*) Il paroît que les coquilles, auxquelles M. de Lamarck a donné ce nom générique, ne se rencontrent pas à l'état fossile. Voyez ORTHOCÉRATITE. (D. F.)

ORTHOCÈRE, *Orthocerus*. (*Entom.*) Ce nom, qui signifie *cornes droites*, a été substitué par M. Latreille à celui de *sarrotrie*, donné par Illiger à un petit genre de coléoptères hétéromérés, de la famille des lucifuges ou photophyges. Nous l'avons fait figurer dans l'atlas de ce Dictionnaire, pl. 13, fig. 5, sous le nom de SARROTRIE. Voyez ce mot. (C. D.)

ORTHOCÉRÉS, ORTHOCERATA ou ORTHOCERACEA.

(*Conchyl.*) Famille établie par M. de Lamarck dans sa division des céphalopodes polythalames, et dont la coquille, à cloisons simples, est droite ou presque droite, sans spirale. Les genres qu'il y range sont les suivans : Bélemnite, Orthocère, Nodosaire, Hippurite et Conilite.

M. de Blainville emploie le même nom, ou celui d'ORTHOCÉRACÉS, pour désigner la même famille. Les genres qu'il y place sont : BÉLEMNITE, CONULAIRE, CONILITE, ORTHOCÈRE, AMPLEXUS et BACULITE. Voyez ces différens mots. (DE B.)

ORTHOCHILE. (*Entom.*) M. Latreille a désigné sous ce nom de genre une espèce de diptères, voisin des dolichopes, qu'il a le premier fait connoître. (C. D.)

ORTHOCLADE, *Orthoclada.* (*Bot.*) Genre de plantes monocotylédones, à fleurs glumacées, de la famille des *graminées*, de la *triandrie digynie* de Linnæus, très-rapproché des PATURINS (*Poa*), qui comprend des herbes dont les fleurs sont disposées en une panicule à ramifications très-alongées, à demi verticillées, droites et roides, nues à leur partie inférieure, et dont le caractère essentiel consiste dans des fleurs hermaphrodites, composées chacune de deux valves calicinales, aiguës, formant un épillet de trois à quatre fleurs ; les valves de la corolle aiguës ; un ovaire en bosse, terminé par un bec court, cylindrique, accompagné de deux écailles obtuses, arrondies à leur sommet ; trois étamines ; deux styles courts ; les stigmates très-longs.

ORTHOCLADE A FLEURS RARES : *Orthoclada rariflorum*, Pal. Beauv., *Agrost.*, pag. 69, tab. 14, fig. 9 ; *Panicum rariflorum*, Lamck., Encycl., 4, pag. 756. Plante de Cayenne et du Brésil, dont la tige s'élève à la hauteur d'un pied et plus ; elle est garnie d'un petit nombre de nœuds, nue dans sa partie supérieure, pourvue à l'inférieure de feuilles un peu courtes, planes, ovales-lancéolées, larges de plus de six lignes, un peu pileuses à leurs bords, et comme rétrécies en pétiole près de l'entrée de leur gaine. Les fleurs forment une panicule ample, très-rameuse, très-lâche, à pédicelles très-longs, capillaires. Les valves calicinales sont glabres, inégales, ovales, aiguës ; celles de la corolle un peu plus longues que le calice. (POIR.)

ORTHOCORYS. (*Ornith.*) Nom générique donné par M. Vieillot à l'hoazin, *opisthocomus*, Illig. (CH. D.)

ORTHODON. (*Mamm.*) Nom donné à un cachalot par M. de Lacépède, *Physeter orthodon*. (F. C.)

ORTHODON. (*Bot.*) Ce nom, qui signifie dent droite en grec, a été donné par Bory à une mousse que depuis on a reconnue être une espèce du genre OCTOBLEPHARUM. Voyez ce mot. (LEM.)

ORTHOKLAS. (*Min.*) M. Breithaupt a cru devoir faire un genre du felspath, et le diviser en plusieurs espèces auxquelles il a assigné des noms particuliers. Il a donné celui d'orthoklas à une de ces espèces, à celle qui est une combinaison de potasse et d'alumine silicatées. Voyez FELSPATH. (B.)

ORTHONYX. (*Ornith.*) Voyez ONGUICULÉ. (CH. D.)

ORTHOPLOCÉES. (*Bot.*) Titre du troisième sous-ordre établi dans les crucifères par M. De Candolle, caractérisé par les lobes de l'embryon pliés en deux, et placé d'un seul côté de la radicule, qu'ils embrassent dans leur pli. (J.)

ORTHOPOGON. (*Bot.*) Ce genre de graminée, fait par M. R. Brown, est le même que l'*Oplismenus*, publié antérieurement par Beauvois dans la Flore d'Oware. Voyez OPLISMÈNE. (J.)

ORTHOPTÈRES, *Orthoptera insecta*. (*Entom.*) On désigne ainsi, d'après Olivier, la sous-classe ou l'ordre des insectes à quatre ailes d'inégale consistance, dont les supérieures, sous forme d'étuis, recouvrent et protègent les inférieures, qui, le plus ordinairement (les labidoures exceptés), ne sont pas pliées en travers, mais plissées sur leur longueur dans l'état de repos.

Ce nom, emprunté des mots grecs ορθος, *droites*, et de πlερα, *ailes*, indique, en effet, cette disposition ; mais ce n'est pas réellement sur cette disposition ou d'après cette conformation, qu'il a été nécessaire d'établir cet ordre véritablement naturel. C'est surtout le mode tout particulier de la transformation ou de la métamorphose, qui se rapproche beaucoup de celle des hémiptères et qui s'éloigne par cela même de la transformation des coléoptères, avec lesquels tous les auteurs les avoient placés avant De Géer.

Linnæus, dans les dernières éditions de son Système de la nature, les avoit rangés avec les hémiptères. Mais De Géer, en 1773, date de l'année où il publia le troisième volume de ses Mémoires, dont le premier avoit paru dès 1752, distingue très-bien ce sous-ordre parmi les vaginés. Il le désigne sous le nom de *dermoptères*, qui portent deux gaines coriaces, demi-écailleuses, aliformes ; deux ailes membraneuses et la bouche garnie de mâchoires dentées. Fabricius, empruntant constamment ses caractères de cette dernière partie, avoit fait une classe de ces mêmes insectes, parce qu'il avoit observé que leurs mâchoires sont engagées dans une sorte de pièce membraneuse, sorte de gencive mobile, qu'il nomme casque ou galète, d'où il avoit imaginé et créé le nom de l'ordre Ulonates des mots grecs οὖλον, *gencive extérieure*, et de γναθος, mâchoire, c'est-à-dire mâchoires engagées dans une gencive.

En sortant de l'œuf qui doit les produire et dont les formes varient beaucoup, les orthoptères ont à peu près la structure et l'apparence qu'ils conservent pendant toute leur existence ; car leur manière de vivre, leurs habitudes, leurs mœurs, leur instinct, sont à peu près les mêmes. La nymphe ne diffère de la larve que parce qu'elle porte des moignons d'ailes, qui, à la mue suivante, se développeront, si cela est nécessaire ; car quelques espèces dans les différentes familles de cet ordre ne prennent jamais d'ailes : mais, en général, tous les orthoptères sont agiles, sous les trois états de larves, de nymphes et d'insectes parfaits.

La plupart des espèces d'orthoptères se nourrissent de matières végétales. Quelques-unes, cependant, comme les blattes, détruisent les matières animales ; d'autres, comme les mantes, saisissent et dévorent les insectes vivans.

Il est difficile de donner une histoire générale de la structure des orthoptères ; car toutes les parties de leur corps diffèrent selon les familles et même dans les divers genres. La forme de la tête, son mode d'articulation, les diverses parties de la bouche, les yeux, les stemmates, les antennes, présentent des variations à l'infini. Il en est de même du corselet, de l'abdomen, des ailes et des pattes. Il seroit nécessaire d'entrer dans de très-grands détails pour en donner une idée. Nous préférons renvoyer à l'étude de chacune des familles, que nous allons faire connoître ici d'une manière générale. Nous engageons d'abord le lecteur à examiner dans l'atlas de ce Dictionnaire les planches 23, 24 et 25, sur lesquelles nous avons fait représenter une espèce de chacun des genres compris dans cet ordre. Voici ensuite un tableau synoptique qui indique les quatre familles dont cet ordre se compose.

<table>
<tr><td rowspan="6">A pattes postérieures</td><td colspan="4">beaucoup plus grosses, propres au saut........ 4. GRYLLOÏDES ou GRYLLIFORMES.</td></tr>
<tr><td rowspan="4">simples : articles des tarses</td><td rowspan="2">cinq : corselet</td><td>plus long que large..... 3. ANOMIDES ou DIFFORMES.</td></tr>
<tr><td>plus large que long, couvrant la tête.......... 2. BLATTES ou OMALOPODES.</td></tr>
<tr><td colspan="2">trois : le ventre terminé par des pinces. 1. LABIDOURES ou FORFICULES.</td></tr>
</table>

Dans la première de ces familles, celle des LABIDOURES, les espèces diffèrent de toutes les autres, parce que leurs élytres, semblables à ceux des coléoptères, sont réunis par une suture moyenne et recouvrent presque complétement les ailes membraneuses, qui, quoique plissées sur leur longueur, n'en sont pas moins pliées trois fois en travers, en pouvant se déployer comme par ressort et se reployer par un mécanisme très-curieux à connoître. (Voyez FORFICULE.)

La seconde famille, celle des OMALOPODES, à laquelle appartiennent les blattes, se distingue par la forme du corps excessivement déprimé, par la brièveté et l'aplatissement des pattes, et surtout des cuisses et des hanches. Beaucoup d'espèces ne prennent jamais d'ailes.

Les ANOMIDES ou ORTHOPTÈRES DIFFORMES ont été ainsi nommés à cause du mode singulier d'articulation et de mouvement du corselet sur l'abdomen. Leur tête est mobile en tout sens sur le corselet. Elles varient d'ailleurs beaucoup dans les différens genres, d'après la forme des pattes de devant et de celles de derrière.

Enfin, dans les GRYLLOÏDES, famille qui comprend les sauterelles, les cuisses postérieures sont renflées, très-musculeuses, alongées et destinées à produire de grands sauts. Il y a d'ailleurs beaucoup d'analogie dans les mœurs. Voyez l'article INSECTES et chacun des noms de familles indiquées plus haut. (C. D.)

ORTHOPYXIS. (*Bot.*) Ce genre de mousse, établi par Palissot-Beauvois, se distingue, selon cet auteur, du *Bartramia* par ses urnes ovales-oblongues, droites, quelquefois cependant un peu arquées en fer-de-faux, et par l'orifice, qui n'est point placé obliquement; il diffère aussi du genre *Mnium*, tel que le considère ce même auteur, par ses urnes droites, dépourvues d'une substance charnue intérieure, et par le tube droit. L'auteur convient que ce genre n'a pas de caractères différentiels bien saillans; mais il fait observer que les espèces qui le composent ont un port et un *facies* qui les font distinguer des *Bartramia* et des *Mnium*, ce qui, selon nous, n'est pas suffisant pour admettre un genre : il y rapportoit l'*arrhenopterum heterostichum*, Hedw., et les *mnium ramosum et palustre*, Linn.; le *Bryum macrocarpum*, Hedw., maintenant placé dans le genre *Leptostomum*, Brown; le *Bryum squarrosum*, Hedw.; le *Webera longicolla*, Brid. Dans sa dernière classification Beauvois en sépare le genre *Timmia*, qu'il y rapportoit, de même que le *mnium androgynum*, dont il fait son genre *Fusiconia*, le même que le *Gymnocephalus* de Schwægrichen. Le genre *Orthopyxis* n'a pas été adopté. (Lem.)

ORTHORHYNQUE, *Orthorhynchus*. (*Ornith.*) Ce nom générique, qui signifie bec droit, a été donné par M. de Lacépède aux oiseaux-mouches. (Ch. D.)

ORTHOSE. (*Min.*) Haüy avoit eu l'intention de nommer ainsi le felspath, parce qu'il regardoit ce nom allemand comme étranger à une nomenclature méthodique et scientifique, et en cela il avoit entièrement raison ; mais il a respecté un nom si généralement employé par les François et par presque tous les peuples, qu'il n'appartient plus maintenant à aucune langue. (B.)

ORTHOSTACHYS. (*Bot.*) M. R. Brown divise le genre *Héliotrope* en deux sections, dont l'une est distinguée par la corolle velue à l'intérieur, l'embryon arqué et les épis de fleurs solitaires non repliées en spirale : il exprime ce dernier caractère par le nom *orthostachys*, qu'il donne à la section. (J.)

ORTHOSTELIS. (*Bot.*) Nom donné par M. De Candolle à sa cinquième section du genre *Heliophila*. (J.)

ORTHOSTEMON. (*Bot.*) Genre de la famille des gentianées, établi par Robert Brown; il est caractérisé : par son calice tubuleux, à quatre dents; par sa corolle, à limbe court, partagé en quatre divisions; par la présence de cinq étamines égales, saillantes, dont les anthères s'ouvrent longitudinalement, et se contournent après la fécondation; par l'ovaire surmonté de deux styles à stigmate globuleux. Ce genre ne comprend qu'une espèce, confondue avec les gentianes par Heyne. On la trouve à la Nouvelle-Hollande. (Lem.)

ORTHOTOMUS. (*Ornith.*) M. Horsfield, dans son *Arrangement systématique des oiseaux de l'île de Java*, dont M. Desmarest a donné un extrait, pages 378 et suiv. du tome 1.ᵉʳ du Bulletin universel des sciences, 2.ᵉ section, 1824, a établi ce genre, de la famille des grimpereaux, en lui donnant pour principaux caractères un bec droit et effilé, à base triangulaire, et le doigt de derrière grand et fort, comme celui des sittelles, avec lesquelles il existe encore d'autres rapports. La seule espèce connue jusqu'à présent, est l'*orthotomus sepium*. (Cʜ. D.)

ORTHOTRICHUM. (*Bot.*) Genre de la famille des mousses, établi par Hedwig et fondé sur le *bryum striatum*, Linn. Il est caractérisé par son péristome simple ou double; l'extérieur a huit ou seize dents, et l'intérieur a huit ou seize cils écartés, horizontaux; par sa coiffe sillonnée en long, communément hérissée de poils dirigés de bas en haut, et point fimbriée à la base, comme dans le genre *Ulota* de Mohr, qui faisoit partie autrefois du genre *Orthotricum*, Hedw. (voyez Uʟᴏᴛᴀ).

Les *orthotrichum* sont des mousses monoïques ou dioïques, qui portent leurs fleurs mâles dans les aisselles ou à l'extrémité des rameaux; ce sont des gemmes à têtes sessiles ou pédonculées. Les capsules sont portées sur des pédicelles terminaux, courts, rarement plus longs et privés de périchèse: elles sont ordinairement striées après l'émission des séminules et prennent une forme alongée. Ces plantes croissent sur les arbres, les toits, les pièces de bois exposées à l'air, les pierres et les rochers. Elles forment souvent des touffes arrondies, semblables à des coussinets; leurs tiges sont rameuses, droites ou couchées, garnies de feuilles imbriquées, éparses.

On compte une trentaine d'espèces d'*orthotrichum*, en y comprenant les neuf décrites par Hooker dans sa Muscologie exotique, et en excluant celles rapportées maintenant aux genres *Ulota* et *Schlotheimia*.

On doit aussi y réunir le *Gagea* de Raddi, caractérisé par

ses péristomes chacun à huit dents ou cils, et par sa coiffe glabre. Ce caractère seroit cependant suffisant pour admettre le *Gagea*, si le genre *Orthochum* n'offroit dans ses espèces une réunion tellement naturelle, qu'on est forcé de se refuser à les séparer, par suite des nombreuses anomalies que présentent leurs péristomes et leur coiffe. Quelques auteurs ont cherché néanmoins à mieux constituer l'*Orthotrichum*, ce qui fait qu'ils ont porté quelques-unes de ses espèces parmi les *Weissia*, *Grimmia* et *Polytrichum*, et qu'ils ont placé dans les *Orthotrichum*, des espèces de *Tetraphis*, *Neckera* et *Oligotrichum*, qui cependant en sont très-différens. Adanson, ayant établi son *Dorcadion* sur l'espèce commune, peut être considéré comme le fondateur du genre *Orthotrichum*.

Ces mousses se rencontrent en Europe et dans l'Amérique; on en observe aussi en Afrique et plusieurs dans l'Inde.

§. 1.ᵉʳ *Péristome simple.*

1. ORTHOTRICHUM HÉMISPHÉRIQUE: *Orth. cupulatum*, Hoffm., Brid., Decand., Fl. fr.; Schwægr., *Suppl.*, tab. 55; *Engl. Bot.*, tab. 1525; *Orth. anomalum*, *Engl. Bot.*, tab. 1423; Hook., *Musc. brit.*, 72, pl. 21; *Bryum striatum*, var., Linn.; Dillen., *Musc.*, tab. 55, fig. 10. Tige droite, rameuse, en touffe, lâche, arrondie, d'un pouce environ de hauteur, d'un vert brunâtre; feuilles redressées, oblongues, lancéolées, pointues, un peu roulées en dehors sur les bords; coiffe hémisphérique légèrement velue; capsules presque sessiles, oblongues, striées après l'émission des séminules; opercule acuminé, pointu; péristome à seize dents fendues en deux. Cette mousse croît sur les pierres et plus rarement sur le tronc des arbres : on la rencontre partout en Europe; elle se fructifie au printemps. Hooker et Taylor font remarquer que les dents du péristome sont droites dans l'état de sécheresse, mais qu'étant humectées, elles prennent une position horizontale et ressemblent à une membrane.

2. ORTHOTRICHUM ANOMAL: *Orth. anomalum*, Hedw., *Musc.*, *frond.*, 2, tab. 37; *ejusd. Fund.*, 2, tab. 7, fig. 35; Hook. et Tayl., *Musc. brit.*, pl. 21; *Orth. saxatile*, Brid., *Myc. suppl.*, 2, p. 9; *Bryum striatum β*, Linn.; Vaillant, *Bot.*, tab. 27, fig. 10; Dill., *Musc.*, tab. 55, fig. 9. Il diffère du précédent par ses pédi-

celles très-saillans et longs, et par son péristome à dents fendues. On le trouve seulement sur les rochers, les toits, les murs : Hoffmann assure l'avoir trouvé sur les arbres; mais il est possible qu'il ait pris, comme l'auteur de l'*English Botany*, une variété de l'espèce précédente pour celle-ci. C'est cependant sur ce qu'il avance qu'on a donné à cette mousse son nom spécifique d'*anomalum*, tandis que celui de *saxatile*, que lui donne Bridel, lui conviendroit mieux. On la trouve partout en Europe et aussi dans l'Amérique septentrionale.

§. 2. *Péristome double, l'extérieur à huit dents, l'intérieur à huit cils.*

3. Orthotrichum compacte : *Orth. compactum*, Nob.; *Gagea compacta*, Raddi, *Opuscol. Bolog.*, 1818, p. 361, tab. 16, fig. 7. Tige rameuse, touffue, dense; feuilles lancéolées, un peu pointues, presque imbriquées, carénées, un peu ondulées; pédicelles saillans; capsule droite; coiffe subulée, glabre. Cette mousse croît sur les troncs de chêne, aux environs de Florence; elle a le port d'un *tortula*.

§. 3. *Péristome double, l'extérieur à seize dents, l'intérieur à huit cils.*

4. Orthotrichum apparenté : *Orth. affine*, Schrad., *Engl. Bot.*, tab. 1323; Schwægr., *Suppl.*, tab. 49 (*sub Orth. striato*); Hook., *Musc. brit.*, tab. 55, fig. 10; Dillen., *Musc.*, tab. 55, fig. 10. En touffes irrégulières, peu serrées; feuilles étalées, ovales, lancéolées; capsules sessiles ou presque sessiles, oblongues, striées, enfoncées dans les feuilles; coiffe velue ou presque velue. Cette mousse croît sur les troncs d'arbres et les vieux pieux, en Angleterre, où elle est commune, en Allemagne, dans les Alpes, en France, en Belgique, en Italie. Il y en a une variété à tige alongée et à coiffe velue seulement au bout; la tige varie en hauteur de huit à douze lignes, plus ou moins. Le péristome externe est formé de huit paires de dents alternes avec les huit cils filiformes du péristome interne.

§. 4. *Péristome double, l'extérieur à seize dents, l'intérieur à seize cils.*

5. Orthotrichum strié : *Orth. striatum*, Hedw., *Musc. frond.*,

2 , tab. 36; *ejusd. Fund.*, tab. 8, fig. 47 à 54; Dill., *Musc.*, tab. 55, fig. 8; Vaillant, *Bot.*, tab. 25, fig. 5; *Engl. Bot.*, tab. 2187; Schw., *Suppl.*, tab. 54; Hook. et Tayl., *Musc. brit.*, tab. 21. Tiges droites, rameuses, velues, formant des touffes très-irrégulières; feuilles lancéolées et imbriquées; les supérieures souvent étalées et dentelées ou comme rongées; capsules ovales, s'amincissant en un pédicelle court, long de trois à quatre lignes; coiffe conique, peu velue, presque entière sur le bord; opercule obtus, avec une pointe au milieu; péristome interne à seize cils articulés ou moniliforme. Cette mousse est fort commune partout en Europe, jusqu'aux îles Feroë, et dans toute la zone tempérée de la terre: Thunberg l'a recueillie au Japon; Michaux, en Canada et en Virginie. Par la sécheresse ses feuilles se crispent, comme cela a lieu dans presque toutes les espèces du genre. Il y en a une variété remarquable par sa petite stature et sa coiffe tout-à-fait nue; elle fructifie au printemps. Dans sa jeunesse, cette espèce forme des touffes ou gazons d'un vert jaunâtre, qui brunissent ou deviennent plus obscurs avec l'âge.

Toutes ces espèces, à l'exception de l'orthotrichum compacte, se trouvent en Europe et en France; on y observe aussi plusieurs autres espèces, dont on peut voir la description dans Bridel, *Musc. suppl.*, 2 , p. 3 et 4, p. 110, et dans la Muscologie britannique de Hooker et Taylor. Voyez aussi ULOTA. (LEM.)

ORTHRAGUS. (*Ichthyol.*) Nom générique donné par M. Rafinesque au genre de poissons appelé *Orthagoriscus* par Schneider, et qui comprend la mole, *diodon mola*, Linn. (DESM.)

ORTIE, *Urtica*, Linn. (*Bot.*) Genre de plantes dicotylédones apétales, qui a donné son nom à la famille naturelle des *urticées*, Juss., et qui, dans le système sexuel, appartient à la *monoécie tétrandrie*. Ses principaux caractères sont d'avoir: Des fleurs monoïques, plus rarement dioïques, dont les mâles, disposées en grappe, ont un calice de quatre folioles arrondies, concaves; point de corolle; quatre étamines, dont les filamens, courbés avant la floraison, portent des anthères à deux loges: les fleurs femelles ont un calice à deux valves, point de corolles, un ovaire supère, surmonté d'un stigmate velu. Le fruit est une graine entourée par le calice persistant, membraneux, ou ayant l'apparence d'une baie.

Les orties sont des plantes herbacées, plus rarement des arbrisseaux, dont les feuilles sont opposées ou alternes, accompagnées de stipules ; leurs fleurs sont disposées en grappes dans les aisselles des feuilles, ou quelquefois en tête. On en connoît aujourd'hui plus de cent vingt espèces. Nous nous bornerons à parler ici de celles qui sont indigènes ou cultivées dans les jardins de botanique.

* *Feuilles alternes.*

Ortie baccifère; *Urtica baccifera,* Linn., *Spec.,* 1398. Arbrisseau dont les rameaux sont garnis de feuilles ovales-arrondies, sinuées et inégalement dentées en leurs bords, chargées, à leur surface supérieure, de glandes d'où sortent de petits poils roides, très-piquans, et munis en dessous d'un grand nombre d'aiguillons qui se retrouvent aussi sur les pétioles. Les fleurs sont réunies en grappes courtes et sessiles le long des rameaux. Cette ortie croît naturellement dans les Antilles; on la cultive au Jardin du Roi dans la serre chaude.

Ortie a feuilles blanches; *Urtica nivea,* Linn., *Spec.,* 1398. Ses tiges sont un peu ligneuses, hautes de trois à quatre pieds, rameuses, garnies de feuilles ovales, dentées, vertes en dessus, revêtues en dessous d'un duvet blanc, court, serré. Ses fleurs sont disposées en petites grappes axillaires. Cette plante est originaire de la Chine. Dans les jardins où on la cultive, on la plante en pot et on la rentre dans l'orangerie pendant l'hiver.

Ortie du Canada; *Urtica canadensis,* Linn., *Spec.,* 1397. Sa tige est cylindrique, droite, haute de deux à trois pieds, garnie de feuilles ovales, un peu en cœur à leur base, rudes sur leurs deux faces, ridées, dépourvues de poils piquans. Les fleurs sont disposées en grappes axillaires et terminales, les mâles dans la partie supérieure des tiges, et les femelles au-dessous. Cette espèce est originaire du Canada.

* * *Feuilles opposées.*

Ortie dioïque : *Urtica dioica,* Linn., *Spec.,* 1396; *Flor.*

36. 32

Dan., t. 746. Ses racines sont vivaces, rampantes; elles produisent des tiges quadrangulaires, souvent simples, hautes de deux à quatre pieds, garnies de feuilles pétiolées, cordiformes, pointues, dentées en scie, abondamment chargées, ainsi que le reste de la plante, de poils très-piquans. Les fleurs mâles et les fleurs femelles sont séparées sur des individus différens, et elles sont disposées en grappes longues, pendantes, et souvent deux ensemble, dans les aisselles des feuilles. Cette plante est très-commune dans les jardins, les champs, les haies et les buissons.

ORTIE BRÛLANTE : *Urtica urens*, Linn , *Spec.*, 1396 ; *Flor. Dan.*, t. 739. Sa racine est fibreuse, annuelle; elle produit une tige rameuse, haute de douze à dix-huit pouces, garnie de feuilles ovales, profondément dentées, portées sur des pétioles presque aussi longs qu'elles, et hérissées, ainsi que toutes les parties de la plante, de poils très-piquans. Les fleurs sont monoïques, réunies en grappes courtes, opposées, axillaires et presque sessiles. Cette espèce est très-commune dans les jardins et les lieux cultivés.

ORTIE PILULIFÈRE, vulgairement ORTIE ROMAINE; *Urtica pilulifera*, Linn., *Spec.*, 194. Sa racine, qui est annuelle, produit une tige foible, simple ou rameuse, haute d'un pied à dix-huit pouces, presque cylindrique, garnie de feuilles ovales, pointues, fortement dentées, portées sur de longs pétioles. Les fleurs sont réunies en petites têtes, portées sur des pédoncules axillaires, longs de six à sept lignes. Cette plante croît dans les champs du Midi de la France et de l'Europe.

ORTIE A FEUILLES DE CHANVRE ; *Urtica cannabina*, Linn., *Spec.*, 1396. Ses racines sont vivaces; elles produisent des tiges quadrangulaires, rameuses, hautes de trois à cinq pieds, garnies de feuilles pétiolées. ordinairement divisées jusqu'à leur base en trois découpures alongées, étroites. laciniées et profondément dentées. Les fleurs sont disposées en grappes simples. plus courtes que les feuilles, communément deux à deux dans chaque aisselle. Cette plante est originaire de la Sibérie ; on la cultive au Jardin du Roi et dans les jardins de botanique. Toutes ses parties sont garnies de poils piquans.

Ortie naine; *Urtica pumila*, Linn., *Spec.*, 1395. Sa racine est fibreuse, vivace ; elle produit des tiges couchées. longues de huit à dix pouces, dépourvues de piquans, ainsi que les feuilles, qui sont ovales, luisantes en dessus, dentées en scie, portées sur des pétioles à peu près aussi longs qu'elles. Les fleurs sont disposées en grappes courtes, axillaires et presque sessiles. Cette espèce croit naturellement dans l'Amérique septentrionale. On la cultive au Jardin du Roi.

Les orties sont en général des plantes négligées ; leur aspect a souvent quelque chose de triste ; leurs fleurs n'ont rien d'éclatant, et leur contact cause une impression désagréable, même douloureuse ; aussi sont-elles reléguées dans les lieux sauvages, stériles, et celles qui parfois croissent dans nos jardins, sont arrachées avec soin pour tâcher de les en extirper. Cependant certaines espèces sont susceptibles d'être employées avec quelque avantage dans l'économie domestique, et l'art de guérir a cherché à mettre à profit leurs propriétés.

L'ortie dioïque peut servir à la nourriture de l'homme, comme à celle des animaux. Ses jeunes pousses, préparées à la manière des épinards, fournissent un mets assez agréable. Ses feuilles, hachées très-menu, forment la base d'une pâtée dont on se sert pour élever la volaille. On les donne aussi sèches aux poules pendant l'hiver, ainsi que leurs graines, pour les faire pondre plus souvent. Tant que l'ortie est encore jeune, elle peut servir de nourriture aux porcs ; ces animaux la mangent avec plaisir. Les vaches qui en mangent fournissent en abondance un lait qui contient plus de crème, et qui donne un beurre plus jaune et plus agréable.

Les tiges de cette même ortie, coupées au milieu de l'été et rouies, fournissent, comme le lin et le chanvre, une filasse qui peut être employée aux mêmes usages que celle de ces deux plantes. Des expériences faites à ce sujet ont prouvé qu'on pourroit en fabriquer d'excellens tissus et même de très-beau papier. Mais jusqu'a présent l'utilité de l'ortie, sous ce rapport, n'est guère connue en Europe que des savans, et n'a pas été mise à profit.

Les habitans du Kamtschatka font leurs filets de pêche, leurs cordages avec l'ortie à feuilles de chanvre. Les femmes des Baschkirs en font du fil. Elles arrachent la plante en automne, la font sécher et rouir; elles la cassent ensuite avec leurs doigts et la foulent dans des mortiers de bois jusqu'à ce que la filasse soit bien séparée. (Voyage de Pallas, vol. 1, p. 690.)

Il est peu de personnes qui n'aient été piquées par des orties, et qui n'aient ressenti l'impression douloureuse et assez analogue à celle de la brûlure, que produit le contact de leurs tiges ou de leurs feuilles fraiches. Dans la plupart des espèces la plante entière est couverte de poils extrêmement fins, aigus, et qui reposent sur une vésicule oblongue, remplie d'une liqueur âcre et caustique, qui s'introduit dans la petite piqûre faite par les poils des orties, et cause l'espèce d'ardeur que l'on éprouve lorsque l'on touche ces plantes; dès qu'elles sont desséchées, elles ne piquent plus. Au reste, dans nos climats, la douleur, suite inévitable du contact des orties, ne dure pas long-temps et n'est jamais forte : les habitans de la campagne s'y habituent et manient les orties, presque sans s'en apercevoir. Il n'en est pas ainsi de quelques espèces exotiques, leur piqûre est suivie des plus funestes effets; parmi ces dernières, aucune n'est plus vénéneuse que celle qui a été nommée par Roxburg *urtica crenulata*, et qui est originaire de Chittageng, dans l'est du Bengale. M. Leschenault, à qui nous devons des détails très-précis sur cette plante, n'étant pas bien informé des accidens causés par son contact, ne prit pas beaucoup de précautions en la cueillant, et fut touché légèrement par une des feuilles à la main gauche. « Je ne ressentis d'abord, dit M. Leschenault, qu'une foible piqûre; il étoit sept heures du matin : la douleur augmenta progressivement; au bout d'une heure elle étoit presque insupportable. Il me sembloit qu'on me promenoit sur les doigts une lame de fer rougie. Il n'y avoit cependant, chose bien remarquable, ni enflure, ni pustule, ni même inflammation. La douleur se propagea rapidement tout le long du bras jusqu'à l'aisselle. Je fus ensuite saisi d'un éternument fréquent, et d'un flux aqueux par les narines, très-considérable, comme si j'eusse eu un violent rhume de cerveau. A midi environ, j'éprouvai une contraction douloureuse dans la partie postérieure des mâchoires, qui me fit craindre une attaque de tétanos. Je me couchai, espérant que le repos me soulageroit; mais les douleurs ne diminuèrent point : elles persistèrent avec violence pendant la nuit suivante presque entière; la contraction des mâchoires s'étoit dissipée à sept ou huit heures du soir. Le lendemain matin le mal diminua sensiblement, et je m'endormis. Je souffris encore beaucoup les deux jours suivans, et les douleurs reprenoient pour un moment toute leur force, lorsque je plongeois la main dans l'eau. Elles se sont ensuite progressivement affoiblies; mais elles n'ont entièrement disparu que le neuvième jour. »

Peu de temps auparavant, au rapport du même botaniste, un des jardiniers du docteur Wallich, à Calcutta, ayant été frappé sur les épaules par un de ses camarades avec les feuilles de la même ortie, éprouva des accidens encore plus graves; il souffrit tellement pendant les deux jours suivans, qu'il croyoit à chaque instant être sur le point de périr. L'éternument, le flux aqueux par les narines, la contraction des mâchoires furent considérables et durèrent plusieurs jours, et ce ne fut qu'au bout de deux semaines qu'il cessa de souffrir. Pour peu qu'on mouillât les parties malades, il lui sembloit qu'on versoit dessus de l'huile bouillante.

M. Leschenault cite encore parmi les orties très-venimeuses qu'il connoît, l'*urtica stimulans*, qui croît à Java, mais dont les effets sont moins violens que ceux de l'*urtica crenulata*. Il a observé dans l'île de Timor une espèce non décrite, que les indigènes nomment *daoun setan*, feuille du diable. Ils en ont la plus grande terreur, et croient que, si on en étoit touché, on souffriroit une année entière, et qu'on pourroit même en mourir. (Mémoires du Muséum, vol. 6, pag. 359 à 364.)

Les anciens, tels que Celse (*De re med.*, l. III, c. XXVII), Arétée (*Curat. acut.*, l. I, c. II), avoient cherché à mettre à profit l'irritation que le contact des orties produit sur la peau. Ainsi, dans quelques maladies, où les membres sont privés de sentiment, on peut, par l'action des orties, produire une vive excitation, capable de ranimer l'action vitale. Mais, depuis que les sinapismes et les vésicatoires sont généralement en usage, ce moyen n'est presque plus employé.

Les graines de l'ortie dioïque passent pour être purgatives

et vermifuges ; les maquignons, après les avoir mélangées avec de l'avoine, les font manger aux chevaux pour leur donner un air vif et un poil brillant.

Quoique l'utilité de l'ortie pour la nourriture des bestiaux ne soit pas douteuse, cependant, jusqu'à ce jour, elle est négligée en France, tandis qu'en Suède elle est cultivée depuis un temps immémorial. L'ortie dioïque vient dans les terrains les plus arides. Elle ne demande aucun soin et résiste aux intempéries : elle est en pleine croissance quand les autres plantes commencent à peine à végéter. Ces avantages sont de nature à mériter peut-être l'attention des propriétaires. Ne pourroit-on pas, au moyen de la culture de cette ortie dans des terrains encore en friche, en retirer un produit qui seroit de quelque avantage ?

L'ortie brûlante a une saveur un peu stiptique ; elle a passé pour astringente et diurétique. On en faisoit jadis assez fréquemment usage, en infusion ou en décoction, dans les hémorrhagies, la dyssenterie, les fleurs blanches, les maux de gorge, la rougeole, la gravelle, etc. Aujourd'hui elle est presque entièrement tombée en désuétude. (L. D.)

ORTIE. (*Bot.*) Ce nom n'est pas donné exclusivement aux espèces du genre *Urtica*. Il est encore appliqué vulgairement à d'autres plantes qui sont piquantes comme la véritable ortie, ou qui lui ressemblent par le port et par quelques caractères extérieurs, surtout dans la famille des labiées. L'ortie blanche ou morte est le *lamium album*, une autre ortie morte des marais est le *stachys palustris*; une ortie morte à fleurs jaunes est le *galeopsis galeobdolan*; l'ortie royale est le *galeopsis tetrahit*; l'ortie puante est le *stachys sylvatica*. A Cayenne une espèce de *Dalechampia* est nommée ortie des Nègres, suivant Aublet. Nous voyons encore que des botanistes ont donné un peu légèrement le nom de *urtica*, à des *tragia*, des *acalypha*, des pariétaires. V. aussi BOIS D'ORTIE. (J.)

ORTIE BLANCHE. (*Bot.*) Nom vulgaire du lamier blanc. (L. D.)

ORTIE BLEUE. (*Bot.*) Les anciens auteurs ont désigné sous ce nom le *campanula trachelium*. (L. D.)

ORTIE CHANVRE, ORTIE ÉPINEUSE. (*Bot.*) Noms vulgaires du galéope piquant. (L. D.)

ORTIE CORALLINE. (*Polyp.*) Il paroît qu'on désigne quelquefois sous ce nom le madrépore muriqué, *M. muricata*, Linn., sans doute à cause des piquans dont sa surface est hérissée. (DE B.)

ORTIE A CRAPAUD. (*Bot.*) On donne vulgairement ce nom à deux espèces d'épiaires, *stachys annua* et *sylvatica*. (L. D.)

ORTIE GRIMPANTE. (*Bot.*) C'est dans les colonies le *tragia volubilis*, Linn. (LEM.)

ORTIE DE MER. (*Actinoz.*) Dénomination employée assez fréquemment, dans le siècle dernier, par les naturalistes et par les marins, pour désigner des animaux de mer dont le contact produit sur la peau un effet qui a quelque analogie avec celui des orties. On distinguoit ensuite par le nom d'ORTIES DE MER ERRANTES, les méduses et même les physales et les vélelles, qui en effet sont librement suspendues dans l'intérieur des eaux, et par celui d'ORTIES DE MER FIXES, les actinies, non pas qu'elles aient la même action sur la peau, mais à cause de leurs rapports avec les méduses. Voyez MÉDUSE et ACTINIE. (DE B.)

ORTIE MORTE. (*Bot.*) Un des noms vulgaires du lamier blanc. (L. D.)

ORTIE MORTE BATARDE. (*Bot.*) C'est la mercuriale annuelle. (L. D.)

ORTIE MORTE DES BOIS. (*Bot.*) Un des noms vulgaires de l'épiaire des bois. (L. D.)

ORTIE DES NÈGRES. (*Bot.*) C'est dans les colonies françaises d'Amérique le nom du *Dalechampia scandens*, Linn. (LEM.)

ORTIE PUANTE. (*Bot.*) Autre nom vulgaire de l'épiaire des bois. (L. D.)

ORTIE ROUGE. (*Bot.*) Nom vulgaire commun à deux espèces de genres différens, le galéope ladane et le lamier pourpre. (L. D.) .

ORTIGA. (*Bot.*) Nom rapporté et adopté par Feuillée de quelques plantes du Pérou, que leur aspérité et leurs piqûres font comparer à l'ortie, et dont Adanson a fait son genre *Loasa*, type de la famille nouvelle des loasées. (J.)

ORTOHULA. (*Mamm.*) Fernandez donne ce nom à une

espèce de carnassier, qui paroît appartenir au genre Mouf-
fette. (F. C.)

ORTOLAN. (*Ornith.*) C'est l'*emberiza hortulana*, Linn.
(Сн. D.)

ORTSTEIN. (*Min.*) Nom général, par lequel on désigne
dans le pays de Lunebourg les minérais de fer limoneux ou
fer oxidé hydraté argilifère. (B.)

ORTURS - KOFA. (*Ornith.*) Nom islandois du petit guillemot noir, *colymbus grylle*, Linn. (Сн. D.)

ORTYGIS. (*Ornith.*) Nom générique des cailles à trois
doigts dans Illiger. (Сн. D.)

ORTYGODE. (*Ornith.*) Ce nom générique avoit été appliqué, par M. Vieillot, aux cailles à trois doigts; mais il
l'a ensuite abandonné pour adopter celui de *turnix*, donné
au même genre par Bonnaterre. (Сн. D.)

ORTYGOMETRA. (*Ornith.*) Nom grec du râle de genêt,
rallus crex, Linn., dont Barrère a fait une dénomination
générique, sous laquelle il a compris la petite outarde ou
cane-pétière. (Сн. D.)

ORTYON. (*Ornith.*) Nom grec moderne de la caille. (Desm.)

ORTYX. (*Ornith.*) Nom grec de la caille, qui est appelée
ortyon en grec moderne. (Сн. D.)

ORUBU. (*Ornith.*) Voyez Urubu.

ORUCORIA. (*Bot.*) Clusius et J. Bauhin font mention
d'un fruit de ce nom dont ils donnent tous deux la figure
qui représente parfaitement celui du *pterocarpus lanatus* de
Linnæus. Comme cette espèce offre des caractères suffisans
pour constituer un genre distinct par sa gousse uniforme et
ses étamines monadelphes à la base, nous proposerons de le
nommer *orucoria*, à moins qu'on ne préfère le nom de *ju-
ruwa*, qui est celui de l'arbre selon Clusius. (J.)

ORUSSE. (*Entom.*) Voyez Orysse. (C. D.)

ORVALE. (*Bot.*) Ce nom est donné à la sauge sclarée
qui est l'*orvala* de Dodoëns : Linnæus l'emploie aussi comme
nom spécifique d'un lamier, *lamium orvala*, qui étoit le *pa-
pia* de Michéli, que M. De Candolle distingue comme genre
sous le nom d'Orvala. (J.)

ORVALE DES PRÉS. (*Bot.*) C'est la sauge des prés. (Lem.)

ORVALÉ. (*Bot.*) Voyez Morion. (J.)

ORVERT. (*Ornith.*) Cet oiseau-mouche est le *trochilus viridissimus*, Gmel. (Cн. D.)

ORVET, *Anguis.* (*Erpét.*) On a donné ce nom à un genre de reptiles sauriens urobènes, rangés, jusqu'à ces derniers temps, parmi les ophidiens homodermes, et que l'on peut reconnoître aux caractères suivans :

Corps cylindrique, très-alongé; membres nuls; queue conique, arrondie, non distincte; pas de tympan; mâchoires armées de dents, comprimées et crochues; œil muni de trois paupières; bouche peu fendue; écailles imbriquées et semblables sur tout le corps; anus simple et sans ergots; cœur à oreillette double et à ventricule unique.

Au moyen de ces notes et des tables synoptiques que le lecteur trouvera aux articles Erpétologie et Urobènes, il pourra immédiatement distinguer les Orvets de tous les Ophidiens, qui ont un cœur à deux ventricules; des Ophisaures, qui n'ont point de tympan; des Scinques, des Hystéropes, des Chalcides, des Tachydromes et des Chirotes, qui ont des membres. (Voyez ces divers noms de genres, Sauriens et Urobènes.)

L'espèce la mieux connue dans le genre des Orvets est:

L'Orvet commun ou fragile; *Anguis fragilis*, Linnæus. Corps long, mince, presque d'égale grosseur, revêtu partout d'écailles très-lisses, petites, arrondies, luisantes, d'un jaune argenté en dessus, noirâtre et de la teinte de l'acier poli en dessous; trois filets noirs le long du dos et d'autant plus marqués que l'individu est plus jeune; queue obtuse; tête couverte de plaques petites, carrées ou rhomboïdales, courte, amincie en devant, un peu plus étroite que le corps; yeux latéraux; museau obtus; langue courte et comme échancrée en croissant; dents petites, aiguës, courbées en arrière.

Cet animal atteint communément la taille de huit à dix pouces; il parvient quelquefois à celle de dix-huit pouces, et, suivant quelques naturalistes, de trois pieds même. Il vit de lombrics, d'insectes, de larves, de petits mollusques, etc.

A l'aide de son museau, il se creuse, dans la terre, des trous profonds de trois à quatre pieds et des conduits décrivant différens circuits et ayant plusieurs issues. Il s'y cache durant la pluie, pendant une partie du jour et de la nuit, surtout s'il est menacé de quelque danger, et pendant la saison des gelées.

Il s'accouple à la manière des ophidiens, c'est-à-dire, que le mâle et la femelle s'entortillent autour l'un de l'autre, et il fait des petits tout vivans, peut-être même deux fois par an, au printemps et en automne. Il ne quitte sa vieille peau que vers le milieu du mois de Juillet.

Il paroît plus susceptible de résister au froid que la plupart des serpens avec lesquels on l'a confondu, car on le rencontre en Europe à des latitudes très-boréales, en Russie, en Suède, en Pologne, en Prusse, en Allemagne, presque aussi communément qu'en France et en Italie, mais on ne le voit jamais en Afrique. Aux environs de Paris, on l'observe assez fréquemment sous les pierres, sous les écorces des vieux arbres, dans l'herbe et sous la mousse. Quand on s'en empare, il se roidit avec une telle violence, que, selon Laurenti et quelques autres naturalistes, il se ca se quelquefois en deux, et cette particularité, jointe à la grande fragilité de sa queue, fait que dans plusieurs contrées, ainsi que l'ophisaure, on l'a appelé *serpent de verre*. Il est du reste trèsdoux et ne mérite nullement la réputation que lui a faite le peuple de quelques-unes de nos provinces, sous les noms d'*anvoie*, d'*anveau*, d'*orvert*, de *borgne*, d'*aveugle*. Il devient même le plus souvent la proie des poules, des canards, des oies, des cigognes, des hérissons, des couleuvres, des grenouilles et des gros crapauds. (H. C.)

ORVET BIPEDE ; *Anguis bipes*, Linnæus. (*Erpét.*) Voyez BIPÈDE. (H. C.)

ORVET BLANC. (*Erpét.*) Voyez COULEUVRE BLANCHE (tom. XI, pag. 200). (H. C.)

ORVET CALMAR ; *Anguis calamaria*, Laurenti. (*Erpét.*) Voyez COULEUVRE CALMAR (tom. XI, pag. 211). (H. C.)

ORVET CORALLIN ou ORVET ROUGE ; *Anguis corallinus*, Gmel. (*Erpét.*) Voyez ROULEAU. (H. C.)

ORVET ÉRIX, *Anguis erix.* (*Erpét.*) Voyez ÉRIX. (H. C.)

ORVET FASCIÉ ; *Anguis fasciatus*, Laurenti. (*Erpét.*) Voyez ROULEAU. (H. C.)

ORVET LOMBRICAL, *Anguis lumbricalis.* (*Erpét.*) Voyez TYPHLOPS. (H. C.)

ORVET A LONG MUSEAU; *Anguis nasutus*, Gmelin.
(*Erpét.*) Voyez Typhlops. (H. C.)

ORVET MACULÉ; *Anguis maculatus*, Linnæus. (*Erpét.*)
Voyez Rouleau. (H. C.)

ORVET MIGREL. (*Erpét.*) Voyez Rouleau. (H. C.)

ORVET PLATURE; *Anguis platurus*, Linn. (*Erpét.*) Voyez
Pélamide. (H. C.)

ORVET RÉTICULÉ; *Anguis reticulatus*, Linn. (*Erpét.*)
Voyez Typhlops. (H. C.)

ORVET RUBAN ou ORVET SCYTALE, *Anguis scytale*.
(*Erpét.*) Voyez Rouleau. (H. C.)

ORVET VENTRAL ou ANGUIS LAMPROIE. (*Erpét.*)
Voyez Ophisaure. (H. C.)

ORYCTÈRE. (*Mamm.*) Dans notre premier travail sur
les dents des rongeurs, nous avions formé ce genre en réunissant les deux animaux que Buffon avoit décrits sous les
noms de petite taupe du Cap et de grande taupe du Cap,
mus capensis, Pall., et *mus maritimus*, Gmel. Depuis, Illiger
forma un genre, sous le nom de *Bathyergus*, du *mus maritimus*,
et un autre genre du *mus capensis* et du *mus talpinus*, sous
celui de *Georychus*. Ayant pu étudier un plus grand nombre
de ces espèces de rongeurs du Cap, et mieux en reconnoître
les caractères, j'ai dû former trois genres de ces trois animaux. (Des dents des mammifères, considérées comme caractères zoologiques.) J'ai conservé le nom générique d'Oryctère
à la grande taupe du Cap, à laquelle s'associe vraisemblablement une espèce nouvelle. J'ai transporté celui de Bathyergue
à une espèce que j'ai cru nouvelle, et qui est peut-être la
petite taupe du Cap; et j'ai conservé au *mus talpinus* celui de
Spalax, qu'il avoit déjà reçu; et comme l'article Bathyergue
ne pouvoit encore contenir le résultat de ce travail, je décrirai dans celui-ci les Oryctères et les Bathyergues.

Des Oryctères.

Oryctères. Ces animaux semblent avoir été pourvus au
plus haut degré de la faculté de ronger, tant leurs incisives
sont développées; ils approchent de la taille du lapin, et
vivent sous terre, où ils creusent des galeries très-étendues
et très-profondes. Leur nourriture consiste principalement

en racines, mais ils mangent sans doute aussi des matières animales, comme tous les rongeurs dont les molaires ont des racines et des couronnes simples. On ne les connoît encore qu'imparfaitement, et par quelques points seulement de leur organisation.

Les dents sont au nombre de vingt, dix à l'une et à l'autre mâchoire, c'est-à-dire deux incisives et huit mâchelières. A la mâchoire supérieure les incisives sont partagées en deux parties égales par un sillon profond, et elles naissent, suivant les especes, à la partie antérieure ou à la partie postérieure des maxillaires. Les mâchelières vont, en diminuant de largeur, de la première à la dernière, et toutes ont la même forme : avant d'être usées, elles se composent de deux collines séparées par un sillon transversal, beaucoup moins profond dans son milieu que sur ses bords : après un premier degré d'usure, leur surface est unie avec une échancrure à leur bord interne, et une à leur bord externe : enfin, à un degré d'usure plus avancé ces échancrures s'effacent, et la dent est uniformément circonscrite par un ruban émail. A la mâchoire inférieure les incisives sont unies, et naissent près du condyle, et les mâchelières ne diffèrent point de celles de l'autre mâchoire.

Les pieds, très-courts, ont cinq doigts, armés d'ongles fouisseurs de moyenne grandeur, et le museau est terminé par une espéce de groin ou de boutoir. L'oreille externe ne se montre que par les poils qui vont en rayonnant autour de son orifice. Les yeux sont très-petits. La queue est courte et plate, et le pelage ras et doux.

J'en distingue deux espéces, originaires l'une et l'autre du cap de Bonne-Espérance.

Le Blesmoll : *Mus maritimus*, Gmel.; Taupe des Dunes, Allamand, tome V, page 24, pl. 10; Grande taupe du Cap, Buff., Suppl., VI, page 255, pl. 38. Cet animal a un pied de longueur, et est très-bas sur jambes; sa couleur est d'un blanc jaunâtre, qui prend une teinte grise sous le corps. Le tour de l'oreille est plus blanc que les parties voisines. Les Hottentots le nomment *kawhowba*, qui signifie, dit-on, taupe hippopotame.

Je ne connois la seconde espéce de ce genre que par l'ostéologie de sa tête, qui diffère de celle de la précédente par un chanfrein plus arqué, et par des incisives supérieures qui naissent plus avant dans les maxillaires, quoique ces deux têtes soient du même âge.

Des Bathyergues.

BATHYERGUE, *Bathyergus.* Lorsque j'ai formé ce genre, je n'étois point certain que les têtes qui m'en présentaient la dentition, appartinssent à la petite taupe du Cap, de Buffon; c'est pourquoi je les indiquai comme appartenant à une espèce nouvelle. Je soupçonne aujourd'hui qu'elles apparte-noient à cette petite taupe, sans cependant que ce fait me soit encore démontré. Je parlerai toutefois de cet animal sous ce nom générique.

Les Bathyergues ont la tête arrondie, et non point alongée comme les oryctères, ce qui leur donne une physionomie toute particulière, et leur système de dentition est aussi dif-férent; il ne consiste qu'en trois mâchelières de chaque côté de l'une et de l'autre mâchoire, et leurs incisives sont unies; les mâchelières sont semblables par leur forme à celles des oryctères; elles ont d'abord deux collines séparées par un sillon qui, a un certain degré d'usure, présentent une sur-face unie avec deux échancrures; leurs organes du mouve-ment ont les mêmes formes: leurs doigts sont au nombre de cinq partout; leur queue est très-courte; leurs yeux sont petits, et ils sont également privés d'oreilles externes. Leur vie est aussi souterraine; ils se creusent eux-mêmes des ter-riers, se nourrissent principalement de racines, et sans doute d'insectes divers. La seule espèce connue est du cap de Bonne-Espérance : c'est

Le CRICET de M. Geoffroy Saint-Hilaire: la TAUPE DU CAP, Buffon, Suppl., tom. IV; TAUPE DES DUNES, Allamand, tom. IV, et Buffon, Suppl., tome VI; *Mus capensis*, Pallas, *Glires*, pag. 172, fig. 7. Sa taille est à peu près celle du surmulot, et sa couleur d'un brun minime en dessus, plus foncé sur la tête; en dessous cendré; le bout du museau, le tour des yeux, les oreilles dans quelques individus, et une tache sur la nuque blancs. (F. C.)

ORYCTÈRES ou FOUISSEURS. (*Entom.*) Noms sous lesquels nous avons établi une famille d'insectes de l'ordre des hyménoptères, qui pour la plupart ont l'habitude de fouir le sable. C'est là qu'ils déposent leurs œufs, avec des larves d'insectes qu'ils y apportent, après les avoir paralysées, afin que ces corps, quoique vivans, puissent sans résistance servir de pâture aux larves qui proviendront de ces œufs. C'est cette particularité de mœurs que nous avons cherché à indiquer par le nom de la famille, tiré du mot grec, ορυκηρ, *fossor*, un fouisseur.

On reconnoît les hyménoptères de cette famille aux caractères suivans : *Abdomen conique, porté sur un pédicule étranglé, antennes non brisées, de quatorze à dix-sept articles; lèvres et mâchoires ne dépassant pas les mandibules; ailes non doublées.*

A l'aide de ces caractères il est facile de distinguer les oryctères des huit autres familles du même ordre. En effet, les uropristes, comme les tenthrèdes ou mouches-à-scie, ont le ventre sessile ; les mellites ont la lèvre inférieure plus longue que les mandibules; les systrogastres, comme les chrysides, ont le ventre non en toupie, mais concave en dessous, se roulant en boule ; les ptérodiples, comme les guêpes, ont les ailes supérieures pliées en deux parties sur leur longueur ; les myrmèges, comme les mutilles, les fourmis, ont les antennes brisées sur leur longueur ; les anthophiles et les néottocryptes, comme les scolies, les cynips, ont au plus treize articles aux antennes, tandis que les entomotilles, comme les ichneumons, etc., en ont de dix-sept à trente.

Cette famille des oryctères, dont nous avons fait représenter les genres dans l'atlas de ce Dictionnaire, planche 33, comprend les larres, les tiphies, les pompiles, les pepsides, les sphéges et les tripoxylons.

Nous avons indiqué la particularité des mœurs la plus notable, ainsi que les caractères essentiels de cette famille. Nous renvoyons l'histoire des genres aux noms de chacun d'eux. Le tableau suivant en fait connoître la disposition méthodique par l'analyse.

A antennes	filiformes					1. TYPHIE.
		déprimé, presque accolé				2. LARRE.
	sétacées; abdomen à pétiole		court: pattes	ordinaires..		3. POMPILE.
				très-longues		4. PEPSIDE.
			très-long,	conique ...		5. TRYPOXYLON.
				cylindrique		6. SPHÉGE.

Voyez chacun de ces noms de genres. (C. D.)

ORYCTÉRIENS. (*Mamm.*) M. Desmarest a donné ce nom à une famille dans laquelle il réunit les tatous et l'oryctérope, qui ont pour caractères communs des mâchelières d'une forme très-simple, et la faculté de se creuser des terriers. (F. C.)

ORYCTÉROPE. (*Mamm.*) *Orycteropus*, Geoff., Cuv.; COCHON DE TERRE, Buffon, Suppl., tome VI, pl. 31. L'unique espèce de laquelle ce genre est formé, n'est pas moins remarquable par sa physionomie que par ses organes et par ses mœurs. Sa tête, extrêmement alongée et terminée par une sorte de groin, a été comparée à celle du cochon, à laquelle elle est loin cependant de ressembler; deux longues oreilles pointues la terminent en arrière; le corps est long, trapu: les jambes sont fortes et courtes, et la queue est longue et très-musculeuse; les yeux ont une grandeur moyenne, mais la bouche n'est pas très-ouverte, et l'animal en fait sortir sa langue de plus d'un pied. Il est privé d'incisives et de canines; ses molaires sont au nombre de six de chaque côté des deux mâchoires; elles sont cylindriques, à couronne plate, et elles ont une structure telle qu'elles ressembleroient à un morceau de jonc, sans leur dureté et les matières qui les composent. Ses pieds de devant ont quatre doigts avec des ongles forts; ceux de derrière en ont cinq, armés d'ongles plus forts encore, et presque grands comme des sabots. L'oryctérope marche sur les doigts de ses pieds de devant, mais il est plantigrade de ceux de derrière, et sa queue, par la force de ses muscles, feroit présumer qu'elle lui est de quelque usage dans ses mouvemens. Sa peau est très-épaisse, et son poil, fort rare, est généralement d'un gris roussâtre, mais il devient brun vers l'extrémité des membres. Il a près de quatre pieds de longueur, depuis le bout du museau jusqu'à l'origine de la queue; celle-ci a environ deux pieds. Sa hauteur moyenne est de deux pieds et demi.

Les oryctéropes vivent dans des terriers qu'ils se creusent à l'aide de leurs ongles, et sans doute de leur boutoir, et la force de leurs membres est telle que, malgré la place qu'il leur faut pour se cacher, leur retraite est formée au bout de très-peu de temps. Leur nourriture ne consiste qu'en fourmis, qu'ils attrappent en très-grande quantité en s'établissant près des fourmilières et des habitations des *termites*, et y introduisant leur langue visqueuse, qu'ils retirent bientôt chargée de ces petits animaux. Leur chair est recherchée des Hottentots ; mais Vaillant assure qu'il n'a pu en supporter le goût désagréable et parfumé d'acide formique. Cependant Kolbe et de Grand-Pré assurent qu'elle est agréable, ce qui tient peut-être à la préparation qu'on lui fait subir, et qui la débarrasseroit du parfum qu'elle répand dans son état de fraîcheur. (F. C.)

ORYCTES. (*Entom.*) Illiger a séparé sous ce nom de genre quelques espèces de scarabées, insectes coléoptères pentamérés lamellicornes : tel est en particulier le Scarabée nasicorne, que nous avons fait figurer dans l'atlas de ce Dictionnaire, pl. 4, n.° 5. Voyez les articles Pétalocères et Scarabée. (C. D.)

ORYCTOGNOSIE. (*Min.*) Nom plus particuliérement employé par les minéralogistes allemands pour désigner cette partie de la connoissance ou de l'histoire naturelle des corps inorganiques fossiles, qui a pour objet de décrire les minéraux, principalement sous le rapport de leur nature et de leurs propriétés et caractères extérieurs. Ce nom est pour nous synonyme de Minéralogie. Voyez ce mot. (B.)

ORYGIA. (*Bot.*) Ce genre de plantes de Forskal, appartenant à la famille des ficoïdes, ne doit conserver qu'une espèce, *orygia decumbens*, en supposant que le caractère de cinq styles qu'il lui attribue soit exact. L'autre, *orygia portulacæfolia*, est un *talinum*, dans la famille des portulacées. Voyez Talin. (J.)

ORYSSE ou ORUSSE, *Oryssus*. (*Entom.*) Nom donné par M. Latreille à un genre d'insectes hyménoptères, de la famille des uropristes, dont on connoît seulement deux espèces.

Ce genre peut être ainsi caractérisé : *Antennes en fil; tête grosse, arrondie, sessile; abdomen ovale, arrondi à la pointe.*

Il se distingue donc des six autres genres rapportés à la même famille par le mode d'articulation de la tête, qui n'est pas portée sur un col ou prolongement du corselet, comme dans les xiphydries et les sirèces; par la forme des antennes, qui ne sont ni dentées, ni en masse, ni grossissant insensiblement comme dans les tenthrèdes, les hylotomes, les cimbèces; enfin, par la conformation de l'abdomen, qui ne se termine pas par une sorte de corne, comme dans les urocères.

Le nom d'orysse est emprunté du verbe grec ὀρύσσω, *je fouis la terre*. Les mœurs de ces insectes sont peu connues. Il est probable que leurs larves se développent dans l'épaisseur des troncs d'arbres, comme celles des urocères, des xiphydries et des sirèces.

Les deux espèces décrites sont,

1. L'Orusse couronné; *Oryssus coronatus*, que nous avons fait figurer dans l'atlas de ce Dictionnaire, pl. 35, fig. 4.

Car. Noir; tête munie de quelques pointes sur le front; quelques taches blanches sur les antennes et autour des yeux; abdomen fauve-noir à la base; pattes blanches, à cuisses noires.

C'est le *sphex abietina* de la Faune de la Carniole de Scopoli.

2. Orysse unicolore; *O. unicolor.*

Il est tout noir et de moitié plus petit que le précédent, qui a de huit à dix lignes de longueur. (C. D.)

ORYTHIE, *Orythia.* (*Arachnod.*) Subdivision générique établie par MM. Péron et Lesueur dans le Prodrome de leur histoire générale des méduses, p. 15, pour les espèces qui sont agastriques, pédonculées, non tentaculées, non brachidées, et dont le pédoncule est simple et comme suspendu par plusieurs bandelettes. Ce genre ne renferme que deux espèces.

L'O. verte, *O. viridis*, dont l'ombrelle, d'un vert foncé, subhémisphérique, est pourvue à sa circonférence de huit petites dents, d'où partent autant de bandelettes, se recourbant en dessous, pour s'attacher à la base d'un pédoncule en forme de trompe cylindroïde. De la terre d'Endracht.

L'O. minime, *O. minima*, Baster., *Opusc. subs.*, t. 2, p.62, Ombrelle d'un centimètre de diamètre, aplati, discoïde, mar-

36.   33

qué d'une espèce de fleur à huit pétales échancrés à leur bord ; le pédoncule claviforme. Des côtes de la Belgique. (De B.)

ORYTHYIE, *Orythyia*. (*Crust.*) Genre de crustacés décapodes brachyures, fondé par Fabricius, et que nous avons décrit dans l'article Malacostracés, t. XXVIII, p. 255. (Desm.)

ORYX. (*Mamm.*) Nom que les anciens ont employé pour désigner des animaux différens, mais qu'ils paroissent toujours rapporter à des familles de ruminans à pieds fourchus et à cornes creuses. Seulement, pour les uns, l'oryx n'avoit qu'une corne ; pour les autres, il en avoit deux ; et ces derniers se divisent encore. Oppien en fait un animal terrible par sa férocité, et Pline le rapproche des chèvres, etc. Pallas, de nos jours, a appliqué ce nom au Pasan de Buffon. Voyez ce nom au mot Antilope. (F. C.)

ORYZA. (*Bot.*) Voyez Riz. (Poir.)

ORYZAIRE. (*Foss.*) Voir au mot Fabulaire, où l'article Oryzaire est traité. (D. F.)

ORYZOPSIS. (*Bot.*) Genre de plantes monocotylédones, à fleurs *glumacées*, de la *triandrie monogynie* de Linnæus, offrant pour caractère essentiel : Deux valves calicinales uniflores ; celles de la corolle environnées à leur base d'un anneau barbu ; deux appendices linéaires ; trois étamines ; un style court ; deux stigmates un peu pubescens et glanduleux.

Oryzopsis a feuilles rudes : *Oryzopsis asperifolia*, Mich., *Flor. bor. Amer.*, 1, p. 51, tab. 9 ; Pal. Beauv., *Agrost.*, p. 19, tab. 6, fig. 5 ; Rizole, Encycl. Cette plante a le port d'une espèce de riz. Sa racine est fibreuse, capillaire ; elle produit plusieurs tiges assez hautes, glabres, presque nues, fistuleuses, articulées, garnies à leur partie inférieure de feuilles d'une médiocre largeur, roides, droites, très-longues, rudes au toucher, très-aiguës, même un peu piquantes ; celles qui croissent le long des tiges, sont courtes, à peine de la longueur de leur gaine. Les fleurs sont disposées en une panicule droite, terminale, peu garnie ; les pédoncules presque simples, longs, épars ou alternes, uniflores. Les épillets assez gros ne sont composés que d'une seule fleur, laquelle a les valves du calice larges, ovales, nerveuses, striées, assez grandes ; celles de la corolle à peine plus longues ; l'extérieure lisse, coriace, ovale, un peu cylindrique, surmontée d'une arête droite, longue, sétacée ; la valve intérieure mince, étroite, presque linéaire; deux autres valves, en forme d'appendice, accompagnent l'ovaire; les filamens des étamines renfermés dans la valve extérieure de la corolle; les anthères sont au sommet entr'ouvert de cette valve; elles sont longues, pendantes, barbues à l'une de leurs extrémités; le style un peu saillant, terminé par deux stigmates glanduleux et pubescens. Cette plante a été découverte par Michaux, dans l'Amérique; elle croît le long des montagnes qui règnent depuis la baie d'Hudson jusqu'à Quebec. (Poir.)

ORZADA. (*Bot.*) Monardez cite ce nom d'une plante du Mexique que C. Bauhin rapporte à l'orge sous celui de *hordeum causticum*, et dont il indique comme synonyme le *cavadilla* ou *hordeolum* de Monardez. (J.)

ORZAGA. (*Bot.*) Nom du pourpier de mer, *atriplex halimus*, sur les côtes d'Espagne. (Lem.)

ORZEL. (*Ornith.*) Ce nom polonois, qui désigne en général des oiseaux de proie, s'applique à plusieurs espèces d'aigles, suivant les épithètes qui l'accompagnent. (Ch. D.)

ORZELLA. (*Bot.*) Synonyme portugais d'Orseille. (Lem.)

ORZEMLIK. (*Ornith.*) On appelle ainsi, en Pologne, l'émerillon, *falco æsalon*, Linn. (Ch. D.)

OS. (*Anat. et Phys.*) Voyez Système osseux. (F.)

OS. (*Chim.*) La composition des os de bœuf peut être fixée au moins approximativement, d'après les expériences de MM. Fourcroy et Vauquelin de la manière suivante :

Tissu cellulaire se fondant en gélatine
dans l'eau bouillante 50
Phosphate de chaux. 37
Phosphate de magnésie 1,3
Sous-carbonate de chaux. 10
Alumine. . . . . ⎫
Silice . . . . ⎬
Oxide de manganèse. . . . . . . ⎬ 1,7
Oxide de fer. . . . . ⎬
Perte . . . . ⎭

100,0

Lorsqu'on soumet les os à l'action de l'eau bouillante, sous la pression de l'atmosphère, et à plus forte raison sous une pression plus considérable, le tissu cellulaire seul est dissous. Si les os n'ont pas été préalablement dépouillés de graisse, celle-ci se sépare et vient nager sur l'eau.

Les os, traités par l'acide hydrochlorique foible, laissent leur tissu cellulaire ; les sels à bases insolubles sont dissous. Quand on soumet les os à la distillation dans des tubes de fonte, ils donnent les produits des principes immédiats organiques azotés, distillés, c'est-à-dire, entre autres substances, du sous-carbonate d'ammoniaque, dont on tire parti pour faire l'hydrochlorate d'ammoniaque en grand. (Voy. t. XXII, p. 127.) Le résidu de la distillation a la forme des os. Réduit en poudre, il est employé pour la peinture en noir et surtout pour décolorer beaucoup de substances végétales ; mais, lorsque ces substances sont acides, ou contiennent des corps qui pourroient éprouver quelque action de la part des matières alcalines ou salines du charbon d'os, il faut laver celui-ci avec de l'acide hydrochlorique avant de l'employer.

MM. Fourcroy et Vauquelin ont fait l'analyse des os de la manière suivante :

Ils les ont calcinés au blanc pour détruire le tissu cellulaire. Puis ils ont traité le résidu par son poids d'acide sulfurique concentré et y ont ajouté 12 parties d'eau ; par ce moyen la chaux, qui étoit dans les os à l'état de phosphate et de sous-carbonate, a été réduite en sulfate de chaux qu'ils ont séparé par la filtration.

La liqueur filtrée contenoit de l'acide phosphorique, de l'acide sulfurique, de la magnésie, de l'alumine, des oxides de fer et de manganèse, et de la silice ; ils l'ont précipitée par l'ammoniaque. Celle-ci s'est emparée de l'acide sulfurique, de la plus grande partie de l'acide phosphorique, et de la silice. Les autres substances ont été précipitées[1]. C'est en faisant concentrer la liqueur ammoniacale filtrée, qu'ils ont obtenu la silice à l'état de flocons noirs, qui sont devenus blancs par la calcination.

Quant au précipité obtenu par l'ammoniaque, qui étoit formé de phosphates ammoniaco-magnésien, et d'oxides de

---

[1] Il est vraisemblable que les bases salifiables, surtout la magnésie, ont dû entraîner avec elles de l'acide phosphorique et de la silice.

fer et de manganèse, et d'alumine, probablement à l'état de phosphates, ils l'ont traité par l'eau de potasse, qui a dissous l'alumine et l'acide phosphorique, et qui, en outre, a expulsé l'ammoniaque du phosphate ammoniaco-magnésien. Ils ont filtré et précipité l'alumine de l'eau de potasse par l'hydrochlorate d'ammoniaque.

Le résidu indissous par la potasse, qui étoit formé de magnésie, d'oxides de fer et de manganèse, a été calciné, puis traité par un léger excès d'acide sulfurique foible. Toute la magnésie a été dissoute avec une portion du fer seulement. Ils ont filtré, fait évaporer la liqueur à sec, ont calciné le résidu puis l'ont repris par l'eau; celle-ci a dissous la magnésie à l'état de sulfate et a laissé du peroxide de fer, qui a été réuni au peroxide de manganèse ferrugineux, qui n'avoit pas été dissous par l'acide sulfurique. Ils ont dissous ces deux oxides dans l'acide hydrochlorique en excès; ont étendu d'eau la dissolution et y ont ajouté du carbonate de potasse jusqu'à ce que des flocons rouges de peroxide de fer se soient formés et que toute la liqueur ait été décolorée. Ils ont filtré pour recueillir ces flocons; et en faisant bouillir la liqueur filtrée, ils ont obtenu du sous-carbonate de magnésie. (Cʜ.)

OS. (*Foss.*) On trouve déposé dans les différentes couches de la terre, postérieures à celles des substances primitives, des ossemens d'animaux, soit aquatiques, soit terrestres. Les rapports sous lesquels ils se présentent, sont de plusieurs sortes; savoir: sous ceux de la géologie, sous ceux de la zoologie et sous ceux de la minéralogie. (Voyez au mot Pétrification. (D. F.)

OS. (*Ornith.*) La faculté du vol étant celle qui contribue davantage à la conservation et au bien-être des oiseaux, il est nécessaire que les organes du mouvement aient chez eux beaucoup de souplesse et de légéreté. Aussi Camper a observé que l'air s'insinue non-seulement dans ceux de leurs os qui sont creux, mais dans ceux qui contiennent de la moelle, et il a découvert, au haut de la poitrine, un conduit qui porte l'air dans les os des ailes par une ouverture pratiquée à la partie supérieure et plus épaisse de l'humérus. Voyez Oiseaux. (Cʜ. D.)

OS PHARYNGIENS. (*Ichthyol.*) Voyez ce que nous disons de l'anatomie des poissons à l'article Poissons. (H. C.)

OS DE SÈCHE. (*Conchyl.*) On donne ce nom à la pièce calcaire qui forme la coquille très-singulière des animaux du genre Sèche de M. de Lamarck. Voyez Sèche. (De B.)

OS DE SÈCHE. (*Foss.*) On trouve à l'état fossile des extrémités d'os de sèches, du côté où cet os a le plus de solidité et est terminé en crochet. On rencontre aussi dans la terre des becs de sèches, auxquels on a donné le nom de Rhyncolithes. (Desm.)

OSANE. (*Mamm.*) Nom donné par M. Geoffroy Saint-Hilaire à *l'antilope equina.* (F. C.)

OSBECK, *Osbeckia.* (*Bot.*) Genre de plantes dicotylédones, à fleurs complètes, polypétalées, de la famille des *melastomes*, de l'*octandrie monogynie* de Linnæus, offrant pour caractère essentiel : Un calice à quatre dents, séparées par autant d'écailles intermédiaires; quatre pétales sessiles; huit étamines; les filamens courts; les anthères oblongues, terminées par un filet; un ovaire supérieur; un style; un stigmate simple. Le fruit est une capsule à quatre loges, s'ouvrant par le sommet et renfermant plusieurs semences attachées à des placentas en croissant.

Osbeck de Chine; *Osbeckia chinensis*, Osbeck, *Itin.*, 213, tab. 2; Lamck., *Ill. gen.*, tab. 283. Plante de la Chine, qui a le port d'un mélastome, dont la tige est droite, rameuse, à quatre angles saillans; les feuilles sont opposées, presque sessiles, étroites, lancéolées, marquées de trois nervures, hérissées de poils roides; les fleurs sessiles, réunies à l'extrémité des rameaux par petits paquets au nombre de deux ou trois; chaque paquet accompagné de quatre bractées en forme d'involucre, plus longues que les fleurs; le calice est campanulé, persistant; son limbe caduc; les divisions oblongues, aiguës; de petites écailles ciliées, placées entre les divisions; la corolle plus longue que le calice; les pétales arrondis au sommet; l'ovaire ovale; le style de la longueur des etamines; une capsule ovale, recouverte par la partie entière du calice.

L'*osbeckia zeylanica* de Linné fils et Gærtner, *De fruct.*, tab. 126, est très-peu distinguée de l'espèce précédente. Ses feuilles sont plus longues, linéaires, lancéolées, aiguës, un peu dentées en scie à leur sommet, rudes, ainsi que toute la plante, rétrécies en pétiole à leur base ; les fleurs médiocrement pédonculées, les unes axillaires et solitaires, les autres terminales, réunies trois ou quatre ; les calices chargés de longues soies. (Poir.)

OSBECK. (*Ichthyol.*) Nom d'un poisson voisin du Picarel. Voyez ce mot et Smare. (H. C.)

OSCABIORN. (*Malentoz.*) Mot de la langue islandoise, d'où est dérivé le nom d'oscabrion, que l'on donne aux animaux dont Linnæus a fait son genre *Chiton.* D'après l'étymologie qu'en donne Hannas Thorlerius, ce nom est composé de deux mots, l'un *biorn*, qui veut dire oursin, et l'autre *oskar*, génitif d'*oosk*, qui signifie vœu ou souhait. Il a été donné à cet animal, parce que, dans l'idée populaire, l'homme qui peut avaler une pierre cachée dans le corps de cet animal, obtient aisément l'accomplissement de tous ses desirs. (De B.)

OSCABRELLE, *Chitonellus.* (*Malentoz.*) M. de Lamarck établit sous ce nom une petite division dans le grand genre Oscabrion de Linné, pour des espèces dont le corps est beaucoup plus alongé, subvermiforme ou un peu cylindrique, et dont la coquille, toujours composée de huit valves, est beaucoup plus petite que dans les autres oscabrions. M. de Lamarck ne caractérise que deux espèces dans ce genre, qu'il nomme, l'une l'O. lisse, *C. lœvis ;* l'autre, l'O. striée, *C. striatus.* Voyez le mot Oscabrion, où elles sont décrites à la fin de la section *D.* (De B.)

OSCABRION, *Chiton.* (*Malentoz.*) Genre d'animaux multiarticulés, établi par Linné, et tellement distinct de tout ce qu'on connoît dans la série animale, qu'il a été successivement adopté par tous les zoologistes, quoiqu'ils aient varié sur sa place dans la méthode. Les anciens ne paroissent pas avoir connu ces animaux, ou du moins ne nous ont laissé dans leurs écrits aucune observation qui puisse le faire soupçonner. Les auteurs de la renaissance des lettres, Belon et Rondelet, n'en ont également rien dit. On trouve bien dans une figure de ce dernier, qui représente une patelle, une autre petite figure sans nom, qui indique évidemment une espèce d'oscabrion, mais elle n'a pas d'explication dans le texte. Vallisniéri paroît donc être le premier qui ait fait mention d'un animal de ce genre, sous le nom de *cimex marinus.* On suppose cependant que les naturalistes norwégiens avoient fait mention de cet animal encore auparavant, et cela d'après une citation faite par Jacobæus d'un long passage de Wormius; mais en lisant attentivement ce passage, il est aisé de voir que ces deux auteurs ont voulu parler de quelques espèces de *cymothoa,* puisqu'il est question d'yeux complexes, de pattes et d'un nombre d'articulations qui n'est pas celui des véritables oscabrions. Néanmoins c'est cette supposition qui a fait donner aux animaux du genre Chiton le nom vulgaire d'oscabrion, nom islandois, dont nous venons de donner l'étymologie plus haut. (Voyez Oscabiorn.)

Petiver publia bientôt une grande espèce sous le nom d'oscabrion de la Caroline. Rumph en avoit publié une autre; Adanson en avoit aussi fait connoître une espèce des rivages du Sénégal. Cependant ce n'est que dans la douzième édition du *Systema naturæ* que Linné a établi son genre Chiton, dont le nom, dérivé du grec, signifie *lorica* ou *cuirasse.* Depuis ce temps, Muller, Spengler, Chemnitz, dans son grand ouvrage, et dans une dissertation particulière, Othon Fabricius, Pennant et Schroëter en firent connoître un certain nombre d'espèces de toutes les parties du monde, que Gmelin recueillit à sa manière, sans aucune critique, dans son édition du *Systema naturæ.* M. de Lamarck en a fait connoître quelques-unes de nouvelles; mais la perte de sa vue survenue à l'époque de la publication de cette partie de son ouvrage, ne lui a pas permis d'étudier ce genre comme il l'avoit fait pour tant d'autres; aussi est-il encore dans une grande confusion que nous allons tâcher de diminuer.

Nous avons fait déjà observer que les naturalistes ne sont pas d'accord sur la place que doit occuper ce genre d'animaux; les uns, comme d'Acosta, pensent que c'est une sorte de crustacé, opinion généralement rejetée; les autres supposent que c'est un véritable mollusque, qui doit prendre place auprès des patelles ou des phyllidies. C'est la manière de voir d'Adanson, et depuis lui, de MM. Cuvier et de Lamarck, tandis que Linné et ses sectateurs l'ont placé dans leur division artificielle des vers testacés multivalves, ce qui se rapproche assez de l'opinion de M. de Blainville, que j'ai, que c'est un degré d'organisation particulier formant une classe distincte entre les malacozoaires et les entomozoaires.

Pour mettre en état de décider la question, nous allons étudier la forme générale, ainsi que l'organisation de ces singuliers animaux avec quelques détails.

Le corps d'un oscabrion est en général plus ou moins ovale, arrondi presque également aux extrémités, mais quelquefois subcylindrique, de manière à ressembler, dans le premier cas, à une phyllidie, et dans le second, à une larve de quelque gros coléoptère; convexe en dessus, et plus ou moins plan en dessous, il présente du côté du dos une sorte de bouclier ou de manteau qui déborde de toutes parts; la face inférieure plane est occupée dans toute sa longueur, et dans une plus ou moins grande partie de sa largeur, par un disque musculaire assez épais, ordinairement ridé en travers, et qui ressemble assez bien au disque locomoteur des mollusques gastéropodes. Le bouclier dorsal est constamment solidifié dans sa partie moyenne, et dans toute sa longueur, par une série longitudinale de huit pièces calcaires, ou valves, souvent fort épaisses, souvent imbriquées d'avant en arrière, mais quelquefois, quoique rarement, se touchant à peine, et sur la forme et la disposition desquelles nous allons revenir. Ce système particulier de coquilles est saisi plus ou moins largement par les bords avancés du reste du bouclier qui est complétement charnu, musculaire, et dont la surface du limbe, rarement lisse, est le plus souvent recouverte d'espèces d'écailles ou de poils calcaires, et même de soies ou de poils plus longs et plus flexibles. Dans un certain nombre d'espèces, outre cette série de valves et ces poils calcaires, il y a de chaque côté, et rangés bien symétriquement par paires, d'assez gros faisceaux de soies profondément implantés dans la peau, et même dans sa couche musculaire ou contractile.

J'ai dit tout à l'heure que les pièces de la coquille des oscabrions sont constamment au nombre de huit[1] et placées

---

1 Quelques auteurs parlent bien d'oscabrions à sept et même à six valves; mais il est permis d'en douter. Jusqu'ici je n'ai pu en rencontrer de semblables dans aucune collection, et l'observation que j'ai faite, que dans les espèces mêmes, où la coquille est la plus rudimen-

les unes à la suite des autres; voyons ce qu'elles ont de général et de particulier. Toutes sont en général fort épaisses, cassantes, d'abord parfaitement symétriques, régulières, et leur mode d'accroissement me paroît être semblable à ce qui a lieu dans les coquilles des véritables mollusques; leur face interne est ordinairement lisse et blanche, mais quelquefois elle est colorée : l'externe l'est presque constamment et souvent même d'une manière fort agréable, en même temps qu'elle est très-rarement lisse. Toutes présentent encore comme caractère commun d'offrir un disque proprement dit avec son sommet, et en outre une lame d'insertion, qui s'enfonce en effet dans les parties molles, et qui est souvent crénelée ou denticulée.

Les valves d'un oscabrion se partagent en deux cathégories, les terminales ou extrêmes, une en avant, une en arrière, et les intermédiaires au nombre de six.

Celles-ci se ressemblent assez pour pouvoir être décrites à la fois; assez généralement beaucoup plus larges que longues, elles sont souvent carénées ou même en forme de toit; la surface de leur disque, lisse ou tuberculeux, est presque toujours divisée en trois aires triangulaires, une médiane, dont le sommet est au bord postérieur du disque et la base en avant, occupant tout le bord antérieur; et deux latérales, bien symétriques et plus étroites, dont le sommet est réuni à celui de la valve et dont la base occupe un des côtés.

Certaines espèces n'offrent que des indices de cette division en trois aires, et d'autres n'en présentent aucune trace, ce qui nous fournira d'assez bons caractères zoologiques.

La lame d'insertion de ces valves intermédiaires, toujours antérieure, est formée de chaque côté de deux parties, une antérieure et l'autre latérale. Leur grandeur proportionnelle, leur direction et leur état varient assez, sinon dans chaque véritable espèce, mais au moins dans chaque groupe d'espéces, pour qu'il soit impossible d'en rien dire de général.

Les valves terminales ont cela de commun qu'elles sont souvent semi-circulaires, et que leur surface lisse ou striée n'est pas partagée en aires, comme les intermédiaires, mais

taire, les huit valves existent constamment, ne permet guère de croire que le nombre des valves ne soit pas fixe dans ce genre.

elles diffèrent beaucoup en ce que la partie circulaire de l'antérieure est en avant et son sommet en arrière, tandis que dans la postérieure le bord circulaire est en arrière, et le sommet plus ou moins au-dessus de ce rebord. Celle-ci est en outre fort aisée à reconnoître, parce qu'elle a' une lame d'insertion dans toute sa circonférence, tandis qu'il n'y en a qu'au bord antérieur dans celle-là. Ces lames peuvent du reste être entières ou crénelées, ce qui fournit de bons caractères pour la distinction des espèces.

La tête des oscabrions n'est pas distincte, et par conséquent il n'y a aucune trace d'appareils des sens, ni yeux, ni tentacules. Au-dessous de l'extrémité antérieure on aperçoit seulement une sorte de bourrelet labial, tout-à-fait au niveau du pied, en forme de fer à cheval, fort plat en dessous, et au milieu, à peu près, duquel est percé l'orifice antérieur du canal intestinal. Son orifice postérieur, beaucoup plus petit et bien plus caché, est également médian et inférieur, situé au bord postérieur du pied, au-dessous du rebord du manteau ou du bouclier. Il est à l'extrémité d'un petit tube dont l'orifice est transversé et plissé.

De tout ce qui paroît à l'extérieur, il ne nous reste plus à noter que les branchies qui sont composées de petites pyramides triangulaires, comprimées, placées entre le rebord du manteau et le pied, et formant ainsi en arrière une sorte de fer à cheval, dont les branches s'avancent plus ou moins du côté de la bouche, et la terminaison de l'appareil générateur, qui se fait par deux paires d'orifices latéraux, situés de chaque côté de la partie postérieure du sillon du manteau, l'un entre la racine des deux dernières branchies, et l'autre à deux ou trois branchies en avant. Ces orifices sont bordés de petites lèvres comme squameuses.

L'organisation des oscabrions est aussi particulière que leur forme générale extérieure. Nous l'avons étudiée sur un individu de chaque division naturelle que nous établissons dans ce genre, et nous allons en faire connoître les principaux points.

L'enveloppe cutanée est peu ou point distincte du tissu musculaire sous-jacent, du moins dans sa partie principale; on y distingue très-bien une partie épidermique, subcornée, rarement lisse, et beaucoup plus souvent hérissée de petites tubérosités calcaires en forme d'écailles ou de tubercules plus ou moins pointus. Les écailles sont disposées en quinconce et d'une manière bien régulière comme celles d'un serpent; les tubercules épineux ne sont jamais dans ce cas. Mais, outre ces tubercules, la peau des oscabrions est quelquefois revêtue de poils plutôt cornés que calcaires, et qui sont implantés plus ou moins profondément dans la peau. Ces espèces de poils, dont la forme varie un peu, commencent par un petit empâtement poreux, par où ils adhèrent à la peau dans les trous que celle-ci présente; ils ne pénètrent réellement pas dans son tissu, mais dans un sinus de sa surface. Outre ces poils, répartis d'une manière irrégulière, il en existe quelquefois qui se fasciculent et qui se disposent tout-à-fait symétriquement sur le limbe du manteau, comme il a été déjà dit: ceux-là sont seulement plus fins, ils forment une masse qui adhère par un bouton arrondi, enfoncé dans l'excavation de la peau, mais sans qu'il y ait non plus de muscle distinct attaché à la base.

Nous avons déjà fait remarquer qu'il n'y a aucun organe spécial de sensation, pas même de cirres tentaculaires, ni sur les bords du manteau, ni même à l'orifice buccal.

L'appareil de la locomotion, qui est encore composé de fibres contractiles dirigées dans tous les sens, et qui se confondent avec la peau, offre une particularité remarquable dans la manière dont celles du dos se sont fasciculées pour le mouvement des valves de la coquille. On trouve d'abord que toute l'enveloppe dermo-musculaire forme une espèce de fourreau ou d'étui dans lequel est contenue la masse pelotonnée des viscères, sans qu'il y ait presque d'autre adhérence que celle produite par les vaisseaux qui du cœur se rendent au canal intestinal, ainsi que par la terminaison de celui-ci et celle de l'appareil de la génération. Toute la face interne de cette gaine, beaucoup plus épaisse sous l'abdomen, où elle constitue le pied, qu'au dos, est tapissée inférieurement par une couche de fibres soyeuses, transversales, et qui vers les parties latérales du corps se rapprochent en faisceaux dont la terminaison se fait à chaque articulation. Outre cela, le dos offre des faisceaux musculaires distincts, quoique peu épais, et qui se distinguent en longitudinaux

et en obliques. Les longitudinaux sont tout-à-fait médians ;
les obliques vont de la pointe ou du sommet d'une valve à
la base antérieure de la précédente. Outre cela il y a des
faisceaux de muscles qui s'attachent aux lames d'insertion
des valves, en même temps que la plus grande partie de la
face interne de la valve donne attache à des bandes musculaires transverses, auxquelles les faisceaux longitudinaux et
obliques s'attachent plutôt qu'à la coquille elle-même.

La bouche dont nous avons indiqué la position tout-à-fait
inférieure, et au milieu d'une lèvre plissée et comme radiée,
conduit, au moyen d'un petit tube vertical et ensuite recourbé à angle droit, dans une cavité buccale assez considérable. Cette cavité est partagée en deux parties, comme
dans beaucoup de mollusques, l'une supérieure et l'autre
inférieure. La première, de beaucoup la plus grande et
la plus longue, est formée par une membrane transparente assez mince, qui paroît devoir être susceptible d'une
assez grande dilatation latérale. On voit en effet à sa partie
supérieure deux espèces de plis en fer à cheval très-serré,
qui doivent faciliter cette dilatation. A la partie tout-à-fait
supérieure de cette cavité se voit, de chaque côté, un petit
organe dentelé vers ses bords ; c'est évidemment la glande
salivaire : en enlevant la paroi supérieure de la membrane
buccale, on trouve la cavité elle-même dans laquelle on
aperçoit un petit bouton antérieur en forme de V, dans lequel est le ruban lingual de couleur noire, puis une espèce
de lèvre ou demi-canal à la paroi supérieure de la cavité,
et qui communique avec le canal intestinal ou œsophage. De
chaque côté de cette partie se voit un corps comme bulbeux,
qui est formé par la face interne de la lame membraneuse de
la masse buccale, dont nous allons parler, et qui y forme
une sorte de repli. Dans la disposition générale des viscères,
cette partie passe au-dessous de la masse buccale, et entre
elle et l'œsophage est un grand nombre de petits faisceaux
musculaires qui s'attachent à la partie supérieure de la peau ;
enfin, après un demi-canal, cette partie de la cavité buccale
communique avec l'œsophage. Dans l'autre partie de la bouche,
se continuant sous la masse buccale, est une longue gaîne
droite, presque carrée en arrière, qui n'est autre chose que

le ruban lingual. Ce ruban, qu'on voit dans la première partie de la bouche à son plan inférieur, est large et composé de deux rangées de dents squameuses, sur un fond garni d'un grand nombre d'autres beaucoup plus petites : il se prolonge plus ou moins en arrière sous le canal intestinal entre lui et les lobes antérieurs du foie.

Toute cette cavité buccale est au milieu d'une masse musculaire beaucoup plus forte et bien plus compliquée que dans aucun animal que j'aie disséqué ; aussi est-elle fort difficile à décrire. Les faisceaux, de même usage et de même direction, sont pour ainsi dire décomposés en petits cordons subcylindriques, ce qui rend la complication encore plus grande. Les muscles peuvent cependant toujours être partagés en supérieurs, inférieurs et antérieurs ; ils proviennent pour la plupart d'une sorte de lame subcartilagineuse, pliée sur elle-même, et formant de chaque côté comme une espèce de mâchoire. Les muscles supérieurs constituent une masse conique qui, du milieu de la seconde valve et de l'espace intermédiaire à cette valve et à la première, plonge presque perpendiculairement un peu d'avant en arrière, et s'attache à toute la partie supérieure du pharynx, entre les deux masses latérales. Les muscles latéraux sont au nombre de trois ; un antérieur, qui des côtés de la masse se porte obliquement vers le bord antérieur du manteau ; un moyen, beaucoup plus court, en arrière du précédent, et des côtés de la gaine du corps vers la seconde articulation ; enfin, un postérieur ne formant qu'un seul petit faisceau, et qui de la pointe postérieure se porte aussi sur les côtés de la gaine. Enfin, il y a encore un petit faisceau unique, tout-à-fait antérieur, et qui d'un côté de l'extrémité antérieure du manteau se porte au côté opposé de la masse buccale. Les muscles inférieurs ont la direction principale d'avant en arrière, c'est-à-dire, qu'insérés à la gaine du manteau, au-dessous du second anneau, ils se portent vers l'extrémité postérieure de la masse linguale qu'ils doivent porter fortement en avant. Il y en a en outre quelques-uns dont le point fixe est à peu près le même, mais qui vont au contraire à l'extrémité antérieure de la masse buccale. Outre ces muscles extrinsèques, les plaques buccales en ont encore d'intrinsèques qui, en

dessus comme en dessous, se portent d'une partie de ces plaques à l'autre ; ils forment un très-grand nombre de cordons
ou de faisceaux.

L'œsophage est court et renflé au point de son insertion
dans l'estomac tout-à-fait droit. Celui-ci, immédiatement
appliqué contre l'œsophage, dont il est séparé par un étranglement, est placé tout-à-fait en avant dans la cavité viscé-
rale. Il est simple, membraneux, à peu près globuleux ; sa
paroi interne est plissée longitudinalement. Il est comme
enveloppé par une partie des lobes du foie.

Cet organe est assez considérable, et ce qu'il offre de plus
remarquable, c'est qu'il suit le canal intestinal dans presque
toute sa longueur, et surtout qu'il est formé par un grand
nombre de petits cœcums jaunes à peu près de même longueur ; ceux-ci s'ouvrent successivement dans un grand canal
qui a commencé vers la pointe postérieure, et qui s'est accru
peu à peu à mesure qu'il s'est avancé vers l'estomac : lorsqu'il
est près de s'ouvrir dans cet organe par un orifice très-considérable, il reçoit l'embranchement du lobe antérieur du foie.

L'intestin proprement dit, qui naît de l'extrémité de l'estomac, dans la direction duquel il est à peu de chose près,
est extrêmement grêle et fort alongé, il fait un très-grand
nombre de circonvolutions dans la substance même du foie,
après quoi il passe au-dessous du cœur et se termine à l'anus,
dont nous avons déjà signalé la position dans la ligne médiane
au-dessous du rebord du manteau entre lui et le pied.

L'appareil respiratoire se compose, comme nous avons
déjà eu l'occasion de le dire, en parlant des parties extérieures, d'une rangée de petites pyramides triangulaires,
dont la base est à la rainure qui sépare le manteau du pied,
et le sommet, libre, sous le bord même du manteau : leur
réunion forme une espèce de fer à cheval dont les branches
en arrière sont séparées par l'anus, et se prolongent plus
ou moins en avant, mais sont toujours bien loin d'atteindre
le bord antérieur du corps. Chacune de ces pyramides compo-
santes est du reste formée de petites lamelles qui tombent
à angle droit entre deux bords longitudinaux vasculaires.

L'appareil circulatoire est composé, comme de coutume, de
veines, d'artères et d'un organe d'impulsion ou d'un cœur.

Les veines ne se voient bien que dans deux gros troncs qui suivent la partie inférieure du rebord du manteau, creusées dans le derme lui-même sans parois distinctes, et qui servent probablement à la fois de veines-caves et de veines pulmonaires, c'est-à-dire, qu'elles reçoivent successivement le sang qui revient des parties et celui qui arrive des pyramides branchiales. Cela est certain pour celles-ci, et l'on voit même, outre la ramification branchiale principale, celles qui reviennent de chaque lamelle. Elles grossissent donc à mesure qu'elles s'approchent de l'extrémité postérieure du corps, qu'elles suivent dans sa circonférence, et elles s'ouvrent à la pointe de l'oreillette.

Le cœur, beaucoup plus grand proportionnellement que dans les mollusques, est parfaitement symétrique et placé tout-à-fait à la partie postérieure du dos de l'animal. Il ne m'a pas paru d'abord contenu dans un véritable péricarde, mais seulement situé au-dessus d'une espèce de diaphragme, qui sépare l'extrémité postérieure du corps en deux parties, l'une inférieure pour l'extrémité anale des viscères de la digestion et de la génération ; mais ensuite j'ai vu distinctement un péricarde formé par une membrane fort mince qui s'attache en arrière des organes de la génération.

Les oreillettes, bien paires, bien symétriques, sont fort grandes et triangulaires, la base étant contre le cœur et le sommet extérieur et antérieur au point de jonction de la veine-cave. Leurs parois sont fort minces et transparentes. L'orifice de communication avec le système veineux ne présente rien de digne de remarque, mais la communication avec le ventricule se fait par deux petits orifices ovales, situés l'un en avant et l'autre en arrière, vers la pointe du ventricule, et bordés entre deux lèvres charnues, faisant l'office de valvules. C'est du moins ce que j'ai vu d'une manière bien évidente sur l'oscabrion aiguillonné des mers de l'Archipel américain. Dans une autre plus grande espèce je n'ai cependant vu qu'un orifice auriculo-ventriculaire.

Le ventricule situé tout-à-fait dans la ligne médiane, occupant la longueur des trois valves postérieures, est très-grand, alongé et rigoureusement fusiforme, c'est-à-dire, renflé au milieu et aminci aux deux extrémités. Ses parois sont assez épaisses et présentent à l'intérieur un très-grand nombre de colonnes charnues, dirigées dans beaucoup de sens obliques, et surtout suivant la longueur. Sa pointe postérieure est obtuse et donne naissance à une petite aorte pour les parties postérieures du corps. De l'extrémité antérieure, au contraire, j'en ai aisément distingué une bien plus grosse qui suit la ligne moyenne du dos. Sa distribution aux différens viscères ne m'est pas exactement connue, mais il m'a semblé, par ce que j'ai vu, qu'elle n'offroit rien de bien remarquable. Celles qui vont aux viscères y parviennent presque verticalement dans un très-mince mésentère dorsal. Il m'a été facile de suivre une artère dans tout le bord du manteau, et qui provient très-probablement de l'aorte postérieure. Elle est dans le tissu charnu même, et elle fournit à chaque branchie, à mesure qu'elle passe devant elle, une artère branchiale qui s'y distribue à la manière ordinaire. Ce gros tronc artériel est d'un calibre sensiblement plus petit que celui de la veine.

Les parois des artères libres sont aussi minces que celles des veines, ce qui rend l'étude de la distribution du système vasculaire en général fort difficile.

L'appareil générateur se compose d'un ovaire considérable un peu flexueux, qui occupe toute la ligne dorsale, depuis l'extrémité antérieure du corps jusqu'à la postérieure. Il est formé d'une partie longitudinale ou centrale beaucoup plus épaisse au milieu, et amincie aux deux extrémités, de chaque côté de laquelle sont une foule de petits cœcums, ou mieux, d'espèces de petits arbuscules, qui vont se loger, dans leur développement, dans les interstices musculaires jusqu'à la ligne de jonction du manteau avec les branchies. Leur couleur est d'un blanc grisâtre. L'ovaire lui-même est évidemment divisé en lobules aplatis, palmés d'une manière fort irrégulière, et sa membrane est excessivement mince.

Outre cet ovaire, on trouve à sa partie postérieure, et presque confondu avec lui, un autre organe, que M. Poli a regardé comme appartenant au sexe mâle; mais que je serois plus volontiers porté à croire l'organe de la glu ou de la viscosité, qui doit entourer tous les œufs avant leur sortie. Cet organe est formé d'un double renflement, séparé par un étranglement, dont le postérieur est pyriforme, le renflement en avant, la pointe en arrière, et le tout enveloppé en très-grande partie dans la membrane ovifère qui lui adhère. Ses parois sont extrêmement minces, et présentent à l'intérieur un corps ovalaire, roulé comme une coquille de bullée, et dont la partie renflée est creuse. Toutes les parties de cet organe étoient remplies, dans l'individu que j'ai disséqué, par une très-grande quantité d'une matière coagulable, comme muqueuse. La terminaison de l'appareil générateur est réellement fort singulière, en ce qu'elle a lieu à droite et à gauche. L'extrémité postérieure de l'ovaire, ou mieux de la partie terminale, arrivée à la pointe antérieure du cœur, se bifurque ou donne naissance à un canal plus étroit que lui, qui se dirige vers le bord du manteau, où il passe dans la même échancrure que l'artère pulmonaire pour se terminer à l'un des tubercules, et peut-être aux deux tubercules, que nous avons dit exister sous le rebord du manteau.

Les œufs, contenus dans l'ovaire, étoient innombrables, d'une finesse extrême, et d'un brun foncé, probablement par l'action de la liqueur conservatrice.

Le système nerveux, qui nous reste à examiner, pour connoître complétement l'organisation des oscabrions, est ainsi constitué : on voit de chaque côté de la masse buccale, mais non pas appliqué contre elle, un assez fort ganglion ou un plexus nerveux, duquel part un très-gros cordon médullaire, qui fait le tour du bord antérieur du corps, logé dans une sorte de sillon ; il est cependant réellement au-dessus de l'œsophage. C'est là ce qu'on doit regarder comme le cerveau lui-même. Du bord interne du ganglion latéral naît un petit cordon qui se porte en dedans, et qui va se réunir à un très-petit ganglion, placé sous la masse buccale, et du bord antérieur duquel partent les filets qui vont à la bouche. Il y a aussi un filet transversal, qui sert à réunir les deux ganglions latéraux, en sorte que l'anneau œsophagien est complet. Il part aussi de cet anneau inférieur quelques filets qui vont à l'œsophage. Enfin, de l'angle postérieur de chaque ganglion latéral naissent deux gros cordons, dont un extérieur et bien plus considérable suit tout le bord du corps, ou mieux du pied, contenu dans une sorte de gaine, comprise entre la peau proprement dite et la couche de fibres transverses, argentées. Il se continue aussi tout le long de la racine des branchies, et va probablement se terminer par une anastomose à la partie postérieure et moyenne du corps. Enfin, l'autre rameau postérieur est beaucoup plus grêle; il s'enfonce dans les fibres musculaires et presque médianes du pied, auquel il se distribue.

Ce que je viens de donner de l'organisation des oscabrions, a été observé sur des espèces communes de notre pays et sur de gros individus d'espèces étrangères. J'ajouterai ce que j'ai vu sur des espèces qui ont des pinceaux de poils, disposés par paires de chaque côté du corps, fort alongé et vermiforme. Le canal intestinal, excessivement long et grêle, m'a semblé encore plus long et former un plus grand nombre de circonvolutions que dans les espèces communes; mais, du reste, il présentoit l'aspect particulier à ce genre d'animaux. L'œsophage, rétréci, après être sorti de la masse buccale, se place au-dessus d'une langue fort longue, et de deux glandes salivaires également très-alongées, comme dans les oscabrions ordinaires, mais il parcourt une plus grande étendue de la cavité avant que de s'ouvrir dans l'estomac. Celui-ci, qui est un simple renflement de l'œsophage avec un petit cul-desac, est entièrement enveloppé par le foie, composé d'un très-grand nombre de petits grains; vient ensuite l'intestin très-grêle, formant beaucoup de circonvolutions très-serrées (il étoit rempli d'une matière blanche, qui m'a paru crétacée), et se terminant ensuite à l'anus, situé comme à l'ordinaire. Dans le milieu des circonvolutions intestinales, c'està-dire, dans le mésentère, où l'on voyoit très-bien arriver les vaisseaux provenant de l'aorte, se trouvoient des lobes plus ou moins considérables du foie subdivisé.

D'après ce que je viens de dire de l'organisation des oscabrions, il sera aisé de voir quelle doit être leur place dans la série.

Nous avons déjà fait l'observation qu'Adanson, et depuis plusieurs zoologistes modernes, ont pensé que ces animaux avoient beaucoup de rapports avec les patelles ou avec les phyllidies. Voyons jusqu'à quel point cette comparaison est fondée.

Dans la forme générale, paire et symétrique, il est évident que ces deux genres ont quelques rapports, mais la ressemblance se borne presque là. En effet, les phyllidies comme les patelles ont au moins deux organes des sens, des tentacules et des yeux, dont il n'existe pas de traces dans les oscabrions. Dans ces mêmes genres il y a par conséquent une véritable tête, quoique couverte plus ou moins par les bords du manteau, ce qui n'existe nullement dans ces derniers.

La disposition du système locomoteur est toute différente; ainsi la peau des oscabrions est constamment couverte d'écailles, de tubercules ou d'épines calcaires ou cornées, ce qui ne s'est encore rencontré dans aucun mollusque, et pas plus dans les phyllidies que dans les patelles; outre que certaines espèces ont des poils fasciculés par paires, comme dans certains animaux articulés.

Le corps protecteur qui se développe constamment, mais à des degrés un peu différens, à la face dorsale des oscabrions, n'existe jamais dans les phyllidies, et diffère tellement de celui des patelles, qu'on doit être étonné qu'on ait pu l'envisager assez superficiellement pour dire que c'est une coquille de patelle brisée dans sa longueur. Avec une manière semblable d'argumenter on pourroit presque dire, qu'une chaîne n'est qu'une verge de fer articulé.

Le système musculaire a du suivre et a suivi en effet ces différences, puisque dans les oscabrions il y a au dos des muscles bien symétriques, fracturés en autant de parties qu'il y a d'écailles ou de valves à la coquille.

Dans l'appareil digestif, les deux orifices du canal intestinal sont également terminaux, ce qui est extrêmement rare parmi les mollusques céphalés, et n'existe certainement ni dans les phyllidies ni dans les patelles, où l'anus est toujours supéro-dorsal dans les unes, et plus ou moins antérieur et latéral dans les autres. Ce caractère est cependant d'une grande importance.

Il est bien vrai que la masse buccale a quelque ressemblance avec ce qui a lieu dans les patelles, non pas cependant dans les muscles qui la constituent et qui la meuvent, mais à cause de l'existence d'un renflement lingual, placé et constitué à peu près de même, et hérissé également de denticules en crochets.

Quant à la forme du reste du canal intestinal, à celle de l'estomac, et surtout de la structure du foie, la ressemblance devient moins évidente, quoiqu'il y en ait encore un peu, si ce n'est dans le mode de terminaison.

L'appareil de la respiration au premier aspect offre aussi quelques rapprochemens avec les phyllidies. Cependant les branchies de ce genre de mollusques sont bien moins complètes, et autrement conformées que dans les oscabrions. Avec les patelles il n'y a aucune espèce de comparaison, puisque ce genre de mollusques n'a réellement pas de branchies.

Les organes de la circulation offrent encore plus de différences, même en établissant la comparaison avec les phyllidies, les seules avec lesquelles elle puisse avoir lieu ; en effet la position du cœur tout-à-fait en arrière du corps, la disposition et la forme des oreillettes, ainsi que du ventricule, sont réellement toutes différentes de ce qui existe dans les phyllidies, et rappellent davantage ce qui se remarque dans les bivalves.

L'appareil générateur permet encore moins de rapprocher les oscabrions des phyllidies ou des patelles. En effet, ces dernières, sous ce rapport, n'offrent aucune différence avec les autres mollusques hermaphrodites, c'est-à-dire, qu'il y a un ovaire circonscrit, un oviducte, une sorte de matrice, pour la partie femelle ; un testicule, un canal déférent, un organe excitateur, pour la partie mâle ; les deux parties se terminant dans un seul et unique tubercule, situé du côté droit, et plus ou moins auprès du col. Or y a-t-il rien de cela dans les oscabrions, qui nous ont, au contraire, offert un ovaire non borné, et susceptible d'une extension énorme, comme dans les bivalves ; à peine, et d'une manière douteuse, une partie mâle fort incomplète ; enfin, une double terminaison, l'une à droite et l'autre à gauche, et dont je ne connois d'exemple que dans les octopodes, les décapodes, etc.

Le nombre immense des œufs d'oscabrion est aussi tout différent de ce qu'il est dans les phyllidies par analogie, et certainement dans les patelles.

Enfin, la disposition du système nerveux ne permet non plus, ce me semble, aucune comparaison, puisque dans les oscabrions il n'y a rien qu'on puisse assimiler à l'anneau œsophagien des phyllidies et des patelles, de même que dans celles-ci il n'y a pas les cordons latéraux des oscabrions.

Ainsi, en résumé, il n'y a aucune comparaison à faire dans le système nerveux, non plus que dans les appareils des sens ni de la locomotion. S'il y a quelque ressemblance dans l'appareil digestif, les différences sont au moins équivalentes. Celles qu'offrent les appareils respiratoire et circulatoire sont encore bien plus grandes, et l'appareil générateur est complétement dissemblable, et présente même un type particulier. Il est donc impossible dans une méthode naturelle de rapprocher des animaux aussi différens. Ce n'est donc pas parmi les mollusques que les oscabrions doivent être placés; et comme il est également impossible d'en faire des animaux du type des entomozoaires, puisque leur système nerveux locomoteur n'est pas à la partie inférieure du canal intestinal, il paroîtra à peu près impossible de faire autrement que d'en constituer un groupe classique distinct entre les entomozoaires et les malacozoaires. Ils sont donc à peu près dans le cas des nématopodes ou cirripèdes, et peuvent former avec eux une division du règne animal, ce que le génie admirable de Linné avoit pressenti, en établissant sa division des multivalves. Il seroit même peut-être possible de voir quelques rapports dans la coquille de ces deux classes d'animaux, en ce que dans l'une comme dans l'autre il y a une valve orale et une valve anale, les intermédiaires servant à les réunir.

Les mœurs et les habitudes des oscabrions n'ont peut-être pas été observées d'une manière encore bien suffisante, mais il est probable qu'elles n'offrent rien de remarquable.

Tous ces animaux vivent dans l'intérieur de la mer, sur les rivages, adhérens sur toutes sortes de corps, de quelque nature qu'ils soient; cependant je n'en ai jamais rencontré sur des corps organisés. Souvent ils restent à découvert pendant toute une marée basse, et alors ils ne changent en aucune manière de place. Leur adhérence est même tellement forte, qu'il est souvent difficile de les arracher sans les déchirer. Ce mode d'adhérence est évidemment formé, non-seulement par le pied lui-même, mais surtout par les bords du manteau qui composent une espèce de ventouse. En effet, dans le moment où ils cherchent à se cramponner fortement, on voit sortir de toutes parts l'eau ou l'air comprimé entre le corps et le pied ou le manteau.

Lorsqu'ils ont été arrachés de force, ils se roulent en boule à la manière des cloportes, et cela assez promptement et si fortement qu'il est difficile de les ouvrir. Ils le font eux-mêmes extrêmement lentement, et M. Bosc parle d'une espèce des côtes de l'Amérique du Nord qui est restée sept à huit jours à s'ouvrir complétement. En effet, il est aisé de voir que les muscles antagonistes de l'enroulement, c'est-à-dire, ceux du dos, étant si foibles, doivent le redresser extrêmement lentement.

Lorsque les oscabrions veulent chercher leur nourriture, ils soulèvent un peu leur pied et rampent par son moyen, et même assez vîte, à ce que disent les observateurs; car je n'en ai jamais vu marcher moi-même.

En quoi consiste leur nourriture? c'est ce que nous ignorons. Il paroît cependant probable qu'elle est végétale.

Comment se reproduisent-ils? Y a-t-il un accouplement? Dans le cas où l'on admettroit deux sexes distincts, il faudroit bien que cela fût; mais j'avoue que cela ne me paroît pas probable.

Je suppose que les œufs, fécondés dans tous les individus, sont obligés de traverser l'organe de la glu, qu'ils y acquièrent leurs membranes adventives, et qu'ensuite ils adhèrent aux rochers et autres corps sous-marins sur lesquels ils doivent vivre, à peu près comme dans les mollusques.

D'après ce que je connois des espèces de ce genre, il paroît qu'il en existe dans toutes les mers; en effet, nous savons positivement qu'il y en a plusieurs dans le Groënland, presque sous le pôle nord, et les voyageurs modernes en ont rapporté des terres les plus australes. Tous les rivages intermédiaires nous en ont également fourni : ainsi c'est un genre universellement répandu. Mais nous devons faire encore ici l'observation que nous avons faite pour un grand nombre d'autres genres, que les espèces sont bien plus nombreuses, et bien plus grosses, dans les mers australes que dans les septentrionales.

La distinction des espèces d'oscabrions n'est pas aussi facile qu'elle paroît au premier abord, et nous pouvons assurer positivement que tout ce que les auteurs les plus estimés ont fait à ce sujet est bien incomplet, en sorte que, les figures qu'ils ont jointes à leurs descriptions étant elles-mêmes souvent fort mauvaises, il en résulte que nous ne voudrions pas assurer que nous ne nous sommes pas trompés dans la synonymie.

Les organes sur lesquels nous appellerons successivement l'attention pour la distinction des espèces sont les suivans.

1.° L'existence ou l'absence des paires de pinceaux de soies, disposées bien régulièrement de chaque côté du limbe, qu'il soit revêtu ou non d'écailles, d'épines ou même de poils.

2.° La disposition des branchies commençant plus ou moins en arrière, et se terminant plus ou moins en avant.

3.° La forme des valves de la coquille, considérée spécialement dans l'existence plus ou moins marquée des aires latérales.

4.° La grandeur proportionnelle de ces valves et leur degré d'occlusion.

5.° La forme des lames d'insertion et le nombre de leurs échancrures ou dents.

. 6.° Enfin, la disposition des couleurs de la coquille.

Nous n'aurons donc guère égard à la grandeur proportionnelle de la coquille, parce qu'il nous semble que dans chaque groupe naturel il y a, à ce sujet, d'assez grandes variations.

Les groupes d'oscabrions, que nous proposons, sont au nombre de quatre.

Dans le premier sont les espèces dont les valves ont des aires latérales bien distinctes, et le limbe constamment couvert de petits tubercules écailleux parfaitement bien rangés, un peu comme les écailles de la peau des serpens. Dans cette section les branchies existent dans toute la longueur du bourrelet labial du rebord du manteau, depuis la ligne de séparation, si ce n'est cependant dans un espace assez large en arrière, et les deux orifices de la génération sont assez avancés, le postérieur entre la dixième et la onzième branchie, et l'antérieur entre celle-ci et la douzième. Quant aux valves de la coquille, les terminales sont presque toujours semblables, semi-circulaires, et les intermédiaires sont courtes; la troisième plus que toutes les autres.

Dans la seconde section sont les espèces où les aires des valves intermédiaires de la coquille sont encore un peu marquées, et dont le limbe est garni de pointes calcaires ou sub-cornées plus ou moins longues. J'ai observé l'animal d'une grande espèce de cette section, à laquelle j'ai donné le nom de *chiton raripilosus*. La série des branchies, assez peu considérable (49), commence encore plus loin en avant de l'anus, et se termine exactement à la ligne de séparation du pied et de la masse buccale. Le premier orifice de l'appareil générateur est juste en dedans de la dernière lame branchiale, et le second entre la quatrième et la cinquième. Quant à la coquille, il est certain que les valves terminales diffèrent toujours entre elles d'une manière sensible, la postérieure étant constamment la plus petite et un peu en forme de cabochon.

La troisième section, assez peu tranchée, contient les espèces dans lesquelles les aires des valves intermédiaires sont beaucoup moins sensibles encore que dans la section précédente, et dont le limbe est également couvert de pointes calcaires ou subcornées, plus ou moins alongées. J'ai observé l'animal de l'espèce la plus commune dans les collections et qui vient des mers de Cayenne. La ligne branchiale, beaucoup plus longue et plus nombreuse que dans la première section, est composée de soixante-neuf lames; en effet, elle commence presque de chaque côté de l'anus et finit vers le milieu de la longueur du bourrelet labial. Les terminaisons de l'appareil de la génération sont aussi très-différemment placées : la première se trouve, entre la seizième et la dix-septième branchie, et la seconde, entre la dix-neuvième et la vingtième.

Enfin, la quatrième section, plus tranchée que toutes les autres par la disposition fasciculée des poils plus ou moins longs de chaque côté du limbe, a ses valves constamment sans trace d'aucune aire.

J'ai observé l'espèce à laquelle j'ai donné le nom de M. Garnot : sa ligne branchiale est courte ; en effet, commençant un peu en arrière de la limite du pied, elle finit assez loin de l'anus : composée de vingt-sept branchies d'un côté, elle n'en avoit bien certainement que vingt-quatre de l'autre, quoique le premier orifice de l'appareil générateur fût des deux côtés entre la vingt et unième et la vingt-deuxième avant-dernière, et que le second fût vis-à-vis la dernière.

A. *Espèces à aires latérales distinctes, à limbe couvert de petites écailles.*

1. *Dents d'insertion pectinées.*

L'O. écailleux; *C. squamosus*, Linn., Gmel., Enc. méth., pl. 162, fig. 3, 4. Corps ovale, un peu alongé, également arrondi aux deux extrémités; coquille assez large, subcarénée, de huit valves, dont les intermédiaires ont leurs aires triangulaires latérales bien marquées, grossièrement granulées, et denticulées à leur bord postérieur; les terminales presque semblables, à stries tuberculeuses, divergentes en s'arquant du sommet à la circonférence. Le bord articulaire étroit, partagé en dix-sept dents courtes et pectinées. Le limbe couvert de très-petites écailles; couleur d'un vert bleuâtre plus ou moins foncé.

Des mers de Cayenne. J'en ai étudié un individu, conservé dans l'esprit de vin, provenant de la collection de M. Richard.

L'O. de Spengler, *C. Spengleri.* Corps de même forme à peu près que dans l'espèce précédente, également coriace; mais dont le limbe est coloré alternativement par des bandes blanches et noires, ce que je n'ai jamais vu dans aucun des individus de l'espèce précédente.

Je rapporte à cette espèce l'oscabrion écailleux figuré par Spengler.

L'O. varié; *C. variegatus*, Chemn., *Chiton.*, t. 1, fig. 3, *a b.* Corps moins sensiblement alongé que dans les espèces précédentes, moins caréné; les stries des aires latérales plus fines, plus lisses; couleur du disque toute brune; le limbe coloré par des bandes noires et blanches, comme dans l'oscabrion de Spengler.

L'O. noir-verdatre, *C. nigrovirescens.* Corps petit, ovale, peu alongé, oniscoïde, subcaréné; limbe couvert d'écailles peu nombreuses, et proportionnellement fort grosses. Coquille large; les valves terminales, ornées de cannelures, divergentes du sommet à la base; valves intermédiaires transverses; cinq ou six cannelures divergentes sur les aires latérales et des stries longitudinales sur l'aire médiane. Couleur générale d'un vert noirâtre.

Des mers du cap de Bonne-Espérance.

L'O. TOIT, *C. tectum.* Corps ovale, court, déprimé, forte-ment caréné dans son milieu; limbe assez étroit, couvert de petites écailles plates, très-serrées et très-nombreuses; co-quille grande de huit valves; les terminales ornées de rayons subtuberculeux; les aires latérales des intermédiaires avec quatre ou cinq rayons tuberculeux; la médiane avec quel-ques grosses cannelures droites et plates; couleur d'un gris blanchâtre avec une série de jolies taches bleues tout autour du limbe.

Cette petite espèce, dont il existe un individu au Muséum, vient probablement des mers de la Nouvelle-Hollande.

L'O. STRIÉ; *C. striatus,* Barnes, *Amer. Journ. of sc.,* vol. 7, p. 69. Corps un peu plus large que dans l'oscabrion écailleux; les aires latérales cannelées transversalement, les dorsales ou médianes longitudinalement; les valves terminales étoilées; limbe étroit, couvert de très-petites écailles rondes et lui-santes; couleur foncée dans l'état frais, cendrée dans l'état sec.

Des côtes du Pérou.

L'O. MARBRÉ; *C. marmoratus,* Linn., Gmel., d'après Chemn., *Chiton.,* t. 1, fig. 5. Corps plus ou moins étroit et convexe, peu caréné, très-glabre, varié de noir, de blanc et de ver-dâtre sur le dos, et de bandes alternativement blanches et ferrugineuses sur le limbe.

Cette espèce, qui vient de l'Océan américain, a beaucoup de ressemblance avec notre oscabrion peint.

L'O. INDIEN; *C. indicus,* Chemn., *Conch.,* 8, t. 96, fig. 811. Coquille d'un blanc cendré, à limbe squameux, les valves intermédiaires très-finement ponctuées.

Des mers d'Amérique.

L'O. TUBERCULEUX : *C. tuberculatus,* Gmel.; *C. cylindricus,* Schroëter, *Conch.,* 5, p. 494, t. 9, fig. 19; Enc. méth., pl. 163, fig. 4 et 6. Corps ovale-oblong, étroit ou subcylindri-que, un peu tuberculeux par la saillie des rugosités des aires latérales; couleur verdâtre sur le dos, avec des bandes on-duleuses brunes; une bande dorsale large, très-noire; les côtés cendrés, mêlés de blanc.

Des mers d'Amérique.

L'O. ᴍᴜʟᴛɪᴍᴀᴄᴜʟᴇ́, *C. multimaculatus*. (Coll. du Mus.) Corps ovale, assez peu alongé, à limbe très-étroit et finement écailleux; coquille large, de huit valves assez étroites; l'aire médiane des six intermédiaires lisse, ou à simples stries d'accroissement; les aires latérales avec six à huit rayons granuleux; les valves terminales avec des rayons moins granuleux, droits et divergens du sommet à la circonférence; le bord d'insertion partagé à l'antérieure en quinze dents, à la postérieure en onze, toutes pectinées; couleur de la coquille verte en dedans, et agréablement variée de lignes entrecoupées d'un noir violàtre sur un fond gris en dehors; trois taches noires au bord postérieur des aires latérales.

Du Port du roi Georges, Nouvelle-Hollande.

L'O. ʙᴏᴜᴄʟɪᴇʀ, *C. clypeus*. (Coll. du Mus.) Coquille courte, ovale, bombée; les aires latérales des valves intermédiaires, comme les terminales, rayonnées du sommet à la circonférence; aires médianes presque cannelées longitudinalement; couleur générale d'un brun verdàtre avec de petites taches circulaires de couleur d'aigue-marine ou variées de lunules jaunes et verdàtres.

Jolie espéce, de la Nouvelle-Hollande.

L'O. ᴇ́ᴄᴀɪʟʟᴇ ᴅᴇ ᴛᴏʀᴛᴜᴇ, *C. testudinarius*. Corps ovale, bombé, convexe, peu ou point caréné; limbe couvert de très-petites écailles; coquille grande, assez lisse et luisante; valves terminales, radiées en dehors, et surtout en dedans, par des sillons qui vont du sommet au bord d'insertion, divisé en douze dents fortement pectinées; aires latérales des valves intermédiaires, indiquées seulement par une légère carène, avec des stries d'accroissement à peine marquées; couleur générale verdàtre, avec des taches vertes plus foncées sur le limbe; la coquille d'un brun d'écaille de tortue, variée de quelques taches plus claires.

Patrie inconnue; mais probablement des mers de l'Australasie.

L'O. ᴇ́ʟᴇ́ɢᴀɴᴛ, *C. elegans*. (Coll. du Mus.) Coquille ovale, de même forme que dans les espèces précédentes, mais plus carénée, composée de huit valves, à peu près aussi dans les mêmes proportions, mais dont les aires latérales, fort relevées, sont aussi lisses que l'aire médiane; les valves termi-

nales également lisses; couleur variée de rouge, de noir et
de blanc sale en dehors, d'un blanc verdâtre en dedans.
De la Nouvelle-Hollande.

2. *Dents d'insertion non pectinées.*

L'O. PEINT : *C. pictus; O. lævis variegatus,* Chemn., *Chit.,*
t. 1, fig. 4, et Enc. méth., pl. 162, fig. 7, 8. Corps ovale,
assez peu alongé, subcaréné; coquille large; les valves terminales radiées du sommet à la base, à lames d'insertion
courtes, avec quatorze dents entières à l'antérieure et quinze
à la postérieure; valves intermédiaires transverses, finement
granuleuses; les aires latérales marquées de six rayons granuleux assez fins; couleur jaunâtre, avec quelques taches et
flammes brunes de chaque côté de la carène.

Cette espèce, dont j'ignore la patrie, est bien distincte de
l'oscabrion écailleux, je la possède et j'ai pu la comparer.
La figure de Chemnitz me paroît lui convenir complétement.
Elle existe dans la collection du Muséum au Jardin du Roi,
où elle est appelée l'O. gondole, *C. cymbium.* Elle atteint à
peine un pouce de long.

L'O. LINÉOLÉ, *C. lineolatus.* (Coll. du Mus.) Corps ovale,
assez alongé; les aires latérales des valves intermédiaires moins
distinctes que dans les espèces précédentes, et offrant des stries
nombreuses sur les bords; les écailles du limbe très-petites;
les dents des lames d'insertion non pectinées; couleur variée
de petites taches longitudinales brunes sur un fond jaunâtre.

Cette espèce, assez rapprochée de l'oscabrion alongé, a
été rapportée de l'île King par M. Péron et Lesueur.

L'O. PARÉ, *C. festivus.* (Coll. du Mus.) Coquille assez alongée, carénée; valves étroites, en toît anguleux, très-finement
granulaires partout; les aires latérales peu marquées; les
lames d'insertion antérieures étroites, les terminales quadri-
dentées. Couleur variée de brun, de rouge et de couleur
de chair à l'extérieur, blanche avec un trait rose à l'intérieur.

Des mers de la Nouvelle-Hollande.

L'O. NOIR; *C. niger,* Barnes, *loc. cit.* Corps ovale-oblong;
les valves intermédiaires oblongues; limbe assez large et
couvert d'écailles alongées, d'un blanc rougeâtre, et de filets

longitudinaux irréguliers et interrompus. Couleur générale d'un brun noir et luisant.

Des mers du Pérou. Cette espèce pourroit bien ne pas être de cette section.

L'O. BICOLORE; *C. bicolor*, Chemn., *Conch.*, 8, t. 94, fig. 794. Coquille assez grande, épaisse; les valves étalées, l'antérieure striée et radiée; couleur vert de mer en dessus, blanche en dedans, les bords noirs.

La patrie de cette espèce est inconnue.

L'O. ALONGÉ, *C. elongatus.* Corps assez alongé, étroit, convexe, arrondi également aux deux extrémités, non caréné; les valves terminales sensiblement moins grandes proportionnellement que dans les espèces précédentes, mais encore semblables; valve antérieure tuberculeuse dans la moitié de son étendue; son bord d'insertion divisé en quinze dents très-courtes et non pectinées; valve postérieure courte, avec onze dents nullement pectinées à son bord postérieur d'insertion; les aires latérales des intermédiaires assez sensibles; le limbe subsquameux; couleur extrémement variable, verte de chaque côté; le milieu du dos d'un blanc jaunâtre.

J'établis cette espèce d'après plusieurs individus de ma Collection et de celle du Muséum. Elle vient des mers de la Nouvelle-Hollande, d'où elle a été rapportée par MM. Péron et Lesueur. Elle est parfaitement distincte de toutes celles qui sont figurées.

L'O. PIROGUE; *C. longicymba*, Dufr. Corps très-alongé, très-étroit; limbe couvert de très-petites écailles comme farineuses; coquille très-longue, composée de huit valves grandes, croissant de la première à la dernière, convexes et parfaitement lisses; les intermédiaires avec des aires latérales larges, distinctes par une saillie anguleuse; couleur générale d'un vert brunâtre, varié ou panaché de petites taches blanches, plus larges sur la ligne dorsale.

Cette jolie espèce existe dans la collection du Muséum; elle provient des rivages de l'île King.

B. *Espèces à aires latérales distinctes; limbe irrégu-*
lièrement pileux ou tuberculeux; dents d'insertion
non pectinées.

L'O. géant, *C. gigas*, Linn., Gmel., n.° 22; Chemn.,
Conch., 8, tab. 96, fig. 819, et Euc. méth., pl. 261, fig. 3.
Oscabrion très-grand (quatre pouces et plus de long), ovale,
assez peu alongé, convexe, peu ou point caréné, composé
de huit valves très-épaisses. Les valves antérieure et postérieure les plus petites; les intermédiaires fort épaisses, avec
des indices d'aires latérales, formant une légère saillie de
chaque côté. Couleur générale d'un gris blanchâtre sur le
bouclier calcaire, et d'un brun plus ou moins foncé sur le
limbe, probablement à épines calcaires courtes.

Des mers de l'extrémité méridionale de l'Afrique.

L'O. subgéant, *C. subgigas*. Corps ovale, épais, caréné,
limbe? coquille épaisse, solide, large et fortement carénée,
, valves terminales petites, surtout la postérieure, à lames d'insertion dentées et subpectinées; valves intermédiaires transverses; aires latérales très-saillantes et radiées; les lames
d'insertion antérieures continues dans la ligne médiane; couleur d'un blanc jaunâtre, un peu variée de taches brunes en
dessus, toute blanche en dedans.

Cette espèce, dont j'ignore la patrie, est-elle distincte du
Ch. gigas? c'est ce que je ne puis assurer, n'ayant pas suffisamment étudié celui-ci.

L'O. de Magellan : *C. magellanicus*, Linn., Gmel., n.° 12;
Séba, *Mus.*, 3, t. 1, fig. 14, 15. Corps ovale, épais, convexe en dessus; couleur générale d'un brun foncé, avec une
bande noire médio-dorsale entre deux bandes longitudinales
plus étroites, jaunes.

Cette espèce, qui atteint une assez grande taille, vit dans
le détroit de Magellan.

L'O. brun : *C. fuscus*, Linn., Gmel., n.° 13; Chemn.,
Conch., 8, t. 95, fig. 799, 800. Coquille plus étroite que la
précédente, très-glabre, plus élevée et carénée; couleur
brune avec des taches triangulaires noires, et de chaque
côté des bandes d'un jaune obscur; l'intérieur et les dents
d'insertion de couleur blanche.

De la mer des Indes.

C. *Espèces à aires latérales peu ou point distinctes;
limbe irrégulièrement pileux ou tuberculeux; dents
d'insertion pectinées,*

1. *En avant et en arrière.*

L'O. ONGUICULÉ, *C. unguiculatus.* Corps ovale, médiocrement épais, à limbe assez étroit, couvert de très-petites épines calcaires, serrées, blanches et noires; coquille grande,
de huit valves; les intermédiaires sans indice d'aires latérales,
autre que des stries d'accroissement tuberculeuses bien marquées de chaque côté, et avec le sommet prolongé en espèce
d'ongle, s'imbriquant les unes les autres. Couleur de poix
foncée sur les côtés et surtout dans le milieu de la coquille;
les taches médianes encadrées de blanc sale.

J'ignore la patrie de cette jolie espèce, dont j'ai vu un
individu dans la Collection de M. Florent Prévost. Par sa couleur elle se rapproche assez de l'oscabrion couleur de poix,
mais la forme onguiculée de ses valves intermédiaires l'en
distingue nettement.

L'O. PERLÉ; *C. gemmatus.* Corps ovale, peu alongé, assez
épais; coquille assez large, formée à peu près comme dans
les espèces précédentes; les valves intermédiaires à sommet
subonguiculé et entièrement couvertes de petits tubercules;
des terminales, l'antérieure ayant son bord d'insertion partagé
en onze dents pectinées, et la postérieure en neuf, peu distinctes, mais très-pectinées; le limbe hérissé d'un très-grand
nombre d'épines calcaires, serrées et irrégulières; couleur
d'un brun clair, avec une bande médiane plus foncée, bordée de taches jaunes en V sur chaque valve.

Cette jolie espèce, assez voisine de l'O. onguiculé, est de
la Nouvelle-Hollande. Je la possède dans ma collection. Il
y en a une variété noire avec les V blancs au Muséum.

L'O. CONVEXE, *C. convexus.* Corps ovale, épais, à limbe
médiocre, couvert d'un très-grand nombre de petites épines
ou tubercules épineux calcaires, très-inégales; coquille
grande, à huit valves convexes, épaisses, en général très-finement granulées partout, mais surtout sur les aires latérales;
à stries d'accroissement bien sensibles; valves intermédiaires
subtriangulaires et souvent arrondies; les lames d'insertion

ailées et avec une fissure submédiane au milieu d'un bord
pectiné; la valve terminale antérieure, également convexe
en avant comme en arrière; le bord d'adhérence court, partagé en neuf dents profondément pectinées; la valve terminale postérieure ovale, à sommet médian transverse, ayant
sa lame d'insertion partagée en huit dents pectinées.

Couleur générale de la coquille, brune en dehors, avec des
taches et rayons fauves sur le milieu, et d'un vert blanchâtre
en dedans.

Il est très-possible que cette espèce, qui vient des mers
de l'archipel américain, soit fort rapprochée du *C. granulatus* de Gmelin; mais c'est ce qu'il m'est impossible d'assurer;
de sorte que j'ai préféré la regarder comme distincte, et en
donner une description absolue. J'en ai disséqué l'animal; ses
lames branchiales sont fort nombreuses (69), et les terminaisons de l'appareil générateur sont placées, la première entre la
5o et la 51.ᵉ; la seconde, entre la 53 et la 54.ᵉ; quelquefois
les valves de sa coquille sont beaucoup plus transverses ou
plus courtes.

L'O. GRANULEUX: *C. granulatus*, Linn., Gmel.; Chemn.,
Conch., 8, t. 96, fig. 806. Corps ovale, épais, plan en
dessus, ou au moins arrondi, couvert de points élevés nombreux, disposés en séries; le limbe large, coriace et épineux;
des aires noires et blanches alternes, sans doute sur les bords.

De l'Océan américain.

L'O. COULEUR DE POIX *C. piceus*, Linn., Gmel., n.° 17;
Chemn., *Chit.*, t. 2, fig. 6 à 6 *a*, *b*, *c*. Corps ovale, peu
alongé, épais, à dos arrondi, glabre et de couleur de poix,
variée de noir et de blanc. Les valves de la coquille comme
dans l'espèce précédente.

De l'Océan américain.

L'O. A ZÔNES, *C. zonatus*. Corps ovale, subcaréné; limbe
médiocre, couvert de petits tubercules comme farineux; coquille de huit valves, toutes parfaitement lisses; des intermédiaires, la première plus grande et comme trilobée en
avant, et onguiculée au sommet; les autres augmentant
d'avant en arrière, à aires latérales indiquées par une ligne
carénée; couleur d'un gris blanchâtre, variée agréablement
de zones brunes en dessous, verdâtre en dedans.

De la collection du Muséum. Patrie inconnue.

L'O. aiguillonné : *C. aculeatus*, Gmel.; Chemn., *Conch.*, 10, tab. 173, fig. 1692. Corps ovale, hérissé sur le limbe d'aiguillons déliés, subulés, inégaux, de couleur rouge; coquille de huit valves conchiformes; la dernière plus petite que les autres.

Des mers d'Asie.

L'O. amiculé : *C. amiculatus*, Linn., Gmel., n.° 28; Pallas, *Nov. act. Pet.*, 2, p. 241, t. 7, fig. 26, 30. Coquille réniforme, très-fragile, couverte en dehors d'un cuir scabre.

2. *En avant seulement.*

L'O. de Gaimard, *C. Gaimardi.* Corps assez court, ovale, bombé, oniscoïde; limbe médiocre, couvert d'un très-petit nombre d'épines calcaires assez fortes; coquille épaisse, médiocre; valve terminale antérieure, striée et légèrement granulée; la postérieure plus petite, à sommet tout-à-fait marginal; les valves intermédiaires non tuberculées, mais à stries d'accroissement en forme de sillons transverses; aires latérales, marquées par une petite côte; couleur du limbe blanche avec six taches carrées, noires, dont la 4.e deux fois plus grande de chaque côté; coquille presque noire avec une tache triangulaire étroite, jaune ou blanche, de chaque côté de la ligne dorsale, plus foncée que le reste; ligne branchiale très-étendue, presque de la moitié de la distance entre la tête et l'anus, et formée de cinquante-deux lames branchiales; les terminaisons de l'appareil générateur après la 40.e et la 42.^e

J'ai vu trois individus de cette espèce, conservés dans l'esprit de vin, et rapportés du port Jackson par MM. Quoy et Gaimard, de l'expédition du capitaine Freycinet. Elle ne paroît guère dépasser la longueur d'un pouce à quinze lignes.

L'O. hérissé, *C. hirtosus*, Péron. Corps ovale, large, un peu épais, déprimé, à limbe médiocre, couvert d'un très-grand nombre de petits tubercules squamo-épineux; coquille de huit valves comme dans les espèces précédentes, mais moins longues et plus larges; les stries marginales d'accroissement bien marquées, grossières; les sommets et les aires peu prononcés; le bord adhérent de l'antérieure très-court pourvu de onze dents pectinées, celui de la postérieure presque nul et entier. Couleur générale blanche, avec des taches irrégulières brunes sur le limbe.

Des mers de l'île King.

D. *Espèces à aires latérales peu ou point distinctes; limbe irrégulièrement pileux ou tuberculeux; lames d'insertion dentées ou non, mais jamais pectinées.*

1. *Des dents à la valve antérieure seulement.*

L'O. BLANCHET, *C. albidus.* (Coll. du Mus.) Corps ovale, épais, assez déprimé; le limbe médiocre et couvert de poils courts et très-fins. Coquille grande, de huit valves, à peu près dans la même proportion que dans l'espèce précédente; les aires latérales des intermédiaires un peu indiquées par une surface plate et bordées par quelques stries d'accroissement; des terminales, l'antérieure comme festonnée sur son bord adhérent, divisé en neuf dents larges et entières, la postérieure, sans divisions à sa lame d'adhérence. Couleur du limbe d'un gris-brun uniforme; toute la coquille d'un blanc sale ou grisâtre par dépôt en dessus, d'un vert d'aigue-marine en dedans.

Des mers de l'île King.

L'O. RARIPILEUX, *C. raripilosus.* Corps ovale, épais, convexe, non caréné; limbe médiocre, hérissé de quelques gros poils noirs, flexibles, un peu plus nombreux à sa circonférence; coquille de huit valves épaisses, à peine carénées; les deux terminales les plus petites; l'antérieure semi-circulaire, avec neuf larges dents d'insertion; la postérieure ovale transversalement avec ses lames d'insertions entières, ailées antérieurement; les valves intermédiaires subsemblables, avec une saillie arrondie à la partie médiane de leur bord antérieur; la lame d'insertion subailée, avec une seule entaille profonde de chaque côté; couleur brune sur le limbe, et d'un blanc roussâtre sur les valves en dehors comme en dedans.

J'ai caractérisé cette espèce d'après un bel individu entier de ma Collection, que je dois à l'amitié de M. le docteur Leach. J'en ignore la patrie; mais je le crois distinct de l'oscabrion géant et de celui du Pérou, avec lequel je l'avois d'abord confondu. Sa longueur totale est de plus de trois pouces.

L'O. A CÔTES, *C. costatus.* Corps ovale, sensiblement plus large au milieu qu'aux deux extrémités; limbe couvert de poils assez longs; coquille subcarénée de huit valves, les intermédiaires bien plus grandes que les autres, ayant un sommet subonguiculé, et les aires latérales séparées de la médiane par une côte saillante; la terminale antérieure petite, semi-circulaire, relevée de dix côtes rayonnantes; couleur générale de la coquille jaunâtre, variée de taches brunes, plus foncée en dehors, blanche en dedans.

Du Port du roi Georges.

2. *Des dents aux valves terminales antérieure et postérieure.*

L'O. MARGINÉ; *C. marginatus,* Pennant, *British Zool.,* 4, p. 61, t. 56, fig. 2. Corps large, ovale, assez déprimé, subcaréné dans son milieu; valves intermédiaires larges, très-anguleuses, finement granuleuses et subdenticulées à leur bord postérieur; l'antérieure à neuf dents peu profondes, non pectinées. Couleur agréablement variée de bleu, de rouge et de blanc, quelquefois simplement grisâtre par la dessiccation.

Cette espèce est celle que l'on trouve le plus communément sur les bords de la Manche et probablement plus au Nord. Elle est petite.

L'O. CENDRÉ: *C. cinereus,* Linn., Gmel.; Chemn., *Conch.,* 8, t. 96, fig. 818. Corps très-petit (deux lignes de long sur une et un tiers de large), déprimé, un peu plus étroit en avant, caréné, lisse, avec trois sillons dorsaux longitudinaux; limbe subcilié dans sa circonférence. Couleur de tout l'animal et de sa coquille rougeâtre pendant la vie et devenant cendrée par la dessiccation.

Des mers de la Norwége, où il vit entre les racines des algues.

L'O. BLANC: *C. albus,* Linn., Gmel.; Chemn., *Chit.,* t. 2, fig. 9. Corps oblong (de quatre lignes et demie de long sur deux lignes et demie de large), lisse, un peu glabre, arrondi également aux deux extrémités, déprimé et caréné; la forme des huit écailles comme dans la suivante. Couleur générale blanche.

Des mers de Norwége.

L'O. ROUGE : *C. ruber*, Linn., Gmel.; Chemn., *Chit.*, t. 2, fig. 8 ; *Chiton marmoreus*, Oth. Fabr., *Faun. Groenl.*, p. 420, n.° 420. Corps de cinq lignes et demie à dix-huit lignes de long sur deux lignes deux tiers à six lignes et demie de large, ovale-oblong, glabre, ou à peine scabre, subcaréné; valves au nombre de huit, les sept antérieures arrondies en avant, subrameuses en arrière, la postérieure arrondie à ses deux extrémités ; dix dents à la première, ainsi qu'à la dernière, une à chacune des intermédiaires, et des carènes extrêmement légères, partant de chacune de ces échancrures et convergentes au sommet; limbe à peu près lisse ; couleur de la coquille variée et marbrée de brun, de blanc et de verdàtre en dessus, rouge en dedans, suivant Oth. Fabricius, et rouge en dessus, suivant Muller. L'animal de couleur ochracée.

Des mers du Nord.

En comparant l'excellente description qu'Othon Fabricius donne de cette espéce, il me semble presque indubitable, que c'est la même que les auteurs anglois ont distinguée depuis sous le nom de *Ch. marginatus*, du moins les individus nombreux de cette espèce que je posséde me paroissent-ils avoir tous les caractèues de l'oscabrion marbré de Fabricius.

L'O. COULEUR DE CERISE : *C. cerasinus*, Linn., Gmel.; Chemn., *Conch.*, 8, t. 94, fig. 796. Coquille lisse, de huit valves, de couleur rouge de cerise, avec les dents d'insertion blanches.

Cette espèce, dont on ne connoît pas la patrie, est trop incomplétement caractérisée et mal figurée, pour qu'on dise au juste ce que c'est.

L'O. PUNAISE : *C. cimex*, Linn., Gmel.; Chemn., *Conch.*, 8, t. 96, fig. 815. Petite espèce carénée, diaphane, avec des bandes noirâtres et plus claires, alternantes ; les valves extrêmes très-finement ponctuées.

Des mers de Norwége.

L'O. ASELLE; *C. asellus*, Linn., Gmel.; Chemn., *Conch.*, 8, t. 96, fig. 816; Enc. méth., pl. 161, fig. 12. Petite coquille convexe en dessus, très-noire, avec une tache blanche sur le milieu de chaque valve.

Des mers de Norwége.

L'O. TRÈS-PETIT : *C. minimus*, Linn., Gmel.; Chemn., *Conch.*,

8, t. 96, fig. 814, et Enc. méth., pl. 161, fig. 8. Très-petite coquille, glabre, noire, et çà et là comme farineuse.

Des mers de Norwége près Bergen.

L'O. LISSE; *C. lœvis*, Linn., Gmel., n.º 27, d'après Pennant, *Brit. Zool.*, 4, p. 61, t. 36, fig. 3. Coquille très-glabre, avec une bande dorsale élevée.

Des mers d'Angleterre près Scarborough.

Je ne serois pas étonné que les neuf espèces que je range dans cette section ne fussent que des variétés de la même, mais c'est ce qu'il est impossible d'assurer, tant les descriptions et les figures données par les auteurs sont incomplètes.

L'O. DU PÉROU; *C. peruvianus*, de Lamarck, Enc. méth., pl. 163, fig. 7. Corps ovale, épais, médiocrement alongé; coquille de huit valves substriées et montrant des traces des aires latérales; le limbe hérissé de crins noirs; les valves terminales subsimilaires et semi-circulaires.

Des côtes du Pérou.

L'O. ÉPINEUX; *C. spinosus*, Brug., Journ. d'Hist. nat., 1, p. 25, pl. 2, fig. 1, 2. Corps ovale, assez déprimé, glabre; la coquille assez peu large, formée toujours de huit pièces lisses, arrondies, et dont les terminales sont un peu trilobées; le limbe fort grand et hérissé d'épines calcaires, mobiles, subarquées et noirâtres.

Assez grande espèce (trois pouces) des mers Australes.

L'O. HÉRISSON; *C. echinatus*, Barn., *loc. cit.* Corps ovale-oblong, couvert d'un épiderme grossier, noir et rude, très-adhérent à la coquille, et la cachant presque entièrement, à l'exception de la carène dorsale; limbe plus de moitié aussi large que la coquille et hérissé d'un grand nombre d'aspérités inégales, irrégulières, arrondies à l'extrémité et de couleur blanche. Animal d'un vert pâle, avec le bord intérieur d'une couleur plus claire.

Des côtes du Pérou.

L'O. OSCABRELLE; *C. chitonellus*, de Lamk., Anim. sans vert., t. 6, part. 1.ʳᵉ, p. 315. Corps alongé, subcylindrique, vermiforme, couvert dans une très-petite partie de son dos par une coquille formée de huit valves, petites, lisses, à bords très-entiers; la postérieure mucronée à l'extrémité; l'antérieure arrondie en avant et plus large que les autres; limbe proportionnellement fort large et couvert de très-petites épines calcaires, irrégulières.

Des mers de la Nouvelle-Hollande.

L'O. strié; *C. striatus*, de Lamk., *loc. cit.* Corps de même forme que dans l'espèce précédente. Coquille de huit petites valves, striées du sommet à la circonférence; les six intermédiaires foliacées; la postérieure obtuse en arrière.

Des mers de la Nouvelle-Hollande.

Ces deux dernières espèces constituent le genre Oscabrelle de M. de Lamarck.

E. *Espèces en général plus alongées, la partie co-quillière plus étroite et quelquefois presque entièrement cachée; neuf paires de pores symétriquement rangés de chaque côté du dos et donnant insertion chacun à un faisceau de soies; les branchies beaucoup moins avancées; point d'aires latérales; lames d'insertion très-grandes, dentées, non pectinées.*

Cette section pourroit très-bien former un genre distinct de celui des oscabrions proprement dits, comme je l'avois proposé dans mon article Mollusques, du Supplément à l'Encyclopédie britannique, et comme il paroit que M. le docteur Leach l'avoit adopté. Son caractère principal seroit dans la disposition fasciculaire des poils du limbe, plus que dans la forme générale du corps et la petitesse relative de la coquille, plus ou moins apparente; car nous avons vu que certaines espèces de la section précédente offrent ce dernier caractère, et c'est sur lui seulement que M. de Lamarck a établi son genre Oscabrelle. On pourroit nommer le nôtre Chitonelle.

L'O. fasciculaire : *C. fascicularis*, Linn., Gmel., n.° 4; Enc. méth., pl. 163. fig. 11, 12. Coquille cendrée, lisse, légèrement carénée, avec dix paires de faisceaux de soies blanches.

Des côtes d'Afrique.

L'O. a crins : *C. crinitus*, Pennant, *Brit. Zool.*, 4, p. 60, tab. 36, fig. 1, et Enc. méth., pl. 63, fig. 9, 10. Corps ovale, assez épais; coquille de largeur médiocre (le tiers environ du dos), formée de huit valves granulées; les six intermédiaires presque égales, semblables; l'antérieure semi-circulaire, à six dentelures; la postérieure très-petite, un peu patelloïde; neuf paires de faisceaux de soies blanches sur le limbe qui est en outre couvert de poils fins, très-nombreux et longs.

C'est l'espèce commune sur nos côtes et que les naturalistes anglois ont rapportée à l'O. fasciculaire, sans faire attention que celle-ci est tout-à-fait lisse et a une paire de faisceaux de poils de plus; ce qui, il est vrai, est assez douteux.

L'O. ÉCHINOTE; *C. echinotus*, Enc. méth., pl. 163, fig. 14, 15, probablement d'après Chemn., *Conch.*, 10, t. 173, fig. 1688. Corps ovale, assez déprimé, caréné plus que dans l'espèce précédente; valves médiocres, entièrement granuleuses, si ce n'est à la carène, qui forme une espèce de pointe distincte; six grandes dentelures à la première valve; le bord de la postérieure, la plus petite de toutes, un peu festonné; neuf paires de petits faisceaux de soies blanches; couleur variée de noir et de blanc jaunâtre; limbe entièrement couvert de petites soies.

Je distingue cette espèce d'après un individu de ma Collection, qui est bien différent de l'O. à crins de nos côtes de la Manche. Il me paroît assez bien ressembler à celui que représente la *figure* citée de l'Encyclopédie.

Cette espèce paroît être commune sur les côtes de l'Océan.

L'O. DE GARNOT, *C. Garnoti*. Corps ovale, assez peu alongé, un peu déprimé, couvert en dessus d'une peau finement épineuse et rugueuse, recouvrant presque en totalité la coquille; limbe de médiocre largeur, avec neuf gros faisceaux de soies de chaque côté; coquille de huit valves assez petites, mais bien imbriquées, recouvertes d'un épiderme rugueux, à disque petit en comparaison des lames d'insertion; l'antérieure à six dents larges; la postérieure beaucoup plus petite que les autres, à bord entier; une très-petite échancrure oblique et postérieure aux lames d'insertion aliformes des valves intermédiaires; couleur intérieure de la coquille d'un beau vert d'aigue-marine; le disque et le corps de l'animal d'un brun foncé.

Cette espèce a été rapportée par M. Garnot, naturaliste

de l'expédition du capitaine Duperrey, des mers du cap de Bonne-Espérance.

L'O. POLYCHÈTE, *C. polychetus*. Corps très-petit, ovale; limbe pourvu de neuf paires de gros faisceaux très-rapprochés; de soies argentées, égales; coquille très-petite; le disque des valves intermédiaires assez grand, et à cinq côtés presque égaux; lames d'insertion médiocres, unifissurées profondément fort en arrière; celle de la valve postérieure à trois lobes presque égaux; couleur d'un brun verdâtre.

Des mers de la Nouvelle-Hollande; collection du Muséum.

L'O. ROSE, *C. roseus*. Corps ovale, un peu alongé, subvermiforme; limbe fort étendu, couvert d'une très-grande quantité de poils serrés, et cachant des faisceaux de soies fort petits; le corps des valves intermédiaires subtriangulaire, à sommet antérieur tronqué, et couvert de tubercules plats sur les côtés; couleur de la coquille, rose; le reste d'un gris noir.

Nouvelle-Hollande.

L'O. DE LESUEUR, *C. Sueurii*. Corps petit, ovale, oniscoïde; limbe avec neuf paires de faisceaux de soies assez petits; les valves intermédiaires ayant leur corps trapézoïdal avec une sorte de pinceau de stries au milieu et leurs lames d'insertion de grandeur médiocre; couleur générale grisâtre.

Du Port du roi Georges.

L'O. SCABRE, *C. scaber*. Corps ovale, alongé, un peu vermiforme, à limbe fort épais et fort large, couvert de poils assez fins et de faisceaux petits; coquille petite, n'occupant que le tiers médian du dos, formée de huit valves minces, fragiles; les intermédiaires plus grandes que les terminales, triangulaires dans leur corps proportionellement fort petit en comparaison des lames d'insertion, s'avançant en forme d'ailes; lame d'insertion de la valve terminale antérieure, encore plus grande, à six lobes; celle de la postérieure patelliforme, à quatre lobes; couleur générale de la coquille d'un gris blanchâtre.

Des mers de la Nouvelle-Hollande.

L'O. VERMIFORME, *C. vermiformis*. Corps alongé, cylindrique, obtus aux deux bouts, à peine un peu plus gros en arrière qu'en avant, ridé en travers et offrant inférieurement un pied très-étroit, canaliculé, que dépassent les bords recourbés du manteau ; le milieu du dos couvert par une série de huit très-petites coquilles, en partie cachées, minces, à stries transverses, sans sommet bien marqué, disposées de manière que les trois premières se touchent, et que la cinquième et la sixième sont moins distantes que la sixième et la septième, qui ne le sont pas plus que les deux dernières; la première plus grande que les autres et quadrilobée à son bord antérieur. Une double série de pores latéraux, comme dans les espèces précédentes, mais dans lesquels je n'ai pas vu les pinceaux de soies.

Patrie ? Peut-être la Nouvelle-Hollande.

J'ai vu deux individus de cette espèce dans la Collection du Muséum britannique à Londres : l'un avoit deux pouces et demi de long et l'autre deux pouces seulement.

L'O. DE LEACH, *C. Leachi.* Corps ovale, assez court, subdéprimé ou moins cylindroïde que dans l'espèce précédente, plus large en avant qu'en arrière ; trois séries de gros pores sur le dos; une médiane de huit, dont les postérieurs sont plus rapprochés, sans renflement basilaire et conduisant dans des cavités, renfermant de petites valves à bords entiers et bien articulées entre elles; deux latérales de dix, à bords mamelonnés, dont les antérieurs plus rapprochés et les autres correspondant à chaque espace intervalvaire.

J'ai vu un bel individu de cette espèce, dont j'ignore la patrie, dans le Muséum britannique; elle est évidemment distincte de la précédente.

F. *Espèces incomplétement connues.*

L'O. HISPIDE : *C. hispidus*, Linn., Gmel.: Schroët., *Conch.*, 3, p. 493, t. 9, fig. 18; Enc. méth., pl. 163, fig. 5. Coquille de grandeur médiocre, formée de six valves d'un noir cendré, avec des taches et des points blancs, et marquée de stries très-fines et très-finement granulés.

Cette espèce, que l'on dit des mers d'Amérique, me paroît fort douteuse à cause du nombre de ses valves.

L'O. TUBERCULÉ : *C. tuberculatus*, Linn., Gmel.; Schroët., *Conch.*, 3, p. 494, t. 9, fig. 19; Enc. méth., pl. 168, fig. 6 et pl. 63, fig. 4. Coquille oblongue-ovale, étroite, de sept

valves, couvertes de tubercules inégaux, disposés en quinconce; couleur cendrée, mêlée de blanc sur les côtés. avec
des bandes ondulées, brunes sur le dos, qui est verdâtre et
marqué d'une bande large très-noire.

Des mers d'Amérique. C'est encore une espèce douteuse,
du moins par le nombre des valves.

L'O. ponctué; *C. punctatus*, Linn.; Gmel., n.° 6. Corps avec
une coquille de huit valves, lisse, et des points excavés.

Cette espèce, qui pourroit bien n'être autre chose que
l'O. fasciculaire, habiteroit, suivant Gmelin, l'Asie, l'Europe et l'Amérique; mais il y a probablement confusion dans
les indications. (De B.)

OSCABRION. (*Foss.*) Quoique les espèces de ce genre
soient nombreuses à l'état vivant, on en trouve très-rarement à l'état fossile, et ce n'est que dans les couches du
calcaire coquillier grossier que, jusqu'à présent, on en a
rencontré.

Oscabrion de Grignon: *Chiton grignonensis*, Lamk., Ann.
du Mus., vol. 1, pag. 308; Desh., Descript. des coq. foss. des
env. de Paris, tom. 2, p. 7, pl. 1, fig 1—7; Vélins du Mus.
n.° 1, fig. 6, 7, 8. Comme on ne trouve que des pièces
détachées du têt de cette espèce, il est difficile d'être assuré
de quel nombre de ces pièces il étoit composé; chacune des
valves a une ligne et demie à deux lignes de largeur; elles
sont légèrement granulées et ont beaucoup d'analogie avec
celles d'une petite espèce que l'on trouve quelquefois dans
les mousses de Corse (Deshayes); mais elles n'en ont aucune
avec celles de cinq ou six petites espèces qui existent sur
les côtes d'Angleterre et de Normandie. On trouve cette espèce fossile à Grignon, département de Seine-et-Oise, à
Hauteville et à Orglandes, département de la Manche.

J'ai trouvé dans ces deux derniers endroits et à Fontenai-
Saints-Pères, près de Mantes, des valves qui étoient fortement
granulées, et qui forment une variété du *chiton grignonensis*,
si elles ne dépendent pas d'une espèce particulière. (D. F.)

OSCANE, *Oscanus*. (*Malentoz.?*) Genre établi par M. Bosc
pour un animal parasite marin, observé sous le corselet des
crevettes, trop incomplétement connu par la description et
la figure qu'en donne le naturaliste que nous venons de citer,

pour qu'on puisse assurer ses rapports naturels. Nous nous bornerons donc à extraire ce qu'il en a dit dans son Histoire naturelle des coquilles, faisant suite au Buffon, édition de Déterville, et dans le Nouveau Dictionnaire d'histoire naturelle. Voici d'abord les caractères assignés à ce genre : Une coquille univalve, ovale, coriace, presque transparente, sans spire. Cette coquille, ajoute M. Bosc, est un têt coriace, demi-transparent, de couleur pâle, de forme ovale-alongée, d'une ligne et demie de longueur. L'animal, qui se trouve au-dessous, est également ovale, convexe, avec un sillon dorsal, d'où partent vingt-cinq à vingt-six côtes arrondies, courtes, obtuses, qui se prolongent au-delà de l'abdomen. Il est presque plat en dessous; la bouche et l'anus, très-distincts, sont à égale distance des deux extrémités. L'intestin se manifeste par une ligne obscure, avec un point brun aux extrémités : vers la bouche se montrent de temps en temps des tentacules rétractiles au nombre de trois de chaque côté, et qui probablement servent à fixer l'animal. Il est du reste si délicat qu'on peut difficilement le toucher sans le détruire. M. Bosc a vu sortir du corps de plusieurs individus une grande quantité de grains blancs, qui, vus à la loupe, lui ont paru des petits déjà couverts de leur coquille, ce qui en fait des animaux vivipares.

Nous avons dit que cet oscane vit sur les crevettes en haute mer, attaché sur le côté du corselet et toujours solitaire. Il est figuré pl. 27 de l'ouvrage cité.

Aucun zoologiste moderne n'a adopté ce genre, que M. Bosc dit pouvoir être placé avec autant de raison dans la classe des vers que dans celle des testacés. Si nous pouvions hasarder une conjecture, il nous sembleroit que ce seroit plutôt quelque genre de Lernée ou même de Bopyre. (De B.)

OSCHAR. (*Bot.*) Nom arabe d'une asclépiade, *asclepias gigantea* de Linnæus, *asclepias procera* de Willdenow, suivant Forskal. C'est l'*ochar* de M. Delile, l'*ossar* des Égyptiens, cité par C. Bauhin. Son fruit est le Beid el ossar. Voyez ce mot. (J.)

OSCILLAIRE, *Oscillaria.* (*Zool.?*) M. Bosc, avec pleine raison, substitua ce nom à celui d'Oscillatoire, *Oscillatoria*, imposé par M. Vaucher à l'un des genres compris entre les tremelles

de l'*Histoire des conferves d'eau douce*, genre dont l'établissement avoit, dès l'an V de la république, été indiqué sous le
nom qu'adopte M. Bosc dans un opuscule où nous avions, antérieurement à tout autre, essayé de débrouiller le chaos où
se trouvoit alors la cryptogamie aquatique. M. le professeur De Candolle a jugé que les osciliaires ne faisoient pas
partie du domaine de la botanique, aussi ne les a-t-il point
admis dans sa Flore française. En effet, des mouvemens
spontanés, très-remarquables sur les filamens dont ils se composent, indiquant en eux un genre de vie plus développé
que celui qu'on regarde comme le propre des végétaux,
semblent assigner leur place au rang des productions animales. Créatures mixtes, qui, par leur aspect, leur texture
et leur mode de croissance, sont de véritables plantes hydro-
phytes, mais qui, par la faculté qu'elles ont d'agir en tout
sens selon une sorte de volonté, sont en même temps de
véritables animaux, les oscillaires prendront place dans une
classe intermédiaire, ou nouveau règne, qu'il est indispensable aujourd'hui d'établir, vu l'accroissement où se sont élevées nos connoissances en histoire naturelle. Dans ce règne
nouveau les oscillaires se feront remarquer par leurs habitudes, par la propriété qu'elles ont de braver les tempéra-
tures les plus extrêmes, et par la profusion avec laquelle
on les trouve répandues soit à la surface de la terre, soit
dans la profondeur des eaux. Rangées parmi nos arthrodiées,
elles y seront le type d'une famille composée de plusieurs
genres où toutes les espèces sont douées de mouvemens
spontanés. Cette famille sera celle des OSCILLARIÉES, dont les
caractères seront : Filamens simples, formant autant d'individus, cylindriques, constitués par un tube extérieur continu, généralement très-visible pour l'œil armé, et par un tube
intérieur, composé de segmens parallèles, plus larges que longs
(quelquefois presque carrés), colorés par la matière verte
qui affecte dans leur intérieur des teintes plus ou moins in-
tenses, selon les espèces, doués de mouvemens propres très-
variés, mouvemens évidemment volontaires et souvent fort
vifs d'oscillation, de reptation, d'enlacement, mais jamais
de contraction, à l'aide desquels ces filamens, réunis en
société, s'étendent en surface et finissent par se tisser en

membranes phytoïdes, où tout mouvement cesse bientôt et que pénètre une mucosité dans laquelle s'accumulent des molécules onctueuses au tact, de matière terreuse.

Nos connoissances dans les parties long-temps les plus négligées de la cryptogamie et de la zoologie s'étant prodigieusement accrues par les travaux d'un grand nombre d'investigateurs ardens, qui sentirent la nécessité de se familiariser avec l'usage du microscope, et la plupart des découvertes modernes en ce genre s'étant faites depuis le commencement de ce Dictionnaire, c'est au mot Psychodiaires que nous en traiterons avec l'histoire des Oscillariées et des familles nouvelles qui se viennent grouper autour de celle-ci. Nous profiterons de cet article pour énumérer et décrire divers genres fort singuliers, avec les espèces dont ils se composent : il suffira de relever en ce moment une erreur considérable, dans laquelle un abus de mots, au sujet des oscillaires, entraîna toutes les personnes qui, s'occupant d'une section quelconque de la cryptogamie, ont eu la prétention d'en tracer les généralités et d'y établir des lois.

Le mot Tremelie, *Tremella*, ayant été employé dès long-temps pour désigner des productions fugaces et gélatineuses, qui sont probablement les nostocs des modernes, Adanson l'étendit, dans son habitude de déplacer la valeur des noms, à l'une des espèces les plus répandues d'oscillaires, sur laquelle ce savant composa un assez bon Mémoire, inséré dans l'Histoire de l'Académie des sciences : il y signala le premier les mouvemens de l'être ambigu sur lequel l'attention des savans se trouvoit ainsi appelée, et de ce que la prétendue tremelle d'Adanson devenoit une sorte d'animal, nul naturaliste n'écrivit une ligne où le nom de tremelle se trouvait employé, qu'il ne fût question de l'animalité de la tremelle. M. Vaucher lui-même, qui, dans un excellent Traité, pénétrant au fond des choses, tenta d'éclaircir l'un des points les plus obscurs de la science, et qui reconnoissoit « que le « nom même des tremelles ne présentoit qu'un sens équi- « voque », laissa les oscillaires dans le rang de celles-ci, et, parce que les oscillaires sont réellement animées, crut voir dans les filamens intérieurs des nostocs certains mouvemens qui n'y existent en aucun cas. Les tremelles, dans le sens

rigoureux de ce mot, et les oscillaires sont aussi éloignées
dans la nature que le peuvent être par exemple un agaric
et une sertulaire. Les naturalistes doivent donc désormais
éviter d'employer légèrement l'un ou l'autre nom sans s'être
bien instruits auparavant de ce que ces mots désignent. Il en
est de même du nom de conferve, qui, lorsqu'on l'emploie
linnéennement, mais dans des occasions où sous d'autres
points de vue on s'occupe d'affinités naturelles, ne présente
pas un sens plus exact que ne le feroient les mots triandrie
ou gynandrie, sous lesquels se trouvoient rapprochés les végétaux les plus disparates.

On doit encore remarquer que l'espèce d'oscillaire appelée
par M. Vaucher *oscillatoria Adansonii*, en l'honneur du savant
qui en fit connoître les mouvemens, n'est précisément pas
celle dont Adanson s'étoit occupé, ainsi qu'on le verra par
l'article qui concernera ce genre au mot Psychodiaires. (Voy.
aussi Matière verte.)

M. Agardh et d'autres algologues qui, au lieu d'imiter la
judicieuse réserve du savant M. De Candolle, ont, malgré
l'animalité indubitable de oscillaires, continué à les comprendre dans leurs ouvrages d'hydrophytologie, ont intercalé
parmi celles-ci de simples végétaux qui n'y sauroient demeurer, ou établi des coupes qu'un examen attentif des objets ne
permet pas d'admettre. (B. de S. Vincent.)

OSCILLARIÉES. (Zool.?) Voy. Oscillaire et Psychodiaires.
(B. de S. Vincent.)

OSCILLATOIRE, *Oscillatoria*. (Zool.?) Voyez Oscillaire.
(B. de S. Vincent.)

OSCILLATORIA. (Bot.) Ce nom a été donné par Vaucher
à des êtres d'une nature végéto-animale, dont on fait un
genre particulier sous ce même nom et sous celui d'*oscillaria*.
Adanson attira, le premier, l'attention sur ces êtres singuliers : Vaucher fut d'abord contredit sur ses opinions à leur
égard ; mais actuellement les naturalistes se sont rangés à son
sentiment. (Voyez les articles Oscillaire et Oscillariées.) Ces
êtres ont été long-temps considérés comme des espèces du
genre *Conferva*, Linn., maintenant divisé en une multitude
de genres, tels que *Trichophorus*, *Arthrodia*, *Bangia*, *Byssus*,
Nostoc, *Chantransia*, *Gloionema*, *Lolen*, *Scyctonema*, *Rivularia*,

Thorea, qui contiennent ou bien ont renfermé des espèces d'*oscillatoria*. (Lem.)

OSCINE, *Oscinis*. (*Entom*). C'est sous ce nom que M. Latreille désigne un genre d'insectes diptères, voisin des mouches, avec lesquelles la plupart des auteurs les ont rangés. M. Latreille avoit désigné d'abord quelques espèces de ce genre sous le nom d'*otites*. Fabricius en avoit décrit d'autres sous le nom de *scatophaga* ou de *téphritis*. (C. D.)

FIN DU TRENTE-SIXIÈME VOLUME.

STRASBOURG, de l'imprimerie de F. G. Levrault, impr. du Roi.